钢筋混凝土带转换层结构设计释疑及工程实例

（第二版）

张维斌　主编

中国建筑工业出版社

图书在版编目（CIP）数据

钢筋混凝土带转换层结构设计释疑及工程实例/张维斌主编. —2 版. —北京：中国建筑工业出版社，2015.9
ISBN 978-7-112-18258-9

Ⅰ.①钢… Ⅱ.①张… Ⅲ.①钢筋混凝土结构-结构设计 Ⅳ.①TU375.04

中国版本图书馆 CIP 数据核字（2015）第 155517 号

本书是针对近年来在工程设计、学术交流中遇到的一些关于转换结构设计的新问题，根据规范、规程及作者的理解和实践经验编写而成。书中基本包含了目前国内常见的钢筋混凝土转换结构形式，所介绍的各类转换结构的设计，包括结构体系和转换结构形式的选择、结构计算分析、构造措施及对特殊复杂结构设计问题的看法和做法等。

本书适合建筑结构设计人员阅读，也可供相关专业科研、教学及施工技术人员参考。

责任编辑：咸大庆　武晓涛
责任设计：李志立
责任校对：张　颖　赵　颖

钢筋混凝土带转换层结构设计释疑及工程实例
（第二版）
张维斌　主编
*
中国建筑工业出版社出版、发行（北京西郊百万庄）
各地新华书店、建筑书店经销
霸州市顺浩图文科技发展有限公司制版
廊坊市海涛印刷有限公司印刷
*
开本：787×1092 毫米　1/16　印张：25¾　插页：2　字数：638 千字
2015 年 9 月第二版　　2015 年 9 月第四次印刷
定价：**60.00** 元
ISBN 978-7-112-18258-9
（27413）

第二版前言

本书第一版出版发行已近 6 年。几年来，工程建设又有了进一步发展，建筑结构设计水平也有了很大提高，同时，在设计中也遇到了一些新问题。本书则是针对近几年来在工程设计、学术交流中所遇到的一些新问题，根据 2010 版有关规范、规程及作者的理解和实践经验编写而成。

本书按新颁布的《建筑抗震设计规范》、《混凝土结构设计规范》、《高层建筑混凝土结构技术规程》等，对第一版作了全面修订。将原来的第一章带转换层结构的概念设计分为抗震概念设计和带转换层结构转换形式的选择两章，总章数由原来的九章增加为十章；第十章其他转换结构形式中增加了若干新颖转换结构形式设计的工程实例；其他各章节，也作了很大幅度的修订。

对典型实际工程的深入了解、剖析和理解，对做好结构设计，帮助和借鉴作用是很大的。书中列举的诸多工程设计实例，所介绍的各类带转换结构的设计，包括结构体系及转换结构形式的选择、结构计算分析、构造措施以及对结构设计中一些热点问题、疑难问题、若干特殊复杂结构设计的看法和做法，可供设计人员参考。

本书由张维斌编写，曲启亮、汪晖、陈传鼎参加了部分章节的编写、计算和插图工作。在编写过程中得到了中国中元国际工程公司崔鼎九教授级高级工程师、邓潘荣教授级高级工程师、罗斌教授级高级工程师、柴万先教授级高级工程师，北京市建筑设计研究院李国胜教授级高级工程师，北京筑都方圆建筑设计公司沙志国教授级高级工程师及其他同志的热情帮助，参考了有关设计及科研单位的文献、资料及图片，中国建筑工业出版社咸大庆、武晓涛等同志也提出了不少很好的建议，作者在此一并致谢！

限于编者水平，加之时间仓促，有不当或错误之处，热忱盼望读者不吝指正，不胜感谢！

编者

2015 年 4 月

第一版前言

为了争取建筑物有较大空间、满足建筑体型变化等功能要求，带转换层结构或设置转换构件越来越多地应用在结构设计中。转换结构形式有多种，框支转换和托柱转换在受力上有什么不同？结构的整体转换和局部转换在设计上有哪些区别？本书就是针对近年来在工程设计、学术交流中所遇到的一些问题，根据有关规范、规程及作者的理解和实践经验编写而成。

密切结合工程实际是本书的特点，书中列举了大量的工程设计实例；重点介绍各种转换结构形式的选择、结构计算、构造要求等；对目前结构设计中的一些热点问题、疑难问题，也提出了一些看法和做法。

本书共九章，第一章带转换层结构的概念设计，介绍转换结构的主要结构形式、抗震概念设计和转换结构形式的选择；第二章结构计算与分析，介绍结构分析软件的选择及应用；第三章～第五章分别介绍部分框支剪力墙转换、托柱转换、搭接柱转换这三种不同受力特点的转换；第六章～第九章则分别介绍桁架转换、箱形转换、厚板转换及其他转换结构形式。本书基本包括了目前国内常用的钢筋混凝土带转换层结构及一些设置转换构件的建筑结构。

应当指出：带转换层结构是传力不直接、受力复杂的不规则结构，地震作用下可能会造成结构的软弱层和薄弱层，于抗震不利。结构设计应尽可能合理、简单、受力明确，对带转换层结构更是如此。因此，作者认为：对设置大空间的高层建筑、特别是抗震设计的高层建筑，在满足建筑及其他专业功能要求的前提下，应尽可能不设转换层、转换构件；或尽量少设转换构件；在必需设置转换层或转换构件时，应尽可能采用简单、合适的转换结构形式。

本书由张维斌编写，曲启亮、汪辉、陈传鼎参加了一些章节的编写及计算、插图工作，在编写过程中得到了中国中元国际工程公司崔鼎九教授级高级工程师、罗斌教授级高级工程师、中国建筑设计研究院上海分院刘明全教授级高级工程师、北京市建筑设计研究院李国胜教授级高级工程师、北京筑都方圆建筑设计公司沙志国教授级高级工程师及其他同志的热情帮助，并参考了有关设计及科研单位的文献、资料，中国建筑工业出版社咸大庆、武晓涛同志也提出了不少很好的建议，作者在此一并致谢！

限于编者水平，加之时间仓促，有不当或错误之处，热忱盼望读者不吝指正，不胜感谢！

编　者

2008年11月于北京

目　录

第一章　抗震概念设计

第一节　抗震概念设计

一、震害及震害分析

国内外历次地震都造成了许多建筑物不同程度的破坏，从而导致人民生命和财产遭受重大损失，对地震灾害的深入踏勘、调查、研究和分析，一次次加深了我们对震害的认识和了解，不断地丰富结构抗震设计的内容，提高结构抗震设计的水平。

1. 框架结构比框架-剪力墙结构、剪力墙结构抗震性能差，纯板柱结构抗震性能差，装配式楼盖破坏严重

1963 年前南斯拉夫斯科普里地震，许多砌体结构、框架结构严重破坏甚至倒塌，而框架-剪力墙结构则破坏很轻，证明框架-剪力墙结构比框架结构具有较好的抗震性能。1976 年我国唐山地震又一次证明框架-剪力墙结构在防止填充墙及建筑装修破坏方面比框架结构有明显的优越性。1977 年 3 月的罗马尼亚布加勒斯特地震，有 33 座框架结构倒塌，仅有 1 座剪力墙结构由于整体倾覆而倒塌。特别是学校、博物馆、文化宫等要求大空间的公共建筑，框架结构破坏十分明显。汶川地震中也有不少框架结构完全倒塌。还应特别注意的是：单跨框架结构的震害十分严重。我国澜沧-耿马地震中某单跨框架结构完全倒塌。1999 年台湾集集地震，某 9 层单跨框架结构整体倒塌（图 1.1-1）。

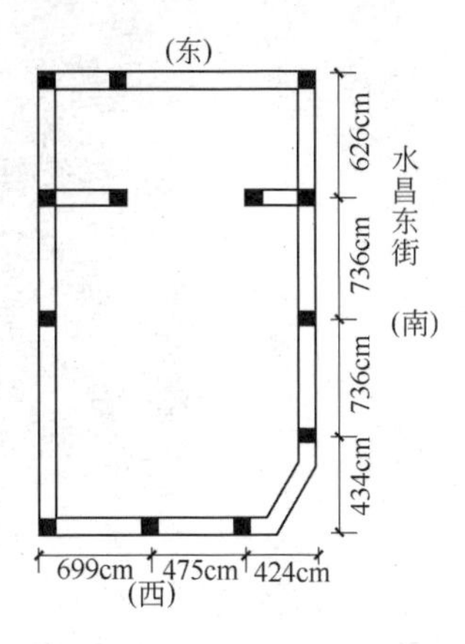

图 1.1-1　台湾集集地震某 9 层单跨框架结构整体倒塌

1985 年的墨西哥城地震，无梁平板或双向密肋板结构由于柱头对板的冲切，导致结构破坏严重。据统计在遭受最严重破坏或倒塌的 300 多幢建筑物中，无梁平板或双向密肋板建筑的破坏数量接近普通梁板式框架结构建筑的 2 倍。这表明这种无梁平板或双向密肋

板建筑结构抗震性能很差，在地震中极易遭受破坏。

装配式楼盖由于没有足够的楼板平面内刚度，传递水平力的效率不高；同时由于其整体性差，使得结构协同工作的能力受到不同程度的削弱；而楼板也可能因为连接不好而脱落、倒塌破坏，因此地震中的震害也是相当严重的。图 1.1-2 为汶川地震某预制装配结构破坏，楼板全部垮塌。因此，抗震设计的钢筋混凝土建筑结构，应优先采用整体现浇梁板结构。

图 1.1-2 汶川地震某预制装配结构破坏

2. 结构的不规则导致建筑物的严重破坏

1）平面不规则导致的结构破坏

1967 年 7 月委内瑞拉加拉加斯地震（里氏 6.5 级），平面复杂的 8～16 层框架结构遭受严重破坏和倒塌。如 SANJOSE 公寓，地下 1 层，地上 10 层，采用钢筋混凝土双向宽扁梁框架结构，平面为工字形，楼电梯间在中部，地面以上全部倒塌。平面形状或刚度不对称，会使建筑物产生显著的扭转，震害严重。我国唐山地震天津人民印刷厂采用“L”形平面，楼梯间偏置，地震时由于扭转使一些角柱破坏；汉沽化工厂一些框架厂房角柱上下错位、破断。汶川地震都江堰某 7 层框架结构，“L”形平面，一翼完全倒塌（图 1.1-3）。

图 1.1-3 汶川地震都江堰某框架结构平面不规则的震害

2）竖向不规则导致的结构破坏

底部大空间的下柔上刚结构，地震中极易遭受破坏甚至倒塌。汶川地震北川一中五层教学楼震后只剩下三层（图 1.1-4）。而结构中部楼层侧向刚度小于上、下部楼层，也同样会遭受破坏甚至倒塌。1976 年唐山大地震，位于天津市塘沽区的天津碱厂 13 层蒸吸塔框架，楼层侧向刚度不均匀，造成第六层、第十一层的弹塑性变形集中，导致该结构六层以上全部倒塌。1995年阪神地震再一次证明避免底部出现软弱层及防止中间楼层刚度、承载力突变的重要性。某框架结构，5层以下为钢骨混凝土柱（SRC柱），截面750mm×750mm且配筋较多，以上则为钢筋混凝土柱（RC柱），截面650mm×650mm且配筋很少，从而造成结构在5、6层间的侧向刚度、承载能力突变，地震时中间层破坏（图1.1-5）。在结构顶部，顶部局部突出部位特别是体型细长的塔楼等，由于上、下部楼层侧向刚度差异过大，加之高振型的影响，产生显著的鞭鞘效应，地震中同样会使结构遭受破坏甚至倒塌。天津南开大学主楼上面3层框架塔楼主震中已严重破坏，余震中全部倒塌。汶川地震都江堰某5层框架结构屋顶小塔楼倾倒，而下部结构基本完好。

图1.1-4　汶川地震北川一中五层教学楼只剩下三层

图1.1-5　阪神地震某结构SRC柱变为RC柱中间层破坏

大底盘多塔楼或单塔楼，上、下楼层侧向刚度、承载能力突变，地震中容易遭受破坏。1995年日本阪神地震中，有几幢带底盘的单塔楼建筑，在底盘上一层遭受严重破坏。一幢5层的建筑，第一层为大底盘裙房，上部4层突然收进，而且位于大底盘的一侧，上部结构与大底盘结构质心的偏心距离较大，地震中第二层（即大底盘上一层）遭受严重破坏；另一幢12层建筑，底部2层为大底盘，上部10层突然收进，并位于大底盘的一侧，地震中第三层（即大底盘上一层）遭受严重破坏，第四层也受到破坏。

连体结构的连接体及与连接体相连的结构构件受力复杂，扭转性能较差，对竖向地震反应敏感，容易形成薄弱部位。日本阪神地震、我国台湾集集地震、汶川地震中连接体（连廊）塌落较多，同时使与连接体相连的结构构件也遭受严重破坏（图1.1-6）。

图1.1-6　汶川地震中连廊倒塌

3. 防震缝的震害

设置防震缝的结构，由于防震缝的宽度受到建筑装饰等要求的限制，往往难以满足强烈地震时结构实际侧移量，从而造成相邻结构单元间碰撞破坏。唐山地震除北京饭店（缝净宽600mm）外，几乎是有缝必碰，有碰必坏。轻者使面砖、女儿墙碰坏，重者则立体框架碰撞。由于主体结构开裂、损坏，进入弹塑性工作状态，变形远大于计算值，超出了原设计的预计。缝净宽达150mm的天津友谊宾馆（8层框架结构）和北京民航大楼（9层框架结构）也难以避免碰撞。汶川地震中由于相邻建筑物缝宽很小而碰撞，防震缝的震害也很普遍（图1.1-7）。因此，应综合考虑各种因素以确定是否设置防震缝。当必须设置防震缝时，应留有足够的防震缝宽度。

图1.1-7　汶川地震相邻建筑物碰撞

4. 框架的震害

框架的破坏较普遍，震害大多发生于柱端和节点核心区，尤其是角柱更易破坏。1985年墨西哥地震，梁、柱截面过小且超量配筋造成框架倒塌，柱端、节点核心区、角柱及加腋梁的变截面处是框架结构的主要破坏部位。1979年美国加州爱尔生居地震，柱在首层埋入地面中破坏，说明地面的约束作用不能忽视。我国汶川地震框架柱的主要震害形态为：柱端水平裂缝、柱端和节点的斜裂缝或交叉裂缝，柱端剪切破坏，柱脚混凝土压碎，震害严重者发生断裂、错位、混凝土崩落、钢筋压弯等。图1.1-8为汶川地震都江堰某5层框架结构，柱端折断，整体倒塌，图1.1-9为汶川地震都江堰某6层底框底层柱，由于柱头加腋，导致加腋区段柱子承载能力相对较低，此处柱混凝土压溃，钢筋笼呈灯笼状破坏。框架梁柱节点核心区的破坏也很普遍，特别是当节点核心区两侧梁和（或）上、下柱截面高度不同时，这类异形节点更易遭受破坏（图1.1-10）。当节点核心区无箍筋约束时，节点与柱端的破坏更加严重。

图1.1-8　都江堰某5层框架结构柱折断

图1.1-9　都江堰某6层底框底层柱头加腋破坏

强柱弱梁的破坏也较典型，汶川地震中这类震害并不少见。图1.1-11为汶川地震某框架强柱弱梁破坏照片，柱头压弯，混凝土压溃，钢筋弯曲外露，柱子已完全破坏，而梁则未见明显裂缝，这说明加强预期塑性铰部位的承载力和构造的重要性。

同一楼层长短柱合用的框架结构柱子破坏严重。由于砖砌填充墙的不合理砌筑或带形

图 1.1-10　汶川地震映秀镇某框架结构，框架节点两侧梁标高不同，节点破坏

图 1.1-11　汶川地震某框架强柱弱梁破坏

窗使得框架柱形成短柱，地震中也很容易出现柱子的剪切破坏。1975 年日本大分地震、1976 年我国唐山地震、汶川地震等，这类短柱都遭受严重破坏。图 1.1-12 为汶川地震中绵竹某 4 层框架由于设置带型窗，填充墙导致的框架短柱破坏。

相比较而言，框架梁的震害较轻，震害形态基本表现为梁端的竖向弯曲裂缝或剪切斜裂缝（图 1.1-13）。

图 1.1-12　绵竹某 4 层框架短柱破坏

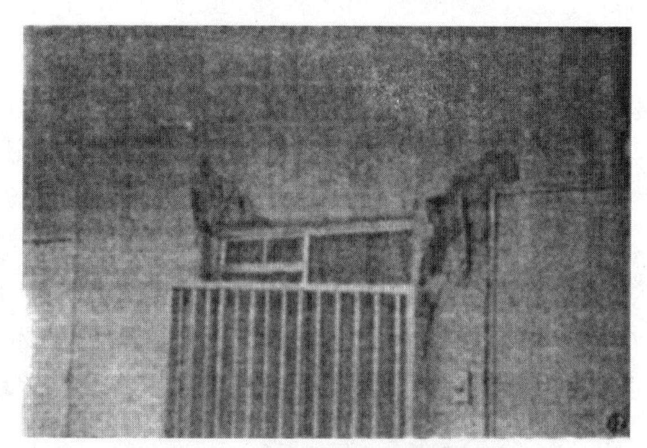

图 1.1-13　阪神地震某框架梁端弯曲屈服后压坏

5. 剪力墙的震害

剪力墙的震害包括连梁的剪切破坏、剪力墙底部破坏等。

剪力墙底层墙肢内力最大，容易在墙肢底部出现斜裂缝及破坏；当墙肢高宽比较小时，墙肢中小的斜向裂缝可能贯通成大的斜向裂缝而破坏，如 1978 年日本仙台地震时，某结构外墙由于墙体开窗形成矮而宽的墙肢，其上部出现典型的斜向交叉裂缝。图 1.1-14 为日本阪神地震中某底部大空间结构底部剪力墙墙肢剪切破坏，图 1.1-15 为我国汶川地震中都江堰某 18 层框架-剪力墙结构，剪力墙墙肢底部混凝土压

图 1.1-14　阪神地震某剪力墙墙肢剪切破坏

碎、主筋压屈破坏。

跨高比较小的连梁，除了端部容易出现垂直的弯曲裂缝外，当抗剪箍筋不足或剪应力过大时，还容易很早就出现斜向的剪切裂缝。1964 年阿拉斯加地震，安克雷奇市一幢公寓楼山墙的破坏是很典型的连梁剪切破坏，该连梁跨高比小于 1。日本阪神地震、我国台湾集集地震、汶川地震均出现不少连梁的剪切破坏。图 1.1-16 为汶川地震中都江堰某 11 层框架-剪力墙结构中某剪力墙连梁出现“X”形裂缝。

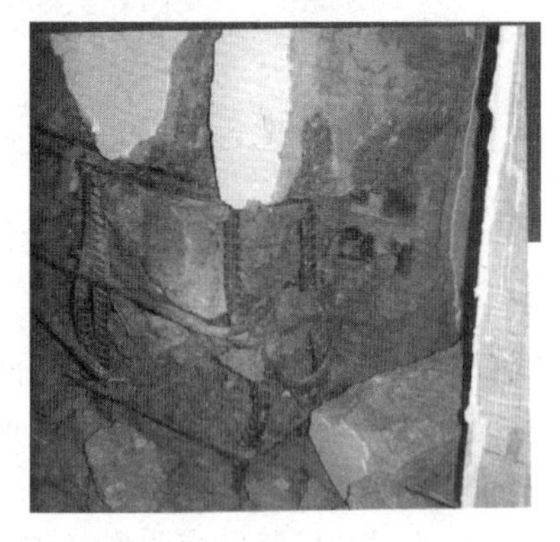

图 1.1-15　都江堰某 18 层框架-剪力墙结构，剪力墙墙肢破坏

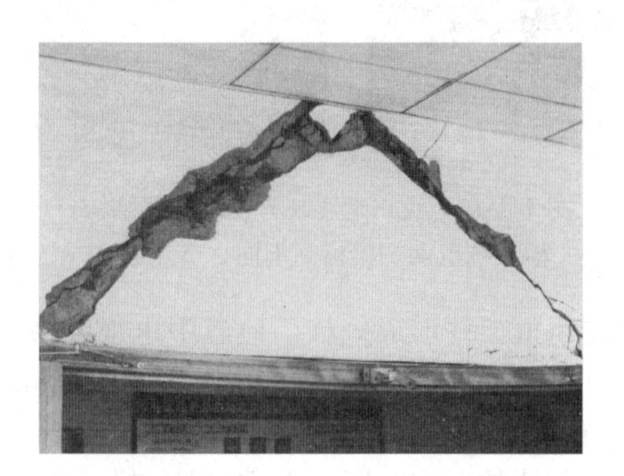

图 1.1-16　都江堰某 11 层框架-剪力墙结构，连梁破坏

6. 填充墙的震害

历次地震，框架填充墙的破坏都是量大面广。主要震害有：对墙体高大、开窗面积较大或圆弧形填充墙，易发生填充墙整片倒塌或局部塌落（特别是填充墙与主体结构缺乏有效拉接）；在端墙、窗间墙或门洞口的边角部位易受剪破坏出现典型的斜裂缝或交叉裂缝，或沿窗口上、下产生水平裂缝。图 1.1-17 为汶川地震某 4 层框架结构填充墙的倒塌。由于填充墙的布置不当，还可能会造成结构上、下楼层刚度突变、扭转偏心较大、框架柱为短柱等，导致结构或构件遭受不同程度的破坏。图 1.1-18 为汶川地震中某建筑底层为车库无填充墙，而上部楼层均有很多填充墙，导致结构下柔上刚，地震中底层完全破坏。

图 1.1-17　某 4 层框架结构填充墙的倒塌

图 1.1-18　填充墙导致结构下柔上刚的震害

7. 楼梯的震害

楼梯的震害是我国汶川地震中的一个突出问题，以往由于没有考虑楼梯参与抗震计算，仅对楼梯进行静力分析和设计，而实际上楼梯对框架结构提供了较大的抗侧移刚度，在水平地震的往复作用下，楼梯板承受往复拉压作用。震害轻微者，楼梯板出现1～2条水平裂缝，平台梁板出现剪切裂缝；震害较重者，楼梯板受力筋压曲或个别断裂、平台梁板混凝土崩落、钢筋外露，有个别震害严重者，楼梯板完全拉断。图1.1-19为汶川地震中映秀某框架结构，楼梯梁、板、填充墙均遭受严重破坏。

图1.1-19 映秀某框架结构楼梯破坏

二、抗震概念设计若干原则

1. 建筑结构的规则性

建筑结构的规则性对结构的抗震能力至关重要。

建筑设计应根据抗震概念设计的要求明确建筑形体（形体指建筑平面形状和立面、竖向剖面的变化）的规则性；不规则的建筑应按规定采取加强措施；特别不规则的建筑应进行专门研究和论证，采取特别的加强措施；不应采用严重不规则的建筑。

1）择优选用抗震性能好且经济合理的结构体系。结构应具有明确、合理的地震作用传力途径。

2）结构抗侧力构件的布置宜规则、对称，受力明确、力求简单，传力合理、途径不间断，并应具有良好的整体性。

在一个独立的结构单元内，宜使结构的平面形状简单、规则，应避免应力集中的凹角和狭长的缩颈部位，避免楼板开大洞导致水平力传递中断、不合理；结构的平面布置应避免在平面的凹角和端部设置楼、电梯间，减少偏心，使结构在具有较合理的抗侧力刚度的同时也具有较合理的抗扭刚度。减少地震作用下的结构扭转效应。

结构的竖向体型尽量避免外挑，内收也不宜过多、过急，结构刚度、质量、承载力沿房屋高度宜均匀、连续分布，避免因楼层侧向刚度突变或受剪承载力突变、质量突变而造成结构的软弱部位或薄弱部位。

建筑结构规则性的有关规定详见本章第三节。

2. 结构构件应具有必要的承载力、刚度、延性、稳定性等方面的性能

1）承载力要求

承载力要求是结构和构件抗震设计的最基本要求。常遇地震作用下，结构应基本处于弹性状态，结构的弹性侧移应满足规范限值要求，各构件均应满足有地震作用效应组合下的承载能力要求。对结构重要部位或重要构件，可以根据其性能目标，要求其在中震甚至大震下弹性或不屈服等。总之，结构构件应有足够的承载能力。

（1）结构在强烈地震下不存在强度安全储备，构件的实际承载力分析（而不是承载力设计值的分析）是判断薄弱层（部位）的基础。

（2）对结构可能出现的薄弱部位（如平面不规则有过大凹凸或楼板开大洞、竖向不规则体型有过大外挑或内收或楼层刚度突变、承载力突变、质量突变部位等），应采取措施（如将计算出的地震内力乘以放大系数等）提高薄弱部位的结构承载力以推迟屈服。

（3）在抗震设计中有意识、有目的地控制薄弱层（部位），使之有足够的变形能力又不使薄弱层发生转移，使楼层（部位）的实际承载力和设计计算的弹性受力之比在总体上应保持一个相对均匀的变化，防止在局部上加强而忽视整个结构各部位刚度、强度的协调，这是提高结构抗震性能的重要且有效的手段。一句话：该强则强，该弱则弱。否则，一旦楼层（或部位）的这个比例有突变时，会由于塑性内力重分布导致塑性变形的集中或塑性转移；致使结构在转移后的新薄弱部位出现破坏。

（4）结构主要竖向抗侧力构件应有足够的承载能力，不应作为耗能构件。

2）延性要求

在地震作用下特别是在强地震作用下，要求钢筋混凝土结构完全处于弹性状态是不可能的。总会有一些结构构件变形加大，裂缝变宽，进入非弹性状态。抗震设计对结构的另一个很重要的要求，就是在预期的地震作用下，结构可能会出现较大的位移（如变形可能已远远超出弹性范围，结构、构件和材料均已处于非线性受力状态），但其抗侧移能力无明显降低，可以依靠较大的变形能力和滞回特性来吸收地震能量，具有继续承受重力荷载的能力，避免在强震下建筑结构破坏倒塌。

在地震作用的整个过程中，结构和构件这种承载力无明显降低的非线性反应特性即为结构的延性。抗震设计对结构和构件的这种要求，就是延性要求。

结构的延性基于组成结构的构件的延性，而构件的延性来源于构成构件的材料（混凝土、钢筋和结构钢材）的延性。

（1）结构材料的延性

规范对混凝土、钢筋和结构钢材都提出了延性性能的要求，详见本章第二节相关内容。

（2）构件的延性

① 框架梁：控制梁端混凝土受压区高度、梁端箍筋加密（约束混凝土）、控制梁纵向受力钢筋配筋最小配筋率；

② 框架柱：控制柱轴压比限值、柱端箍筋加密（约束混凝土）、控制纵向受力钢筋最小配筋率；

③ 剪力墙：控制剪力墙肢轴压比限值、设置边缘构件（约束混凝土）、控制墙体钢筋最小配筋率。

钢筋不但具有较高的抗拉抗压强度，而且有很好的延性性能，钢筋的受拉破坏是延性破坏。混凝土虽然抗压强度较高（当然和钢筋相比还是低的），但其延性很差，混凝土的受压破坏是脆性破坏。因此，如果构件发生破坏，希望首先出现构件截面钢筋受拉的延性破坏而不是混凝土受压的脆性破坏，即“强拉弱压”。

为了实现“强拉弱压”，规范根据不同的抗震等级，控制框架梁的混凝土受压区高度，控制框架柱、剪力墙肢的轴压比限值，以尽可能使这些构件出现延性较好的受弯（框架梁）或大偏心受压（框架柱、剪力墙肢）破坏。同时约束构件受压区混凝土，使之裂而不坏。约束混凝土是提高钢筋混凝土构件延性的重要措施。众所周知，混凝土处于三向受压状态，不仅可以提高其受压承载能力，还可提高其变形能力，即提高其延性。对梁端、柱端箍筋加密，对剪力墙设置边缘构件（约束边缘构件或构造边缘构件），目的都是约束构件这些部位的混凝土，提高构件的延性。

钢筋混凝土梁、柱、墙的破坏都有几种破坏形态：其中有弯曲破坏和剪切破坏。发生弯曲破坏时，构件的纵向受力钢筋屈服后形成塑性铰，从而具有塑性变形能力，构件表现出很好的延性。而当发生剪切破坏时，构件的破坏形态是脆性的或延性极小，不能满足构件的延性要求。抗震设计时，如果构件发生破坏，希望首先出现受弯的延性破坏而不是脆性的剪切破坏，即“强剪弱弯”。

为了实现“强剪弱弯”，规范对框架梁、框架柱、剪力墙、连梁，均根据不同的抗震等级，不同程度地加大构件的剪力设计值，同时从严控制构件受剪截面条件，折减构件的受剪承载力，并满足相应的其他构造措施（如箍筋最小配箍率、最小箍筋直径、最大箍筋间距等）。

(3) 结构的延性

结构的延性主要是通过控制结构的非弹性部位（塑性铰区），实现合理的屈服机制来实现的。对结构中的不同构件设计，应遵守“强柱弱梁”、“强底层柱（墙）底”、“强节点弱构件”的原则。

钢筋混凝土建筑结构在强地震作用下，某些结构构件会进入非弹性。如果允许结构某些部位或构件屈服（出现塑性铰）而不产生构件的局部脆性破坏，可通过结构的变形来吸收和耗散能量，从而降低结构的地震反应，提高建筑结构的防倒塌能力。

钢筋混凝土建筑结构的屈服机制主要有两类：楼层机制和整体机制。其他机制均可由这两类机制组合而成。

楼层屈服机制（图 1.1-20）仅竖向构件屈服，水平构件保持弹性，各层可以独立地沿地面运动方向移动，因此整个结构可有相当于总层数的自由度，但全部机制不一定在各层同时形成。地面运动对这种屈服机制结构的层间位移、梁和有柱铰框架的延性比是非常敏感的，竖向构件的出铰会导致结构过大的层间位移，大面积甚至整个结构倒塌。

整体屈服机制（图 1.1-21）是所有水平构件屈服，竖向构件除根部外均处于弹性，整个结构绕根部作刚体转动，在平面内仅一个自由度。地面运动对这种屈服机制结构的层间位移及延性分布不敏感。强震作用下仅可能造成结构的局部损坏。

结构的底层柱或剪力墙对整个结构延性起控制作用。在强地震作用下，如果底层柱（墙）下端截面屈服过早，梁铰不能充分发展，将影响整个结构的变形和耗能能力。另外，随着底层梁塑性铰的出现，底层柱（墙）下端截面弯矩有增大的趋势。所以，理想的整体

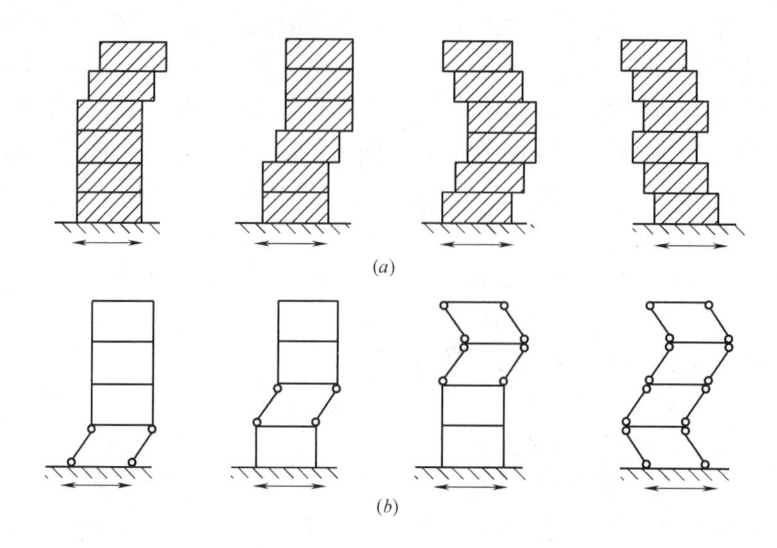

图 1.1-20 楼层屈服机制

(a) 墙体层间滑移；(b) 框架柱铰

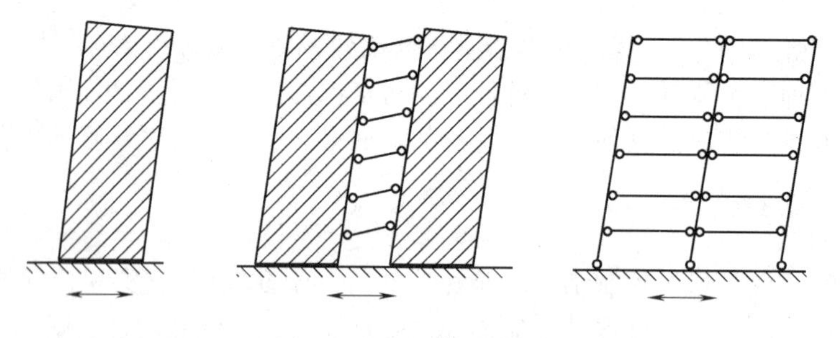

图 1.1-21 整体屈服机制

屈服机制一方面要防止塑性铰在竖向构件及其他重要构件（例如水平转换构件等）上出现，另一方面要迫使塑性铰发生在水平构件特别是次要构件上，同时还要尽量推迟塑性铰在某些关键部位（例如框架柱的根部、剪力墙的根部等）的出现。

梁柱节点是保证框架承载能力、延性和整体性的关键部位。钢筋混凝土结构的设计，除了保证梁、柱、墙等构件具有足够的承载能力和延性外，保证梁柱节点有足够的强度和刚度，使节点核心区在地震作用下基本保持正常工作状态，不过早破坏是十分重要的。因为节点区破坏或者变形过大，梁柱构件就不能形成抗侧力的框架了。

实现"强柱弱梁"、"强底层柱（墙）底"、"强节点弱构件"的具体构造要求，参见《建筑抗震设计规范》GB 50011—2010（以下简称《抗规》)、《高层建筑混凝土结构技术规程》JGJ 3—2010（以下简称《高规》）的有关规定。主要是：

① 适当提高薄弱部位的抗震等级，提高构件延性，避免屈服后过早破坏；

② 强柱弱梁、强底层柱（墙）底：根据不同的抗震等级，不同程度地加大柱端、柱（墙）底的内力设计值以及其他构造措施；

③ 强节点弱构件：对一、二、三级框架应进行节点核心区抗震受剪承载力验算。根据不同的抗震等级，不同程度地加大节点的剪力设计值，同时从严控制节点受剪截面条

件，折减节点的受剪承载力及其他构造措施；对四级框架节点核心区，可不进行抗震受剪承载力验算，但应符合抗震构造措施的要求。装配整体式框架节点抗震等级应提高一级进行抗震构造设计。

3. 整体性要求

抗震设计时对结构整体性的要求主要是基于以下原因：

1）提高楼盖刚度和整体性以保证水平力的传递

应优先采用整体现浇结构，对多层建筑，当采用装配整体结构时，构件之间应有可靠的连接，连接节点应有足够的承载能力和变形能力；

钢筋在混凝土中应有足够的锚固粘结能力，使钢筋和混凝土共同受力、共同变形。混凝土的足够的锚固粘结能力是指：

（1）钢筋足够的锚固长度；

（2）每根（或每束）钢筋周围应有足够厚度（不小于 25mm 和钢筋直径两者的大值）的混凝土包裹。

2）良好的整体性

（1）加强结构整体性的拉接要求，结构的关键构件必须拉接在一起。沿房屋周边及构件之间建立完整的拉接体系。拉接包括周边拉接、内部拉接、柱和墙的水平拉接及竖向拉接等。

（2）在有抗震设防要求的情况下，建筑物各部分之间的关系应明确；如设置结构缝分开，则应彻底分开，成为各自独立的结构单元；如相连，则应连接牢固。高层建筑的结构单元宜采取加强连接的方法。不宜采用似分不分，似连不连的结构方案。结构单元之间或主楼与裙房之间不要采用主楼框架柱设牛腿、低层屋面或楼面梁搁在牛腿上的做法，也不要用牛腿托梁的防震缝，因为地震时各单元之间，尤其是高低层之间的振动情况是不相同的，连接处容易压碎、拉断。唐山地震中，天津友谊宾馆主楼（9 层框架）和裙房（单层餐厅）之间采用了客厅层屋面梁支承在主框架牛腿上加以钢筋焊接，在唐山地震中由于振动不同步，牛腿拉断、压碎、产生严重震害。这种连接方式是不可取的。

4. 尽可能设置多道抗震防线

强烈地震之后往往伴随有多次余震，抗震设计的结构如果只有一道防线，那么，在第一次遭地震破坏后再遭余震，将会因多次余震损伤积累而导致结构最终倒塌。因此，抗震设计的结构尽可能设置多道抗震防线。

结构的多道抗震防线应有两个含义：

1）采用双重抗侧力结构

一个抗震结构体系，应由若干个延性较好的分体系组成，并由延性较好的结构构件连接起来协同工作，每个分体系应具有其所应承担的承载能力和变形能力。地震作用下，当其中某一子结构（或一部分）受损时，另一子结构（或一部分）可承受相应的地震作用，与受损子结构（或一部分）共同抗震或单独抵抗后期地震作用，实现多道设防。如框架-剪力墙体系是由延性框架和剪力墙两个分体系组成，框架-核心筒体系是由延性框架和核心筒两个分体系组成，筒中筒结构是由中央剪力墙核心筒和外框筒两个分体系组成。双肢或多肢剪力墙由若干个单肢剪力墙分体系组成，等等。

2）抗震结构体系应有尽可能多的内部、外部超静定次数结构的内部、外部赘余度越多，即使一些构件受损、破坏，结构仍然是结构（不会整体破坏）。而部分构件的受损、破坏，减小了结构的抗侧力刚度，减小了地震作用，起到了耗能作用。因此，尽可能多的超静定次数，有意识地使结构中的某些构件在强震中开裂、屈服甚至失效，从而达到结构吸收和耗散大量的地震能量，提高结构抗震性能，避免大震倒塌的目的。

这些构件可称之为耗能构件。耗能构件不应是结构的重要构件，但应有较高的延性和适当刚度，比如剪力墙连梁等水平构件等。另一方面，也使结构具有在竖向荷载及水平荷载作用下的多条传力途径，这样即使结构中某些构件破坏也只是局部损坏，结构仍有能力进行荷载重分布，其余构件仍可以在重新分布的荷载作用下有效地承受并传递内力，整个结构仍然不致破坏或倒塌。

3）适当处理结构构件的强弱关系，同一楼层内宜使主要耗能构件屈服以后，其他抗侧力构件仍处于弹性阶段，使“有约束屈服”保持较长阶段，保证结构的延性和抗倒塌能力。

4）工程实例

马那瓜美洲银行大厦：地上 18 层，结构高度 61m。采用筒中筒结构。平面内筒是由 4 个 4.6m 等边的 L 形柔性筒（$H/b=13.3$）通过每层连梁组成的正方形核心筒。连梁在中部开了较大的孔洞（弱连梁），有意识形成结构抗侧力体系中的第一道防线，同时也可以穿越机电管线，减小楼层结构高度（图 1.1-22）。在未来遭遇强烈地震时，开洞的连梁

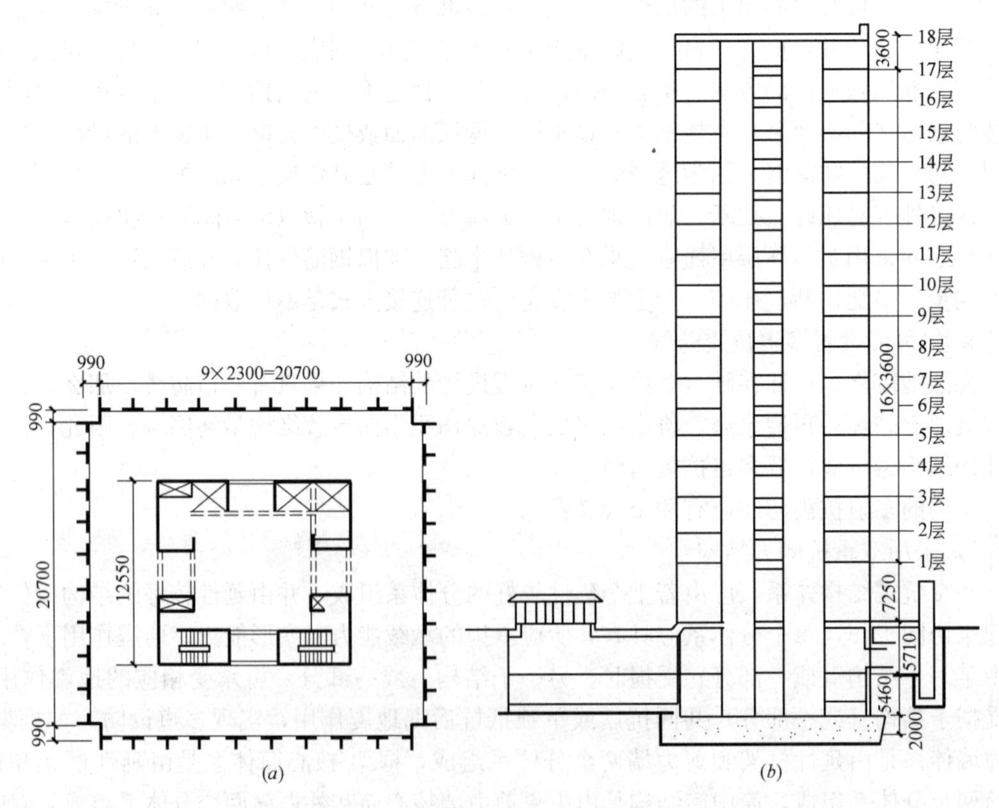

图 1.1-22 马那瓜美洲银行平、立面图（单位：m）

（a）平面图；（b）立面图

开裂、屈服、出铰，各L形柔性筒作为独立的抗侧力单元，整体结构变柔，周期变长、地震作用减小，从而变成具有延性和耗能能力的结构体系（第二道防线），可以继续保持结构的稳定性和良好的受力性能。

1972年12月23日尼加拉瓜首都马那瓜发生罕遇强烈地震，市区1万多栋楼房夷为平地，而当时全市最高的马那瓜美洲银行大厦，虽位于震中，在楼前街道上出现了13mm宽的地裂缝，承受着比当时设计规范（UBC，美国统一建筑规范）所要求的地面运动水平加速度0.06g大6倍的地震强度（0.35g，相当于里氏6.3～6.5级）而未倒塌，甚至没有严重破坏。

震后对这栋建筑结构作了动力分析，主要结果见表1.1-1。分析表明设置多道防线对抗震设计是十分合理、十分重要和十分正确的。

马那瓜美洲银行大厦动力分析结果比较 **表1.1-1**

	四个角筒共同工作	四个角筒独立工作
自振周期(s)	1.3	3.3
基底剪力(t)	2700	1300
倾覆力矩(t·m)	93000	37000
顶部位移(mm)	120	240

5. 应避免因部分结构或构件破坏而导致整个结构丧失抗震能力或对重力荷载的承载能力

防止在强烈地震作用下结构进入非弹性大变形、构件失稳，传力途径失效而引起连续倒塌；或者在强烈地震作用下，造成结构某些重要构件（这些构件可称为关键构件）丧失承载力彻底破坏，阻断传力途径导致连续倒塌。

1）选择防止结构连续倒塌的有利结构体系及构造。剪力墙结构、筒中筒结构及剪力墙较多的框架-剪力墙结构属防止连续倒塌有利的结构体系。具有多道防线的结构体系一般也是防止结构连续倒塌有利的结构体系。

对防连续倒塌不利的结构体系，应采用型钢混凝土结构、钢管混凝土结构、钢管混凝土叠合柱等坚固性较强的组合结构。

2）提高关键构件的承载能力和延性（见本节“2.结构构件应具有必要的承载力、刚度、延性、稳定性等方面的性能”）。

3）转变传力途径，考虑当结构失去某一关键构件后，通过转变受力途径仍能使结构具有足够的承载能力和延性而不倒塌。此时，应增加结构特别是关键部位关键构件的超静定次数，创造结构转变传力途径的条件，使结构关键部位关键构件有多条传力途径，合理实现结构的内力转移。

不同结构体系的关键构件是各不相同的，应根据实际工程的具体情况确定。可以是一个单独楼板或两个相邻剪力墙段形成的一个墙角；也可以是一根梁及其从属范围的楼板；还可以是一根柱或其他影响结构稳定的结构构件等等。比如：框架及板柱结构中首层失去一根角柱或边柱；剪力墙结构或框架-剪力墙结构首层失去一片角部“L”形剪力墙外墙或首层失去一片较长的剪力墙肢（指承担结构的地震剪力和倾覆力矩比例较大）。

第二节　抗震设计的一般规定

一、抗震设计的两大内容

1. 结构抗震验算

1）地震作用的计算

发生地震时，结构所承受的“地震力”实际上是由于地震地面运动引起的结构动态作用，是一种偶然的、瞬时的间接作用，其大小和方向随时间的变化在不停地变化。地震作用的计算，一般采用底部剪力法、振型分解反应谱法和时程分析法等方法。其中振型分解反应谱法、底部剪力法是将影响地震作用大小和分布的各种因素通过加速度反应谱曲线予以综合反映，地震作用计算时利用反应谱曲线得到地震影响系数，进而计算出作用在结构各楼层的拟静力的地震作用（水平和竖向），以这样一个最大的不变的静力代替瞬时的、随时间变化的间接作用。这是地震作用的计算的基本方法。时程分析法则是根据结构所在地区的基本烈度、设计分组和场地类别，选用一定数量的比较合适的地震地面运动加速度的记录和人工模拟合成波等时程曲线，通过数值积分求解运动方程，直接求出结构在模拟的地震运动全过程中的位移、速度和加速度的响应。时程分析法作为补充计算方法，对特别不规则、特别重要的和较高的高层建筑结构才要求采用。

（1）6 度时不规则建筑、建造于Ⅳ类场地上较高的高层建筑，7 度和 7 度以上的建筑结构（生土房屋和木结构房屋等除外），应进行多遇地震作用下的截面抗震验算。

（2）各抗震设防类别高层建筑的地震作用，应符合下列规定：

① 甲类建筑：应按批准的地震安全性评价结果且高于本地区抗震设防烈度的要求确定；

② 乙、丙类建筑：应按本地区抗震设防烈度计算。

（3）各类建筑结构的地震作用计算，应符合下列规定：

① 一般情况下，可在建筑结构的两个主轴方向分别考虑水平地震作用并进行抗震验算，各方向的水平地震作用应由该方向抗侧力构件承担。

② 有斜交抗侧力构件的结构，当相交角度大于 15°时，应分别计算各抗侧力构件方向的水平地震作用。

③ 质量和刚度分布明显不对称、不均匀的结构，应计算双向水平地震作用下的扭转影响；其他情况，应计算单向水平地震作用下的扭转影响。

一般认为在地震作用下，楼层的最大弹性水平位移（或层间位移），大于该楼层两端弹性水平位移（或层间位移）平均值的 1.2 倍时，就应计算双向水平地震作用下的扭转影响。此时可不考虑质量偶然偏心的影响。但应验算单向水平地震作用并考虑偶然偏心影响的楼层竖向构件最大水平位移与平均位移值之比。

④ 偶然偏心的取值。

采用附加偶然偏心作用计算是一种实用方法。美国、新西兰和欧洲等抗震规范都规定计算地震作用时应考虑附加偶然偏心。

a. 对于正方形和矩形平面，可取各层质量偶然偏心为 $0.05L_i$（L_i 为垂直于地震作用方向的建筑物总长度）来计算单向水平地震作用。实际计算时，可将每层质心沿主轴的同一方向（正向或负向）偏移。

矩形平面边长较长时，偶然偏心距的取值宜比该方向最大尺寸的5%酌情减小。

b. 各楼层垂直于地震作用方向的建筑物总长度 L_i 的取值，当楼层平面有局部突出时，可按回转半径相等的原则，简化为无局部突出的规则平面，以近似确定垂直于地震计算方向的建筑物边长 L_i。如图 1.2-1 所示平面，当计算 Y 向地震作用时，若 b/B 及 h/H 均不大于 1/4，可认为是局部突出；此时用于确定偶然偏心的边长可近似按下式计算：

$$L_i=B+\frac{bh}{H}\left(1+\frac{3b}{B}\right) \quad (1.2\text{-}1)$$

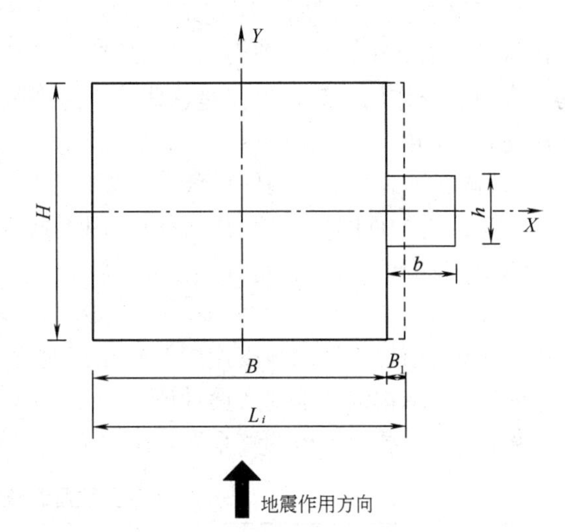

图 1.2-1 平面局部突出示例

c. 对于其他形状的平面，可取 $e_i=0.1732r_i$，r_i 为该层楼层平面平行于地震作用方向的回转半径。

d. 计算双向地震作用时，可不考虑偶然偏心的影响。

质量偶然偏心和双向水平地震下的扭转影响可不同时考虑，即不叠加。一般可按两者的最不利情况进行结构设计。

（4）各类建筑结构的地震作用计算，应采用下列方法：

① 高度不超过 40m、以剪切变形为主且质量和刚度沿高度分布比较均匀的结构，以及近似于单质点体系的结构，可采用底部剪力法等简化方法。

② 除①款外的建筑结构，宜采用振型分解反应谱法。

③ 特别不规则的建筑、甲类建筑和表 1.2-1 所列高度范围的高层建筑，应采用时程分析法进行多遇地震下的补充计算。

采用时程分析的房屋高度范围 **表 1.2-1**

设防烈度、场地类别	房屋高度范围(m)
8 度Ⅰ、Ⅱ类场地和 7 度	>100
8 度Ⅲ、Ⅳ类场地	>80
9 度	>60

（5）竖向地震作用的计算。

竖向地震作用是客观存在的，如果其值很小，对结构承载力、变形等没有产生什么不利影响，工程上就可以忽略不计，即不必计算其竖向地震作用。但研究表明：抗震设防烈度为 9 度时，对于较高的高层建筑，其竖向地震作用产生的轴力在结构上部是不可忽略的，如果不计入竖向地震作用，则偏于不安全。同样，带转换层结构的转换构件由于跨度大，上托荷载大，高烈度时的大跨度和长悬臂结构等也应考虑竖向地震作用。

下列情况应考虑竖向地震作用计算或影响：

① 9 度抗震设防的高层建筑结构；

② 7 度（0.15g）、8 度、9 度抗震设防的大跨度或长悬臂结构；

③ 7 度（0.15g）、8 度抗震设防的带转换层结构的转换构件；

④ 7 度（0.15g）、8 度抗震设防的连体结构的连接体。6 度、7 度（0.10g）的高位连体结构（连体位置高度超过 80m）的连接体宜考虑竖向地震作用。

应当注意：9 度时的高层建筑进行竖向地震作用计算，是整个结构参与计算，即所有主体构件（框架梁、柱、剪力墙等）均应计入竖向地震作用的影响；而大跨度、长悬臂结构的竖向地震作用计算，仅仅是这些构件考虑竖向地震作用的影响。无论是高层建筑还是多层建筑，7 度（0.15g）、8 度、9 度抗震设计时均应计入竖向地震作用。

2）截面抗震验算（构件承载力计算）及抗震变形验算

（1）结构构件的截面抗震验算应采用下列设计表达式，可按《混凝土结构设计规范》GB 50010—2010（以下简称《混规》）提供的方法进行计算：

$$S \leqslant R/\gamma_{RE} \tag{1.2-2}$$

式中　S——结构构件的地震作用效应和其他荷载效应组合的内力设计值；

R——结构构件承载力设计值；

γ_{RE}——承载力抗震调整系数，除另有规定外，应按表 1.2-2 采用。

承载力抗震调整系数 γ_{RE}　　**表 1.2-2**

构件类别	梁	轴压比<0.15 的柱	轴压比≥0.15 的柱	剪力墙	各类构件		框架节点
受力状态	受弯	偏　压	偏　压	偏　压	受剪、偏拉	局　压	受　剪
γ_{RE}	0.75	0.75	0.8	0.85	0.85	1.0	0.85

当仅考虑竖向地震作用组合时，各类结构构件均应取 $\gamma_{RE}=1.0$。

（2）抗震变形验算仅考虑结构在地震作用下的整体水平侧移和扭转。

表 1.2-3 所列各类结构应进行风荷载、多遇地震作用下的变形验算，其楼层层间最大弹性层间位移应符合下式要求：

$$\Delta\mu_e \leqslant [\theta_e]h \tag{1.2-3}$$

式中　$\Delta\mu_e$——风荷载、多遇地震作用标准值产生的楼层内最大的弹性层间位移以楼层最大的水平位移差计算，不扣除整体弯曲变形；抗震设计时，楼层位移计算不考虑偶然偏心的影响，各作用分项系数均应采用 1.0，构件的截面刚度可采用弹性刚度；

$[\theta_e]$——弹塑性层间位移角限值；

h——计算楼层层高。

① 高度不大于 150m 的高层建筑，其楼层层间最大弹性位移与层高之比 $\Delta\mu/h$ 不宜大于表 1.2-3 的限值；

楼层层间最大位移与层高之比的限值　　**表 1.2-3**

结　构　类　型	$[\theta_e]$
框架结构	1/550
框架-剪力墙结构、框架-核心筒结构、板柱-剪力墙结构	1/800
筒中筒结构、剪力墙结构	1/1000
除框架结构外的转换层	1/1000

② 高度不小于 250m 的高层建筑，其楼层层间最大弹性位移与层高之比 $\Delta\mu/h$ 不宜大于 1/500；

③ 高度在 150～250m 之间的高层建筑，其楼层层间最大位移与层高之比 $\Delta\mu/h$ 的限值按上述第①款和第②款的限值线性插入取用。

（3）结构在罕遇地震作用下薄弱层的弹塑性变形验算，应符合下列要求：

① 下列结构应进行弹塑性变形验算：

a. 7～9 度时楼层屈服强度系数小于 0.5 的钢筋混凝土框架结构；

b. 甲类建筑和 9 度时乙类建筑中的钢筋混凝土结构；

c. 采用隔震和消能减震设计的结构。

② 下列结构宜进行弹塑性变形验算：

a. 表 1.2-1 所列高度范围且属于本章第三节第二款中所列竖向不规则类型的高层建筑结构；

b. 7 度Ⅲ、Ⅳ类场地和 8 度时乙类建筑中的钢筋混凝土结构；

c. 板柱-剪力墙结构。

注：楼层屈服强度系数为按构件实际配筋和材料强度标准值计算的楼层受剪承载力和按罕遇地震作用标准值计算的楼层弹性地震剪力的比值。

（4）结构薄弱层（部位）弹塑性层间位移应符合下式要求：

$$\Delta\mu_p \leqslant [\theta_p]h \tag{1.2-4}$$

式中 $[\theta_p]$——弹塑性层间位移角限值，可按表 1.2-4 采用；对钢筋混凝土框架结构，当轴压比小于 0.40 时，可提高 10%；当柱子全高的箍筋构造比《抗规》表 6.3.9 条规定的最小配箍特征值大 30%时，可提高 20%，但累计不超过 25%；

h——薄弱层楼层高度。

弹塑性层间位移角限值 **表 1.2-4**

结　构　类　型	$[\theta_p]$
框架结构	1/50
框架-剪力墙结构、板柱-剪力墙结构、框架-核心筒结构	1/100
剪力墙结构、筒中筒结构	1/120
除框架结构外的转换层	1/120

例如，当 7～9 度抗震设防采用钢筋混凝土框架结构时，只要其楼层屈服强度系数小于 0.5，就应进行罕遇地震作用下薄弱层的弹塑性变形验算。薄弱层的弹塑性变形验算很复杂，规范仅对规则框架提供了近似计算的方法。作为工程设计，首先要设法避免这种情况。当无法避免时，应尽可能减小竖向刚度差异，加强可能出现薄弱层部位的构造措施，满足楼层屈服系数小于 0.5 的要求。

2. 抗震措施

由于地震的不确定性，由于结构计算模型和实际结构的差异，理论计算结果不一定完全反映结构所受到的实际地震作用，更无法反映抗震概念设计要求。所以，结构抗震设计的又一大内容是抗震措施。

抗震措施是在历次震害调查分析的基础上，结合抗震概念设计的原则，所提出的除地震作用计算和抗力计算以外所采取的各种抗震设计内容。它包括抗震构造措施和其他抗震措施。

1）抗震构造措施：根据抗震概念设计原则，一般不需计算而对结构和非结构各部分必须采取的各种构造要求。如构件的配筋要求、延性要求、钢筋锚固、连接要求等。主要内容见《抗规》第6、7、8、9、10各章除第一、二节外的各节。

2）其他抗震措施：除抗震构造措施以外的抗震措施，如结构体系的确定、结构的高宽比、长宽比、结构布置、结构相关部位或构件的内力调整等。主要内容见《抗规》第6、7、8、9、10各章的第一、二节。

确定结构抗震措施的标准是抗震等级。抗震等级的规定见本节“三、抗震等级”。

二、建筑抗震设防分类和设防标准

1. 建筑工程抗震设防分类

1）为使建筑物的抗震设计既安全又具有合理、明确、经济的设防标准，规范规定了建筑结构的设防类别，以减轻地震灾害，合理使用建设资金。

2）建筑抗震设防类别划分，应根据下列因素的综合分析确定：

（1）建筑破坏造成的人员伤亡、直接和间接经济损失及社会影响的大小。

（2）城市的大小和地位、行业的特点、工矿企业的规模。

（3）建筑使用功能失效后，对全局的影响范围大小、抗震救灾影响及恢复的难易程度。

（4）建筑各区段的重要性有显著差异时，可按区段划分抗震设防类别。就是说，允许同一幢建筑物按其重要性的不同局部划分为不同的抗震设防类别（虽然为同一结构单元），但和高一类别相邻的部分可适当提高。例如商住楼，下部（带裙房）为多层大型商场，上部为住宅，当下部属乙类建筑时，一般可将其及与之相邻的上部二层按乙类进行抗震设计，而其余各层为丙类，可按丙类进行抗震设计。但需注意，当按区段划分时，若上部区段为乙类，则其下部区段也应为乙类。

（5）不同行业的相同建筑，当所处地位及受地震破坏后产生的后果和影响不同时，其抗震设防类别可不相同。

注：区段指由防震缝分开的结构单元、或平面内使用功能不同的部分、或上下使用功能不同的部分。

3）建筑工程抗震设防类别，应根据其使用功能的重要性分为甲、乙、丙、丁四个类别。设防分类标准的规定详见《建筑工程抗震设防分类标准》GB 50223—2008。

2. 建筑工程抗震设防标准

1）建筑工程抗震设防标准见表1.2-5。

建筑工程抗震设防标准 **表1.2-5**

抗震设防类别	分类标准	抗震设计		
		地震作用	抗震措施	
特殊设防类（简称甲类）	使用上有特殊设施，涉及国家公共安全的重大建筑工程和地震时可能发生严重次生灾害等特别重大灾害后果，需要进行特殊设防的建筑	高于本地区设防烈度的要求，按批准的地震安全性评价结果确定①	6、7、8度	按提高1度的要求确定
			9度	比9度更高的要求②

续表

抗震设防类别	分类标准	抗震设计			
		地震作用		抗震措施	
重点设防类(简称乙类)	地震时使用功能不能中断或需尽快恢复的生命线相关建筑，以及地震时可能导致大量人员伤亡等重大灾害后果，需要提高设防标准的建筑	本地区设防烈度的要求④		6、7、8度	按提高1度的要求确定③
				9度	比9度更高的要求②
标准设防类(简称丙类)	大量的除甲、乙、丁三种类别外按标准要求进行设防的建筑	本地区设防烈度的要求④		按本地区设防烈度的要求确定	
适度设防类(简称丁类)	使用上人员稀少且震损不致产生次生灾害，允许在一定条件下适度降低要求的建筑	7、8、9度	本地区设防烈度的要求	7、8、9度	按本地区设防烈度的要求适当降低(不是降低1度)
		6度	不验算	6度	不应降低

注：① 提高幅度应专门研究，并按规定权限审批。不一定都提高1度。
② 比9度更高的要求：经过讨论研究在一级的基础上对重要部位和重要构件进行加强，不一定全部按特一级进行设计。
③ 对较小的乙类建筑，当其结构改用抗震性能较好的结构类型时，应仍允许按本地区抗震设防烈度要求采取抗震措施。如工矿企业的变电所，空压站，水泵房及城市供水水源的泵房，当为丙类建筑时，多为砌体结构；当为乙类建筑时，若改用钢筋混凝土结构或钢结构，则可仍按本地区抗震设防烈度要求采取抗震措施。
④ 6度时不规则建筑结构、建造于Ⅳ类场地上较高的高层建筑结构，应按本地区设防烈度要求进行地震作用计算，其他情况的多层建筑可不进行抗震验算。

2）几点说明：

（1）表中所说的“提高1度”或“适当降低”，并非要求建筑结构的抗震设防烈度提高1度或适当降低，而是指建筑结构的抗震设防标准按本地区抗震设防烈度提高1度或适当降低的要求确定；

（2）除甲类建筑地震作用应按批准的地震安全性评价结构且高于本地区抗震设防烈度的要求计算外，乙类、丙类、丁类建筑的地震作用计算均按本地区设防烈度的要求进行，既不提高也不降低。

三、抗震等级

1. 抗震等级是钢筋混凝土房屋抗震设计的重要参数。抗震设计时结构构件抗震措施的抗震等级的确定，与设防类别、设防烈度、结构类型、房屋高度有关，其中的抗震构造措施还与场地类别有关。按不同的设防类别、设防烈度、结构类型、房屋高度等规定了钢筋混凝土结构构件的不同的抗震等级，采用相应的计算和构造措施. 体现了不同抗震设防类别、不同结构类型、不同设防烈度、同一设防烈度但不同高度的建筑结构对延性要求的不同，以及同一构件在不同的结构类型中的延性要求的不同。实质就是在宏观上控制不同结构构件不同的抗震性能要求。

同一个结构的同一个构件，有些情况下其抗震构造措施和其他抗震措施的抗震等级也可能不同。

抗震等级是根据国内外建筑结构的震害、有关科研成果、工程设计经验确定的。

2. 上部结构抗震等级

抗震设计时，高层建筑钢筋混凝土结构构件应根据抗震设防分类、烈度、结构类型和房屋高度采用不同的抗震等级，并应符合相应的计算和构造措施要求。

1）A 级高度丙类建筑钢筋混凝土结构的抗震等级应按表 1.2-6 确定。

A 级高度混凝土结构的抗震等级 **表 1.2-6**

<table>
<tr><td colspan="4" rowspan="2">结构类型</td><td colspan="12">设防烈度</td></tr>
<tr><td colspan="2">6</td><td colspan="4">7</td><td colspan="4">8</td><td colspan="2">9</td></tr>
<tr><td rowspan="3">框架结构</td><td colspan="3">高度(m)</td><td>≤24</td><td>>24</td><td colspan="2">≤24</td><td colspan="2">>24</td><td colspan="2">≤24</td><td colspan="2">>24</td><td colspan="2">≤24</td></tr>
<tr><td colspan="3">普通框架</td><td>四</td><td>三</td><td colspan="2">三</td><td colspan="2">二</td><td colspan="2">二</td><td colspan="2">一</td><td colspan="2">一</td></tr>
<tr><td colspan="3">大跨度框架</td><td colspan="2">三</td><td colspan="4">二</td><td colspan="4">一</td><td colspan="2">一</td></tr>
<tr><td rowspan="3">框架-剪力墙结构</td><td colspan="3">高度(m)</td><td>≤60</td><td>>60</td><td>≤24</td><td colspan="2">>24且≤60</td><td>>60</td><td>≤24</td><td colspan="2">>24且≤60</td><td>>60</td><td>≤24</td><td>>24且≤50</td></tr>
<tr><td colspan="3">框架</td><td>四</td><td>三</td><td>四</td><td colspan="2">三</td><td>二</td><td>三</td><td colspan="2">二</td><td>一</td><td>二</td><td>一</td></tr>
<tr><td colspan="3">剪力墙</td><td colspan="2">三</td><td>三</td><td colspan="3">二</td><td>二</td><td colspan="3">一</td><td colspan="2">一</td></tr>
<tr><td rowspan="2">剪力墙结构</td><td colspan="3">高度(m)</td><td>≤80</td><td>>80</td><td>≤24</td><td colspan="2">>24且≤80</td><td>>80</td><td>≤24</td><td colspan="2">>24且≤80</td><td>>80</td><td>≤24</td><td>24～60</td></tr>
<tr><td colspan="3">剪力墙</td><td>四</td><td>三</td><td>四</td><td colspan="2">三</td><td>二</td><td>三</td><td colspan="2">二</td><td>一</td><td>二</td><td>一</td></tr>
<tr><td rowspan="4">部分框支剪力墙结构</td><td colspan="3">高度(m)</td><td>≤80</td><td>>80</td><td>≤24</td><td colspan="2">>24且≤80</td><td>>80</td><td>≤24</td><td colspan="2">>24且≤80</td><td rowspan="4">—</td><td colspan="2" rowspan="4">—</td></tr>
<tr><td rowspan="2">剪力墙</td><td colspan="2">一般部位</td><td>四</td><td>三</td><td>四</td><td colspan="2">三</td><td>二</td><td>三</td><td colspan="2">二</td></tr>
<tr><td colspan="2">加强部位</td><td>三</td><td>二</td><td>三</td><td colspan="2">二</td><td>一</td><td>二</td><td colspan="2">一</td></tr>
<tr><td colspan="3">框支层框架</td><td colspan="2">二</td><td colspan="3">二</td><td>一</td><td colspan="3">一</td></tr>
<tr><td rowspan="4">筒体结构</td><td colspan="2" rowspan="2">框架-核心筒</td><td>框架</td><td colspan="2">三</td><td colspan="4">二</td><td colspan="4">一</td><td colspan="2">一</td></tr>
<tr><td>核心筒</td><td colspan="2">二</td><td colspan="4">二</td><td colspan="4">一</td><td colspan="2">一</td></tr>
<tr><td colspan="2" rowspan="2">筒中筒</td><td>内筒</td><td colspan="2">三</td><td colspan="4">二</td><td colspan="4">一</td><td colspan="2">一</td></tr>
<tr><td>外筒</td><td colspan="2">三</td><td colspan="4">二</td><td colspan="4">一</td><td colspan="2">一</td></tr>
<tr><td rowspan="3">板柱-剪力墙结构</td><td colspan="3">高度(m)</td><td>≤35</td><td>>35</td><td colspan="2">≤35</td><td colspan="2">>35</td><td colspan="2">≤35</td><td colspan="2">>35</td><td colspan="2" rowspan="3">—</td></tr>
<tr><td colspan="3">板柱及周边框架</td><td>三</td><td>二</td><td colspan="2">二</td><td colspan="2">二</td><td colspan="4">一</td></tr>
<tr><td colspan="3">剪力墙</td><td>二</td><td>二</td><td colspan="2">二</td><td colspan="2">一</td><td colspan="2">二</td><td colspan="2">一</td></tr>
<tr><td>单层厂房结构</td><td colspan="3">铰接排架</td><td colspan="2">四</td><td colspan="4">三</td><td colspan="4">二</td><td colspan="2">一</td></tr>
</table>

注：1. 接近或等于高度分界时，应允许结合房屋不规则程度及场地、地基条件确定抗震等级；
2. 大跨度框架指跨度不小于 18m 的框架；
3. 表中框架结构不包括异形柱框架；
4. 房屋高度不大于 60m 的框架-核心筒结构按框架-剪力墙结构的要求设计时，应按表中框架-剪力墙结构确定抗震等级；
5. 底部带转换层的筒体结构，其转换框架的抗震等级应按表中部分框支剪力墙结构的规定采用。

2）B 级高度丙类建筑钢筋混凝土结构的抗震等级应按表 1.2-7 确定。

B 级高度混凝土结构的抗震等级 **表 1.2-7**

结构类型		烈度		
		6 度	7 度	8 度
框架-剪力墙	框架	二	一	一
	剪力墙	二	一	特一
剪力墙	剪力墙	二	一	一

续表

结构类型		烈度		
		6度	7度	8度
部分框支剪力墙	非底部加强部位剪力墙	二	一	一
	底部加强部位剪力墙	一	一	特一
	框支框架	一	特一	特一
框架-核心筒	框架	二	一	一
	筒体	二	一	特一
筒中筒	外筒	二	一	特一
	内筒	二	一	特一

注：底部带转换层的筒体结构，其转换框架和底部加强部位筒体的抗震等级应按表中部分框支剪力墙结构的规定采用。

3）丙类建筑混合结构的抗震等级应按表1.2-8确定。

钢-混凝土混合结构的抗震等级　　表1.2-8

结构类型		抗震设防烈度						
		6度		7度		8度		9度
房屋高度(m)		≤150	＞150	≤130	＞130	≤100	＞100	≤70
钢框架-钢筋混凝土核心筒	钢筋混凝土核心筒	二	一	一	特一	一	特一	特一
型钢(钢管)混凝土框架-钢筋混凝土核心筒	钢筋混凝土核心筒	二	二	二	一	一	特一	特一
	型钢(钢管)混凝土框架	三	二	二	一	一	一	一
房屋高度(m)		≤180	＞180	≤150	＞150	≤120	＞120	≤90
钢外筒-钢筋混凝土核心筒	钢筋混凝土核心筒	二	一	一	特一	一	特一	特一
型钢(钢管)混凝土外筒-钢筋混凝土核心筒	钢筋混凝土核心筒	二	二	二	一	一	特一	特一
	型钢(钢管)混凝土外筒	三	二	二	一	一	一	一

注：钢结构构件抗震等级，抗震设防烈度为6、7、8、9度时应分别取四、三、二、一级。

4）抗震设计时，与主楼连为整体的裙房的抗震等级，除应按裙房本身确定外，相关范围不应低于主楼的抗震等级［图1.2-2（a）］。此“相关范围”，《高规》规定为：一般指主楼周边外延三跨的裙房结构。比如说，主楼高100m，为剪力墙，裙房高10m，为框架，连为整体为一个结构单元，若裙房部分承受的地震倾覆力矩不小于结构总地震倾覆力矩的

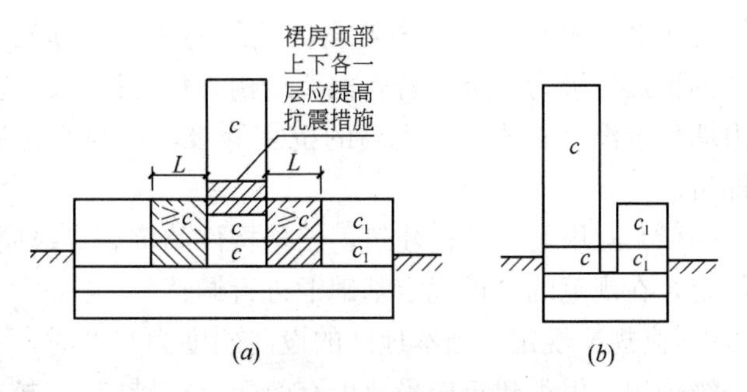

图1.2-2　裙房部分抗震等级的确定

c—表示主楼部分（结构单元）抗震等级；

c_1—表示裙房部分（结构单元）抗震等级；L—相关范围

10%时，称为框架-剪力墙结构。则其裙房的抗震等级应按结构高度为 100m 的框架-剪力墙结构的框架部分查规范确定其抗震等级。

“相关范围”应当与上部结构高度有关。当主楼高度不高，可以取少一些（只取三跨），当主楼高度很高时，根据工程具体情况，也可取四跨甚至五跨。

裙房的抗震等级，除应按上述方法确定外，还应按 10m 高的框架结构查规范确定其抗震等级，特别是当裙房部分抗震设防类别高于主楼部分（例如裙房为人流密集的大型多层商场乙类建筑，主楼为住宅丙类建筑）时，裙房部分抗震设防烈度应提高一级按其自身的结构类型查规范确定抗震等级，最后取两者的不利情况作为裙房部分构件的抗震等级。

相关部位范围以外可按裙房自身的结构类型确定其抗震等级。

应当指出：

（1）裙房与主楼相连，主楼结构在裙房顶板对应的上、下各一层受刚度与承载力突变影响较大，需要适当加强抗震构造措施。

首先是要加强主楼与裙房的整体性，如适当加大楼板的厚度和配筋率，必要时采用双层双向配筋等；当上、下层刚度变化较大，属于体型收进的不规则结构时，应按《高规》第 10.6 节的有关规定采取相应加强措施。

（2）对于偏置较大的裙房，其端部的扭转效应很大，需要加强，建议至少比按裙房自身结构类型确定的抗震等级提高一级。

（3）当主楼和裙房由防震缝分开时，主楼和裙房为各自独立的结构单元，应分别按各自的结构体系、高度等确定其抗震等级［图 1.2-2（*b*）］。由于主楼和裙房之间设防震缝，在大震作用下可能发生碰撞，裙房顶层及主楼结构在裙房顶板对应的上、下各一层也需采取加强措施。

5）几点说明

（1）由框架和剪力墙两部分所组成的结构，在规定的水平力作用下，当结构底层框架部分所承受的地震倾覆力矩大于结构底部总地震倾覆力矩的 50%但不大于 80%时，表明结构中剪力墙的数量偏少，框架承担较大的地震作用。此时，框架部分的抗震等级宜按框架结构确定。

剪力墙部分的抗震等级一般可按框架-剪力墙结构确定，当结构高度较低时，也可按框架结构确定。如某 6 层框架-剪力墙结构，结构高度 22m，抗震设防烈度为 8 度，丙类建筑，若框架部分承受的地震倾覆力矩大于结构总地震倾覆力矩的 50%，根据《抗规》第 6.1.2 条表 6.1.2 查框架-剪力墙结构一栏，框架部分的抗震等级应为三级，剪力墙部分的抗震等级为二级。若查框架结构一栏，框架的抗震等级也为二级，可见这种情况下剪力墙部分没有必要采用更高的抗震等级，可与修正后的框架部地震等级一样，即按二级即可。

（2）对甲类、乙类建筑，结构构件的抗震等级应按《建筑工程抗震设防分类标准》的规定，在规范的上述规定基础上进行调整。

《高规》规定：当本地区的设防烈度为 9 度时，A 级高度乙类建筑的抗震等级应按特一级采用，甲类建筑应采取更有效的抗震措施；《抗规》规定：当甲、乙类建筑按规定提高一度确定其抗震等级而房屋的高度超过本规范表 6.1.2 相应规定的上界时，应采取比一级更有效的抗震构造措施；《混规》规定：甲、乙类建筑按规定提高一度确定其抗震等级时，如其高度超过对应的房屋最大适用高度，其抗震构造措施尚应适当提高。

如何确定其抗震等级？根据规范的上述规定，笔者认为：

① 对A级高度的甲类高层建筑9度设防时，应采取比9度设防更有效的措施；乙类高层建筑9度设防时，抗震等级提升至特一级。B级高度的高度建筑，其抗震等级有更严格的要求，应按《高规》表3.9.4采用；有更高要求时则提升至特一级。此时抗震构造措施和其他抗震措施的抗震等级均提高。

② 对甲类的9度多层及甲类、乙类的8度、7度多高层建筑，则“应采取比一级更有效的抗震构造措施”，即仅将抗震构造措施的抗震等级提高一级或适当提高，不提高其他抗震措施的抗震等级。

例如：结构高度为75m的框架-剪力墙结构，抗震设防烈度为8度（0.20g），设防类别为乙类，根据规定其抗震等级应按9度确定。但规范表中只能确定设防烈度为9度，结构高度为25～50m的框架-剪力墙结构的抗震等级，为一级。结构高度为75m时则无法从表中查得。但本工程结构高度为75m，已超高。故其抗震构造措施的抗震等级可为特一级，而其他抗震措施的抗震等级仍为一级。

又如：某建筑结构，采用剪力墙结构，结构高度70m，抗震设防烈度为8度（0.30g），建筑场地类别为Ⅲ类。根据规定应按抗震设防烈度9度、剪力墙结构、结构高度70m查表确定其抗震等级，表中9度时抗震等级为一级，但最大高度为60m，已超高。故本工程抗震构造措施的抗震等级可为特一级，而其他抗震措施的抗震等级仍为一级。

所谓抗震措施适当提高，即抗震措施的提高幅度，应综合考虑结构高度、场地类别和地基条件、建筑结构的规则性等情况确定，不一定都提高一级。这就是“比9度设防更有效的措施”、“比一级更有效的抗震构造措施”的含义。即经过讨论研究在一级抗震等级的基础上对重要部位和重要构件（不是全部构件）抗震构造措施进行加强，按特一级进行设计。但有关抗震设计的内力调整系数等一般不必提高。

（3）关于Ⅰ类场地上建筑结构构件的抗震等级

历次大地震的经验表明，同样或相近的建筑，建造于Ⅰ类场地时震害较轻，场地对地震作用有一定的“减弱”效应。因此，《抗规》第3.3.2条规定：

建筑场地为Ⅰ类时，对甲、乙类的建筑应允许仍按本地区抗震设防烈度的要求采取抗震构造措施；对丙类的建筑应允许按本地区抗震设防烈度降低一度的要求采取抗震构造措施，但抗震设防烈度为6度时仍应按本地区抗震设防烈度的要求采取抗震构造措施。

应该注意的是：

① 规范的用语是“允许”，即对结构构件所采取的抗震构造措施，“提高”、“不降低”可以，“不提高”、“降低”也并未违反规范的规定。因此，设计人员应根据实际工程的具体情况确定。例如：抗震设防烈度较低（6度或7度）、房屋高度不太高、结构比较规则，允许“不提高”或“降低”。反之，则也可以“提高”或“不降低”。

② 所“不提高”或“降低”的仅仅是结构构件所采取的抗震构造措施，不降低其他抗震措施的要求，如按概念设计要求的内力调整措施等。更不能降低地震作用的计算。

③ 对于丁类建筑，其抗震措施已降低，不应再重复降低。

④ 本条是强制性条文，必须严格执行。

（4）Ⅲ、Ⅳ类建筑场地、7度（0.15g）或8度（0.30g）时，结构构件抗震构造措施

的抗震等级的确定

历次大地震的经验表明，同样或相近的建筑结构，建造于Ⅰ类建筑场地时震害较轻，场地对地震作用有一定的“减弱”效应；而建造于Ⅲ、Ⅳ类建筑场地震害较重，场地对地震作用有一定的“放大”效应。规范对上部结构构件抗震等级的规定，在《高规》表3.9.3、表3.9.4，《抗规》表6.1.2或《混规》表11.1.3中，对设计基本地震加速度为0.15g和0.30g的情况，都未作区别，也未明确规定建筑场地为Ⅱ、Ⅲ、Ⅳ类时构件抗震等级的不同。若建筑结构抗震设防烈度为7度（0.15g）或8度（0.30g），同时又建造在Ⅲ类、Ⅳ类建筑场地上，两个不利因素叠加，仍按《高规》表3.9.3、表3.9.4，《抗规》表6.1.2或《混规》表11.1.3确定抗震等级，有可能偏于不安全。因此，规范对此种情况下构件的抗震构造措施予以适当加强。

《抗规》第3.3.3条规定：

建筑场地为Ⅲ、Ⅳ类时，对设计基本地震加速度为0.15g和0.30g的地区，除本规范另有规定外，宜分别按抗震设防烈度8度（0.20g）和9度（0.40g）时各抗震设防类别建筑的要求采取抗震构造措施。

对抗震设防类别为丙类的建筑结构，应按上述规定确定构件的抗震等级。

但对抗震设防类别为甲类、乙类的建筑结构，当建筑场地为Ⅲ、Ⅳ类，设计基本地震加速度为0.15g和0.30g时，如何确定其抗震构造措施的抗震等级？笔者认为：首先应按规定提高一度查规范确定结构构件的抗震等级，在此基础上，再根据建筑结构的高度、规则性等，对结构重要部位的构件采取更有效的抗震构造措施。比如对这些构件可分别按抗震设防烈度8度（0.20g）和9度（0.40g）时各类建筑的要求采取抗震构造措施。而对其他构件不再提高；也可进行抗震性能设计等。

应该注意的是：

① 所“提高”的仅仅是结构构件所采取的抗震构造措施，不应提高其他抗震措施的要求，如按概念设计要求的内力调整措施等。更不必提高结构地震作用的计算。

② 规范的用语是“宜”而不是“应”，即对结构构件所采取的抗震构造措施，“提高”不是必须的。因此，设计人应根据实际工程的具体情况，如建筑结构的高度、结构体系、规则性等，分析确定是否提高。

（5）在部分框支-剪力墙结构中，将剪力墙的抗震等级由一档划分为加强部位和一般部位两档，以体现同一结构中的同一构件在不同部位因其重要性不同，所需的抗震性能要求不同；

（6）在结构受力性质与变形方面，框架-核心筒结构与框架-剪力墙结构基本上是一致的，尽管框架-核心筒结构由于剪力墙组成筒体而大大提高了其抗侧力能力，但其周边的稀柱框架相对较弱，设计上与框架-剪力墙结构基本相同。

对于房屋高度不超过60m的框架-核心筒结构，其作为筒体结构的空间作用已不明显，总体上更接近于框架-剪力墙结构，因此规范明确规定其抗震等级允许按框架-剪力墙结构采用；注意“允许”二字，即可以按框架-核心筒结构、也允许按框架-剪力墙结构确定其抗震等级。设计人可根据具体工程核心筒的实际情况（如承载能力、变形能力、延性性能、空间性能、房屋高宽比等）确定。

（7）按规范查表确定的结构构件抗震等级，既适用于结构抗震构造措施也适用于其他抗震措施。

(8) 规范规定的抗震等级，是满足结构抗震设计的最低要求，当房屋结构高度接近或等于高度分界时，应允许结合结构的不规则程度及场地、地基条件等确定其抗震等级。

3. 地下室结构构件的抗震等级

1) 抗震设计的多层和高层建筑，当地下室顶板可作为上部结构的嵌固部位时，地下一层相关范围内的抗震等级应按上部结构采用，相关范围内地下一层以下结构抗震构造措施的抗震等级可逐层降低一级，但不应低于四级，详见表 1.2-9。甲、乙类建筑抗震设防烈度为 9 度时应专门研究。

地下室顶层作为上部结构嵌固端的地下室结构的抗震等级 **表 1.2-9**

地下室层次	确定抗震等级的设防烈度			
	6 度	7 度	8 度	9 度
地下一层	同上部结构	同上部结构	同上部结构	同上部结构
地下二层及以下各层	逐层降低一级,但不应低于四级			

此“相关范围”，《高规》规定为：一般指主楼周边外延 1～2 跨的地下室范围；《抗规》、《混规》对此并未述及。

笔者认为：规定一个相关范围是合适的。同时，“相关范围”应当与上部结构高度有关。究竟取一跨还是取二跨？俗话说：“树大根深”，当为多层建筑时，也可取一跨，而当为高层建筑主楼高度又很高时，根据工程具体情况，也可取三跨甚至四跨。

2) 对于地下室顶层确实不能作为上部结构嵌固部位需嵌固在地下其他楼层时，实际嵌固部位所在楼层及其上部的地下室楼层（与地面以上结构对应的部分）的抗震等级，可取为与地上结构相同或根据地下结构的有利情况适当降低（不超过一级）。以下各层可根据具体情况逐层降低一级。

3) 当地下室为大底盘、其上有多个独立的塔楼时，若嵌固部位在地下室顶板，地下一层高层部分及高层部分相关范围以内无上部结构部分的抗震等级应与高层部分底部结构抗震等级相同。地下室中超出上部主楼相关范围且无上部结构的部分，其抗震等级可根据具体情况采用三级或四级（图 1.2-3）。9 度抗震设计时的抗震等级不应低于三级。

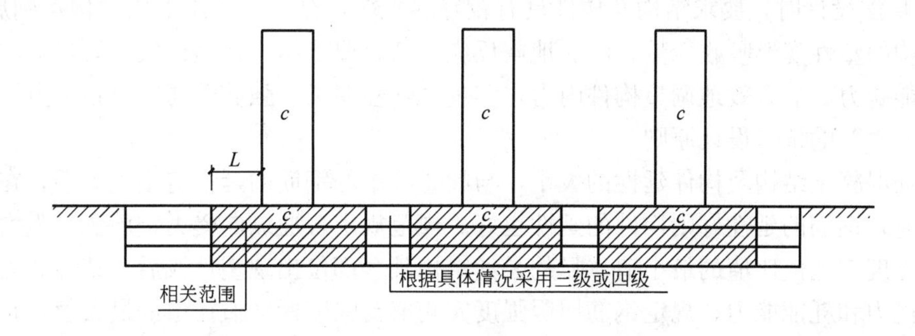

图 1.2-3 地下室结构构件抗震等级的确定

c—抗震等级；L—相关范围

4) 无上部结构的地下建筑结构构件，如地下车库等，其抗震等级可按三级或四级采用。

5）注意：由于地下一层以下不要求计算地震作用，故地下室结构构件的抗震等级仅是抗震构造措施的抗震等级。即只需满足抗震设计时相应抗震等级的构件配筋要求、延性要求、锚固长度等。而无需进行相关构件的内力调整等。

四、材料

1. 抗震设计不仅要求构件有足够的承载能力、变形能力，还要求构件有良好的延性。混凝土强度等级对构件的延性有不容忽视的影响：混凝土强度等级对保证构件塑性铰区发挥延性能力具有重要作用；高强度混凝土具有脆性性质，且随强度等级提高而增加；同时，高强度混凝土因侧向变形系数过小而使箍筋对它的约束效果受到一定的削弱，所以，规范对不同结构部位、不同结构构件的混凝土强度等级提出了最低要求及抗震上限限值，对高烈度区高强混凝土的应用作了必要的限制。对重要性较高的框支梁、框支柱、延性要求相对较高的一级抗震等级的框架梁、柱以及受力复杂梁柱节点的混凝土最低强度等级提出了比非抗震设计时更高的要求。

各类结构用混凝土的强度等级均不应低于C20，采用强度级别400MPa及以上的钢筋时，混凝土强度等级不应低于C25，并应符合下列规定：

1）抗震设计时，一级抗震等级框架梁、柱及其节点的混凝土强度等级不应低于C30；

2）筒体结构的混凝土强度等级不宜低于C30；

3）作为上部结构嵌固部位的地下室楼盖的混凝土强度等级不宜低于C30；

4）转换层楼板、转换梁、转换柱、箱形转换结构以及转换厚板的混凝土强度等级均不应低于C30；

5）预应力混凝土结构的混凝土强度等级不宜低于C40、不应低于C30；

6）型钢混凝土梁、柱的混凝土强度等级不宜低于C30；

7）构造柱、芯柱、圈梁及其他各类构件不应低于C20；

8）现浇非预应力混凝土楼盖结构的混凝土强度等级不宜高于C40；

9）抗震设计时，框架柱的混凝土强度等级，9度时不宜高于C60，8度时不宜高于C70；剪力墙的混凝土强度等级不宜高于C60。

2. 抗震设计时，要求结构及构件具有较好的延性，在地震作用下当结构达到屈服后，利用结构的塑性变形吸收能量，削弱地震反应。这就要求结构在塑性铰处有足够的转动能力和耗能能力，能有效地调整构件内力，实现“强柱弱梁、强剪弱弯、更强节点、强底层柱（墙）底”的抗震设计原则。

钢筋混凝土结构及构件延性的大小，与配置其中的钢筋的延性有很大关系，在其他情况相同时，钢筋的延性好则构件的延性也好。规范规定普通纵向受力钢筋抗拉强度实测值与屈服强度实测值比值的最小值，目的是使结构某个部位出现塑性铰后，塑性铰处有足够的转动能力和耗能能力；规定钢筋屈服强度实测值与强度标准值比值的最大值，是为了有利于强柱弱梁、强剪弱弯所规定的内力调整得以实现。显然，这些对提高结构及构件的延性是十分必要和重要的。而对钢筋伸长率的要求，则是控制钢筋延性的重要性能指标。

《抗规》第3.9.2条第2款第2）小款规定：

抗震等级为一、二、三级的框架和斜撑构件（含梯段），其纵向受力钢筋采用普通钢筋时，钢筋的抗拉强度实测值与屈服强度实测值的比值不应小于1.25；钢筋的屈服强度实测值与屈服强度标准值的比值不应大于1.3，且钢筋在最大拉力下的总伸长率实测值不应小于9%。

笔者认为：对一、二、三级抗震等级的结构构件，无论是框架梁、柱、斜撑，还是剪力墙墙肢、连梁，只要是结构主体受力构件，其纵向受力钢筋都应有上述规定的“两个比值，一个伸长率”的要求。

3. 在钢-混凝土混合结构中，可能有钢构件，也可能有型钢混凝土构件等，都采用结构钢材。钢结构中所用的钢材，应保证抗拉强度、屈服强度、冲击韧性合格及硫、磷和碳含量的限制值。抗拉强度是实际上决定结构安全储备的关键，伸长率反映钢材能承受残余变形量的程度及塑性变形能力，钢材的屈服强度不宜过高，同时要求有明显的屈服台阶，伸长率应大于20%，以保证构件具有足够的塑性变形能力，冲击韧性是抗震结构的要求。

钢结构的钢材应符合下列规定：

1）钢材的屈服强度实测值与抗拉强度实测值的比值不应大于0.85；

2）钢材应有明显的屈服台阶，且伸长率不应小于20%；

3）钢材应有良好的焊接性和合格的冲击韧性。

五、钢筋代换、钢筋的锚固和连接

1. 钢筋代换

混凝土结构施工中，往往因缺乏设计规定的钢筋型号（规格）而采用另外型号（规格）的钢筋代替，由于代换钢筋和被代换钢筋的牌号、强度、直径等的不同，可能会导致钢筋代换后造成构件与原设计要求不符，如挠度和裂缝宽度验算、最小配筋率、钢筋间距、保护层厚度、锚固长度等可能不满足规范要求。特别是抗震设计时，若用强度等级较高的钢筋替代原设计中强度等级较低的钢筋或用直径较大的钢筋替代原设计中直径较小的钢筋，一般都会使替代后的纵向受力钢筋的总承载力设计值大于原设计的纵向受力钢筋总承载力设计值，甚至会大较多。这就有可能造成构件抗震薄弱部位转移，也可能造成构件在有影响的部位发生混凝土的脆性破坏（混凝土压碎、剪切破坏等）。

举例来说，一级抗震等级框架-剪力墙结构中的框架梁柱节点处，其柱端弯矩设计值是根据节点左、右梁端按顺时针和逆时针方向计算的两端考虑地震作用组合的弯矩设计值之和的较大值乘以放大系数来确定的。就是说，地震时假如发生过大的塑性变形，应当是梁先于柱出现铰。若施工中以大直径钢筋代替小直径钢筋，加大梁的配筋而柱配筋不变，则可能会造成塑性铰的转移；造成框架柱出现铰而框架梁不出现铰，而这正好违背了我们的设计意图，是设计中应当避免的。

因此《抗规》第3.9.4条规定：

在施工中，当需要以强度等级较高的钢筋替代原设计中的纵向受力钢筋时，应按照钢筋受拉承载力设计值相等的原则换算，并应满足最小配筋率要求。

工程实际中，钢筋代替应根据具体情况区别对待：

1）非抗震设计时，应综合考虑钢筋强度和直径的改变、不同牌号的性能差异对正常使用阶段挠度和裂缝宽度验算、最小配筋率等的影响，并应满足钢筋间距、保护层厚度、锚固长度、搭接接头面积百分率及搭接长度等的要求。

2）抗震设计时，钢筋代换除满足以上要求外，还应特别注意以下两点：

（1）等强但不超强。即 $f_{y1}A_{s1}=f_{y2}A_{s2}$。特别是水平构件（如框架梁、连梁等）的钢筋代换，只能等强而不允许超强。

（2）等延性。比如：常用的热轧带肋钢筋比冷加工钢筋延性好，因此，即使用来代换的冷加工钢筋和被代换的热轧带肋钢筋等强，也不可以代换。

2. 钢筋的锚固和连接

1）受力钢筋的连接接头宜设置在构件受力较小部位；抗震设计时，宜避开梁端、柱端箍筋加密区范围。钢筋连接可采用机械连接、绑扎搭接或焊接。

2）应防止受力钢筋的失锚和滑移破坏。首先是受力钢筋应有足够的锚固长度，其次，受力钢筋肢距不应太密，每根受力钢筋周围应有足够厚度的混凝土。

3）抗震设计时，钢筋混凝土结构构件纵向受力钢筋的锚固和连接，应符合下列要求：

（1）纵向受拉钢筋的最小锚固长度应按下列各式采用：

一、二级抗震等级 $l_{aE}=1.15l_a$ (1.2-5)

三级抗震等级 $l_{aE}=1.05l_a$ (1.2-6)

四级抗震等级 $l_{aE}=1.00l_a$ (1.2-7)

式中 l_{aE}——抗震设计时受拉钢筋的锚固长度；

l_a——受拉钢筋的锚固长度，应按现行国家标准《混规》的有关规定采用。

（2）当采用绑扎搭接接头时，其搭接长度不应小于下式的计算值：

$$l_{lE}=\zeta l_{aE} \tag{1.2-8}$$

式中 l_{lE}——抗震设计时受拉钢筋的搭接长度；

ζ——受拉钢筋搭接长度修正系数，应按表 1.2-10 采用。

纵向受拉钢筋搭接长度修正系数 ζ **表 1.2-10**

同一连接区段内搭接钢筋面积百分率(%)	≤25	50	100
受拉搭接长度修正系数 ζ	1.2	1.4	1.6

注：同一连接区段内搭接钢筋面积百分率取在同一连接区段内有搭接接头的受力钢筋与全部受力钢筋面积之比。

（3）受拉钢筋直径大于 28mm、受压钢筋直径大于 32mm 时，不宜采用绑扎搭接接头。

（4）现浇钢筋混凝土框架梁、柱纵向受力钢筋的连接方法，应符合下列规定：

① 框架柱：一、二级抗震等级及三级抗震等级的底层，宜采用机械连接接头，也可采用绑扎搭接或焊接接头；三级抗震等级的其他部位和四级抗震等级，可采用绑扎搭接或焊接接头；

② 框支梁、框支柱：宜采用机械连接接头；

③ 框架梁：一级宜采用机械连接接头，二、三、四级可采用绑扎搭接或焊接接头。

（5）位于同一连接区段内的受拉钢筋接头面积百分率不宜超过 50%。

（6）当接头位置无法避开梁端、柱端箍筋加密区时，宜采用机械连接接头，且钢筋接头面积百分率不应超过 50%。

（7）钢筋的机械连接、绑扎搭接及焊接，尚应符合国家现行有关标准的规定。

第三节 关于建筑结构的规则性

一、规则建筑结构的重要性

建筑结构的规则性对结构的抗震能力至关重要，南美洲的马那瓜（Managua）地震(1972年12月23日，地震烈度估计为8度)，两幢相隔不远的高层建筑的震害情况很能说明问题。

前已述及的马那瓜18层美洲银行大厦，由于采用设有多道防线的筒中筒结构，同时建筑结构很规则，所以地震时只轻微损坏，地震后仅稍加修理便恢复使用。而相隔不远的马那瓜15层的中央银行大厦，建筑结构严重不规则，地震时破坏严重，地震后拆除。现简单介绍如下：

1. 中央银行大厦

(1) 平面不规则

如图1.3-1（*a*）所示，四个楼梯间，偏置塔楼西端，再加上西端有填充墙，地震时产生很大的扭转偏心效应。

4层以上的楼板仅50mm厚，搁置在14m长的小梁上，小梁的全高仅450mm，这样一个楼面体系是十分柔弱的，抗侧力刚度很差，在水平地震作用下产生很大的楼板水平变形和竖向变形。

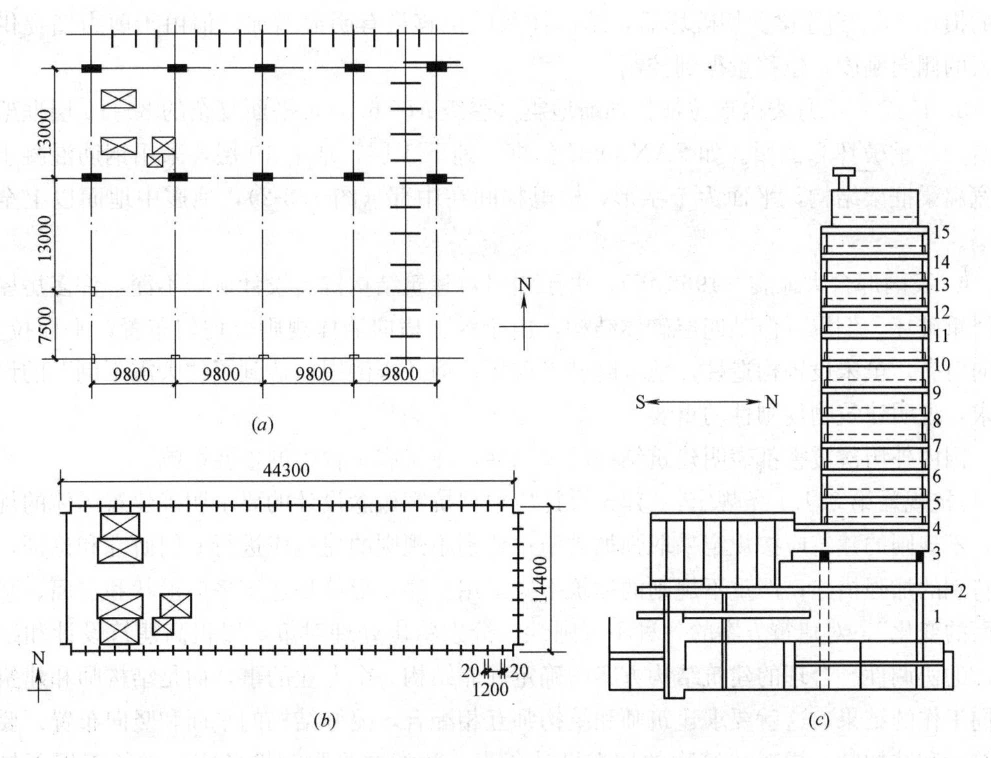

图1.3-1 马那瓜中央银行大厦平、立面图

（*a*）平面图1；（*b*）平面图2；（*c*）立面图

（2）竖向不规则

塔楼的上部（四层楼面以上），北、东、西三面布置了密集的小柱子，共64根，支承在四层楼板水平处的过渡大梁上，大梁又支承在其下面的10根1m×1.55m的柱子上（柱子的间距达9.4m），形成上、下两部分严重不均匀、不连续的结构系统（图1.3-1）。

由于这样的不规则结构，该建筑在这次地震中遭受了以下的主要破坏：

第四层与第五层之间（竖向刚度和承载力突变），周围柱子严重开裂，柱钢筋压屈；

横向裂缝贯穿三层以上的所有楼板（有的宽达10mm），直至电梯井的东侧；

塔楼的西立面、其他立面的窗下和电梯井处的空心砖填充墙及其他非结构构件均严重破坏或倒塌。

美国加州大学贝克莱分校对这幢建筑在地震后进行了计算分析，分析结果表明：① 结构存在十分严重的扭转效应；② 塔楼三层以上北面和南面的大多数柱子抗剪能力大大不足，率先破坏；③ 在水平地震作用下，柔而长的楼板产生可观的竖向运动等。

2. 美洲银行大厦

美洲银行大厦除采用具有多道防线的结构体系——筒中筒结构外，其结构平面形状、抗侧力构件的平面布置是规则、均匀、对称的，结构的竖向体型也是规则、均匀的，结构的楼层侧向刚度下大上小，逐渐均匀变化（图1.1-22）。所以，地震时只是内筒中连接四个L形小筒的连梁遭到剪切破坏。

对整个建筑的分析表明：① 对称的结构布置及相对刚强的联肢墙，有效地限制了侧向位移，并防止了任何明显的扭转效应；② 避免了长跨度楼板和砌体填充墙的非结构构件的损坏；③ 当连梁剪切破坏后，结构体系的位移虽有明显增加，但由于剪力墙提供了较大的侧向刚度，位移量得到控制。

3. 1967年7月委内瑞拉加拉加斯地震（震级M=6.5），平面复杂的8～16层框架结构遭受严重破坏和倒塌。如SANJOSE公寓，地下1层，地上10层，采用钢筋混凝土双向宽扁梁框架结构，平面为工字形，楼电梯间在中部（图1.3-2），地震中地面以上全部倒塌。

4. 我国邢台大地震（1966年），由于当时对建筑结构抗震设计认识不深，许多房屋遭受严重破坏，倒塌。但某四层砌体结构，由于纵、横向墙体规则、均匀布置，平面拉直、竖向对齐，虽未设置构造柱，地震时遭受破坏，但并未倒塌，达到了“大震不倒”的设计要求，说明建筑物规则性的重要。

国内外历次震害都表明建筑结构的规则性，在抗震工程中的重要影响。

《抗规》第3.4.1条规定：“建筑设计应根据抗震概念设计的要求明确建筑形体的规则性。不规则的建筑应按规定采取强加措施；特别不规则的建筑应进行专门研究和论证，采取特别的加强措施；严重不规则的建筑不应采用。注：形体指建筑平向形状和立面、竖向剖面的变化”。对建筑方案的各种不规则性，分别给出处理对策，以提高建筑设计和结构设计的协调性。合理的建筑结构方案的确定并非结构一个专业的事，而是结构师和建筑师共同工作的结果，这就要求建筑师和结构师互相配合，搞好结构的平面和竖向布置，要求建筑师和结构师一样对建筑物的抗震设计负责。注意这是强制性条文，必须不折不扣地执行。

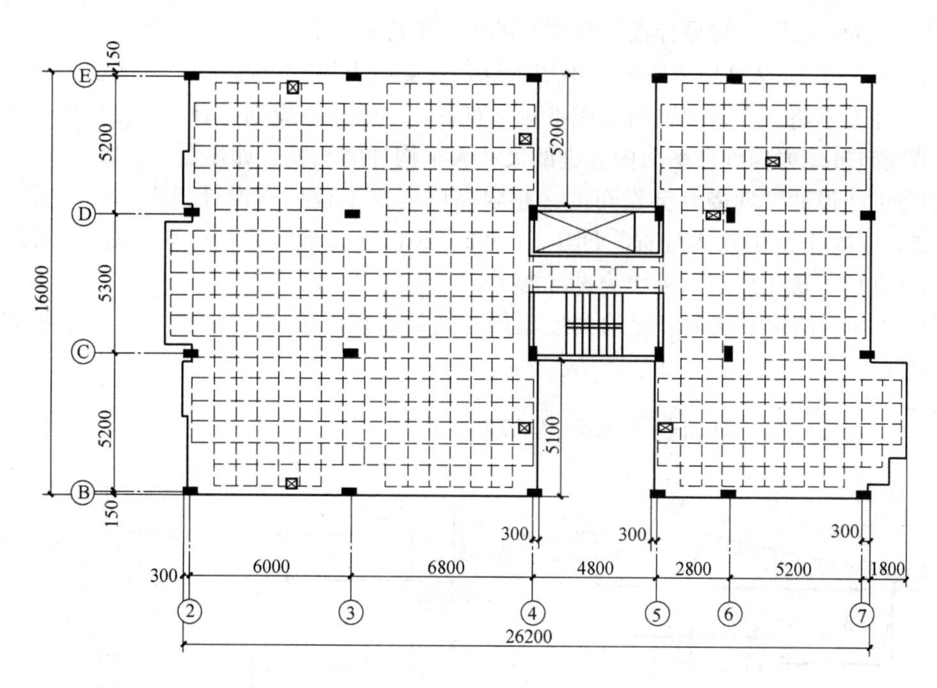

图 1.3-2 SANJOSE 公寓标准层平面

二、建筑结构不规则的界定

对建筑结构的平面不规则和竖向不规则，《抗规》规定了一些定量的界限。

1. 表 1.3-1 所列举的某项或类似情况，应视为平面不规则。

平面不规则的主要类型 表 1.3-1

不规则类型	定义和参考指标
扭转不规则	在规定的水平力作用下，楼层的最大弹性水平位移（或层间位移），大于该楼层两端弹性水平位移（或层间位移）平均值的 1.2 倍
凹凸不规则	平面凹进的尺寸，大于相应投影方向总尺寸的 30%
楼板局部不连接	楼板的尺寸和平面刚度急剧变化，例如，有效楼板宽度小于该层楼板典型宽度的 50%，或开洞面积大于该层楼面面积的 30%，或较大的楼层错层

2. 表 1.3-2 所列举的某项或类似情况，应视为竖向不规则。

竖向不规则的主要类型 表 1.3-2

不规则类型	定义和参考指标
侧向刚度不规则	该层的侧向刚度小于相邻上一层的 70%，或小于其相邻三个楼层侧向刚度平均值的 80%；除顶层或出屋面小建筑外，局部收进的水平向尺寸大于相邻下一层的 25%
竖向抗侧力构件不连续	竖向抗侧力构件（柱、抗震墙、抗震支撑）的内力由水平转换构件（梁、桁架等）向下传递
楼层承载力突变	抗侧力结构的层间受剪承载力小于相邻上一楼层的 80%

表 1.3-1 中第一栏“侧向刚度不规则”的定义和参考指标，与《高规》第 3.5.2 条对楼层侧向刚度比的设计要求有区别。《高规》对不同的结构体系楼层侧向刚度比的要求是不一样的，而《抗规》则对所有的结构体系，其侧向刚度不规则的定义和参考指标是一样

的。笔者认为，实际工程设计按《高规》的规定更准确、合理。

除了表 1.3-1、表 1.3-2 所列的不规则外，在美国 UBC 的规定中，对平面不规则尚有抗侧力构件上下错位、与主轴斜交或不对称布置，对竖向不规则尚有相邻楼层质量比大于150％或竖向抗侧力构件在平面内收进的尺寸大于构件的长度（如棋盘式布置）等。

上海市建设和管理委员会发布的《超限高层建筑工程抗震设计指南》和广东省标准《高层建筑混凝土结构技术规程》DBJ 15—92—2013（以下简称《广东高规》）对结构的不规则性进行了量化规定，可作为设计参考。

图 1.3-3 为结构不规则情况的典型不例，以帮助理解表 1.3-1、表 1.3-2 中所列的不规则类型。

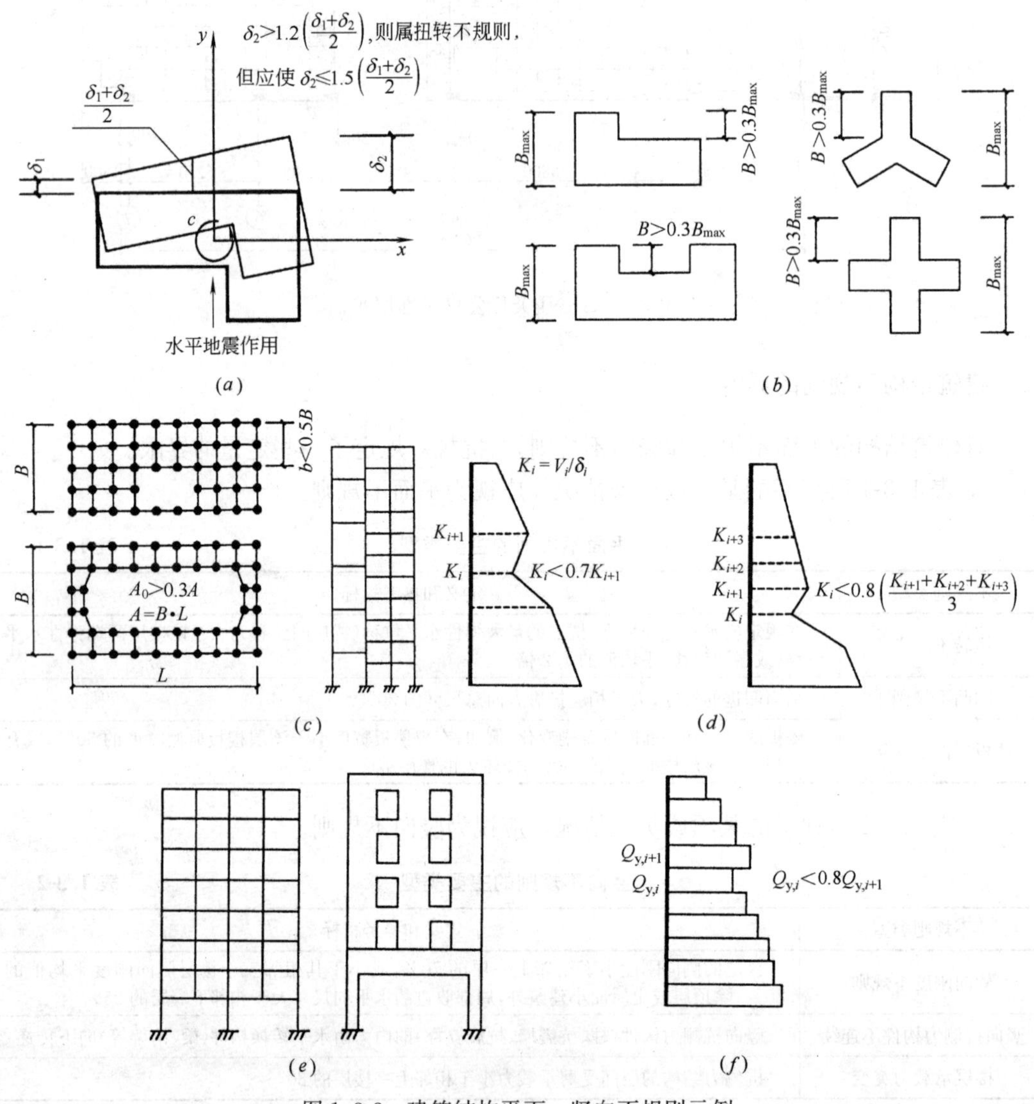

图 1.3-3　建筑结构平面、竖向不规则示例

（a）建筑结构平面的扭转不规则示例；（b）建筑结构平面的凸角或凹角不规则示例；
（c）建筑结构平面的局部不连续示例（大开洞及错层）；（d）沿竖向的侧向刚度不规则（有软弱层）；
（e）竖向抗侧力构件不连接示例；（f）竖向抗侧力结构屈服抗剪强度非均匀化（有薄弱层）

震害表明：框架柱或剪力墙不连续，楼层柔弱或楼板大开洞等，往往会造成结构不规则的地震作用传递途径。如果这些不规则传力部位处相邻构件的承载力差异较大，就容易引起图 1.3-4 中阴影部位构件的非弹性变形集中［如图 1.3-4（*a*）中的柱子，图 1.3-4（*b*）中的大梁，图 1.3-4（*c*）中的悬梁梁段，以及图 1.3-4（*d*）中的柱子和过渡横隔板］，这些部位都是抗震的不利部位。

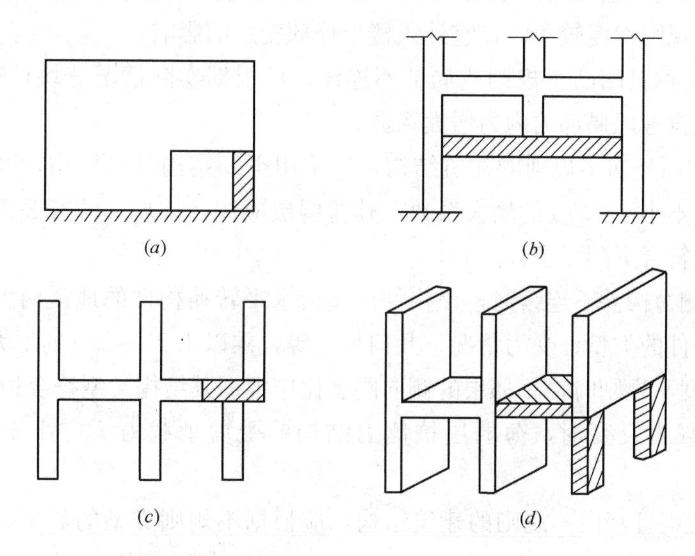

图 1.3-4 不规则传力路线示例

实际上引起建筑结构不规则的因素还有很多，特别是复杂的建筑体型，很难一一用若干简单的定量指标来划分不规则的程度并规定限制范围，但是，有经验的、有抗震知识素养的建筑设计人员应该对所设计的建筑结构的抗震性能有所估计，要区分不规则、特别不规则和严重不规则等的不规则程度，避免采用抗震性能差的严重不规则的设计方案。

这里，“不规则”指的是超过表 1.3-1 和表 1.3-2 中一项及以上的不规则指标；“特别不规则”，指具有较明显的抗震薄弱部位，可能引起不良后果者，其参考界限可参见《超限高层建筑工程抗震设防专项审查技术要点》，通常有三类：其一，同时具有表 1.3-4 所列不规则类型的三个或三个以上；其二，具有表 1.3-5 所列的一项不规则；其三，具有表 1.3-4 所列两个方面的基本不规则且其中有一项接近表 1.3-5 所列的不规则指标。

对于特别不规则的建筑方案，只要不属于严重不规则，结构设计应采取比《抗规》第 3.4.4 条等的要求更加有效的措施。

“严重不规则”，指的是形体复杂，多项不规则指标超过表 1.3-4 和表 1.3-5 中的上限值或某一项大大超过规定值，具有现有技术和经济条件不能克服的严重的抗震薄弱环节，可能导致地震破坏的严重后果者。

对建筑方案的各种不规则性，应按不规则类型的数量和程度，分别给出处理对策，采取不同的抗震措施。以提高建筑设计和结构设计的协调性。《抗规》第 3.4.4 条规定：

建筑形体及其构件布置不规则时，应按下列要求进行水平地震作用计算和内力调整，并应对薄弱部位采取有效的抗震构造措施：

1. 平面不规则而竖向规则的建筑结构，应采用空间结构计算模型，并应符合下列要求：

1）扭转不规则时，应计入扭转影响，且楼层竖向构件最大的弹性水平位移和层间位移分别不宜大于楼层两端弹性水平位移和层间位移平均值的1.5倍，当最大层间位移远小于规范限值时，可适当放宽；

2）凹凸不规则或楼板局部不连续时，应采用符合楼板平面内实际刚度变化的计算模型；高烈度或不规则程度较大时，宜计入楼板局部变形的影响；

3）平面不对称且凹凸不规则或局部不连续，可根据实际情况分块计算扭转位移比，扭转较大的部位应考虑局部的内力增大系数。

2. 平面规则而竖向不规则的建筑结构，应采用空间结构计算模型，刚度小的楼层的地震剪力应乘以不小于1.15的增大系数，其薄弱层应按《抗规》的有关规定进行弹塑性变形分析，并应符合下列要求：

1）竖向抗侧力构件不连续时，该构件传递给水平转换构件的地震内力应根据烈度高低和水平转换构件的类型、受力情况、几何尺寸等，乘以1.25～2.0的增大系数；

2）侧向刚度不规则时，相邻层的侧向刚度比应根据其结构类型符合相关规定；

3）楼层承载力突变时，薄弱层抗侧力结构的受剪承载力不应小于相邻上一楼层的65％。

3. 平面不规则且竖向不规则的建筑结构，应根据不规则类型的数量和程度，有针对性地采取不低于上述1、2款要求的各项抗震措施。特别不规则时，应经专门研究，采取更有效的加强措施或对薄弱部位采用相应的抗震性能设计方法。

不规则的程度和设计的上限控制，可根据设防烈度的高低适当调整。对于特别不规则的建筑结构应进行专门研究和论证，采取特别的加强措施；不应采用严重不规则的建筑方案。

三、《超限高层建筑工程抗震设防专项审查技术要点》摘录

住房和城乡建设部建质［2015］167号文件《超限高层建筑工程抗震设计专项审查技术要点》有关规定摘录如下：

第二条　本技术要点所指超限高层建筑工程包括：

（一）高度超限工程：指房屋高度超过规定，包括超过《建筑抗震设计规范》（以下简称《抗震规范》）第6章钢筋混凝土结构和第8章钢结构最大适用高度，超过《高层建筑混凝土结构技术规程》（以下简称《高层混凝土结构规程》）第7章中有较多短肢墙的剪力墙结构、第10章中错层结构和第11章混合结构最大适用高度的高层建筑工程。

（二）规则性超限工程：指房屋高度不超过规定，但建筑结构布置属于《抗震规范》、《高层混凝土结构规程》规定的特别不规则的高层建筑工程。

（三）屋盖超限工程：是指层盖的跨度、长度或结构形式超出《抗震规范》第10章及《空间网格结构技术规程》、《索结构技术规程》等空间结构规程规定的大型公共建筑工程（不含骨架支承式膜结构和空气支承膜结构）。

超限高层建筑工程具体范围详见附件1。

附件 1

超限高层建筑工程主要范围参照简表

房屋高度（m）超过下列规定的高层建筑工程　表 1.3-3

结构类型		6 度	7 度 (0.1g)	7 度 (0.15g)	8 度 (0.20g)	8 度 (0.30g)	9 度
混凝土结构	框架	60	50	50	40	35	24
	框架-抗震墙	130	120	120	100	80	50
	抗震墙	140	120	120	100	80	60
	部分框支抗震墙	120	100	100	80	50	不应采用
	框架-核心筒	150	130	130	100	90	70
	筒中筒	180	150	150	120	100	80
	板柱-抗震墙	80	70	70	55	40	不应采用
	较多短肢墙	140	100	100	60	60	不应采用
	错层的抗震墙	140	80	80	60	60	不应采用
	错层的框架-抗震墙	130	80	80	60	60	不应采用
混合结构	钢外框-钢筋混凝土筒	200	160	160	120	100	70
	型钢(钢管)混凝土外框-钢筋混凝土筒	220	190	190	150	130	70
	钢外筒-钢筋混凝土内筒	260	210	210	160	140	80
	型钢(钢管)混凝土外筒-钢筋混凝土内筒	280	230	230	170	150	90
钢结构	框架	110	110	110	90	70	50
	框架-中心支撑	220	220	200	180	150	120
	框架-偏心支撑(延性墙板)	240	240	220	200	180	160
	各类筒体和巨型结构	300	300	280	260	240	180

注：平面和竖向均不规则（部分框支结构指框支层以上的楼层不规则），其高度应比表内数值降低至少 10%。

同时具有下列三项及三项以上不规则的高层建筑工程（不论高度是否大于表 1.3-3）

表 1.3-4

序号	不规则类型	简要涵义	备注
1a	扭转不规则	考虑偶然偏心的扭转位移比大于 1.2	参见 GB 50011—3.4.3
1b	偏心布置	偏心率大于 0.15 或相邻层质心相差大于相应边长 15%	参见 JGJ 99—3.2.2
2a	凹凸不规则	平面凹凸尺寸大于相应边长 30%等	参见 GB 50011—3.4.3
2b	组合平面	细腰形或角部重叠形	参见 JGJ 3—4.4.3
3	楼板不连续	有效宽度小于 50%，开洞面积大于 30%，错层大于梁高	参见 GB 50011—3.4.3
4a	刚度突变	相邻层刚度变化大于 70%（按高规考虑层高修正时，数值相应调整）或连续三层变化大于 80%	参见 GB 50011—3.4.3，JGJ 3—3.5.2
4b	尺寸突变	竖向构件收进位置高于结构高度 20%且收进大于 25%，或外挑大于 10%和 4m，多塔	参见 JGJ 3—3.5.5
5	构件间断	上下墙、柱、支撑不连续，含加强层、连体类	参见 GB 50011—3.4.3
6	承载力突变	相邻层受剪承载力变化大于 80%	参见 GB 50011—3.4.3
7	局部不规则	如局部的穿层柱、斜柱、夹层、个别构件错层或转换，或个别楼层扭转位移比略大于 1.2 等	已计入 1～6 项者除外

注：深凹进平面在凹口设置连梁，当连梁刚度较小不足以协调两侧的变形时，仍视为凹凸不规则，不按楼板不连续的开洞对待；序号 a、b 不重复计算不规则项；局部的不规则，视其位置、数量等对整个结构影响的大小判断是否计入不规则的一项。

具有下列 2 项或同时具有下表和表 1.3-4 中某项不规则的高层建筑工程（不论高度是否大于表 1.3-3）

表 1.3-5

序号	不规则类型	简要涵义	备注
1	扭转偏大	裙房以上的较多楼层考虑偶然偏心的扭转位移比大于 1.4	表 1.3-4 之 1 项不重复计算
2	抗扭刚度弱	扭转周期比大于 0.9，超过 A 级高度的结构扭转周期比大于 0.85	
3	层刚度偏小	本层侧向刚度小于相邻上层的 50%	表 1.3-4 之 4a 项不重复计算
4	塔楼偏置	单塔或多塔与大底盘的质心偏心距大于底盘相应边长 20%	表 1.3-4 之 4b 项不重复计算

具有下列某一项不规则的高层建筑工程（不论高度是否大于表 1.3-3）　　表 1.3-6

序号	不规则类型	简要涵义
1	高位转换	框支墙体的转换构件位置：7 度超过 5 层，8 度超过 3 层
2	厚板转换	7～9 度设防的厚板转换结构
3	复杂连接	各部分层数、刚度、布置不同的错层，连体两端塔楼高度、体型或沿大底盘某个主轴方向的振动周期显著不同的结构
4	多重复杂	结构同时具有转换层、加强层、错层、连体和多塔等复杂类型的 3 种

注：仅前后错层或左右错层属于表 1.3-4 中的一项不规则，多数楼层同时前后、左右错层属于本表的复杂连接。

其他高层建筑工程　　表 1.3-7

序号	简称	简要涵义
1	特殊类型高层建筑	抗震规范、高层混凝土结构规程和高层钢结构规程暂未列入的其他高层建筑结构，特殊形式的大型公共建筑及超长悬挑结构，特大跨度的连体结构等
2	大跨层盖建筑	空间网络结构或索结构的跨度不于 120m 或悬挑长度大于 40m，钢筋混凝土薄壳跨度大于 60m，整体张拉式膜结构跨度大于 60m，屋盖结构单元的长度大于 300m，屋盖结构形式为常用空间结构形式的多重组合、杂交组合以及屋盖形体特别复杂的大型公共建筑

注：表中大型公共建筑的范围，参见《建筑工程抗震设防分类标准》GB 50223。

四、工程实例

北京财富中心一期工程公寓楼，地下 3 层，地上南翼 40 层，北翼 38 层，结构高度为 120.8m，另有 2 层局部突出，结构最高点高度为 127.7m，结构平面尺寸为 54m×56m，高宽比为 2.24，公寓楼建筑面积 74000m^2，属 B 级高度高层建筑。平面图及剖面图见图 1.3-5～图 1.3-8。

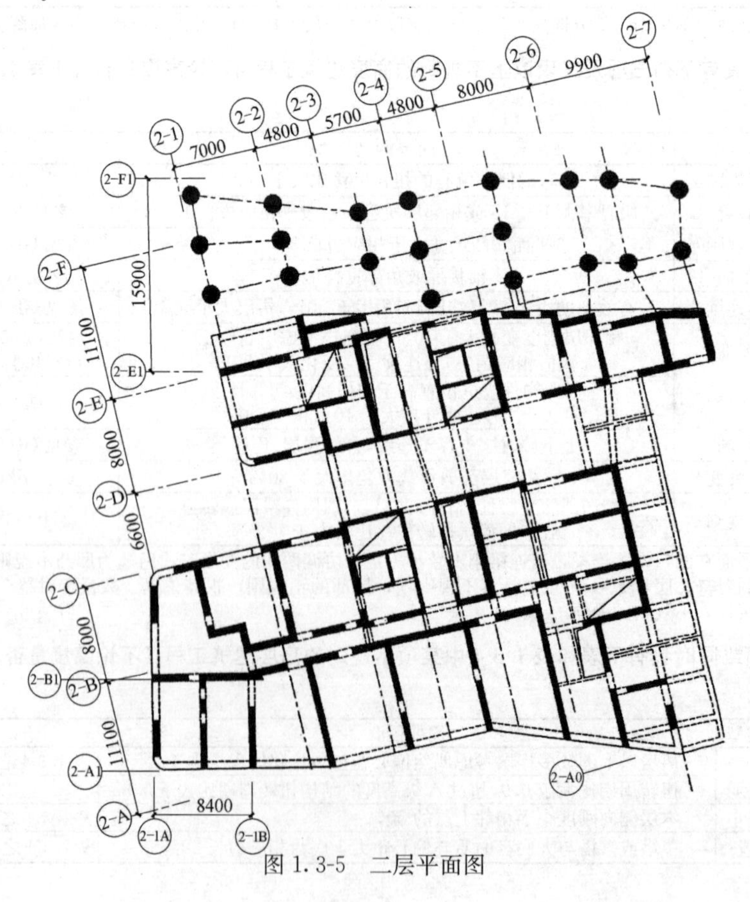

图 1.3-5　二层平面图

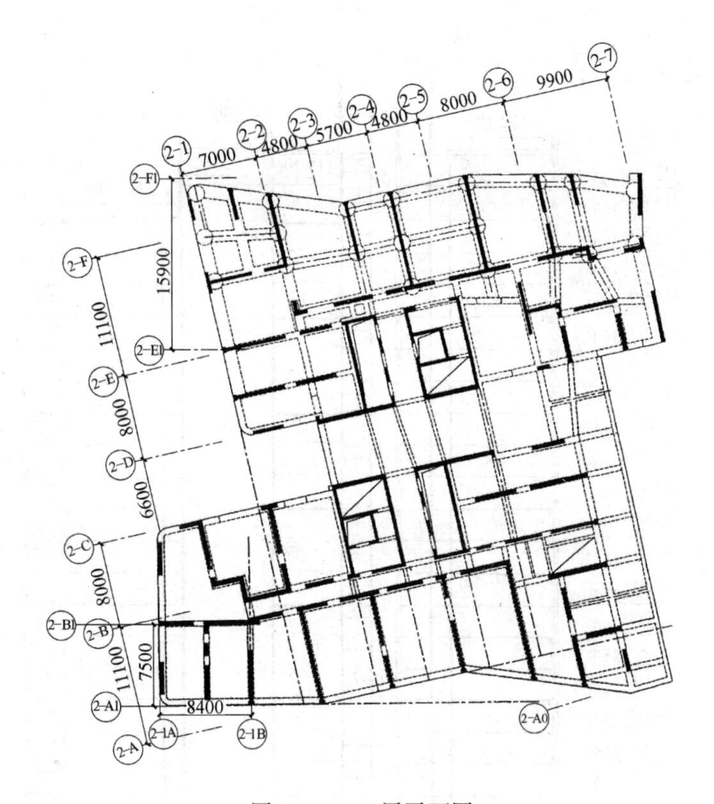

图 1.3-6　三层平面图

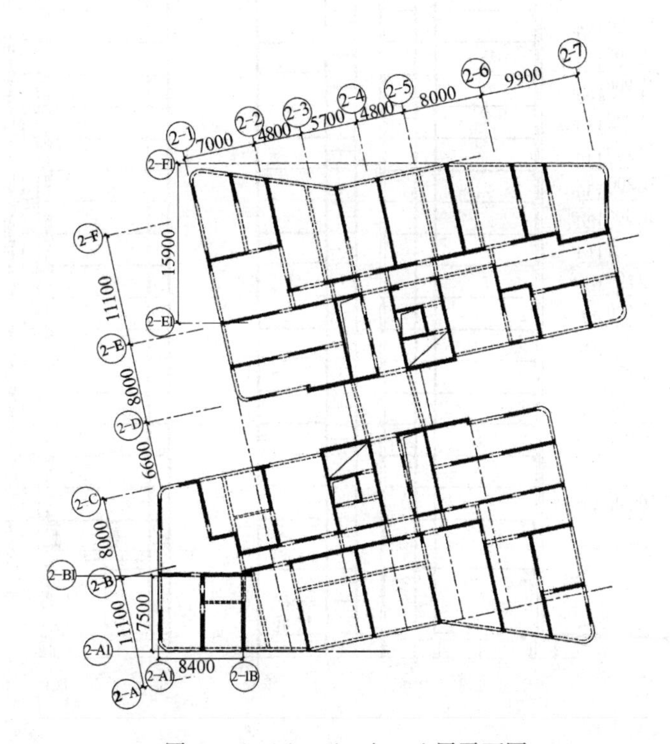

图 1.3-7　四、五、七、八层平面图

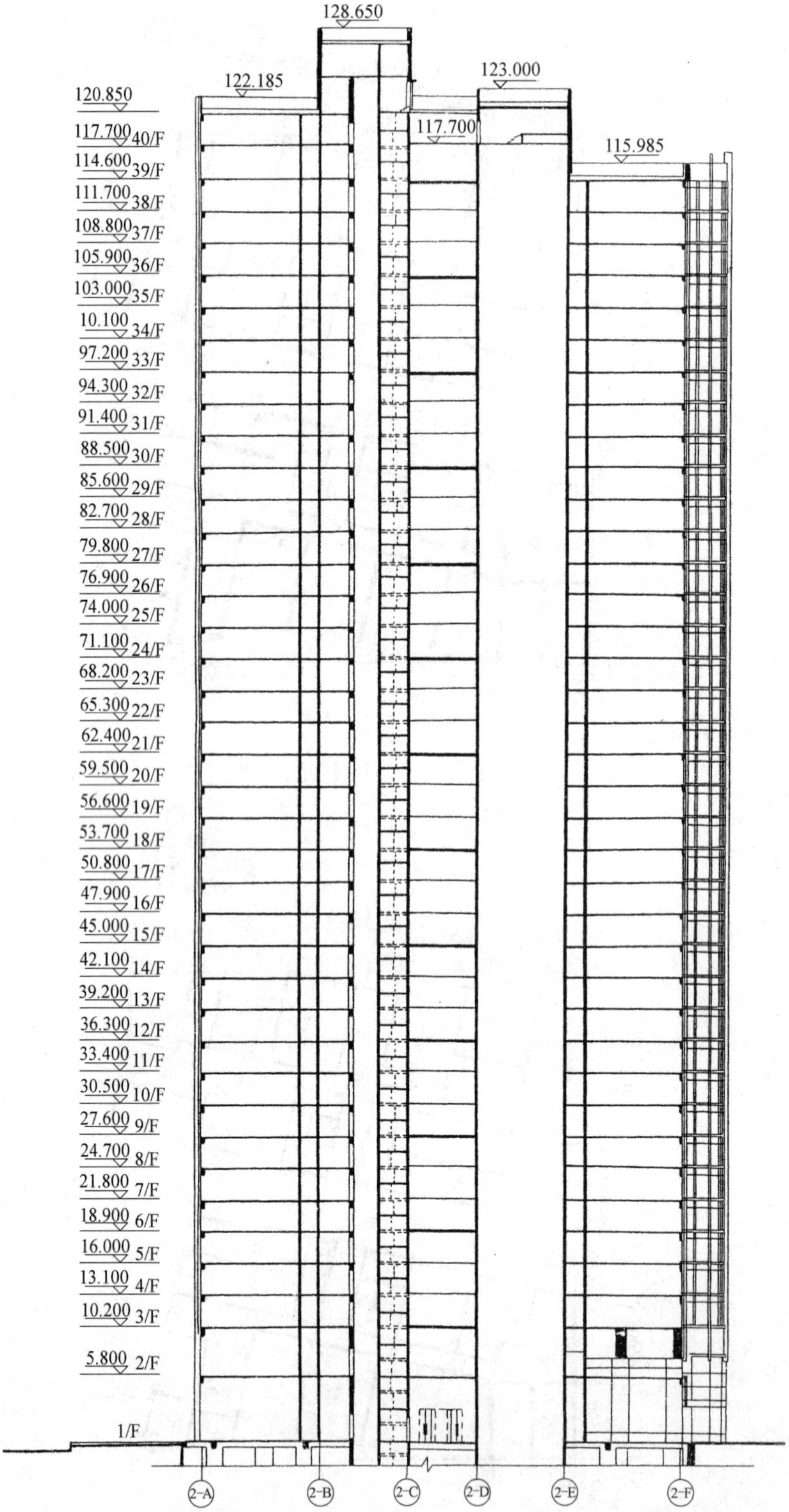

图 1.3-8 剖面图

建筑结构安全等级为二级；建筑抗震设防类别为丙类；抗震设防烈度为8度；设计地震分组为第一组；基本地震加速度值为0.2g；建筑场地类别为Ⅱ类；建筑结构抗震等级：剪力墙为特一级，框支柱为特一级；建筑结构的阻尼比取0.05；基本风压取0.5kN/m^2。

本工程采用现浇钢筋混凝土部分框支剪力墙结构。按《高规》规定，B级高度高层建筑、抗震设防烈度8度、部分框支剪力墙结构的最大适用高度为100m，本工程结构檐口处高度为120.8m，房屋高度超过规范规定的A级高度50%，严重超限。

结构平面布置不规则，一方面，南北两翼每隔3层才有15.3m宽的连接板，其余层仅有7.8m宽的连接板，平面缺口太大，连接薄弱，另一方面由于建筑要求外立面开有较大的落地窗，周边剪力墙较少，多为一字形墙，有墙垛者也较小，仅为500mm长，并设有角窗；角部既无墙亦无柱致使结构平面布置不规则，抗扭刚度较小。

对原设计的结构电算表明：公寓楼的第一振型为扭转平动耦合振型，按《高规》其扭转基本周期与平动基本周期之比不应大于0.85，而本工程计算结果大于1.28。

结构竖向布置，由于绿化退红线架空的要求，北翼北侧的剪力墙无法落地，只能框支转换。少数转换大梁支承在单片墙上，致使结构竖向布置不规则。原设计为减少扭转将南楼底部也采用框支转换，致使转换层上、下部结构侧向刚度严重突变。

房屋高度、平面、竖向均不规则，高位转换。属于超限高层建筑，设计时申请了超限审查。

全国超限高层建筑工程抗震设防审查专家委员会对此初步设计抗震设防专项审查意见如下：

1）该结构超高甚多且特别不规则，计算层间位移偏大，需改变为大底盘双塔的结构体系：

（1）南楼改为全剪力墙体系；

（2）一至三层顶板连成整体，凹进部分至2-2轴线，且北楼沿2-2轴线加设一段墙体；

（3）四层以上南北两楼分别按大底盘双塔连接和分开两种模型计算，并应都符合承载力和变形要求，在此基础上考虑相应的连接措施。

2）墙体和框支柱应按特一级设计。

3）北楼周边的一字剪力墙两端应设置端柱等约束边缘构件。

4）北楼框支柱的框架体系应采取措施增加侧向刚度。

根据专家委员会的意见，针对本工程的具体情况，主要在以下两方面进行了深入的工作。

1）结构计算模型的选取和结构分析

分别采用SATWE、ETABS空间结构计算程序进行计算，并补充了弹性动力时程分析。由于地下一层侧向刚度难以达到首层的1.5倍，故上部结构的嵌固部位设在地下一层的底板处。

结构计算采用四种模型，分别是：

模型1，南北两翼之间设为刚接，该处的楼板定义为弹性板。此模型用于正常使用及在小震作用下的受力分析。

模型2，南北两翼之间设为铰接，该处的楼板定义为弹性板。此模型考虑到南北两翼之间连接较弱，在地震作用下中间连接体容易开裂形成铰接，与实际受力情况较吻合。以此模型来计算结构扭转为主的第一自振周期与平动为主的第一自振周期的比值、楼层层间最大位移角、楼层竖向构件的最大水平位移和层间位移与该楼层平均值的比值。

模型3，南北两翼三层以上为双塔。此模型考虑在强震作用下，中间连接体完全破坏形成双塔，保证地震时双塔结构有一定安全度，其他指标不起控制作用。

模型4，南翼单独计算分析。南翼全部剪力墙落地，不存在框支转换，受力较为合理，计算目的是地震作用时保证南翼安全可靠，北翼的安全性靠南翼帮忙。

弹性动力时程分析选用三条地震波进行，一条为人工波，特征周期为0.35s，另二条为Taft波和EL-Centro波，特征周期均为0.3～0.4s。地震加速度时程曲线的最大值为70Gal。

模型2、模型4的主要计算结果见表1.3-8、表1.3-9，设计时综合考虑了模型1、模型2、模型3的计算结果进行结构设计。

结构分析主要结果（一）　　　　**表1.3-8**

<table>
<tr><th colspan="3">名称
项目</th><th colspan="3">公寓楼整体铰接</th><th colspan="3">公寓楼南翼单体</th></tr>
<tr><td colspan="3">计算软件</td><td colspan="3">SATWE</td><td colspan="3">SATWE</td></tr>
<tr><td colspan="3">计算模型</td><td colspan="3">三维空间模型</td><td colspan="3">三维空间模型</td></tr>
<tr><td colspan="3" rowspan="3">周期（s）</td><td>第一</td><td>第二</td><td>第三</td><td>第一</td><td>第二</td><td>第三</td></tr>
<tr><td>2.6054</td><td>2.2515</td><td>1.7696</td><td>2.6704</td><td>2.311</td><td>1.6112</td></tr>
<tr><td>Y向</td><td>扭转</td><td>X向</td><td>Y向</td><td>扭转</td><td>X向</td></tr>
<tr><td colspan="3">扭转周期与平动周期比值</td><td colspan="3">0.864</td><td colspan="3">0.865</td></tr>
<tr><td colspan="3">最大水平位移与楼层水平位移平均值比值</td><td colspan="3">1.38（38层）</td><td colspan="3">1.22（42层）</td></tr>
<tr><td colspan="3">建筑重力荷载代表值（kN）</td><td colspan="3">102966.62</td><td colspan="3">581212（491225+89987）</td></tr>
<tr><td colspan="3">振型参与系数</td><td colspan="3">X向：93.58%，Y向：93.92%</td><td colspan="3">X向：98.87%，Y向：98.28%</td></tr>
<tr><td rowspan="7">结构地震剪力以及最大层间位移角和位置</td><td colspan="2"></td><td>Taft波</td><td>EL-Centro波</td><td>人工波</td><td>反应谱</td><td colspan="2">反应谱</td></tr>
<tr><td colspan="2">X向（kN）</td><td>36738.1</td><td>37224.8</td><td>26964.3</td><td>32949.18</td><td colspan="2">16711.42</td></tr>
<tr><td colspan="2">Y向（kN）</td><td>31800.1</td><td>40163.4</td><td>26933.8</td><td>32949.18</td><td colspan="2">15710.52</td></tr>
<tr><td colspan="2">X向</td><td>1/1145</td><td>1/1400</td><td>1/1691</td><td>1/1771</td><td colspan="2">1/2348</td></tr>
<tr><td colspan="2">Y向</td><td>1/1307</td><td>1/916</td><td>1/1438</td><td>1/1063</td><td colspan="2">1/1017</td></tr>
<tr><td rowspan="2">位置</td><td>X向</td><td>27层</td><td>32层</td><td>34层</td><td>25层</td><td colspan="2">25层</td></tr>
<tr><td>Y向</td><td>28层</td><td>34层</td><td>24层</td><td>27层</td><td colspan="2">30层</td></tr>
<tr><td colspan="2" rowspan="2">剪力系数（%）</td><td>X向</td><td>3.56</td><td>3.61</td><td>2.61</td><td>3.2</td><td colspan="2">3.4</td></tr>
<tr><td>Y向</td><td>3.08</td><td>3.89</td><td>2.61</td><td>3.2</td><td colspan="2">3.2</td></tr>
</table>

结构分析主要结果（二）　　表 1.3-9

项目＼名称			公寓楼整体铰接			公寓楼南翼单体		
计算软件			ETABS			ETABS		
计算模型			三维空间模型			三维空间模型		
周期（s）			第一	第二	第三	第一	第二	第三
			2.238	1.935	1.547	2.331	2.033	1.409
			Y 向	扭转	X 向	Y 向	扭转	X 向
扭转周期与平动周期比值			0.865			0.872		
最大水平位移与楼层水平位移平均值比值			1.14（31 层）			1.16（41 层）		
建筑重力荷载代表值（kN）			1027886			571592（485006+86586）		
振型参与系数			X 向：90.5%，Y 向：90.9%			X 向：90.1%，Y 向：90.1%		
结构地震剪力以及最大层间位移角和位置			Taft 波	EL-Centro 波	人工波	反应谱	反应谱	
	X 向（kN）		47855	33947	28920	33530	17095	
	Y 向（kN）		32807	42621	26831	33845	16196	
	X 向		1/1460	1/1976	1/1848	1/2037	1/2558	
	Y 向		1/1206	1/896	1/1464	1/1122	1/1114	
	位置	X 向	23 层	33 层	32 层	25 层	25 层	
		Y 向	33 层	33 层	25 层	27 层	28 层	
剪力系数（%）		X 向	4.66	3.30	2.81	3.26	3.52	
		Y 向	3.19	4.15	2.01	3.29	3.34	

模型 1 结构刚度最大，层间位移相对较小；模型 2 较接近中震作用下的受力情况，层间位移角及最大角部位移与质心位移比值均满足规范要求；模型 3 在强震作用下形成双塔，层间位移角等难以满足规范要求；模型 4 计算结果说明，南翼比北翼结构布置合理，层间位移角及最大角部位移与质心位移的比值均满足规范要求。

2）结构布置不规则及超限的对策

本工程除进行 4 个模型的计算，结合 3 个模型的分析结果进行结构设计外，还采取了以下构造措施：

（1）剪力墙的布置根据不同的平面位置采用不同的墙体厚度，周边的剪力墙厚一些，中间部位的剪力墙薄一些，同时对剪力墙的布置及连梁高度进行优化；适当加高周边框架梁及连梁的高度至 700mm，调整使得结构扭转为主的第一自振周期与平动为主的第一自振周期比值为 0.864 接近 0.85，楼层竖向构件的最大水平位移和层间位移小于该楼层平均值的 1.4 倍。

（2）加大一字形山墙的竖向配筋，角窗部位的楼板内加设斜向构造粗钢筋，见图 1.3-9。

（3）加强南北两翼之间连接板的构造。楼板厚度为 250mm；②～③、②～④轴的梁内设型钢，型钢梁的腹板锚入两边的钢筋混凝土墙内，保证铰接的计算假定，见图 1.3-10 (2-2) 轴与 (2-D) 轴、(2-5) 轴与 (2-C) 轴相交处的暗柱内设型钢，以解决此处应力集中的问题，见图 1.3-11。

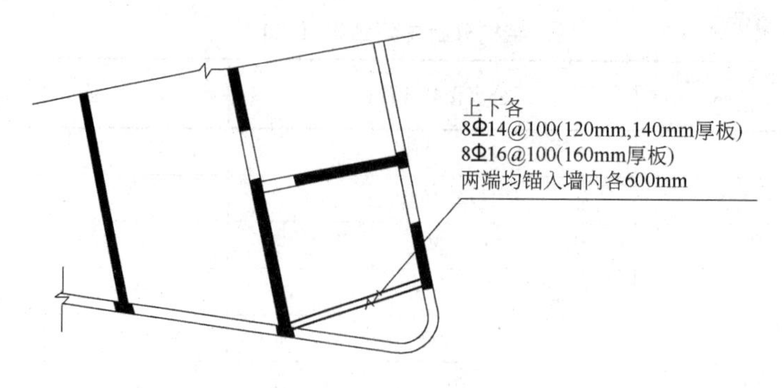

图 1.3-9 角窗处楼板加强

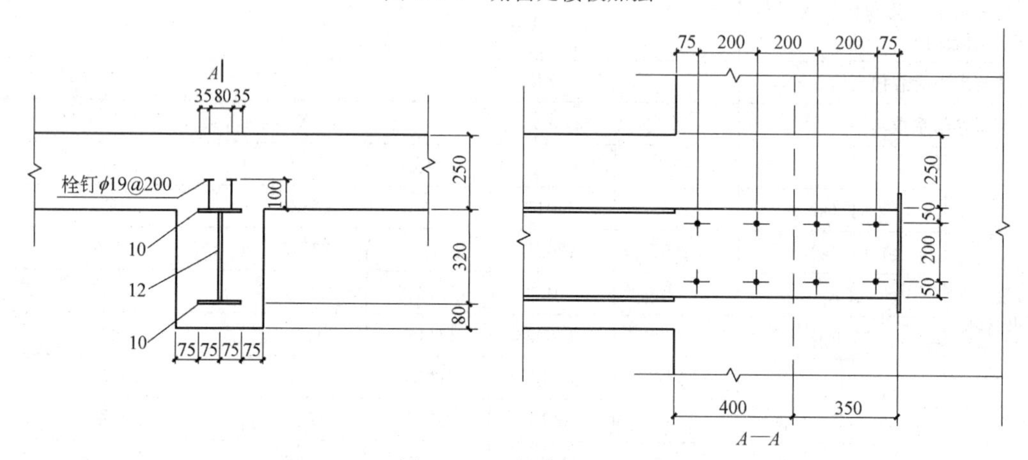

图 1.3-10 梁内设型钢

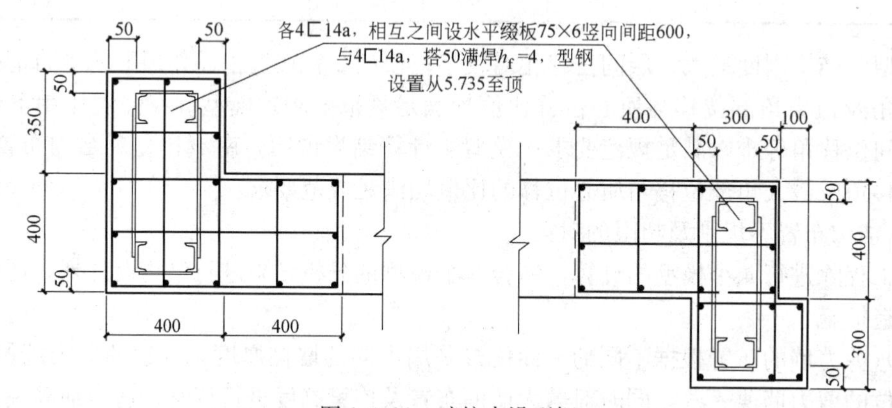

图 1.3-11 暗柱内设型钢

(4) 框支转换层以下的剪力墙厚度适当加厚，除转换层以上落下来的剪力墙外，在某些位置补加了部分剪力墙，一方面加强转换层以下的侧向刚度，另一方面尽量调整转换层以下结构的不对称性，减小扭转效应。

(5) 本工程高度超限甚多。除按《高规》规定，底部加强部位剪力墙、框支框架抗震等级为特一级外，非底部加强部位剪力墙的抗震等级也调整为特一级；周边剪力墙除底部加强部位及其上一层的墙肢端部以外，全高范围内均设约束边缘构件；框支柱按设防烈度下地震作用的弹性设计进行复核，柱内设芯柱。

第四节　结构抗震性能设计方法

一、为什么要采用抗震性能设计方法

设计人员采用了多年的传统的抗震设计方法，可以概括为“三水准”、“二阶段”的方法。

所谓“三水准”，即“小震不坏、中震可修、大震不倒”。

“小震不坏”就是：一般情况下（不是所有情况下），遭遇众值烈度（多遇地震）影响时，建筑物处于正常使用状态，从结构抗震分析角度，可以视为弹性体系，采用弹性反应谱进行弹性分析；“中震可修”就是：遭遇基本烈度（设防地震）影响时，结构进入非弹性工作阶段，但非弹性变形或结构体系的损坏控制在可修复的范围；“大震不倒”就是：遭遇最大预估烈度（罕遇地震）影响时，结构有较大的非弹性变形，但应控制在规定的范围内，以免倒塌。

上述三个水准的设防目标是通过二阶段设计实现的。

第一阶段设计是承载力验算，取小震地震动参数计算结构的弹性地震作用标准值和相应的地震作用效应，与竖向荷载、风荷载等组合，进行结构构件的截面承载力抗震验算，满足小震下构件承载力和结构弹性变形的要求；同时采取相应的抗震措施，使结构具有足够的延性、变形能力和耗能能力，满足“中震可修”的设防要求。

第二阶段设计是弹塑性变形验算，对地震时易倒塌的结构、有明显薄弱层的不规则结构以及有专门要求的建筑，除进行第一阶段设计外，还要进行结构薄弱部位的弹塑性层间变形验算并采取相应的抗震构造措施，实现“大震不倒”的设防要求。

对大多数的结构，可只进行第一阶段设计，而通过概念设计和抗震构造措施来满足第三水准的设计要求。

对设防烈度不高的丙类建筑、场地条件较好、结构较为规则的建筑，按以上传统的抗震设计方法一般是可以满足建筑结构的抗震性能要求的。但当房屋高度、规则性、结构类型等超过相关规范的规定或抗震设防标准等有特殊要求时，则可能不满足建筑结构的抗震性能要求。正是为了适应上述工程抗震设计的需要，规范提出了抗震性能设计的基本方法。

二、抗震性能设计方法的特点

应当指出：传统的结构抗震设计方法，即以结构安全性为主的“小震不坏、中震可修、大震不倒”三水准目标，本身就是一种抗震性能设计。其抗震性能目标——小震、中震、大震有明确的概率指标；房屋建筑不坏、可修、不倒的破坏程度，在《建筑地震破坏等级划分标准》（建设部（90）建抗字第377号）中提出了定性的划分。

但是，当房屋高度、规则性、结构类型等超过规范的规定或抗震设防标准等有特殊要求、难以按规范规定的常规设计方法进行抗震设计时，仍采用传统的抗震设计方法，已不能保证结构所需要的抗震性能要求。此时，可采用结构抗震性能设计方法进行补充分析和论证。

当结构平面或竖向不规则甚至特别不规则时，一般不能完全符合抗震概念设计的要

求。结构师应根据规范有关抗震概念设计的规定，与建筑师协调，改进结构方案，尽量减少结构不符合概念设计的情况和程度。对于特别不规则结构，如复杂高层建筑结构或其他复杂结构，应根据建筑功能和结构的性能要求，根据实际需要和可能。具有针对性地分别选定针对整个结构、结构的部局部位或关键部位、结构的关键部件、重要构件、次要构件以及建筑构件和机电设备支座作为性能目标，进行抗震性能设计。《抗规》、《高规》都明确提出了建筑抗震性能设计的抗震设计方法。

抗震性能设计方法使抗震设计从宏观定性向具体量化的多重目标过渡，设计者（或业主）应根据建筑物的抗震设防类别、抗震设防烈度、场地条件、结构类型及其不规则性、建筑使用功能和附属设施功能要求、造价、震后各种损失及其修复的难易程度等，选择不同的性能目标和抗震措施。以提高结构抗震设计的安全性或满足使用功能的专门要求。

抗震性能设计强调实施性能目标的深入分析和论证、结构计算、专家论证以及必要的试验等。经过论证可采用现行规范尚未规定的新结构、新技术、新材料。

三、抗震性能设计和常规抗震设计方法的若干比较

抗震性能设计和常规抗震设计方法的若干比较见表 1.4-1。

基于性能的抗震设计和常规抗震设计比较　　　**表 1.4-1**

项目	常规抗震设计	基于性能的抗震设计
设防目标	小震不坏、中震可修、大震不倒；小震有明确的性能指标，其余是宏观的性能要求；按使用功能重要性分甲、乙、丙、丁四类，其防倒塌的宏观控制有所区别	按使用功能类别及遭遇地震影响程度提出多个预期性能目标（包括结构的、非结构的、设备的等各具体性能目标）
实施方法	按指令性、处方式的规定设计； 通过结构布置的概念设计、小震弹性设计、经验性的内力调整、放大和构造及部分结构大震变形验算	除满足基本要求外，需提出符合预期性能目标的论证，包括结构体系、详尽分析、抗震措施及必要试验，并经专门评估予以确认
工程应用	应用广泛，设计人熟悉； 对适用高度和规则性等有明确限制，有局限性，尚不能适应新结构、新技术、新材料的发展要求	应用较少，设计人不熟悉； 为超限及复杂结构设计提供可行方法，有利技术创新。技术上尚有问题有待研究

四、哪些建筑结构应采用抗震性能设计

《高规》第 1.0.3 条规定：抗震设计的高层建筑混凝土结构，当其房屋高度、规则性、结构类型等超过本规程的规定或抗震设防标准等有特殊要求时，可采用结构抗震性能设计方法进行补充分析和论证。

所谓“房屋高度、规则性、结构类型等超过本规程的规定或抗震设防标准等有特殊要求”主要是指：

(1)“超限高层建筑结构”，其划分标准参见原建设部发布的《超限高层建筑工程抗震设防专项审查技术要点》；

(2) 有些工程虽不属于“超限高层建筑结构”，但由于其结构类型或有些部位结构布置的复杂性，难以直接按本规程的常规方法进行设计；

(3) 还有一些位于高烈度区（8 度、9 度）的甲、乙类设防标准的工程或处于抗震不

利地段的工程，出现难以确定抗震等级或难以直接按本规程常规方法进行设计的情况。

总之，主要是针对有特殊要求且难以按本规程规定的常规设计方法进行抗震设计的高层建筑结构。

带转换层结构是竖向不规则甚至竖向特别不规则结构。在实际工程中经常遇到超过规范规定或规范中没有具体规定的问题，这些工程的抗震设计不能套用现行标准，缺少明确具体的目标、依据和手段，要使框支柱和落地剪力墙在罕遇地震下不发生严重破坏；仅按多遇地震计算的内力进行设计和构造是难以实现的。设计人应根据具体工程的复杂程度，进行仔细的分析，专门的研究和论证，必要时还要进行模型试验，从而确定采取比现行规范更加有效具体的抗震措施，因此，抗震设计时，带转换层结构的高层建筑以及其他复杂和超限高层建筑较适合采用基于性能的抗震设计方法。

五、抗震性能目标的设定及选用

1. 目标的设定

在规定的地震地面运动下建筑结构的抗震性能水准，就是结构的抗震性能目标。地震地面运动一般分为三个水准，对设计使用年限为 50 年的结构，可选用《抗规》的多遇地震、设防烈度地震和罕遇地震的地震作用，其中，设防地震的加速度应按《抗规》表 3.2.2 的设计基本地震加速度采用，设防地震的地震影响系数最大值，6 度、7 度（0.10g）、7 度（0.15g）、8 度（0.20g）、8 度（0.30g）、9 度可分别采用 0.12、0.23、0.34、0.45、0.68 和 0.90。对处于发震断裂两侧 10km 以内的结构，地震动参数应计入近场影响，5km 以内宜乘以增大系数 1.5，5km 以外宜乘以增大系数 1.25。

对于设计使用年限不同于 50 年的结构，其地震作用需要作适当调整，取值经专门研究提出并按规定的权限批准后确定。当缺乏当地相关资料时可参考《建筑工程抗震性态设计通则（试用）》GECS 160：2004 的附录 A，其调整导致的范围大体是：设计使用年限 70 年，取 1.15～1.2；100 年取 1.3～1.4。

结构抗震性能水准，即建筑结构在遭遇各种水准的地震影响时，其预期的损坏状态和继续使用的可能性，按宏观损坏程度可分为 1、2、3、4、5 五个水准，见表 1.4-2。

各性能水准结构预期的震后性能状况　　**表 1.4-2**

名称	破坏描述	继续使用的可能性	变形参考值
基本完好（含完好）	承重构件完好；个别非承重构件轻微损坏，附属构件有不同程度破坏	一般不需修理即可继续使用	$<[\Delta u_e]$
轻微损坏	个别承重构件轻微裂缝（对钢结构构件指残余变形），个别非承重构件明显破坏；附属构件有不同程度破坏	不需修理或需稍加修理，仍可继续使用	$(1.5\sim2)[\Delta u_e]$
中等破坏	多数承重构件轻微裂缝（或残余变形），部分明显裂缝（或残余变形）；个别非承重构件严重破坏	需一般修理，采取安全措施后可适当使用	$(3\sim4)[\Delta u_e]$
严重破坏	多数承重构件严重破坏或部分倒塌	应排险大修，局部拆除	$<0.9[\Delta u_p]$
倒塌	多数承重构件倒塌	需拆除	$>[\Delta u_p]$

注：1. 个别指 5%以下，部分指 30%以下，多数指 50%以上；

2. 中等破坏的变形参考值，大致取规范弹性和弹塑性位移角限值的平均值，轻微损坏取 1/2 平均值。

完好，即所有构件保持弹性状态：各种承载力设计值（拉、压、弯、剪、压弯、拉弯、稳定等）满足规范对抗震承载力的要求 $S<R/\gamma_{RE}$，层间变形（以弯曲变形为主的结构宜扣除整体弯曲变形）满足规范多遇地震下的位移角限值 $[\Delta u_e]$。这是各种预期性能目标在多遇地震下的基本要求——多遇地震下必须满足规范规定的承载力和弹性变形的要求，各类构件均无损坏。

基本完好，即构件基本保持弹性状态：各种承载力设计值基本满足规范对抗震承载力的要求 $S\leqslant R/\gamma_{RE}$（其中的效应 S 不含抗震等级的调整系数），层间变形可能略微超过弹性变形限值，各类构件均无损坏。

轻微损坏，即结构构件可能出现轻微的塑性变形，但不达到屈服状态，按材料标准值计算的承载力大于作用标准组合的效应。耗能构件轻微损坏，部分中度损坏，其他构件无损坏。

中等破坏，结构构件出现明显的塑性变形，部分竖向构件中度损坏，关键构件轻度损坏，耗能构件中度损坏，部分有比较严重的损坏。但控制在一般加固即恢复使用的范围。

接近严重破坏，结构关键的竖向构件出现明显的塑性变形，部分水平构件可能失效需要更换，经过大修加固后可恢复使用。普通竖向构件部分有较严重损坏，关键构件中度损坏，耗能构件有比较严重的损坏。

上述“普通竖向构件”是指“关键构件”之外的竖向构件；“关键构件”是指该构件的失效可能引起结构的连续破坏或危及生命安全的严重破坏；“耗能构件”包括框架梁、剪力墙连梁及耗能支撑。

结构抗震性能目标分为四个等级，每个性能目标均与一组在指定地震地面运动下的结构抗震性能水准相对应。所以，地震下可供选定的高于一般情况的建筑结构预期性能目标见表 1.4-3。

建筑结构预期性能目标 **表 1.4-3**

地震水准	性能 1	性能 2	性能 3	性能 4
多遇地震	完好	完好	完好	完好
设防地震	完好，正常使用	基本完好，检修后继续使用	轻微损坏，简单修理后继续使用	轻微至接近中等损坏，变形 $<3[\Delta u_e]$
罕遇地震	基本完好，检修后继续使用	轻微至中等破坏，修复后继续使用	其破坏需加固后继续使用	接近严重破坏，大修后继续使用

性能 1，结构构件在预期大震下仍基本处于弹性状态，则其细部构造仅需要满足最基本的构造要求，工程实例表明，采用隔震、减震技术或低烈度设防且风力很大时有可能实现；条件许可时，也可对某些关键构件提出这个性能目标。

性能 2，结构构件在中震下完好，在预期大震下可能屈服，其细部构造需满足低延性的要求。例如，某 6 度设防的核心筒-外框结构，其风力是小震的 2.4 倍，风载下层间位移是小震的 2.5 倍。结构所有构件的承载力和层间位移均可满足中震（不计入风载效应组合）的设计要求；考虑水平构件在大震下损坏使刚度降低和阻尼加大，按等效线性化方法估算，竖向构件的最小极限承载力仍可满足大震下的验算要求。于是，结构总体上可达到性能 2 的要求。

性能 3，在中震下已有轻微塑性变形，大震下有明显的塑性变形，因而，其细部构造需要满足中等延性的构造要求。

性能 4，在中震下的损坏已大于性能 3，结构总体的抗震承载力仅略高于一般情况，因而，其细部构造仍需满足高延性的要求。

2. 目标的选用

性能目标的选用是结构抗震性能设计的关键，选用性能目标不应低于《抗规》对基本抗震的设防目标的规定，否则就不能达到结构抗震设计的要求；性能目标选用过高，则不经济。结构抗震性能目标应综合考虑抗震设防类别、设防烈度、场地条件、结构类型和不规则性、附属设施功能要求、投资大小、震后损失和修复难易程度等各项因素选定。

建筑的抗震性能设计，立足于承载力和变形能力的综合考虑，具有很强的针对性和灵活性。针对具体工程的需要和可能，可以对整个结构，也可以对某些部位或关键构件，灵活运用各种措施达到预期的性能目标——着重提高抗震安全性或满足使用功能的专门要求。例如，可以根据楼梯间作为“抗震安全岛”的要求，提出确保大震下能具有安全避难通道的具体目标和性能要求；可以针对特别不规则、复杂建筑结构的具体情况，对抗侧力结构的水平构件和竖向构件提出相应的性能目标，提高其整体或关键部位的抗震安全性；也可针对水平转换构件，为确保大震下自身及相关构件的安全而提出大震下的性能目标；地震时需要连续工作的机电设施，其相关部位的层间位移需满足规定层间位移限值的专门要求；其他情况，可对震后的残余变形提出满足设施检修后运行的位移要求，也可提出大震后可修复运行的位移要求。建筑构件采用与结构构件柔性连接，只要可靠拉结并留有足够的间隙，如玻璃幕墙与钢框之间预留变形缝隙，震害经验表明，幕墙在结构总体安全时可以满足大震后继续使用的要求。

所选用的性能目标需征得业主的认可。

结构抗震性能设计目标确定，就是根据所设计的实际工程的具体情况，按上述第 1 款中表 1.4-3 选用。

六、不同抗震性能目标的结构设计

选定性能设计指标。设计应选定分别提高结构或其关键部位的抗震承载力、变形能力或同时提高抗震承载力和变形能力的具体指标，尚应计及不同水准地震作用取值的不确定性而留有余地。设计宜确定在不同地震动水准下结构不同部位的水平和竖向构件承载力的要求（含不发生脆性剪切破坏、形成塑性铰、达到屈服值或保持弹性等）；宜选择在不同地震动水准下结构不同部位的预期弹性或弹塑性变形状态，以及相应的构件延性构造的高、中或低要求。当构件的承载力明显提高时，相应的延性构造可适当降低。延性的细部构造，主要是指构件的箍筋加密、边缘构件、轴压比等，不包括影响正截面承载力的纵向受力钢筋的构造要求。

1）结构构件可按下列规定选择实现抗震性能要求的抗震承载力、变形能力和构造的抗震等级；整个结构不同部位的构件、竖向构件和水平构件，可选用相同或不同的抗震性能要求：

（1）当以提高抗震安全性为主时，结构构件对应于不同性能要求的承载力参考指标，可按表 1.4-4 的示例选用。

结构构件实现抗震性能要求的承载力参考指标示例　　表 1.4-4

性能要求	性能 1	性能 2	性能 3	性能 4
多遇地震	完好，按常规设计	完好，按常规设计	完好，按常规设计	完好，按常规设计
设防地震	完好，承载力按抗震等级调整地震效应的设计值复核	基本完好，承载力按不计抗震等级调整地震效应的设计值复核	轻微损坏，承载力按标准值复核	轻～中等破坏，承载力按极限值复核
罕遇地震	基本完好，承载力按不计抗震等级调整地震效应的设计值复核	轻～中等破坏，承载力按极限值复核	中等破坏，承载力达到极限值后能维持稳定，降低少于 5%	不严重破坏，承载力达到极限值后基本维持稳定，降低少于 10%

（2）当需要按地震残余变形确定使用性能时，结构构件除满足提高抗震安全性的性能要求外，不同性能要求的层间位移参考指标，可按表 1.4-5 的示例选用。

结构构件实现抗震性能要求的层间位移参考指标示例　　表 1.4-5

性能要求	性能 1	性能 2	性能 3	性能 4
多遇地震	完好，变形远小于弹性位移限值	完好，变形远小于弹性位移限值	完好，变形明显小于弹性位移限值	完好，变形小于弹性位移限值
设防地震	完好，变形小于弹性位移限值	基本完好，变形略大于弹性位移限值	轻微损坏，变形小于 2 倍弹性位移限值	轻～中等破坏，变形小于 3 倍弹性位移限值
罕遇地震	基本完好，变形略大于弹性位移限值	有轻微塑性变形，变形小于 2 倍弹性位移限值	有明显塑性变形，变形约 4 倍弹性位移限值	不严重破坏，变形不大于 0.9 倍塑性变形限值

注：设防烈度各罕遇地震下的变形计算，应考虑重力二阶效应，可扣除整体弯曲变形。

（3）结构构件细部构造对应于不同性能要求的抗震等级，可按表 1.4-6 的示例选用；结构中同一部位的不同构件，可区分竖向构件和水平构件，按各自最低的性能要求所对应的抗震构造等级选用。

结构构件对应于不同性能要求的构造抗震等级示例　　表 1.4-6

性能要求	性能 1	性能 2	性能 3	性能 4
构造的抗震等级	基本抗震构造。可按常规设计的有关规定降低二度采用，但不得低于 6 度，且不发生脆性破坏	低延性构造。可按常规设计的有关规定降低一度采用，当构件的承载力高于多遇地震提高二度的要求时，可按降低二度采用；均不得低于 6 度，且不发生脆性破坏	中等延性构造。当构件的承载力高于多遇地震提高一度的要求时，可按常规设计的有关规定降低一度且不低于 6 度采用，否则仍按常规设计的规定采用	高延性构造。仍按常规设计的有关规定采用

2）建筑结构的抗震性能化设计的计算应符合下列要求：

（1）分析模型应正确、合理地反映地震作用的传递途径和楼盖在不同地震动水准下是否整体或分块处于弹性工作状态。

（2）弹性分析可采用线性方法，弹塑性分析可根据性能目标所预期的结构弹塑性状态，分别采用增加阻尼的等效线性化方法以及静力或动力非线性分析方法。

（3）结构非线性分析模型相对于弹性分析模型可有所简化，但两者在多遇地震下的线性分析结果应基本一致；应计入重力二阶效应、合理确定弹塑性参数，应依据构件的实际截面、配筋等计算承载力，可通过与理想弹性假定计算结果的对比分析，着重发现构件可能破坏的部位及其弹塑性变形程度。

3）结构构件承载力按不同要求进行复核时，地震内力计算和调整、地震作用效应组合、材料强度取值和验算方法，应符合下列要求：

（1）设防烈度下结构构件承载力，包括混凝土构件压弯、拉弯、受剪、受弯承载力，钢构件受拉、受压、受弯、稳定承载力等，按考虑地震效应调整的设计值复核时，应采用对应于抗震等级而不计入风荷载效应的地震作用效应基本组合，并按下式验算：

$$\gamma_G S_{GE}+\gamma_E S_{Ek}(I_2,\lambda,\zeta)\leqslant R/\gamma_{RE} \tag{1.4-1}$$

式中　I_2——表示设防地震动，隔震结构包含水平向减震影响；

λ——按非抗震性能设计考虑抗震等级的地震效应调整系数；

ζ——考虑部分次要构件进入塑性的刚度降低或消能减震结构附加的阻尼影响。

其他符号同非抗震性能设计。

（2）结构构件承载力按不考虑地震作用效应调整的设计值复核时，应采用不计入风荷载效应的基本组合，并按下式验算：

$$\gamma_G S_{GE}+\gamma_E S_{Ek}(I,\zeta)\leqslant R/\gamma_{RE} \tag{1.4-2}$$

式中　I——表示设防烈度地震动或罕遇地震动，隔震结构包含水平向减震影响；

ζ——考虑部分次要构件进入塑性的刚度降低或消能减震结构附加的阻尼影响。

（3）结构构件承载力按标准值复核时，应采用不计入风荷载效应的地震作用效应标准组合，并按下式验算：

$$S_{GE}+S_{Ek}(I,\zeta)\leqslant R_k \tag{1.4-3}$$

式中　I——表示设防地震动或罕遇地震动，隔震结构包含水平向减震影响；

ζ——考虑部分次要构件进入塑性的刚度降低或消能减震结构附加的阻尼影响；

R_k——按材料强度标准值计算的承载力。

（4）结构构件按极限承载力复核时，应采用不计入风荷载效应的地震作用效应标准组合，并按下式验算：

$$S_{GE}+S_{Ek}(I,\zeta)\leqslant R_u \tag{1.4-4}$$

式中　I——表示设防地震动或罕遇地震动，隔震结构包含水平向减震影响；

ζ——考虑部分次要构件进入塑性的刚度降低或消能减震结构附加的阻尼影响；

R_u——按材料最小极限强度值计算的承载力；钢材强度可取最小极限值，钢筋强度可取屈取强度的1.25倍，混凝土强度可取立方体强度的0.88倍。

4）结构竖向构件在设防地震、罕遇地震作用下的层间弹塑性变形按不同控制目标进行复核时，地震层间剪力计算、地震作用效应调整、构件层间位移计算和验算方法，应符合下列要求：

（1）地震层间剪力和地震作用效应调整，应根据整个结构不同部位进入弹塑性阶段程度的不同，采用不同的方法。构件总体上处于开裂阶段或刚刚进入屈服阶段，可取等效刚度和等效阻尼，按等效线性方法估算；构件总体上处于承载力屈服至极限阶段，宜采用静力或动力弹塑性分析方法估算；构件总体上处于承载力下降阶段，应采用计入下降段参数的动力弹塑性分析方法估算。

(2) 在设防地震下，混凝土构件的初始刚度，宜采用长期刚度。

(3) 构件层间弹塑性变形计算时，应依据其实际的承载力，并应按本规范的规定计入重力二阶效应；风荷载和重力作用下的变形不参与地震组合。

(4) 构件层间弹塑性变形的验算，可采用下列公式：

$$\Delta u_{\mathrm{p}}(I,\zeta,\zeta_{\mathrm{y}},G_{\mathrm{E}})<[\Delta u] \tag{1.4-5}$$

式中 Δu_{p} (…) ——竖向构件在设防地震或罕遇地震下计入重力二阶效应和阻尼影响取决于其实际承载力的弹塑性层间位移角；对高宽比大于 3 的结构，可扣除整体转动的影响；

$[\Delta u]$ ——弹塑性位移角限值，应根据性能控制目标确定；整个结构中变形最大部位的竖向构件，轻微损坏可取中等破坏的一半，中等破坏可取《高规》表 3.7.3 和表 3.7.5 规定值的平均值，不严重破坏按小于《高规》表 3.7.5 规定值的 0.9 倍控制。

从工程应用的角度，参照常规设计时各楼层最大层间位移角的限值，若干结构类型按以上规定得到的变形最大的楼层中竖向构件最大位移角限值，如表 1.4-7 所示。

结构竖向构件对应于不同破坏状态的最大层间位移角参考控制目标　　表 1.4-7

结构类型	完好	轻微损坏	中等破坏	不严重破坏
钢筋混凝土框架	1/550	1/250	1/120	1/60
钢筋混凝土抗震墙、筒中筒	1/1000	1/500	1/250	1/135
钢筋混凝土框架-抗震墙、板柱-抗震墙、框架-核心筒	1/800	1/400	1/200	1/110
钢筋混凝土框支层	1/1000	1/500	1/250	1/135
钢结构	1/300	1/200	1/100	1/55
钢框架-钢筋混凝土内筒、型钢混凝土框架-钢筋混凝土内筒	1/800	1/400	1/200	1/110

5) 建筑构件和建筑附属设备支座抗震性能设计方法参见《抗规》相关内容。

第二章　带转换层结构形式的选择及设计的一般规定

第一节　转换结构的主要结构形式

一、框支转换和托柱转换、搭接柱转换和斜撑转换

为了争取建筑物有较大的内部空间，满足使用功能要求，结构设计上一般有两种处理方法：对剪力墙，可以通过在相应的楼层开大洞获得需要的大空间，形成框支剪力墙［图2.1-2（*a*）］，由框支柱、框支梁和上部剪力墙共同承受竖向和水平荷载。由于上部为剪力墙，而下部为框支柱，故需进行结构转换，这就是框支转换。对框架，可以在相应的楼层抽去几根柱子形成大空间，通过加大托柱梁及下层柱（转换柱）的截面尺寸，提高其承载能力来共同承受竖向和水平荷载，由于上部框架柱不能直接落地，也需进行结构转换，这就是托柱转换［图2.1-2（*b*）］。

这两种转换都能取得建筑功能上大空间的相同效果。结构上两者的共同特点是上部楼层的部分竖向构件（剪力墙或框架柱）不能直接连续贯通落地，需设置转换构件，转换构件的传力都不直接，受力复杂。但两种转换构件的受力状态却很不一样，转换构件内力、配筋计算和构造设计上有很大区别。设置转换构件后结构转换层上下楼层的侧向刚度比或转换层上部与下部结构等效侧向刚度比变化不同，就单榀结构而言，显然，框支转换造成转换层上、下部结构等效侧向刚度突变，使得地震作用下转换层上、下层层间位移角及剪力分布变化很大。而托柱转换转换层上、下楼层的侧向刚度一般不会发生突变，地震作用下转换层上、下层层间位移角及剪力分布变化不大。

当建筑立面有外挑或内收或上下楼层由于功能要求，造成竖向构件上、下层错位时，结构上还可以采用搭接柱转换或斜撑转换，这两种转换在转换构件的受力性能上不但和框支转换、托柱转换有很大区别，它们之间的受力也很不一样。但总体来说，采用搭接柱转换或斜撑转换后结构转换层上、下楼层的侧向刚度变化不大，地震作用下转换层上、下层层间位移角及剪力分布变化影响也不大。

二、整体转换和局部转换

根据建筑的功能要求，结构可能是一个楼层有多处转换，形成转换层，或结构在多个楼层中都有转换，致使结构多处不规则，这就是结构的整体转换；也可能是一个楼层仅有小范围转换，仅需局部设置少量转换构件，这就是结构的局部转换。这两种转换在结构受力上虽然都存在相似的缺点，但在程度上有很大不同。

首先，整体转换的结构不但在竖向荷载下传力不直接、传力路径复杂，而且转换层上、下部楼层结构侧向刚度发生突变，地震作用下易形成结构下部变形过大的软弱层，进

而发展成为承载力不足的薄弱层，抗震性能很差，在大震时易倒塌。故对结构的影响是整体性的，程度很严重。而局部转换虽然竖向荷载下结构传力不直接、传力路径复杂，但结构的楼层侧向刚度一般不会发生突变，比如在框架结构或框架-剪力墙结构中，某楼层抽去一、二根柱子的托柱实腹梁转换，上、下楼层柱子错位采用搭接柱转换或斜撑转换等情况，显然结构整体侧向刚度变化并不大。虽然转换构件及其邻近的一些构件内力较大，但毕竟影响是局部性的，程度较轻。

其次，由框支剪力墙和其他落地剪力墙满足一定间距要求组成的底部大空间部分框支-剪力墙结构，当地面以上的大空间层数越多即转换层位置越高时，转换层上、下刚度突变越大，层间位移角的突变越加剧，结构的扭转效应越严重。此外，落地墙或筒体易受弯产生裂缝，从而使框支柱内力增大，转换层上部的墙体易于破坏，不利于抗震。对底部带转换层的框架-核心筒结构仅外框架有抽柱转换，承担结构绝大部分抗侧的内筒剪力墙体从上到下建筑上无变化，没有结构转换，故结构竖向刚度变化不像部分框支剪力墙那么大，转换层上、下内力传递途径的突变程度也小于部分框支剪力墙结构；而当结构仅为局部转换时，由于转换层上、下层刚度变化比部分框支剪力墙结构更小，因此由结构高位转换所引起的抗震不利影响也较整体转换程度更轻。

结构的整体转换，转换位置越高，转换层以下各层构件的受力越不合理，延性越差，因此，剪力墙底部加强部位也越高，对构件的抗震等级要求越高。

结构的整体转换，由于整体楼层上、下竖向抗侧力构件刚度差异较大，为了更好、更有效地传递水平力，对转换层楼板及相邻层楼板的面内刚度和整体性有很高的要求。而对局部转换结构，对楼板的这个要求一般是局部的，只要满足局部转换部位的水平力传递和整体性要求即可。

可见，虽然同为结构转换，但整体转换和局部转换在设计时特别是在抗震设计时有较多的区别。

可以举出一些整体转换和局部转换的例子：比如由多榀底部开大洞的框支剪力墙和多榀落地剪力墙构成的部分框支剪力墙结构等，一般为结构整体转换。采用箱形转换、桁架转换等转换形式的带转换层结构（整个楼层的转换），采用厚板转换形式的带转换层结构（整个楼层的转换），一般也都是结构整体转换；而采用剪力墙结构其中仅有一片墙底部开大洞形成一榀框支剪力墙，由于局部抽柱形成梁托柱、搭接柱、斜撑等形式的局部转换，一般为结构局部转换。但在实际工程中，是整体转换还是局部转换，有时是难以区别的。笔者认为，重要的是看其是否造成转换层上、下部结构竖向刚度发生突变和转换楼层数的多少以及转换层的所在位置。当结构整个楼层进行转换，转换结构的受荷面积占楼层面积的比例很大，造成结构竖向刚度突变时，应按结构整体转换进行设计。当结构有多处转换，造成结构多处不规则时，建议按结构整体转换进行设计。否则，可按结构局部转换进行设计。

《抗规》第6.1.1条条文说明指出：仅有个别墙体不落地，例如不落地墙的截面面积不大于总截面面积的10%，只要框支部分的设计合理且不致加大扭转不规则，仍可视为抗震墙结构，其最大适用高度仍可按全部落地的抗震墙结构确定。

《广东高规》第11.2.1条条文说明指出：对整体结构中仅有个别结构构件进行转换的结构，比如框支剪力墙的面积不大于剪力墙总面积的10%，或托换柱的数量不多于总柱数的 20%时，可不划归带转换层结构，但有关转换构件和转换柱的设计可参照本节有关条文要求进行构件设计。

对于已经满足在地下室顶板嵌固条件的建筑结构，当仅地下室有框支转换结构时，也可按结构局部转换进行设计。

三、转换梁、框支梁，转换柱、框支柱

采用实腹梁转换时，《高规》中的“转换梁”是一个广义的概念。转换梁包括部分框支剪力墙结构中的框支梁以及梁上托柱的框架梁（托柱梁），是带转换层结构中应用最广泛的转换结构构件。两者受力有其共性，但也有不同之处。例如：托柱转换梁在竖向荷载作用下尽管弯矩、剪力较大，但仍为受弯构件，而框支梁则是偏心受拉构件。因此，设计上也有所区别。

《高规》中对转换梁的规定，既适用于部分框支剪力墙结构中的框支梁，也适用于托柱转换梁。如规定中明确指出框支梁，则仅仅是对框支梁的设计规定。

《高规》中的转换柱也是一个广义的概念，包括部分框支剪力墙结构中的支承托墙框支梁的框支柱和框架-核心筒、框架-剪力墙等结构中支承托柱转换梁的转换柱。其高度应从支承水平转换构件顶面起至上部结构嵌固端处柱底，见图 2.1-1。这两种转换柱在受力性能上有一些区别：框支柱除受有弯矩、剪力外，还承受较大的轴向压力。特别是多于一跨的框支剪力墙，由于大拱套小拱的效应，框支柱的轴向力并不像一般框架柱那样按竖向荷载所属面积分配，而是边柱轴力增大，中柱轴力减小。例如两跨的框支剪力墙，竖向荷载下框支边柱的轴力之和约占总轴力的 3/5，而中柱只约占总轴力的 2/5。此外，由于框支梁上部墙体在竖向荷载作用下拱的受力效应，框支柱在竖向荷载作用下也会产生附加剪力。而承托柱转换梁的转换柱，其受力性能和一般框架柱相同，只不过内力值要大不少。

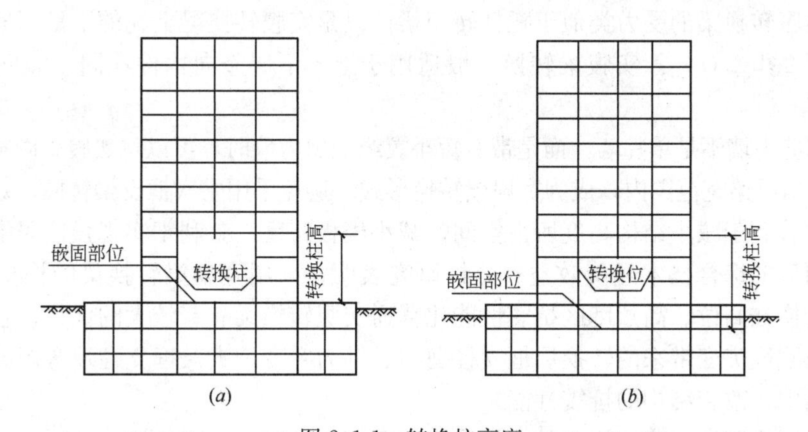

图 2.1-1 转换柱高度

(a) 嵌固部位在地下室顶板；(b) 嵌固部位在地下一层底板

同样，《高规》对转换柱的规定，即适用于部分框支剪力墙结构中的框支柱，也适用于托柱转换的转换柱。如规定中明确指出框支柱，则仅仅是对框支柱的设计规定。

四、常用的钢筋混凝土转换结构形式

常用的钢筋混凝土结构转换形式主要有如下几种：

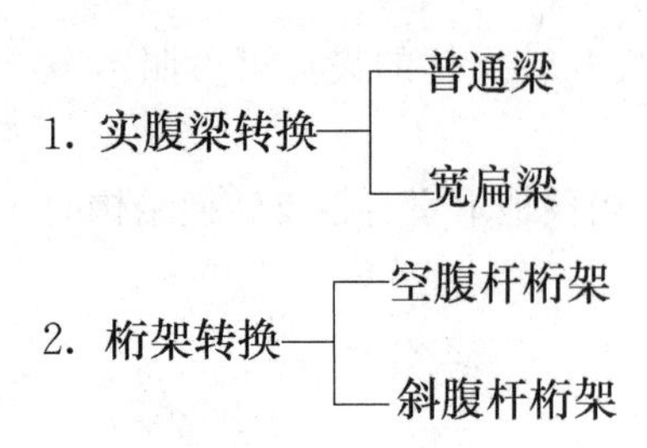

3. 搭接柱转换
4. 箱形转换
5. 厚板转换

此外，还有斜撑转换、钢筋混凝土拱转换等其他转换结构形式。

根据结构材料划分，可分为钢筋混凝土转换构件、预应力混凝土转换构件、型钢混凝土转换构件、纤维混凝土转换构件等。

尽管在受力上有框支转换和托柱转换、搭接柱转换和斜撑转换的区别，在转换范围上有整体转换和局部转换的区别，但结构设计中都可以根据实际工程的具体情况，采用以上一种或几种转换结构形式。

实腹梁转换是目前最常用的一种结构转换形式。实腹梁转换传力途径明确、受力性能好、构造简单、施工方便，广泛应用于底部为商店、餐厅、会议室、车库、机房，上部为住宅、公寓、饭店、综合楼等建筑。

框支转换可采用实腹梁，此时实腹梁和其上部的剪力墙成为一体，共同承受上部竖向荷载，墙体类似于拉杆拱的受力状态，而实腹梁就是拱的拉杆，处于偏心受拉状态。托柱转换也可采用实腹梁，此时实腹梁承受所托上柱传来的巨大集中荷载，为受弯受剪构件。当实腹梁上部的剪力墙体上开有大洞，使得竖向荷载下实腹梁上托的剪力墙肢不再有拱的效应时，实腹转换梁的受力类似于托柱转换梁。只是实腹转换梁上托的不是框架柱而是剪力墙肢［图 2.1-2（*c*）］。实腹梁转换一般适用于上、下层竖向构件在同一竖向平面内的转换。

当上部剪力墙不是单片墙，而是带有短小翼缘的剪力墙时，可以将实腹梁做宽，使小翼缘全部落在扁梁梁宽范围内，成为宽扁梁转换形式。避免采用主次框支梁转换，效果较好。

宽扁梁有利于减小结构高度所占空间，减小楼板跨度，有利于实现强柱弱梁、强剪弱弯，具有明显的综合技术经济效益。分析研究表明：采用宽扁梁转换梁的框支剪力墙转换、托柱转换在高位、高烈度区抗震性能比普通实腹转换梁有着较大的优势，它有利于减缓高位转换刚度突变带来的转换层框支柱剪力、轴力突变增大及框支柱顶弯矩突变增大引起的应力集中，改善结构的抗震性能。

实腹梁转换既可用于结构的整体转换，也可用于结构的局部转换。

实腹梁转换的缺点是转换构件截面尺寸大、自重大，多少会影响该层的建筑使用空间，同时，易引起转换层上、下层刚度突变，对结构抗震不利。

桁架转换有两种形式：腹杆仅有竖杆的称为空腹杆桁架［图 2.1-2（*e*）］，腹杆有斜杆的称为斜腹杆桁架［图 2.1-2（*d*）］。转换桁架的高度一般为建筑物的一个层高，桁架上弦在上一层楼板平面内，下弦则在下一层楼板平面内。和实腹梁相比，桁架转换传力明确、途径清楚，桁架转换上、下层质量分布相对较均匀，刚度突变程度也较小，地震反应要比实腹梁小得多。不但可以大大减轻自重，而且可利用腹杆间的空间布置机电管线，有效地利用了建筑空间。和实腹梁转换一样，桁架转换也适用于上、下层竖向构件在同一竖向平面内的转换。

当转换桁架承托的上部层数很多、荷载很大且跨度又很大时，可以采用双层或多层转换桁架。

转换桁架既可用于结构的整体转换，也可用于结构的局部转换。

桁架转换的缺点是杆件节点构造复杂，且杆件基本上都是轴心受力构件或小偏心受力构件，延性较差，同时施工较复杂。若为桁架托柱，则对柱子的平面位置有一定的要求，不能像实腹梁托柱那样，上托柱在竖向平面内可任意放置。

当竖向构件上、下层错位，且水平投影距离又不大时，可分别将错位层的上柱向下、下柱向上直通，在错位层形成一个截面尺寸较大的柱（搭接块），和水平构件（梁、板）一道来完成在竖向荷载和水平荷载下力的传递，实现结构转换，这就是搭接柱转换［图2.1-2（*h*）］。

如果从错位层的下层柱柱顶到上层柱柱底设置一根斜柱，直接用此斜柱来承托上层柱传下来的竖向荷载，这就是斜撑转换［图2.1-2（*i*）］。斜撑转换在受力上类似于桁架。

搭接柱转换、斜撑转换基本保证了竖向构件直接落地，从而避免了结构抗侧刚度沿竖向的突变。地震作用下框架柱受力较均匀，结构整体抗震性能较好。自重不大，又可争取到较大的建筑空间。当建筑立面有内收或（和）外挑时，采用搭接柱转换或斜撑转换是一种较好的转换形式。此外，个别柱上、下层错位不对齐，采用搭接柱转换或斜撑转换也是一个很好的选择。

搭接柱转换、斜撑转换形式一般要求上、下层柱错位水平投影距离较小，适用于结构的局部转换。

箱形转换［图2.1-2（*f*）］利用楼层实腹梁和上、下层楼板，形成刚度很大的箱形转换层，其面内刚度较实腹梁转换层要大得多，但自重却比厚板转换层要小得多，既可以像厚板转换层那样满足上、下层结构体系和柱网轴线同时变化的转换要求，抗震性能又有了较大的改善。

箱形转换上、下层刚度突变较严重，不宜设置在楼层较高的部位，以免产生过大的地震反应。同时，箱形转换结构施工也比较麻烦。

当上、下楼层剪力墙或柱在两个平面内均对不齐，需要在两个方向都进行结构转换时，可以做成箱形转换形式，从而避免采用框支主、次梁方案。箱形转换一般适用于结构的整体转换，也可用于结构的局部转换。

当上、下层结构体系和柱网轴线同时变化，且变化楼层的上、下层剪力墙或柱错位范围较大，结构上、下层柱网有很多处对不齐时，采用搭接柱或实腹梁转换已不可能，这时可在上、下柱错位楼层设置厚板，通过厚板来完成结构在竖向荷载和水平荷载下力的传递，实现结构转换，这就是厚板转换［图2.1-2（*g*）］。厚板转换可用于结构的整体转换。

厚板转换虽然给上部结构布置带来方便，但厚板的受力非常复杂，传力路径不明确，结构受力很不合理。转换厚板往往板很厚，在转换层集中了相当大的质量，刚度又很大，造成转换层处结构的上、下层竖向刚度突变，容易产生薄弱层，抗震性能很差。在竖向荷载和地震作用的共同作用下，厚板不仅会发生冲切破坏，还有可能产生剪切破坏。厚板的

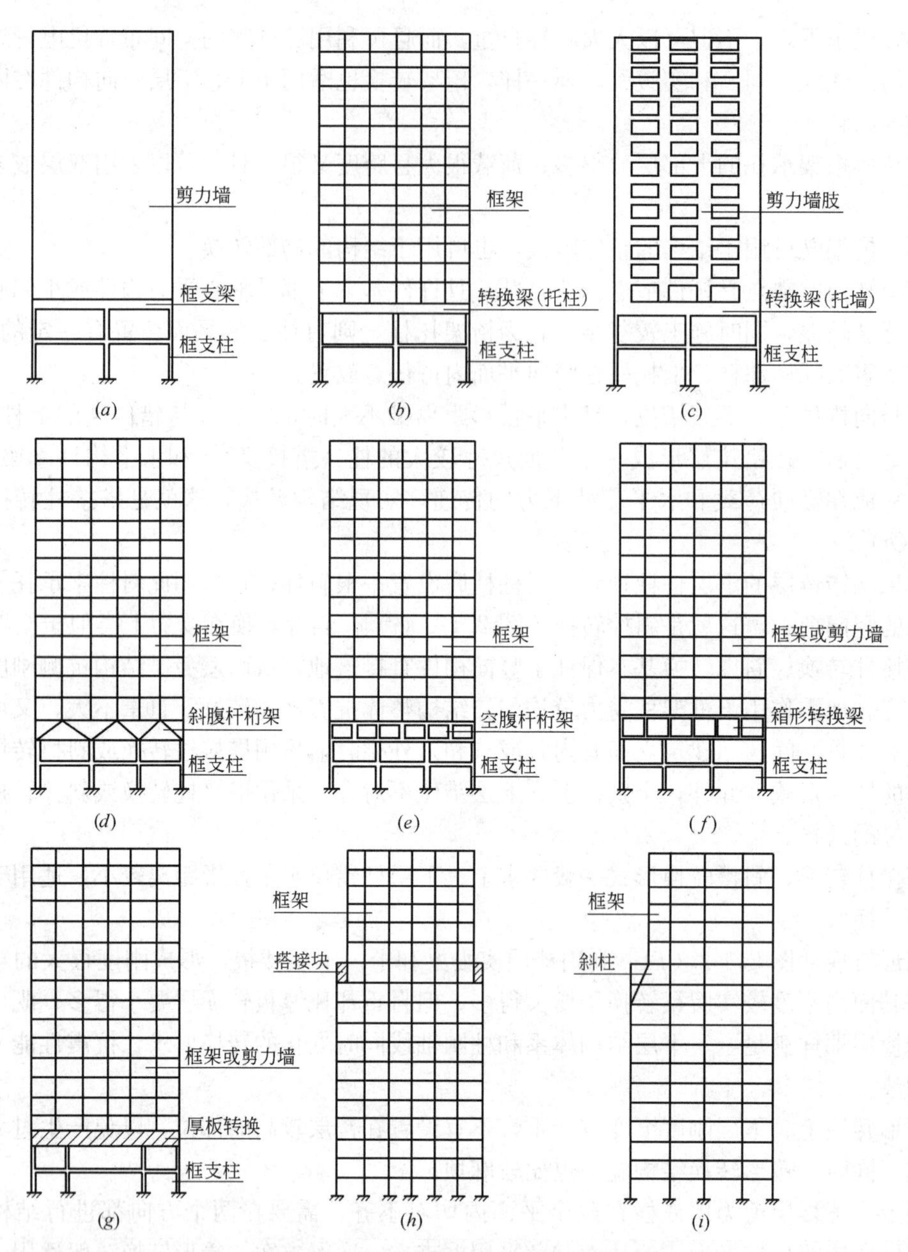

图 2.1-2 钢筋混凝土结构转换形式示意

大体积混凝土和密布钢筋也会给施工带来复杂性。目前，对厚板转换的结构分析研究尚不完善，实际工程较少，经验不多，故采用厚板转换应慎重。

第二节 转换结构形式的选择

一、受力特点

1. 设置结构转换层虽然满足了建筑的功能要求，但其在结构受力上缺点也是十分明显的。主要是：

1）竖向荷载下结构传力不直接、传力路径复杂。

2）转换构件尺寸往往较一般构件大得多，刚度很大。加之转换层上、下部结构竖向构件布置上的变化，会造成上、下部结构竖向刚度和质量变化很大，甚至是突变，容易形成下柔上刚的不利结构形式。地震作用下易形成结构下部变形过大的软弱层，进而发展成为承载力不足的薄弱层，在大震时倒塌。

3）转换构件受力不均匀且很复杂，同时，转换构件本身要承受上部若干楼层传下来的巨大的集中力，跨度又大，故其内力很大，抗震设计时还应考虑竖向地震效应。除承载力计算外，挠度及裂缝宽度验算也不容忽视。竖向荷载成为控制设计的一个重要因素。

4）转换构件邻近的某些构件受力不均匀且很复杂，产生应力集中。

5）带转换层结构的转换层位置越高，对结构抗震越不利。

2. 国内外历次大地震中，这种传力不直接、不合理，结构竖向刚度变化很大，甚至是突变的带转换层结构发生震害的例子不少，给我们提供了非常有价值的经验教训。

1）1977 年 3 月 5 日，罗马尼亚布加勒斯特附近发生 7.2 级地震，布加勒斯特市烈度为 8.5 度，33 座高层框架结构倒塌，1 座 11 层剪力墙结构倒塌。主要震害特征为：

(1）框架楼层高、开间大，加上改建时又取消了一些柱子，框架侧向刚度太小，变形太大，很容易发生震害。尤其在学校、博物馆、文化宫等要求大跨度、大空间的空旷公共建筑中，框架的破坏十分明显。

(2）底层框支、上层剪力墙或砖墙的柔性底层结构，破坏相当严重。由于上层刚度大，而下层过于柔弱，变形集中在底层，使底层柱脚或柱顶破坏严重。

2）1988 年 12 月 7 日，亚美尼亚发生强烈地震，震中在斯比达克市，震级 7.0，震中烈度 10 度。这次地震的主要经验教训是：下层柔性柱、上层剪力墙或砖墙的柔性底层房屋破坏相当严重。

3）1995 年 1 月 17 日，日本兵库县南部发生 7.2 级地震，其特点是直下型，即竖向地震加速度相当大。水平地震最大加速度为 0.818g，竖向地震最大加速度为 0.3g，最大振幅达 180mm，最大竖向振幅达 100mm。地震中，大量钢筋混凝土多层、高层建筑物受到震害，其特点可归结为：

(1）许多钢筋混凝土多层框架在一层处柱子数量较少、抗震能力差，承受不了巨大的竖向地震作用而被压碎、倒塌，波及到整座建筑物下坠。

(2）中间部分楼层破坏是本次地震的又一个特点。许多 8～10 层框架结构在第四、五层的部分柱子被压坏，造成上部楼层下落，重叠在一起。其原因可能是中部楼层柱子的截面尺寸、材料强度改变或取消了部分剪力墙，在中部楼层产生刚度或承载力突变，形成结构薄弱层。

4）1999 年 9 月 21 日，我国台湾省发生了 7.2 级地震，震中位于南投县日月潭附近，波及台北、台中、南投等城市。这次地震中，钢筋混凝土多、高层建筑震害严重，主要原因是：许多商住用框架结构，上层采用大量的实心砖作填充墙，刚度很大；底层商店则砖墙很少，刚度较小。地震时由于底层变形集中而破坏。

5）美国 Holy Cross 医院主楼，地上 7 层，地下 1 层。抗侧力体系为钢筋混凝土剪力墙，框架柱仅考虑承受竖向荷载。结构东、西两侧有较多剪力墙在3层以下竖向不连续，不连续的剪力墙仅通过楼板和梁传递水平及竖向荷载。1971年2月9日美国加利福尼亚州圣菲南多发生里氏6.4级地震，Holy Cross医院地面运动最大加速度估计约在（0.4～0.5）g之间。震后发现不连续的剪力墙附近二、三、四层楼板严重裂缝甚至破坏；这些楼层的框支剪力墙出现X形剪切裂缝，柱出现剪切裂缝，保护层剥落，纵筋外鼓，一层个别框支柱破坏。

还是在这次地震中，Olive Veiw医院主楼的震害也很典型。这是一幢6层的钢筋混凝土板柱-剪力墙结构，一、二层全部是钢筋混凝土柱，三层以上为钢筋混凝土剪力墙，因而又是典型的全框支剪力墙结构（“鸡腿”结构），上部刚度比下部大10倍以上。地震时没有发生地面裂缝或其他地面变形，建筑物主要是经受地面摇晃振动，底层柱子严重破坏；普通配箍柱混凝土全部碎裂，纵向钢筋压屈，箍筋断开；螺旋配箍柱保护层脱落；外边柱梁柱节点区破坏；结构产生很大的侧向位移，最大残余侧向位移达710mm，结构端部的几个楼梯虽然与主体结构用防震缝分开，但仍然产生严重碰撞；第三层剪力墙产生X形剪切裂缝；二、三层的平板柱帽混凝土开裂甚至破碎。

二、转换结构形式的选择

转换结构形式的选择，应从建筑功能、结构体系、抗震设防烈度、转换层位置、施工技术条件、建材、经济等各方面综合考虑。

1）从建筑专业来说，设置结构转换层的目的，是要满足如下建筑功能要求：

（1）提供大的建筑空间：在商住楼、综合办公楼、酒店等公共建筑中，需要在某些楼层布置商场、会议室、餐厅、歌舞厅、健身房等文体娱乐活动场所及其他需要较大空间的公共用房，而其他楼层则是相对较小开间的用房，这就需要进行结构转换，形成室内大空间以满足建筑功能的需要。

有的建筑，上部楼层均为常规建筑用房，而底层需要设置汽车、人行通道，甚至有火车轨道、站台穿过，也需要进行结构转换，形成底部大空间以满足建筑功能的需要。

大空间有时设置在底层或底部几层（大多数为这种情况），有的则是在中间某层或某几层。

在筒中筒结构中，由于外框筒柱距通常为3～4m，柱距太密，使建筑物出入口处使用不便，为此，需要在外框筒底部设置转换构件，扩大柱距，为建筑物提供较大的出入口，满足其功能要求。

此外，在办公、酒店等建筑中，有时一些楼层需要设置大、中型会议室，楼层局部需要大空间，这也需要在这些部位设置转换构件进行结构的局部转换。

大空间在楼层平面的范围，有时可以为整个楼层，需要设置结构转换层。有时仅在楼层的某个局部需要大空间，则只要进行结构局部转换就可以了。

北京翠微园小区商业服务中心1号楼，地下1层，地上18层，结构高度54.20m，3层以下为大开间商场，数道剪力墙无法落地，3层以上为小开间青年公寓。利用设备层（三层）设置转换层，以设备层高度做成工字形框支梁，配合设备管线需要在梁腹板上开洞。3层以下形成较大室内空间以满足商场建筑功能需要，见图2.2-1、图2.2-2。

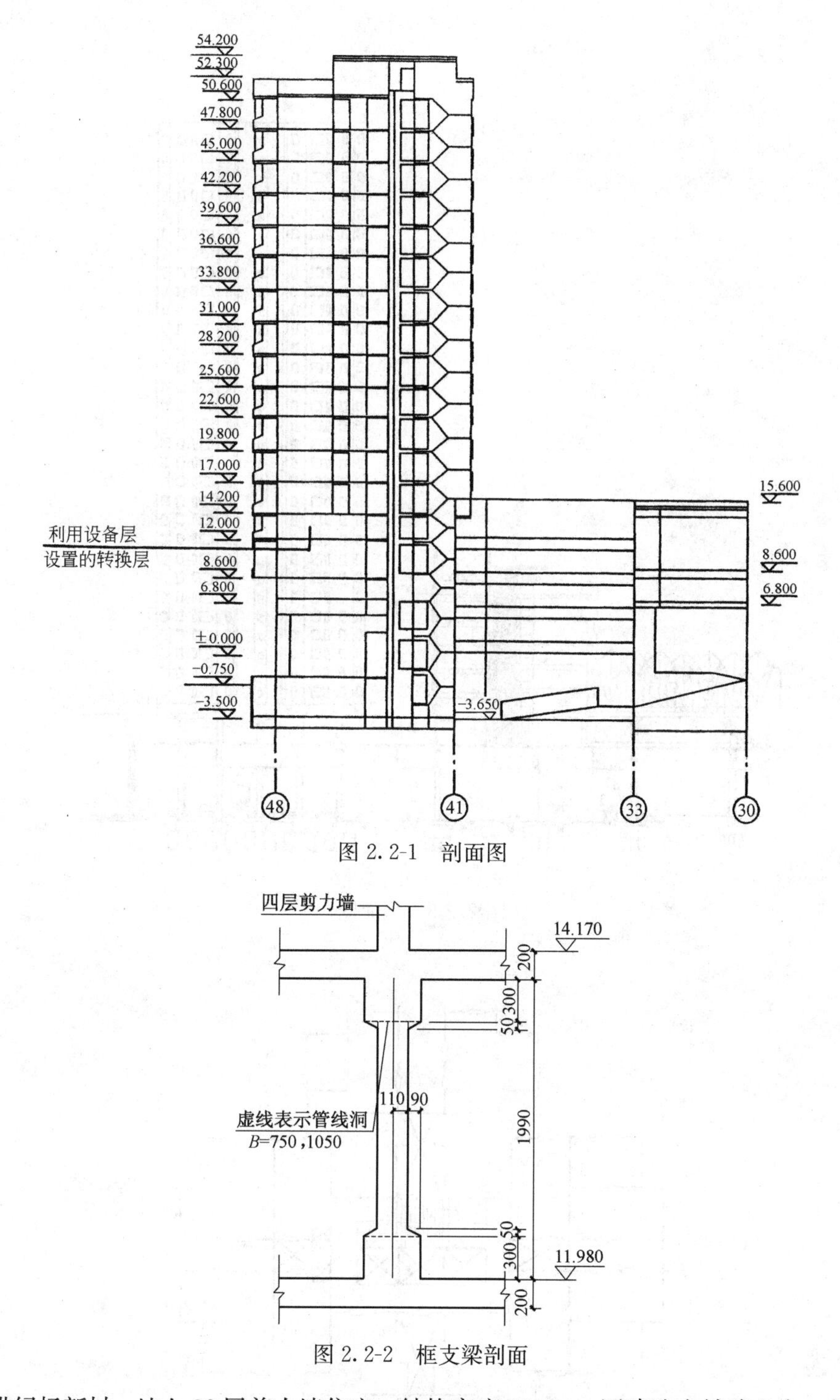

图 2.2-1　剖面图

图 2.2-2　框支梁剖面

香港绿杨新村，地上 36 层剪力墙住宅，结构高度 67.8m，因建造在铁路上方，剪力墙均不能落地，进行两次转换，上层墙体首先由三层交叉梁组成的转换层转换为 21 根支承柱，框支梁高 2m；再经二层转换厚板转换到底层框支柱上，转换板厚 2m，见图 2.2-3、图 2.2-4。

南京新街口百货商场Ⅱ期工程，主楼部分地下 3 层，地上 61 层，61 层顶标高 223.30m，裙房部分地下 2 层，地上 8 层（局部 10 层），8 层顶标高 39.00m，总建筑面积 12.67 万 m^2。

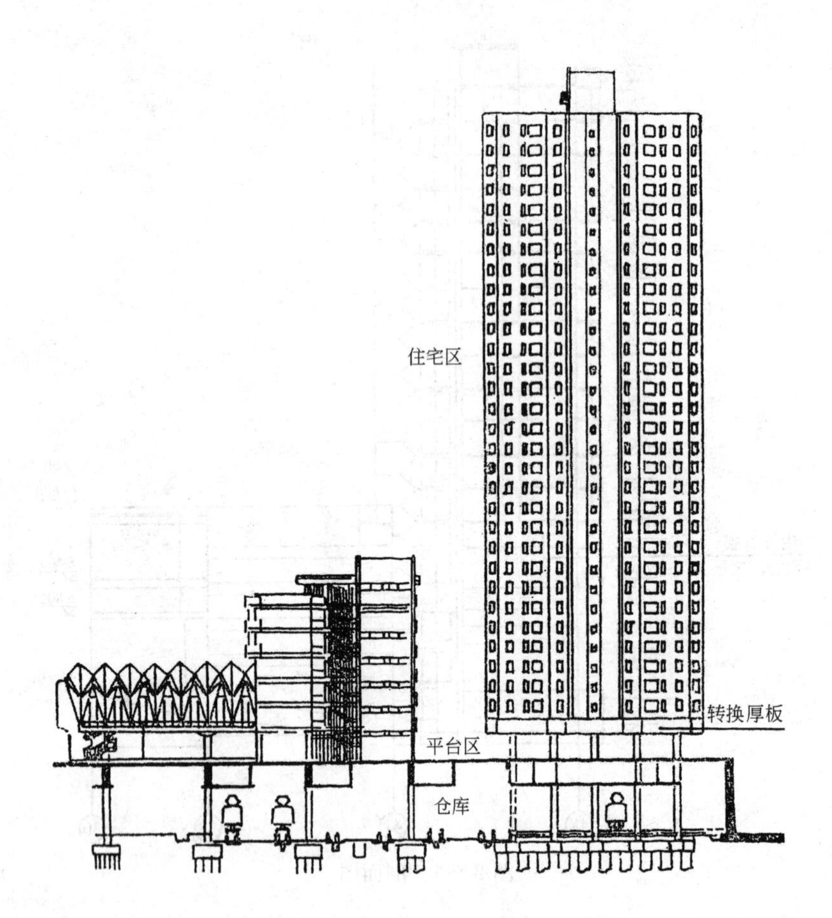

图 2.2-3　剖面图

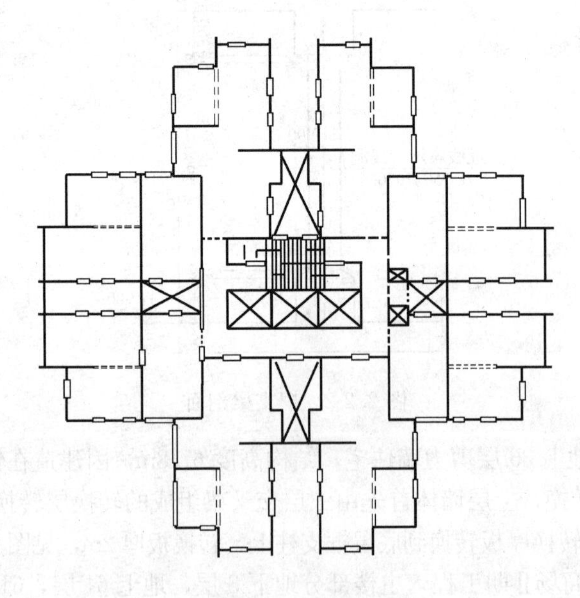

图 2.2-4　平面图

地震基本烈度为 7 度，场地为中软场地土，Ⅱ类建筑场地。

主楼采用全现浇钢筋混凝土筒中筒结构，利用建筑竖向交通部分设置钢筋混凝土剪力墙核心筒，外围设置钢筋混凝土密柱，柱距为 4.8m。由于建筑功能要求，9 层以上柱距增大一倍（约为 9.6m），故在 9 层设置了结构转换层（图 2.2-5），加设环形钢筋混凝土转换大梁，转换大梁截面尺寸为 1400mm×3400mm。转换层以下采用了型钢混凝土柱（图 2.2-6）。

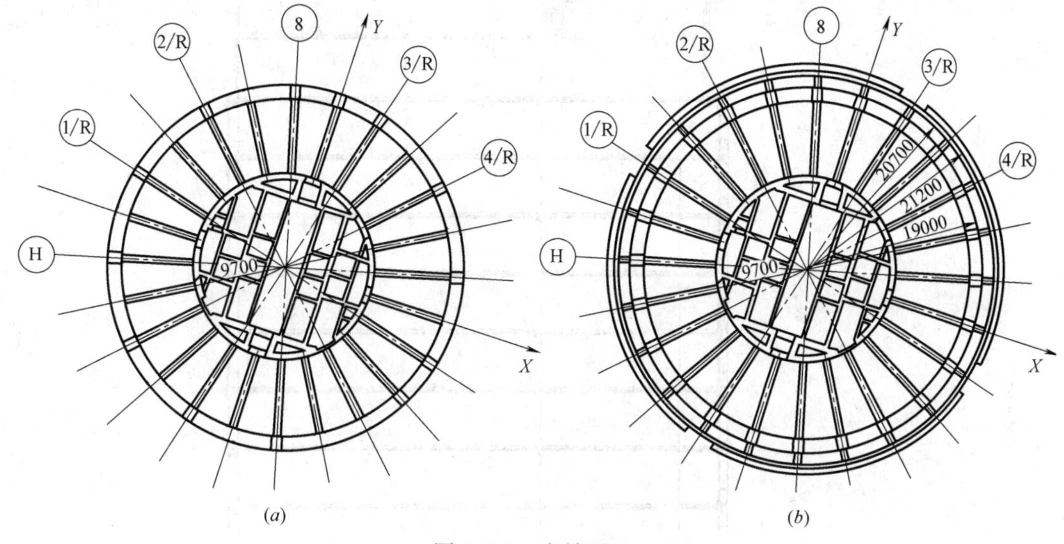

图 2.2-5 主楼平面
（a）首层平面；（b）标准层平面

（2）建筑物上、下柱网改变：建筑物由于平面布置的需要，上、下柱网发生很大变化，竖向构件上、下层对不齐，也需要进行结构转换。这种转换根据建筑功能要求，有时需要在一个方向进行结构转换，有时则需要在两个方向同时进行结构转换；可以是整个楼层的整体转换，也可以是结构的局部转换。

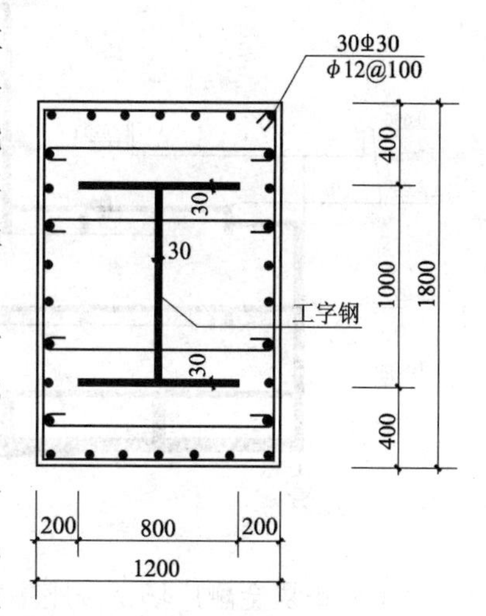

图 2.2-6 型钢混凝土框支柱

北京中海紫金苑，高档住宅楼。地下 3 层，地上沿东西向由三栋住宅楼一字排开，均为 13 层，十三层为 3 层高度复式住宅，檐口高度 47.6m。

由于建筑设计要求每个建筑单元入口部位布置一个高度为二层楼的入口大厅，使部分剪力墙无法落地，地下室也多处形成大空间，使结构竖向传力不连续，出现上、下层竖向构件错位布置，因此需要在地上三层处和地面标高±0.000m 至－3.4m 之间设置转换大梁，见图 2.2-7，从而使地下室结构变成部分框支剪力墙结构体系，并形成了以下基本柱网：6.0m×8.7m，6.4m×8.7m，7.5m×8.7m，8.1m×8.7m，6.0m×11.8m，6.4m×11.8m，7.5m×11.8m，8.1m×11.8m。

（3）建筑物由于立面体形或其他功能的要求，上部楼层竖向有收进或外挑，也会使竖向构件上、下层对不齐，也需要进行结构转换。这种转换一般是结构的局部转换。此外，楼层中某个局部个别竖向构件错位，上、下层对不齐，其结构转换也是结构的局部转换。

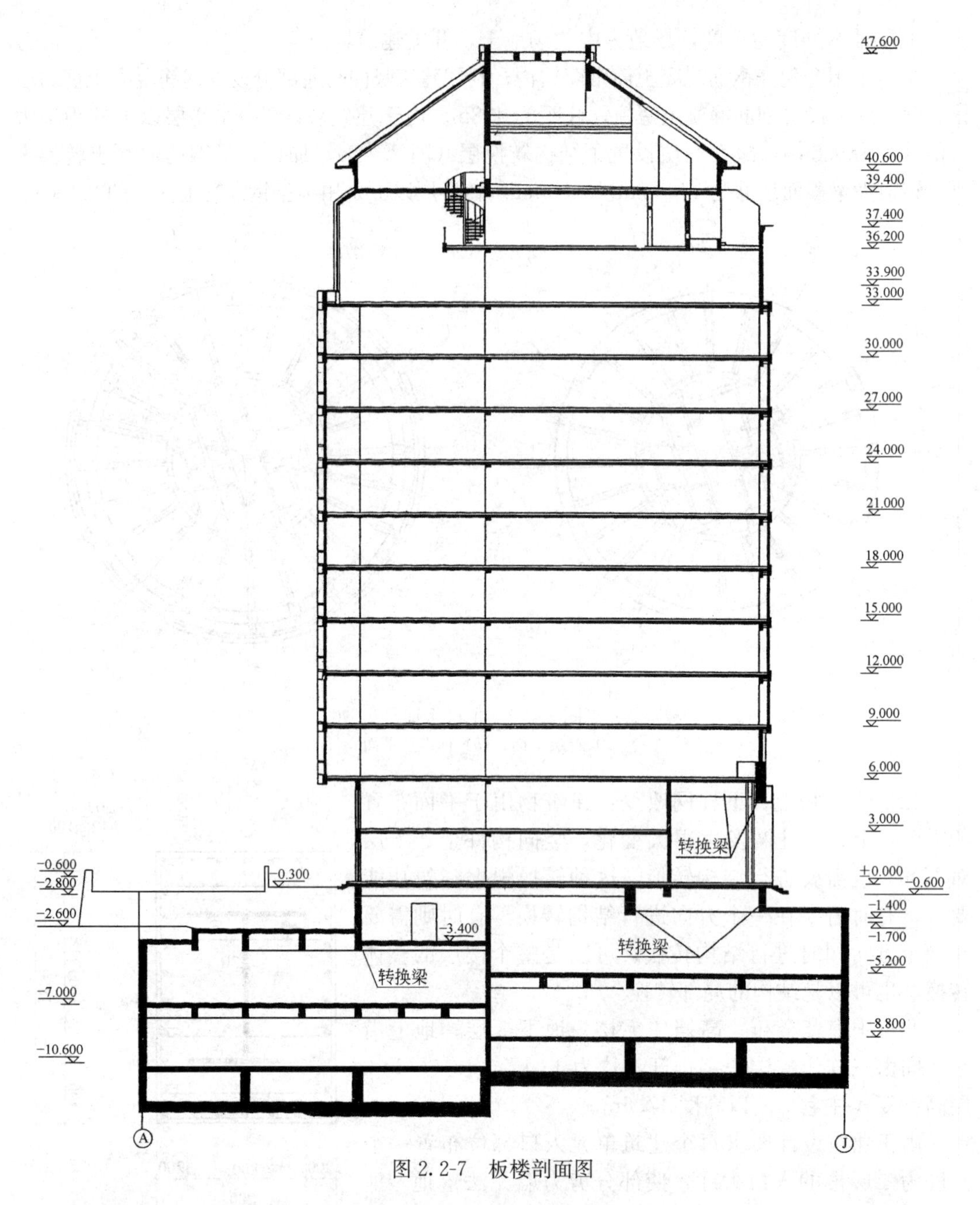

图 2.2-7　板楼剖面图

上海华夏金融广场是一座集智能办公、商业、餐饮、娱乐于一体的综合建筑群体，其中 2 号楼为地下 3 层、地上 41 层的写字楼，结构高度 149.2m。

根据 2 号楼立面要求，(2-A)轴和(2-H)轴两排框架柱在三十三层各向核心筒对称内收 3m 左右，经多个方案分析比较，采用斜柱转换形式，从三十一层外框柱底设置 2 层高的斜柱直接承托三十三层的退台外框柱进行转换。见图 2.2-8、图 2.2-9。

重庆市高新区某高层建筑，地下 3 层、地上 41 层，总建筑面积约 8 万 m^2。工程施工至七层（标高 28.80m）时，由于建筑功能的改变，尚未施工的上部各楼层外框柱轴线均要求向外扩出 2.4m，造成外框柱竖向荷载传递中断。为此，需进行外框柱的局部层间柱网转换。

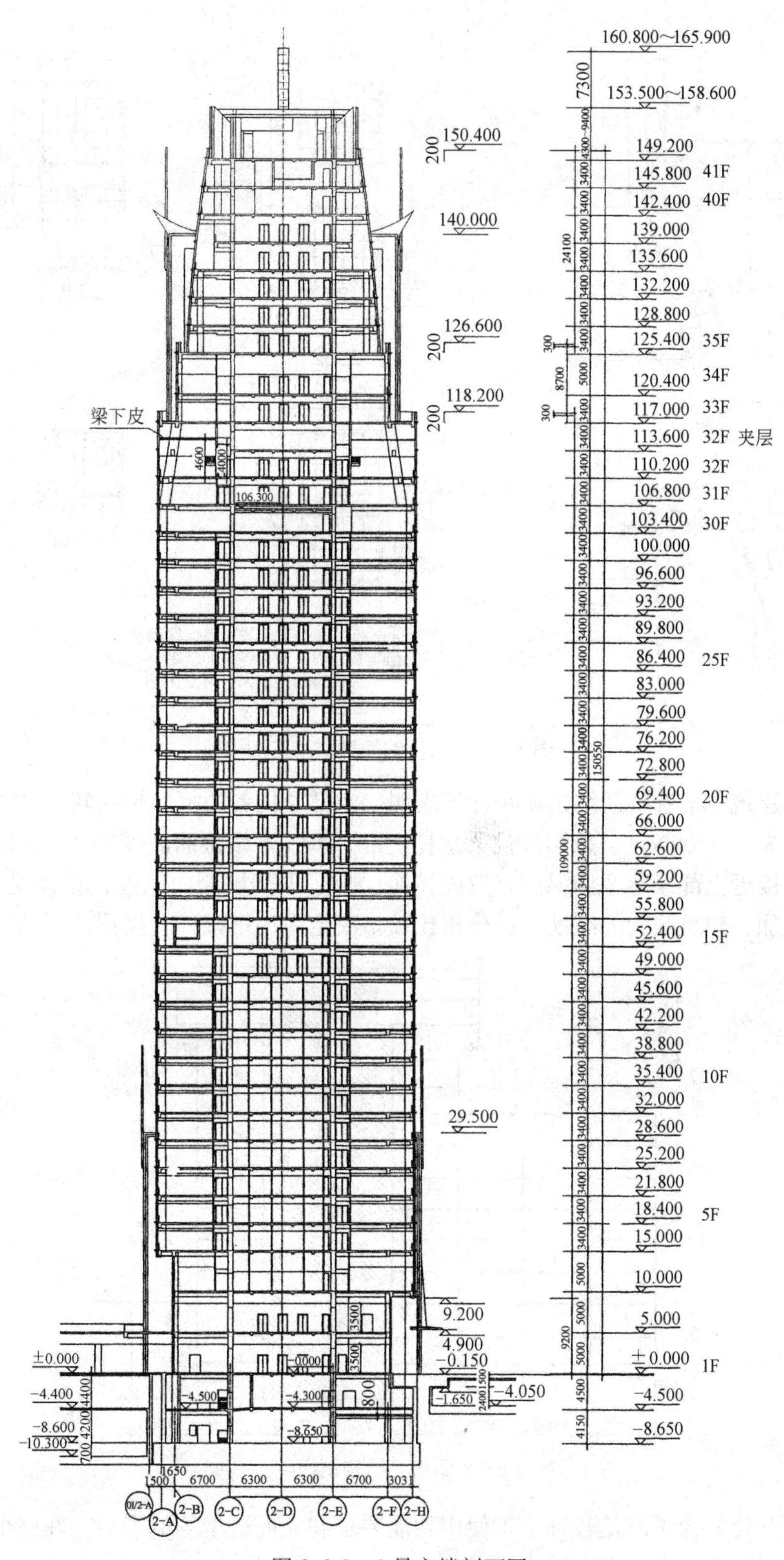

图 2.2-8　2 号主楼剖面图

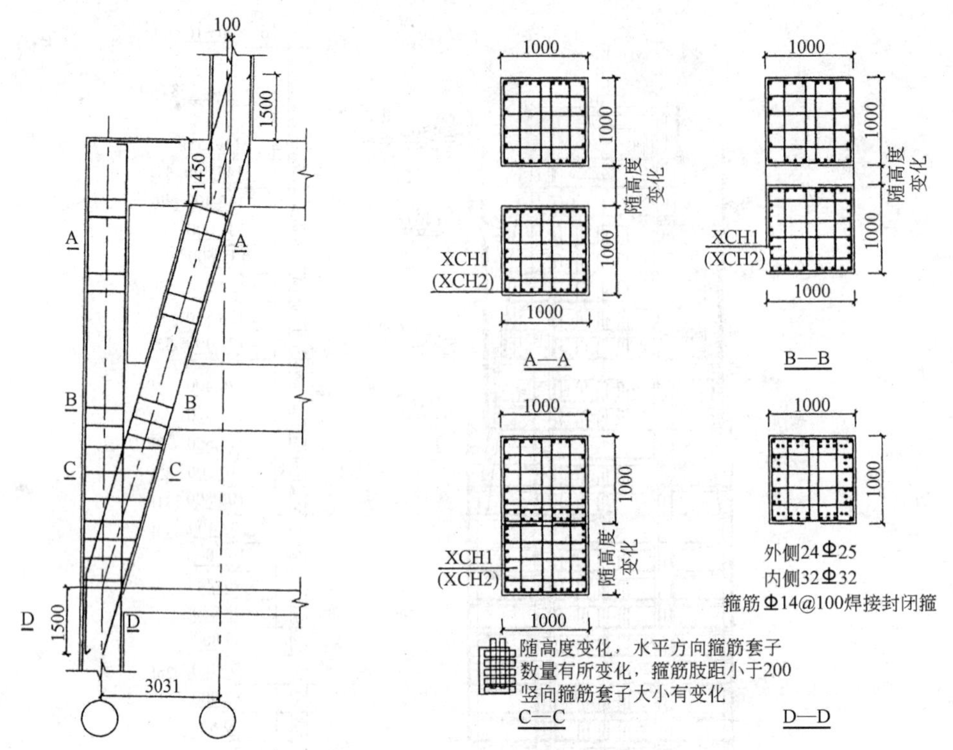

图 2.2-9 斜柱钢筋搭接示意图

按新的建筑方案进行的结构初步计算表明，上部结构各边框柱传给转换结构的最大轴力设计值约为30000kN，若采用外挑梁承托上部外框柱，梁截面高度约3.0m以上，使得转换层层高接近上部楼层2倍层高，造成转换层上、下楼层侧向刚度比不满足规范要求，同时，也增加了建筑结构的高度。经分析比较，决定采用搭接柱转换形式（图 2.2-10）。

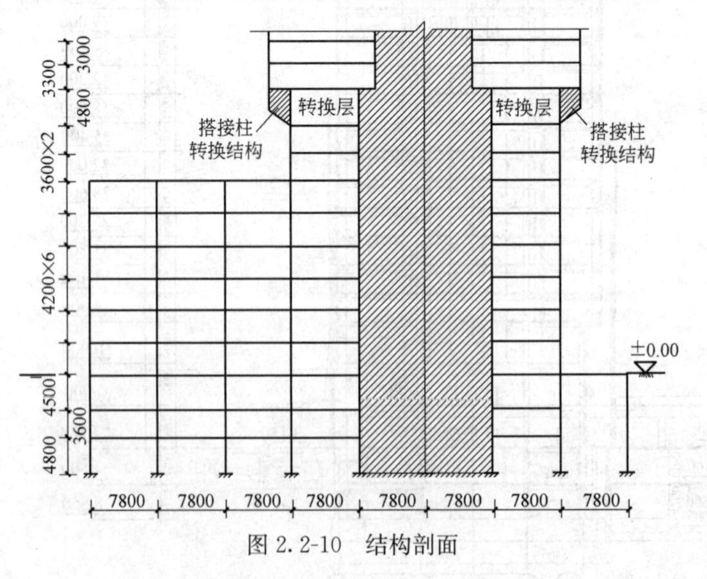

图 2.2-10 结构剖面

有些公共建筑为了满足各种建筑使用功能要求和立面造型等的需要，在一个结构单元中不同的楼层好几处设置多个转换构件。

武汉佳丽广场是一座集商业、娱乐、办公为一体的综合性超高层建筑，总建筑面积 222534m^2。地下 2 层，地上主楼 57 层，裙房 8 层，建筑物总高度 250.440m。结构标准层平面见图 2.2-11～图 2.2-13。

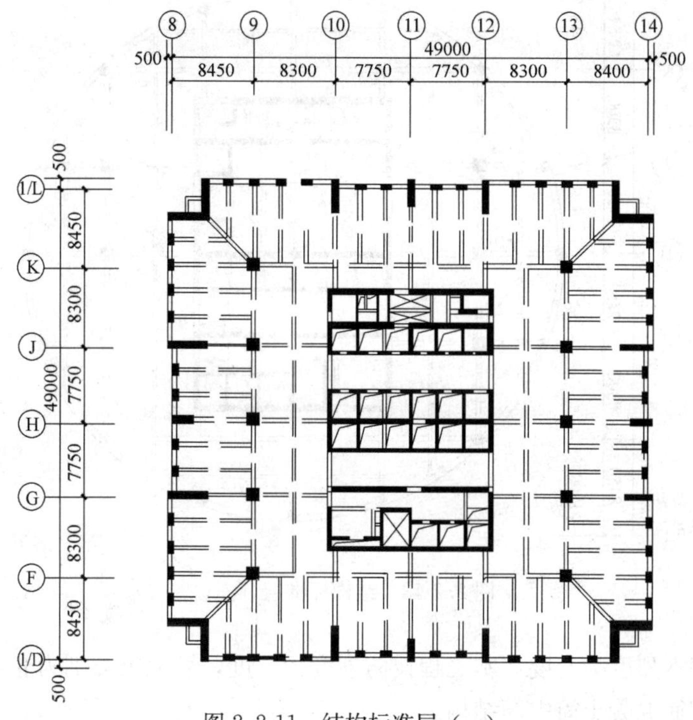

图 2.2-11　结构标准层（一）

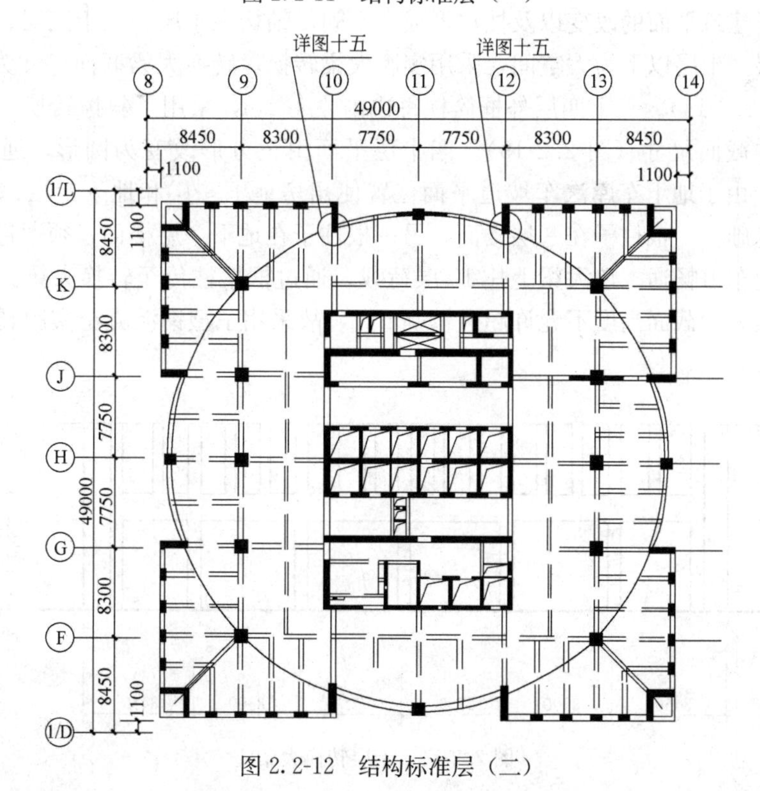

图 2.2-12　结构标准层（二）

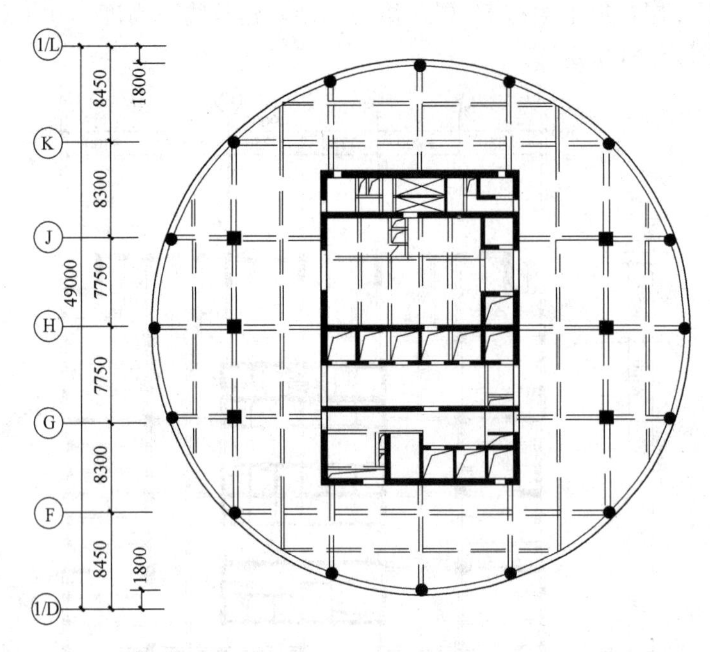

图 2.2-13 结构标准层（三）

场地地震基本烈度为 6 度，本工程设防烈度为 7 度，场地土类别为Ⅱ类场地。

主楼采用钢筋混凝土筒中筒结构。

由于主楼建筑平面的改变以及抽柱形成大空间，结构在十层、三十三层、四十层分别设置了转换层。十层以下为大空间，采用实腹大梁转换，转换大梁截面尺寸为 1200mm×2000mm（图 2.2-14）。三十四层外框筒柱每边内收 1.1m，采用了斜撑转换，斜柱截面尺寸同外框筒柱截面尺寸（图 2.2-15）。四十层平面由正方形改变为圆形，通过斜墙转换（图 2.2-16）。由于地下车库汽车坡道平面位置使裙房地下一层和地下二层二根框架柱不能直接落至基础，一根柱子在一层楼面，另一根柱子在地下一层楼面，须通过实腹大梁进行转换，以使车道畅通。该大梁上托 10 层荷载，通过框架柱传至转换大梁。由于层高的限制，该转换大梁截面高度不允许超过 1500mm，故采用了型钢混凝土实腹转换梁，梁详图见图 2.2-17。

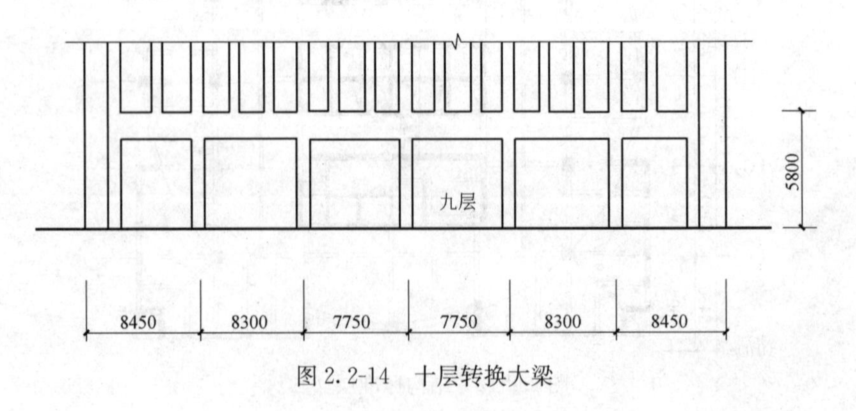

图 2.2-14 十层转换大梁

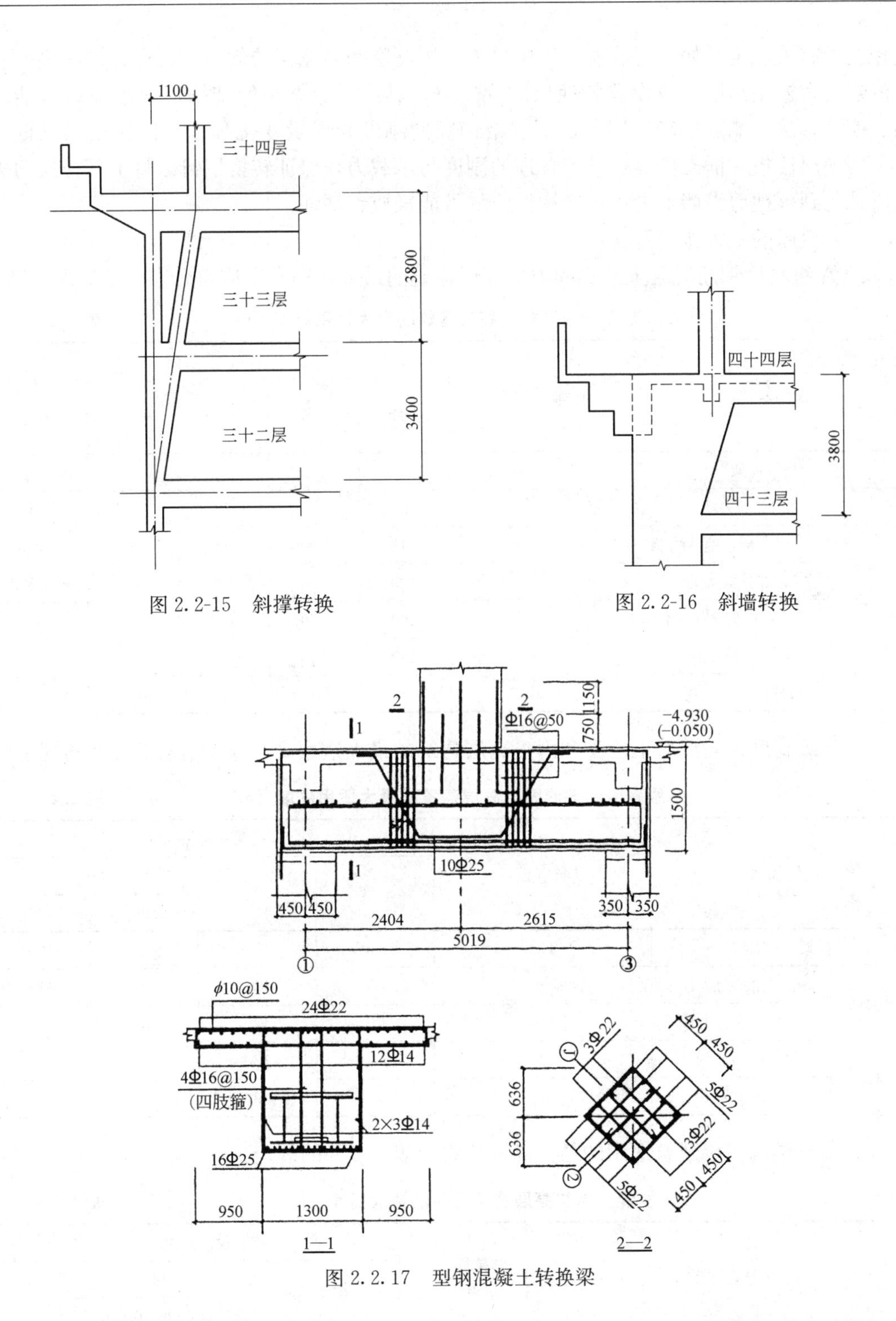

图 2.2-15　斜撑转换

图 2.2-16　斜墙转换

图 2.2.17　型钢混凝土转换梁

各转换层楼板的厚度、梁的截面尺寸均适当加厚、加大，以增大楼盖的平面内刚度，更好地传递水平荷载。

2）从结构专业来说，转换结构形式的选择，应根据转换结构的受力特点（如是框支剪力墙转换还是托柱转换还是搭接柱转换）、整体转换还是局部转换等情况。首先，要满足规范的有关规定，如钢筋混凝土房屋最大适用高度和高宽比的规定；抗震设计时高位转换的规定；复杂高层建筑设置转换层的规定等。其次，应做到使结构传力途径尽可能简洁、明确，尽可能减小转换层上、下层结构竖向刚度和质量变化程度；使转换层（框支梁、转换层楼板、框支柱等）具有合理的刚度与承载力，保证转换层可以将上部楼层剪力可靠地传到落地剪力墙上去；转换构件应尽可能轻质、高强。

（1）房屋的最大适用高度：

① A级高度钢筋混凝土乙类和丙类高层建筑的最大适用高度应符合表2.2-1的规定。

A级高度钢筋混凝土高层建筑的最大适用高度（m） 表2.2-1

结构体系		非抗震设计	抗震设防烈度				
			6度	7度	8度		9度
					0.20g	0.30g	
框架		70	60	55	45	35	—
框架-剪力墙		150	130	120	100	80	50
剪力墙	全部落地剪力墙	150	140	120	100	80	60
	部分框支剪力墙	130	120	100	80	50	不应采用
筒体	框架-核心筒	160	150	130	100	90	70
	筒中筒	200	180	150	120	100	80
板柱-剪力墙		110	80	70	55	40	不应采用

② B级高度钢筋混凝土乙类和丙类高层建筑的最大适用高度应符合表2.2-2的规定。

B级高度钢筋混凝土高层建筑的最大适用高度（m） 表2.2-2

结构体系		非抗震设计	抗震设防烈度			
			6度	7度	8度	
					0.20g	0.30g
框架-剪力墙		170	160	140	120	100
剪力墙	全部落地剪力墙	180	170	150	130	110
	部分框支剪力墙	150	140	120	100	80
筒体	框架-核心筒	220	210	180	140	120
	筒中筒	300	280	230	170	150

③ 混合结构高层建筑适用的最大高度应符合表2.2-3的规定。

混合结构高层建筑适用的最大高度（m） 表2.2-3

结构体系		非抗震设计	抗震设防烈度				
			6度	7度	8度		9度
					0.20g	0.30g	
框架-核心筒	钢框架-钢筋混凝土核心筒	210	200	160	120	100	70
	型钢(钢管)混凝土框架-钢筋混凝土核心筒	240	220	190	150	130	70

续表

结构体系		非抗震设计	抗震设防烈度				
			6度	7度	8度		9度
					0.20g	0.30g	
筒中筒	钢外筒-钢筋混凝土核心筒	280	260	210	160	140	80
	型钢（钢管）混凝土外筒-钢筋混凝土核心筒	300	280	230	170	150	90

④ 几点说明：

a. 房屋高度指室外地面至主要屋面板板顶的高度，不包括局部突出屋面的电梯机房、水箱、构架等高度；对带阁楼的坡屋面应算到山尖墙的 1/2 高度处。

b. 对于局部突出的屋顶部分的面积或带坡顶的阁楼的可使用部分（高度≥1.8m）的面积超过标准层面积 1/2 时，应按一层计算。

c. 平面和竖向均不规则的建筑或位于Ⅳ类场地的建筑，表 2.2-1、表 2.2-2 中的数值应适当降低。

d. A 级高度高层建筑结构的甲类建筑，6、7、8 度抗震设防时宜按本地区抗震设防烈度提高一度后符合表 2.2-1 的要求，9 度时应专门研究。

e. B 级高度高层建筑结构甲类建筑，6、7 度时宜按本地区设防烈度提高一度后符合表 2.2-1 的要求，8 度时应专门研究。

f. 框架-剪力墙结构在规定的水平力作用下，当框架部分承受的地震倾覆力矩大于结构总地震倾覆力矩的 50%时，其房屋的最大适用高度可比框架结构适当增加。

⑤ 这里的最大适用高度，是指根据上述各表确定建筑的结构体系，按现行规范、规程的各项规定进行设计时，结构选型是合适的。如果所设计的建筑结构房屋高度超过了上述各表的规定，仍按现行规范、规程的有关规定设计，则不一定完全合适。此时，应按规定报请有关部门审查，设计应有可靠依据，并采取有效的加强措施。

带转换层结构房屋的最大适用高度，规范对部分框支剪力墙结构的规定是十分明确的，因为这是结构的整体转换。对底部带转换层的筒中筒结构 B 级高度高层建筑，当外筒框支层以上采用由剪力墙构成的壁式框架时，抗震性能比密柱框架更为不利，其最大适用高度应比表 2.2-1、表 2.2-2 规定的数值适当降低。降低的幅度，应结合设防烈度、转换层位置的高低等因素，具体研究确定。一般可考虑降低 10%～20%。

对采用箱形转换、桁架转换等转换形式的带转换层结构（整个楼层的转换），其受力特点与部分框支剪力墙结构相似，竖向荷载下结构传力不直接、传力路径复杂，地震作用下结构的楼层竖向刚度发生较大变化，转换构件应力复杂，甚至结构竖向不规则，产生薄弱层等。因此，这类带转换层结构房屋的最大适用高度应比表 2.2-1、表 2.2-2 规定的数值适当降低。

采用厚板转换形式，由于在转换层集中了相当大的质量，刚度又很大，造成转换层处结构的上、下层竖向刚度突变，容易产生薄弱层，抗震性能很差。故《高规》规定：非抗震设计和 6 度抗震设计时转换构件可采用厚板，7、8 度抗震设计的地下室的转换构件可采用厚板。

7度和8度抗震设计的高层建筑，当已采用了超过一种《高规》所指的复杂结构（带加强层结构、错层结构、连体结构、多塔楼结构）时，则不宜同时再采用带转换层结构。以避免多种复杂结构同时在一个工程中采用，在较强烈的地震作用下发生严重震害。当已采用一种《高规》所指的复杂结构、同时再采用带转换层结构时，其最大适用高度应比表2.2-1、表2.2-2规定的数值适当降低。

（2）房屋的最大高宽比：

① 钢筋混凝土高层建筑结构房屋的高宽比不宜超过表2.2-4的数值。

钢筋混凝土高层建筑结构适用的最大高宽比 **表2.2-4**

结构体系	非抗震设计	抗震设防烈度		
		6度、7度	8度	9度
框架	5	4	3	—
板柱-剪力墙	6	5	4	—
框架-剪力墙、剪力墙	7	6	5	4
框架-核心筒	8	7	6	4
筒中筒	8	8	7	5

② 混合结构高层建筑的高宽比不宜大于表2.2-5的规定。

混合结构高层建筑适用的最大高宽比 **表2.2-5**

结构体系	非抗震设计	抗震设计烈度		
		6度、7度	8度	9度
框架-核心筒	8	7	6	4
筒中筒	8	8	7	5

③ 高层建筑规定房屋的高宽比，是对结构刚度、整体稳定、承载能力和经济合理性的宏观控制，是保证结构在水平力作用下满足稳定性要求的措施之一。《高规》对侧向位移、结构稳定、抗倾覆能力、承载能力等性能的规定，也体现了对结构高宽比的要求。当满足这些规定时，仅从结构安全角度来讲，高宽比的规定不是一个必须满足的条件，也不是判别结构规则与否并作为超限高层建筑抗震专项审查的一个指标。主要是影响结构设计的经济性。

多层建筑结构可不限制房屋的最大高宽比。

对高宽比超过《高规》规定的建筑结构、应特别强调结构稳定性的验算。若为抗震设计，必要时可验算结构在设防烈度地震作用下的稳定性，若为非抗震设计，可考虑适当加大基本风压验算结构在风荷载作用下的稳定性。

④ 高层建筑高宽比的计算：

高层建筑的高宽比为房屋的高度 H 与建筑平面宽度 B 之比。

房屋的高度 H，对不带裙房的塔楼，是指室外地面至主要屋面高度；对带有裙房的高层建筑，当裙房的面积和刚度相对于其上部塔楼的面积和刚度较大时（笔者建议可取面积不小于2.5倍，刚度不小于2.0倍），宜取裙房以上部分的房屋高度。

在复杂体型的高层建筑中，如何计算建筑平面的宽度是比较难以确定的问题。对矩形平面的高层建筑，一般情况取结构平面所考虑方向的最小水平投影宽度，对突出建筑物平面很小的局部结构（如楼梯间、电梯间等），一般不计入建筑物的房屋宽度；对L形、⊏形、口字形、弧形等非矩形建筑平面，房屋宽度可取平面的等效宽度B，$B=3.5i$，其中i为建筑平面（不计平面局部突出部分）的最小回转半径，$i=\sqrt{\frac{I}{A}}$。

对于不宜采用最小投影宽度计算高宽比的情况，应根据工程实际确定合理的计算方法。

（3）带转换层的结构在竖向荷载、风荷载和水平地震作用下受力复杂。9度抗震设计时，目前对这类结构尚缺乏研究和工程实践经验，故不应采用。

（4）框架结构抗侧力刚度较小，抗震性能较差，不应采用带转换层结构。若由于建筑功能需要，在局部需要大空间，可局部抽去个别框架柱，设置局部转换构件。

（5）板柱-剪力墙结构抗震性能较差，不应采用带转换层结构。

（6）底部大空间部分框支-剪力墙高层建筑结构在地面以上的大空间层数，8度时不宜超过3层，7度时不宜超过5层，6度时层数可适当增加。底部带转换层的框架-核心筒结构和外筒为密柱的筒中筒结构，结构竖向刚度变化不像部分框支-剪力墙那么大，转换层上、下内力传递途径的突变程度也小于部分框支-剪力墙结构，故其转换层位置可适当提高。抗震设计时，应尽量避免高位转换，如必须高位转换，应当慎重设计，并应作专门分析及采取可靠有效措施。

（7）转换层不宜设置在大底盘多塔楼底盘屋面以上的塔楼内，而应设置在大底盘楼层范围内。若转换层设置在大底盘屋面以上的塔楼内，已是两种复杂结构同时在一个工程中采用，结构的竖向刚度突变、抗力突变和传力途径的突变，易形成结构薄弱部位，不利于结构抗震。设计中应尽量避免，否则应采取有效的抗震措施，包括增大构件内力、提高抗震等级等。

三、实际工程举例

如前所述，带转换层结构是传力不直接、受力复杂的不规则结构，地震作用下可能会造成结构的软弱层和薄弱层，于抗震不利。因此，对设置大空间的高层建筑，特别是抗震设计的高层建筑，在满足建筑及其他专业功能要求的前提下，应尽可能不设转换层、转换构件，见工程实例1、工程实例2；或尽量少设转换构件，见工程实例3；能不设则不设，能少设则少设，能采用简单的转换形式就不采用复杂的转换形式，根据具体工程的不同建筑功能要求，采取尽可能合适的转换结构形式，见工程实例4、工程实例5、工程实例6、工程实例7。

工程实例1：某住宅综合楼

地下1层，地上28层，结构高度79.6m，最高处87.4m，建筑面积5.3万m^2。结构标准层平面由两个切角正方形连接而成，类似哑铃状，平面体型较为复杂，于抗震不利。

本工程抗震设防烈度为7度，Ⅱ类场地，基本风压为$0.5kN/m^2$。

1. 结构方案

本工程上部标准层为住宅，底部为商场。每个单元由9个建筑分单元组成，其结构布置利用单元中部设置的两部电梯、设备管道井及一个楼梯间所围合的剪力墙内筒体单元，作为结构的主要抗侧力构件，但围绕其周围的8个住宅单元结构如何布置值得推敲。

考虑到剪力墙结构对住宅建筑平面布置有利，但限制了底部公共建筑用途的平面布置，采用框架结构可以取得底部公共建筑的较大空间，但对住宅建筑平面布置又不合适，经反复分析多次试算，最终决定采用短肢剪力墙较多的剪力墙结构体系，其结构平面布置详见图 2.2-18。

主要构件截面尺寸及混凝土强度等级见表 2.2-6。

主要构件截面尺寸及混凝土强度等级　　　　**表 2.2-6**

楼层		1～2	3～7	8～12	13～17	18～24	25 以上
墙厚（200mm）	楼、电梯井筒	200					
	周边短肢墙	450	400	350	300	250	250
	其余墙	300					250
楼层		1～4	5～9	10～14	15～19	25 以上	—
混凝土强度等级		C45	C40	C35	C30	C25	—

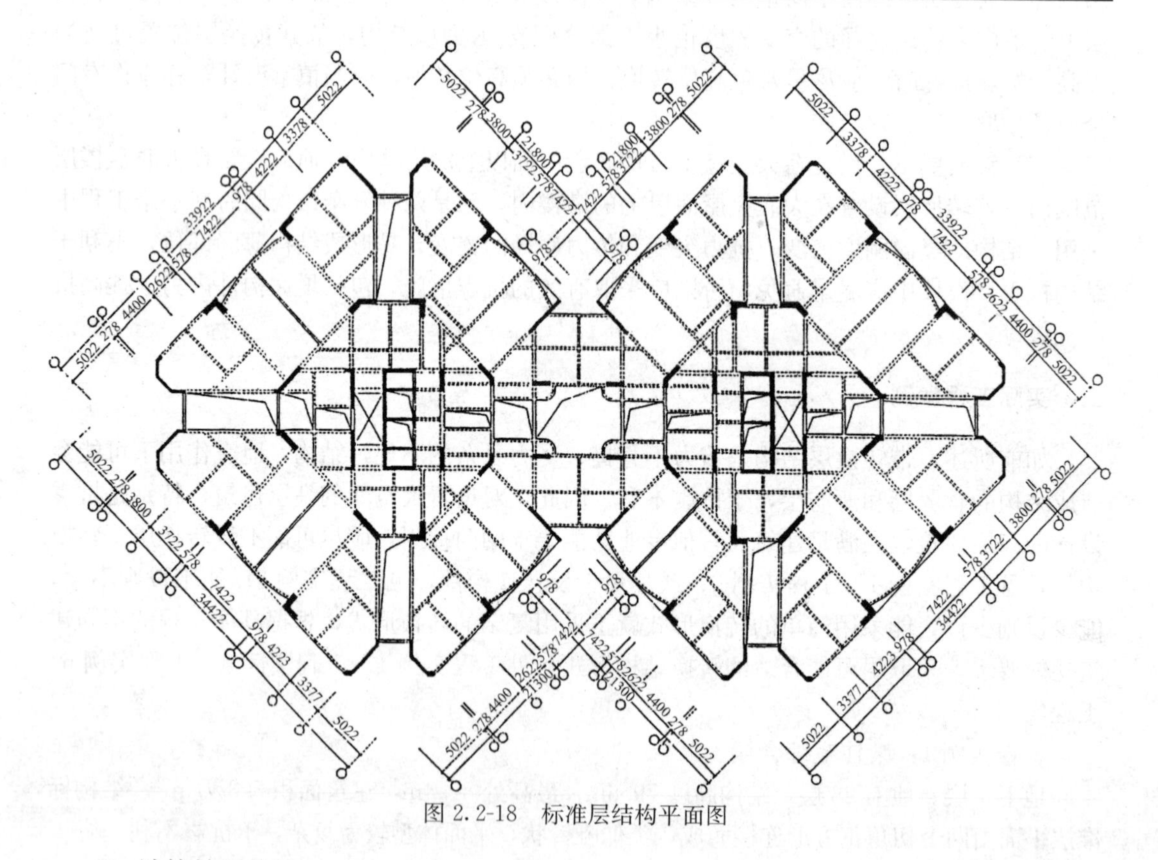

图 2.2-18　标准层结构平面图

2. 计算结果分析

结构的整体计算采用中国建筑科学研究院编制的三维薄壁杆系空间分析程序 TBSA。除进行正交向抗震计算外，还进行了旋转 45°的斜交向抗震计算。施工图设计构件最终以两种计算较大者配筋。两方向计算具体计算结果如下：

1）结构自振周期与振型：两方向计算所得结构前6个自振周期见表2.2-7。从表中可以看出不管是正交向还是45°斜交向，其两个方向周期均比较接近，且 $T_1=0.08n$（n 为结构层数）。说明沿主抗侧力四个方向结构刚度结果比较接近，各方向结构抗震性能均比较适宜；也说明了短肢剪力墙较多的剪力墙结构体系刚度处于剪力墙结构与框架-剪力墙结构之间。

结构自振周期表　　**表 2.2-7**

周期序号		1	2	3	4	5	6
正交向	X 向	2.107	0.666	0.355	0.231	0.166	0.127
	Y 向	1.902	0.537	0.257	0.157	0.108	0.081
旋转45°斜交向	X 向	2.002	0.605	0.310	0.197	0.140	0.106
	Y 向	2.008	0.610	0.312	0.198	0.140	0.107

2）顶点位移角及层间位移角计算结果见表2.2-8。用反应谱法分析结构的地震反应，取前6个振型相应值按平方和开平方法得到的结构基底总剪力 V_{Ek}，以及地震剪力系数 $\alpha c=V_{Ek}/G_E$ 值详见表2.2-9。

结构侧移表　　**表 2.2-8**

		水平风荷载		水平地震作用	
		最大层间位移角（$\Delta u/h$）	顶点位移角（u/H）	最大层间位移角（$\Delta u/h$）	顶点位移角（u/H）
正交向	X 向	1/4388（8层）	1/6228	1/2006（9层）	1/2791
	Y 向	1/2842（12层）	1/3595	1/2248（14层）	1/2903
旋转45°斜交向	X 向	1/3517（10层）	1/4747	1/2145（12层）	1/2854
	Y 向	1/3502（10层）	1/4707	1/2141（12层）	1/2836

注：括号内数字表示最大层间位移角出现的层数。

地震剪力系数 α_c　　**表 2.2-9**

		基底总剪力 V_{Ek}（kN）	地震剪力系数 $\alpha_c=V_{Ek}/G_E$
正交向	X 向	9803	1.64%
	Y 向	11076	1.85%
旋转45°斜交向	X 向	10359	1.73%
	Y 向	10327	1.72%

综上所述，采用短肢剪力墙，通过结构合理布置，既能较好地满足建筑功能对底部大空间的要求，又能兼顾上部住宅平面布置的要求，避免了按常规结构布置所形成的框支转换结构，避免了结构竖向刚度突变，降低了结构刚度，减小了地震作用，使结构更加简单、经济、合理、适用。

工程实例2：中国国际航空公司飞行员培训中心

总建筑面积12000m²，地上6层，局部地下1层。结构高度约23m，钢筋混凝土框架结构。由于功能要求主体框架跨度分别为16m、10.5m和16m，两侧16m跨的模拟机房一至三层要求设计成大空间，见图2.2-19。

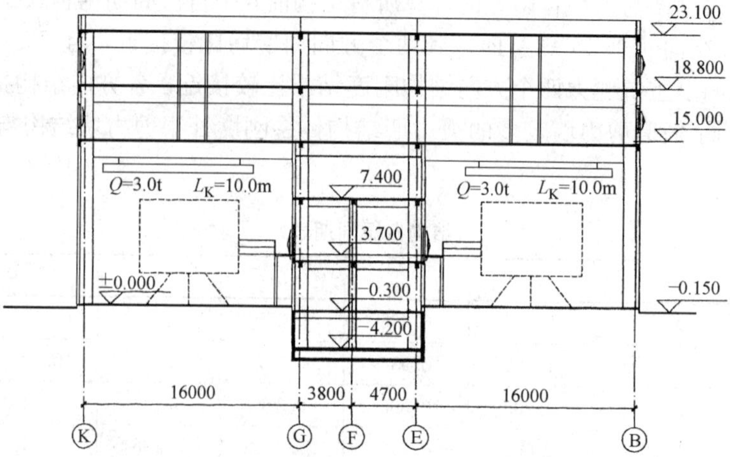

图 2.2-19　剖面图

8 度设防，丙类建筑，Ⅱ类场地，抗震等级二级。

由于主体结构总高度的限制，又要满足模拟机房的净空高度要求，使得 16m 跨梁的高度不能做高。为了取得一个较为合理的结构方案，对 16m 跨梁的设计考虑 5 个方案进行计算比较。部分电算结果见表 2.2-10。

16m 跨框架梁电算结果　　**表 2.2-10**

方案	楼层	截面 (mm×mm)	M^{R} (kN·m)	A'_{s} (cm²)	M_{max} (kN·m)	A_{s} (cm²)	M^{L} (kN·m)	A'_{s} (cm²)	V_{max} (kN)
方案一	4	500×1800	−3080	61.1	3748	75.4	−3166	62.9	1331
	5	400×900	−836	40.5	523	20.7	−847	36.2	451
	6	400×900	−885	38.0	494	18.4	−787	32.1	436
	屋面	400×900	−720	29.1	355	13.5	−795	32.5	390
	Σ		−5521	168.7	5120	128.0	−5595	163.7	2608
方案二	4	450×1000	−1610	64.5	1399	54.6	−1518	60.1	610
	5	450×1000	−1424	55.7	1354	52.6	−1390	54.2	608
	6	450×1000	−2426	55.8	1349	52.4	−1391	54.3	608
	屋面	450×1000	−1333	51.6	1479	58.3	−1482	58.4	650
	Σ		−5793	227.6	5581	217.9	−5781	227.0	2476
方案三	4	500×1000	−1668	65.9	1067	38.5	−1499	58.2	704
	5	500×1000	−1609	63.2	1095	39.6	−1453	56.2	701
	6	500×1000	−1571	61.4	1058	38.2	−1423	54.8	687
	屋面	500×1000	−1209	45.6	916	32.7	−1314	50.1	584
	Σ		−6057	236.1	4136	149.0	−5689	219.3	2676

1. 方案一：抽柱托梁方案

在四层楼面设 500mm×1800mm（h）托梁承托上部 3 层荷载，计算简图见图 2.2-20。经分析比较，托梁方案有以下缺点：

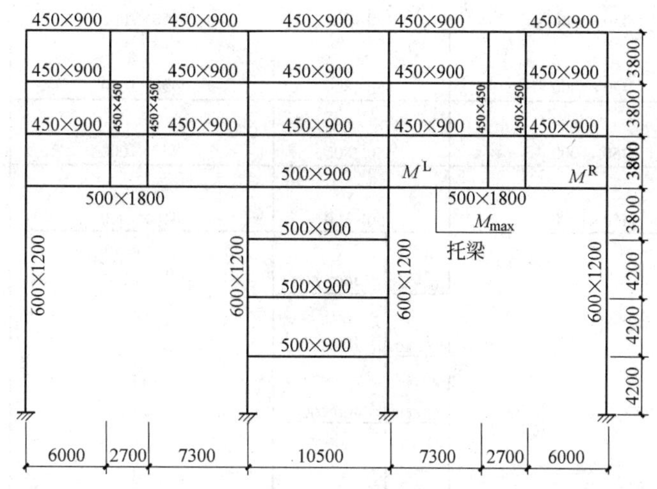

图 2.2-20　托梁方案简图

1）截面尺寸很大，不满足机房净空高度的要求，不符合“强柱弱梁”的原则，于抗震不利；

2）配筋偏大，跨中钢筋需 16Φ25，难以布置；

3）梁、柱节点处钢筋太密，不利于混凝土浇捣密实；

4）大梁跨中裂缝宽度 w=0.43mm，不满足规范规定的小于 0.3mm 的要求。

2. 方案二：预应力混凝土梁方案

将两边跨做成 16m 跨的部分预应力混凝土框架梁，每层框架梁截面尺寸均为 450mm×1000mm（h），仅承受本层荷载。为了进一步降低建筑物高度，又将四层以下中间跨加柱（10.5m)分成 3.8m 和 6.7m 的两跨，梁截面 400mm×600mm（h）。计算简图见图2.2-21。部分电算结果见表 2.2-10。预应力大梁减少了 16m 跨梁的配筋，提高了梁的抗裂性，但由于施工时增加了一道张拉工序，锚具突出，不利于建筑立面的处理，构件延性较差等因素未被采用。

3. 方案三：框架方案

同方案二：但两侧 16m 跨梁各层梁截面尺寸均为 500mm×1000mm（h），计算结果见表 2.2-10。由表可以看出：各层梁的内力叠加与方案一、二比较接近，但跨中弯矩比方案一小 19.2%，比方案二小 25.9%，各层梁的内力值也比较接近。这说明上部各层梁具有共同工作的特点，竖向荷载的分担与各层梁的刚度大小成正比。该方案可避免将较大的内力集中于同一根梁上，同时也可避免因托梁造成的“强柱弱梁”不利后果，可提高建筑结构的抗震性能。需要注意的是：施工时抽柱框架梁的底模应待上部各层混凝土均达到设计强度后方可拆除。抽柱框架柱内主筋的接头及与上、下梁的锚固应适当加强，以保证各层共同工作。由于业主要求在顶层增设会议室，不允许在 16m 跨内设柱，同时受建筑物总高度限制，该方案也未被采用。

4. 方案四：型钢混凝土梁方案

计算简图同方案二，采用钢骨混凝土梁（见图 2.2-22），梁截面尺寸为 500mm×1000mm（h），型钢截面尺寸 240mm×800mm；梁内上、下各配 4Φ25 钢筋。经验算，强度、挠度及裂缝宽度等均满足要求。但对梁柱节点处，这样处理是否能保证梁上、下翼缘

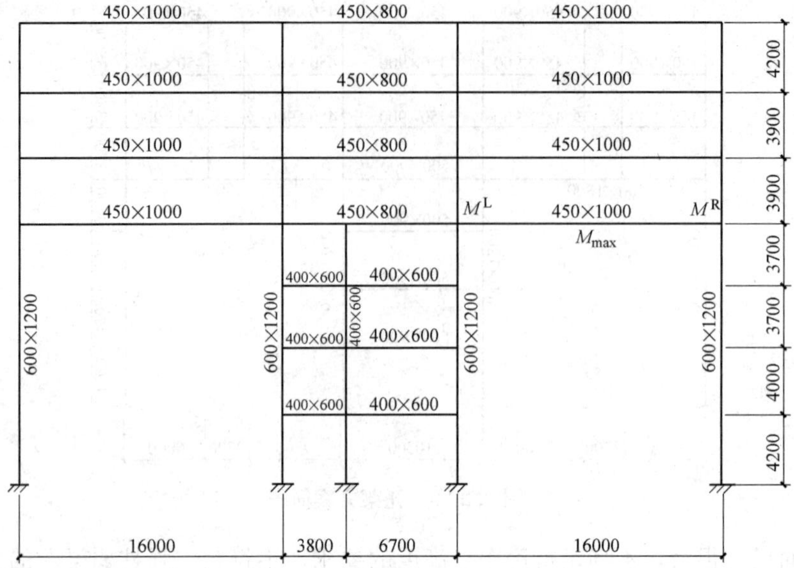

图 2.2-21　预应力混凝土方案简图

拉力在支座处的可靠传递（如框架柱也为钢筋混凝土柱，则可以通过焊接或螺栓连接保证拉力的可靠传递），是否能保证梁与柱的刚接，当时经多方分析调研，未能找到确切依据和工程实例。该方案也未被采用。

5. 方案五：外包钢混凝土梁方案

计算简图仍同方案三，在 16m 跨框架梁下设置 2∟140mm×14mm 的外角钢（见图 2.2-23），跨中配 4Φ32，支座配 4Φ32＋2Φ25 钢筋，组成共同工作的外包角钢钢筋混凝土梁。经验算，强度、挠度及裂缝宽度等均满足要求。挠度计算做了如下简化：静力荷载作用下的简支梁跨中最大正弯矩产生的向下挠度 f_1 与框架梁支座处静力组合最小负弯矩产生的向上挠度 f_2 叠加，即 $f=f_1-f_2$。经验算，$f\approx60$mm，扣除跨中起拱 50mm，$f/l_0=1/240<1/300$，满足规范要求。外包角钢是通过焊接箍筋与混凝土共同工作的，可视为柔性锚固。设计中沿梁全长设置Φ12@200 箍筋与角钢焊接，同时在

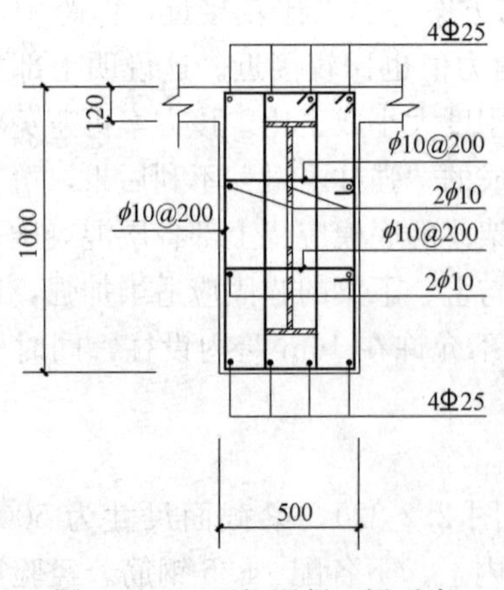

图 2.2-22　型钢混凝土梁示意

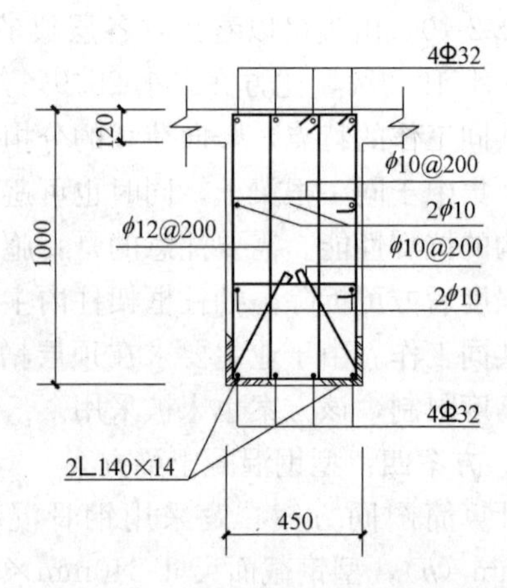

图 2.2-23　外包钢混凝土梁示意

角钢上另增设Φ10@200与混凝土的锚固筋，以防止角钢与混凝土之间的相对滑移。资料表明，角钢与箍筋组成的骨架使结构的极限抗剪强度和变形能力都有不同程度的提高。梁内的腰筋除满足构造要求外，在受拉区适当加密，以提高对骨架的约束作用。角钢端部焊接锚板伸入柱内形成刚性锚固头。外露角钢表面按建筑耐火等级喷刷防火涂料。

外包钢混凝土梁方案既满足控制结构总高度的要求，又避免设置转换构件，抗震性能好。经多方分析比较，最后采用外包钢混凝土方案。

工程实例3：中宇大厦

地面以上28层，裙房5层，地下3层，总结构高度100.85m。平面尺寸为34.80m×34.80m，其中1～3层前厅入口处是三层共享空间的大堂，19层（设备层）以上平面左右两侧各收进2m，形成退台。结构抗震设防烈度为8度。

主楼建筑方案有两个，都是利用电梯间和部分钢筋混凝土墙体构成内筒，周边则由梁柱形成外框。但两个方案的外框的柱距却大相径庭：稀柱方案柱距为11.59m，外框仅有12根柱子，密柱方案柱距为3.82m，外框柱子达36根。各个方案的结构平面布置见图2.2-24，各个方案的结构力学模型、底层部分构件截面尺寸见表2.2-11。

各个方案的结构力学模型、底层部分构件截面尺寸　　表2.2-11

方案号	计算力学模型	截面尺寸（m×m，m，仅为主楼底层部分构件）				
		角　柱	外框边柱	外框梁	中筒与外框间梁	中筒外周剪力墙厚
方案一	密柱，主楼、裙房整体计算，其交接处分别按铰接（墙端）、刚接（柱端）处理	1.0×1.0	0.8×0.9	0.3×0.9	0.7×0.6	0.4
方案二	稀柱，主楼、裙房整体计算，其交接处分别按铰接（墙端）、刚接（柱端）处理	1.7×1.7	1.3×1.5	0.4×1.2	0.7×0.6	0.4
方案三	稀柱＋L型剪力墙，主楼、裙房整体计算，其交接处分别按铰接（墙端）、刚接（柱端）处理	2.5×0.5	1.2×1.4	0.4×1.2	0.7×0.6	0.4

根据建筑提供的资料，按规范抗震构造要求（轴压比）等估算构件的截面尺寸，再进行结构内力分析、组合配筋计算等。经几次调整，最后都满足结构侧移和构件承载能力等相关要求。但结构方案都有不尽如人意之处：

方案一（密柱方案）外框柱子截面尺寸虽不大，但根数较多，占据较多的建筑面积，同时给建筑的使用带来不便，特别是底部三层大堂的大空间，入口处必须抽去中间跨的两根柱子，因而需采用转换结构，上托25层楼层荷载；19层以上左右两侧各收进2m，所以两侧外框柱也都需转换结构。致使结构多处竖向荷载传力不直接，不合理，转换层上下楼层侧向刚度变化较大，转换构件内力很大，转换层上下楼层的框架柱内力变化也较大。既不能很好地满足建筑的功能要求，又给结构设计增加很大的难度。

方案二（稀柱方案）采用大跨度框架梁，本层梁承担本层荷载，避免了入口处上托25层楼层荷载的结构转换，但19层以上左右两侧各收进2m的结构转换仍不可避免。同时，外框柱截面尺寸过大，特别是角柱，竟达1700mm×1700mm，成为短柱。这对结构

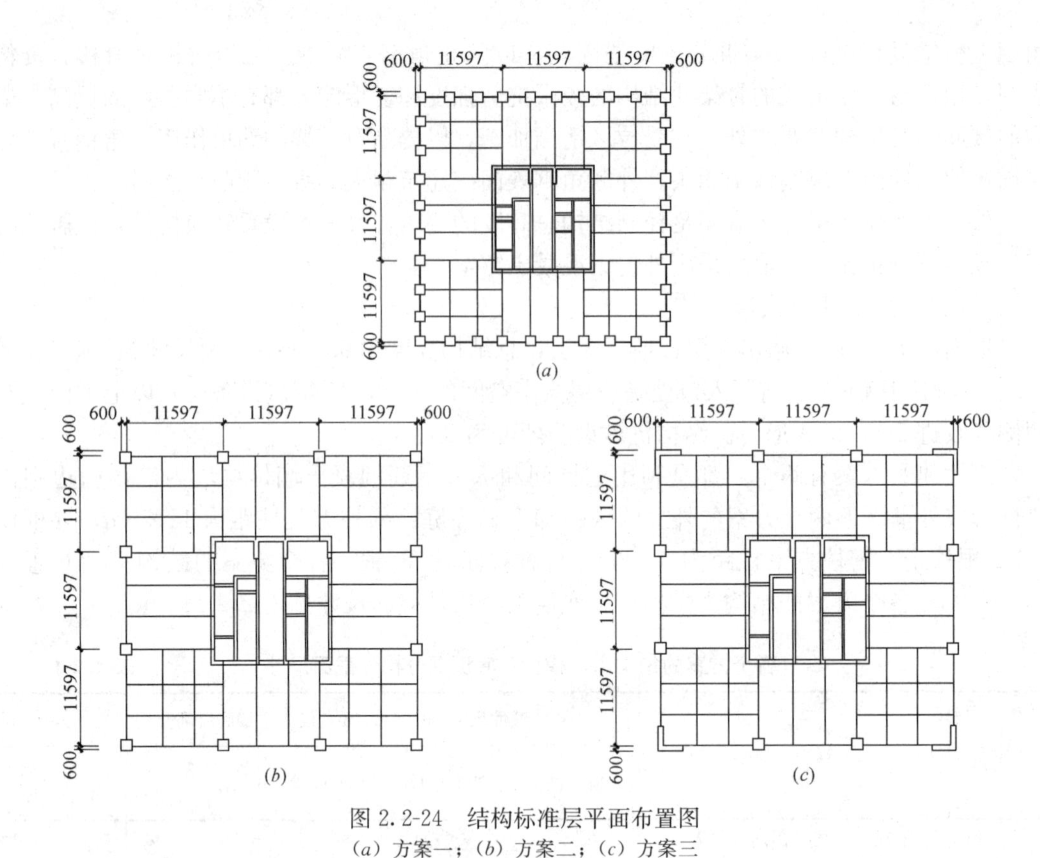

图 2.2-24　结构标准层平面布置图
(*a*) 方案一；(*b*) 方案二；(*c*) 方案三

抗震不利，也使建筑平面布置十分困难和不合理。

为了尽可能避免结构转换，减小外框柱的截面尺寸，满足建筑的功能要求，在方案二的基础上将其主楼四角正方形柱改为“L”形剪力墙其余不变，即方案三：稀柱＋四角“L”形剪力墙方案。计算结果表明：

四角用“L”形剪力墙代替正方形柱，减小了柱子的截面尺寸（底层柱所有柱子的截面面积之和为 22.44m^2），减轻了结构自重，但仍可以保持结构的抗侧刚度不变甚至增大，同时也提高了结构的整体抗扭转能力。

和方案二相比，当两个方案的结构自振周期、水平地震剪力、地震及风载作用下的顶点位移和层间位移都相当接近时，方案三外框周边柱子的内力发生重新分配：以“L”形剪力墙取代处于不利受力状态的角柱，虽然其轴向力有所增大，但弯矩的增加更多，仍使其处于较好的受力状态，更好地发挥“L”形剪力墙的作用；边柱截面尺寸、配筋也有所减小，外框梁配筋也有所减小，结构整体受力、配筋均较为合理。

方案三不但避免了入口处上托 25 层楼层荷载的结构转换，同时也使 19 层以上左右两侧各收进 2m 的结构转换减至最少；“L”形剪力墙墙肢长 2500mm，使上层退台后的外框角柱正好可以支承其上，避免转换，使结构受力更为合理。

最终确定采用方案三。

工程实例 4：重庆某超高层商住楼转换层方案

重庆某超高层商住楼，地面以上 3 幢塔楼 50 层，裙房 5 层，结构总高度 204.8m。下部裙房5层由防震缝分开，使整个建筑成为三个独立的结构单元。地面以下则为3层大底盘地下室。见图2.2-25。

图2.2-25 重庆某超高层商住楼

根据专家会议意见，50年一遇的基本风压为0.4kN/m^2。抗震设防烈度按6度计算；场地土类别为Ⅰ类。

由于建筑功能要求，1～5层为商用，需大空间；5层以上为住宅，需小开间，故需在五层以上设置转换层，将上部剪力墙转换为下部的框支柱。初步设计考虑中间六边形内筒直通到基础，其余则采用2.5m的厚板转换，框支柱为直径1.8m的钢筋混凝土柱（图2.2-26）。

厚板转换把巨大的质量放在高位，而上部剪力墙又太多，使得上部重量太大，结构刚度太大，同时在使用上也受到许多限制。施工图设计时，按评审专家意见，把初步设计的厚板转换改为4m高的箱梁转换，框支柱改为直径为1.6m和1.5m的钢管混凝土柱。

与此同时，业主又委托上海江欢成设计事务所进行优化设计经对原设计方案的认真研究，采用结构软件进行多次调整比较和分析，提出修改意见如下（图2.2-27、图2.2-28）：

1. 改箱梁转换为宽梁结构转换。采用1600mm×4000mm的箱梁太高，不仅加大结构总高度，且该梁的跨高比仅为2.25，属深梁，受力和构造都很复杂。同时梁宽偏小，为支承上部剪力墙，还需布置许多转换次梁。而为了保证深梁的平面外稳定，转换层底部又布置了1层楼板，增加了结构自重。修改后，转换层平面由原来的矩形改成蝴蝶形，取消了下部正中的一根大柱子。转换构件改为宽梁，梁宽加大为2000mm，直接承托上面的剪力墙及其翼缘，取消了很多转换次梁，梁高减小为3000mm，并取消了转换梁底部的楼板，不采用箱形梁。不仅减轻了转换层自重，而且降低了转换层高度。

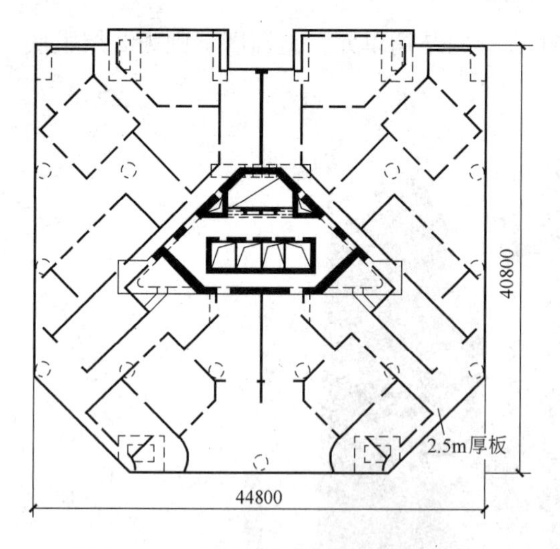

图 2.2-26　原设计转换层上下结构布置

40800
2m×3m
转换梁
44800

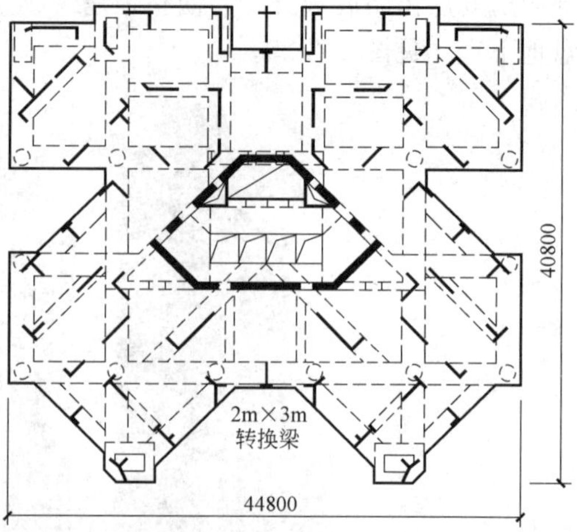

图 2.2-27　优化设计转换层上下结构布置

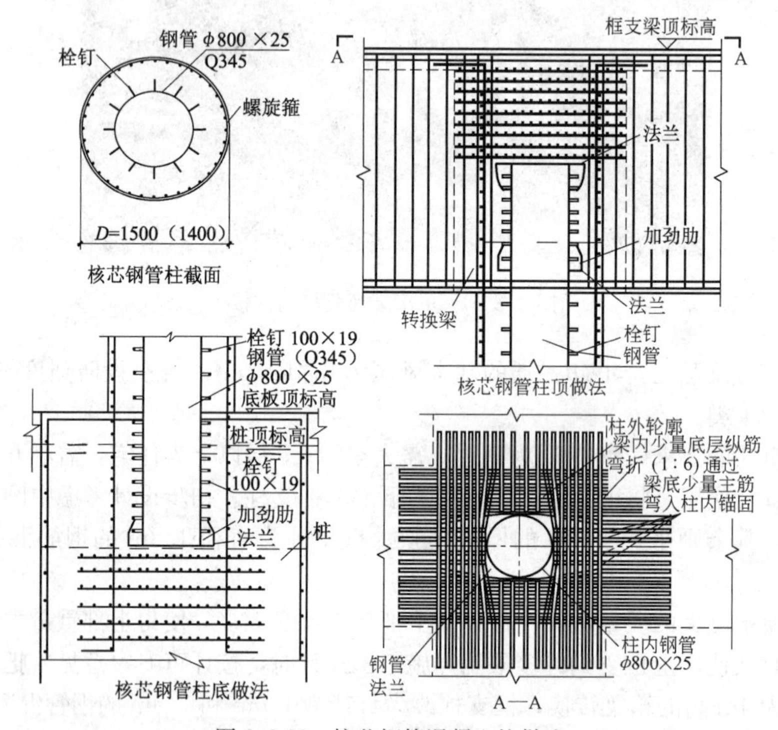

图 2.2-28　核芯钢管混凝土柱做法

2. 调整上部剪力墙截面，使结构竖向刚度变化和顺。原设计转换层以上刚度偏大，转换层上下刚度比约为 2.6∶1，大于规范规定的“不应大于 2”的要求，并由此造成结构自重加大，于抗震不利。修改后，取消一些剪力墙，同时将剪力墙肢截面尺寸控制到大于 8 倍墙厚而小于 8m 长度且带有翼缘。内筒墙体由原来的 300mm、250mm、200mm 等一律减薄为 200mm。修改后，转换层上、下刚度比按规范公式计算为 1.4∶1，剪力墙墙肢的平均轴压比控制在 0.6 左右，较好地改善了结构转换层的上、下刚度比，同时减轻了上部结构的自重。

3. 将下部框支柱核芯钢管混凝土柱，修改后，柱直径进一步减小为 1500mm 和

1400mm，核芯钢管采用 ϕ800mm×25mm。不仅简化了梁柱节点，大部分钢筋可以从柱中直通，还解决了钢管混凝土柱的外包防火层问题，降低了用钢量和工程造价。

工程实例 5：某带会所的高级公寓楼转换层方案

带高层公寓的会所，地下三层，地上高层公寓部分 28 层，结构高度 99.10m，裙房 8 层，结构高度为 36.8m。抗震设防烈度 8 度，丙类建筑，Ⅱ类场地。转换层结构平面见图 2.2-29。

本工程高层公寓部分由于使用功能要求，1～5 层为商业用房，需要大空间，6 层以上为公寓，需要小开间。因此，设置转换层在所难免。根据建筑物高层、层数和建筑平面布置，考虑以下三种结构方案进行分析比较：

1. 钢筋混凝土框架-剪力墙结构方案

在五层设置设备层兼做转换层，层高 6m。剪力墙全部落地，抽去 1～5 层框架柱形成抽柱转换。采用的转换构件为实腹托柱梁。楼板转换层以下采用普通梁板体系，板厚 120mm，局部 130mm，转换层以上跨度大（8.1m），采用大板结构，板厚为 180mm 现浇板，转换层楼板厚为 200mm。

2. 钢筋混凝土部分框支剪力墙结构方案

在五层设置设备层并做结构转换层，层高 6m。部分剪力墙 1～5 层开大洞为框支剪力墙，其余剪力墙全部落地。采用的转换构件为框支梁。楼板转换层以下采用普通梁板体系，板厚 120mm，局部 130mm，转换层以上跨度大（8.1m），采用大板结构，板厚为 180mm 或 220mm 厚现浇空心板，转换层板厚为 200mm。

3. 钢框架-支撑结构方案

在五层设置钢桁架转换层，根据功能需要兼做设备层，层高 6m。在不影响建筑使用功能的前提下，纵、横向设置一定数量的钢支撑。楼板采用组合楼板，平均高度 130mm，转换层采用 200mm 厚钢筋混凝土板。

三种方案均需在五层设置转换层，属高位转换，这对结构受力特别是抗震设计时很不利。对比之下，部分框支剪力墙方案对构件的抗震等级要求更严（特一级）。但经过结构分析，包括用两种不同计算模型的分析软件的对比计算和时程分析，各项指标都能满足规范要求，节点构造也较简单，是可行的。

在建筑使用上，钢框架-支撑结构可以很好地满足建筑对空间的功能要求，部分框支剪力墙结构转换层以下柱子少，可以取得较大空间，转换层以上没有柱子，故使用功能较好，框架-剪力墙结构转换层以下也可以取得较大空间，但转换层以上有截面较大的柱子，这对于高级公寓使用上有所不便。

通过经济分析，框架-剪力墙结构和部分框支剪力墙结构造价相当，钢框架-支撑结构土建造价稍贵，钢框架-支撑比部分框支剪力墙结构约贵 35%（表 2.2-12），如再加上防火费用可能会更高，约 45%。当然，从使用功能、加快施工进度等方面来综合考虑，钢结构方案也是一个不错的方案。

各方案土建单方造价　　**表 2.2-12**

序　号	工 程 项 目	单位指标(元/m²)
1	部分框支剪力墙结构	891.48
2	框架-剪力墙结构	883.51
3	钢框架-支撑结构	1207.67

注：本表的费用仅为按当时定额标准计算的上部结构（混凝土结构或钢结构）工程费用，不包括建筑物地下结构的费用。

综合各方面因素考虑，钢筋混凝土部分框支剪力墙结构方案应为优选方案。

工程实例 6：武汉世界贸易大厦

武汉世界贸易大厦主楼 58 层，地上高度至塔顶 229m，裙房 9 层，屋顶标高 46m。主裙楼连为一体，地下 2 层，总建筑面积 11 万 m^2。主楼为筒中筒结构，裙房为框架结构。首层平面、标准层平面、剖面图分别见图 2.2-30、图 2.2-31、图 2.2-32。

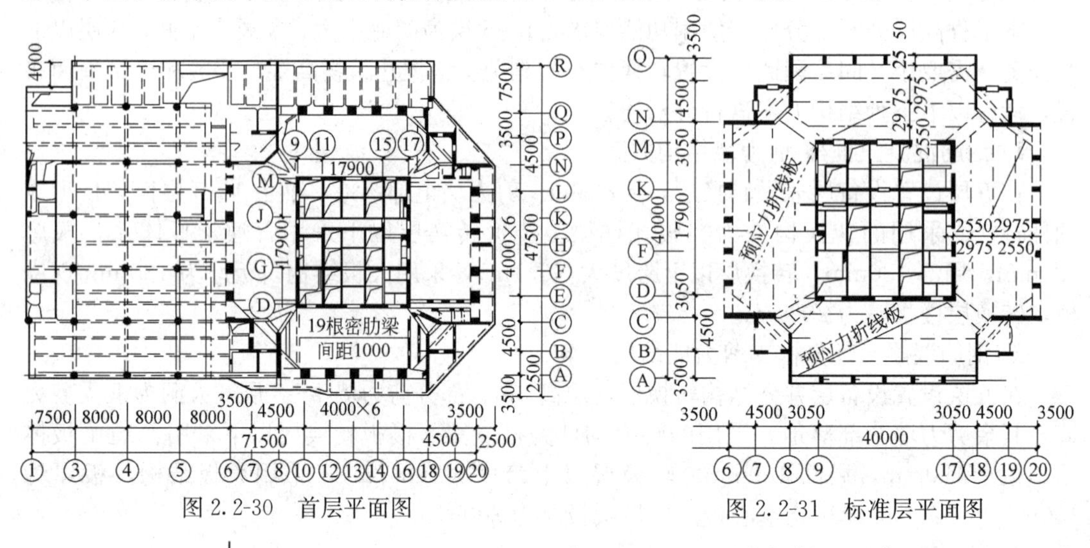

图 2.2-30　首层平面图　　图 2.2-31　标准层平面图

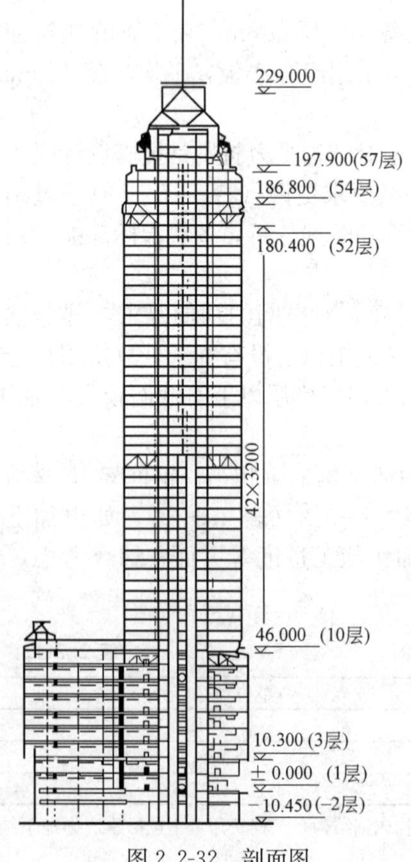

图 2.2-32　剖面图

本工程地上 9 层为商业用房，10 层以上为写字间，57 层为擦窗机工作通廊，58 层为观光厅。建筑物顶部由三组 16 座小塔组成的塔群拥簇 27m 高的主塔，融合民族特色，风格独特。由于建筑功能要求，平面和立面变化较多，主楼结构有三个转换层：

1. 标准层外框筒柱距 4m，二、三层商场入口处相间拔去一根柱子，柱距为 8m。这是同一轴线的抽柱转换，采用实腹梁托柱转换形式。

2. 54 层以上平面内收 3.5m，内收后的外框架柱距扩大为 8m，承托 54 层以上楼层全部重量，结构刚度变化也较大。设计时比较了几种转换结构形式，见表 2.2-13。

显然，采用厚板转换或箱形转换对 54 层以上的高位转换是很不合适的。人字斜撑转换方案，每 8m 设置一个斜撑，斜撑两端分别支承在内筒和外框筒柱上，斜撑底设置 ϕ200mm×16mm 的钢管拉杆以平衡推力，斜撑转换构件重量轻、占用空间小、不影响建筑使用，用钢量和混凝土用量都最少，经济指标好，是优于其他方案的转换形式。最后确定采用人字斜撑转换方案，见图 2.2-33。

54 层转换结构形式比较 **表 2.2-13**

转换结构形式	转换构件高度	用钢量	混凝土用量	优 缺 点
厚板	1.5m	1.37	1.98	上层平面可灵活布置，适应性强，质量集中，自重大，板应力复杂，对抗震不利
箱形	3.2m，上、下板厚 0.2m，肋距 4.0m	1.08	1.09	上层平面可灵活布置，适应性强，转换层房间分隔固定为 4m，走廊不能设于端部，质量比较集中
空腹桁架	6.4m(垂直高度)，竖腹杆截面 10.5m，桁架榀距 4m	1.0	1.0	上层柱必须支承于桁架上，占用两层，可安排设备层和以 4m 分隔写字间，转换层兼作加强层，对结构有利
人字斜柱	6.4m(垂直高度)，下支点设于内筒和外框筒上	0.82	0.85	上层柱距 8m，人字柱占用空间小，分隔间可连通，不影响建筑使用；抗震性能较好，加强层桁架需另设

注：用钢量、混凝土用量均以空腹桁架为基数 1.0，其余为对应基数的相对值。

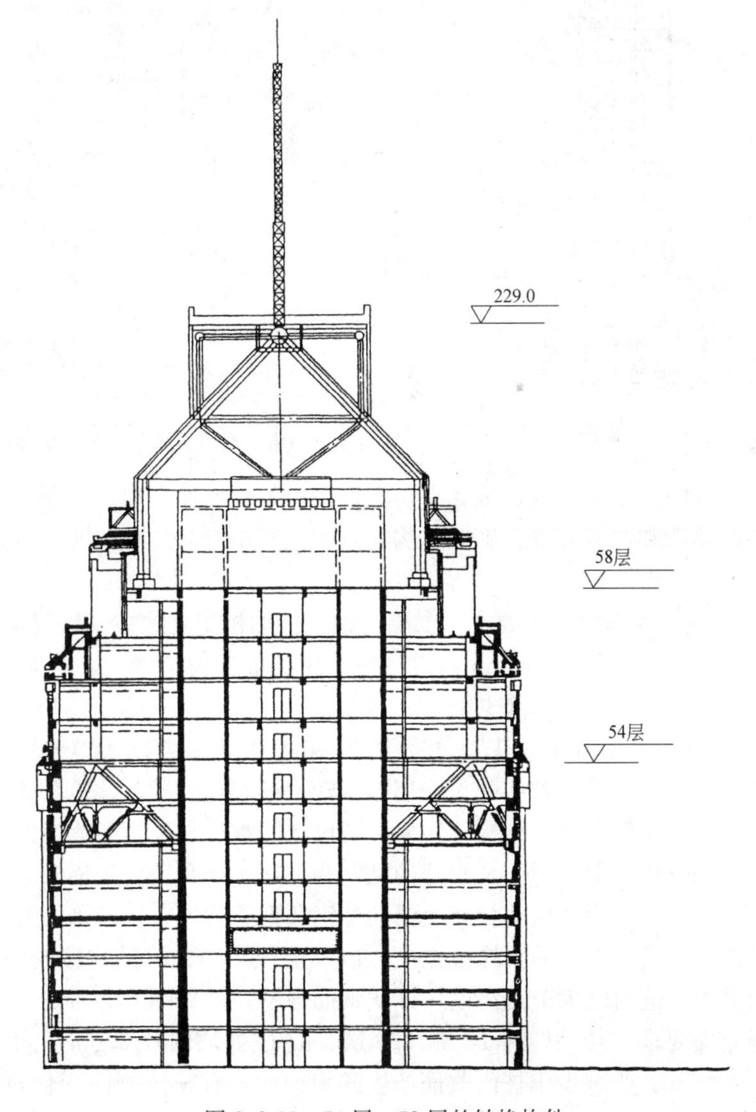

图 2.2-33 54 层、58 层的转换构件

3. 58层以上的塔形屋顶层为空间钢结构，其4个立柱支点在角筒与内筒之间，因此又必须进行一次转换，采用了型钢混凝土大梁，一方面可降低大梁截面高度，不影响使用；另一方面，可以在构造上方便地使上部钢结构向下部的混凝土结构过渡，见图2.2-33。

工程实例7：华融大厦

华融大厦为集银行、证券、保险、办公、宾馆等诸多功能为一体的综合性建筑。地下3层，地上塔楼35层（包括电梯机房和水箱间），结构高度134m，为框架-核心筒（钢筋混凝土核心筒）结构，外框梁、柱均采用型钢混凝土，裙房4层，为钢筋混凝土框架结构。塔楼和裙房之间不设缝连为一体。建筑剖面、标准层结构平面见图2.2-34、图2.2-35。

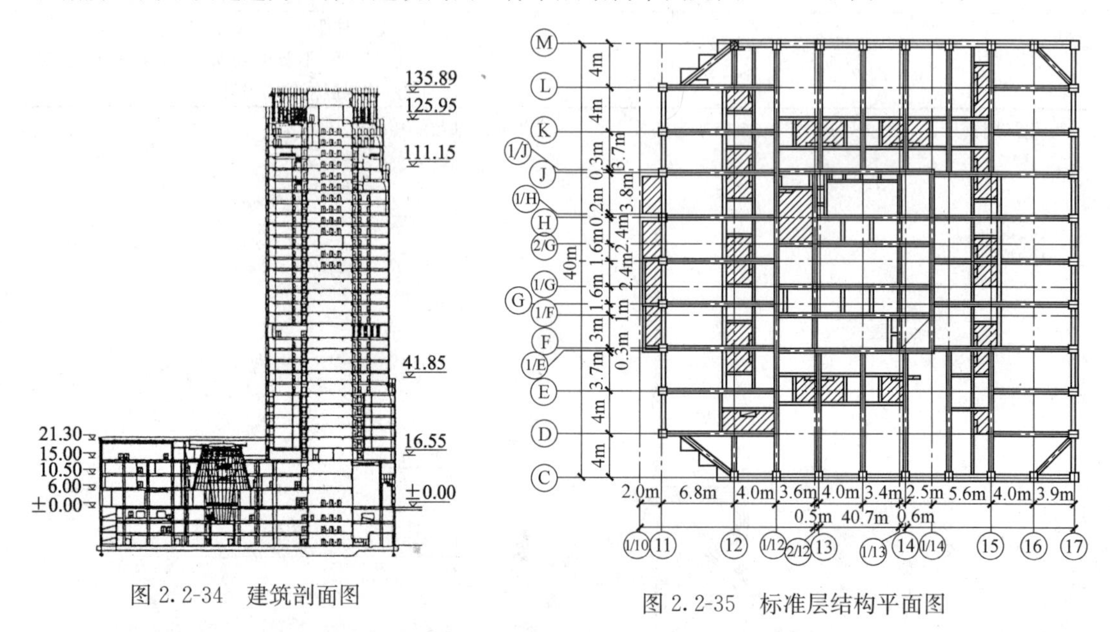

图2.2-34　建筑剖面图

图2.2-35　标准层结构平面图

本工程抗震设防烈度为7度，抗震设防类别为丙类，场地类别为Ⅱ类。

为满足建筑功能和造型要求，确保结构安全，设计中对一些局部转换进行了仔细分析研究，作出如下处理做法：

1. 由于地下室车道入口宽度要求，二层Ⓛ轴、⑪轴相交处柱在二层以下错位至(1/K)轴、⑪轴相交处，上下柱中心偏差950mm，设计中采用类似牛腿的做法，同时加强⑪轴方向框架梁的刚度和配筋，详见图2.2-36。

2. Ⓒ轴四层以下柱距为8m，以上柱距则为4m，由于在Ⓒ轴上⑫～⑰轴间和⑪轴上Ⓖ～Ⓗ轴间需设置通道，故在这些部位采用桁架转换形式，以满足建筑功能要求。

转换桁架亦采用型钢混凝土结构。转换桁架设计的难点在于桁架节点的设计，在桁架节点上，不仅有来自桁架上、下弦及腹杆的型钢和钢筋，还有垂直于桁架方向的梁及上层新增设柱的型钢和钢筋，为使这些相互交错的型钢和钢筋均匀布置，受力合理，设计中一方面在节点处加宽了桁架上弦的翼缘板宽度，以利上层新增设柱的连接安装，另一方面，将节点设计成菱形，同时加大节点高度，以便钢筋穿越，详见图2.2-37。

由于建筑立面要求，⑰轴柱在10层、29层、33层处均内收2.0m，Ⓒ轴、Ⓜ轴也在上述楼层内收1.35m，为减少因柱内收而产生的附加弯矩和整体刚度变化对结构的影响，采用斜柱将上部荷载传至下柱，见图2.2-38。同时对斜柱周边环梁进行加强，增加对斜

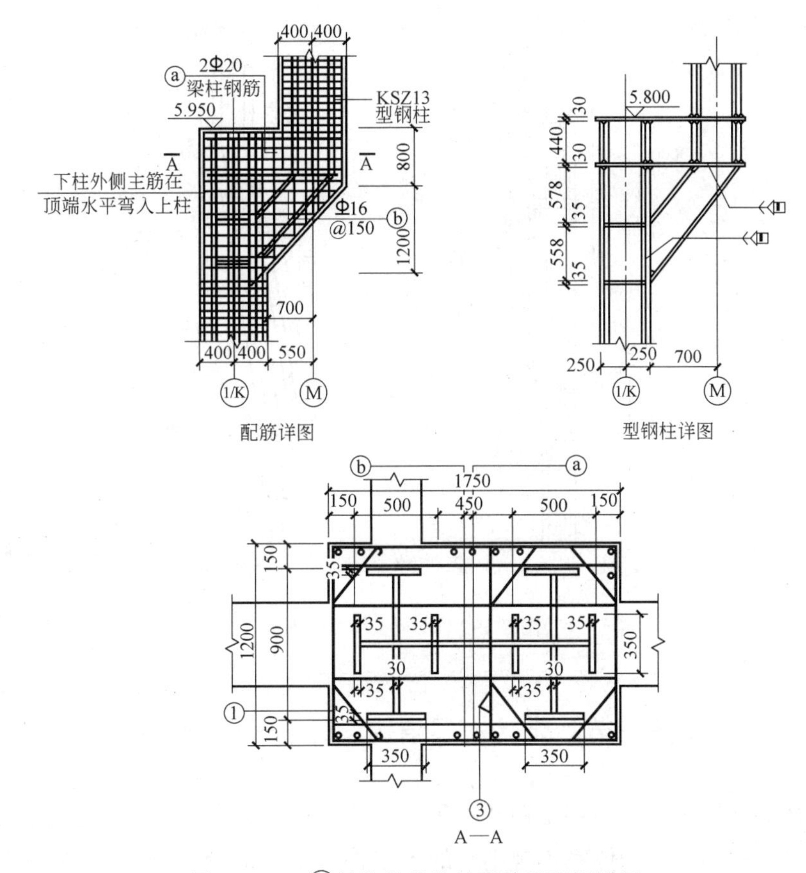

图 2.2-36 ⓀⓀ轴柱的错位处配筋及配钢详图

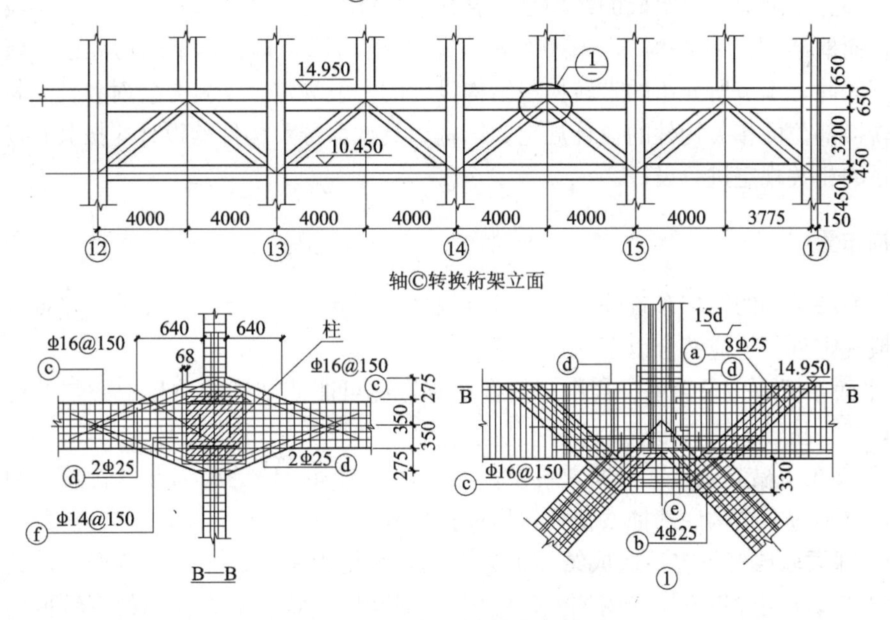

图 2.2-37 桁架及其节点详图

柱的约束。斜柱转换传力途径清晰简洁，相关层框架梁分担了一部分水平力，平衡一部分附加弯矩，使受力更为合理。

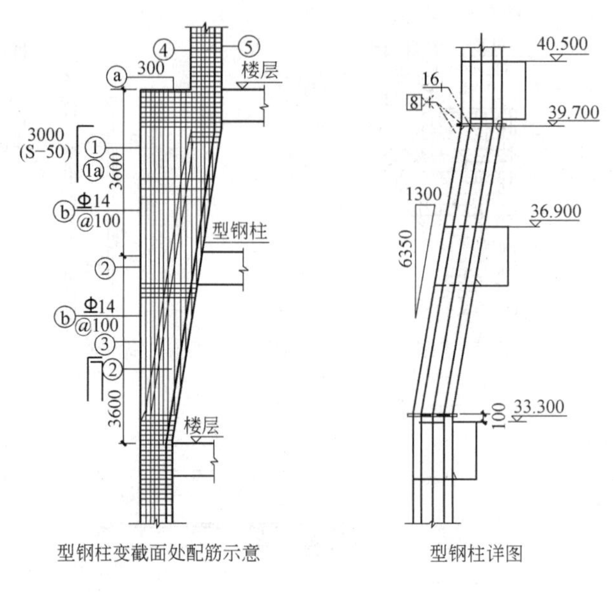

图 2.2-38 外柱内收详图

第三节 带转换层结构设计的一般规定

就结构体系而言，带转换层结构并不是一个独立的结构体系，而是建筑结构中一个复杂的、不规则（或引起结构体系不规则）的子结构（或一部分）。例如，由一部分框支剪力墙、一部分落地剪力墙组成的结构是带转换层结构（部分框支剪力墙结构），属于剪力墙结构，而框架-核心筒结构、筒中筒结构、框架-剪力墙结构、框架结构等也可能出现结构转换。因此，本节所介绍的带转换层结构设计的一般规定，主要是针对各类结构中的转换层或转换部位的相关构件的设计规定。结构中其他部分及构件的设计应按其相应所属的结构体系的相关规定进行设计。

一、结构布置

带转换层结构的结构布置除应符合《抗规》、《高规》等对于建筑结构的平面及竖向布置的一般规定外，还应符合以下三点：

① 平面布置应力求简单、规则、均衡对称，尽可能使结构的质量中心与结构刚度中心接近，减小扭转的不利影响；

② 不宜在边榀剪力墙进行框支转换；不应在角部剪力墙的底部开设转角大洞形成框支转换，也不应在结构底部抽去角柱，形成托柱转换；

③ 底部柔软层房屋容易造成结构下柔上刚，大地震中的倒塌十分普遍。因此，底部大空间的带转换层建筑不应采用纯框架结构（鸡腿结构），底部大空间的带转换层建筑结构必须设置上下贯通的落地剪力墙和（或）落地筒体。

这里应特别强调剪力墙必须上下贯通、落地。1979 年美国 Elcentro 地震中，一幢 6 层框架-剪力墙结构，其两侧的剪力墙不能贯通、落地，底层改由框架支撑，在房屋底层的中间几榀框架中增设几段剪力墙，试图使底层刚度不致过弱。然而，这幢大楼在地震中底层框支柱及部分剪力墙仍然产生严重破坏，其主要原因是传力途径变化太大，没有上下贯通的落地剪力墙。1995 年日本阪神地震中有些房屋的底屋除框架柱外也有少量剪力墙，但因剪力墙数量少、布置不对称，其底层还是在地震中倒塌。

1. 落地剪力墙（筒体）和转换柱的平面布置应满足以下要求：

1）落地纵横剪力墙最好成组布置，结合为落地筒

落地剪力墙与相邻转换柱的距离，1～2 层转换层时不宜大于 12m，3 层及 3 层以上转换层时不宜大于 10m。以满足底部大空间楼层板的面内刚度要求，使转换层上部的剪力能有效地传递给落地剪力墙（筒体），而转换柱只承受较小的剪力。

2）落地剪力墙（筒体）的洞口宜布置在墙体的中部。

3）转换层周围楼板不应错层布置，不应在大空间范围内开大洞口。楼梯间、电梯间处，应将其周边落地剪力墙围成筒体。

4）部分框支剪力墙结构的平面布置还应满足第四章第二节的有关规定。

2. 竖向布置

为保证底部带转换层的高层建筑结构有合适的刚度、强度、延性和抗震能力，应尽量强化转换层下部的结构刚度，弱化转换层上部的结构刚度，使转换层上、下部主体结构刚度及变形特征尽量接近，应控制转换层上、下刚度的突变。

1）当转换层设置在 1、2 层时，可近似采用转换层与其相邻上层结构的等效剪切刚度比 γ_{e1} 表示转换层上、下层结构刚度的变化，γ_{e1} 宜接近 1，非抗震设计时 γ_{e1} 不应小于 0.4，抗震设计时 γ_{e1} 不应小于 0.5。γ_{e1} 可按下列公式计算：

$$\gamma_{e1}=\frac{G_1A_1}{G_2A_2}\times\frac{h_2}{h_1} \tag{2.3-1}$$

$$A_i=A_{w,i}+\sum_j C_{i,j}A_{ci,j}\quad(i=1,2) \tag{2.3-2}$$

$$C_{i,j}=2.5\left(\frac{H_{ci,j}}{h_i}\right)^2\quad(i=1,2) \tag{2.3-3}$$

式中 G_1、G_2——分别为转换层和转换层上层的混凝土剪变模量；

A_1、A_2——分别为转换层和转换层上层的折算抗剪截面面积，可按式（2.3-2）计算；

$A_{w,i}$——第 i 层全部剪力墙在计算方向的有效截面面积（不包括翼缘面积）；

$A_{ci,j}$——第 i 层第 j 根柱的截面面积；

h_i——第 i 层的层高；

$h_{ci,j}$——第 i 层第 j 根柱沿计算方向的截面高度；

$C_{i,j}$——第 i 层第 j 根柱截面面积折算系数，当计算值大于 1 时取 1。

2）当转换层设置在第 2 层以上时，尚宜采用图 2.3-1 所示的计算模型按公式（2.3-4）计算转换层下部结构与上部结构的等效侧向刚度比 γ_{e2}。γ_{e2} 宜接近 1，非抗震设计 γ_{e2} 不应小于 0.5，抗震设计时 γ_{e2} 不应小于 0.8。

$$\gamma_{e2}=\frac{\Delta_2H_1}{\Delta_1H_2} \tag{2.3-4}$$

式中 γ_{e2}——转换层下部结构与上部结构的等效侧向刚度比；

H_1——转换层及其下部结构（计算模型 1）的高度；

Δ_1——转换层及其下部结构（计算模型 1）的顶部在单位水平力作用下的侧向位移。

H_2——转换层上部若干层结构（计算模型 2）的高度，其值应等于或接近计算模型 1 的高度 H_1，且不大于 H_1；

Δ_2——转换层上部若干层结构（计算模型 2）的顶部在单位水平力作用下的侧向位移。

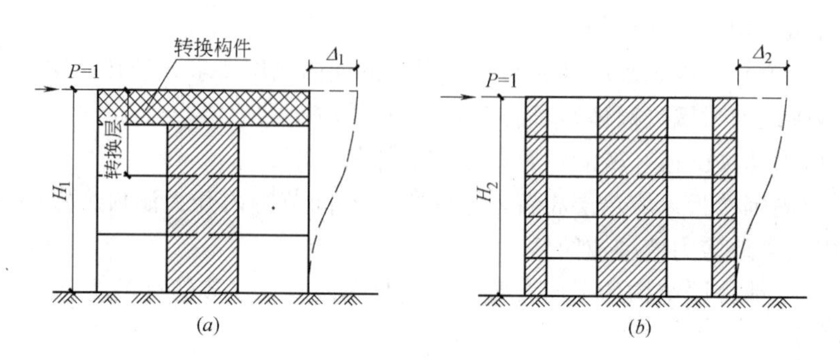

图 2.3-1　转换层上、下等效侧向刚度计算模型

(*a*) 计算模型 1——转换层及下部结构；(*b*) 计算模型 2——转换层上部部分结构

还应注意的是：上述式（2.3-1）计算的是转换层与其相邻转换层上层结构的等效剪切刚度比 γ_{e1}，h_1、h_2 分别是转换层和转换层上层的层高；而式（2.3-4）计算的是转换层下部结构与上部结构的等效侧向刚度比 γ_{e2}，H_1 为转换层及共下部结构（计算模型 1）的高度，如图 2.3-1（*a*）所示；当上部结构嵌固于地下室顶板时，取地下室顶板至转换层结构顶面的高度；H_2 为转换层上部若干层结构（计算模型 2）的高度，如图 2.3-1（*b*）所示，其值应等于或接近计算模型 1 的高度 H_1，且不大于 H_1。H_1 和 H_2 不能取错。计算举例如下：

某带转换层的高层建筑，底部大空间层数为 3 层，6 层以下混凝土强度等级相同，转换层下部结构以及上部部分结构采用不同计算模型时，其顶部在单位水平力作用下的侧向位移计算结果（mm）见图 2.3-2。试计算转换层下部与上部结构的等效侧向刚度比 γ_{e2}。

解：根据上述第 2）款的规定，应按式（2.3-4）计算。注意到上述条文中关于 H_1、H_2 的规定，即有

$$H_1=13.5\text{mm},\ H_2=11.4\text{m},\ \Delta_1=8.6\times10^{-10}\text{m},\ \Delta_2=4.8\times10^{-10}\text{m}$$

所以
$$\gamma_{e2}=\frac{\Delta_2 H_1}{\Delta_1 H_2}=\frac{4.8\times10^{-10}\times13.5}{8.6\times10^{-10}\times11.4}=0.661$$

即转换层下部与上部结构的等效侧向刚度比 γ_{e2} 为 0.661。

3）当转换层的下部楼层刚度较大，而转换层本层侧向刚度较小时，按上述第 2）款验算虽然等效侧向刚度比 γ_{e2} 能满足限值要求，但转换层本层的侧向刚度过于柔软，结构竖向刚度实际上差异过大。因此，转换层设置在 2 层以上时，其楼层侧向刚度（V_i/Δ_i）尚不应小于相邻上层楼层侧向刚度的 60%。此规定与美国规范 IBC 2000 关于严重不规则结构的规定是一致的。

楼层侧向刚度比的计算，可按《高规》第 3.5.2 条式（3.5.2-1）计算。

上述各款的要求，无论是对抗震设计还是非抗震设计的结构，只要是带转换层结构，

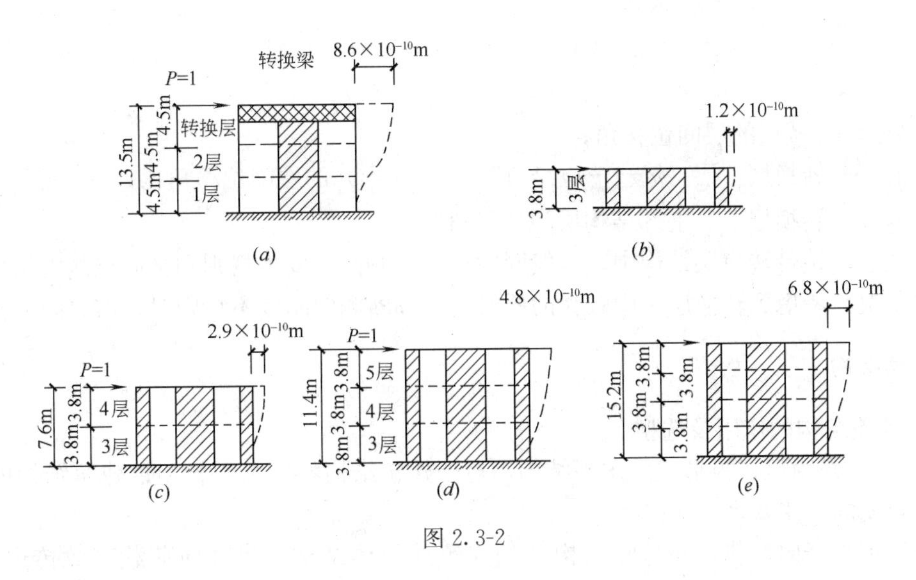

图 2.3-2

都应当满足。

3. 抗震设计时，上部结构的其他楼层尚应满足《高规》第 3.5.2 条的规定。此时楼层侧向刚度的计算，应根据不同的结构体系，采用不同的计算公式。

4. 研究分析表明，抗震设计时，结构的地震作用效应不仅与刚度有关，还与其质量有关。结构的刚度、质量和阻尼共同决定着结构的动力特性。在高层建筑带转换层结构中，转换层一般集中较大的质量（特别是厚板转换结构），这种质量的不均匀分布对结构动力特性和地震作用效应的影响是明显的。由于转换层质量对下部结构的地震作用效应产生较大的影响，而对上部结构的地震作用效应影响较小，从而使得等效侧向刚度比无法有效地控制转换层下部结构构件内力和位移的突变。转换层上、下部结构等效侧向刚度比对结构地震作用下变形效应和约束非常有限，表明在高层建筑带转换层结构中采用楼层侧向刚度比来控制转换层附近楼层构件内力和位移突变的效果不明显。随着转换层设置位置的增高，转换层上、下部结构在地震作用下的变形效应加大，转换层上、下部结构等效侧向刚度比的作用更加有限。

有学者提出：抗震设计时，在高层建筑带转换层结构中，尤其是转换层集中较大质量时，仅对转换层上、下部结构侧向刚度比的限制起不到应有的作用。为避免转换层附近楼层产生较大的变形差异，根据地震作用效应来控制显得更加有效和合理。因此，建议采用转换层下、上层结构层间位移角比来控制转换层下、上部结构构件内力和位移突变。转换层下、上部结构层间位移角比综合反映了转换层上、下部结构楼层侧向刚度比、质量比、楼层层间抗侧力结构的受剪承载力比。层间位移角比限值的确定应结合结构的自身特点、抗震设防烈度和抗震等级等因素综合考虑。在 7 度设防区，可参考以下取值：转换层下、上部结构层间位移角比 η_θ 不宜大于 1.2，且不应大于 1.5；当下部结构超过 4 层时，此限值应乘以 0.9 的折减系数。

转换层下、上部结构层间位移角比定义为：以转换层顶为参考点，顺序比较下、上相对应楼层层间位移角比的大小，将其层间位移角比的最大值取为转换层下、上部结构层间位移角比。

设转换层所在楼层为 n，则

$$\eta_{\theta_i}=\theta_{e(n-i+1)}/\theta_{e(n+i)}\ (i=1,\cdots,n) \qquad (2.3\text{-}5)$$

$$\eta_{\theta}=\max(\eta_{\theta_1},\eta_{\theta_2},\cdots,\eta_{\theta_n}) \qquad (2.3\text{-}6)$$

式中　θ_{ei}——i 楼层的层间位移角；

η_{θ_i}——转换层下层（$n-i+1$）与其上层（$n+i$）的层间位移角比；

η_{θ}——转换层下、上部结构层间位移角比。

在高层建筑带转换层结构中，一般同时存在着侧向刚度不规则和竖向抗侧力构件不连续两种情况。考虑到转换层集中较大的质量，在判断侧向刚度不规则时，需将限值提高。

二、楼盖结构

1. 楼盖结构的作用及选型

1）楼盖是由梁、板形成的水平结构，对于建筑结构特别是带转换层建筑结构的作用是非常重要的，主要是：

（1）承受竖向荷载，并与竖向构件相连组成整体结构，将竖向荷载有效传递给梁、柱、墙，直至基础。

（2）楼盖相当于水平隔板，提供足够的面内刚度，可靠有效地传递水平荷载到各个竖向抗侧力子结构，使整个结构协同工作。特别是对转换层楼盖以及竖向抗侧力子结构布置不规则或各抗侧力子结构水平变形特征不同时的楼盖，这个作用更显得突出和重要。

（3）连接各楼层水平构件和竖向构件，维系整个结构，保证结构具有很好的整体性，保证结构传力的可靠性。

2）楼盖结构的选型原则是：

（1）应有足够的承载能力和平面外刚度；

（2）应有足够的平面内刚度，使楼盖结构具有很好的整体性；

（3）尽可能减轻楼盖自重；

（4）满足建筑等其他专业功能要求。

3）楼盖选型：为满足第一个作用的选型应从楼盖的受力特点上考虑，如是采用梁板体系（大板楼盖、主次梁楼盖、井字梁楼盖等）还是采用平板体系（无梁楼盖，双向密肋楼盖等）。而为满足第二、第三个作用的楼盖结构选型，应符合以下要求：

（1）一般建筑结构的楼盖选型可按表 2.3-1 确定。

一般建筑结构的楼盖选型　　**表 2.3-1**

结构体系	房屋高度	
	不大于 50m	大于 50m
框架结构	可采用装配式(灌板缝)	宜采用现浇
剪力墙结构	可采用装配式(灌板缝)	宜采用现浇
框架-剪力墙结构	8、9 度宜采用现浇 6、7 度可采用装配整体式(灌板缝加现浇层)	应采用现浇
板柱-剪力墙结构	应采用现浇	—
筒体结构	应采用现浇	应采用现浇

抗震设计的多层及高层建筑应优先选用现浇楼盖。

（2）带转换层结构、其他复杂高层建筑结构以及结构转换层、结构屋顶层、平面复杂或开洞过大的楼层、作为上部结构嵌固部位的地下室的顶层等，应比一般楼层有更高的要求。即对上述楼层应采用现浇楼盖结构以增强其平面内刚度和整体性。

（3）装配整体式、装配式楼盖的构造要求，应满足《高规》第4.5.3条、第4.5.4条的规定。

2. 楼板的一般构造规定

1）一般楼层现浇楼板厚度的确定，可按板的跨厚比查找有关构造设计手册确定。一般厚度在100～150mm范围内，不应小于80mm，楼板太薄容易因上部钢筋位置变动而开裂。当板内敷设暗管时，板厚不宜小于100mm。

2）转换层楼板要在平面内完成上层结构内力向下层结构的转移，楼板在平面内承受并传递很大的内力，其面内刚度大小对大空间层竖向构件的内力分配影响很大，应加强转换层楼盖的刚度和承载力，楼板应当加厚。转换层楼板厚度不宜小于180mm，应双层双向配筋，且每层每方向的配筋不宜小于0.25%，楼板中钢筋应锚固在边梁或墙体内。其混凝土强度等级不应低于C30，桁架转换结构、箱形转换结构的上下层楼板以及转换厚板的混凝土强度等级均不应低于C30。带转换层结构的落地剪力墙和筒体外周围的楼板不宜开洞。楼板边缘和较大洞口周边应设置边梁，其宽度不宜小于板厚的2倍，纵向钢筋配筋率不应小于1.0%，钢筋接头宜采用机械连接或焊接。与转换层相邻楼层的楼板也应适当加厚，配筋适当加强。

3）顶层楼板加厚可有效地约束整个高层建筑，使其能整体空间工作。其厚度不宜小于120mm，宜应双层双向配筋；普通地下室顶板厚度不宜小于160mm；作为上部结构嵌固部位的地下室的顶层楼盖应采用梁板结构，楼板厚度不宜小于180mm，混凝土强度等级不宜低于C30，应采用双层双向配筋，且每层每方向的配筋不宜小于0.25%。

4）转换梁不宜做成反梁。转换梁不宜开洞，必须开洞时，洞口边离支柱边的距离不宜小于梁截面的高度，被洞口削弱的截面应进行承载力计算，上、下弦杆应加强纵向钢筋和抗剪箍筋的配置。

5）采用预应力混凝土转换构件时，纵向受力钢筋的预应力强度比不应过高，一般取0.55～0.70为宜。

6）现浇预应力楼板厚度的确定，必须考虑挠度、抗冲切承载力、防火及钢筋防腐蚀等要求。一般可按跨度的1/50～1/45采用，板厚不宜小于150mm，预应力楼板的预应力钢筋保护层厚度不宜小于30mm。

7）楼板是与梁、柱和剪力墙等主要抗侧力构件连接在一起的，如果不采取措施，则施加楼板预应力时，一方面压缩了楼板，但同时大部分预应力将会加到主体结构上，致使楼板得不到足够的压应力，而又对梁、柱和剪力墙附加了侧向力，产生附加水平侧移且不安全。为了防止预应力加到主体结构上去，应考虑合理的施工方案，采用板边留缝以张拉和锚固预应力钢筋，或在板中部预留后浇带，待张拉预应力钢筋后再浇筑。

3. 关于楼板开洞

作为转换层的楼板不应开大洞口或平面有较大的凹入。

1）楼板开小洞

工程实践证明：根据以上第2条第1）款确定板厚的现浇楼盖，在满足竖向荷载作用下板的承载能力和变形要求时，即使楼板上开有楼梯间、电梯间、管道井以及厨房、卫生间等的小洞，只要洞口均匀分散，则楼盖在其自身平面内仍具有足够的刚度和良好的整体性，能很好地传递水平荷载，故可以按照楼盖在其自身平面内刚度为无限大的假定来分析建筑结构的内力和位移。

2）应尽量避免剪力墙两侧楼板均开洞

两侧楼板全部开洞的剪力墙，若假定楼板刚度为无限大，计算中可能认为它已发挥作用，但由于剪力墙两侧楼板全部开洞，实际上楼板并不能将水平力有效地传递至此片剪力墙上，实际受力和计算假定差异很大，造成其他墙肢和框架柱实际受力比计算值大。当两侧楼板全部开洞的剪力墙计算所承受的水平剪力较大时，则与结构实际受力状态误差更大，可能会造成其他抗侧力构件的承载力不安全。所以不应在剪力墙两侧楼板全部开洞（图 2.3-3）。设计中，当其他专业提出的楼板开洞要求会使剪力墙两侧楼板全部开洞时，应通过协商，尽可能将其一部分开洞移至别处，或预留板的受力钢筋，要求在安装好设备管道后，立即封堵洞口，以使楼板洞口尽可能小，并应采取其他有效的构造措施（如设拉梁、拉板等），保证水平力能可靠地传递至该片剪力墙上。同时应通过正确的计算分析，适当折减其抗侧力刚度。

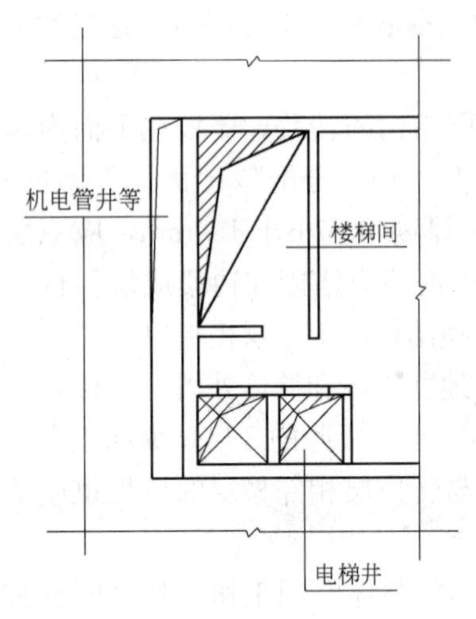

图 2.3-3　剪力墙两侧楼板全部开洞

3）楼板开大洞或有较大凹入

当楼板平面比较狭长，或由于建筑功能要求，楼板有较大凹入或开有较大洞口而使结构成为平面不规则（见本书第一章第三节“二、建筑结构不规则的界定”），除会使楼板平面内的刚度减弱外，还造成凹口或洞口分开的各部分间连接变弱，不能很好地传递水平力。使得各竖向抗侧力构件不能协同工作，结构整体性差。在地震中容易相对振动而使削弱部位产生震害。同时，凹角附近也容易产生应力集中，地震时常会在这些部位产生较严重的震害。

为保证结构具有很好的整体性，使整个结构协同工作，应采取相应的措施予以加强。

（1）楼板开大洞削弱后，可采取以下构造措施（图 2.3-4）：

① 加厚洞口附近楼板，提高楼板的配筋率，采用双层双向配筋，每层、每向配筋率不宜少于 0.25%；

② 洞口边缘设置边梁、暗梁：暗梁宽度可取板厚的 2 倍，纵向钢筋配筋率不宜小于1.0%；

③ 在楼板洞口角部集中配置斜向钢筋。

（2）艹字形、井字形平面等楼板有较大的凹入时的加强措施主要有（图 2.3-5）：

① 设置拉梁或拉板，且宜每层均匀设置。拉板厚取 250～300mm，按暗梁的配筋方式配筋。拉梁、拉板内纵向钢筋的配筋率不宜小于 1.0%。纵向受拉钢筋不得搭接，并锚入支座内不小于 l_{aE}；

② 设置阳台板或不上人的外挑板，板厚不宜小于 180mm，双层双向配筋，每层、每向配筋率不宜少于 0.25%，并按受拉钢筋锚固在支座内；

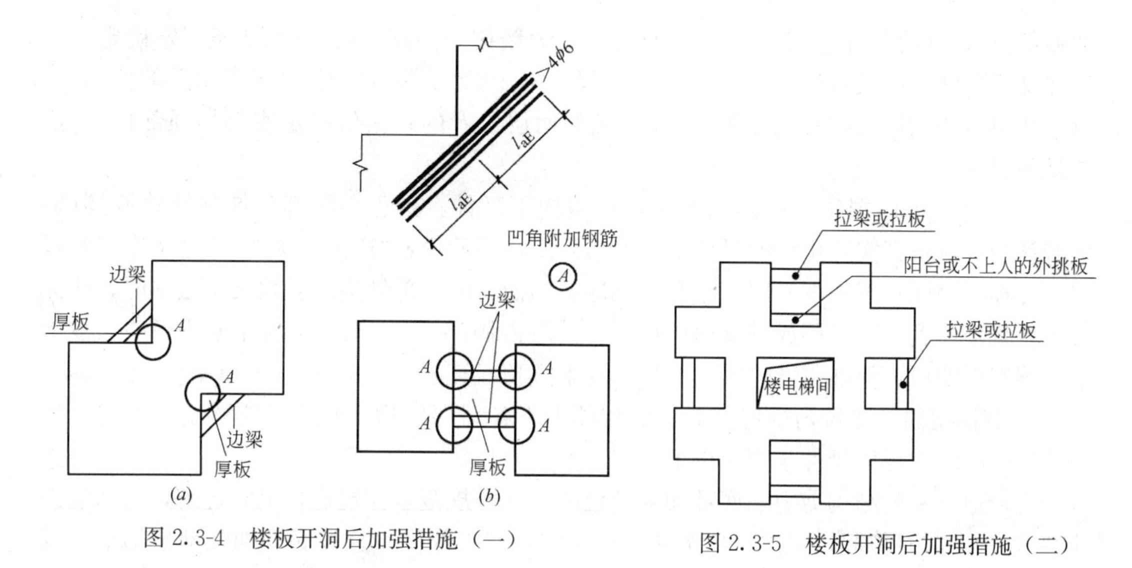

图 2.3-4 楼板开洞后加强措施（一）

图 2.3-5 楼板开洞后加强措施（二）

③ 凹角部位增配斜向钢筋。

（3）必要时可设置钢筋混凝土或钢结构水平支撑。

（4）楼板可能产生显著面内变形，这时应在设计中考虑楼板削弱产生的不利影响，如在结构分析中根据开洞情况考虑采用弹性楼板模型等。

（5）当中央部分楼、电梯间使楼板有较大削弱时，应将楼、电梯间周边楼板加厚并加强配筋，加强连接部位墙体的构造措施。

4）楼板开特大洞或有极大凹入的处理

这里的“楼板开特大洞或有极大凹入”，并非指楼板的开洞（或凹入）面积必须大于某个规定的数值，而是强调由于楼板的这种开洞（或凹入），由开洞分隔的几个部分在地震作用下很难使其作为一个结构单元共同工作。比如一幢楼的两部分仅靠一狭窄的板带连接，此时尽管在设计中考虑了楼板削弱产生的不利影响（包括结构分析和构造加强），但仍按一个结构单元进行设计是不妥的。在地震作用下，连接板带很快会产生裂缝，早早进入塑性状态。这时，宜将两部分分别按大底盘双塔连接和分开为两个独立的结构单元模型计算，各自都应符合承载力和变形要求，在考虑两者的最不利情况下采取相应的连接措施。参见本书第一章第三节“四、工程实例”。

三、剪力墙底部加强部位的确定

确定剪力墙底部加强部位，目的是在剪力墙此范围内采取增加边缘构件箍筋和墙体水平钢筋等必要的抗震加强措施，提高延性，避免脆性的剪切破坏，改善结构的抗震性能。

剪力墙底部加强部位的范围，应符合下列规定：

1. 底部加强部位的高度，应从地下室顶板算起。

2. 部分框支剪力墙结构的剪力墙，其底部加强部位的高度，可取框支层加框支层以上两层的高度及落地剪力墙总高度的 1/10 二者的较大值。其他结构的剪力墙，房屋高度大于 24m 时，底中加强部位的高度可取底部两层和墙体总高度的 1/10 二者的较大值；房屋高度不大于 24m 时，底部加强部位可取底部一层。

3. 这里所说的剪力墙包括落地剪力墙和转换构件上部的剪力墙两者。即两者的底部加强部位高度取相同值。有的设计仅对落地剪力墙按《高规》第 10.2.2 条规定确定底部加强部位高度，或仅对框支剪力墙按《高规》第 10.2.2 条规定确定底部加强部位高度、对落地剪力墙则按墙肢总高度的 1/10 和底部两层二者的较大值确定底部加强部位高度，都是不对的。

4. 当计算嵌固端位于地面以下时，还需向下延伸，是否必须都延伸到计算嵌固端？笔者认为：应根据实际工程的具体情况分析确定。俗话说："树大根深"，当地下室层数较多，计算嵌固端位于地下三层甚至在基础底板顶面，而上部结构的层数又不很多时，应无必要一直延伸到地下三层或基础底板顶面（计算嵌固端），一般仅需延伸至地下一层或地下二层底板即可，但加强部位的高度仍从地下室顶板算起。

5. 有裙房时，主楼与裙房顶对应的相邻上下各一层应适当加强抗震构造。此时，加强部位的高度也可以延伸至裙房以上一层。

不带地下室的结构剪力墙底部加强部位的高度，规范未作规定，笔者理解，可从室内地坪（±0.000）算起，室内地坪至基础顶（结构嵌固部位）宜按底部加强部位构造。其余规定均同《抗规》第 6.1.10 条的规定。

四、局部转换的若干问题

如前所述，整体转换和局部转换在结构受力的复杂程度，特别是地震作用效应上有较大差别。因此，当为结构的整体转换时，房屋的最大适用高度、转换结构在地面以上的大空间层数、结构的平面和竖向布置、结构的楼盖选型、结构的抗震等级、剪力墙底部加强部位的规定等均可参考表部分框支剪力墙结构有关规定。而当为结构的局部转换时，则上述要求可根据工程实际情况适当放宽。具体是：

1）房屋的最大适用高度：仅在个别楼层设置转换构件，且转换层上、下部结构竖向刚度变化不大的结构房屋的最大适用高度仍可按表 2.2-1、表 2.2-2、表 2.2-3 取用。对转换部位较多但仍为局部转换或结构中还有其他不规则时，房屋的最大适用高度可比表 2.2-1、表 2.2-2、表 2.2-3 规定的数值适当降低。

2）转换结构在地面以上的大空间层数：结构的转换层位置可适当放宽。例如：采用剪力墙结构其中仅有一片墙在底部开大洞形成一榀框支剪力墙，特别是由于局部抽柱形成的梁托柱、搭接柱、斜撑这一类形式的局部转换，转换层位置更可根据上下层刚度比适当放宽。又如，某工程在 18 层有局部退台，需在此层设置两根托柱梁，虽然传力间接，但并未使结构的楼层竖向刚度发生较大变化，不应受《高规》有关高位转换的限制。但当此类转换数量较多时，应进行必要的补充计算和构造加强。

3）结构的平面和竖向布置：满足结构布置的一般要求。注意平面布置的简单、规则、均匀对称，尽可能使水平荷载的合力中心与结构刚度中心接近，减小扭转的不利影响；注意结构竖向抗侧力刚度的均匀性。一般可根据建筑功能要求进行布置。

4）结构的楼盖选型：转换楼层宜采用现浇式楼盖，转换层楼板可局部加厚，加厚范围不应小于转换构件向外延伸二跨，且应超过转换构件邻近落地剪力墙不少于一跨。

5）上部结构的抗震等级：除转换结构及结构其他重要构件以外的部分，均可按表 1.2-6、表 1.2-7、表 1.2-8 采用。

6）剪力墙底部加强部位：楼板加厚范围内的落地剪力墙和框支剪力墙应按部分框支

剪力墙结构确定其剪力墙底部加强部位，其他部分可按一般剪力墙结构确定其剪力墙底部加强部位。

以上规定可供设计时参考。

应当指出的是：局部转换虽然在上述一些方面可以适当放宽，但由于转换部位本身受力复杂，故对局部转换部位的转换构件的设计应加强。适当加强转换部位的楼盖（加大水平力传力路径范围内的板厚及配筋）；抗震设计时要注意提高转换构件的承载能力和延性，提高其抗震等级；水平地震作用的内力乘以增大系数、提高构件的配筋率、加强构造措施等，其他构造措施亦应加强。

还应当指出的是：虽然是局部转换，但若结构同时存在其他的不规则项（根据住建部文件，只要有转换，则至少有一项不规则），例如：平面开大洞、过大的凹入、扭转不规则或竖向体型有过大的内收、外挑、相邻楼层质量差异较大等等，由于有多项不规则而成为特别不规则结构。对此类局部转换结构的抗震设计，不能仅片面地理解上述的“适当放宽”，而应根据结构不规则的具体情况，全面考虑，整体分析，确定是否需要进行抗震超限审查或采用抗震性能设计。

五、转换梁、柱的节点核心区抗震验算及构造要求

1. 抗震设计时，转换梁、柱的节点核心区应进行抗震验算。

1）框架梁、柱节点核心区的剪力设计值 V_j，应按下列规定计算：

（1）一级抗震等级的框架结构和 9 度设防烈度的一级抗震等级框架：

$$V_j=\frac{1.15\sum M_{bua}}{h_{b0}-a_s'}\left(1-\frac{h_{b0}-a_s'}{H_c-h_b}\right) \tag{2.3-7}$$

（2）其他情况：

$$V_j=\frac{\eta_{jb}\sum M_b}{h_{b0}-a_s'}\left(1-\frac{h_{b0}-a_s'}{H_c-h_b}\right) \tag{2.3-8}$$

式中　$\sum M_{bua}$——节点左、右两侧的梁端反时针或顺时针方向实配的正截面抗震受弯承载力所对应的弯矩值之和，可根据实配钢筋面积（计入纵向受压钢筋）和材料强度标准值确定；

$\sum M_b$——节点左、右两侧的梁端反时针或顺时针方向组合弯矩设计值之和，一级抗震等级框架节点左右梁端均为负弯矩时，绝对值较小的弯矩应取零；

η_{jb}——节点剪力增大系数，对于框架结构，一级取 1.50，二级取 1.35，三、四级取 1.20；对于其他结构中的框架，一级取 1.35，二级取 1.20，三、四级取 1.10；

h_{b0}、h_b——分别为梁的截面有效高度、截面高度，当节点两侧梁高不相同时，取其平均值；

H_c——节点上柱和下柱反弯点之间的距离；

a_s'——梁纵向受压钢筋合力点至截面近边的距离。

2）框架梁柱节点核心区的受剪水平截面应符合下列条件：

$$V_j\leqslant\frac{1}{\gamma_{RE}}(0.3\eta_j\beta_c f_c b_j h_j) \tag{2.3-9}$$

式中　h_j——框架节点核心区的截面高度，可取验算方向的柱截面高度 h_c；

b_j——框架节点核心区的截面有效验算宽度，当 b_b 不小于 $b_c/2$ 时，可取 b_c；当 b_b 小于 $b_c/2$ 时，可取（$b_b+0.5h_c$）和 b_c 中的较小值；当梁与柱的中线不重合且偏心距 e_0 不大于 $b_c/4$ 时，可取（$b_b+0.5h_c$）、（$0.5b_b+0.5b_c+0.25h_c-e_0$）和 b_c 三者中的最小值。此处，b_b 为验算方向梁截面宽度，b_c 为该侧柱截面宽度；

η_j——正交梁对节点的约束影响系数：当楼板为现浇、梁柱中线重合、四侧各梁截面宽度不小于该侧柱截面宽度 1/2，且正交方向梁高度不小于较高框架梁高度的 3/4 时，可取 η_j 为 1.50，但对 9 度设防烈度宜取 η_j 为 1.25；当不满足上述条件时，应取 η_j 为 1.00。

3）框架梁柱节点的抗震受剪承载力应符合下列规定：

（1）9 度设防烈度的一级抗震等级框架

$$V_j\leqslant\frac{1}{\gamma_{RE}}\left(0.9\eta_j f_t b_j h_j+f_{yv}A_{svj}\frac{h_{b0}-a'_s}{s}\right) \tag{2.3-10}$$

（2）其他情况

$$V_j\leqslant\frac{1}{\gamma_{RE}}\left(1.1\eta_j f_t b_j h_j+0.05\eta_j N\frac{b_j}{b_c}+f_{yv}A_{svj}\frac{h_{b0}-a'_s}{s}\right) \tag{2.3-11}$$

式中　N——对应于考虑地震组合剪力设计值的节点上柱底部的轴向力设计值；当 N 为压力时，取轴向压力设计值的较小值，且当 N 大于 $0.5f_cb_ch_c$ 时，取 $0.5f_cb_ch_c$；当 N 为位力时，取为 0；

A_{svj}——核心区有效验算宽度范围内同一截面验算方向箍筋各肢的全部截面面积；

h_{b0}——框架梁截面有效高度，节点两侧梁截面高度不等时取平均值。

4）圆柱框架的梁柱节点，当梁中线与柱中线重合时，其受剪水平截面应符合下列条件：

$$V_j\leqslant\frac{1}{\gamma_{RE}}(0.3\eta_j\beta_c f_c A_j) \tag{2.3-12}$$

式中　A_j——节点核心区有效截面面积：当梁宽 $b_b\geqslant0.5D$ 时，取 $A_j=0.8D^2$；当 $0.4D\leqslant b_b<0.5D$ 时，取 $A_j=0.8D(b_b+0.5D)$；

D——圆柱截面直径；

b_b——梁的截面宽度；

η_j——正交梁对节点的约束影响系数，按上述第 2）款取用。

5）圆柱框架的梁柱节点，当梁中线与柱中线重合时，其抗震受剪承载力应符合下列规定：

（1）9 度设防烈度的一级抗震等级框架

$$V_j\leqslant\frac{1}{\gamma_{RE}}\left(1.2\eta_j f_t A_j+1.57f_{yv}A_{sh}\frac{h_{b0}-a'_s}{s}+f_{yv}A_{svj}\frac{h_{b0}-a'_s}{s}\right) \tag{2.3-13}$$

（2）其他情况

$$V_j\leqslant\frac{1}{\gamma_{RE}}\left(1.5\eta_j f_t A_j+0.05\eta_j\frac{N}{D^2}A_j+1.57f_{yv}A_{sh}\frac{h_{b0}-a'_s}{s}+f_{yv}A_{svj}\frac{h_{b0}-a'_s}{s}\right) \tag{2.3-14}$$

式中　h_{b0}——梁截面有效高度；

A_{sh}——单根圆形箍筋的截面面积；

A_{svj}——同一截面验算方向的拉筋和非圆形箍筋各肢的全部截面面积。

6）梁宽大于柱宽的扁梁框架，梁柱节点应符合以下规定：

（1）扁梁框架的梁柱节点核芯区应根据梁纵筋在柱宽范围内、外的截面面积比例，对柱宽以内和柱宽以外的范围分别验算受剪承载力。

（2）核芯区验算方法除应符合一般框架梁柱节点的要求外，尚应符合下列要求：

① 按式（2.3-9）验算核芯区剪力限值时，核芯区有效宽度可取梁宽与柱宽之和的平均值；

② 四边有梁的约束影响系数，验算柱宽范围内核芯区的受剪承载力时可取1.5；验算柱宽范围以外核芯区的受剪承载力时宜取1.0；

③ 验算核芯区受剪承载力时，在柱宽范围内的核芯区，轴向力的取值可与一般梁柱节点相同；柱宽以外的核芯区，可不考虑轴力对受剪承载力的有利作用；

④ 锚入柱内的梁上部钢筋宜大于其全部截面面积的60%。

2. 无论抗震还是非抗震设计、转换梁、柱的节点核心区均应按《高规》第6.4.10条规定设置水平箍筋。

六、特一级抗震等级的钢筋混凝土构件构造要求

抗震等级为特一级的构件是高层建筑结构中的关键部位或重要构件。抗震设计时，对承载能力、变形能力、延性性能要求都很高。应采取比一级抗震等级的构件有更严格的构造措施，一般在B级高度的高层建筑和复杂高层建筑结构中会出现。

1. 对框架柱、框支柱，一般均要求采用型钢混凝土柱、钢管混凝土柱；对框支梁，必要时也可采用型钢混凝土框支梁，此时相应的框支柱也应采用型钢混凝土柱；对框支剪力墙结构的落地剪力墙底部加强部位边缘构件宜配置型钢，型钢宜向上、下各延伸一层。

2. 连梁的构造要求同一级抗震等级的规定。

3. 特一级抗震等级的钢筋混凝土构件有关规定详见表2.3-2。

4. 没有特别规定的，如柱、剪力墙肢的轴压比，梁、柱箍筋加密区长度、直径、间距，梁端截面混凝土压区高度，梁端截面底面和顶面纵向钢筋截面面积比等，均应按一级抗震等级的规定执行。

特一级抗震等级的钢筋混凝土构件构造要求　　表2.3-2

	框架柱	框架梁	框支柱	框支梁	剪力墙
端部弯矩增大系数	1. 框架结构及9度框架：在《高规》式(6.2.1-1)基础上乘1.2增大系数 2. 其他框架：1.68	—	底层柱下端及与转换层相连的柱上端：1.8 其余层转换柱： 1. 框架结沟及9度框架：在《高规》式(6.2.1-1)基础上乘1.2增大系数 2. 其他框架：1.68	—	1. 一般剪力墙、简体墙： 底部加强部位：1.1 其他部位：1.3 2. 部框支剪力墙结构中的落地剪力墙 底部加强部位：1.8

续表

	框架柱	框架梁	框支柱	框支梁	剪力墙
端部剪力增大系数	1. 框架结构及9度框架：在《高规》式(6.2.3-1)基础上乘1.2增大系数 2. 其他框架：1.68	1. 框架结构及9度框架：在《高规》式(6.2.5-1)基础上乘1.2增大系数 2. 其他框架：1.56	1. 框架结构及9度框架：在《高规》式(6.2.3-1)基础上乘1.2增大系数 2. 其他框架：1.68	—	底部加强部位：1.9 其他部位：1.4
地震作用产生的柱轴力增大系数	—	—	1.8，但计算柱轴压比时可不计该项增大	—	—
全部纵向钢筋构造配筋最小百分率	中、边柱：1.4% 角柱：1.6%	—	1.6%	上、下部各0.6%	—
加密区箍筋	柱端最小配箍特征值λ_v：按《高规》表6.4.7规定数值增加0.02	梁端箍筋最小面积配箍率：在一级基础上增大10%	柱端最小配箍特征值λ_v：按《高规》表6.4.7规定数值增加0.03且箍筋体积配箍率不应小于1.6%	梁端箍筋最小面积配箍率：$1.3f_t/f_{yv}$	—
水平和竖向分布钢筋最小配筋率	—	—	—	—	底部加强部位：0.40% 其他部位：0.35%
约束边缘构件	—	—	—	—	纵向钢筋最小配筋率：1.4% 配箍特征值：按《高规》表7.2.15规定数值乘以1.2
边缘构件	—	—	—	—	纵向钢筋最小构造配筋率：1.2%

注：1. 规范对框架梁端加密区箍筋最小面积配箍率未作规定；
2. 规范规定的“增大20%”等，均指在一级抗震等级的基础上增大；对剪力墙，9度一级和6、7、8度一级要求是不同的，所以，9度特一级和6、7、8度特一级的要求也是不同的；
3. 框架角柱、转换角柱的弯矩和剪力设计值应在按上表规定的内力增大外，再按《高规》第6.2.4条的规定，乘以不小于1.1的增大系数。

七、框支柱选型

目前建筑结构中采用的柱子截面形式大致有以下几种：(1) 普通钢筋混凝土柱；(2) 高强混凝土柱；(3) 配有螺旋箍筋的钢筋混凝土柱；(4) 增设芯柱的钢筋混凝土柱；(5) 钢筋混凝土分体柱；(6) 型钢混凝土柱；(7) 钢管混凝土柱。笔者曾在有关文献中介绍过它们的特点及选型。对于带转换层结构或设置转换结构的框支柱，因为在结构底部承受的荷载大且受力复杂，又由于上下楼层的侧向刚度差异大甚至突变，因此框支柱的选型应注意：既要使框支柱有足够的承载能力，又要有很好的延性。一般可选高强混凝土柱、型钢混凝土柱、钢管混凝土柱、增设芯柱的钢筋混凝土柱等。现对上述4种类型的柱子分别简述如下：

1. 高强钢筋混凝土柱

由柱轴压比计算公式可知，当N（轴压力）、μ（轴压比）一定时，要减小A（截面尺寸），可加大 f_c（混凝土强度等级），即采用高强钢筋混凝土柱。其设计方法和普通钢筋混凝土柱完全一致。据分析采用 C60～C80 高强度混凝土可以减小柱截面面积约 30%左右（与 C40 相比），目前不少高层建筑底部柱多采用 C60 混凝土，效果较好。但高强混凝土延性差，容易造成柱子的脆性破坏，混凝土强度越高，其延性越差，须配置较多的箍筋约束混凝土，方可使其具有较好的延性和抗震性能。《高规》表 6.4.2 注 2 规定：当混凝土强度等级为 C65～C70 时，轴压比限值应比表中数值减小 0.05；当混凝土强度等级为 C75～C80 时，轴压比限值应比表中数值减小 0.10。这就不同程度地降低了采用高强混凝土减小柱截面尺寸的效果。同时，在长期荷载下柱子的徐变也较大，故建议少用或不用。目前国内采用 C65 以上高强混凝土框支柱的建筑结构尚很少见。

2. 型钢混凝土柱

在钢筋混凝土柱内配置型钢（含钢率一般为 4%～10%），使型钢骨架和钢筋混凝土形成整体，协同工作，共同受力，这就是型钢混凝土柱（图 2.3-6）。型钢混凝土柱既具有钢筋混凝土结构的特点，又具有钢结构的特点，其承载力高、刚度大，且具有良好的延性和抗震性能，同时防火性能也很好。

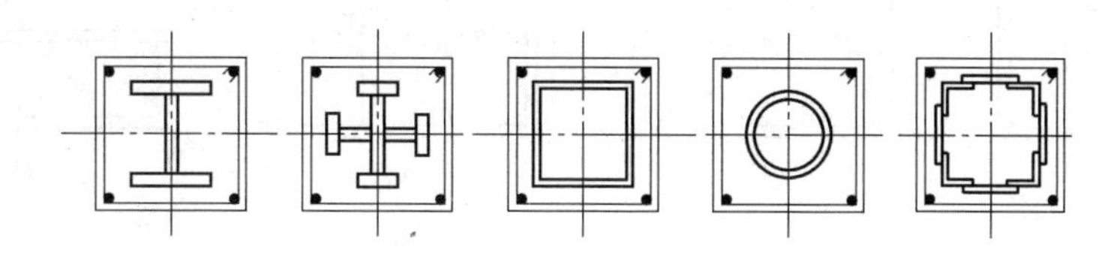

图 2.3-6　型钢混凝土柱的截面形式

型钢混凝土柱的轴压比可按下式计算：

$$\mu_N = N/(f_c A_c + f_a A_a) \tag{2.3-15}$$

《高规》还给出了型钢混凝土柱的轴压比限值见表 2.3-3。

型钢混凝土柱轴压比限值　　**表 2.3-3**

抗震等级	一	二	三
轴压比限值	0.70	0.80	0.90

注：1. 转换柱的轴压比应比表中数值减少 0.10 采用；
2. 剪跨比不大于 2 的柱，其轴压比应比表中数值减少 0.05 采用；
3. 当采用 C60 以上混凝土时，轴压比宜减少 0.05。

由于柱内配置的型钢骨架参与受压，故型钢混凝土柱减小柱子截面尺寸效果十分明显。在相同外力作用下，可使柱截面面积减小 30%～40%（与钢筋混凝土柱相比）。此外，不但能提高轴心受力、小偏心受力柱的承载力，还能提高大偏心受力柱的承载力，对 $\lambda_v<2$ 的短柱抗剪也很有效。

房屋高度大、柱距大、柱中轴力很大时，以及抗震等级为特一级的钢筋混凝土柱，宜采用型钢混凝土柱。目前，型钢混凝土柱较多用在高层建筑的下层部位柱、转换层以下的框支柱，也有的工程全部采用型钢混凝土梁、柱，如上海的金茂大厦、环球金融中心、北京的财富中心、冠城园 A 楼、陕西的信息大厦、深圳的八一大厦、海口金融大厦等。

型钢混凝土柱节点核心区构造复杂，框架梁纵向受力钢筋必须穿过型钢骨架腹板，故对型钢骨架的制作、安装要求较高，施工也较为麻烦。

3. 钢管混凝土柱

在钢管柱内浇灌混凝土，使钢管和管内混凝土形成整体，协同工作，共同受力，这就是钢管混凝土柱（图 2.3-7）。钢管混凝土柱可使钢管内的混凝土处于有效侧向约束下，形成三向应力状态，因而能大大提高柱的抗压承载力，同时抗剪强度和抗扭承载力也几乎提高一倍。研究还表明：钢管内的混凝土受压破坏为延性破坏，即具有良好的延性和抗震性能。同时钢管混凝土柱刚度大、截面小，其防火性能也比钢结构要好。

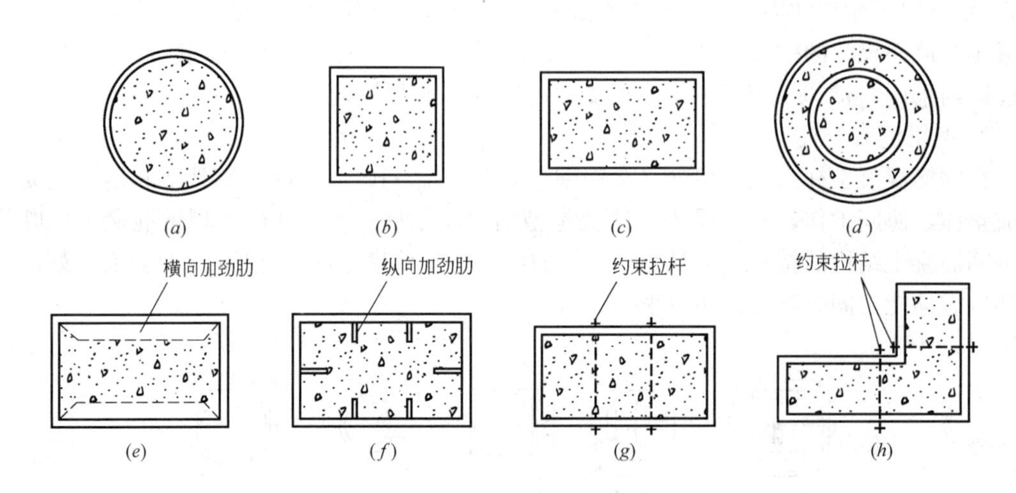

图 2.3-7　钢管混凝土柱的截面形式

钢管混凝土减小柱子截面尺寸效果十分明显：如钢管内采用高强混凝土浇筑，可以使柱截面减小至原截面面积的 50%以上。

钢管混凝土柱的钢管外径不宜小于 100mm，壁厚不宜小于 4mm，径厚比一般可取 70 左右，套箍指标 θ 宜控制在 0.3～3.0 之间。钢管混凝土柱的套箍指标是钢管的抗拉、抗压强度设计值与钢管的横截面积的乘积与混凝土的抗压强度设计值与钢管内混凝土横截面积的乘积之比，即 $\theta = f_a A_a / f_c A_c$。

钢管混凝土柱用在高度大、柱中轴力很大的高层建筑的下层部位柱效果较好。抗震等级为特一级的钢筋混凝土柱，宜采用钢管混凝土柱。近年来，整个结构采用钢管混凝土的高层建筑也相继出现，深圳的地王大厦、塞格广场、广州的新中国大厦、香港的长江中心等都是大家所熟知的工程实例。

钢管混凝土柱的缺点是梁柱节点构造复杂，某些钢管混凝土柱与钢筋混凝土梁的节点构造还较难满足 8 度设防的抗震性能要求，有待进一步完善和改进。对钢管的制作、安装施工要求较高。

4. 增设芯柱的钢筋混凝土柱

如果用纵向钢筋代替型钢，配置在柱子的核心部位（图 2.3-8），试验表明：与普通钢筋混凝土柱相比，核心部位配置钢筋柱的承载力变化不大（试验表明：对轴心受力、小偏心受力柱能适当提高承载力，但不能提高大偏心受力柱的承载力），但具有良好的耗能能力，延性大大提高。核心部位配置钢筋可减小柱截面尺寸，改善高轴压比下框架柱的抗震性能。《高规》表 6.4.2 注 5 规定：当柱截面中部设置由附加纵向钢筋形成的芯柱，且附加纵向钢筋的截面面积不小于柱子截面面积的0.8%时，轴压比限值可以表中数值增加0.05，当本项措施与注4的措施共同采用时，轴压比限值可比表中数值增加0.15，但λ_v仍按轴压比增加0.10的要求确定。

设置芯柱可减小柱截面面积，同时施工也很方便，用作多层建筑结构底层部位的框支柱效果较好。但对$\lambda_v<2$的短柱不适用。

芯柱边长不宜小于相应柱边长或直径的0.3倍，且不宜小于250mm；芯柱纵向钢筋配筋率不宜小于0.8%；芯柱箍筋应和柱子箍筋（拉筋）合并设置，若不可能，可按ϕ8@200构造设置，见图2.3-8。

究竟选择哪一种柱子类型，应根据具体工程实际，考虑结构体系、抗侧力刚度、承载能力、施工条件、经济等多种因素分析比较后确定。

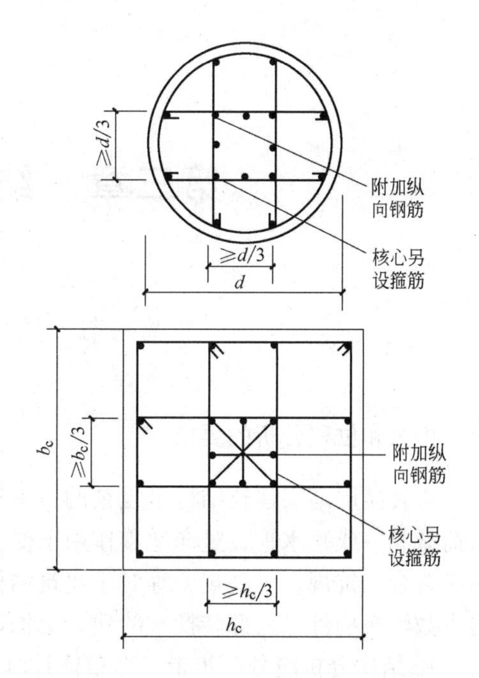

图2.3-8　芯柱尺寸及配筋示意图

为了更有效地满足建筑结构不同情况下框支柱的强度和刚度要求，设计时也可将上述不同类型的柱子进行组合，使之充分发挥各自的优点，克服缺点。例如将型钢混凝土柱中的型钢改用钢管，成为以钢管为芯柱的型钢混凝土柱，这种柱子具有以下优点：（1）核心钢管对其管内高强混凝土的有效约束，使这种柱子比相同截面尺寸的型钢混凝土柱或增设钢筋混凝土芯柱具有更高的整截面承载力和更好的延性；（2）核心钢管的存在，增强了柱子的抗剪承载力，提高了框架节点核心区的抗剪强度；（3）避免钢管混凝土柱框架的复杂节点构造，防火性能好等。

第三章　结构计算与分析

第一节　结构分析软件的选择

一、内力和位移分析的要求

带转换层高层建筑结构是复杂的三维空间受力体系，竖向刚度变化大，在竖向荷载、风荷载和（或）水平、竖向地震作用下受力复杂，易形成薄弱层。因此，内力和位移分析除应符合《抗规》、《高规》等对于建筑结构计算的一般规定外，还应满足以下要求。仅设置少数转换构件（局部转换）的建筑结构，根据实际工程的具体情况，可适当放宽要求。

1. 结构分析应分两步走，即整体计算和局部补充计算。

1）整体计算可将转换层构件作为结构的一部分，根据结构实际情况，确定能反映结构中各构件实际受力状况的力学模型，选取合适的三维空间分析软件进行整体结构分析。

2）局部补充计算可以把整体计算的结果中有关转换层及其邻近构件的内力作为外荷载，在此基础上采用连续体有限元方法对转换层及其邻近构件进行局部补充计算。取得构件详细的应力分布情况，并按应力进行配筋设计校核，最终确定转换层及其邻近构件的配筋。

2. 带转换层结构，抗震设计时应采用至少两个不同力学模型的三维空间分析软件进行整体内力位移计算，以保证力学分析的可靠性。为了进一步了解转换层及其相关构件的应力及应变分布情况，采用多个不同计算模型的软件，运用多种手段进行分析是十分必要的，尤其是关键部位，更应如此。

这里的“两个不同力学模型的结构分析软件”，包含两层含义：一是两个或两个以上不同的力学模型；二是比较符合实际工程结构的受力状态。即对复杂结构应采用多个恰当、合适的计算模型，而不是截然不同、不合理的计算模型。复杂结构应是计算模型复杂的结构，不同的力学模型应属于不同的计算程序，避免单一计算模型带来的模型化误差。关键是要采用不同而合适的计算模型。

3. 对于质量和刚度不对称、不均匀的结构以及高度超过100m的高层建筑结构应考虑扭转耦连振动影响。由于实际结构很难说其质量和刚度是对称、均匀的，故建议对各类结构计算地震作用时均应考虑扭转耦连振动影响。

4. 对抗震设防烈度较高、结构高度较高的带转换层建筑结构，宜根据实际工程的具体要求采用弹塑性静力或弹塑性动力分析方法进行补充分析计算。

抗震设计时，带转换结构以及转换层相关部位和构件，应进行抗震性能设计。其性能目标要求可根据具体工程的抗震设防烈度、抗震设防类别、结构类型、结构高度、结构复杂程度等的不同，采用抗震等级提高一级（已为特一级可不再提高）、中震不屈服、中震弹性、大震不屈服等要求进行设计。

5. 带转换层的高层建筑结构，楼层侧向刚度突变，属竖向不规则结构，结构转换层就是结构薄弱层。为保证转换构件的设计安全度并具有良好的抗震性能，规范规定抗震等级为特一、一、二级的转换构件在水平地震作用下的计算内力值应分别乘以增大系数1.9、1.6、1.3。并应考虑竖向地震作用。

6. 水平转换构件受力不均匀且很复杂，同时，转换构件本身要承受上部若干楼层传下来的巨大的集中力，跨度又大，故其内力很大，抗震设计时应考虑竖向地震效应。

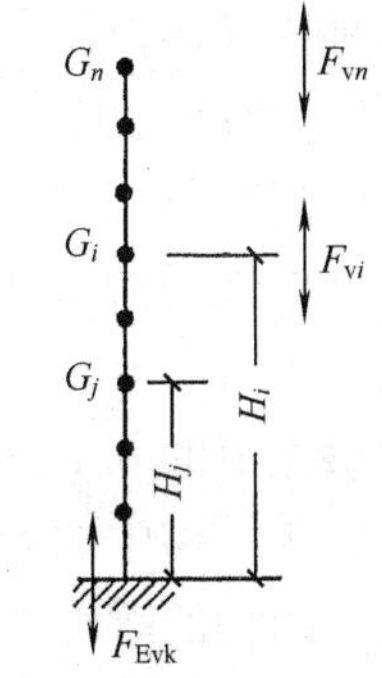

图 3.1-1　结构竖向地震作用计算简图

竖向地震作用的计算比较复杂，目前考虑方法大致有三种：

1）对高度不高、沿竖向质量和刚度较为均匀的抗震设防的高层建筑结构，可以采用以结构重力荷载代表值为基础的地震影响系数方法。该方法和水平地震的底部剪力法类似。其总竖向地震作用可表示为竖向地震影响系数最大值和等效总重力荷载代表的乘积[式（3.1-1）]；沿高度分布按第一振型考虑，也采用倒三角形分布（图 3.1-1）；楼层的竖向地震作用效应可按各构件承受的重力荷载代表值的比例分配[式（3.1-2）]，并宜乘以增大系数 1.5。注意此时是整个结构的所有主体构件都参与计算。

$$F_{Evk}=\alpha_{vmax}G_{eq} \tag{3.1-1}$$

$$F_{vi}=\frac{G_iH_i}{(\sum G_jH_j)}F_{evk} \tag{3.1-2}$$

式中　F_{Evk}——结构总竖向地震作用标准值；

F_{vi}——质点 i 的竖向地震作用标准值；

α_{vmax}——竖向地震影响系数的最大值，可取水平地震影响系数最大值的 65%；

G_{eq}——结构等效总重力荷载，可取其重力荷载代表值的 75%。

2）对于跨度或悬挑长度不是很大的大跨结构和悬挑结构，为了简化计算，可直接按采用地震作用系数乘以相应的重力荷载代表值作为坚向地震作用标准值。

平板型网架和跨度大于 24m 的屋架的竖向地震影响系数可按表 3.1-1 取用。

竖向地震作用系数　　**表 3.1-1**

结构类型	烈度	场地类别		
		Ⅰ	Ⅱ	Ⅲ、Ⅳ
平板型网架钢屋架	8	可不计算(0.10)	0.08(0.12)	0.10(0.15)
	9	0.15	0.15	0.20
钢筋混凝土屋架	8	0.10(0.15)	0.13(0.19)	0.13(0.19)
	9	0.20	0.25	0.25

注：括号中数值分别用于设计基本地震加速度为 0.15g 和 0.30g 的地区。

高层建筑中，大跨度结构、悬挑结构、转换结构、连体结构的连接体的竖向地震作用标准值，不宜小于结构或构件承受的重力荷载代表值与表 3.1-2 所规定的竖向地震作用系数的乘积。

竖向地震作用系数　　表 3.1-2

设防烈度	7度	8度		9度
设计基本地震加速度	0.15g	0.20g	0.30g	0.40g
竖向地震作用系数	0.08	0.10	0.15	0.20

注：g 为重力加速度。

这种计算只是对结构中的部分构件（大跨度、长悬臂等）进行竖向地震作用计算，此竖向地震作用仅用于这些构件及与其直接连接的主体结构构件。

3）距度大于24m的楼盖结构、跨度大于12m的转换结构和连体结构，悬挑长度大于5m的悬挑结构，宜采用时程分析方法或振型分解反应谱方法进行计算。

竖向地震作用计算时，时程分析计算时输入的竖向地震加速度最大值可按规定的水平输入最大值的65%采用，反应谱分析时结构竖向地震影响系数最大值可按水平地震影响系数最大值的65%采用，但设计地震分组可按第一组采用。

建筑结构中的大跨度、悬挑、转换、连体结构的竖向地震作用大小与其所处的位置以及支承结构的刚度都有一定关系，考虑目前高层建筑中较多采用大跨度和长悬挑结构，因此对于跨度较大、所处位置较高的情况，《高规》规定：需要采用时程分析方法或反应谱方法进行竖向地震作用的计算，且计算结果不宜小于静力法的计算结果。

7. 水平转换构件跨度大，上托荷载重，竖向荷载是控制设计的一个重要因素，宜验算水平转换构件在静力荷载作用下的挠度和裂缝宽度。

8. 关于水平风荷载作用效应的计算分析

1）一般情况下，应按正反两个方向的风荷载作用进行结构的整体计算并取其最大值进行设计。对体型复杂的高层建筑，特别是沿海地区风荷载较大，应考虑多方向风荷载的作用，取其最大风荷载作用方向（最不利情况）计算出的结构内力和位移作为结构的设计依据。

2）对建筑群，尤其是高层建筑群，当房屋相互间距较近时，由于旋涡的相互干扰，房屋某些部位的局部风压会显著增大，这就是风力相互干扰的群体效应。设计时应予考虑。

考虑的方法，一般情况下可将建筑结构体型系数 μ_s 乘以相互干扰系数。对比较重要的高层建筑，建议在风洞试验中考虑周围建筑物的干扰因素。

3）横风向振动效应或扭转风振效应明显的高层建筑，应考虑横风向风振或扭转风振的影响。横风向风振或扭转风振的计算范围、方法以及顺风向与横风向效应的组合方法应符合《建筑结构荷载规范》GB 50009—2012（以下简称《荷规》）的有关规定。

4）房屋高度不小于150m的高层混凝土建筑结构应满足风振舒适度要求。在《荷规》规定的10年一遇的风荷载标准值作用下，结构顶点的顺风向和横风向振动最大加速度计算值不应超过表3.1-3的限值。结构顶点的顺风向和横风向振动最大加速度可按现行行业标准《高层民用建筑钢结构技术规程》JGJ 99的有关规定计算，也可通过风洞试验结果判断确定，计算时结构阻尼比，一般情况下，对钢筋混凝土结构可取0.02，对混合结构可根据房屋高度和结构类型取0.01～0.02。

结构顶点风振加速度限值 a_{lim}　　表 3.1-3

使用功能	a_{lim}(m/s^2)	使用功能	a_{lim}(m/s^2)
住宅、公寓	0.15	办公、旅馆	0.25

9. 楼盖结构应具有适宜的舒适度。楼盖结构的竖向振动频率不宜小于3Hz，竖向振动加速度峰值不应超过表3.1-4的限值。楼盖结构竖向振动加速度可按《高规》附录A计算。

楼盖竖向振动加速度限值　　**表3.1-4**

人员活动环境	峰值加速度限值(m/s^2)	
	竖向自振频率不大于2Hz	竖向自振频率不小于4Hz
住宅、办公	0.07	0.05
商场及室内连廊	0.22	0.15

注：楼盖结构竖向自振频率为2～4Hz时，峰值加速度限值可按线性插值选择。

10. 关于结构的弹塑性分析

1）目前，规范对结构的弹塑性分析方法主要有三种：

（1）动力弹塑性分析，即弹塑性时程分析。通过对选用的地震波的数值积分，了解地震过程中每一时刻结构不同部位、不同构件的受力和变形情况，是较为准确的分析方法。

（2）静力弹塑性分析，即静力推覆方法（pushover法）。沿结构高度施加按一定形式分布的模拟地震作用的等效侧力，并从小到大逐步增加侧力的强度，使结构由弹性工作状态逐步进入弹塑性工作状态，最终达到并超过规定的弹塑性位移。这是目前较为实用的简化的弹塑性分析方法。

（3）弹塑性分析简化的近似方法。

2）各分析方法的适用范围

（1）对建筑结构在罕遇地震作用下薄弱层（部位）弹塑性变形计算，12层以下且层刚度无突变的框架结构及单层钢筋混凝土柱厂房可采用规范的简化方法计算；

（2）下列结构，宜采用三维的静力弹塑性（如pushover方法）或动力弹塑性分析方法；有时尚可采用塑性内力重分布的分析方法等。

① B级高度及复杂高层建筑、特别不规则的建筑、甲类建筑和《高规》第4.3.4条表4.3.4所列高度范围内的高层建筑结构；

② 需要进行超限审查或抗震性能设计的建筑结构；

③ 高度不超过150m的高层建筑可采用静力弹塑性分析方法；超过200m，应采用弹塑性时程分析法；高度在150～200m之间，可视结构不规则程度选择静力或时程分析法；高度超过300m的结构或新型结构或特别复杂的结构，应由两个不同单位编制的软件进行独立的计算校核。

3）弹塑性分析的简化方法

迄今，各国规范的变形估计公式有三种；一是按假想的完全弹性体计算；二是将额定的地震作用下的弹性变形乘以放大系数，即$\Delta u_p = \eta_p \Delta u_e$；三是按时程分析法等专门程序计算。我国规范采用第二种方法。理由是：

根据数千个1～15层剪切型结构采用理想弹塑性恢复力模型进行弹塑性时程分析的计算结果，获得如下统计规律：

（1）多层结构存在“塑性变形集中”的薄弱层是一种普遍现象，其位置，对屈服强度系数ξ_y分布均匀的结构多在底层，分布不均匀结构则在ξ_y最小处和相对较小处，单层厂房往往在上柱。

(2) 多层剪切型结构薄弱层的弹塑性变形与弹性变形之间有相对稳定的关系：

对于屈服强度系数 ξ_y 均匀的多层结构，其最大的层间弹塑变形增大系数 η_p 可按层数和 ξ_y 的差异用表格形式给出；对于 ξ_y 不均匀的结构，其情况复杂，在弹性刚度沿高度变化较平缓时，可近似用均匀结构的 η_p 适当放大取值；对其他情况，一般需要用静力弹塑性分析、弹塑性时程分析法或内力重分布法等予以估计。

(3)《高规》规定：

结构薄弱层（部位）的弹塑性层间位移的简化计算，宜符合下列规定：

① 结构薄弱层（部位）的位置可按下列情况确定：

a. 楼层屈服强度系数沿高度分布均匀的结构，可取底层；

b. 楼层屈服强度系数沿高度分布不均匀的结构，可取该系数最小的楼层（部位）和相对较小的楼层，一般不超过 2～3 处。

② 弹塑性层间位移可按下列公式计算：

$$\Delta u_p = \eta_p \Delta u_e \quad (3.1\text{-}3)$$

或

$$\Delta u_p = \mu \Delta u_y = \frac{\eta_p}{\xi_y} \Delta u_y \quad (3.1\text{-}4)$$

式中 Δu_p——弹塑性层间位移（mm）；

Δu_y——层间屈服位移（mm）；

μ——楼层延性系数；

Δu_e——罕遇地震作用下按弹性分析的层间位移（mm），计算时，水平地震影响系数最大值应按《高规》表 4.3.7-1 采用；

η_p——弹塑性层间位移增大系数，当薄弱层（部位）的屈服强度系数不小于相邻层（部位）该系数平均值的 0.8 时，可按表 3.1-5 采用；当不大于该平均值的 0.5 时，可按表内相应数值的 1.5 倍采用；其他情况可采用内插法取值；

ξ_y——楼层屈服强度系数。

结构的弹塑性层面位移增大系数 η_p **表 3.1-5**

ξ_y	0.5	0.4	0.3
η_p	1.8	2.0	2.2

采用简化的近似方法应注意：

计算结构楼层或构件的屈服强度系数时，实际承载力应取截面的实际配筋和材料强度标准值计算，钢筋混凝土梁柱的正截面受弯实际承载力公式如下：

梁：

$$M_{byk}^{a} = f_{yk} A_{sb}^{a} (h_{b0} - a_s') \quad (3.1\text{-}5)$$

柱：轴向力满足 $N_G/(f_{ck} b_c h_c) \leqslant 0.5$ 时，

$$M_{cyk}^{a} = f_{yk} A_{sc}^{a} (h_0 - a_s') + 0.5 N_G h_c (1 - N_G / f_{ck} b_c h_c) \quad (3.1\text{-}6)$$

式中 N_G——对应于重力荷载代表值的柱轴压力（分项系数取 1.0）。

注：上角 a 表示"实际的"。

应当注意的是：竖向构件楼层受剪承载力的计算，还应考虑轴向力的影响。因为偏心受力构件的受剪承载力不仅与构件的截面尺寸、箍筋配筋量有关，还与作用在构件上的轴向力有关。其他条件相同，同时受有轴向压力，则构件受剪承载力有所提高；受拉，则受剪承载力有所降低。所以，当根据柱子两端实配钢筋的受弯承载力按两端同时屈服的假定失效模式反算柱子的受剪承载力、根据剪力墙的实配钢筋按抗剪设计公式反算剪力墙的受剪承载力时，构件偏心受压，则计算出的构件受剪承载力可能比实际受剪承载力略低，构件偏心受拉，则计算出的构件受剪承载力可能比实际受剪承载力要大。

4）动力弹塑性分析方法

（1）优缺点

① 理论基础严格，可反映地震过程中每一时刻结构不同部位、不同构件的受力和变形情况，从而可直观有效地判断结构屈服机制、薄弱部位，预测结构破坏模式。但计算工作量大，耗时和资源巨大，数值分析技术要求高；分析所需的恢复力滞回模型不十分成熟，而采用不同恢复力滞回模型计算结果差异较大。

② 地震作用的复杂性主要表现在地震波具有随机性，对于峰值加速度相同而波形不同的地震波，结构地震反应差别很大，这就给时程分析选波带来很大困难：要选多少条波，选什么波得到的结构变形才具备代表性。

③ 由于对结构构件的应力-应变非线性特征的模拟困难（恢复力模型、屈服关系模型、弹塑性位移和位移角的算法、阻尼系数的确定及处理、数值积分方法等），使得计算十分复杂。

（2）动力弹塑性分析方法简介

① 弹塑性时程分析的动力方程及其解析法

a. 弹塑性时程分析的动力方程

$$[M]\{\ddot{x}\}+[G_t]\{\dot{x}\}+[K_t]\{x\}=-[M]\{\ddot{U}_{\mathrm{g}}(t)\} \tag{3.1-7}$$

式中 $[M]$——楼层质量矩阵，它是一对角矩阵；

$[C_t]$——阻尼矩阵，$[C_t]=\alpha[M]+\beta[K_t]$，式中 α、β 为阻尼参数；

$[K_t]$——结构的侧向刚度矩阵，在弹塑性阶段是 t 时刻的瞬时侧向刚度矩阵，在极小的时段 Δ_t 内，假定为常系数矩阵；

$\{\ddot{x}\}$、$\{\dot{x}\}$、$\{x\}$——各质点的加速度向量、速度向量及位移向量；

$\{\ddot{U}_{\mathrm{g}}(t)\}$——地面运动加速度向量，即要输入的水平地震加速度记录，它是时间 t 的变量。

b. 一般采用直接积分法求解。在进行每个时刻的直接积分求解时，要处理罕遇地震下的非线性计算，它涉及构件材料的非线性和结构在大变形和大位移下的几何非线性。

② 计算模型

a. 模型的几何信息、质量及荷载分布、构件截面及其配筋量等均沿用结构弹性分析阶段的信息。

b. 考虑结构施工过程的影响，并以重力荷载作用下的内力分析作为结构的初始内力和变形状态。

c. 结构材料强度可分别取用设计值、标准值、抗拉极限值或实测值、实测平均值等，与预定的结构或结构构件的抗震性能目标有密切关系，应根据实际情况合理选用。

d. 结构材料的本构关系直接影响弹塑性分析结果，选择时应特别注意；钢筋和混凝土的本构关系，可参考《混规》附录C相关规定。

e. 结构阻尼：在结构构件未出现弹塑性变形或损伤之前，结构初始阻尼取弹性阶段的结构阻尼。当构件出现弹塑性变形或损伤后，阻尼将增大，应根据非线性滞回性能由程序另行计算。

f. 建立结构弹塑性计算模型时，可根据结构构件的性能和分析进度要求，采用恰当的单元分析模型。如梁、柱、斜撑可采用一维单元；墙、板可采用三维或二维单元。对梁柱的配筋和型钢采用在相应位置嵌入钢筋纤维及型钢纤维模拟，对剪力墙及连梁的配筋采用钢筋膜进行模拟。

5）静力弹塑性分析方法

静力弹塑性分析方法可类比于弹性分析中常用的“只采用一个参与振型的振型分解反应谱法”。

（1）优缺点

① 了解结构“在某种侧向力作用下”弹塑性反应的全过程，记录在各级加载下结构开裂、屈服、塑性铰的形成等破坏过程，了解结构传力途径的改变、各构件内力的重分配、结构破坏机构的形成，以此发现结构抗震的薄弱环节和部位、结构的地震破坏机制，并能较简单地估算结构在不同强度（水准）的地震作用下的目标位移和变形需求，也可暴露在弹性阶段无法揭示的设计薄弱环节；

② 避开了弹塑性时程分析中的选波难题；

③ 近似方法，无法考虑地震动的持续时间、能量耗散、损伤累积、材料的动态性能等；

④ 如结构反应以第一振型为主，pushover法与动力时程法符合很好，但对高阶振型效应不能忽略的结构会导致误差，误差大小与高阶振型效应大小相关；

⑤ 水平加载模式的选择直接影响结构抗震性能评估结果。

（2）计算步骤

① 计算结构在竖向荷载下的结构内力；

② 在结构每层质心处，按高度施加按某种模式分布的水平力，确定其大小的原则是：水平力产生的内力与竖向荷载作用下的内力叠加后，恰好使一个或一批构件开裂或屈服；

③ 对开裂或屈服的杆件刚度进行修改后，再增加下一级荷载，又使得一个或一批构件开裂或屈服；

④ 不断重复①～③步骤，将每一步得到的构件内力和变形累加起来，得到结构构件在每一步的内力和变形，逐步跟踪截面或构件发生屈服的顺序；

⑤ 当结构达到某一目标位移或结构发生破坏（成为机构）时，停止施加水平力；

⑥ 达到目标位移时结构的内力和变形可作为设计地震下结构的强度和变形需求，通过对强度和变形需求与相应构件或楼层的容许值进行比较，评估结构在设计地震下抗震性能。

（3）水平加载模式（图3.1-2）

应能代表设计地震作用下结构各楼层惯性力的分布。分为固定模式和自适应模式两种。

① 固定模式又可分为均匀模式和模态模式

a. 均匀模式［图3.1-2（a）］：假定各楼层加速度相同，作用在各楼层上的水平侧向力和该楼层的质量成正比；

b. 模态模式：又可分为振型组合模式和第一振型模式。

振型组合模式［图 3.1-2（*b*）］：根据振型分解反应谱法求得各楼层水平剪力，据此求各楼层水平侧向力。采用此方法要求所需考虑的振型数的参与质量达到总质量的 90%．采用的地震动反应谱要合适，结构的第一自振周期大于 1.0；

第一振型模式［图 3.1-2（*c*）］：当第一振型的参与质量超过总质量的 75%时，可采用此简化方法。

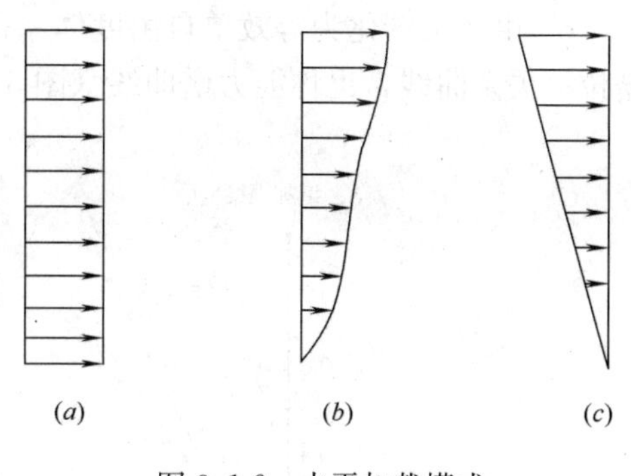

图 3.1-2　水平加载模式
（*a*）均匀模式；（*b*）振型组合模式；
（*c*）第一振型模式（倒三角形）

② 自适应模式：利用加载前一步中得到的结构的自振周期和振型，根据振型分解反应谱法求各楼层水平剪力，再由各楼层水平剪力反算各层水平荷载，作为下一步水平荷载模式。在结构进入非线性后，每一步加载前均需重新计算各楼层水平荷载模式。

（4）结构的目标位移

通常将设计地震作用下结构顶层质心处的位移作为位移目标。确定位移目标后，将结构按水平加载模式推覆至目标位移，就可对此状态时的结构抗震性能进行评估。

结构目标位移可以通过计算在设计地震下等效单自由度体系的位移需求获得。

① 反应谱法：设计地震以地震反应谱的形式给出时可采用该方法。分为位移系数法和能力谱法两种。

a. 位移系数法：以弹性位移作为预测弹塑性最大位移反应的基准线，再乘以若干修正系数。

b. 能力谱法：

a）结构的基底剪力-顶层位移关系曲线称结构的能力曲线（图 3.1-3）。用逐步推覆分析可求得结构能力曲线。当基本周期不大于 1s 时，施加的水平力可按第一振型；大于 1s 时，施加的水平力应采用高振型。

b）在施加水平力的过程中，有可能部分构件丧失抗侧能力，若承载力退化达 20%，可重新建立能力曲线。如此，可形成多道能力曲线，最后由于失稳或过大变形丧失重力荷载承载力。结构的总能力曲线为锯齿形（图 3.1-4）。

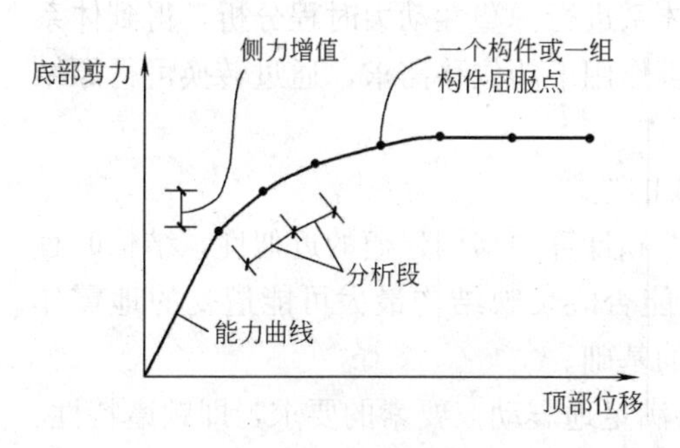

图 3.1-3　能力曲线

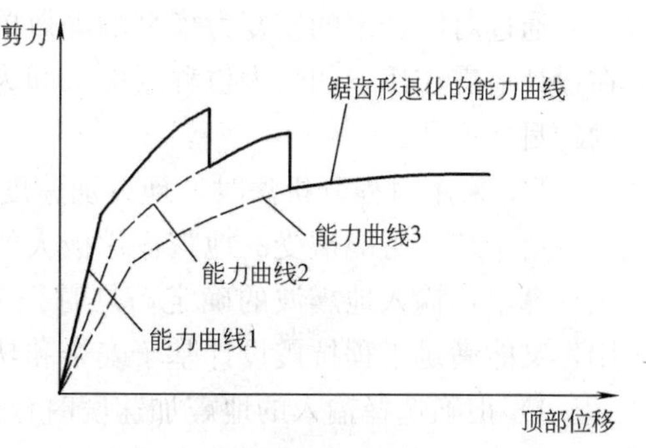

图 3.1-4　总体承载力退化的能力曲线

c）由此可转化为等效单自由度体系的荷载-位移关系曲线，进一步转化为谱加速度-谱位移关系曲线，也称能力谱曲线（图 3.1-5）。

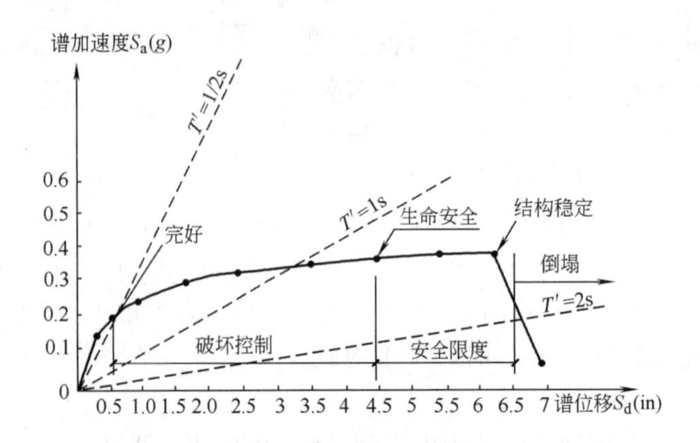

图 3.1-5　典型能力谱

T'—对应于谱位移的有效周期

d）地震需求谱曲线也可由加速度反应谱转化得到（通过对弹性反应谱根据阻尼比的大小、不同的延性系数进行修正获得弹塑性反应谱）。

e）结构的能力谱曲线和地震需求谱曲线放在同一坐标中，若两曲线没有交点，说明结构抗震能力不足；有交点，则交点对应的位移即为等效单自由度体系在设计地震作用下的谱位移，通过转换可得原结构的目标位移。

能力谱法求解过程如图 3.1-6 所示。

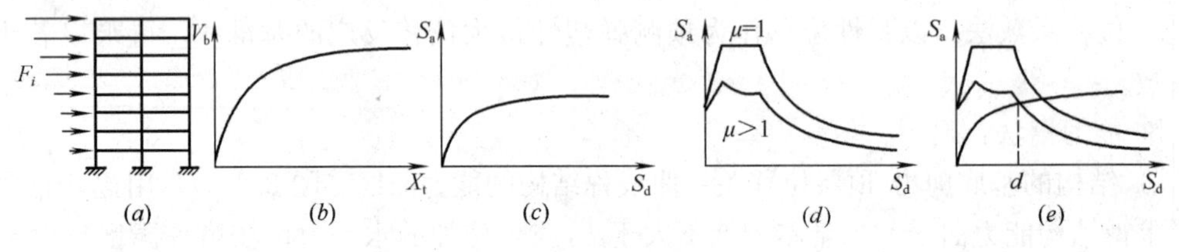

图 3.1-6　能力谱法

（a）推覆分析；（b）能力曲线；（c）能力谱曲线；（d）地震需求谱曲线；（e）目标移位确定

② 弹塑性动力时程分析法：

设计地震以加速度时程形式给出。

通过对已选定的恢复力模型的等效单自由度体系进行弹塑性动力时程分析，得到体系在设计地震作用下的最大位移反应，即为设计地震作用下的位移需求，通过转换可得原结构的目标位移。

11. 采用时程分析法时，地震加速度时程曲线的选取

由于结构可能遭受的地震作用极大的不确定性和计算中结构建模的近似性，结构时程法计算中，输入地震波的确定，是时程分析结果能否既反映结构最大可能遭受的地震作用，又能满足工程抗震设计基于安全和功能要求的基础。

1）正确选择输入的地震加速度时程曲线，要满足地震动三要素的要求，即频谱特性、有效峰值和持续时间均要符合规定。

（1）频谱特性可用地震影响系数曲线表征

① 所选取的地震波建筑场地类别和设计地震分组应和拟建工程建筑场地类别和设计地震分组一致，或特征周期 T_g 应基本一致。允许有小误差。

② 所选取的地震波包括实际地震记录和人工模拟的加速度时程曲线，数量不应少于三组，其中实际地震记录的数量不应少于总数量的 2/3。若选用不少于两组实际记录和一组人工模拟的加速度时程曲线作为输入，计算的平均地震效应值不小于大样本容量平均值的保证率在 85%以上，而且一般也不会偏大很多。当选用数量较多的地震波时，如 5 组实际记录和 2 组人工模拟时程曲线，则保证率更高。

大量工程实践证明，对于高度不是太高、体型比较规则的高层建筑，选取三组地震波基本可以达到控制结构抗震安全的要求，又不致需要进行过多的运算。但是，对于超高、大跨、体型复杂的建筑结构，需要更多的地震波输入进行时程分析，充分反映结构的地震响应。规范规定选取的地震波数量不少于 7 组。其中，天然地震波不少于 5 组，计算结果取平均值。

③ 多组时程曲线的平均地震影响系数曲线应与振型分解反应谱法所采用的地震影响系数曲线在统计意义上相符。如前所述，人工地震波是拟合设计反应谱生成的，当拟合精度达到在各个周期点上的反应谱值与规范反应谱值相差小于 10%～20%，即可认为“在统计意义上相符”；天然地震波千变万化，但只要所选的天然地震加速度记录的反应谱值在对应于结构主要周期点（而不是各个周期点上）与规范反应谱值相差不大于 20%，即可认为“在统计意义上相符”。

④ 对选波结果的评估：弹性时程分析时，每条时程曲线（单向或双向水平）计算所得结构主方向底部总剪力不应小于同方向振型分解反应谱法计算结果的 65%，且不大于 135%；多条时程曲线计算所得结构主方向底部总剪力的平均值不应小于振型分解反应谱法计算结果的 80%；且不大于 120%。从工程应用角度考虑，可以保证时程分析结果满足最低安全要求。不要求结构主、次两个方向的基底剪力同时满足这个要求。每条时程曲线的两个水平方向记录数据无法区分主、次向，通常可取加速度峰值较大者为主向。这是选波最重要、最根本的要求，满足这一条而其他要求有些差异是可以的。如这一条不满足，即使其他条件都满足，则所选的波也不可用。

（2）加速度的有效峰值按表 3.1-6 采用，即以地震影响系数最大值除以放大系数（约 2.25）得到；计算输入的加速度曲线的峰值，必要时可比上述有效峰值适当加大。当结构采用三维空间模型等需要双向（二个水平向）或三向（二个水平和一个竖向）地震波输入时，其加速度最大值通常按 1（水平 1）∶0.85（水平 2）∶0.65（竖向）的比例调整。选用的实际加速度记录，可以是同一组的三个分量，也可以是不同组的记录，且每条记录均应满足“在统计意义上相符”的要求；人工模拟的加速度时程曲线，也按上述要求生成。

时程分析时输入地震加速度的最大值（cm/s²）　　**表 3.1-6**

设防烈度	6 度	7 度	8 度	9 度
多遇地震	18	35(55)	70(110)	140
设防地震	50	100(150)	200(300)	400
罕遇地震	125	220(310)	400(510)	620

注：7、8 度时括号内数值分别用于设计基本地震加速度为 0.15g 和 0.30g 的地区，此处 g 为重力加速度。

（3）输入的地震加速度时程曲线的有效持续时间，一般从首次达到该时程曲线最大峰值的10%那一点算起，到最后一点达到最大峰值的10%为止。不论实际的强震记录还是人工模拟波形，一般为结构基本周期的5～10倍，即结构顶点的位移可按基本周期往复5～10次。时间短了不能使结构充分振动起来，时间太长则会增加计算时间。

2）计算结果的分析比较

当取三组时程曲线进行计算时，结构地震作用效应宜取时程法计算结果的包络值与振型分解反应谱法计算结果的较大值；当取七组及七组以上时程曲线进行计算时，结构地震作用效应可取时程法计算结果的平均值与振型分解反应谱法计算结果的较大值。

（1）主要计算结果的分析判断

工程设计中动力弹塑性分析的重点是把握“度”，即通过分析计算，找出结构的薄弱层、薄弱部位；了解构件塑性铰出现的位置，从而判断结构设计的可靠性、合理性，对不足之处提出调整方案。

① 从结构角度，由计算可以得到罕遇地震下结构的顶点位移时程、弹塑性层间位移角、基底剪力时程、剪重比等；即可得每条地震波的结构各楼层的层间位移角及其平均值和最大层间位移角，进而可得多条地震波下结构各楼层的层间位移角及其平均值；确定结构的薄弱层，得到多条地震波作用下的楼层平均层间位移角的均值；降薄弱层层间位移角均值与规范限值比较．确定是否满足规范要求。

② 从构件角度，可以确定构件塑性发展顺序、塑性发展的区域、损伤程度、构件的应力应变等。因此，在判别结构是否满足抗震性能目标时，除查看结构的弹塑性层间位移角最大值外，还需同时考虑结构的塑性发展区和构件的损伤程度，判断构件是否满是现行规范中基于构件的抗震性能目标，以保证构件不会因为某些构件的破坏而发生连续性倒塌现象。若结构在大震下塑性发展不明显，则可以在保证安全性的前提下对结构布置、构件截面等进行优化；若结构的弹塑性层间位移角不满足要求，则某些薄弱构件的调整会对层间位移角的改善产生直接作用。

（2）鉴于目前弹塑性参数、分析软件对构件裂缝的闭合状态和残余变形、结构自身阻尼系数、施工图中构件实际截面、配筋与计算书取值的差异等的处理，还需要进一步研究和改进，为了判断弹塑性计算结果的可靠程度，可借助于理想弹性假定的计算结果，从下列几方面进行综合分析：

① 结构弹塑性模型一般要比多遇地震下反应谱计算时的分析模型有所简化，但在弹性阶段的主要计算结果应与多遇地震分析模型的计算结果基本相同，两种模型的嵌固端、主要振动周期、振型和总地震作用应一致。弹塑性阶段，结构构件和整个结构实际具有的抵抗地震作用的承载力是客观存在的，在计算模型合理时，不因计算方法、输入地震波形的不同而改变。若计算得到的承载力明显异常，则计算方法或参数存在问题，需仔细复核、排除。

② 整个结构客观存在的、实际具有的最大受剪承载力（底部总剪力）应控制在合理的、经济上可接受的范围，不需要接近更不可能超过按同样阻尼比的理想弹性假定计算的大震剪力，如果弹塑性计算的结果超过理想弹性的计算结果，则需认真检查、复核该计算的承载力数据，判断其合理性。

③ 进入弹塑性变形阶段的薄弱部位会出现一定程度的塑性变形集中，该楼层的层间

位移（以弯曲变形为主的结构宜扣除整体弯曲变形）应大于按同样阻尼比的理想弹性假定计算的该部位大震的层间位移；如果明显小于此值，则该位移数据需认真检查、复核，判断其合理性。

④ 薄弱部位可借助于上下相邻楼层或主要竖向构件的屈服强度系数（其计算方法参见《抗规》第 5.5.2 条的说明）的比较予以复核，不同的方法、不同的波形，尽管彼此计算的承载力、位移、进入塑性变形的程度差别较大，但发现的薄弱部位一般相同。

⑤ 影响弹塑性位移计算结果的因素很多，现阶段，其计算值的离散性，与承载力计算的离散性相比较大。注意到常规设计中，考虑到小震弹性时程分析的波形数量较少，而且计算的位移多数明显小于反应谱法的计算结果，需要以反应谱法为基础进行对比分析；大震弹塑性时程分析时，由于阻尼的处理方法不够完善，波形数量也较少（建议尽可能增加数量，如不少于 7 条；数量较少时宜取包络），不宜直接把计算的弹塑性位移值视为结构实际弹塑性位移，同样需要借助小震的反应谱法计算结果进行分析。建议按下列方法确定其层间位移参考数值：用同一软件、同一波形进行弹性和弹塑性计算，得到同一波形、同一部位弹塑性位移（层间位移）与小震弹性位移（层间位移）的比值，然后将此比值取平均或包络值，再乘以反应谱法计算的该部位小震位移（层间位移），从而得到大震下该部位的弹塑性位移（层间位移）的参考值。

二、结构分析软件的选择

常用结构分析软件的计算模型及适用范围如表 3.1-7 所示。

常用结构分析软件的计算模型及适用范围　　表 3.1-7

<table>
<tr><th colspan="2">计算模型分类</th><th>计 算 假 定</th><th>适 用 范 围</th></tr>
<tr><td colspan="2">单片平面框架分析</td><td>将结构划分为若干片正交平面抗侧力结构，在水平作用下，按单片平面结构进行计算。
楼板假定在其自身平面内为刚度无限大</td><td>平面非常规则的纯框架（剪力墙）结构，且各片框架（剪力墙）大体相似，一般不用于高层结构</td></tr>
<tr><td colspan="2">平面结构空间协同法</td><td>将结构划分为若干片正交或斜交的平面抗侧力结构，在任一方向的水平力作用下，由空间位移协调条件进行各榀结构的水平分配。
楼板假定在其自身平面内为刚度无限大</td><td>平面布置较为规则的框架、框架-剪力墙和剪力墙结构等</td></tr>
<tr><td rowspan="2">三维空间分析法</td><td>剪力墙为开口薄壁杆件模型</td><td>有用开口薄壁杆件理论，将整个平面联肢墙或整个空间剪力墙模拟为开口薄壁杆件，每一杆件有两个端点，各有 7 个自由度，前 6 个自由度的含义与空间梁、柱单元相同，第 7 个自由度是用来描述薄壁杆件截面翘曲的。
在小变形条件下，杆件截面外形轮廓线在其自身平面内保持刚性，在出平面方向可以翘曲。
楼板假定为无限刚，采用薄壁杆件原理计算剪力墙，忽略了剪切变形的影响</td><td>框架、框架-剪力墙、剪力墙及筒体结构</td></tr>
<tr><td>剪力墙为墙板单元模型</td><td>梁、柱、斜杆为空间杆件，剪力墙为允许设置内部节点的改进型墙板单元，具有竖向拉压刚度、平面内弯曲刚度和剪切刚度，边柱作为墙板单元的定位和墙肢长度的几何条件，一般墙肢用定位虚柱，带有实际端柱的墙肢直接用端柱截面及其形心作为边柱定位。在单元顶部设置特殊刚性梁，其刚度在墙平面内无限大，平面外为零，既保持了墙板单元的原有特性又使墙板单元在楼层边界上全截面变形协调</td><td>框架、框架-剪力墙、剪力墙及筒体结构</td></tr>
</table>

续表

计算模型分类		计算假定	适用范围
三维空间分析法	板壳单元模型	用每一节点 6 个自由度的壳元来模拟剪力墙单元，剪力墙既有平面内刚度，又有平面外刚度，楼板既可以按弹性考虑，也可以按刚性考虑	框架、框架-剪力墙、剪力墙、筒体等各类结构
	墙组元模型	在薄壁杆件模型的基础上作了实质性的改进，不但考虑了剪切变形有影响，而且引入节点竖向位移变量代替薄壁杆件模型的形心竖向位移变量，更准确地描述剪力墙的变形状态，是一种介于薄壁杆件单元和连续体有限元之间的分析单元。 沿墙厚方向，纵向应力均匀分布； 纵向应变近似定义为：$\varepsilon \approx \sigma_2 / E$； 墙组截面形状保持不变	框架、框架-剪力墙、剪力墙及筒体结构

目前，国内常用程序的计算模型多为上述一种或几种计算模型的组合构成。建筑结构都是空间整体的，在当今计算机使用普及和要求计算分析精度的情况下，应优先采用基于空间工作的计算机分析方法及相应软件。单片平面杆系分析的计算模型主要用于早期的结构计算分析，由于其适用范围有限，目前已很少使用；平面结构空间协同计算模型虽然计算简便，但它只能一定程度上反映结构整体工作性能的主要特征，其缺点是对结构空间整体的受力性能反映得不完全，故平面结构空间协同计算模型现已很少应用，仅在平面、立面布置简单规则的结构情形才用；薄壁杆件模型不适合剪力墙为长墙、矮墙、多肢剪力墙，悬挑剪力墙、框支剪力墙、无楼板约束的剪力墙等情况；膜元模型对剪力墙洞口上下不对齐、不等宽时的计算，可能会造成分析结果失真等等，因此，设计人员应根据工程的实际情况，按照“适用性、准确性、规范性、完备性”的原则，选择适合本工程的相应计算程序。

三、结构分析时实际结构力学计算模型的简化

1. 计算单元

1）结构整体分析时，一般梁、柱可以仍采用空间杆单元模型；框支柱、转换梁整体分析时亦按空间杆单元。

2）剪力墙、框支剪力墙宜采用墙元（壳元）模型；连梁可采用杆单元或墙元（壳元）模型，当连梁跨高比小于 2 时，宜采用墙元（壳元）模型。

3）超大梁转换结构一般占有一层的高度，按梁（杆单元）分析，有时会造成梁刚度偏大，在局部产生较大的应力集中而使梁配筋计算超限。分析模型与构件的配筋模型难以统一，所以应两次分析，采用不同计算模型分别计算：

（1）梁所在的楼层仍按一层结构输入，大梁按剪力墙定义，此时可以正确分析整体结构及构件内力，除大梁（用剪力墙输入）的配筋不能采用以外，其余构件的配筋均可参考采用；

（2）把大梁和下一层两层合并为一层输入，大梁按梁定义，层高为两层之和。这种计算模型仅用于考察、计算大梁受力、配筋，其余构件及结构整体分析的结果可以不用。

4）局部分析时，转换层框支梁、柱的有限单元划分宜选用高精度元，在梁柱全截面高度下可划分三至五等分，上层墙体可结合洞口位置均匀划分。

5）在内力与位移的计算中，钢构件、型钢混凝土构件及钢管混凝土构件宜按实际情况直接参与计算，此时，要求计算软件应具有相应的计算单元。对结构中只有少量的钢构件、型钢混凝土构件及钢管混凝土构件时，也可等效为混凝土构件进行计算，比如可采用等刚度的原则。

2. 楼板计算模型的假定

1）为了更有效、更可靠地传递水平力，转换层楼板都应适当加厚且不宜在板上开洞，特别是转换构件附近的楼板更是不允许开洞。因此，对于楼板开有分散布置的小洞（楼梯间、电梯井、管道井等）时，结构整体计算时可假定楼板平面内刚度为无限大。

2）在下列情况下，楼板变形比较显著，楼板刚度无限大的假定不符合实际情况，应对采用刚性楼面假定的计算结果进行修正，或采用楼板面内为弹性的计算方法：

（1）楼面有很大的开洞或凹入，楼面宽度狭窄。楼面开洞或凹入尺寸大于楼面宽度的一半；楼板开洞总面积超过楼面面积的30%；在扣除开洞或凹入后，楼板在任一方向的最小净宽小于5m，且开洞后每一边的楼板净宽度小于2m；

（2）楼板平面比较狭长，平面上有较长的外伸段；

（3）错层结构；

（4）楼面的整体性较差。

3）带转换层结构，转换层及转换层以下各楼层宜考虑各层楼板的弹性变形，按弹性楼板假定计算结构的内力和变形。

4）转换厚板结构，虽然其面外刚度很大，但面外刚度是结构传力的关键。上部结构主要通过厚板面外刚度改变传力途径，将荷载传递到下部竖向构件中。因此，整体计算时厚板一定要考虑厚板面外的变形，这样才能把上部结构、厚板、下部结构的变形、传力等计算合理，由于厚板上下传力的特殊性，厚板面外变形的正确考虑，决定了计算结果的正确性。厚板平面内可以按无限刚考虑。

桁架转换结构分析的关键是桁架上、下层弦杆的轴力，为了正确计算出上、下弦杆的轴力，结构整体分析时应将桁架上、下弦杆所在层的楼板定义为弹性楼板。

5）工程实例：联想（北京）研发大厦是联想集团控股公司开发建设的中型写字楼。总建筑面积49218m^2，建筑物总高度48.5m，地下2层、地上10层、局部11层。本工程为框架-剪力墙结构体系，抗震设防烈度为8度，建筑抗震设防类别为丙类，框架抗震等级为三级，剪力墙抗震等级为二级。地面以上主楼呈“V”形（图3.1-7），单肢总长度为81m，两翼办公区之间仅有部分楼板相连，且连接部分楼板错层布置，楼面整体性较差，楼板刚度受到很大削弱，同时由于建筑使用功能的需要，作为抵抗地震作用的电梯井筒（剪力墙）又集中布置在⑩②、⑩③轴两侧，因此怎样考虑两翼结构的协同工作，计算出结构真实的受力情况，是结构整体分析应该考虑的问题。显然这部分楼板按无限刚度考虑进行整体计算是不合适的，所以在结构整体计算时，将连接部位楼板设定为弹性楼板，以求计算尽量符合真实的受力情况。为加强此部分楼板（按弹性楼板考虑）与主要抗侧移剪力墙井筒的连接，加强左右翼楼板的连接，将这部分楼板及邻近电梯井筒的楼板加厚至160mm，且双层双向通长配筋。同时将⑩②、⑩③轴井筒混凝土墙体加厚至350mm。一方面加强此部分楼板与主体主要抗侧移井筒的连接，另一方面可改善跨度为11.93m梁的支承条件，并且在构造上加大弹性楼板范围内梁上部的通长钢筋，使建筑物两翼更好地协调工作，达到较理想的结果。

结构计算采用中国建筑科学研究院编制的高层建筑结构空间有限元分析与设计软件SATWE（2000年6月版）。由于结构平面布置不规则，计算时考虑了扭转耦联，模拟施工分层加载，振型组合数取9个。±0.000m层楼板作为结构嵌固层，计算周期和结构位移计算结果见表3.1-8、表3.1-9。

计算周期 T (s) **表3.1-8**

$T_1=1.1345$	$T_2=1.0777$	$T_3=1.0257$
$T_4=0.3169$	$T_5=0.2867$	$T_6=0.2713$
$T_7=0.2299$	$T_8=0.1842$	$T_9=0.1752$

结构位移 **表3.1-9**

荷 载 工 况	顶点位移(mm)	顶点相对位移(U/H)	最大层间相对位移(u/h)
X向地震	25.24	1/1890	1/1586
Y向地震	25.74	1/1853	1/1538
X向风力	2.02	1/1999	1/1999
Y向风力	3.34	1/1999	1/1999

结构总重力为637166.3kN，X方向地震剪力系数为3.61%，Y方向地震剪力系数为4.77%。

可以看出以上计算结果均在正常范围内，并符合以下规律：

（1）柱、剪力墙的轴力设计值均为压力；

（2）柱、剪力墙基本为构造配筋；

（3）梁基本无超筋；

（4）墙、连梁均满足截面抗剪、抗扭的要求。

3. 竖向荷载作用下模拟施工进程的结构分析方法

高层建筑的结构分析应考虑墙和柱子的轴向变形。由于高层建筑结构是逐层施工形成的，其竖向刚度和重力荷载（如结构自重和施工荷载等）也是逐层施加的。与按结构刚度一次形成、重力荷载一次施加的计算方法存在较大差异。主要是：

1）由于重力构件受荷面积不同（例如，中柱和边柱、核心筒剪力墙和围边框架柱等），导致竖向构件的应力也不同。受荷面积大，应力大，故压缩变形也大，按结构刚度一次形成、重力荷载一次施加的方法计算，由于累积效应，这种竖向压缩变形的差异，会使结构上部数层支承在竖向压缩变形较大的柱或剪力墙上的梁支座负弯矩偏小，甚至出现正弯矩；柱或剪力墙轴向力也会出现异常变化。不符合结构实际受力情况；

2）框架梁端的固端不平衡弯矩由上、下柱和框架梁共同分配，而实际结构仅由下柱和框架梁共同分配。

房屋越高、构件竖向刚度相差越大，重力荷载效应的差异越大。因此对层数较多的高层建筑在重力荷载下的结构分析，宜考虑这一因素。一般应采用模拟施工进程的结构分析方法。

模拟施工过程的结构分析方法，有结构竖向刚度逐层形成、重力荷载逐层施加、逐层计算的较精确的方法（图3.1-8）。也有结构刚度一次形成、重力荷载逐层施加、整体计算的简化方法（图3.1-9）。

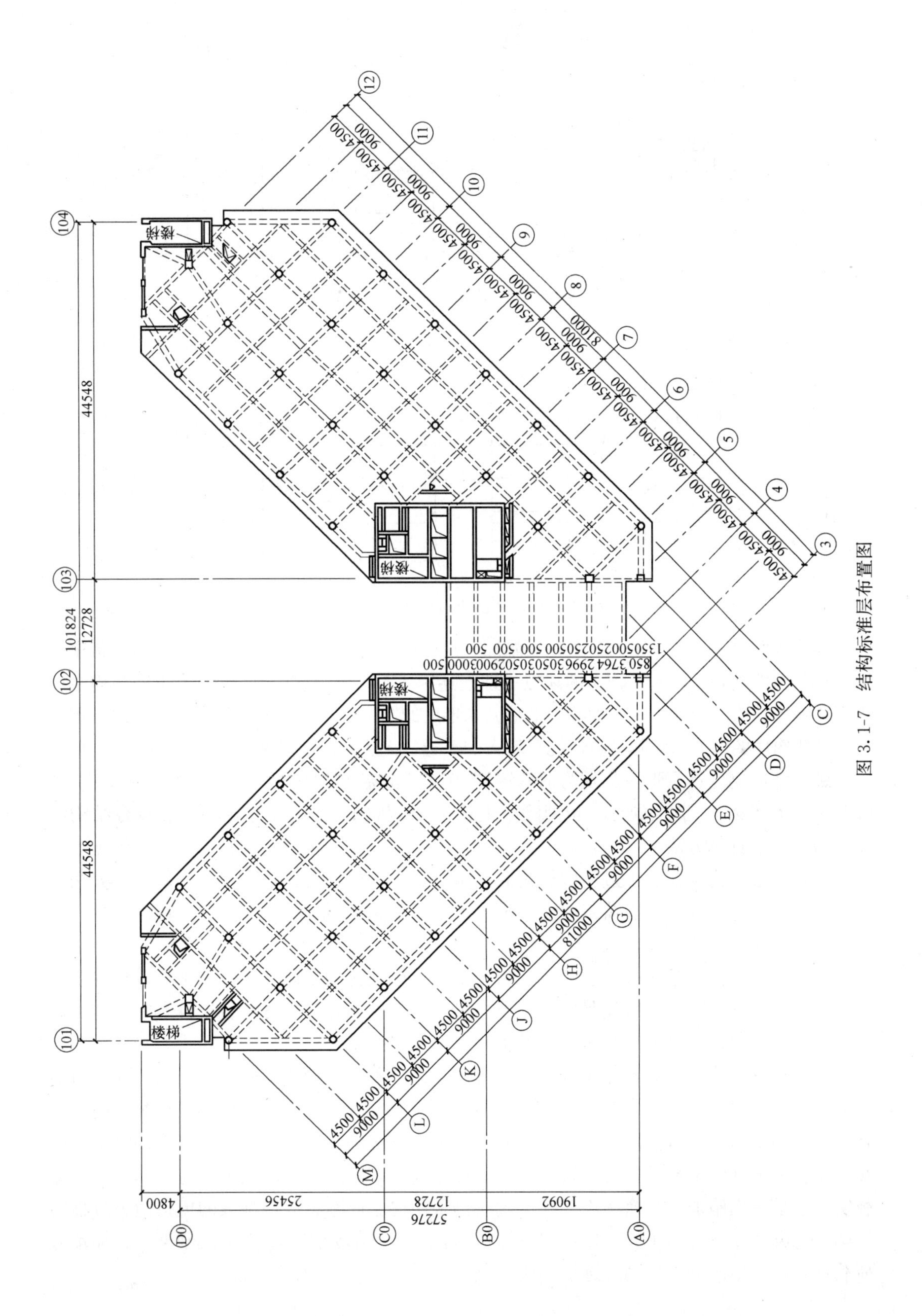

图 3.1-7　结构标准层布置图

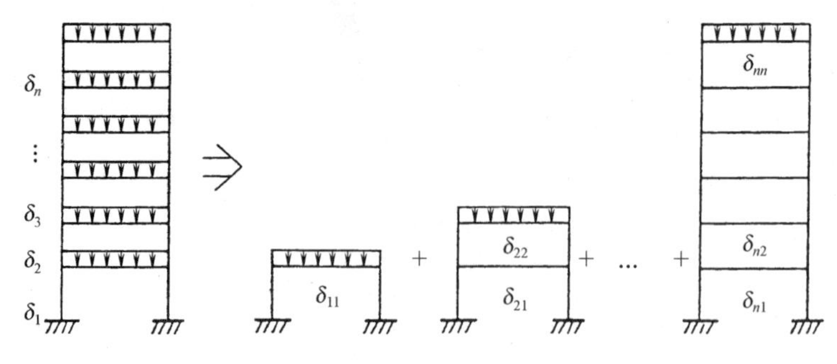

图 3.1-8　逐层成刚、逐层加载模型

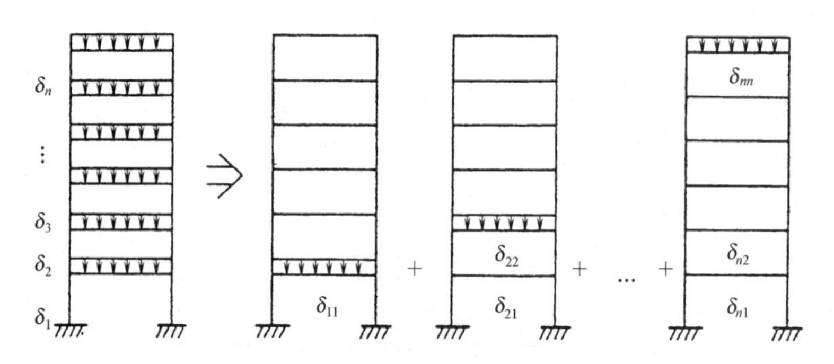

图 3.1-9　一次成刚、逐层加载模型

结构刚度一次形成、重力荷载逐层施加、整体计算的方法避免了"一次性加载"带来的结构竖向构件轴向变形差异较大的缺点（即上述第 1）款），但由于该模型采用的结构刚度矩阵是整体结构的刚度矩阵，加载层上部尚未形成的结构过早地进入工作，容易导致下部若干层某些构件的内力与实际受力情况有较大的差异，无法避免上述第 2）款的缺点。

结构竖向刚度逐层形成、重力荷载逐层施加、逐层计算的方法，全程模拟施工进程，既避免了上述第 1）款的缺点，也消除了上述第 2）款的缺点，是较为准确、符合结构实际受力状态的计算方法。

（1）一般结构考虑施工过程的影响时，施工过程的模拟可根据需要采用适当的方法考虑。如结构竖向刚度和竖向荷载逐层形成、逐层计算的方法，或结构竖向刚度一次形成、竖向荷载逐层施加的计算方法。

（2）对带转换层结构的高层建筑，由于带转换层结构的高层建筑结构施工过程的复杂性，由于转换梁跨度大，所托竖向荷载重，采用施工模拟计算方法是否符合实际的施工过程，也即施工模拟计算方法是否更接近带转换层结构的高层建筑结构实际受力状态，要根据具体工程具体分析，如不能符合或结构的某一部分不能符合，则应根据结构实际受力情况另行设计算法，并对施工顺序、支模等提出相应的要求。一般转换构件截面都较高，并且和相邻的上部结构若干层共同工作，通常的施工方法是在转换构件底部搭设脚手架，待转换构件及相邻的上部结构若干层均达到设计强度后方才拆模，就是说，这一部分重力荷载实际上是一次施加到转换构件上的。此时仍采用逐层成刚、逐层加载的模拟施工过程的结构分析方法就不合适了。可以根据具体情况，对这一部分按一次性形成刚度、施加重力荷载计算，其他部分则按刚度逐层形成、重力荷载逐层施加的计算方法。

需要指出的是：上述模拟施工进程的结构分析方法，仅在结构承受重力荷载（结构自重和施工荷载）下才可采用。当受有活荷载、风荷载和地震作用时，建筑结构早已完成、投入使用，不存在什么“逐层成刚，逐层加载”，也就不应进行什么“模拟施工”的结构分析了。

工程实例：广深铁路石龙站站房由东、西两部分组成，站房下部有地铁 R2 线，站房跨地铁 R2 线。建设方要求站房主体结构与地铁 R2 线主体结构完全脱开，且站房上部主体与地铁 R2 线主体同时施工。

结构使用年限按 100 年，结构安全等级为一级；结构抗震设防类别为乙类，抗震设防烈度为 6 度，设计地震分组为第一组，场地类别为Ⅱ类。基本风压为 0.6kN/m^2，地面粗糙度为 B 类。

站房采用框架结构，地上 2 层，地下 1 层，结构总高度为 21.66m。

经分析比较，决定采用大跨度预应力 RC 转换梁将站房主体结构与地铁 R2 线主体结构完全脱开。

转换梁结构平面布置见图 3.1-10，转换梁与地铁 R2 线及城市联系通道的位置关系见图 3.1-11。

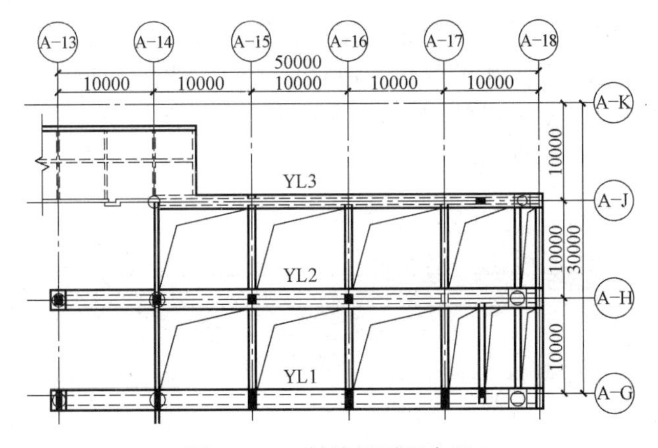

图 3.1-10　转换梁平面布置

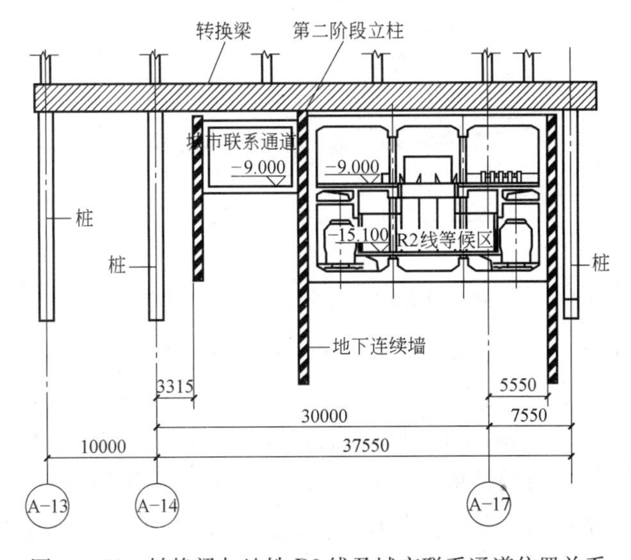

图 3.1-11　转换梁与地铁 R2 线及城市联系通道位置关系

采用ETABS软件对结构进行整体分析，根据站房上部主体与地铁R2线主体同时施工的要求，结构分析和设计都应考虑施工过程的影响，故采用模拟施工方法。

在采用模拟施工方法进行结构分析过程中，将竖向荷载分为3类：第一类（①）为梁、板、柱及屋面钢结构的自重，第二类（②）为建筑屋面荷载、墙砌体自重及装修荷载，第三类（③）为使用荷载（楼面活荷载）。转换梁YL1、YL2、YL3的结构设计分两个阶段，第一阶段为转换梁与地铁R2线主体结构完全脱开，即在地铁R2线施工的同时，在其两侧先后施工钻孔灌注桩→转换梁→站房上部结构；此阶段跨地铁R2线的转换梁YL1、YL2的最大跨度为37.55m，转换梁YL3的跨度为38.10m。此阶段仅施加第一类荷载，第二阶段为站房主体结构与地铁R2线主体结构施工完成后，利用地铁R2线基坑支护结构（地下连续墙）作为基础，在其上立柱，使得转换梁跨度在站房使用阶段减小为24.3m（YL1、YL2）、24.85m（YL3），此阶段分两种情况：第一种情况仅施加第一类和第二类荷载，第二种情况施加第一类、第二类和第三类荷载。

施工模拟计算三种情况下转换梁YL1，YL3的弯矩标准值见图3.1-12、图3.1-13。转换梁YL2与转换梁YL1的内力相差不大，其弯矩图与转换梁YL1类似，因此未给出。由图可知，对于转换梁YL1，在结构总弯矩中，转换梁自重产生的跨中弯矩约占总弯矩的30%，上部主体结构自重产生的弯矩约占总弯矩的40%，后期装修及使用荷载产生的弯矩约占总弯矩的30%；对于转换梁YL3，由于只有一根框架柱立在其上，转换梁自重产生的跨中弯矩约占总弯矩的67%。

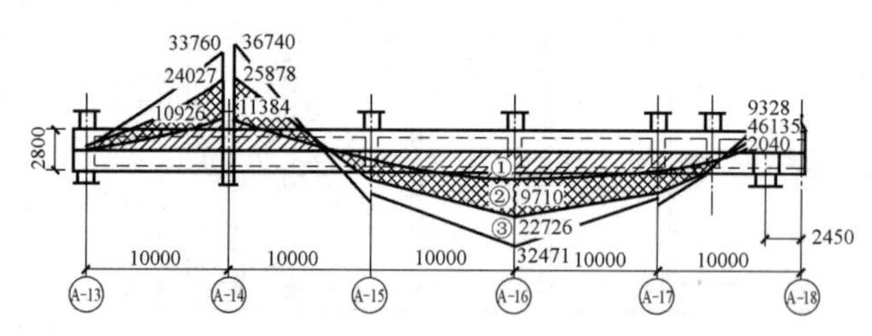

注：①为第一阶段的计算结果；①+②为第二阶段的计算结果；①+②+③为第三阶段的计算结果。余同。

图3.1-12　转换梁YL1施工模拟三阶段变矩图（kN·m）

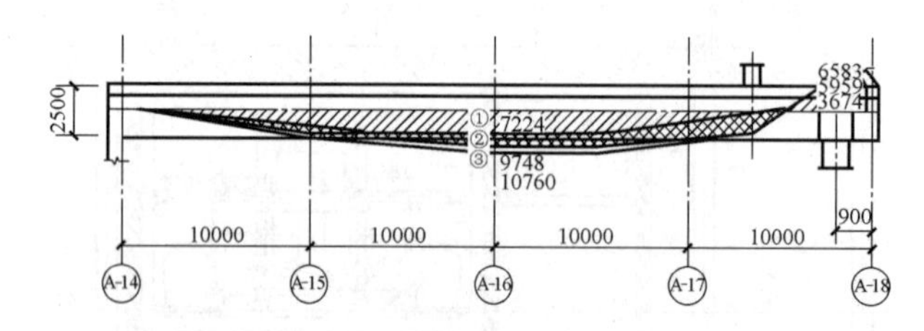

图3.1-13　转换梁YL3施工模拟三阶段弯矩图（kN·m）

在重力荷载作用下，3种荷载作用下转换梁跨中的弹性挠度见表3.1-10，由表3.1-10可见，转换梁YL1、YL2、YL3在3类荷载共同作用下的弹性挠度分别为41.6mm、42.0mm、48.5mm。如以4倍弹性挠度来估算长期挠度的话，将超过160mm，显然偏大。而转换梁过大的挠度不但影响结构的正常使用，还会使得立于转换梁上的框架柱脚出现较大的下沉和转动，框架柱出现较大的附加内力。为此采用预应力钢筋混凝土转换梁以减小其挠度。

转换梁跨中弹性挠度（mm）　表 3.1-10

转换梁	①	①+②	①+②+③
YL1	13.5	30.0	41.6
YL2	15.5	28.4	42.0
YL3	31.0	44.0	48.5

4. 关于上部结构嵌固部位的确定

钢筋混凝土多高层建筑在进行结构计算分析之前，必须首先确定结构嵌固端所在的位置。嵌固部位的正确选取是高层建筑结构计算模型中的一个重要假定，它直接关系到结构计算模型与结构实际受力状态的符合程度，构件内力及结构侧移等计算结果的准确性。所谓嵌固部位也就是预期塑性铰出现的部位，确定嵌固部位可通过刚度和承载力调整迫使塑性铰在预期部位出现。

规范对结构底部嵌固部位的规定，都是为了使结构在荷载作用下，所确定的部位能够满足“嵌固”的计算假定：

1）地下室结构的布置应保证地下室顶板及地下室各层楼板有足够的平面内整体刚度和承载力，能将上部结构的地震作用传递到所有的地下室抗侧力构件上；

2）地下一层应有较大的侧向刚度，以便和土的侧向约束一道，共同抵抗上部结构传来的水平力，不产生侧移；

3）框架柱或剪力墙墙肢的嵌固端屈服时，地下一层对应的框架柱或剪力墙墙肢不屈服；

4）当框架柱嵌固在地下室顶板时，位于地下室顶板的梁柱节点应按首层柱的下端为“弱柱”设计。即地震时首层柱底屈服、出现塑性铰。

笔者针对建筑结构特别是地下结构的不同情况，如设有地下室但其层数或多或少、不设地下室但基础埋深较大、基础形式不同等，谈一谈确定结构度部嵌固部位的一点看法。

1）有地下室的建筑

（1）有地下室的建筑，当地下室顶板与室外地坪的高差不太大（一般宜小于本层层高的 1/3 且不应大于 1.0m）时，宜将上部结构的嵌固部位设在地下室顶板，此时应满足下列条件：

① 地下室顶板应避免开设大洞口；地下室在地上结构相关范围的顶板应采用现浇梁板结构，相关范围以外的地下室顶板宜采用现浇梁板结构；其楼板厚度不宜小于 180mm，若柱网内设置多个次梁时，板厚可适当减小；混凝土强度等级不宜小于 C30，应采用双层双向配筋，且每层每个方向的配筋率不宜小于 0.25%。

这里所指地下室应为完整的地下室，在山（坡）地建筑中出现地下室各边填埋深度差异较大时，宜单独设置支挡结构，

② 地下室结构应能承受上部结构屈服超强及地下室本身的地震作用，结构地上一层的侧向刚度，不宜大于相关范围地下一层侧向刚度的 0.5 倍；地下室周边宜有与其顶板相连的剪力墙。

上述所说的“相关范围”，一般可从地上结构（主楼、有裙房时含裙房）周边外延不

超过三跨范围内的地下室结构。

一般情况下，地下室外墙（挡土墙）可参与地下室楼层侧向刚度的计算，但当地下室外墙与上部结构相距较远（相关范围以外），则在确定结构底部嵌固部位时，地下室外墙不宜参与地下室楼层侧向刚度的计算。

③ 地下室顶板结构应为梁板体系，楼面框架梁应有足够的抗弯刚度，地下室顶板部位的梁柱节点的左右梁端截面实际受弯承载力之和不宜小于上下柱端实际承载力之和，即“强梁弱柱”。

地下室顶板对应于地上框架柱的梁柱节点应符合下列规定之一：

a. 地下一层柱截面每侧的纵向钢筋面积，除应满足计算要求外，不应少于地上一层对应柱每侧纵向钢筋面积的 1.1 倍；同时梁端顶面和底面的纵向钢筋面积均应比计算增大 10%；

b. 地下一层柱截面每侧纵向钢筋大于地上一层柱对应纵向钢筋的 1.1 倍，且地下一层柱上端和节点左右梁端实配的受弯承载力之和应大于地上一层柱下端实配的受弯承载力的 1.3 倍。

④ 地下一层剪力墙墙肢端部边缘构件纵向钢筋的截面面积，不应少于地上一层对应墙肢端部边缘构件纵向钢筋的截面面积。

结构底部的嵌固部位对地下室的层数无特别要求。

（2）上部为多个塔楼，地下室连成一片时，若上部塔楼相距较大，各塔楼的地下室相关范围不重叠，可按上述第 1）款要求确定各塔楼的嵌固部位。否则，除应满足上述第①、③、④款外，对于侧向刚度比还应满足以下两条：

① 大底盘地下室的整体刚度与上部所有塔楼的总体侧向刚度比应满足上述第②款的要求；

② 每栋塔楼地上一层的侧向刚度，不宜大于塔楼之间水平距离一半以内的地下室侧向刚度的 0.65 倍。

（3）若由于地下室大部分顶板标高降低较多、开大洞、地下室顶板标高与室外地坪的高差大于本层层高的 1/3 或地下一层为车库（墙体少）等原因，不能满足地下室顶板作为结构嵌固部位的要求时：

对有多层地下室建筑：

① 可将结构嵌固部位置于地下一层底板，此时除应满足上述第（1）款中的第①款、③、④小款规范所要求的条件外（但部位相应由地下室顶板改为地下一层底板），还应满足下列条件：

a. 地上一层楼层侧向刚度应小于地下一层楼层侧向刚度；

b. 地下一层楼层侧向刚度应小于地下二层楼层侧向刚度，且地上一层楼层侧向刚度不宜大于相关范围内地下二层楼层侧向刚度的 0.5 倍。对多层建筑，亦可放宽到 0.65 倍。

② 当地下二层为箱形基础或全部为防空地下室时，则箱形基础或人防顶板可作为结构嵌固部位。

对单层地下室建筑：

① 地下室为箱形基础，则箱形基础顶板可作为结构嵌固部位。

② 地下室全部为防空地下室时，其墙体及顶板通常具有作为结构嵌固端的刚度，此时可取其顶板作为上部结构的嵌固部位。否则，宜将嵌固部位设在基础顶面（即地下一层

底板面)。

2) 无地下室建筑

(1) 若埋置深度较浅，可取基础顶面作为上部结构的嵌固部位。

(2) 若埋置深度较深，对多层剪力墙或砌体结构，当设有刚性地坪时，可取室外地面以下 500mm 处作为上部结构的嵌固部位。对上部结构为抗侧力刚度较柔的框架结构，采用柱下独立基础，基础又埋置较深时，可按《建筑地基基础设计规范》GB 50007—2011(以下简称《地基规范》)第 8.2.5 条做成“高杯口”基础，符合相应规定，此时可将“高杯口”基础的顶面作为上部结构的嵌固部位。

所谓“刚性地坪”可参考建筑地面做法：当地面有 200～300mm 厚素混凝土层或钢筋混凝土层，即可认为对结构底部竖向构件提供了很好的侧向约束，可视为“刚性地坪”。

3) 工程实例

建外 SOHO 工程，总建筑面积 50.42 万 m^2，其中四期工程包括 10、11、12、13、14 号楼共 5 栋高层住宅楼及附属建筑。地下 2 层，地上：10 号楼 27 层，结构总高度为 85.20m；11 号楼 29 层，结构总高度为 91.40m；12 号楼 31 层，结构总高度为 97.60m；13 号楼 28 层，结构总高度为 88.30m；14 号楼 29 层，结构总高度为 91.40m；裙房等1～3 层。总建筑面积约 16.84 万 m^2。为大底盘多塔高层建筑，总平面图见图 3.1-14。

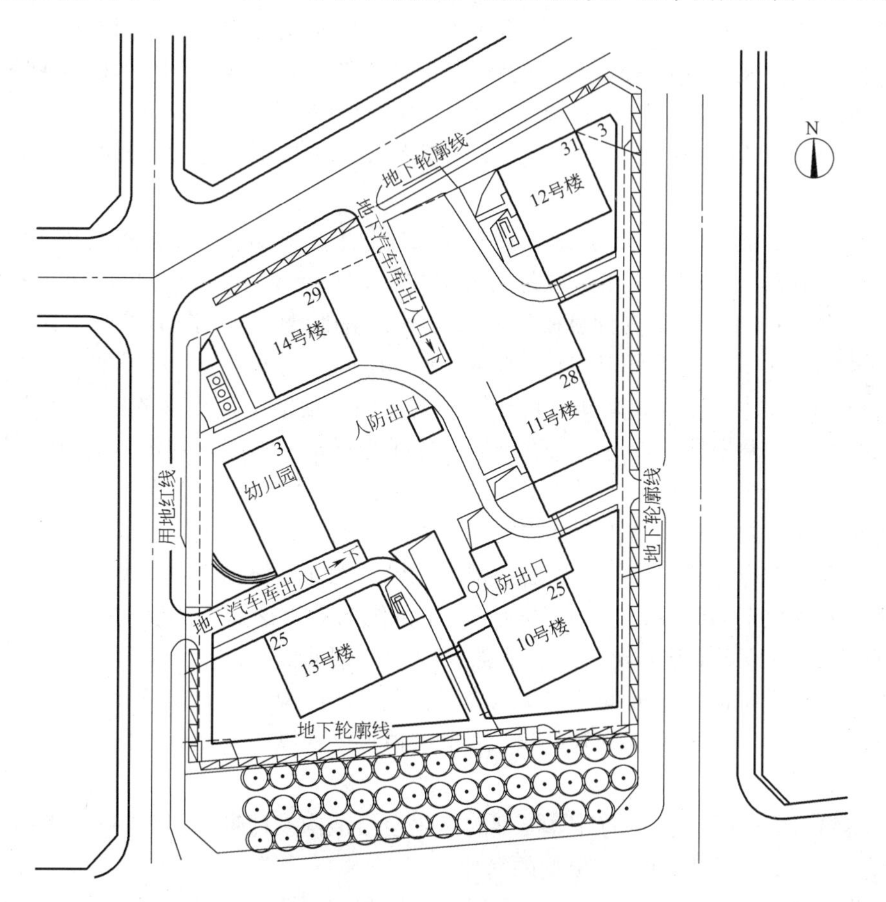

图 3.1-14 总平面图

平面尺寸：地下：建筑物总长约187.00m，宽约130.00m。地上：各住宅单体标准层为27.30m×27.30m的正方形。整个工程结构平面不设沉降缝及伸缩缝。

抗震设防烈度8度，建筑物抗震设防类别为丙类，结构设计使用年限50年。

由于地下室车库等使用要求，地下一层墙体很少，不能满足地下室顶板作为结构嵌固部位的要求，只好将结构嵌固部位置于地下一层底板，经讨论一致认为：

（1）当结构嵌固位置设在地下一层底板时，地下一层楼层侧向刚度应大于地上一层楼层侧向刚度；地下二层楼层侧向刚度可考虑不宜小于上层（地上一层）楼层侧向刚度的2.0倍。

（2）不论嵌固点设在何处，对嵌固层楼板及地下室柱的配筋均应满足《抗规》的要求。

5. 底部大空间时相应部分地下室顶板及基础梁的计算假定

底部大空间（抽柱或剪力墙开洞）的高层建筑，其地下室相应位置若无大空间的功能要求，往往设置柱子以减小地下室顶板、基础底板的跨度，降低梁高。如何确定此部分的计算模型，使结构分析尽可能符合实际受力状态，是一个需要认真考虑的问题。

某框架-剪力墙结构，地上7层，地下1层，结构高度31.0m，柱网8.1m×8.1m。因建筑功能需要，地上一层平面中部抽去两根柱子形成大空间，转换梁跨度19.8m，而地下室仍保留这两根柱子。在计算基础梁的内力和配筋时，如果习惯地按倒梁法将其简化成三跨连续梁计算，是不妥的。为了正确、合理地计算出地下结构的内力及配筋，我们取其中典型的一榀抽柱框架，选择两个不同的计算模型（图3.1-15），用中国建筑科学研究院PKPM系列中的PK程序进行分析比较，梁的弯矩包络图见图3.1-16。

计算模型一和结构实际受力状态接近，计算模型二和按倒梁法（计算的）三跨连续梁模型接近。

可以看出：根据计算模型二，地下室基础梁的弯矩图形如同一根3跨跨度为6.6m的连续梁，跨中最大正弯矩出现在两边跨，为1120.9kN·m，最大负弯矩出现在两中间支座，为1161.9kN·m；而根据计算模型一，地下室基础梁的弯矩图形类似一根单跨跨度为19.6m的大梁，跨中正弯矩达8466.4kN·m，中间“支座”（有柱子处）正弯矩也达7946.5kN·m，根本不出现负弯矩。由于同样的原因，地下室顶板梁的弯矩差异也很大。但实际结构的中间两根柱子没有与上部结构的柱子直通，并不能起到作为结构固定支座的作用，因而②点、③点均有向上的位移。这种情况下，计算模型二将这两点作为固定支座，认为没有向上的位移是不符合结构实际受力状态的，显然是不合适的。

内力的很大差异必然导致构件配筋的很大差异。例如：根据计算模型一，地下室基础梁的上部纵向受拉钢筋面积约为14923mm^2，下部纵向受拉钢筋面积仅构造配置即可；而根据计算模型二，地下室基础梁的上、下部纵向受拉钢筋面积均为构造配置（4413mm^2），两者的上部纵向受拉钢筋配筋面积相差3.38倍！按计算模型二计算出的配筋严重不足，承载力不满足要求，会导致结构不安全。地下室顶板梁的纵向受拉钢筋配置与实际结构受力差异也很大。

可见不符合实际受力状态的计算模型的简化会给结构设计带来很大的安全隐患。

6. 梁与剪力墙体连接时计算模型的简化

梁与剪力墙体在其平面内的连接，可以有刚接和铰接两种方式。其中，梁的配筋构造参见图3.1-17。

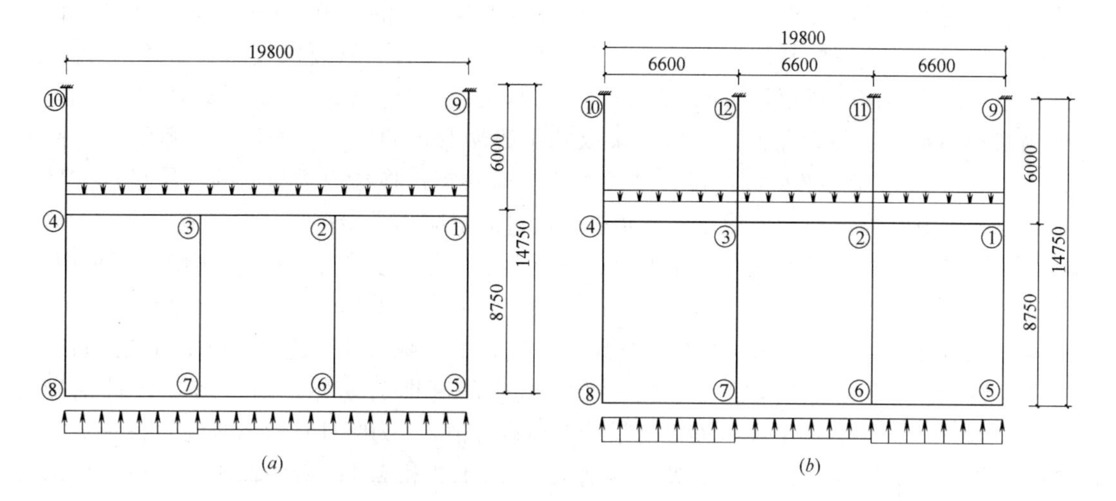

图 3.1-15　计算简图
（a）模型一；（b）模型二

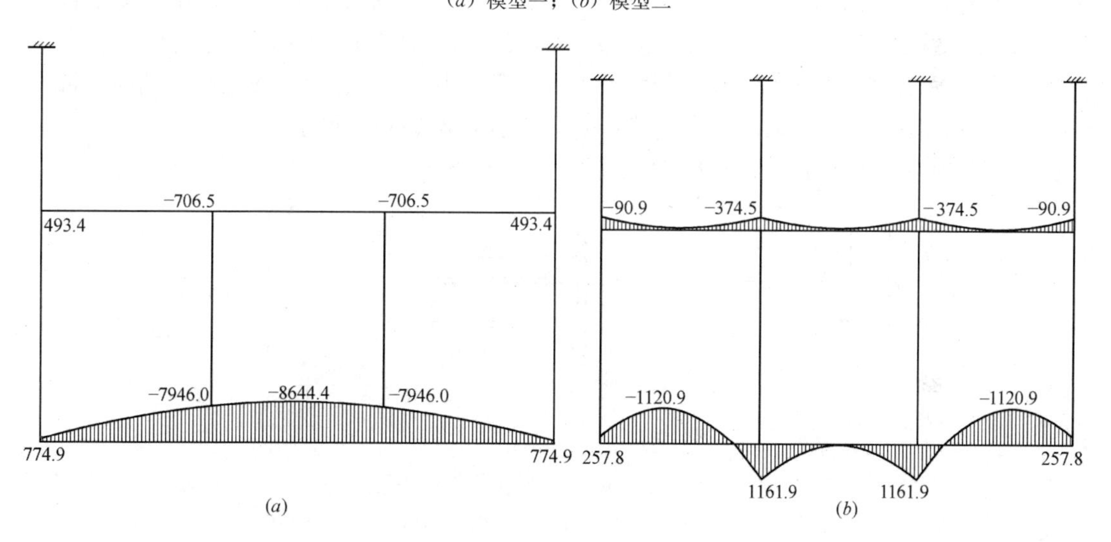

图 3.1-16　梁弯矩包络图（kN・m）
（a）模型一；（b）模型二

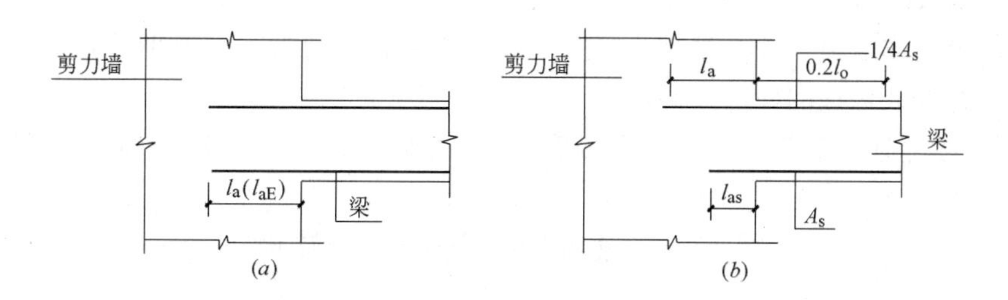

图 3.1-17　梁与剪力墙平面内连接构造示意
（a）刚接；（b）铰接

梁与剪力墙体在其平面外的连接，也有刚接和铰接两种方式，关键是看两者的线刚度比。若梁截面很高，墙厚度较薄，梁的线刚度比墙肢的线刚度大很多，则梁、墙是刚接不起来的，若将梁墙按刚接设计，会使剪力墙平面外产生较大的弯矩，甚至超过剪力墙平面外的抗弯能力，造成墙体开裂甚至破坏。即使梁墙按铰接设计（要求铰出在梁端），墙或多或少也会产生平面外弯矩，造成墙体开裂而不是梁端开裂、出铰。即计算简图与结构实际受力状态不符。这种情况下，一般可采取减小梁端弯矩的措施。如做成变截面梁［图3.1-18（*a*）］，减小梁端部截面高度，从而减小梁端弯矩；将楼面梁与墙的连接设计成铰接或半刚接，并在墙梁相交处设置构造暗柱；通过调幅减小梁端弯矩（此时应相应加大梁跨中弯矩）等。但这种方法应在梁端出现裂缝不会引起结构其他不利影响的情况下采用。若梁、墙线刚度接近，可以通过构造措施实现梁、墙铰接［图3.1-18（*b*）］或刚接。

梁、墙按刚接，一般在剪力墙内设置暗柱，暗柱的承载力计算建议按以下方法进行：

1）墙内暗柱截面宽度取2～3倍梁宽，截面高度即为墙厚；暗柱弯矩设计值取$0.6\eta M_b$，此外M_b为与墙平面外连接的梁端弯矩设计值，η为暗柱柱端弯矩设计值增大系数，剪力墙或核心筒为一、二、三级时分别取1.4、1.2和1.1；暗柱轴向压力设计值取暗柱从属面积下的重力荷载代表值，轴力对暗柱正截面承载力有利时可取梁上截面，且作用分项系数可取1.0；轴力对暗柱正截面承载力不利时可取梁下截面，且作用分项系数可取1.25；按偏心受压柱计算配筋。纵向受力钢筋应对称配置；梁纵筋伸入暗柱内不小于l_{aE}，水平支承长度不小于$0.4l_{aE}$。若水平支承长度不满足$0.4l_{aE}$时，应在纵筋端部弯折位置设置与纵筋垂直的水平锚固钢筋，其长度不宜小于暗柱的截面宽度。

2）必要时，剪力墙暗柱内可设置型钢［图3.1-18（*c*）］。

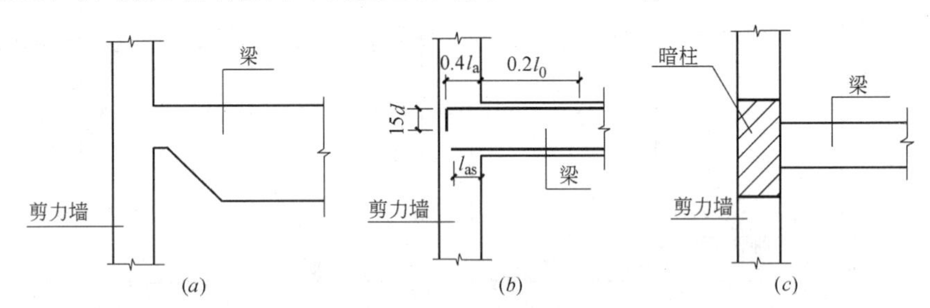

图3.1-18　梁与剪力墙平面外连接构造示意

（*a*）铰接（一）；（*b*）铰接（二）；（*c*）刚接（墙内设暗柱，平面图）

一般情况下，当梁高大于2倍墙厚时，梁端弯矩对墙平面外的安全不利，因此应设法增大剪力墙墙肢抵抗平面外弯矩的能力。设计中可根据节点弯矩的大小、墙肢的厚度（平面外刚度）等具体情况，按《高规》第7.1.7条采取合适的措施，减小梁端部弯矩对墙的不利影响，并选取合理的计算简图。

应该指出：上述减小梁端弯矩的措施不容易定量控制，设计人员应根据具体情况灵活处理。

第二节　正确使用结构分析软件

一、应用力学概念对结构方案进行调整

1. 结构方案调整的重要性

一个成功的设计必须选择一个合理的结构方案，即选择一个可行的结构形式和结构体

系。结构体系应受力明确，传力简捷，抗震设计时应力求平面和竖向规则，同时还要结合工程的实际情况，与建筑、设备专业充分协商，在此基础上进行多方案比较，择优选用。结构方案的调整是确定最终结构形式的必不可少的过程，也是初步设计和施工图设计的前提和依据。结构方案的调整应建立在概念设计的基础上，应用力学概念，从宏观上和整体上对结构的合理性加以把握。

2. 应用力学概念对结构方案进行调整

设计较为合理的结构，一般不应有太多的超限或截面超筋，基本上应能满足规范的各项要求。在进行结构方案分析比较时，设计人员应对工程进行宏观总体上的把握，首先应使电算结果满足有关规范对本建筑结构的整体上的要求，如周期、侧移限值、剪力系数、位移比、周期比、刚度比等。如上述几项内容符合规范要求，可以认为结构基本正常，否则应检查输入数据是否有误，计算有错或结构方案不合理。而不能不加分析就按此计算结果头痛医头，脚痛医脚，看见某根梁超筋，马上就调整这根梁而不分析其原因，不注意从结构整体的合理性来考虑问题。如某工程，由于结构整体电算结果不能满足规范要求，设计人员就考虑在某位置增设剪力墙，但由于受其他专业的限制，该剪力墙并不能上下贯通，在电算结果不满足侧移限值的情况下，被迫在另外一处增设剪力墙，最后使侧移限值满足规范要求。这样的结构电算，从电算结果上看结构整体计算似乎满足要求，但实际上剪力墙上下不能贯通，造成竖向传力不直接，水平构件受力不合理；结构抗侧力刚度突变。结构布置是不合理或至少是局部不合理的，如按此电算结果进行设计，则结构明显存在着隐患。

1）在刚性楼板假定下，考虑偶然偏心的高层建筑结构整体计算时，位移比和（或）周期比超过《高规》第 4.3.5 条的限值的调整

位移比和（或）周期比的本质是反映结构抗侧力刚度对结构抗扭刚度的相对比值。计算结果出现位移比和（或）周期比超限，说明结构抗扭刚度相对于抗侧刚度较小，扭转效应相对于水平侧移较大。反映在结构的平面布置上，可能是由于下述原因：① 结构的抗侧力构件布置不对称、不规则，导致结构楼层刚心与质心偏移较大；② 平面布置虽然对称，但抗侧力构件过于靠近结构楼层的形心、质心，造成结构的抗扭刚度不足（虽然可能抗侧刚度大）；③ 抗侧力构件数量较少，结构的抗扭刚度和抗侧刚度均不足。

因此，结构平面布置的调整，不能一看到位移比和（或）周期比超限，就盲目增设或加长加厚剪力墙，而应当再继续分析其他计算结果。当周期很短、楼层层间位移角很小时，说明结构抗侧力刚度大、水平侧移很小。此时，在保证结构的层间位移满足规范要求的前提下，可对楼层中部抗侧力构件做减法。即：① 取消、减短、减薄剪力墙，或在剪力墙上开结构洞；② 减小剪力墙连梁的高度或在连梁上开洞；③ 在满足强度要求的前提下尽可能弱化框架梁、柱等构件。反过来，当周期较长、楼层层间位移角较大时，说明结构抗侧力刚度小、水平侧移大，甚至层间位移超过规范限值时，此时则应设法对楼层周边抗侧力构件做加法。即：① 在周边增设、加长或加厚 L、T 等截面形状的剪力墙；② 适当加高剪力墙连梁的高度；③ 适当加大框架梁柱的截面尺寸。

根据结构的具体情况，也可以加减法并用，注意应尽可能使抗侧力构件布置对称、规

则、均匀、周边化，因为抗侧力构件的周边化布置既可提高结构的抗扭刚度又可提高结构的抗侧力刚度。同时应尽可能减少质量中心和刚度中心的偏心。

结构平面布置经调整后，如仍有个别指标略为超过国家标准的规定时，则可通过适当提高抗震等级和抗震措施等对结构或结构某些构件予以加强。

当位移比和（或）周期比超限很多，经过调整后仍不能满足规范要求，则应考虑通过设置防震缝将建筑物分为位移较小、规则的若干独立的结构单元。

必要时应按照住建部的有关规定，通过超限抗震专项审查来保证这类不规则结构的安全可靠。

图 3.2-1 是建外 SOHO 四期工程 10 号楼竖向构件布置图，该工程地上 25 层，地下 2 层，地下部分为车库及设备用房，首层至三层裙房为营业厅，四层以上为住宅。地下二层层高为 5m，地下一层层高为 5.5m，首层层高为 4.3m，二层层高为 3.5m，三层层高为 4.3m，4～25 层层高为 3.1m，地上建筑面积 $22035m^2$，地上建筑物总高度为 80.3m，结构体系为框架-剪力墙结构，8 度设防，丙类建筑，框架及剪力墙的抗震等级均为一级。结构电算时发现，在 $X+5\%$偶然偏心作用下，局部楼层竖向构件的最大水平位移和层间位移已超过该楼层平均值的 1.5 倍，分别达到 1.53 和 1.57。该工程由于建筑功能的要求，无法再增加抗侧力构件。通过分析，发现产生这一问题的主要原因是由于剪力墙的布置不对称，质量中心与抗侧刚度中心存在偏差引起的，考虑到结构的位移仍有一定的余量（1/1005），因此对剪力墙进行开洞处理（图中阴影所示），使质量中心与抗侧刚度中心尽

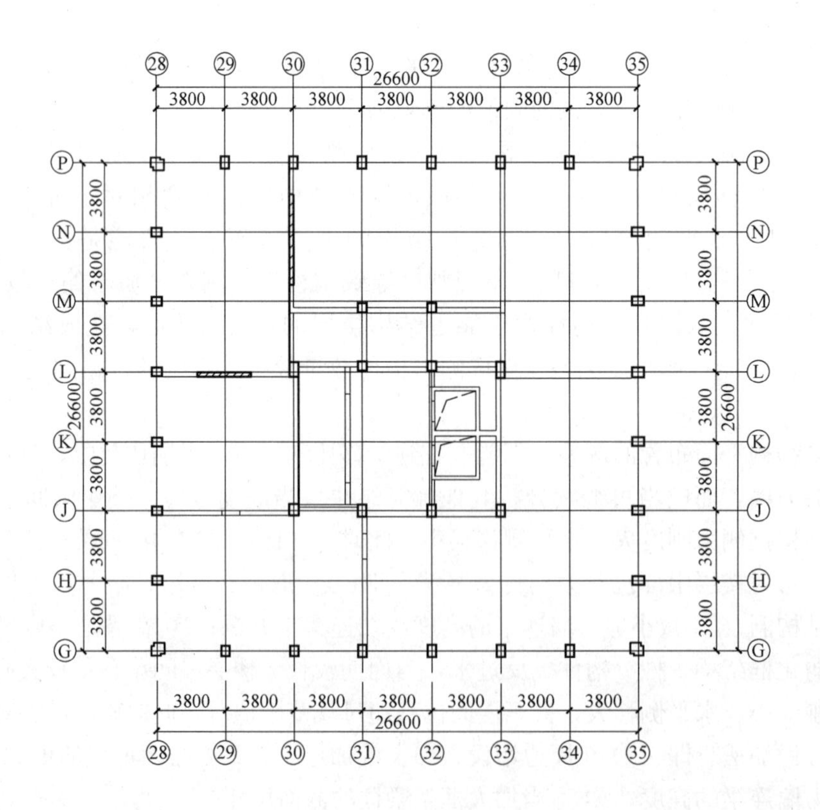

图 3.2-1 结构平面布置

量一致，较好地解决了这一问题。

2）在满足建筑功能要求的前提下，调整结构平面、竖向布置、使结构方案尽可能合理、经济。

北京 CEC 大厦地下 3 层（地下一层局部设有平层），地上由东、西两幢高层建筑组成东楼平面呈扇贝形，共 18 层，檐口高度 74.0mm；西楼平面呈矩形、共 22 层，檐口高度 90.0m。总建筑面积约 120000m²。主体结构平面柱网主要为 9m×9m、9m×8m 两种。标准层平面见图 3.2-2。

本工程主体采用框架-剪力结构。抗震设防烈度为 8 度，抗震设防类别为丙类，场地土为中硬场地土，场地类别为Ⅱ类，建筑结构安全等级为二级，地基基础设计等级为甲级，地下室防水等级为二极。根据《建筑抗震设计规范》GB 50011—2001，剪力墙抗震等级为一级，框架抗震等级为一级。

为满足业主对建筑物室内净高保证 2.8m 的要求，综合比较后采用宽扁梁楼盖方案。

本工程建筑布置给结构设计造成相当难度，因此结构整体计算在结构设计工作中显得更为重要。通过计算分析对结构布置进行了反复调整，选用了经济的构件截面尺寸。结构整体计算达到了以下三个目的：

（1）根据建筑物的自振周期、位移及地震效应判断结构方案的合理性；

（2）得出各构件的内力以及配筋，以判断构件截面尺寸的合理性；

（3）根据结构内力分析判定结构受力的薄弱部位，并在设计中采取加强措施。

东、西楼由于建筑物使用功能的需要，其剪力墙核心筒设置偏置一侧，并且在其他部位不允许设置剪力墙，造成剪力墙布置过于集中，建筑物的质心与刚心偏移较大，给结构设计、计算带来很大困难。经与建筑专业协商，在不影响使用功能的前提下，增加了剪力墙的数量（如将西楼靠走道一侧的管道井外墙均调整为剪力墙，将东楼南北两端楼梯间(2-F)轴剪力墙延伸至轴线），同时调整了部分剪力墙的厚度（如将西楼南侧楼梯间外墙由 400mm 厚调整至 600mm 厚），通过结构布置改善主体结构的受力状态，提高结构的抗震性能及抗侧移刚度。

本工程结构整体计算采用中国建筑科学研究院编制的多层及高层建筑结构三维分析与设计软件 TAT（2002 年 1 月版），计算时考虑扭转耦联的影响。考虑模拟施工分层加载，振型数取 18 个，采用侧刚分析方法，表 3.2-1～表 3.2-4 是调整以后的结构计算主要结果。

计算周期（s）　　表 3.2-1

	T_1	T_2	T_3	T_4	T_5	T_6
东楼	2.0236	1.9495	0.5023	0.4222	0.2844	0.2319
西楼	2.4914	1.8614	0.6050	0.3961	0.2645	0.1692

平动系数　　表 3.2-2

Mode No.	1	2	3	4	5	6	7	8	9
东楼	1.00	1.00	1.00	1.00	0.01	0.84	0.09	0.95	0.13
西楼	1.00	1.00	1.00	1.00	0.99	0.76	0.46	0.73	0.03

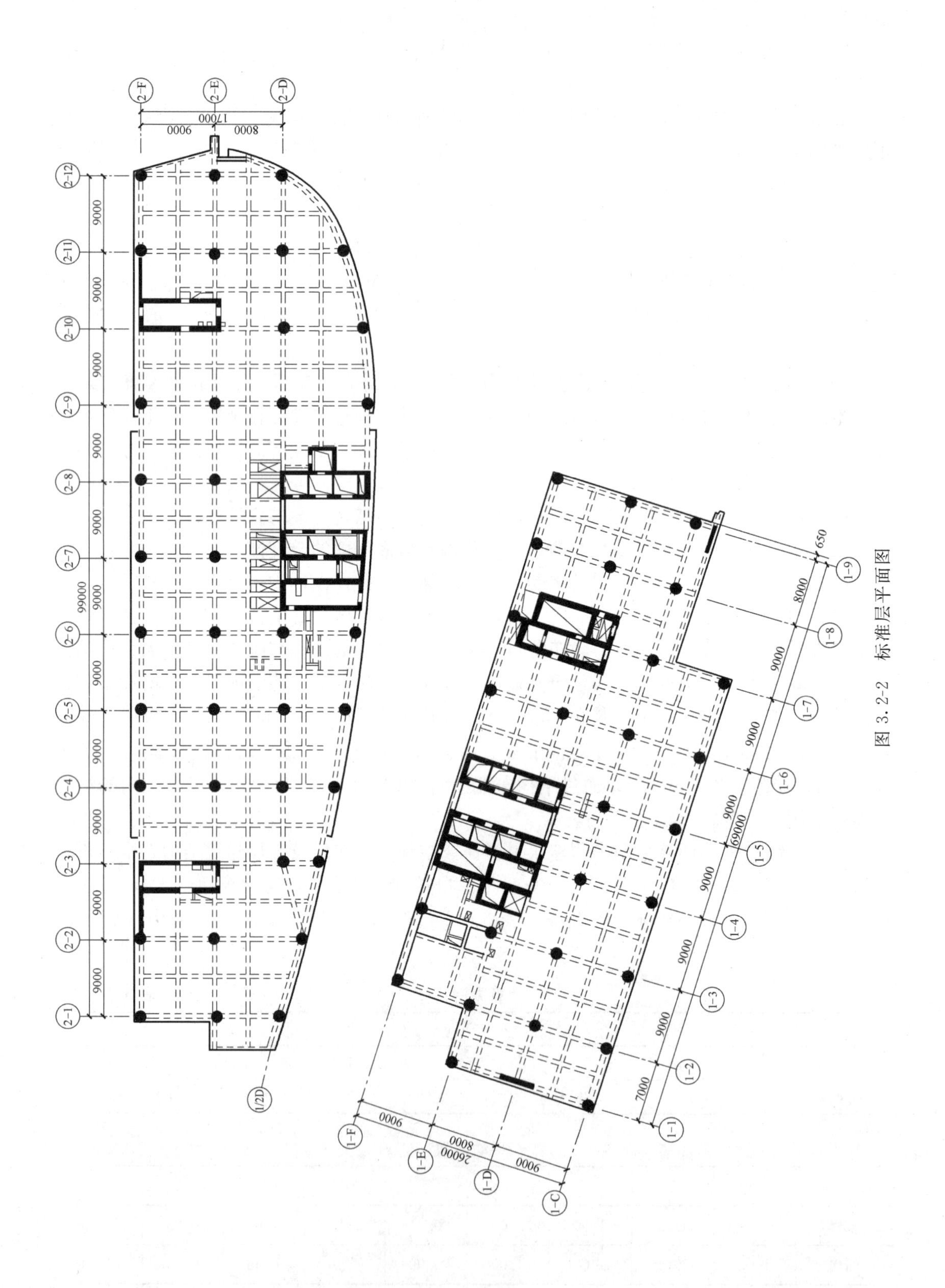
2-F
2-E
2-D
17000
9000
8000
2-12
2-11
2-10
2-9
2-8
2-7
2-6
2-5
2-4
2-3
2-2
2-1
99000
9000
1/2D
1-F
1-E
1-D
1-C
26000
9000
8000
9000
1-1
1-2
1-3
1-4
1-5
1-6
1-7
1-8
1-9
69000
7000
650

图 3.2-2　标准层平面图

结构地震作用特征值　　表 3.2-3

	结构总重力(N)	剪重比(%)		剪力墙承受倾覆力矩/结构总倾覆力矩(%)	
		Q_{0x}/G_e	Q_{0y}/G_e	M_{wx}/M_{fx}	M_{wy}/M_{fy}
东楼	752944	4.02	3.52	83.21	63.48
西楼	687266	4.50	3.32	80.55	70.24

结构位移　　表 3.2-4

	荷载工况	顶点位移(mm)	顶点相对位移 U/H	最大层间相对位移 u/h
东楼	X 向地震	57.34	1/1409	1/1003
	Y 向地震	58.63	1/1378	1/1019
	X 向风力	16.48	1/4904	1/3757
	Y 向风力	8.01	1/9999	1/8116
西楼东楼	X 向地震	5758.72	1/1532	1/1098
	Y 向地震	82.51	1/1090	1/822
	X 向风力	12.46	1/7222	1/5630
	Y 向风力	8.04	1/11192	1/9016

计算结果表明，结构整体刚度在 X 方向较好，Y 方向稍差。两幢楼前力墙在 X 方向承担了总倾覆力矩的 80%以上，Y 方向承担了 60%以上；西楼在地震作用下 Y 方向顶点位移绝对值偏大，最大层间位移接近规范限值。计算结构还表明，东楼第 5、7、9 振型，西楼第 7、9 振型以扭转为主，说明虽然对剪力墙布置、数量、厚度进行了调整，但扭转效应仍不理想，还应在设计中予以解决。总体来说各项结果均在正常范围以内，满足规范要求，并符合以下规律：

① 柱、剪力墙的轴力设计值均为压力；

② 柱、剪力墙基本为构造配筋；

③ 梁基本无超筋，剪力墙、连梁均满足截面抗剪扭的要求。

3）框架-剪力墙结构中剪力墙沿高度方向截面厚度不变对结构内力的影响

让我们先从一个工程实例谈起，某框架-剪力墙结构，在进行结构抗震分析时，由于结构层间位移角未能满足规范限值要求，故自然而然就想到要增设剪力墙。由于建筑功能要求不允许增设剪力墙，于是就将剪力墙截面加厚。但结果却总不能如愿，剪力墙越加越厚，刚度越加越大，但层间位移角却总不能满足规范限值要求。经过分析发现：① 虽然层间位移角不满足规范限值要求，但其所在楼层是逐渐上移的；② 所有剪力墙的厚度沿高度方向不变，均采用同一个厚度。后经过调整，对剪力墙沿高度方向采用变厚度，下部数层剪力墙较厚，往上墙厚则逐渐变薄。这样一来，在最初结构剪力墙墙厚的基础上减薄了上部数层剪力墙的厚度，结构却反而满足了层间位移角限值的要求，这是为什么呢?

从受力及变形特点来分析，水平荷载作用下，单独的剪力墙位移特征曲线为弯曲型，其水平侧移主要取决于所受弯矩的大小，剪力墙侧移越往上增加越快；而单独的框架位移特征曲线为剪切型，其水平侧移跟各楼层剪力有关，越往上侧移增加越慢。组成框架-剪力墙结构后，通过各层刚性楼板的联系，使框架和剪力墙协同工作，两者变形一致，共同承担水平荷载，将两种不同变形特征的构件组成一种弯剪型变形的结构（图 3.2-3）。在水平荷载作用下，这种变形的协调一致使得两者之间产生相互作用力。框架、剪力墙之间楼层剪力的分配比例是随楼层所处高度而变化。在下部数层，因为剪力墙位移小，它拉着框架变形，使剪力墙承担了大部分剪力，两者之间产生压力，剪力墙帮框架的忙，使框架的层间侧移减小；在上部几层，剪力墙侧移越来越大，而框架的侧移逐渐变小，两者之间产生拉力，框架帮剪力墙的忙，即框架除了要承担原有的那部分剪力外，还要承担拉回剪力墙变形的附加剪力（图 3.2-4）。所以，剪力墙截面沿高度方向取相同的厚度，非但对结构受力没有好处，反而加重了上部几层框架的负担，对结构反而不利。

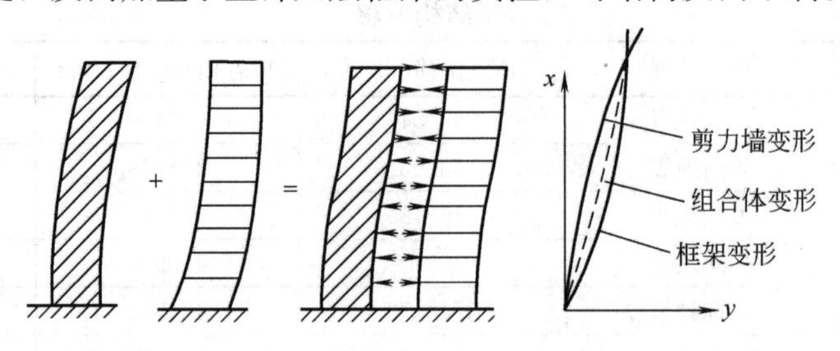

图 3.2-3　框架-剪力墙结构变形特点

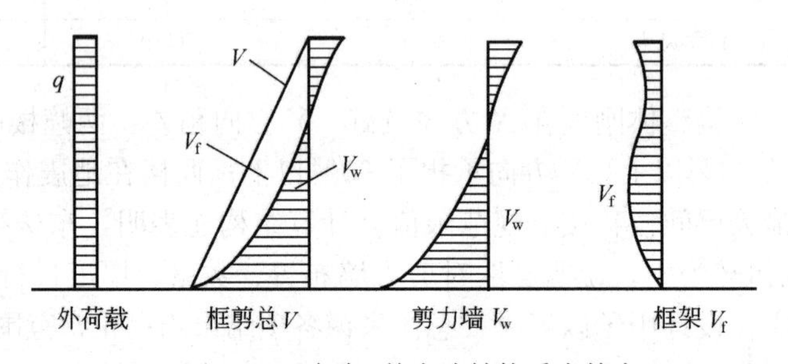

图 3.2-4　框架-剪力墙结构受力特点

表 3.2-5 是另一个实际工程采用不同剪力墙厚度时部分计算结果的比较。某酒店建筑，框架-剪力墙结构，一个方案剪力墙厚度为 500mm，另一个方案剪力墙厚度为 600mm，两个方案的其他条件均相同。可以看出：剪力墙变厚了，但层间位移角反而加大（X 向由1/1247增大为 1/1036，Y 向由 1/1272 增大为 1/923），框架部分承受的倾覆力矩反而加大（X 向由 21.60%增大为 29.85%，Y 向由 23.38%增大为 32.08%），其原因就是由于剪力墙截面沿高度方向厚度不变所致。剪力墙越厚，则框架的负担越重，要求其抗侧力刚度越大，所以当剪力墙部分的侧力刚度加大而框架部分的抗侧力刚度不变时，由剪力墙加厚而增加的水平力只能由框架单独承受。

剪力墙厚度不同时部分计算结果的比较　　　　**表 3.2-5**

	X 向		Y 向	
	500mm	600mm	500mm	600mm
周期	2.2	2.0451	1.8487	1.9492
平动系数	0.92	0.93	0.83	0.94
扭转系数	0.08	0.07	0.17	0.06
最大位移/平均位移	1.32	1.18	1.32	1.24
最大层间位移/平均层间位移	1.32	1.23	1.32	1.25
最大层间位移角	1/1247	1/1036	1/1272	1/923
剪重比	3.2%	3.2%	3.2%	3.2%
框架承担的倾覆力矩/基底总倾覆力矩	21.60%	29.85%	23.38%	32.08%

所以，在框架-剪力墙结构中，剪力墙截面沿高度方向的厚度应从下往上逐渐减小而不能采用同一个厚度，当然也不要突变。

4）框架-剪力墙结构中，一端与框架柱相连一端与剪力墙相连的框架梁或连梁，内力很大、钢筋超配的调整。

截面尺寸较大的剪力墙，其刚度比与之相连接的连梁（框架梁）大很多，几乎成为连梁（框架梁）的嵌固端，可以吸收很大的弯矩，故与剪力墙相连的连梁（框架梁）此端支座负弯矩往往也很大，会因为弯矩过大、截面较小而超筋。

调整的方法，建议采取如下做法中的一种：

（1）若建筑功能允许，可在刚度很大的剪力墙靠近连梁（框架梁）一端附近开设结构洞，使与连梁（框架梁）相连的剪力墙肢刚度减小，则连梁此端的弯矩值也随之减小，一般可满足抗弯承载力要求。

（2）也可将此梁的此端设计成梁、墙铰接，只传递集中力不传递弯矩，一般可满足抗弯承载力要求。但应注意：当梁的跨度较大时，应注意验算此梁的挠度和裂缝宽度应满足正常使用极限状态的要求。

需要注意的是，有些设计在墙端增设一根边框柱与梁相连，这种做法虽然计算上梁不再超筋，表面上可满足设计要求，但由于边框柱与剪力墙是一个构件，其刚度有增无减，实际上并没有真正解决问题。

二、正确确定各种调整参数

总信息是控制全局的参数，每个程序有所不同，应用程序时应熟悉和理解程序的说明，且应在正确理解参数的物理概念的基础上，根据工程的实际情况及规范相关要求经分析后确定。

结构设计的信息调整可分为两部分：一般性参数调整和抗震设计内力调整，而抗震设计内力调整又可分为三个层次，即整体调整、局部调整和构件调整。

1. 总信息中几个重要参数的确定

1）周期折减系数

钢筋混凝土框架中设置的非结构砌体填充墙、隔墙对结构的整体刚度是有贡献的，有时甚至较大。不考虑填充墙、隔墙对结构整体刚度的贡献，结构实际承受的地震作用就大于计算值，使结构抗震设计偏于不安全。由于难以准确计算填充墙、隔墙对结构整体刚度的贡献，程序计算时一般用周期折减系数来反映这个贡献的大小（表 3.2-6）。

周期折减系数　　**表 3.2-6**

结构类型	填充墙较多	填充墙较少
框架结构	0.6～0.7	0.7～0.8
框剪结构	0.7～0.8	0.8～0.9
框架-核心筒结构	0.8～0.9	0.9～1.0
剪力墙结构	0.8～1.0	0.9～1.0

注：1. 表中填充墙是指砌体填充墙。
2. 对于其他结构体系或采用其他非承重墙体时，可根据工程情况确定周期折减系数。

应当指出：目前采用的是统一的折减系数，仅是对填充墙、隔墙作用的大致估算。应根据不同的结构类型、填充墙、隔墙数量的多少及不同的填充墙材料选用较为符合实际结构刚度的周期折减系数。

此外，填充墙布置的位置对结构实际受力也颇有影响。例如在结构上部布置很多填充墙，而下部为车库、商场等大空间，没有填充墙，则可能会形成结构实际上的下柔上刚，甚至结构刚度突变；又如在结构平面一侧布置很多填充墙，而另一侧为大空间，没有填充墙，则可能会造成结构实际上的较大偏心；还如建筑设置通长带形窗，柱上下端嵌砌填充墙，使柱子净高减少很多，则可能会形成短柱。设计时应考虑以上具体情况，在结构计算和构造中适当加强。

2）梁端弯矩调幅系数

一般情况下，梁支座弯矩大于跨中弯矩，竖向荷载作用下梁支座首先出现裂缝，导致梁的塑性内力重分布。通过调幅可以使梁支座弯矩减少，相应增加跨中弯矩，使梁上下配筋均匀一些，达到节约材料，方便施工的目的。

为保证梁（包括框架梁）正常使用状态下的性能要求和结构安全，保证构件出现塑性铰的位置有足够的转动能力并限制裂缝宽度；同时考虑钢筋混凝土的塑性变形能力有限，调幅的幅度应该加以限制，一般情况下装配整体式框架梁弯矩调幅系数取 0.7～0.8，现浇框架梁取 0.8～0.9。梁弯矩调幅后的梁端截面相对受压区高度不应大于 0.35，且不宜小于 0.10。

梁端负弯矩调幅后，梁跨中正弯矩应按平衡条件相应增大。

截面设计时，为保证梁跨中截面底钢筋不至于过少，其正弯矩设计值不应小于竖向荷载作用下按简支梁计算的跨中弯矩设计值的 50%。

梁端弯矩调幅仅对竖向荷载产生的弯矩进行，其他荷载或作用产生的弯矩不调幅。截面设计时，应先对竖向荷载作用下的梁端进行弯矩调幅，再与其他荷载或作用产生的弯矩进行组合。

预应力混凝土梁的弯矩调幅幅度应符合《混规》第 10.1.8 条的规定。

采用支座负弯矩调幅的梁的钢筋，一、二、三级抗震等级设计的框架和斜撑构件，应满足《混规》第 11.2.3 条钢筋在最大拉力下的总伸长率实测值不应小于 9%的要求；其他情况，应满足《混规》第 4.2.4 条对钢筋在最大拉力下的总伸长率要求；并应满足非抗震设计时《混规》规定的梁的挠度和裂缝宽度的限值。

非抗震设计时，对用直接承受动力荷载的构件，以及要求不出现裂缝或处于三 a、三 b 类环境情况下的结构，不应考虑塑性调幅。

悬挑梁的梁端负弯矩不应调幅。

3）梁弯矩放大系数

当按活荷载满布进行结构的内力和位移计算时，为了考虑活荷载的最不利布置可能使梁的跨中和支座弯矩大于按满布计算的数值，可通过此参数来调整梁在恒载和活载作用下的跨中和支座矩值。梁弯矩放大系数可参照以下取值：

一般高层建筑：1.0～1.1；

活荷载较大的高层、一般多层建筑：1.1～1.2；

活荷载较大的多层建筑：1.2～1.3。

需要注意的是，对于支承有次梁的框架主梁，应根据主次梁布置的具体情况具体处理，否则，不作分析均按此增大，可能会造成主梁受荷甚至配筋不正确。例如，将次梁作为主梁输入，则原来的一根框架主梁被处理成两根（或数根）主梁，增大后的弯矩出现在两根（或数根）主梁每根梁的跨中位置，而不是原来那根框架主梁的跨中位置；次梁就按次梁输入，则程序在导荷时会仅根据主梁围成的板块来处理，这就使得主梁上会产生均布线载或梯形荷载，而没有次梁作用所产生的集中荷载，与框架主梁实际受荷状况不同。

当程序已经考虑按活荷载的最不利布置进行结构内力和位移计算时，则此系数应取 1.0。

4）连梁刚度折减系数

高层建筑结构构件均采用弹性刚度参与整体分析，但抗震设计的框架-剪力墙或剪力墙结构中的连梁相对剪力墙墙肢刚度较小，水平荷载作用下，由于两端的变位差很大，故承受的弯矩和剪力往往较大，连梁截面设计困难，往往出现超筋现象。抗震设计时，在保证连梁具有足够的承受其所属面积竖向荷载能力的前提下，将连梁作为耗能构件，允许其适当开裂（降低刚度）而把内力转移到剪力墙墙体及其他构件上。就是在内力计算中，对连梁刚度进行折减。

连梁的刚度折减，应注意以下几点：

（1）在计算地震作用下的构件承载力时，连梁刚度应进行折减。而在计算结构侧向位移时，无论是竖向荷载还是水平荷载作用下，连梁刚度可不折减。计算结构的扭转位移时，连梁刚度也不折减。

计算风荷载作用下的构件承载力和位移时，连梁刚度不折减。

（2）考虑到连梁的耗能作用，故连梁的刚度折减系数取值应根据抗震设防烈度、结构抗侧力刚度、连梁数量综合考虑。通常，设防烈度为 6、7 度时连梁刚度折减系数可取 0.7，8、9 度时可取 0.5，折减系数不宜小于 0.5，以保证连梁承受竖向荷载的能力。

对没有地震作用效应参与组合的工况（如重力荷载、风荷载作用效应计算），不考虑连梁刚度折减。

（3）对框架-剪力墙结构中一端与柱相连、一端与剪力墙相连的梁以及跨高比大于 5 的连梁，受力机理类似于框架梁、竖向荷载效应比水平风载或水平地震作用效应更为明显，此时应慎重考虑梁刚度的折减问题，必要时可不进行梁刚度折减，以保证连梁在正常使用阶段的裂缝及挠度满足使用要求。

5）梁的刚度增大系数

当按刚性楼盖模型、楼板不参与结构整体计算时，梁的刚度仅按矩形截面计算。但在现浇楼盖和装配整体式楼盖中，楼板和梁是连成一起形成 T 形或 ┌形截面梁工作的，部分楼板作为梁的翼缘对梁的刚度有贡献，提高了楼面梁的刚度，结构分析时应予以考虑。

一般采用将现浇楼盖和装配整体式楼盖中矩形截面梁乘以刚度增大系数来近似考虑此刚度的贡献。

《混规》第 5.2.4 条规定：

对现浇楼盖和装配整体式楼盖，宜考虑楼板作为翼缘对梁刚度和承载力的影响。梁受压区有效翼缘计算宽度 b_f' 可按表 3.2-7 所列情况中的最小值取用；也可采用梁刚度增大系数法近似考虑，刚度增大系数应根据梁有效翼缘尺寸与梁截面尺寸的相对比例确定。

受弯构件受压区有效翼缘计算宽度 b_f' 表 3.2-7

情况			T形、I形截面		倒L形截面
			肋形梁(板)	独立梁	肋形梁(板)
1	按计算跨度 l_0 考虑		$l_0/3$	$l_0/3$	$l_0/6$
2	按梁(肋)净距 S_n 考虑		$b+s_n$	—	$b+s_n/2$
3	按翼缘高度 h_f' 考虑	$h_f'/h_0 \geqslant 0.1$	—	$b+nh_f'$	—
		$0.1>h_f'h_0\geqslant 0.05$	$b+12h_f'$	$b+6h_f'$	$b+5h_f'$
		$h_f'/h_0<0.05$	$b+12h_f'$	b	$b+5h_f'$

注：1. 表中 b 为梁的腹板厚度；

2. 肋形梁在梁距内设有间距小于纵肋间距的横肋时，可不考虑表中情况 3 的规定；

3. 加腋的 T 形、I 形和倒 L 形截面，当受压区加腋的高度 h_h 不小于 h_f' 且加腋的长度 b_h 不大于 $3h_b$ 时，其翼缘计算宽度可按表中情况 3 的规定分别增加 $2b_h$（T 形、I 形截面）和 b_h（倒 L 形截面）；

4. 独立梁受压区的翼缘板在荷载作用下经验算沿纵肋方向可能产生裂缝时，其计算宽度应取腹板宽度 b。

6）梁的扭矩折减系数

楼板不参与结构整体计算时（采用刚性楼板模型），框架梁为空间杆单元，一般不考虑楼面梁受楼板的约束作用，梁有较大的扭转变形和扭矩。而实际结构楼面梁受楼板（有时还有次梁）的约束作用，无约束的独立梁极少。故中间梁几乎没有扭矩，边梁的扭矩也不大。计算模型与结构实际受力不符。梁的扭转变形和扭矩计算值过大。因此在截面设计时应对梁的计算扭矩予以适当折减。计算分析表明，梁扭矩折减系数与楼盖（楼板和梁）的约束作用和梁的位置等密切相关。折减系数的变化幅度较大，设计人员应根据具体进行确定。

梁的扭矩折减系数的确定，关键是看梁两侧有无楼板（有时还有次梁）的约束以及约束程度的强弱（板的厚度）。当板板厚度不小于 120mm 时，一般中间梁扭矩折减系数可取 0.4；楼板厚度小于 120mm 时，可取 0.5～0.6。边梁扭矩折减系数应根据梁析的边界约束情况确定：若为梁板刚接，则梁扭矩不应折减，即折减系数应取为 1.0；若为梁板铰接，建议折减系数可取为不小于 0.5，即不应过小，以避免因抗扭强度不足而造成梁的裂缝等。

两侧均无楼板的独立梁，扭矩不应折减，即折减系数应取为 1.0。

独立梁一侧无楼板，另一侧有悬挑次梁或悬挑板（图 3.2-5），是一个不合理的平面

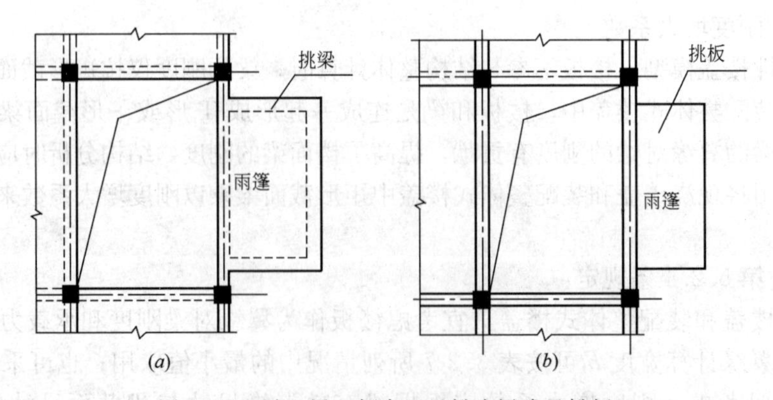

图 3.2-5 独立梁一侧布置悬挑次梁或悬挑板

(a) 挑梁；(b) 挑板

布置，设计中应尽量避免。不可避免时，梁扭矩不应折减，即折减系数应取为 1.0。并采取架大梁抗扭承载力的措施，如设计为宽扁梁、在梁另一侧设置一定宽度的板带、适应加大梁的抗扭配筋等。

当结构整体计算模型中考虑了现浇楼板的面内、外刚度时（采用弹性楼板模型），梁的扭矩折减系数应取 1.0。

7）计算振型数

振型数的多少与结构层数及结构形式有关，《抗规》规定：抗震计算时，不进行扭转藕联计算的结构，水平地震作用标准值的效应，可只取前 2～3 个振型，当基本自振周期大于 1.5s 或房屋高宽比大于 5 时，振型个数应适当增加。《高规》规定：高层建筑地震作用计算振型数应至少取 9；当考虑扭转耦联计算时，振型数不应小于 15；对多塔结构的振型数不应小于塔楼数的 9 倍，且计算振型数应保证振型参与质量不小于总质量的 90%时所需的振型数。

计算振型数取少了，即使结构方案合理、布置合理，也会导致地震作用算小了，剪重比不满足规范要求。对错层结构、局部带有夹层结构或楼板开大洞、有较大凹入等按弹性楼板模型计算地震作用时，更容易出现这种情况。为了确保不丧失高振型的影响，振型数宜多取一些，以保证结构的抗震安全性。

8）结构阻尼比

结构的阻尼比可按表 3.2-8 取用。

结构阻尼比　　**表 3.2-8**

结构类别	钢筋混凝土结构	预应力钢筋混凝土结构		钢结构			混合结构
弹性分析震	0.05	抗侧力构件采用预应力：0.03	仅梁、板采用预应力：0.05	$H\leqslant 50$m：0.04(0.045)	200m$>H>$50m：0.03(0.035)	$H\geqslant 200$m：0.02(0.025)	0.04
弹塑性分析	适当加大	0.05		0.05			0.05

注：1. 表中 H 为结构高度；

2. 表中括号内的数值用于偏心支撑框架部分承担的地震倾覆力矩大于结构底部总地震倾覆力矩 50%时的情况。

9）框架-剪力墙、框架-核心筒结构中，任一层框架部分承担的地震力调整

（1）框架-剪力墙结构中，框架柱与剪力墙相比，其抗侧力刚度是很小的。故在水平地震作用下，楼层地震总剪力主要由剪力墙来承担（一般剪力墙承担楼层地震总剪力的 70%、80%甚至更多）。框架柱只承担很小一部分。就是说，水平地震作用引起的框架部分的内力一般都较小。按多道防线的概念设计要求，剪力墙是第一道防线，在设防烈度地震、罕遇地震下先于框架破坏，由于塑性内力重分布，框架部分按侧向刚度分配的剪力会比多遇地震下加大。如果不作调整就按计算出来的内力进行框架部分的抗震设计，框架部分就不能有效地作为抗震的第二道防线。为保证作为第二道防线的框架具有一定的抗侧力能力，就需要对框架承担的剪力予以适当的调整。

框架-剪力墙结构对应于地震作用标准值的各层框架总剪力调整具体规定详见《高规》第 8.1.4 条。

（2）抗震设计时，框架-核心筒结构框架部分楼层地震剪力标准值的调整，可按以下方法进行。

① 水平荷载作用下，框架-核心筒结构的受力特点和框架-剪力墙结构一样，如果结构布置合理，构件截面尺寸恰当，各层框架承担的地震剪力占结构底部总地震剪力的比例不致太小。如果大于20%。则框架部分的地震剪力可不调整；如果小于20%而大于10%，可按规范规定的抗震设计时框架-剪力墙结构中框架部分的内力调整的方法调整框架柱及与之相连的框架梁的剪力和弯矩。总之，“不缺不补，多缺多补，少缺少补，缺多少补多少”。从而保证框架-核心筒结构可以形成外周边框架与核心筒协同工作的双重抗侧力结构体系，满足结构的抗震性能要求。

② 但由于框架-核心筒结构的筒体剪力墙集中布置在结构平面中央，形成刚度很大、承载能力很高、空间性能很好的封闭的核心筒，框架分散布置在平面周边，数量又少，若外框周边框架柱的柱距过大、梁高过小，造成其刚度过低、核心筒刚度过高，结构底剪力主要由核心筒承担：致使核心筒和外框架在结构刚度、承载能力、空间性能上差异过大，当框架部分分配的地震剪力小于结构底部总地震剪力的10%时，意味着筒体结构的外周边框架刚度过弱，如果框架的总剪力仍按框架-剪力墙结构的方法调整，则框架部分承担的剪力最大值的1.5倍可能过小，不能满足结构的抗震设计要求：一般情况下，房屋高度越高时，越不容易满足此要求；因此各层框架部分承担的地震剪力标准值应增大到结构底部总地震剪力标准值的15%；此时，各层核心筒墙体的地震剪力标准值宜乘以增大系数1.1，但可不大于结构底部总地震剪力标准值，墙体的抗震构造措施应按抗震等级提高一级后采用，已为特一级的可不再提高。

一般情况下，框架部分承担的地震剪力标准值增大到结构底部总地震剪力标准值的15%，墙体的地震剪力标准值宜乘以增大系数1.1，可满足抗震要求。但当地震作用下墙体开裂（特别是连梁开裂）严重，承载能力降低较多时，墙体的地震剪力标准值仅增大1.1倍是否满足抗震要求？所以，此时核心筒墙体的地震剪力标准值调整宜根据具体工程的实际情况“适当提高”。不一定仅限于1.1倍。而核心筒墙体（不仅仅是边缘构件）的抗震构造措施建议按抗震等级提高一级后采用，已为特一级的可不再提高。

若框架柱很少，按规定各层框架部分承担的地震剪力标准值增大到结构底部总地震剪力标准值的15%导致框架部分超筋，则应加大框架柱或梁的截面尺寸，或采用型钢混凝土柱、梁。

③ 当各层框架部分承担的地震剪力标准值的最大值占结构底部总地震剪力标准值的比例大于20%，则框架部分的地震内力可不调整。不过对框架-核心筒结构而言，这种情况几乎不会出现。

(3) 混合结构的框架-核心筒结构框架部分的内力调整同钢筋混凝土框架核心筒结构。

(4) 调整应注意：

① 调整的前提是结构楼层侧向刚度沿竖向分布基本均匀。笔者认为可理解为：建筑结构相邻楼层侧向刚度的变化应符合《高规》第3.5.2条的规定。即对结构楼层侧向刚度不规则或有加强层的结构，其楼层（或加强层）及其上下相邻层不按此方法调整。

② 抗震设计时框架-剪力墙、框架-核心筒结构框架部分的内力调整，应在振型组合之后、并满足《高规》第4.3.12条关于楼层最小地震剪力系数（剪重比）的前提下进行。若经计算结构已经满足楼层最小地震剪力系数的要求，则按规定进行框架部分内力调整。

不满足时，需要改变结构布置或调整结构总剪力和各楼层的水平地震剪力（调整剪重比）使之满足要求，再按上述规定进行框架部分的内力调整。

③ 随着建筑形式的多样化，框架柱的数量沿竖向有时会有较大的变化，考虑到若某楼层段突然减少了较多框架柱，按结构基底总剪力 V_0 来调整柱剪力时，将使这些楼层的单根柱承担的剪力过大，这显然是不合理的，故《高规》规定允许分段进行调整，即当某楼层段柱根数减少时，则以该段为调整单元，取该段最底一层的地震剪力为其该段的底部总剪力，该段内各层框架承担的地震总剪力中的最大值为该段的 $V_{f,max}$。注意：前者（一次调整）取的是结构底层部剪力和各层框架承担的地震总剪力中的最大值，而后者（分段调整）取的是每段底层总剪力和未经调整的各层（或某一段内各层）框架承担的地震总剪力。

对于多塔结构，如需调整，那么调整应在每个塔块之内进行。

④ 当有越层柱时，按规定调整后的越层柱及与之相连的框架梁的内力（M、V）不应小于其所在楼层其他框架柱（截面尺寸相同）、框架梁（截面尺寸及跨度均相同）的内力（M、V）。

⑤ 对框架-剪力墙结构，当框架柱数量沿竖向有较大的变化或更复杂的情况，设计时应专门研究框架柱剪力的调整方法。例如：若某楼层段突然减少了较多的框架柱，按结构底层或每段底层总剪力 V_0 来调整柱剪力时，将使这些楼层的单根柱内力放大系数过大，从而柱承担的剪力过大，致使柱子超筋，不合理。而按本段内框架承担的地震总剪力最大值的 1.5 倍调整，或强行将按上述规定计算出的放大系数减小，其他不作变化，则框架部分难以起到结构第二道防线的作用。总之，都可能使结构的抗震承载力不足，设计是偏于不安全的。对这样的楼层，建议参考框架-核心筒结构内力调整的办法。即当结构某层（或某段）框架部分楼层地震剪力标准值的最大值小于结构该层（或该段）底层总地震剪力标准值的 10%时，框架部分承担的地震剪力标准值应增大到该层（或该段）底层总地震剪力标准值的 15%，该层（或该段）剪力墙的地震剪力标准值应适当放大，墙体抗震构造措施应适当加强。

10）全楼地震力放大系数

这个系数是用来调整地震作用的，通过这个参数可放大地震作用，提高结构的抗震能力，其经验取值范围为 1.0～1.5，仅适用于某些特殊结构或特殊的结构构件，例如，当采用弹性动力时程分析计算出的结构楼层剪力，大于采用振型分解反应谱法计算出的楼层剪力时，可填写此参数将地震力放大。一般结构不必考虑地震力放大系数。

11）顶层小塔楼内力放大系数

顶层小塔楼通常是指突出建筑物屋面的楼、电梯间、水箱间等，由于沿竖向结构的刚度突变，小塔楼在发生地震时可能出现鞭梢效应，使地震作用增大，当按扭转耦联振型分解反应谱法进行结构整体计算时，如果计算的振型数取的不够，由于高振型的影响，顶部小塔楼的地震作用会偏小，所以可以通过内力放大系数这个参数来放大小塔楼的地震内力。

在填写放大起始层号后，程序会对该层号以上的结构构件的地震内力进行放大。计算振型数与屋顶小塔楼的地震内力增大系数见表 3.2-9。

屋顶层小塔楼地震内力放大系数 表 3.2-9

计算方法	3≤N<6	6≤N<9	9≤N<12	12≤N<15
非耦联	3.0	1.5	—	—
耦联	—	—	3.0	1.5

注：N—计算振型数。

当结构按扭转耦联振型分解反应谱法进行整体计算时，计算振型数取的足够多，包括小塔楼楼层在内的整个结构的振型参与质量系数（简称有效质量系数）不小于90%时，可不对小塔楼进行地震内力放大。

12）薄弱层地震剪力标准值放大系数

刚度变化不符合《高规》第3.5.2条要求的楼层，一般称作软弱层；承载力变化不符合《高规》第3.5.3条要求的楼层，一般称作薄弱层。为了方便，《高规》把软弱层、薄弱层以及竖向抗侧力构件不连续的楼层统称为结构薄弱层。

为防止竖向不规则的建筑结构在地震作用下的倒塌破坏，计算出的结构薄弱层在地震作用标准值作用下的剪力值应增大，这是抗震设计的一个重要概念。

结构楼层侧向刚度变化、受剪承载力变化、竖向抗侧力构件连续性不符合规范要求的楼层，其对应于地震作用标准值的剪力均应增大。这一点《抗规》、《高规》的规定是一致的，但在具体增大系数的规定上有区别。《高规》规定是“乘以1.25的增大系数”，而《抗规》规定是“乘以不小于1.15的增大系数”。笔者认为其实是一致的。因为《抗规》既涉及多层建筑，又涉及高层建筑。对多层建筑结构，也许乘以1.15的增大系数就可以满足其抗震要求。层数多一些，房屋高一些，增大系数可根据工程具体情况适当加大，如取1.20等。而《高规》仅针对高层建筑，高层建筑结构出现结构薄弱层，对结构抗震性能的影响显然比对多层建筑结构要大，需适当提高安全度要求，应乘以1.25的增大系数。对较高的高层建筑或突变程度较大的高层建筑结构，根据工程具体情况，增大系数也可取大于1.25。

结构薄弱层在地震作用标准值作用下剪力的增大，必须在满足规范关于楼层最小地震剪力系数的前提下进行。若经计算结构薄弱层已经满足楼层最小地震剪力系数的要求，则按规定乘以剪力增大系数即可，若不满足，则首先应改变结构布置或调整结构总剪力和各楼层的水平地震剪力使之满足要求，再对结构薄弱层在地震作用标准值作用下剪力进行增大。

底部带转换层的高层建筑，转换层上部楼层的部分竖向构件不能连续贯通至下部楼层，因此，转换层是薄弱楼层，设计中不要误认为只要楼层侧向刚度满足《高规》附录E的相关规定，该楼层就不是薄弱层，转换层应当按薄弱层设计，即转换层的地震剪力应乘以1.25增大系数；转换层的转换构件、框支柱、楼板等均应在内力调整或抗震构造上予以加强。

对于仅有少数竖向抗侧力构件不连续，没有造成竖向刚度突变的楼层，地震剪力可不增大，但其他相关构造应加强。

2. 抗震设计时柱（框支柱）、梁（框支梁）、剪力墙（连梁）的内力调整

抗震设计时柱（框支柱）、梁（框支梁）、剪力墙（连梁）的内力调整如表3.2-10所示。

抗震设计时柱（框支柱）、梁（框支梁）、剪力墙（连梁）的内力调整　表 3.2-10

序号	构　件	内力	调整内容	说　明
1	框-剪中的柱、梁	V、M	1. 框架总剪力的调整： $V_f \geqslant 0.2V_0$　不调整； $V_f < 0.2V_0$ $V = \min(0.2V_0, 1.5V_{f,max})$ 2. 构件内力调整：按调整前、后总剪力的比值调整每根框架柱和与之相连框架梁的 V、M 标准植，N 标准值不调整	1. 总体调整； 2. 式中　V_0—对框架柱数量从下至上基本不变的结构，取对应于地震作用标准值的结构底部总剪力；对框架柱数量从下至上分段有规律变化的结构，取每段底层结构对应于地震作用标准值的总剪力； V_f—对应于地震作用标准值且未经调整的各层（或某一段内各层）框架承担的地震总剪力； $V_{f,max}$—对框架柱数量从下至上基本不变的结构，取对应于地震作用标准值且未经调整的各层框架承担的地震总剪力中的最大值；对框架柱数量从下至上分段有规律变化的结构，取每段对应于地震作用标准值且未经调整的各层框架承担的地震总剪力中的最大值； 3. 按振型分解反应谱法计算地震作用时，调整应在振型组合之后进行； 4.《抗规》第 6.2.13 条、《高规》第 8.1.4 条
2	框架-核心筒中的柱、梁，钢-混凝土混合结构框架-核心筒中的柱、梁	V、M	1. 框架部分各层地震剪力标准值的最大值不小于结构底部总地震剪力的 10%时按序号 1 调整 2. 框架部分各层地震剪力标准值的最大值小于结构底部总地震剪力的 10%时，任一层框架部分的地震剪力标准值应调整到不小于结构底部总地震剪力的 15%，同时，各层核心筒墙体的地震剪力标准值应适当提高，边缘构件的抗震构造措施应适当加强 3. 对带有加强层的框-筒结构，框架部分最大楼层地震剪力不包括加强层及其相邻上、下楼层的框架剪力	1. 总体调整； 2. 按振型分解反应谱法计算地震作用时，调整在振型组合之后进行； 3.《抗规》第 6.7.1 条、附录 G2.3；《高规》第 9.1.11 条、第 11.1.6 条

续表

序号	构　件	内力	调整内容	说　明
3	板柱-剪力墙中的剪力墙、柱、柱上板带	V、M	1. 板柱总剪力的调整： $V_c \geqslant 0.2V_j$ 2. 剪力墙总剪力的调整： $V_s = 1.0V_j$ 3. 构件内力调整： 调整后，相应调整每一剪力墙、柱、板带的 V、M 标准值，N 标准值不调整 4. 房屋高度大于 12m 时，应按上述要求调整，房屋高度不大于 12m 时，宜按上述要求调整	1. 总体调整； 2. 式中　V_j—结构相应方向楼层地震剪力标准值； V_c—调整后楼层板柱部分承担相应方向的地震剪力； V_s—调整后楼层剪力墙部分承担相应方向的地震剪力； 3.《抗规》第 6.6.3 条，《高规》第 8.1.10 条
4	部分框支剪力墙中的框支柱、有关梁	V、M	1. 框支柱总剪力的调整： （1）$n_1 \leqslant 10$，框支层 $\leqslant 2$ 层：$V_{cj} = 0.02V_0$ （2）$n_1 \leqslant 10$，框支层 $\geqslant 3$ 层：$V_{cj} = 0.03V_0$ （3）$n_1 > 10$，框支层 $\leqslant 2$ 层：$V_{cj} = 0.2V_0/n_1$ （4）$n_1 > 10$，框支层 $\geqslant 3$ 层：$V_{cj} = 0.3V_0/n_1$ 2. 构件内力调整： 剪力调整后，相应调整框支柱 M 标准值，柱端梁（不包括转换梁）V、M 标准值，框支柱 N 标准值不调整	1. 总体调整； 2. 式中　n_1——层框支柱总根数； V_{cj}—每根框支柱调整后的 V 标准值； V_0—结构底部总剪力。 3.《抗规》第 6.2.10 条、《高规》第 10.2.7 条
5	结构薄弱层有关柱、梁	V、M、N	1. 地震剪力标准值放大系数：1.15（《抗规》）、1.25（《高规》） 2. 以调整后的地震剪力计算构件的内力标准值	1. 局部调整； 2.《抗规》第 3.4.4 条；《高规》第 3.5.8 条
6	规则结构边框有关构件	V、M、N	1. 地震剪力标准值放大系数： 短边框：1.15；长边框：1.05 扭转刚度较小时：$\geqslant 1.3$ 2. 以调整后的地震剪力计算构件的内力标准值 3. 角部构件宜同时乘以两个方向各自的增大系数	1. 局部调整； 2. 仅对规则结构不进行扭转耦连计算时平行于地震作用方向的边框进行调整； 3.《抗规》第 5.2.3 条
7	框架结构、转换柱	M	设计值放大系数： 1. 框架结构底层柱底： 特一级：2.04；一级：1.7；二级 1.5；三级：1.3；四级：1.2 2. 转换柱顶层柱上端和底层柱下端： 特一级：1.8；一级：1.5；二级：1.3（《高规》）、1.25（《抗规》）	1. 局部调整； 2. 底层指无地下室的基础以上或地下室以上的首层； 3.（《抗规》）第 6.2.3 条、第 6.2.10 条：《高规》第 6.2.2 条、第 3.10.4 条、第 10.2.11 条；《混规》第 11.4.2 条

续表

序号	构　件	内力	调整内容	说　明
8	转换柱	N	地震轴力标准值放大系数： 《高规》：特一级：1.8；一级：1.5；二级：1.3；三级：1.2； 《抗规》、《混规》：一级：1.5；二级：1.2	1. 局部调整； 2. 计算轴压比时不调整； 3.《抗规》第6.2.10条；《高规》第3.10.4条、第10.2.11条；《混规》第11.4.4条
9	转换梁	M、V、N	地震作用下内力标准值放大系数： 《高规》：特一级：1.9；一级：1.6；二级：1.30； 《抗规》：根据情况取1.25～2.0	1. 构件调整； 2. 7度(0.15g)、8度抗震设计时尚应考虑竖向地震的影响； 3.《抗规》第3.4.4条；《高规》第10.2.6条
10	框架结构中的柱，部分框支剪力墙结构中的框支柱	M	1. 9度设防的框架和一级抗震等级的框架结构： $\sum M_c=1.2\sum M_{bua}$ 2. 其他情况 1)框架结构 二级　$\sum M_c=1.5\sum M_b$ 三级　$\sum M_c=1.3\sum M_b$ 四级　$\sum M_c=1.2\sum M_b$ 一级框架结构应取$\sum M_c=1.2\sum M_{bua}$和$\sum M_c=1.7\sum M_b$两者的较大值 2)其他框架 特一级　$\sum M_c=1.68\sum M_b$ 一级　$\sum M_c=1.4\sum M_b$ 二级　$\sum M_c=1.2\sum M_b$ 三级　$\sum M_c=1.1\sum M_b$ 四级　$\sum M_c=1.1\sum M_b$	1. 构件调整； 2. 式中　$\sum M_c$—节点上、下柱端截面顺时针或逆时针方向组合弯矩设计值之和；上、下柱端的弯矩设计值，可按弹性分析的弯矩比例进行分配； $\sum M_b$—节点左、右梁端截面逆时针或顺时针方向组合弯矩设计值之和；当抗震等级为一级且节点左、右梁端均为负弯矩时，绝对值较小的弯矩应取零； $\sum M_{bua}$—节点左、右梁端逆时针或顺时针方向实配的正截面抗震受弯承载力所对应的弯矩值之和，可根据实际配筋面积(计入受压钢筋和梁有效翼缘宽度范围内的楼板钢筋)和材料强度标准值并考虑承载力抗震调整系数计算； 3. 反弯点不在柱的层高范围内，框架柱端截面弯矩设计值按考虑地震作用组合的弯矩设计值分别直接乘以上述柱端弯矩增大系数 1)框架顶层柱、轴压比小于0.15的柱，柱端截面弯矩设计值按四级确定； 2)N设计值不调整； 4.《抗规》第6.2.2条；《高规》第6.2.1条；《混规》第11.4.1条
11	框架结构中的柱，部分框支剪力墙结构中的框支柱	M	1. 9度设计的结构和一级抗震等级的框架结构； $V_c=1.2(M_{cua}^t+M_{cua}^b)/H_n$ 2. 其他情况 1) 框架结构 二级 $V_c=1.3\ (M_c^t+M_c^b)\ /H_n$ 三级 $V_c=1.2\ (M_c^t+M_c^b)\ /H_n$ 四级 $V_c=1.1\ (M_c^t+M_c^b)\ /H_n$ 一级框架结构应取$V_c=1.4\ (M_c^t+M_c^b)\ /H$和$V_c=1.4\ (M_c^t+M_c^b)\ /H_n$两者的较大值 2) 其他框架 特一级$V_c=1.68(M_c^t+M_c^b)/H_n$ 一级　$V_c=1.4(M_c^t+M_c^b)/H_n$ 二级　$V_c=1.2(M_c^t+M_c^b)/H_n$ 三级　$V_c=1.1(M_c^t+M_c^b)/H_n$ 四级　$V_c=1.0(M_c^t+M_c^b)/H_n$	1. 构件调整 2. 式中　M_c^t、M_c^b—分别为柱上、下端顺时针或逆时针方向截面组合经调整后的弯矩设计值； M_{cua}^t、M_{cua}^b—分别为柱上、下端顺时针或逆时针方向实配的正截面抗震受弯承载力所对应的弯矩值，可根据实配钢筋面积、材料强度标准值的重力荷载代表值产生的轴向压力设计值并考虑承载力抗震调整系统计算； H_n—柱的净高； 3.《抗规》第6.2.5条；《高规》第3.10.2条、第3.10.4条、第6.2.3条；《混规》第11.4.3条

续表

序号	构　件	内力	调整内容	说　明
12	框架角柱、转换角柱	M、V	设计值放大系数： 特一、一、二、三、四级：1.1	1. 构件调整； 2. 本调整应在本表序号1,2,3,4,5,6,7,8,10,11调整后再调整； 3.《抗规》第6.2.6条；《高规》第6.2.4条、第10.2.11条，《混规》第11.4.5条
13	框架梁、剪力墙连梁	V	1. 9度设防的结构和一级抗震等级的框架结构： $V=1.1(M_{bua}^{l}+M_{bua}^{r})/l_n+V_{Gb}$ 2. 其他情况： 一级$V=1.3(M_b^l+M_b^r)/l_n+V_{Gb}$ 二级$V=1.2(M_b^l+M_b^r)/l_n+V_{Gb}$ 三级$V=1.1(M_b^l+M_b^r)/l_n+V_{Gb}$ 四级$V=1.0(M_b^l+M_b^r)/l_n+V_{Gb}$ 特一级框架梁 $V=1.56(M_b^l+M_b^r)/l_n+V_{Gb}$ 《混规》规定：对配置有对角斜筋的剪力墙连梁，其他情况时放大系数均取1.0	1. 构件调整； 2. 式中　M_b^l、M_b^r—分别为梁左、右端逆时针或顺时针方向截面组合弯矩设计值。当抗震等级为一级且梁两端弯矩均为负弯矩时，绝对值较小一端的弯矩取零； M_{bua}^{l}、M_{bua}^{r}—分别为梁左、右端逆时针或顺时针方向实配的正截面抗震受弯承载力所对应的弯矩值，可根据实配钢筋面积（计入受压钢筋，包括有效翼缘宽度范围内的楼板钢筋）和材料强度标准值并考虑承载力抗震调整系数计算； l_n—梁的净跨； V_{Gb}—梁在重力荷载代表值（9度时还应包括竖向地震作用标准值）作用下，按简支梁分析的梁端截面剪力设计值。 3.《抗规》第6.2.4条，《高规》第3.10.3条、第6.2.5条、第7.2.21条；《混规》第11.3.2条、第11.7.8条
14	剪力墙墙肢	M	设计值放大系数（按墙底截面组合弯矩设计值乘）： 底部加强部位：特一级：1.1；一级：1.0； 其他部位：特一级：1.3；一级：1.2 双肢剪力墙中当一肢为偏心受拉时，则另一肢：1.25	1. 构件调整； 2.《抗规》第6.2.7条，《高规》第3.10.5条、第7.2.4条、第7.2.5条，《混规》第11.7.1条
15	部分框支剪力墙结构中的落地剪力墙	M	设计值放大系数： 底部加强部位： 特一级：1.8；一级：1.5；二级：1.3；三级：1.1	1. 构件调整； 2.《高规》第10.2.18条

续表

序号	构　件	内力	调整内容	说　明
16	剪力墙墙肢及部分框支落地剪力墙	V	设计值放大系数： 1. 底部加强部位： 1)9 度一级： $V=1.1(M_{wua}/M_w)V_w$ 2)其他情况 特一级：1.9；一级：1.6；二级：1.4；三级：1.2 2. 其他部位： 1)特一级：1.4；一级：1.3(《高规》)、相应调整(《抗规》)、《混规》 2)短肢剪力墙： 特一级：1.68；一级：1.4；二级：1.2；三级：1.1	1. 构件调整； 2. 式中　V—底部加强部位剪车墙截面剪力设计值； V_w—底部加强部位剪力墙截面考虑地震作用组合的剪力计算值； M_{wua}—剪力墙正截面抗震受弯承载力，应考虑承载力抗震调整系数 γ_{RE}、采用实配纵筋面积、材料强度标准值和组合的轴力设计值等计算，有翼墙时应计入墙两侧各一倍翼墙厚度范围内的纵向钢筋； M_w—底部加强部位剪力墙底截面弯矩的组合计算值； 3.《抗规》第 6.2.8 条；《高规》第 3.10.5 条、第 7.2.2 条、第 7.2.5 条、第 7.2.6 条、第 10.2.18 条；《混规》第 11.7.1 条、第 11.7.2 条
17	框架梁柱节点	V	1. 顶层中间节点和端节点： (1)9 度设防的各类框架及一级抗震的框架结构： $V_j=1.15\sum M_{bua}/(h_{b0}-a_s')$ (2)其他情况： 1)框架结构： 一级：$V_j=1.5\sum M_b/(h_{b0}-a_s')$ 二级：$V_j=1.35\sum M_b/(h_{b0}-a_s')$ 三级：$V_j=1.20\sum M_b/(h_{b0}-a_s')$ 2)其他框架 一级：$V_j=1.35\sum M_b/(h_{b0}-a_s')$ 二级：$V_j=1.20\sum M_b/(h_{b0}-a_s')$ 三级：$V_j=1.10\sum M_b/(h_{b0}-a_s')$ 2. 其他层中间节点和端节点： (1)9 度设防的各类框架及一级抗震的框架结构： $V_j=1.15\sum M_{bua}/(hb_0-a_s')[1-(h_{b0}-a_s')/(H_c-h_b)]$ (2)其他情况： 1)框架结构： 一级： $V_j=1.50\frac{\sum M_b}{h_{b0}-a_s'}\left(1-\frac{h_{b0}-a_s'}{H_c-h_b}\right)$ 二级： $V_j=1.35\frac{\sum M_b}{h_{b0}-a_s'}\left(1-\frac{h_{b0}-a_s'}{H_c-h_b}\right)$ 三级： $V_j=1.20\frac{\sum M_b}{h_{b0}-a_s'}\left(1-\frac{h_{b0}-a_s'}{H_c-h_b}\right)$ 2)其他框架 一级： $V_j=1.35\frac{\sum M_b}{h_{b0}-a_s'}\left(1-\frac{h_{b0}-a_s'}{H_c-h_b}\right)$ 二级： $V_j=1.20\frac{\sum M_b}{h_{b0}-a_s'}\left(1-\frac{h_{b0}-a_s'}{H_c-h_b}\right)$ 三级： $V_j=1.10\frac{\sum M_b}{h_{b0}-a_s'}\left(1-\frac{h_{b0}-a_s'}{H_c-h_b}\right)$	1. 局部调整； 2. 式中　$\sum M_{bua}$—节点左、右两侧的梁端反时针或顺时针方向实配的正截面抗震受弯承载力所对应的弯矩值之和，可根据实配钢筋面积(计入纵向受压构件)和材料强度标准值确定； $\sum M_b$—节点左、右两侧的梁端反时针或顺时针方向组合弯矩设计值之和，一级抗震等级框架节点左、右梁端均为负弯矩时，绝对值较小的弯矩应取零； h_{b0}、h_b—分别为梁的截面有效高度、截面高度，当节点两侧梁截面高度不同时，取其平均值； H_c—节点上柱和下柱反弯点之间的距离； a_s'—梁纵向受压钢筋合力点至截面近边的距离； 3.《抗规》附录 D；《高规》第 6.2.7 条《混规》第 11.6.2 条

续表

序号	构　件	内力	调整内容	说　明
18	板柱-剪力墙结构板柱节点	V	节点处地震作用组合的不平衡弯矩引起的冲切反力设计值应乘以增大系数： 一级：1.7； 二级：1.5； 三级：1.3	1. 局部调整； 2.《抗规》第 6.6.3 条；《混规》第 11.9.3 条

注：1. “结构或构件”栏中除特别说明外，均为钢筋混凝土结构；

2. 对 9 度设防的各类框架及一级抗震的框架结构构件的内力调整，规范采用的是实配法，为计算方便和可操作，计算程序中均采用系数法，即乘以适当的放大系数，设计人员应对电算结果进行判断，若小于实配法，应按实配法进行调整。

三、了解所选用程序的编制原理，掌握所选用程序的使用方法

不同的计算程序，不但有自己的计算模型，还有相应的编制原理、程序约定和操作方法。要使计算结果合理、正确、可靠，与所设计的结构实际受力状态最接近，除了要求所选用的程序计算模型合适，还应了解其编制原理，熟悉其基本约定，正确确定各种设计参数，掌握其使用方法，避免操作错误。

图 3.2-6 平面形状示意

某工程为剪力墙结构住宅，平面形状大致如图 3.2-6 所示，剪力墙平面布置较规则、对称，竖向也上下对齐。但计算结果很离奇：层间位移角满足规范限值，但结构第一振型为扭转振型；周期比较正常合理，但剪重比达 12%。设计人也认为这个计算结果有错误，但就是查不出问题所在。后经深入查错分析，发现是输入信息有错：由于结构上下墙肢的截面尺寸有变化，节点偏心差异较大，而该程序在确定节点偏心时需要人工干预，人工输入偏心信息。由于输入信息时操作不当，一回车，程序默认没有节点偏心，导致计算出错。

一般情况下，结构平面整体坐标原点可任意选取，但有的程序若任意选取坐标原点，对计算结果影响很大，例如若将坐标原点取在远离结构平面上的左下点，计算结果往往失真。

对结构所受的荷载取值也很重要。如某高度超过 60m 的高层建筑，风荷载应按 100 年一遇的风压值采用，电算输入时未能注意，造成计算结果偏小；在设计墙、柱和基础时选择了活荷载按楼层数折减，但忽视了建筑物的功能，如按《荷载规范》规定，汽车通道及停车库设计墙柱及基础时，对单向板楼盖应取 0.5，对双向板楼盖和无梁楼盖应取 0.8，不另考虑按楼层数的折减，从而造成计算错误；对斜交抗侧力结构未能按最不利角度进行地震作用计算，造成计算结果偏于不安全等。

操作错误虽然是一个低级错误，但在设计中可能会忙中出错，或因一时疏忽大意而使输入信息出错。

第三节　计算结果的分析和判断

目前，采用计算机软件进行高层建筑结构分析和设计是相当普遍的。因此，对计算结果的合理性、可靠性进行判断十分必要。结构工程师应对结构分析所采用的计算软件进行考核和验证，其技术条件应符合本规范和国家现行有关标准的要求。在此基础上以力学概念和丰富的工程经验为基础，从结构整体和局部两个方面对计算结果的合理性进行判断，确认其可靠性后，方可用于工程设计。一般可参考以下各方面进行分析判断：

一、合理性的判断

根据结构类型分析其动力特性和位移特性，判断其合理性。

1. 刚度、周期、质量和地震力

结构刚度大则周期小，周期大小与刚度的平方根成反比，与结构质量的平方根成正比。周期小、质量大，则结构的地震作用大。

按正常设计，非耦连计算地震作用时，结构周期大致在以下范围内，即：

框架结构　　$T_1=0.12\sim0.15N$；

框剪结构　　$T_1=0.08\sim0.12N$；

剪力墙结构　$T_1=0.04\sim0.08N$；

筒中筒结构　$T_1=0.06\sim0.10N$；

$T_2=(1/3\sim1/5)T_1$；

$T_3=(1/5\sim1/7)T_1$。

其中，N 为结构计算层数（对于 40 层以上的建筑，上述近似周期的范围可能有较大差别）。

如果周期偏离上述数值太大，应当考虑本工程刚度是否合适，必要时可调整结构截面尺寸等。如果结构截面尺寸和布置正常，无特殊情况而计算周期相差太大，应检查输入数据等有无错误。

一般建筑结构单位面积的重力荷载代表值，对框架结构约为 $12\sim14kN/m^2$，对框架-剪力墙结构约为 $13\sim15kN/m^2$，对剪力墙结构约为 $14\sim16kN/m^2$，多层建筑时取小值。如计算结果与此相差很大，则需考虑电算数据输入等是否正确。

各层对应于地震作用标准值的剪力对本层重力荷载代表值的比（水平地震剪力系数 λ）也不应小于《抗规》第 5.2.5 条表 5.2.5 规定的数值。各楼层剪重比的合理取值范围，对第一周期小于 3.5s 的结构，一般为：7 度、Ⅱ类土：$\lambda=1.6\%\sim2.8\%$；8 度、Ⅱ类土：$\lambda=3.2\%\sim5\%$。对于竖向不规则结构的薄弱层，λ 值应乘以 1.15 的放大系数。

2. 振型曲线

无论何种结构体系，正常计算结果的振型曲线应为连续光滑曲线。除坐标原点外，第一振型曲线与纵轴无交点，第二振型曲线与纵轴只有一个交点，第三振型曲线与纵轴只有两个交点，且交点位置也在一个确定的范围内等（图 3.3-1）。如不符合上述特点，则应查找出错原因。当沿竖向有非常明显的刚度和质量突变时振型曲线可能有不光滑的畸变点。

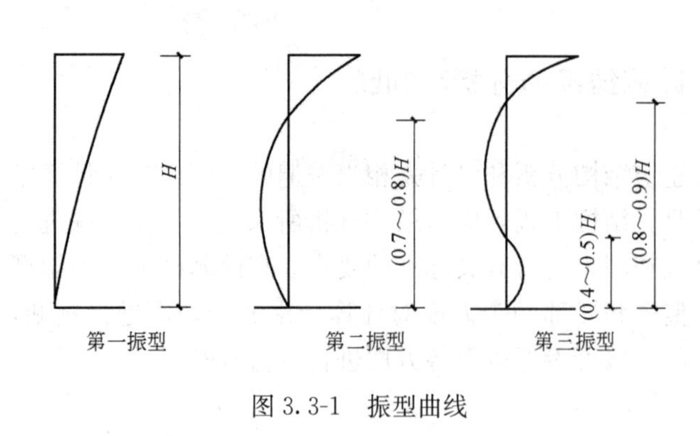

图 3.3-1 振型曲线

3. 位移曲线

结构的弹性层间位移角应满足《抗规》第 5.5.1 条的要求。需要说明的是：此时层间位移角是在"楼板平面内刚度无限大"这一假定下算出的。结构的层间位移角与结构的总体刚度有关，计算的层间位移角越小，结构的总体刚度就越大，反之亦然。

不同的结构体系，其结构侧向位移曲线不同。对于框架结构等剪切型变形的结构体系，其最大层间位移角一般在结构的底层，曲线向左、向上凹；对于剪力墙结构等弯曲型变形的结构体系，其最大层间位移角一般在结构的顶层，曲线向右、向下凹；而对于框架-剪力墙结构等弯剪型变形的结构体系，其最大层间位移角一般在结构的中部，曲线开始向右、向下凹，中间有一拐点接着向左、向上凹（图 3.3-2）。

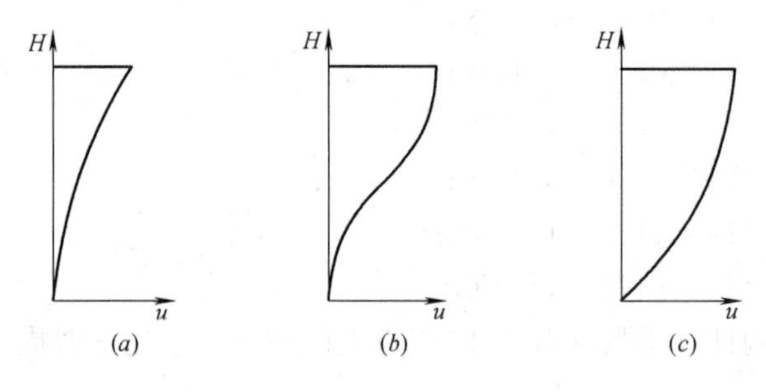

图 3.3-2 位移特征曲线

(a) 剪力墙结构；(b) 框架-剪力墙结构；(c) 框架结构

二、渐变性的判断

竖向刚度、质量变化较均匀的结构，在较均匀变化的外力作用下，其内力、位移等计算结果自上而下也应均匀变化，不应有较大的突变。而对带转换层结构，当结构竖向刚度、质量有突变时，在突变处，其内力、层间位移角等肯定也有很大变化。不符合这个规律的，肯定有错，应检查结构截面尺寸或输入数据（荷载、平面尺寸等）是否正确、合理。

三、平衡性的判断

结构在任一节点（或杆件截面）处应处于力的平衡状态，即结构的平衡分析。进行平衡性判断时，应注意以下几点：

(1) 平衡分析应在结构各种荷载工况作用下的内力调整之前进行，竖向荷载下模拟施工进程的结构分析计算结果，不能进行平衡分析。

(2) 平衡分析只能对同一结构在单一荷载工况（静载、活载、风荷载或地震作用等；

X 方向左震和 X 方向右震应算两种不同的荷载工况）条件下进行，平衡分析时必须考虑同一荷载工况作用下的全部内力。

（3）平衡校核应是在结构的节点（或杆件截面）处所有外荷载和内力条件下的平衡。

（4）经过 RSS 和 CQC 法组合后的地震作用效应不能进行平衡分析，当需要进行平衡校核时，可利用第一振型的地震作用进行平衡分析。

四、电算结果需注意的几个限值

除上述的要求外，对于一般抗震设计的建筑结构，需注意以下几个限值：

1. 轴压比

抗震设计时，限制框架柱、框支柱、剪力墙轴压比的目的都是为了提高构件的延性，由于不同构件重要性不同，对延性的要求不同，故规范对框架柱、剪力墙、框支柱、落地剪力墙、短肢剪力墙等轴压比限值的要求也不同。

需要说明的是：截面受压区高度不仅与轴向压力有关，还与截面形状有关，在相同的轴向压力作用下，带翼缘的剪力墙受压区高度较小，延性相对较好，而矩形截面最为不利。规范为简化起见，对 I 形、T 形、L 形、矩形截面均未作区分，设计中，对矩形截面剪力墙墙肢应从严控制其轴压比。

2. 刚度比

控制楼层侧向刚度比主要是为了控制抗震设计时结构的竖向规则性，避免竖向刚度突变，形成薄弱层或软弱层。

结构侧向刚度突变的控制，在弹性分析阶段，由于结构侧向刚度有多种不同的定义，使刚度比值的计算结果可能不尽相同。因此，刚度突变的判断，宜综合考虑各种方法，包括相邻层的层间位移角比、上下楼层竖向构件横截面总面积比、等效剪切刚度比、等效弯曲刚度比等。在抗震性能设计中，对于地震作用下进入非弹性状态的结构，应进行非线性分析，其刚度突变的控制，可主要通过层间位移角是否满足相应的性能要求予以判断。

3. 楼层层间位移角

楼层层间位移角 $\theta=\Delta u/h$ 指的是楼层层间最大位移与相应楼层层高之比。第 i 层的是指第 i 层和第 $i-1$ 层在楼层平面各处位移差 $\Delta u_i=u_i-u_{i-1}$ 中的最大值。《高规》采用层间位移角作为结构抗侧力刚度的控制指标，并且不扣除整体弯曲转角产生的侧向位移，抗震时不考虑质量偶然偏心的影响。

建筑结构是按弹性阶段进行设计的。地震作用按小震考虑，风荷载按 50 年一遇的风压标准值考虑，结构构件采用弹性阶段的刚度，内力和位移计算不考虑弹塑性变形。因此所求得的位移是弹性阶段的位移。

楼层层间位移角 θ 限值的规定见第一章表 1.2-4。

《广东高规》认为：我国规范对结构尤其是钢筋混凝土结构在多遇地震作用下的结构层间位移角限制较为严格。导致结构层间位移角限制偏严的原因大致如下：

（1）认为小震作用属正常使用极限状态，结构应保持“弹性”，故以钢筋混凝土构件（包括柱、剪力墙）开裂时的层间位移角作为多遇地震作用下结构弹性层间位移角限值。但钢筋与混凝土的弹性模量相差约 5～10 倍，对钢筋混凝土受弯或大偏心受压（拉）构件而言，混凝土开裂时钢筋的应力还很小。因此，只要控制住裂缝的宽度，并不影响结构的安全性和耐久性。

（2）工程实践表明：结构分析所得到的结构自振周期往往较实测为长，这是因为结构分析时未考虑非承重墙等的影响。故规范要求应对计算出的结构周期乘以不大于1.0的折减系数加以修正，以保证结构地震作用计算不致偏小。但同时计算出的结构位移并没有进行相应的修正，因而比结构实际位移偏大。

（3）通常层间位移角以建筑物的中、上部楼层较大，剪力墙结构、框架-剪力墙结构、筒中筒结构、框架-核心筒结构等以弯曲变形为主的高层建筑结构更是如此。即使建筑物的高度小于150m，上部楼层的侧向位移中也有相当一部分是由于下部楼层的转角所引起的，此部分位移为刚体位移，而刚体位移并不产生结构内力。

据此，《广东高规》对结构层间位移角的限值较《高规》有所放宽，具体见表3.3-1。

楼层层间最大位移与层高之比的限值 **表3.3-1**

结构体系	
框架	1/555
框架-剪力墙、框架-核心筒、板柱-剪力墙、巨型框架-核心筒	1/650
剪力墙、筒中筒	1/800
除框架结构外的转换层	1/800

笔者认为：根据具体工程的实际情况，楼层层间位移角的限制可以适当放宽。但不能大于表3.3-1的限值。

4. 楼层最小地震剪力系数（剪重比）

控制楼层最小地震剪力系数（剪重比），目的是为了控制楼层的最小地震剪力，保证结构的安全。具体取值见《抗规》第5.2.5条及表5.2.5。

由于地震影响系数在长周期段下降较快，对于基本周期大于3.5s的结构，由此计算所得的水平地震作用下的结构效应可能偏小。而对于长周期结构，地震动态作用中的地面运动速度和位移可能对结构的破坏具有更大影响，但是规范所采用的振型分解反应谱法尚无法对此作出估计。出于结构安全的考虑，提出了对结构总水平地震剪力及各楼层水平地震剪力最小值的要求，规定了不同设防烈度下的楼层最小地震剪力系数（即剪重比）限值，当不满足时，结构总剪力和各楼层的水平地震剪力均需要进行适当的调整或改变结构布置使之达到满足要求。

1）一般认为，当结构地震作用计算不满足规范关于楼层最小剪重比的要求时，结构中有不到15%的楼层剪力系数小于规范规定的最小剪重比的15%，则可按规范规定的剪重比对这些楼层进行地震剪力的调整。

2）如果较多楼层的剪力系数不满足规范规定（例如15%以上的楼层），或底部楼层剪力系数小于规范规定的最小剪力系数太多（例如小于85%），说明结构选型、结构的平面、立面布置等不合理，此时，应对结构的选型和结构布置等重新调整，使调整后的结构方案的计算结果能满足或接近规范规定的最小剪重比要求。而不能仅采用乘以增大系数方法处理。这样的处理虽然表面上解决了地震剪力的大小数值，但结构方案的不合理问题并没有解决。结构可能存在安全隐患，这是设计所不能允许的。

3）满足最小地震剪力是结构后续抗震计算的前提，只有调整到符合最小地震剪力要求，才能进行结构相应的地震倾覆力矩、构件内力、位移等等的计算分析、调整；就是说，当各层的地震剪力需要调整时，原先计算的倾覆力矩、内力和位移均需作相应调整。

4）对于存在竖向不规则的结构，突变部位的薄弱楼层，若楼层地震剪力不满足《抗规》第5.2.5条的规定，则应首先按《抗规》第5.2.5条的规定进行调整，再按规范相关规定，乘以薄弱层的水平地震剪力放大系数。

5）当高层建筑计算的楼层剪重比较小时，虽然结构的层间位移角满足规范要求，但有可能不满足结构的稳定性要求。此时，也应调整并增大结构的抗侧力刚度，使之满足结构的稳定性要求。并对此结构进行地震作用计算，计算结果也应满足规范最小地震剪力的规定。

6）采用时程分析法时，其计算结果也需符合最小地震剪力的要求。

7）《抗规》第5.2.5条的规定不考虑阻尼比的不同，是最低要求，各类结构包括钢结构、隔震和消能减震结构均需一律遵守。

8）在验算剪重比时，有一个现象值得注意：有时候对同一个结构方案，按Ⅲ类场地计算剪重比满足规定要求，但按Ⅰ类场地却出现不少楼层剪重比与规定限值相差较多。按规定，此时不能仅采用增大系数的办法，而要调整结构方案，这就不禁使人产生疑问：在Ⅲ类场地上较为合适的结构方案，在Ⅰ类场地上反而需要进行方案调整？问题究竟出在哪里呢？

有学者认为：同一设防裂度、不同的场地类别，其结构楼层的地震剪力是不同的，即剪重比是有区别的。而规范对剪重比限值的规定未考虑场地类别的影响，这就是“设计实践中的大量计算表明，对于Ⅰ、Ⅱ类场地往往底层剪重比最小，不能满足规范对剪重比限值的要求”的原因所在。因而提出：对于不满足规范要求的高层建筑结构，采用增大结构刚度的方法来增大剪重比是难以奏效的。适宜的方法是通过乘以周期折减系数，增大楼层地震剪力，进行周期折减后仍不能满足要求时，可对不满足的楼层处的地震剪力进行放大（不传递），以满足规范剪重比限值的要求。可供参考。

5. 位移比、周期比

对结构的扭转效应应从两个方面加以限制：

1）位移比：限制结构平面布置的不规则性，避免因过大的偏心而导致结构产生较大的扭转效应。具体限值见第一章第三节“二、建筑结构不规则的界定”。

扭转不规则计算，需注意以下几点：

（1）关于楼板计算模型的假定

结构扭转位移比的定义是基于楼板在水平力作用下为刚体转动。但实际工程中楼板总是要开洞的，一般认为：在水平力作用下，如果开有洞口的楼盖周边两端位移不超过平均位移的2倍，可称为刚性楼盖；如平面不对称且凹凸不规则或楼板开大洞局部不连续，超过2倍则属于弹性楼盖。计算扭转位移比时，楼盖刚度可按实际情况确定而不限于强制假定楼板刚度无限大。如果不分情况，一律强制假定楼板刚度无限大，可能导致位移比计算结果失真。

（2）关于“规定水平力”

扭转位移比计算时，楼层的位移不采用各振型位移的 CQC 组合计算，而采用“规定的水平力”计算，由此得到的位移比与楼层扭转效应之间存在明确的相关性。可避免有时 CQC 计算的最大位移出现在楼盖边缘的中部而不在角部，而且对刚性楼盖、分块刚性楼盖和弹性楼盖均可采用相同的计算方法处理。

规定水平力的换算原则：每一楼面处的水平作用力取该楼面上、下两个楼层的地震剪力差的绝对值：连体结构连接体下一层的总水平作用力可按该层各塔楼的地震剪力大小进行分配，计算出各塔楼在该层的水平作用力。但验算结构楼层位移和层间位移角控制值时，仍采用 CQC 的效应组合。

(3) 关于偶然偏心

考虑结构地震动力反应过程中可能由于地面扭转运动、结构实际的刚度和质量分布相对于计算假定值的偏差以及在弹塑性反应过程中各抗侧力结构刚度退化程度不同等原因引起的扭转反应增大，特别是目前对地面运动扭转分量的强震实测记录很少，地震作用计算中还不能考虑输入地面运动扭转分量，因此，无论是高层建筑还是多层建筑，都应考虑偶然偏心。偶然偏心大小的取值，一般情况下可采用该方向最大尺寸的 5%，当平面形状复杂、竖向抗侧力构件的布置变化较大时，宜根据具体情况进行调整。

注意到位移比是楼层竖向构件最大的水半位移或层间位移对该楼层水平位移或层间位移平均值的比值，是一个相对值。当楼层竖向构件最大的水平位移或层间位移很小时，即使楼层的扭转位移比较大，其实际的扭转变形也不会很大，结构也不会因为位移比的数值较大而出现扭转破坏。比如说：一个结构抗侧力刚度很大的多层建筑，刚性楼板，其顶层竖向构件最大的水平位移为 4mm，该楼层水平位移的平均值为 2mm，则其位移比为 2.0，大大超过规范的限值，但对结构来说，这样的变形是不致使结构产生破坏的。所以，规范又规定：最大层间位移很小时，位移比限值可适当放宽。

放宽的幅度，《高规》要求层间位移角不大于限值的 0.4 倍时扭转位移比才仅可放宽到 1.6，笔者认为：这对高层建筑是合适的，但对多层建筑结构，由于层数少、结构高度低，水平侧移一般都不大，顶点位移也不大。在满足结构构件承载能力的情况下，位移比可酌情再放宽。所以，《抗规》规定：“当最大层间位移远小于规范限值时，可适当放宽。”是很合适的，对实际工程作具体分析，确定位移比的取值，避免结构出现较大的扭转效应。

《广东高规》规定：当楼层的最大层向位移角不大于本规程第 3.7.3 条规定的限值的 0.5 倍时，该楼层把转位移比限值可适当放松，但 A 级高度建筑不大于 1.8，B 级高度不大于 1.6。可供参考。

2）周期比：周期比是结构抗扭刚度与抗侧力刚度的比值，反映的是两者的相对关系。控制结构周期比的目的是使结构在具有合理的抗侧力刚度的同时还具有合理的抗扭刚度。具体限值见第一章第三节“二、建筑结构不规则的界定”。

周期比的计算，应注意以下几点：

(1) 周期比计算时，可直接计算结构的固有自振特征，不必附加偶然偏心。

(2) 扭转耦联振动的主振型，可通过计算振型方向因子来判断。在两个平动和一个扭转方向因子中，当扭转方向因子大于 0.5 时，则该振型可认为是扭转为主的振型。

(3) 高层结构沿两个正交方向各有一个平动为主的第一振型周期，规范规定的 T_1 是指刚度较弱方向的平动为主的第一振型周期，对刚度较强方向的平动为主的第一振型周期与扭转为主的第一振型周期 T_t 的比值，规范未规定限值，主要考虑对抗扭刚度的控制不致过于严格。有的工程如两个方向的第一振型周期与 T_t 的比值均能满足限值要求，其抗扭刚度更为理想。

结构的位移比、周期比不满足规范限值要求，说明结构平面刚度中心和质量中心的偏心距较大，结构的抗扭刚度相对于抗侧力刚度较小，一般应调整结构的平面布置，尽可能减小偏心，竖向构件尽可能周边化布置。具体调整可参看第二节一、2 款“应用力学概念对结构方案进行调整”。

6. 相邻楼层的质量比

众所周知，地震作用本质上就是惯性力。在加速度相同的情况下，惯性力的大小与质量成正比。对于同一结构在同一次地震，可以认为加速度接近（即水平地震影响系数 α 接近），如果相邻楼层质量差异过大，特别是上部楼层质量大于下部楼层质量，头重脚轻，显然，相邻楼层的地震作用就差异过大，就可能导致楼层受剪承载力的差异过大，形成薄弱层，结构竖向不规则。因此，《高规》第 3.5.6 条规定了高层建筑中质量沿竖向分布不规则的限制条件：楼层质量沿高度宜均匀分布，楼层质量不宜大于相邻下部楼层质量的 1.5 倍。

《抗规》虽然在第 3.4.3 条正文中未规定楼层质量大于相邻下部楼层质量的 1.5 倍为竖向不规则，但其条文说明指出：除了表 3.4.3 所列的不规则，UBC 的规定中，……，对竖向不规则尚有相邻楼层质量比大于 150%……。可见美国有关规范与《高规》的规定一致。《抗规》也是认可此项规定的。同时注意到《广东高规》也有相同的规定。因此，超过规范限值实质上也是结构竖向不规则。

7. 结构的刚重比

结构侧向刚度与重力荷载的比值称之为结构的刚重比，刚重比是影响结构稳定和重力 $P\text{-}\Delta$ 效应的主要因素。

分析表明，对一般钢筋混凝土高层建筑结构，因为构件的长细比不大，由构件自身挠曲引起的附加重力效应（即 $P\text{-}\delta$ 效应）相对很小，一般可以忽略不计；而结构在水平风荷载或水平地震作用下产生侧移后，重力荷载由于该水平侧移而引起的附加效应，即重力 $P\text{-}\Delta$ 效应相对较为明显，可使结构的位移和内力增加，当位移较大时甚至导致结构失稳。因此，高层建筑混凝土结构的稳定设计，主要是控制、验算结构在风或地震作用下，重力荷载产生的 $P\text{-}\Delta$ 效应对结构性能降低的影响以及由此可能引起的结构失稳。

钢筋混凝土高层建筑结构只要有水平侧移，就会引起重力荷载作用下的侧移二阶效应（$P\text{-}\Delta$ 效应），其大小与结构侧移和重力荷载自身大小直接相关，而结构侧移又与结构侧向刚度和水平作用大小密切相关。控制结构有足够的侧向刚度，使刚度比满足《高规》式（5.4.4-1）或式（5.4.4-2）的要求，则结构侧移变小，重力 $P\text{-}\Delta$ 效应的影响不明显，计算上可以忽略不计，结构稳定性得以保证。当结构侧向刚度较小，刚重比不满足《高规》式（5.4.1-1）或式（5.4.1-2）的要求时，重力 $P\text{-}\Delta$ 效应急剧增加，可能导致结构整体失稳（图 3.3-3）。此时，应考虑重力 $P\text{-}\Delta$ 效应对水平力作用下结构内力和位移的不利影响，调整并增大结构刚度；满足结构稳定性要求。

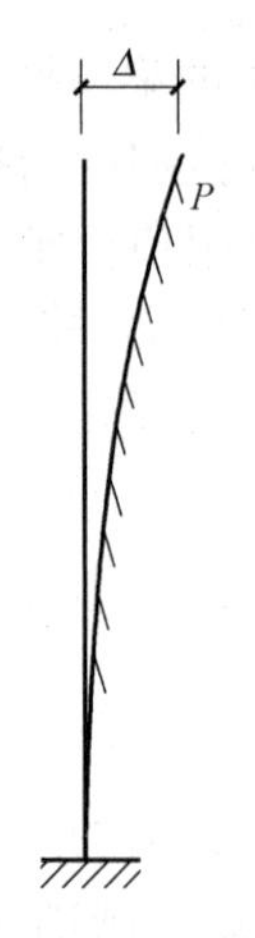

图 3.3-3 重力 P-Δ 效应

值得注意的是：当结构的设计水平力较小，虽然侧移满足楼层位移限制条件，但侧向刚度可能依然偏小，可能不满足《高规》式（5.4.4-1）或式（5.4.4-2）的稳定性要求。应调整增大结构刚度，满足结构稳定性的要求。

五、构件配筋的分析、判断

每个电算程序都有其一定的适用范围，不可能做到“包治百病”。结构计算完毕，除对整体分析结构进行判断和调整外，还应对构件的配筋的合理性进行分析判断。这就要求设计人员对计算结果进行细致地研究，包括必要时应进行手算（导荷载及内力组合、配筋计算）以及采用其他程序进行复核计算。

构件配筋分析包括如下内容：

1. 一般构件的配筋值是否符合构件的受力特征及受力大小。

2. 特殊构件（如转换梁、大悬臂梁、框支柱、越层柱、特别荷载作用的部位）应分析其内力，配筋是否正常、合理。

3. 柱的轴压比是否符合规范要求，落地剪力墙、短肢剪力墙的轴压比是否满足有关要求，竖向构件的加强部位（如角柱、框支柱、底层剪力墙等）的配筋是否得到正确反映。

需要指出的是：目前规范对于构件的截面承载能力配筋计算，一般均采用“内力-杆件”的方法。即假定所有混凝土构件均为杆件，据此求得构件的内力，进行截面的配筋计算。这对一般截面尺寸的梁、柱是可以的，但对受力复杂的结构构件，如竖向布置复杂的剪力墙、加强层构件、转换层构件、错层构件、连接体及其相关构件等，因其受力复杂，截面应力分布非线性。按“内力-杆件”的方法计算截面配筋，不符合构件截面的实际受力状态，可能导致构件承载力存在隐患，偏于不安全。对此，规范规定结构分析时除应进行整体计算外，尚应按有限元等方法对这些构件或相关部位进行更加仔细的局部有限元应力分析，按应力分析结果进行截面的配筋设计校核。以策安全。

4. 个别构件配筋不合理的判断和处理举例。

1）这是某框架-剪力墙结构计算中遇到的情况：如图3.3-4所示为一带端柱的剪力墙肢，构件配筋计算时电算结果显示端柱超筋，而剪力墙肢构造配筋。对该构件进一步分析时发现，由于使用的计算程序对带端柱的剪力墙肢的配筋计算，是将此构件分别按框架柱和剪力墙肢进行计算，从而得出了柱子每侧配筋面积 $A_s=8000mm^2$，这与实际情况并不一致。

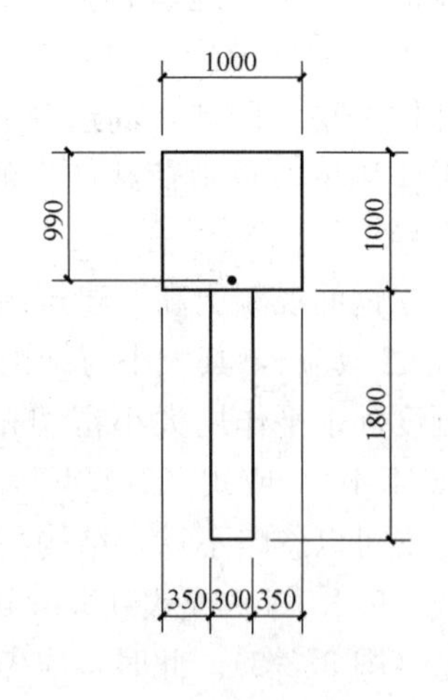

图 3.3-4 截面尺寸

事实上，端柱和剪力墙肢为同一构件，应在同一控制内力下按同一构件计算其截面配筋，以下是根据电算的计算结果，分别取出端柱和剪力墙肢的组合控制内力，根据《高规》按 T 形截面手算其配筋的计算过程。

（1）计算条件：

端柱：截面尺寸：1000mm×1000mm，组合控制内力：N=1920kN，M=－5452kN·m
剪力墙肢：截面尺寸：300mm×1800mm，组合控制内力：N=3313kN，M=－118kN·m
混凝土强度等级C40，钢筋HRB335级，$L_0=4.5$m，$a_s=40$mm
（2）配筋计算：
计算T形截面的形心：

$Y_c=(1000\times1000\times500+300\times1800\times1900)/(1000\times1000+300\times1800)=990\text{mm}$

计算对T形截面形心处的N、M值：

$$N=1920+3313=5233\text{kN}$$

$$M=-5452-118-3313\times(1900-990)+1920\times(990-500)$$
$$=-7638.8\text{kN}\cdot\text{m}$$

对称配筋，根据《高规》第7.2.8条，按T形截面，有

$$A_s=A_s'=3850\text{mm}^2$$

可见此带端柱的剪力墙肢是一适筋偏心受压构件而不是超筋构件。

2）规范是众多工程实践的总结，也是后建工程的指导原则，科学技术在不断发展，规范也需要发展，随之修订。因此，要正确理解、应用规范。

两个跨度相同的单跨简支独立梁，截面尺寸350mm×600mm，混凝土强度等级为C30，采用HPB235级钢筋，仅荷载大小有区别（如图3.3-5所示），试计算其仅配置箍筋时的斜截面受剪承载力。

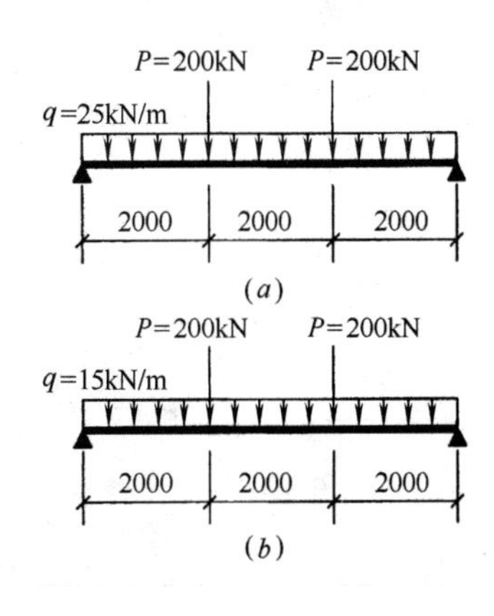

图3.3-5　计算简图

计算如下：

图3.3-5（a）支座处剪力：$V_1=(200+0.5\times25\times6)=275$kN

集中力所占比例：200/275=0.727<75%

根据《混规》第6.3.4条

按一般受弯构件，取$\alpha_{cv}=0.7$

支座处的箍筋为：

$$A_{sv}/s=(V_1-0.7f_tbh_0)/(1.0f_{yv}h_0)$$
$$=(275-0.7\times0.143\times35\times56)/(1.0\times21\times56)$$
$$=0.052\text{cm}^2/\text{cm}$$

$$s=200\text{mm},A_{sv}=1.04\text{cm}^2$$

图3.3-5（b）支座处剪力：$V_2=(200+0.5\times15\times6)=245$kN

集中力所占比例：200/245=0.816>75%

根据《混规》第6.3.4条

按集中荷载独立梁，取 $\alpha_{cv}=\dfrac{1.75}{\lambda+1}$，$\lambda=\dfrac{a}{h_0}=\dfrac{2000}{560}=3.57>3$，取 $\lambda=3.0$

图 3.3-5（b）支座处的箍筋为：$A_{sv}/s=[V_2-1.75f_tbh_0/(\lambda+1)]/(f_{yv}h_0)=0.081\text{cm}^2/\text{cm}$

$$s=200\text{mm},A_{sv}=1.62\text{cm}^2$$

可以看出，图 3.3-5（b）受荷载小，支座处剪力小，而箍筋面积却大了 60%多，此时，应根据力学概念来调整这不合理的计算结果。

第四章　部分框支剪力墙结构

第一节　部分框支剪力墙结构的适用范围

一、受力特点

部分框支剪力墙结构是由落地剪力墙或剪力墙筒体和框支剪力墙组成通过楼板协同工作的结构体系。这种结构体系中的框支剪力墙，上部为剪力墙，下部为框支柱，框支柱上一层（或两层）就是转换层。转换层的水平构件可采用实腹梁（即为框支梁）、桁架、箱型深、厚板等。

整体分析的结果表明：部分框支剪力墙结构以转换层为分界，上、下两部分的内力分布规律是不同的。

在转换层以上的楼层，外荷载产生的水平力基本上按各墙肢的等效刚度比分配，位移特征相似，同一楼层同一方向各墙肢侧移相等。

在底部大空间层，由于框支柱的刚度很小，往往只有落地剪力墙刚度的1.0%以下，因此，当在计算中采用转换层楼板面内刚度为无限大的假定，则转换层楼面所有框支柱和剪力墙通过楼板协同工作，两者的侧移相等，水平力就按框支柱和落地剪力墙的刚度比分配。此时，水平剪力几乎百分之百集中到落地剪力墙上，而框支柱的剪力很小，接近于零。但实际上，由底层大空间剪力墙结构实验研究表明：转换层楼板要完成上、下层剪力的重新分配，自身在平面内受力很大，楼板有显著变形，水平力不再按框支柱和落地剪力墙的刚度比分配，导致框支柱位移增大，从而使框支柱的剪力比按楼板面内刚度为无限大假定的计算值大6～8倍。

框支剪力墙转换层以上为抗侧力刚度很大的剪力墙，与下面的框支柱抗侧力刚度差异很大，故在水平荷载下框支剪力墙转换层上下层层剪力发生突变。转换层是薄弱层。转换层下部框架的层间位移会很大，地震作用产生的层间位移会更大，常使框支柱两端出现塑性铰，甚至由于不可能承受如此大的变形而导致破坏。

框支剪力墙的受力情况相当复杂。外荷载产生的内力在上部墙体和下部支承框架中的分布完全不同。以采用实腹梁的单榀框支剪力墙为例，考虑上部墙体和下部框支框架共同工作的有限元分析表明：

1. 竖向荷载作用下的受力特点

1）框支剪力墙在竖向荷载作用下，离框支梁较远（即距框支梁 L_0 以上部分，L_0 为框支梁的净跨）的上部墙体，竖向应力 σ_y 分布不受底部框架的影响。当墙上作用为均布荷载时，σ_y 也为均匀分布；水平应力 σ_x 则接近于零；剪应力也接近于零。而靠近框支梁的上部墙体受力有拱效应，σ_y 沿拱作用线向支座处集中，端支座处竖向应力最大；同时有水平向应力σ_x（推力），双跨框支剪力墙的中间支座墙体存在一个三角形的拉应力区，拉应力在中柱正上方、框支梁的上边缘处最大；墙体内的剪应力τ在与框支梁顶面的交界处达到最大值，见图 4.1-1。

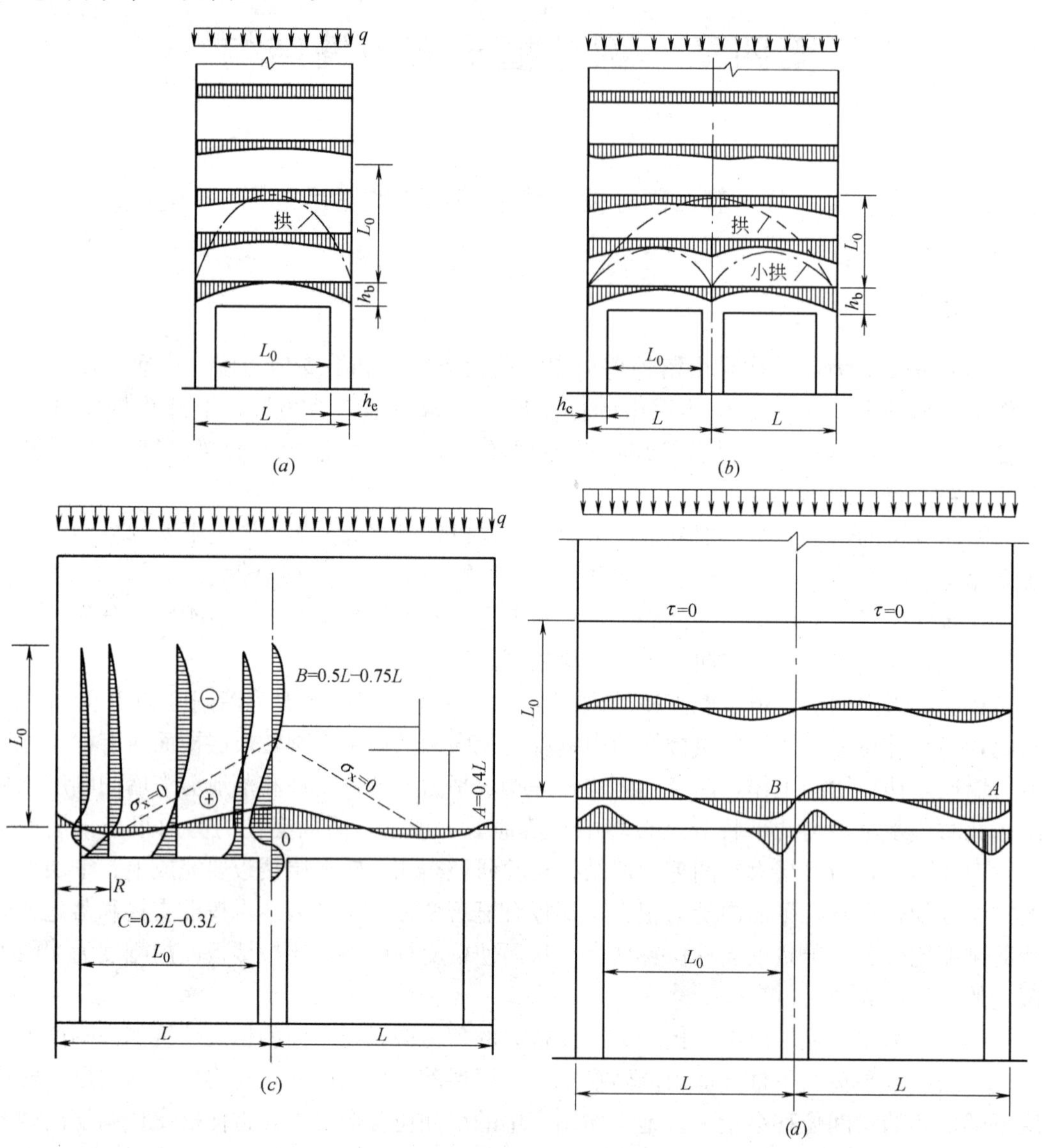

图 4.1-1 竖向荷载下框支梁以上墙体应力分布

(a) 单跨框支梁以上墙体竖向应力σ_y；(b) 双跨框支梁以上墙体竖向应力σ_y；(c) 双跨框支梁以上墙体水平应力σ_x；(d) 双跨框支梁以上墙体剪应力τ

2）由于框支梁与其上部墙体共同工作，框支梁就像是拱的拉杆，在竖向荷载下除了有弯矩、剪力外，还有轴向拉力。此轴向拉力沿梁全长不均匀，跨中处大，支座处减小。这是框支梁不同于一般框架梁的最大之处，一般框架梁在竖向荷载作用下为受弯构件，而框支梁是偏心受拉构件，见图 4.1-2。

3）框支柱除受有弯矩、剪力外，还承受较大的轴向压力。特别是大于一跨的框支剪力墙，由于大拱套小拱的效应，框支柱的轴向力并不像一般框架柱那样近似按所属面积分

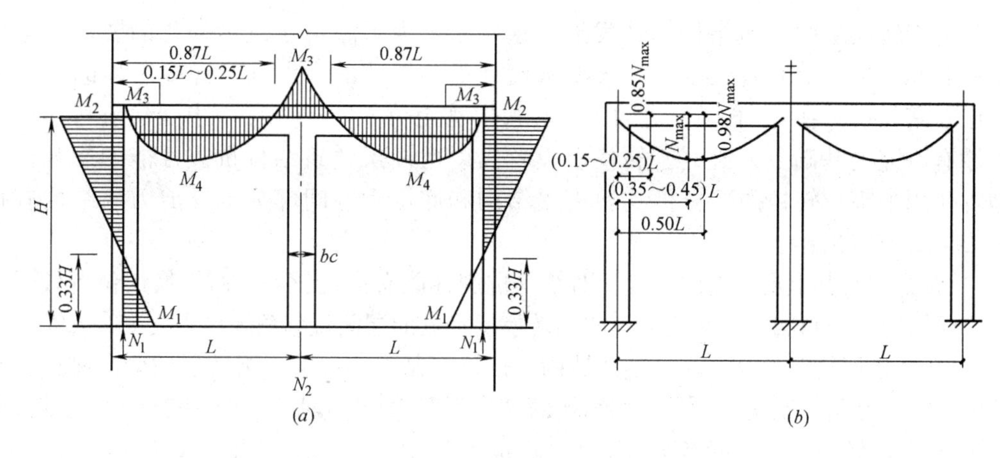

图 4.1-2　竖向荷载下框支框架的内力分布

（a）框支框架的弯矩；（b）框支梁的轴向拉力分布

配，而是边柱轴力增大，中柱轴力减小，例如两跨的框支剪力墙，竖向荷载下框支边柱的轴力之和约占总轴力的 3/5，而中柱只约占总轴力的 2/5。

4）框支转换层楼板在其平面内受力很大，除了应有效地传递水平力之外，还要协助框支梁受拉。

2. 水平荷载作用下的受力特点

水平荷载作用下，离框支梁较远（即距框支架 L_0 以上部分，L_0 为支承框架的净跨）的上部墙体，竖向应力 σ_y 为线性分布；而靠近框支梁的上部墙体 σ_y 逐渐向支座处集中，但仍保持反对称分布的特点（图 4.1-3）。

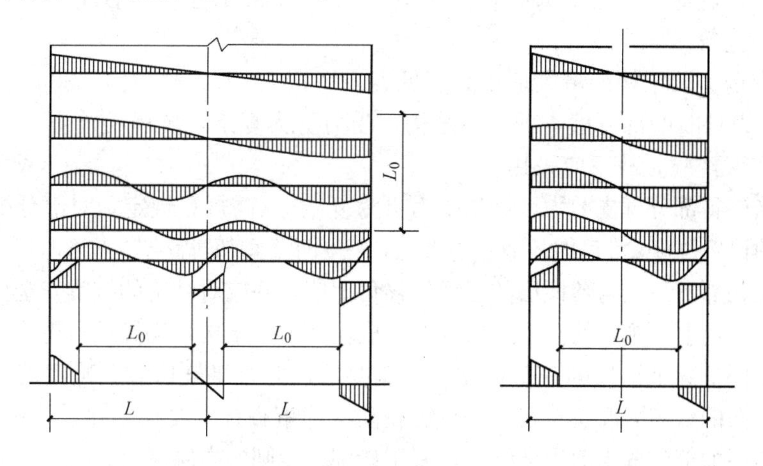

图 4.1-3　水平荷载下框支剪力墙竖向应力 σ_y 分布

水平荷载作用下框支梁同样有较大的轴向拉力和剪力。

20 世纪 80 年代中期，我国开始采用转换层设在底层的部分框支剪力墙结构，20 世纪 90 年代初原《高规》JGJ 3—91 正式列入该种结构体系及其设计的有关规定，强调结构的平面及竖向布置合理，保证大空间楼层有足够的刚度，防止转换层上、下层竖向刚度过于悬殊；加强转换层（框支梁、转换层楼板、框支柱等）的刚度与承载力，保证转换层可以将上部楼层剪力可靠地传到落地剪力墙上去。20 世纪 90 年代的 10 年间，底部带转换层的建筑结构迅速发展。近年来，为了满足建筑多样化的要求，不仅在结构底部一、二层布置大空间，还要求设计更多层数的大空间。许多工程的转换层位置已较高，设置在 3～6 层，有的工程转换层甚至位于 7～10 层。中国建筑科学研究院在原有研究的基础上，研究了转换层设置高度对高层建筑结构抗震性能的影响，发现地震作用下高位转换的部分框支剪力墙结构和底层大空间部分框支剪力墙结构有很大差异，研究得出：

1）转换层与其上层的侧向刚度比对结构抗震性能有一定影响。对转换层位置较低的带转换层结构，控制侧向刚度比可以控制转换层附近的层间位移角及内力突变。

2）对转换层位置较高的带转换层结构，仅仅控制转换层上、下楼层的侧向刚度比是不够的，还应控制转换层上部与下部结构的等效刚度比。转换层上部与下部结构的等效刚度比 γ_e 越大，转换层上、下楼层的层间位移角及内力突变情况越明显，设计时应限制 γ_e'，使其尽量接近 1.0，且不应大于 1.3。

3）底部转换层位置越高，转换层上、下刚度突变越大，转换层上、下内力传递途径的突变越加剧；此外，转换层位置越高，框支剪力墙和落地剪力墙之间的剪力分配会有较大变化，落地剪力墙或筒体易出现受弯裂缝，从而使框支柱的内力增大，转换层上部附近的墙体容易破坏，转换层附近楼层的剪力会出现突变，楼板将承受较大的剪力。总之，转换层位置越高对抗震越不利。

二、适用范围

部分框支剪力墙结构由于底层或底部几层有较大的空间，能满足多种建筑功能的使用要求，因此，广泛应用于底部为商店、餐厅、车库、机房，上部为住宅、公寓、饭店、综合楼等多高层建筑。

部分框支剪力墙结构的最大适用高度见表 2.2-1、表 2.2-2、表 2.2-3。

9 度抗震设计时的部分框支剪力墙结构，受力更为复杂，抗震性能更差，目前尚缺乏研究和工程实践经验，故不应采用。

高位转换使得部分框支剪力墙结构受力更为复杂，《高规》规定，对部分框支剪力墙结构，转换层的设置高度，8 度时不宜超过 3 层，7 度时不宜超过 5 层，6 度时可适当增加。超过时，应控制相邻下一层与转换层的层间位移角比值，并应对结构的抗震安全性作充分的论证。就是说，超过上述规定的高位转换的部分框支剪力墙结构，仍按现行规范的有关条文进行设计，不能保证满足结构的安全可靠和抗震要求，但如建筑功能上确实需要，是可以做的。住建部颁布的《超限高层建筑工程抗震设防专项审查技术要点》建质［2010］109 号文指出，高位转换的部分框支剪力墙结构，属于特别不规则的高层建筑，应进行超限审查，经专家审查论证后，采取可靠的抗震措施，以保证结构抗震的安全可靠。

应当注意的是：

计算转换层的位置时，应从地面以上算起，而不应计入地下部分的转换层数。因为地面以下结构即使有转换，因有土体的侧向约束，也不致出现像上部结构带转换层那样的受力和破坏的情况。

例如：某部分框支剪力墙结构，地下 3 层，结构嵌固部位在地下一层底板，地面以上大空间层数为 3 层，并一直通到地下三层，8 度设防时是否属于高位转换？

结构嵌固部位在地下一层底板有两种情况（参见本书第三章第三节“三、结构底部嵌固部位的确定”）：

1）如果仅是由于地下室顶板和室外地坪的高差较大（一般大于本层层高的1/3）所致，则可理解为地面以上大空间层数为4层，故本工程8度设防时属于高位转换。应按《高规》中高位转换的有关规定设计。

2）如果是由于其他原因所致，则可理解为地面以上大空间层数为3层，故本工程8度设防时不属于高位转换。

需要指出的是：无论本工程是否属于高位转换，第一种情况下的地下一层和地下二层、第二种情况下的地下一层的框支柱和其他转换构件应按《高规》的有关规定设计；地下其余层的框支柱轴压比可按普通框架柱的要求设计，但其截面、混凝土强度等级和配筋设计结果不宜小于其上层对应的柱。

3）规范所说的“6度时可适当提高”，究竟提高多少？

应根据具体工程的实际情况如结构体系、结构高度、结构的复杂程度、场地条件等分析确定。一般情况下，以提高1层为宜。即6度时不宜超过6层。

在同一工程中采用两种以上的复杂结构，地震作用下易形成多处薄弱部位。为保证设计的安全可靠，7度和8度抗震设计的部分框支剪力墙结构不宜再同时采用两种或两种以上《高规》第10.1.1条所指的复杂建筑结构。

部分框支剪力墙结构的转换形式，实腹梁是最常用的转换构件。实腹转换梁（即框支梁）具有传力途径明确、可靠的优点，工程实践中应用较多。但框支梁截面尺寸很大，梁本身刚度很大，可能会使框支梁与框支柱形成的框架出现“强梁弱柱”，在柱的两端出现裂缝，甚至屈服在柱端形成塑性铰，使框支层成为可变机构而破坏。同时，框支梁加大了转换层上、下层结构侧向刚度的突变程度，加大了结构自重，于结构抗震不利。

在钢筋混凝土转换构件中设置型钢，形成型钢混凝土框支梁、柱，或在钢筋混凝土实腹转换梁中掺加钢纤维，形成钢纤维混凝土框支梁，既能提高转换构件的承载力，减小构件截面尺寸，避免出现肥梁胖柱，又可提高构件的延性，减缓转换层上下部结构刚度突变程度，提高结构的抗震性能。

在部分框支剪力墙结构中采用桁架作为上部剪力墙和下部框支柱之间的转换也是可能的，这种形式的转换一般在桁架内部腹杆上易出现裂缝，在腹杆的上、下端先出现塑性铰，框支柱保持完好，结构整体的延性及耗能能力均较大。同时，有利于机电管道（线）的布置，有利于减小转换层本身的刚度、减轻转换层重量。但桁架的节点设计非常重要，应特别注意“强节点”的设计，同时，桁架的竖杆承受的剪力较大，应注意采取“强剪弱弯”的设计措施。

当利用设备层作为转换层时，一般在设备层高度内将剪力墙加厚成为一层高的“腹板”，上、下层楼板成为“翼缘”，形成了箱形转换构件（I形）。非抗震设计或6度抗震设计或7、8度抗震设计的地下室，如果上部剪力墙布置与下部框支柱布置轴线多处甚至完全不一致，转换构件也可以采用厚板。

转换构件或转换层采用什么形式，应根据具体工程进行多方案比较，在满足建筑功能要求的前提下，分析其受力特点、抗震性能、经济指标，从中优选出最经济合理的转换形式。

本章主要介绍采用实腹梁托墙转换的部分框支剪力墙结构的有关设计。

三、工程实例

××花园由两栋32层塔楼及5层裙房组成，裙房及一层地下室为商场及车库，采用框架以提供灵活、较大的建筑空间，最大柱距9.8m；6层以上为住宅，采用钢筋混凝土剪力墙，在第6层设置了实腹梁结构转换层，布置有双向正交的混凝土转换大梁。结构体

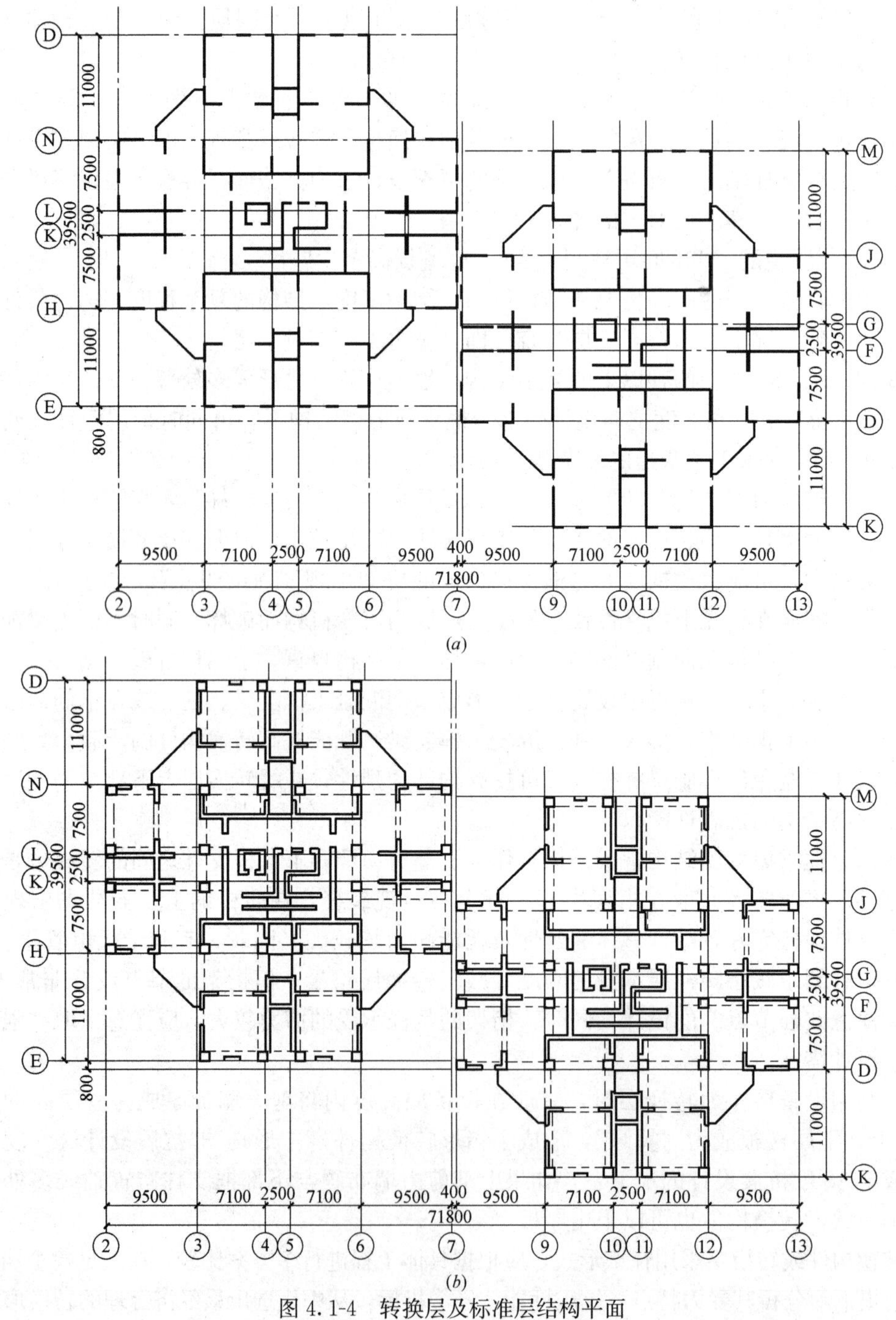

图4.1-4　转换层及标准层结构平面

(a) 标准层结构平面；(b) 转换层结构平面

系为钢筋混凝土部分框支剪力墙结构，地面以上结构总高度为 100m。总建筑面积约 72000m²。转换层及标准层结构平面布置见图 4.1-4。

本工程按 7 度抗震设防烈度设计，结构的抗震等级为：框支梁、柱一级，剪力墙二级；基本风压值采用 0.7kN/m²，高层建筑风载放大系数取 1.10（按当时的规范——89 规范设计）。

1. 主要构件尺寸及材料强度

基础形式采用桩基加筏板基础，桩基采用 ϕ500 高强预应力混凝土管桩，地下室底板为加厚桩承台筏板形式，底板厚 2000mm。

上部结构主要受力构件截面尺寸见表 4.1-1。

主体结构采用 C25～C40 级混凝土，钢筋采用 HPB235、HRB335 热轧钢筋。

上部结构主要受力构件截面尺寸　　表 4.1-1

构　件	底部框支柱	框支梁	转换层楼板厚	标准层剪力墙厚	落地剪力墙厚
截面尺寸（mm）	1300×1300	1000×2000（支座处加腋）	240	250～200	600（部分墙肢）

2. 结构分析

主体结构计算采用 TBSA 程序，框支剪力墙采用 TBFEM 程序进行有限元分析。

1）结构整体分析

结构整体分析主要计算结果如下（以单个塔楼计）：

结构自振周期：　T_x=1.51s　T_y=1.65s

总地震力：　V_x=8528kN　V_y=8420kN

结构总重量：　W=395115kN　单位面积重：13.5kN/m²

地震力作用下塔楼的顶点位移：U_x/H=1/4732，U_y/H=1/4230

单位面积用钢量：105kg/m²

对结构的整体分析中发现：由于转换层上下部的结构形式不同，结构的刚度变化较大，上部各片混凝土剪力墙在靠近转换层的部位内力和配筋均较大，说明该区域出现了较大的应力集中和重分布，影响范围为转换层上的 2～3 层。因此，设计中对转换层及其附近上下几层的楼板均采用了特别加强：采用板厚为 240mm 的 C35 混凝土现浇板并配置 Φ14@200双层双向钢筋网。以利于该部位的内力的传递和重分布，保证在进行总体分析时尽量接近楼板平面内刚度无限大的假定，减少总体分析的误差。对框支柱计算剪力偏小的误差，则按规范进行剪力调整，使裙房部分的楼层有较富裕的抗剪强度。

2）框支梁的有限元计算及分析

整体分析时首先将框支梁作为一根杆件参与计算，由此得到该梁作为弯剪构件的内力和配筋，同时亦得到梁上剪力墙肢的总内力；然后采用了“框支剪力墙的有限元分析程序 TBFEM”专门对框支梁及其上部三层的剪力墙进行有限元分析，研究框支梁与剪力墙共同工作的应力分布，计算对应部位的配筋量；再利用手算计算由于上部剪力墙与框支梁轴线偏差所引起的扭矩对框支梁的影响，采用手算复核框支梁的抗剪强度。

主要做法是：

(1) 结构整体分析时，假定框支梁和其上部的剪力墙是两种不同的构件，两者的协同工作情况考虑不够，实际上框支梁与其上部的剪力墙是共同工作的，TBFEM 较好地反映了两者的边界约束情况。考虑到框支梁的受力特点实际为偏心受拉，所以在设计中适当加大了框支梁下部纵向受拉钢筋的配筋量，以策安全。

(2) 结构整体分析时，框支梁上部剪力墙对框支梁支座的垂直压力作用反映不够，为此，设计中还采用手算将剪力墙底部的总垂直力作为框支梁的荷载进行框支梁的抗剪强度复核，这对于保证框支梁的抗剪强度是十分必要的。

(3) 对于上部剪力墙的轴线与框支梁的轴线存在偏差所引起的扭矩对框支梁是十分不利的，应不容忽视，由于框支梁上剪力墙所受的垂直力相当大，而剪力墙与框支梁的轴线偏差一般都有几十厘米（本工程最大处为 375mm），所产生的扭矩还是很大的，在本工程中，最大扭矩值已超过 1000kN·m，虽然可以考虑转换层楼板作为框支梁的翼缘承担一部分扭矩，设计中还是应单独复核框支梁的抗扭强度，为了避免产生扭矩，应与建筑专业配合，尽量将剪力墙的轴线与框支梁的轴线对齐。

第二节　结构布置

部分框支剪力墙的结构布置，除应满足第二章第三节结构布置的一般规定，特别是转换层上、下结构侧向刚度比的规定外，还应注意以下几个关键问题：

1. 平面布置应力求简单、规则、均匀、对称、周边化。尽量使水平荷载的合力中心与结构刚度中心重合，避免扭转的不利影响。

2. 竖向布置应保证底层大空间有足够的刚度，防止转换层上、下部分结构刚度过于悬殊。

3. 加强转换层的刚度和承载力，保证转换层可以将竖向及水平荷载可靠有效地传到落地剪力墙（落地筒体）和框支柱上。

一、平面布置

平面布置应特别注意落地剪力墙的均匀和周边化。所谓“均匀”，一是指落地剪力墙的截面尺寸较为均匀，各片落地剪力墙底部承担的水平剪力不宜差距过大；二是平面位置尽可能均匀，详见第二章第三节的有关规定。而不要将框支剪力墙集中布置在平面的某个部位，落地剪力墙集中布置在平面的另一个部位。落地剪力墙的周边化布置，既可以增大结构的抗侧力刚度，又可以增大结构的抗扭刚度，提高结构的抗扭能力。

框支梁与框支柱截面中线宜重合。

框支剪力墙结构底部加强部位，墙体两端宜设置翼墙或端柱，抗震设计时尚应按规定设置约束边缘构件。

二、竖向布置

主要是控制转换层上、下部结构的刚度突变。

底部柔软的结构在大地震中的倒塌十分普遍，而部分框支剪力墙结构容易形成下柔上刚，为保证结构底部大空间有合适的刚度、强度、延性和抗震能力，应尽量强化转换层下部的结构刚度，弱化转换层上部的结构刚度，使转换层上、下部主体结构刚度及变形特征尽量接近。详见第二章第三节的有关规定。

为此，可采取以下措施：

1. 与建筑等专业协调，争取尽可能多的剪力墙落地。必要时也可以在平面其他部位设置剪力墙以加大底部大空间楼层的结构刚度。

2. 加大落地剪力墙的厚度，尽量增大落地剪力墙的截面面积。

3. 提高大空间层落地剪力墙和框支柱的混凝土强度等级。

4. 在满足结构层间位移角限值前提下，对框支剪力墙框支梁以上墙体减小墙厚减少开洞等。但不宜设置边门洞，也不宜在框支中柱上方设置门洞；特别是框支梁上一层墙体，更需如此。

5. 落地剪力墙和筒体尽量不开洞，如开洞洞口宜布置在墙体的中部。

6. 结构的竖向布置，应使框支框架承担的地震倾覆力矩小于结构总地震倾覆力矩的 50％。

第一章第三节中所提到的北京财富中心一期工程公寓楼，方案设计时为减少结构扭转，虽然没有建筑功能要求却将南楼底部也采用框支转换，致使框支结构的总高度超过规范适用范围的 50％，且转换层上、下楼层侧向刚度严重突变。根据全国超限高层建筑工程抗震设防审查专家委员会专家的审查意见，决定取消南楼的框支转换，使南楼满足规范的高度控制；北楼底部框支层采用特一级措施和设防烈度下框支柱不屈服的设计要求；同时采用调整墙体布置和加强边梁的办法减少结构扭转效应；加强南北两楼的连接，按连接部位在大震下形成塑性铰对双塔进行强度和变形复核。从而减少了结构的转换部位，减缓了转换层上、下楼层侧向刚度的突变程度，提高了结构的抗震性能。同时也降低了结构的设计难度，见图 4.2-1。

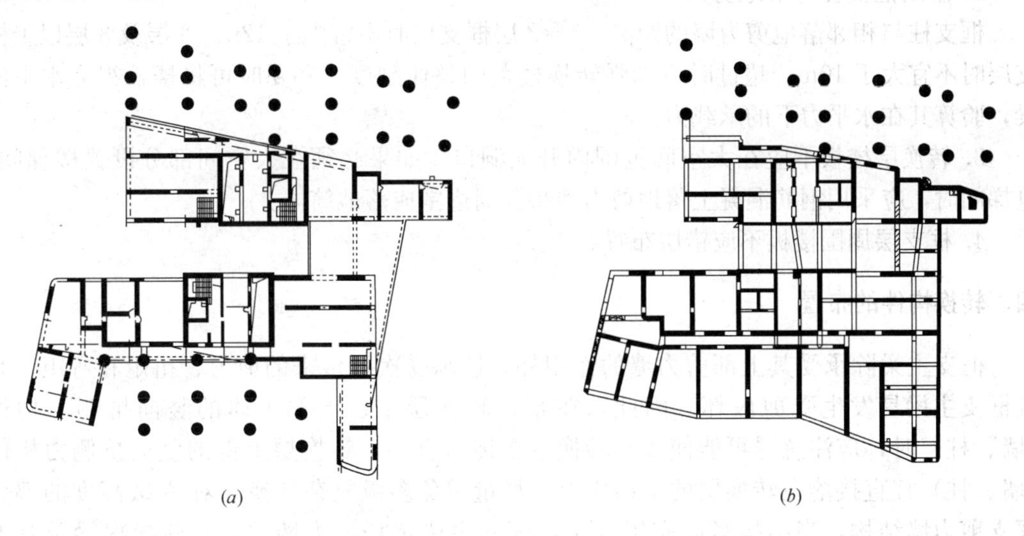

(*a*)　　(*b*)

图 4.2-1

(*a*) 原设计的二层平面；(*b*) 审查后调整的二层平面

三、楼盖布置

楼盖设计除了要求整体现浇，适当加大板厚的配筋外，还应通过其他措施，加强转换层的刚度和承载力，保证转换层可以将竖向及水平荷载可靠有效地传到落地剪力墙（落地筒体）和框支柱上。

1. 限制落地剪力墙的间距

和框架-剪力墙结构中限制剪力墙的间距一样，限制落地剪力墙间距的目的是保证结构的整体工作性能。见图 4.2-2。实际工程中对落地剪力墙之间的楼板，应避免开大洞、避免楼板处有较大的凹入，尽可能使楼板宽度基本均匀。

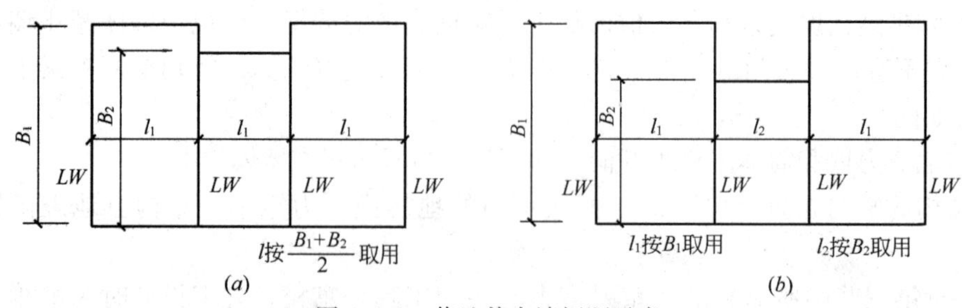

图 4.2-2 落地剪力墙间距示意

(a) LW：落地剪力墙；(b) L_1、L_2：剪力墙间距

落地剪力墙的间距 l 应符合下列规定：

1）非抗震设计时，l 不宜大于 $3B$ 和 36m；

2）抗震设计时，当底部框支层为 1～2 层时，l 不宜大于 $2B$ 和 24m；当底部框支层为 3 层及 3 层以上时，l 不宜大于 $1.5B$ 和 20m；

此处，B 为落地墙之间楼盖的平均宽度；当楼板宽度变化较大时，B 宜按落地剪力墙之间楼板的最小宽度取用。

2. 限制框支柱与落地剪力墙的距离

框支柱与相邻落地剪力墙的距离，1～2 层框支层时不宜大于 12m，3 层及 3 层以上框支层时不宜大于 10m；超过时应加强转换楼盖的整体刚度，必要时可将楼盖视为水平深梁，验算其在水平力下的承载力。

3. 转换层楼板不应在大空间范围内开大洞口。如果必须在大空间部分设置楼梯间、电梯间时，应采用钢筋混凝土落地剪力墙将其周边围成落地筒体。

4. 框支层周围楼板不应错层布置。

四、转换构件的布置

框支主梁除承受其上部剪力墙的作用外，还承受次梁传来的剪力、扭矩和弯矩，并且框支主梁易发生受剪破坏。因此，在布置转换层上、下部主体的竖向抗侧力构件（墙、柱）时，应注意尽可能使水平转换结构传力直接，转换层上部的竖向抗侧力构件（墙、柱）宜直接落在转换层的主结构上，尽量避免多级复杂转换。对 A 级高度的部分框支剪力墙结构，当结构竖向布置复杂，框支主梁承托剪力墙并承托转换次梁及其上剪力墙时，这种多次转换传力路径长，框支主梁将承受较大的剪力、扭矩和弯矩，一般不宜采用。当必须采用时，应对框支梁进行空间有限元应力分析，按应力校核配筋，并加强配筋构造措施。对 B 级高度的部分框支剪力墙高层建筑的结构转换层，不宜采用框支主、次梁的转换方案（图 4.2-3）。

框支梁截面中心线宜与框支柱截面中心线、框支梁上一层墙体截面中心线重合。不重合时，应对框支梁的抗扭、相连梁板的抗弯配筋予以适当加强。

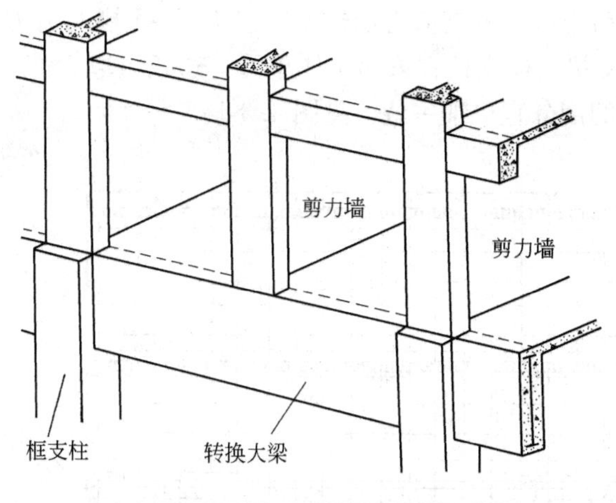

图 4.2-3　多级复杂转换

第三节　计 算 要 点

一、一般规定

部分框支剪力墙结构是复杂的三维空间受力体系，竖向刚度变化大，受力复杂，易形成薄弱部位。如前所述，框支梁以上几层的剪力墙受力复杂，墙体应力既有水平方向正应力 σ_x，也有垂直方向正应力 σ_y，还有剪应力 τ，且都是非线性分布；框支梁不但是偏心受拉构件，而且轴向拉应力沿梁长非线性分布；框支柱的应力分布也非线性。显然，按一般的杆单元计算模型进行结构的整体计算分析，不能得到上述构件的真实的应力分布，设计缺乏可靠依据，甚至偏于不安全。就是用网格剖分较大的有限元计算，也难以反映上述构件的真实应力分布。

部分框支剪力墙结构的内力和位移分析除应符合第三章的有关规定外，其计算分析一般宜分两步走：

第一步：结构的内力与位移整体计算

根据结构实际情况，确定较能反映结构中各构件的实际受力状况的力学模型，选取合适的三维空间分析软件进行整体结构分析。

此时，可根据工程实际情况和计算软件的分析模型，对其局部（即受力复杂和框支框架和其上的剪力墙）进行适当的和必要的简化处理，但不应改变结构的整体变形和受力特点。

第二步：在此基础上采用有限元方法对转换层结构进行局部补充计算

把整体计算中经简化处理的局部结构（或结构构件）及其相邻构件的内力作为外荷载，对作简化处理的局部结构（或结构构件）进行更精细的补充计算分析（比如有限元分析），以取得上述构件详细的应力分布情况，确定框支梁、框支柱和附近墙体的配筋。

局部有限元分析时，框支梁上部墙体高度的计算范围与框支梁的跨度有关，当框支梁跨度较大时上部墙体的层数宜多取一些，当跨度较小时可适当少取一些；范围一般可取自底层框架至框支梁以上 2 至 4 层墙体。

计算单元宜选用高精度元。单元网格的剖分，应根据构件应力分布的复杂程度不同而有所区别。一般复杂剪力墙、框支剪力墙框支梁以上 2～4 层的剪力墙平面单元边长可取为 300～500mm，框支梁、框支柱宜采用实体单元，边长可取为 250～300mm。受力越复杂的部位，单元网格的剖分宜更细一些，见图 4.3-1。

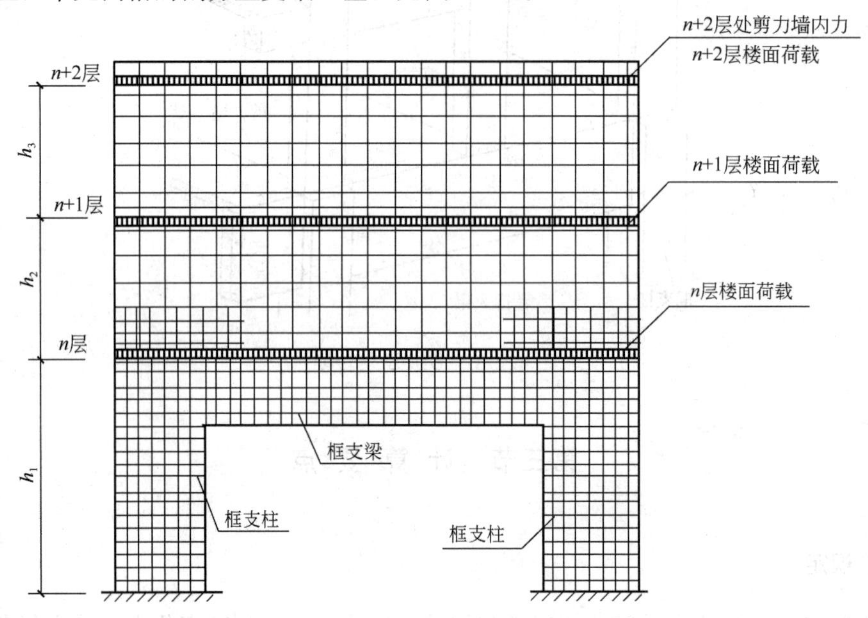

图 4.3-1　框支剪力墙局部计算时单元网格的剖分举例

需要注意的是：采用杆系结构计算模型，将框支梁简化为一根杆，框支梁上部的剪力墙也简化为薄壁杆件，框支梁与其上部的剪力墙仅在杆件节点处变形协调，以此来进行框支剪力墙的内力分析是不妥的（图 4.3-2）。计算出的框支梁截面尺寸和配筋往往很大。原因是计算模型与结构实际受力状态相差甚远。因为在实际结构中，上部的剪力墙不但以线变形协调传力给框支梁，同时还与框支梁共同工作，整体受力，抵抗外荷载。实际上，框支梁与其上部的若干层剪力墙体已成为一体，类似一根深梁的受力特点。

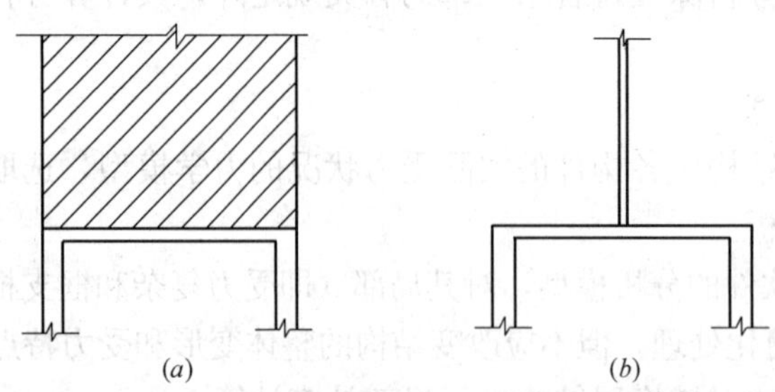

图 4.3-2　框支剪力墙不正确的简化计算模型
（a）实际结构；（b）不正确计算简化模型

考虑到框支梁与其上部剪力墙共同工作的特点，施工时应使框支梁与其上部剪力墙混凝土凝结硬化、达到 100% 设计强度后方可拆模。否则，应将上部剪力墙体作为竖向荷载作用在框支梁上，仅以框支梁自身的截面力学特性，验算其抗弯、抗剪承载能力。

二、内力调整

结构转换层及其相关转换构件在地震作用下的内力调整，必须在满足规范关于楼层最小地震剪力系数的前提下进行。若经计算已经满足楼层最小地震剪力系数的规定，则可按规定对结构转换层及其相关转换构件进行内力调整。若不满足，则应首先改变、调整结构布置或采用其他有效办法，使之满足楼层最小地震剪力系数的规定，然后再对结构转换层及其相关转换构件在地震作用下的内力进行调整。

1. 薄弱层水平地震剪力的调整

部分框支剪力墙结构由于部分剪力墙底部开大洞，造成结构楼层侧向刚度突变，受剪承载力突变，为防止结构在地震作用下的倒塌破坏，计算出的在地震作用下的结构薄弱层地震剪力标准值应乘以增大系数，这是抗震设计的一个重要概念。

增大系数的取值，注意到《高规》的规定是“乘以 1.25 的增大系数”，而《抗规》的规定是“乘以不小于 1.15 的增大系数”。笔者认为：根据部分框支剪力墙结构高度的不同、地面以上转换层数的不同、转换层刚度突变承载力突变的程度不同，增大系数的取值应有所区别。例如：对多层建筑结构，可乘以 1.15 的增大系数，房屋高一些，增大系数可根据工程的具体情况适当加大，如取 1.20 等；而对高层建筑，需适当提高结构安全度要求，应乘以 1.15 的增大系数。对较高的高层建筑或结构突变程度较大的高层建筑结构，根据工程的具体情况，增大系数也可取大于 1.25。

2. 框支柱水平地震剪力标准值的调整

计算分析表明：部分框支剪力墙结构转换层以上的楼层，水平力基本上按各片墙肢的等效刚度比例分配；在转换层以下，一般落地剪力墙的刚度远大于框支柱的刚度，落地剪力墙几乎承受全部水平地震作用，框支柱的剪力非常小。但在实际工程中，转换层楼板有显著的面内变形，从而使框支柱的剪力比计算值显著增加。对 12 层的低层大空间剪力墙住宅结构模型实验研究表明：实测框支柱的剪力为按楼板面内刚度为无限大的假定计算的 6～8 倍；且落地剪力墙出现裂缝后刚度下降，也导致框支柱的剪力增加。所以，在内力分析以后，应对楼层剪力进行调整。

1）内力调整应根据转换层位置的不同，框支柱数目的多少，对框支柱的水平地震剪力标准值作相应调整，使底层框支柱承担 20%～30%的基底剪力，其调整原则见表 4.3-1。

框支柱的最小设计剪力 V_{cjw} 表 4.3-1

柱数 n_c	上层为一般剪力墙结构	
	1～2 层框支层	3 层及 3 层以上框支层
≤10	$0.02V$	$0.03V$
>10	$0.2V/n_c$	$0.3V/n_c$

注：1. 表中 V 为结构基底地震总剪力标准值；

2. 框支柱剪力调整后，应相应调整框支柱的弯矩及柱端梁（不包括转换梁）的剪力、弯矩、框支柱的轴力可不调整；

3. 框支柱承受的最小地震剪力计算以框支柱的数目 10 根为分界，此规定对于结构的纵横两个方向是分别计算的。若框支柱与钢筋混凝土剪力墙相连成为剪力墙的端柱，则沿剪力墙平面内方向统计时端柱不计入框支柱的数目，沿剪力墙平面外方向统计时其端柱计入框支柱的数目；

4. 当框支层同时含有框支柱和框架柱时，首先应按框架-剪力墙结构的要求进行地震剪力调整，然后再复核框支柱的剪力要求。

2）底层落地剪力墙承担该层全部剪力。

3）当部分框支剪力墙结构带有裙房为一个结构单元时，结构底部总地震剪力不含裙房部分的地震剪力，框支柱也不含裙房的框架柱。即框架柱内力不调整。

3. 与转换构件相连的转换柱弯矩设计值的调整

抗震设计时，与转换梁相连的转换柱弯矩设计值的上端和底层柱下端截面的弯矩组合值应乘以增大系数。抗震等级为一级的转换柱，增大系数可取为 1.5；抗震等级为二级的转换柱，对高层建筑，增大系数可取为 1.3，对多层建筑，增大系数可取为 1.25；三、四级抗震等级时，增大系数可酌情减小。其他层转换柱柱端弯矩设计值的调整应符合《高规》第 6.2.1 条的规定。

关于转换柱的弯矩调整，调整计算举例如下：

某底部带转换层的钢筋混凝土框架-核心筒结构，抗震设防烈度为 7 度，丙类建筑，建于Ⅱ类建筑场地。该建筑物地上 31 层，地下 2 层；地下室的主楼平面以外部分，无上部结构。地下室顶板±0.000 处可作为上部结构的嵌固部位，纵向两榀边框架在第三层转换层设置托柱转换梁，如图 4.3-3 所示。上部结构和地下室混凝土强度等级均采用 C40（f_c=19.1N/mm²，f_t=1.71N/mm²）。

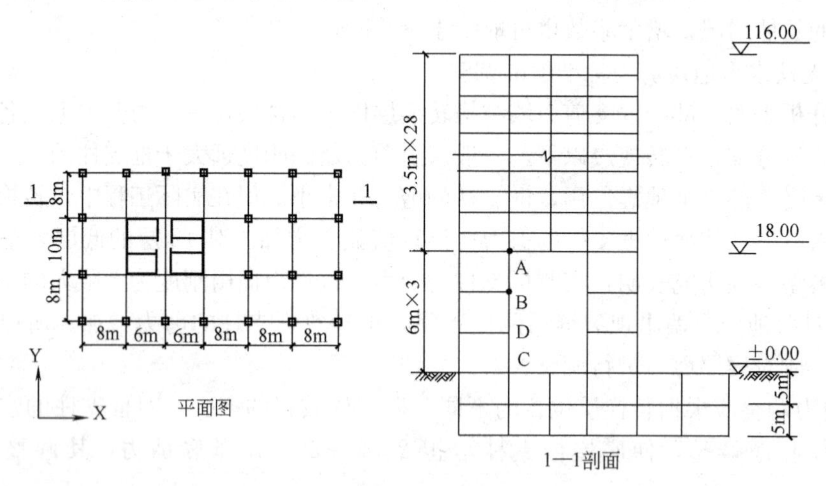

图 4.3-3

设某根转换柱抗震等级为一级，X 向考虑地震作用组合的二、三层 B、A 节点处的梁、柱端弯矩组合值分别为：节点 A：上柱柱底弯矩 $M'^{\mathrm{b}}_{\mathrm{A}}$=600kN·m，下柱柱顶弯矩 $M'^{\mathrm{t}}_{\mathrm{A}}$=1800kN·m，节点左侧梁端弯矩 M'^{l}_{A}=480kN·m，节点右侧梁端弯矩 $M'^{\mathrm{r}}_{\mathrm{A}}$=1200kN·m；节点 B：上柱柱底弯矩 $M'^{\mathrm{b}}_{\mathrm{B}}$=600kN·m，下柱柱顶弯矩 $M'^{\mathrm{t}}_{\mathrm{B}}$=500kN·m，节点左侧梁端弯矩 M'^{l}_{B}=520kN·m；底层柱底弯矩组合值 M'_{C}=400kN·m。试问，该转换柱配筋设计时，节点 A、B 下柱柱顶及底层柱柱底的考虑地震作用组合的弯矩设计值 M_{A}、M_{B}、M_{C}（kN·m）应取何组数值？

提示：柱轴压比>0.15。

图 4.3-3 中 AB、BD、DC 三柱均为转换柱，节点 A 是与转换构件相连的转换柱的上端，C 点是转换柱的底层柱下端，节点 B、C 既不是与转换构件相连，也不是底层柱的下端。

解：

1）节点 A 下柱柱顶考虑地震作用组合的弯矩设计值 M_{A} 应根据《高规》第 10.2.11 条第 3 款乘以 1.5 的放大系数。

$$M_A = 1.5M'^{t}_{A} = 1.5 \times 1800 = 2700\text{kN} \cdot \text{m}$$

2）节点 B 下柱柱顶考虑地震作用组合的弯矩设计值 M_B 应根据《高规》第 6.2.1 条式（6.2.1-2）计算。

$$\sum M'_B = M'^{t}_{B} + M'^{b}_{B} = 500 + 600 = 1100\text{kN} \cdot \text{m}$$

$$\eta_c \sum M'^{t}_{B} = 1.4 \times 520 = 728\text{kN} \cdot \text{m} < \sum M'_B$$

故有

$$M_B = M'^{t}_{B} = 500\text{kN} \cdot \text{m}$$

3）底层柱底考虑地震作用组合的弯矩设计值 M_C 应根据《高规》第 10.2.11 条第 3 款乘以 1.5 的放大系数。即

$$M_C = 1.5M'_C = 1.5 \times 400 = 600\text{kN} \cdot \text{m}$$

应该注意的是：此题若地下一层亦为大空间，结构嵌固部位在地下一层底板（见图 8.2.9-1b），则除转换柱柱底内力设计值应予放大外，笔者认为，±0.00 处转换柱截面内力设计值亦应按柱底的规定放大。

4. 转换柱轴力的调整

抗震设计时，一、二级转换柱由地震作用引起的附加轴力应分别乘以增大系数 1.5、1.2，三、四级时，增大系数可酌情减小；计算轴压比时，该附加轴力可不乘以增大系数。

5. 转换柱剪力设计值的调整

一、二级转换柱端截面的剪力设计值应符合《高规》第 6.2.3 条的有关规定。应该注意的是：这里的柱端剪力增大系数 η_{vc} 是按框架结构取值还是按其他框架取值？笔者认为：对部分框支剪力墙结构的框支柱，宜按框架结构取值，即：抗震等级为一级时按实配，二级时取 $\eta_{vc}=1.3$；对其他转换柱，可按其他框架取值，即：抗震等级为一级时取 $\eta_{vc}=1.4$，二级时取 $\eta_{vc}=1.2$。三、四级时增大系数可酌情减小。

6. 转换角柱的内力调整

转换角柱的弯矩设计值和剪力设计值的调整应分别在上述第 3 款、第 5 款调整后的基础上再乘以 1.1 的增大系数。

7. 转换梁地震内力的调整

竖向抗侧力构件不连续时，该构件传递给水平转换构件的地震内力应乘以 1.25～2.0 的增大系数，一般情况下，抗震等级为特一级、一、二级转换构件的增大系数可分别取为 1.9、1.6、三、四级时增大系数可酌情减小，但不宜小于 1.25。笔者认为：还应根据具体工程的实际情况，如设防烈度、结构高度、结构复杂程度、场地条件等，适当调整。取更合理、安全可靠的增大系数。确实因结构需要，增大系数上限可取为大于 1.9，甚至大于 2.0。

8. 部分框支剪力墙结构中落地剪力墙的内力调整

落地剪力墙是部分框支剪力墙结构最主要的抗侧力构件，底部加强部位剪力墙体受力很大。特别是转换层以下，落地剪力墙的刚度远大于框支柱的刚度，落地剪力墙几乎承受全部水平地震作用，框支柱的剪力非常小。这和一般剪力墙结构中的底部加强部位剪力墙体是有很大区别的。落地剪力墙转换层以下部位又是保证部分框支剪力墙结构抗震性能的关键部位，十分重要，一旦破坏后果极其严重。为加强落地剪力墙的底部加强部位承载能力，推迟墙底的塑性铰出现，防止大震下的结构破坏或倒塌，规范规定第一、一、二级落地剪力墙底部加强部位的弯矩设计值应分别按落地剪力墙底截面有地震作用组合的弯矩值予以增大，其剪力设计值也应按规定予以增大。这是抗震设计时，实现“强底层强底”、

"强剪弱弯"等抗震概念的重要措施。

1）一般剪力墙结构对底部加强部位的剪力墙体仅根据抗震等级的不同调整其剪力，而部分框支剪力墙结构对底部加强部位的剪力墙体不仅调整其剪力还要调整其弯矩。

2）结合《高规》第3.10.5条、第7.2.5条、第7.2.6条的规定，部分框支剪力墙结构落地剪力墙内力设计值的调整见表4.3-2。

部分框支剪力墙结构落地剪力墙内力设计值的调整 **表4.3-2**

抗震等级	调整部位	弯矩调整	说明	剪力调整	说明
特一级	底部加强部位	$1.8M_w$	《高规》第10.2.18条	$1.9V_w$	《高规》第3.10.5条
	其他部位	$1.3M_w$	《高规》第3.10.5条	$1.4V_w$	《高规》第3.10.5条
一级	底部加强部位	$1.5M_w$	《高规》第10.2.18条	$1.6V_w$	《高规》第7.2.6条
	其他部位	$1.2M_w$	《高规》第7.2.5条	$1.3V_w$	《高规》第7.2.5条
二级	底部加强部位	$1.25M_w$	《高规》第10.2.18条	$1.4V_w$	《高规》第7.2.6条
	其他部位	$1.0M_w$	《高规》第7.2.5条	$1.0V_w$	《高规》第7.2.6条
三、四级	底部加强部位	$1.1M_w$	笔者建议	$1.2V_w$	《高规》第7.2.6条
	其他部位	$1.0M_w$	《高规》第7.2.5条	$1.0V_w$	《高规》第7.2.6条

注：1. 表中M_w表示墙底截面有地震作用组合的弯矩值，V_w表示墙底截面有地震作用组合的剪力值；
2. 根据《高规》第10.1.2条，9度抗震设计时不应采用带转换层结构，故表中"抗震等级"一栏中无"9度一级"的情况。

9. 构件配筋设计时的有关内力设计值的调整等详见本书第三章表3.2-9。

三、构件的配筋计算

1. 框支梁

框支梁与其上部墙体是共同工作的，框支梁上部墙体在竖向荷载下类似拱的受力状态，框支梁就像是拱的拉杆，在竖向荷载下除了有弯矩、剪力外，还有轴向拉力。框支梁承受上部墙体的层数越多，荷载越大，轴向拉力就越大。且此轴向拉力沿梁全长不均匀，跨中处最大，支座处减小。因此，框支梁应按偏心受拉构件进行承载力和变形计算。

转换构件竖向荷载和地震作用下的挠度计算，参见《混规》有关规定；挠度限值参见《抗规》第10.2.12条有关规定。

2. 框支梁上一层墙体

框支梁上一层墙体宜采用墙元（壳元）模型进行应力分析，并按应力进行配筋设计校核。

1）框支梁上一层墙体的配筋计算宜按下列公式进行：

柱上墙体的端部竖向钢筋A_s（mm^2）：

$$A_s=h_c b_w(\sigma_{01}-f_c)/f_y \tag{4.3-1}$$

柱边$0.2l_n$宽度范围内的竖向分布钢筋：

$$A_{sw}=0.2l_n b_w(\sigma_{02}-f_c)/f_{yw} \tag{4.3-2}$$

框支梁上方的$0.2l_n$范围内的横向水平钢筋：

$$A_{sh}=0.2l_n b_w \sigma_{x,max}/f_{yh} \tag{4.3-3}$$

式中 l_n——框支梁净跨（mm）；

h_c——框支柱截面净高（mm）；

b_w——框支梁上部剪力墙厚度（mm）；

σ_{01}——柱上墙体在 h_c 范围内，考虑风荷载、地震作用组合的平均压应力设计值，$\sigma_{01}=(\sigma_1+\sigma_2)/2(\mathrm{N/mm^2})$；

σ_{02}——柱边墙体在 $0.2l_n$ 范围内，考虑风荷载、地震作用组合的平均压应力设计值，$\sigma_{02}=(\sigma_2+\sigma_3)/2(\mathrm{N/mm^2})$；

$\sigma_{x,max}$——框支梁与墙体连接面上考虑风荷载、地震作用组合的平均拉应力设计值，$\sigma_{02}=(\sigma_2+\sigma_3)/2(\mathrm{N/mm^2})$；

f_c——上部剪力墙混凝土抗压强度设计值；

f_y、f_{yw}、f_{yh}——上部剪力墙柱上墙体竖向钢筋、竖向分布钢筋、水平分布钢筋抗拉强度设计值。

有地震作用组合时，式（4.3-1）、式（4.3-2）、式（4.3-3）中 σ_{01}、σ_{02}、$\sigma_{x,max}$ 均应乘以 γ_{RE}，γ_{RE} 取 0.85。

2）转换梁与其上部墙体的水平施工缝处，水平剪力较大，混凝土结合不良，要防止此处发生水平滑移破坏。宜按式（4.3-4）验算抗滑移能力：

$$V_{wj}\leqslant\frac{1}{\gamma_{RE}}(0.6f_yA_s+0.8N) \tag{4.3-4}$$

式中 V_{wj}——水平施工缝处考虑地震作用组合的剪力设计值；

A_s——水平施工缝处剪力墙腹板内竖向分布钢筋、竖向插筋和边缘构件（不包括两侧翼墙）纵向钢筋的总截面面积；

f_y——竖向钢筋抗拉强度设计值；

N——水平施工缝处考虑地震作用组合的不利轴向力设计值，压力取正值，拉力取负值。

注意：对框支梁与其上部墙体的水平施工缝处抗滑移验算，无论抗震、非抗震设计均宜进行。非抗震设计时，《高规》式（7.2.12）应删去 γ_{RE}，其内力设计值应按非抗震组合。

3. 抗震设计的矩形平面建筑框支层楼板

部分框支剪力墙结构中，抗震设计的矩形平面建筑框支转换层楼板，其截面剪力设计值应符合下列要求：

$$V_f\leqslant\frac{1}{\gamma_{RE}}(0.1\beta_c f_c b_f t_f) \tag{4.3-5}$$

$$V_f\leqslant\frac{1}{\gamma_{RE}}(f_y A_s) \tag{4.3-6}$$

式中 b_f、t_f——分别为框支转换层楼板的验算截面宽度和厚度；

V_f——由不落地剪力墙传到落地剪力墙处按刚性楼板计算的框支层楼板组合的剪力设计值，8 度时应乘以增大系数 2.0，7 度时应乘以增大系数 1.5。验算落地剪力墙时可不考虑此增大系数；

A_s——穿过落地剪力墙的框支转换层楼盖（包括梁和板）的全部钢筋的截面面积；

γ_{RE}——承载力抗震调整系数，可取 0.85。

其中式（4.3-5）为截面（板厚）控制条件，式（4.3-6）为楼板面内抗剪承载力的近似计算公式，采用类似于《高规》第 7.2.12 条中式（7.2.12）剪力墙水平施工缝的抗滑移时的计算方法。有关符号含义《高规》第 10.2.24 条公式符号说明及图 4.3-4。

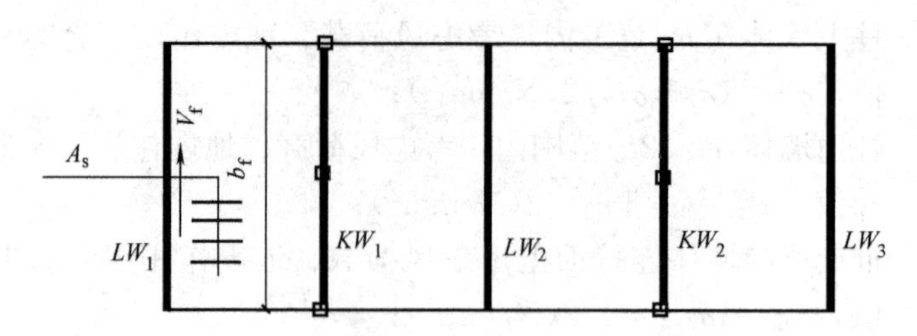

图 4.3-4　框支剪力墙转换层楼板面内受剪承载力验算简图

LW_i：落地剪力墙；KW_i：不落地剪力墙（框支剪力墙）

其他平面形状的部分框支剪力墙结构的框支转换层楼板平面内受剪承载力的验算可采用连续体有限元计算，按应力校核板的抗剪配筋或其他简化方法。

4. 关于框支转换层楼板平面内受弯承载力的验算，笔者建议可将框支转换层楼板简化为支承在落地剪力墙上的连续深受弯构件（见图 4.3-5），计算其内力并验算抗弯配筋。其中 V_i 为不落地剪力墙底部的剪力设计值。8 度时应乘以 2.0 增大系数，7 度时应乘以 1.5 增大系数。也可采用连续体有限元计算，按应力校核板的受弯配筋或其他简化方法。

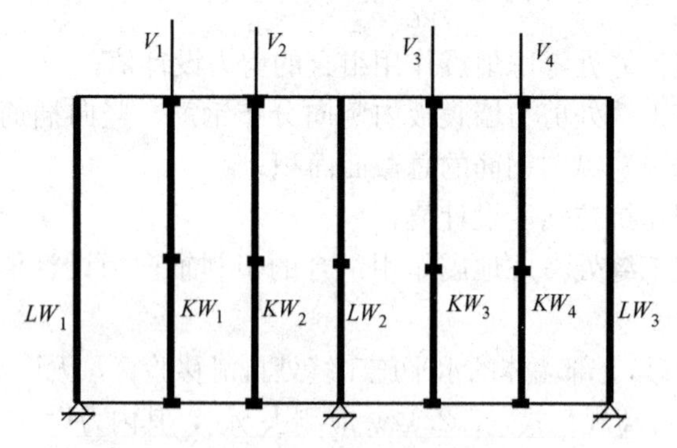

图 4.3-5　框支剪力墙转换层楼板面内受弯承载力验算简图

LW_i 落地剪力墙；KW_i 不落地剪力墙（框支剪力墙）

第四节　构 造 要 求

一、一般要求

部分框支剪力墙结构的构造要求除应满足《高规》第六章框架和第七章剪力墙的有关规定外，还应满足本节的要求。

1. 部分框支剪力墙结构的抗震等级应符合第一章第二节表 1.2-6、表 1.2-7、表 1.2-8 的规定。当转换层位置设置在 3 层及 3 层以上时，其框支柱、剪力墙底部加强部位的抗震等级尚宜按表 1.2-6、表 1.2-7、表 1.2-8 的规定提高一级采用，已经为特一级时可不再提高。

本条规定的高位转换时抗震等级提高一级，应注意以下几点：

1）仅适用于部分框支剪力墙结构的框支柱、剪力墙底部加强部位。笔者认为，框支梁抗震构造措施的抗震等级也宜提高一级。

2）这里的“高位转换”“提高一级”不区分抗震设防烈度，即不是8度超过3层、7度超过5层、6度超过6层才“提高一级”，而是指只要转换层的位置设置在3层及3层以上，就要“提高一级”。

3）所谓抗震等级“提高一级”，仅“提高其抗震构造措施”，抗震构造措施主要是构件的最小配筋率、配箍特征值等，并不包括构件的内力调整。故由一级提高为特一级的框支柱、剪力墙等构件可仅提高构件的最小配筋率、配箍特征值等。

4）如何理解“已为特一级时可不提高”？笔者认为：“已为特一级”，说明此带转换层结构的抗震性能需要更进一步加强，因此，宜考虑对框支柱、框支梁、剪力墙底部加强部位提高抗震性能要求，根据工程具体情况，进行抗震性能设计。

2. 框支剪力墙结构构件的混凝土强度等级，按下列规定选用：

1）框支梁、框支柱、转换层楼板不应低于C30；

2）框支梁上的墙体不应低于C20；

3）落地剪力墙在转换层以下的墙体不应低于C30。

3. 框支剪力墙结构构件的截面尺寸，应符合下列规定：

1）框支梁的截面宽度不宜大于框支柱相应方向的截面宽度，不宜小于上部墙体厚度的2倍，且不宜小于400mm；梁截面高度，不宜小于跨度的1/8，采用宽扁梁框支梁时，梁的截面高度不宜小于跨度的1/10。并宜根据框支梁以上剪力墙楼层数适当调整。当梁高受限制时，可以采用加腋梁。

框支梁的截面尺寸，尚应满足下列要求：

无地震作用组合时 $$v \leqslant 0.20\beta_c f_c b h_0 \quad (4.4\text{-}1)$$

有地震作用组合时 $$v \leqslant (0.15\beta_c f_c b h_0)/\gamma_{RE} \quad (4.4\text{-}2)$$

式中 v——框支梁计算截面的剪力设计值；

β_c——混凝土强度影响系数。当混凝土强度等级不大于C50时取1.0；当混凝土强度等级为C80时取0.8；当混凝土强度等级在C50和C80之间时按线性内插取用；

b——框支梁的截面宽度，T形截面、工形截面的腹板宽度；

h_0——框支梁的截面有效高度。

初步设计估算框支梁截面尺寸时，可取

$$V=(0.6\sim 0.8)G \quad (4.4\text{-}3)$$

式中 V——框支梁上在所有重力荷载代表值作用下按简支梁计算出的支座截面剪力设计值。当结构为非抗震设计或设防烈度较低时，可取小值，反之应取大值；

G——作用在框支梁上所有重力荷载代表值。按《抗规》第5.1.3条计算。

2）框支柱的截面尺寸，可根据柱的受荷面积计算由竖向荷载产生的轴向力标准值N，按下式估算柱的截面面积A_c，然后再确定柱的边长。

$$A_c=\zeta N/(\mu f_c) \quad (4.4\text{-}4)$$

式中 ζ——轴向力放大系数，按表4.4-1取用。

μ——轴压比，按表4.4-2取用。

轴向力放大系数 ζ　　表 4.4-1

		框支柱	框架角柱	重剪结构框架柱	其他柱
抗震设计	一　级	1.6	1.6	1.4	1.5
	二　级	1.6	1.6	1.4	1.5
	三　级	1.5	1.6	1.4	1.5
	四　级	1.4	1.5	1.3	1.3
非抗震设计		1.3	1.5	1.3	1.3

框支柱轴压比限值　　表 4.4-2

抗　震　等　级	特　一　级	一　级	二　级
N/f_cA	0.5	0.6	0.7

注：1. 轴压比 $\mu=N/(f_cA)$，指考虑地震作用组合的框架柱和框支柱轴向压力设计值 N 与柱全截面面积 A 和混凝土轴心抗压强度设计值 f_c 乘积之比值；对不进行地震作用计算的结构，取无地震作用组合的轴力设计值；
2. 当混凝土强度等级为 C65～C70 时，轴压比限值宜按表中数值减小 0.05；混凝土强度等级为 C75～C80 时，轴压比限值宜按表中数值减小 0.10；
3. 剪跨比 $\lambda\leqslant2$ 的柱，其轴压比限值应按表中数值减小 0.05；对剪跨比 $\lambda<1.5$ 的柱，轴压比限值应专门研究并采取特殊构造措施；
4. 沿柱全高采用井字复合箍，且箍筋间距不大于 100mm、肢距不大于 200mm、直径不小于 12mm，或沿柱全高采用复合螺旋箍，且螺距不大于 100mm、肢距不大于 200mm、直径不小于 12mm，或沿柱全高采用连续复合矩形螺旋箍，且螺旋不大于 80mm、肢距不大于 200mm、直径不小于 10mm 时，轴压比限值均可按表中数值增加 0.10；上述三种箍筋的配箍特征值 λ_v 均应按增大的轴压比由《混规》表 11.4.17 确定；
5. 当柱截面中部设置由附加纵向钢筋形成的芯柱，且附加纵向钢筋的总面积不少于柱截面面积的 0.8%时，其轴压比限值可按表中数值增加 0.05。此项措施与注 4 的措施同时采用时，轴压比限值可按表中数值增加 0.15，但箍筋的配箍特征值 λ_v 仍可按轴压比增加 0.10 的要求确定；
当柱的纵筋配筋率比计算所需者增加≥0.8%、且纵向总配筋率≥3%、箍筋体积配箍率≥1.8%，并采用Ⅲ级钢复合箍筋或螺旋箍筋时，其轴压比限值可增加 0.05；
当柱的纵筋配筋率比计算所需者增加≥1.6%、且纵向总配筋率≥4%、箍筋体积配箍率≥2%，并采用Ⅲ级钢复合箍筋或螺旋箍筋时，其轴压比限值可增加 0.10；
6. 柱经采用上述加强措施后，其最终的轴压比限值不应大于 1.05。

框支柱的截面宽度，抗震设计时不宜小于 450mm，非抗震设计时不宜小于 400mm；截面高度，抗震设计时不宜小于框支梁跨度的 1/12，非抗震设计时不宜小于梁跨度的 1/15。截面高度不宜小于截面宽度。柱净高与柱截面高度之比不宜小于 4，当不能满足此项要求时，宜加大框支层的层高或采用型钢混凝土柱、钢管混凝土柱等。

框支柱的截面尺寸，尚应满足式（4.4-1）、式（4.4-2）的要求，其中 b、h_0 分别为框支柱的截面宽度和截面有效高度。

3）剪力墙的墙体厚度

规范规定剪力墙截面的最小厚度要求，首要目的是为了保证剪力墙平面外的刚度和稳定性能，也是高层建筑剪力墙截面厚度的最低构造要求。

当墙平面外有与其相交的剪力墙时，可视为剪力墙的支承，有利于保证剪力墙平面外的刚度和稳定性。

试验表明，有边缘构件约束的矩形截面剪力墙与无边缘构件约束的矩形截面剪力墙相比，极限承载力约提高 40%，极限层间位移角约增加一倍，对地震能量的消耗能力增大 20%左右，且有利于墙身的稳定。对一、二级剪力墙底部加强部位，当无端柱或翼墙时，墙厚需适当增加。一、二级抗震设计无端柱或翼墙的底部加强部位一字形独立剪力墙，墙厚不应小于 220mm。

(1) 在满足稳定性的前提下，可按表 4.4-3 初步选定剪力墙截面的最小厚度。初步设计时，建议按层高或无肢长度的分数倍数初选墙肢厚度。

部分框支剪力墙结构中落地剪力墙的底部加强部位，其墙厚对减缓结构转换层上、下部侧向刚度突变及落地剪力墙本身承载力作用颇大，其截面厚度宜根据结构具体情况适当加厚。

剪力墙截面最小厚度 **表 4.4-3**

			剪力墙部位	最小厚度(mm,取较大值)	
				有端柱或翼墙	无端柱或翼墙
抗震设计	剪力墙结构	一、二级抗震	底部加强部位	H/16(不宜),200(不应)	h/12(不宜),220(不应)
			其他部位	H/20(不宜),160(不应)	h/16(不宜),180(不应)
		二、四级抗震	底部加强部位	H/20(不宜),160(不宜)	h/12(不宜),180(不应)
			其他部位	H/25(不宜),140(不应)	h/20(不宜),160(不应)
	框架-剪力墙结构	一、二级抗震	底部加强部位	H/16(不宜),200(不应)	—
			其他部位	H/20(不宜),160(不应)	—
		三、四级抗震	底部加强部位	H/20(不宜),160(不应)	—
			其他部位	H/20(不宜),160(不应)	—
	板柱剪力墙结构	结构高度大于 12m		200(不应)	
		结构高度不大于 12m		H/20(不宜),180(不应)	
	筒体结构	外筒墙	底部加强部位	H/16(不宜),200(不应)	
			其他部位	H/20(不宜),200(不应)	
		内墙	底部加强部位	H/20(不宜),160(不应)	
			其他部位	H/20(不宜),160(不应)	
			剪力墙部位	最小厚度(mm,取较大值)	
				有端柱或翼墙	无端柱或翼墙
非抗震设计	剪力墙结构		—	H/25(不宜),160(不应)	同左
	框架-剪力墙结构			H/20(不宜),160(不应)	同左

注：1. 表中符号 H 为层高或无支长度二者中的较小值，h 为层高。无支长度是指沿剪力墙墙长度方向没有平面外横向支承墙的长度，见图 4.4-1；
2. 短肢剪力墙截面厚度，底部加强部位不应小于 200mm，其他部位不应小于 180mm；
3. 带边框剪力墙的墙厚要求同有端柱式翼墙时的规定；
4. 剪力墙电梯井筒内分隔空间的墙肢数量多而长度不大，两端嵌固情况好，故电梯井或管井的墙体厚度可适当减小，但不宜小于 160mm；
5. 当采用预制楼板时，确定墙的厚度时还应考虑预制板在墙上的搁置长度以及墙内竖向钢筋贯通等构造要求；
6. 非抗震设计时，筒体结构的墙肢截面厚度可参照抗震设计时的筒体结构墙及最小截面厚度确定；
7. 部分框支剪力墙结构框支梁上部的剪力墙墙体厚度不宜小于 200mm。

(2) 注意：以上仅是满足稳定性要求的墙体最小厚度，工程设计时，剪力墙截面厚度除应满足上述条文规定的稳定要求外，尚应满足剪力墙受剪截面限制条件、剪力墙轴压比限值以及剪力墙正截面承载力等要求。

(3) 剪力墙在重力荷载代表值作用下，墙肢的最大轴压比 $\mu_N = N/(Af_c)$ 不宜超过表 4.4-4 的限值。

计算墙肢轴压力设计值时，不计入地震作用组合，但应取分项系数 1.2。

建筑的重力荷载代表值应取结构和构配件自重标准值和各可变荷载组合值之和。各可变荷载的组合值系数，应按《抗规》表 5.1.3 采用。对一般情况下的民用建筑，重力荷载代表值作用下剪力墙墙肢轴向压力设计值可近似

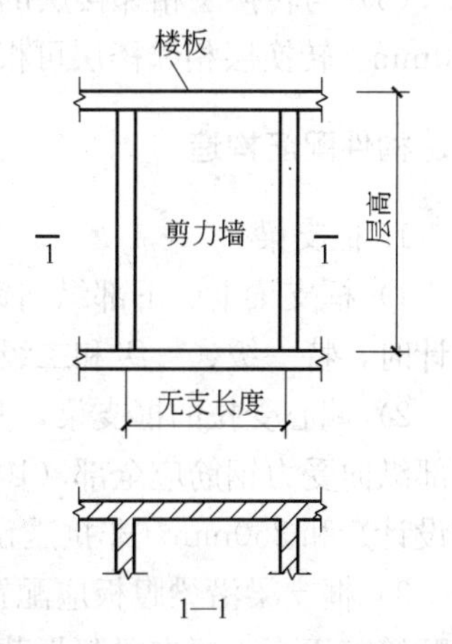

图 4.4-1 剪力墙层高与无肢长度

剪力墙墙肢轴压比限值 表 4.4-4

类别		特一级、一级(9度)	一级(6、7、8度)	二级	三级	四级
普通剪力墙		0.40	0.50	0.60	0.60	0.70
短肢剪力墙	有翼缘或端柱	—	0.45	0.50	0.55	0.60
	无翼缘或端柱	—	0.35	0.40	0.45	0.50

注：N—重力荷载代表值作用下剪力墙墙肢的轴向压力设计值；A—剪力墙墙肢截面面积；f_c—混凝土轴心抗压强度设计值；h_w—墙肢截面高度；b_w—墙肢截面宽度。

按下式计算：

$$N=1.20(S_{Gk}+0.5S_{Qk}) \tag{4.4-5}$$

式中 N——重力荷载代表值作用下剪力墙墙肢轴向压力设计值；

S_{Gk}——按永久荷载标准值 G_k 计算的荷载效应值；

S_{Qk}——按可变荷载标准值 Q_k 计算的荷载效应值。

需要说明的是：截面受压区高度不仅与轴向压力有关，还与截面形状有关，在相同的轴向压力作用下，带翼缘的剪力墙受压区高度较小，延性相对较好，而矩形截面最为不利。规范为简化起见，对I形、T形、L形、矩形截面均未作区分，设计中，对矩形截面剪力墙墙肢应从严控制其轴压比。

4）转换层及相关楼层的楼板厚度

众所周知，楼盖的面内刚度和整体性对水平力的传递、结构的整体工作性能至关重要。部分框支剪力墙结构中，框支转换层楼板更是重要的传力构件，不落地剪力墙的剪力需要通过框支转换层楼板传递到落地剪力墙上。为保证楼板能可靠传递面内相当大的剪力（弯矩），使转换层以下落地剪力墙和框支框架可以很好地协同工作，转换层板厚应满足以下要求：

（1）应采用现浇楼板，楼板厚度不宜小180mm。

（2）抗震设计时矩形平面建筑框支层楼板剪力设计值，尚应满足本章第三节“三、构件的配筋计算”中关于楼板验算的相关要求。

（3）与转换层相邻楼层的楼板也应适当加厚，楼板厚度不宜小于150mm，不应小于120mm。转换层相邻楼层可根据工程具体情况取转换层上、下各1～2层。

二、构件配筋构造

1. 框支梁

1）框支梁上、下部纵向钢筋的最小配筋率，非抗震设计时，不应小于0.30%；抗震设计时，特一级、一级和二级时分别不应小于0.60%、0.50%、0.40%；

2）偏心受拉的框支梁，其支座上部纵向受力钢筋应全部（100%）沿梁跨全长贯通，下部纵向受力钢筋应全部（100%）直通到柱内；纵向受力钢筋肢距不应大于200mm（抗震设计）和250mm（非抗震设计），且不小于80mm；

3）框支梁沿梁腹板应配置间距不大于200mm，直径不小于16mm的腰筋，且每侧腰筋配筋率不小于框支梁腹板截面面积的0.1%。

框支梁腰筋构造要求见表4.4-5，表中上、下部以梁高中点为分界。

框支梁腰筋构造要求　　表 4.4-5

所在范围	抗震设计			非抗震设计
	特一级、一级	二级	三级	
下部	≥2 Φ 20@100	≥2 Φ 18@100	≥2 Φ 16@100	≥2 Φ 12@100
上部	≥2 Φ 20@200	≥2 Φ 18@200	≥2 Φ 16@200	≥2 Φ 12@200

框支梁腰筋尚应满足要求： $A_{sh} \geqslant s b_w (\sigma_x - f_t) / f_{yh}$ （4.4-6）

式中 A_{sh}——腰筋截面面积；

s——腰筋间距；

b_w——框支梁腹板断面宽度；

σ_x——框支梁计算腰筋处最大组合水平拉应力设计值，地震作用组合时，乘以 $\gamma_{RE}=0.85$；

f_t——框支梁混凝土抗拉设计强度；

f_{yh}——腰筋抗拉设计强度。

4）框支梁支座处加密区内箍筋应加密。加密区范围取距柱边 $0.2l_n$（l_n 为框支梁净跨）和 $1.5h_b$（h_b 为框支梁截面高度）两者的大值，加密区箍筋直径不应小于10mm，间距不应大于100mm；加密区箍筋最小面积配箍率，非抗震设计时不应小于 $0.9f_t/f_{yv}$，抗震设计时，特一级、一级和二级分别不应小于 $1.3f_t/f_{yv}$、$1.2f_t/f_{yv}$ 和 $1.1f_t/f_{yv}$。框支梁上部墙体开洞时，洞口下方梁的箍筋亦应按上述要求加密；

5）抗震设计时，框支梁不应采用弯起钢筋抗剪；

6）框支梁的配筋构造见图 4.4-2；

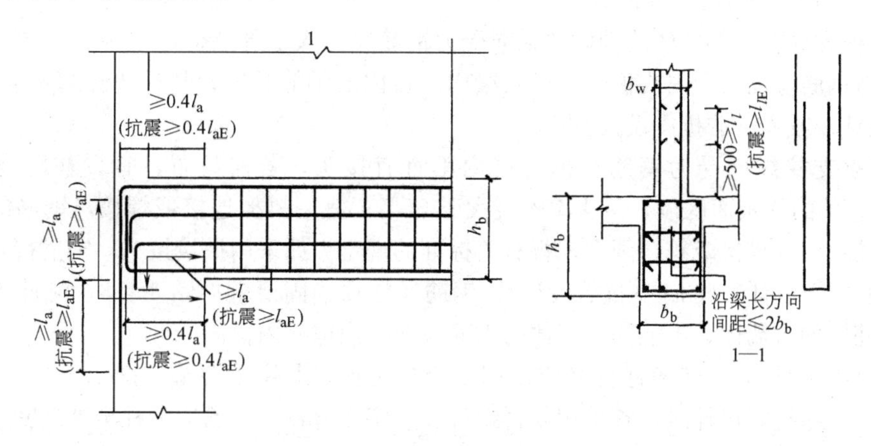

图 4.4-2　框支梁的配筋构造

框支梁纵向受力钢筋不宜有接头，有接头时应采用机械连接接头，同一截面内接头钢筋的截面面积不应超过全部钢筋截面面积的50%，接头位置应避开上部墙体的开洞部位、梁上托柱（墙肢）部位及受力较大部位。抗震设计时，不得采用绑扎接头；

7）框支剪力墙结构中的框支梁上、下纵向钢筋和腰筋（图 4.4-2）应在节点区可靠锚固，水平段应伸至柱边，且非抗震设计时不应小于 $0.4l_a$，抗震设计时不应小于 $0.4l_{aE}$，梁上部第一排纵向钢筋应向柱内弯折锚固，且应延伸过梁底不小于 l_a（非抗震设计）或 l_{aE}（抗震设计）；当梁上部配置多排纵向钢筋时，其内排钢筋锚入柱内的长度可适当减小，但水平段长度和弯下段长度之和不应小于钢筋锚固长度 l_a（非抗震设计）或 l_{aE}（抗震设计）；

8）上部墙柱不能直接支承于框支梁而需要多级次梁转换时，应进行空间有限元应力分析，并按应力校核配筋、加强配筋构造措施。对于承受较大集中荷载的框支主梁应特别注意加强其受剪承载力，适当减小其剪压比，并应设置附加横向钢筋，附加横向钢筋的具体做法参见《混规》第 10.2.13 条的规定。

2. 框支柱

1）框支柱柱内全部纵向受力钢筋最小配筋率见表 4.4-6。

转换柱纵向受力钢筋最小配筋百分率　　表 4.4-6

钢筋种类	混凝土强度等级	抗震等级			非抗震
		特一级	一级	二级	
＞400MPa	高于 C60	1.7	1.2	1.0	0.8
	其他	1.6	1.1	0.9	0.7
400MPa	高于 C60	1.75	1.25	1.05	0.85
	其他	1.65	1.15	0.95	0.75
335MPa	高于 C60	1.8	1.3	1.1	0.9
	其他	1.7	1.2	1.0	0.8

注：1. 抗震设计时，对Ⅳ类场地上高于 40m 的框架结构或高于 60m 的其他结构，表中数值应增加 0.1；
2. 柱每侧纵向钢筋配筋率不应小于 0.2%。

柱内全部纵向受力钢筋最大配筋率，抗震设计时不宜大于 4.0%，不应大于 5.0%，非抗震设计时不宜大于 5.0%，不应大于 6.0%；

2）纵向受力钢筋的肢距，抗震设计时不宜大于 200mm；非抗震设计时不宜大于 250mm，且均不应小于 80mm；

3）框支柱在上部墙体范围内的纵向受力钢筋应伸入上部墙体内不少于一层，其余柱纵向受力钢筋应锚入梁内或板内。锚入梁内、板内的钢筋长度，从柱边算起不应小于 l_{aE}（抗震设计）或 l_a（非抗震设计）；

4）框支柱纵向受力钢筋在框支层内不宜有接头，若需设置，宜设在距离节点区 700mm 以外的楼板面区段，接头率不应大于 25%；宜用机械连接或焊接，钢筋的机械连接、焊接及绑扎搭接应符合国家现行有关标准的规定。如采用搭接接头，则搭接长度不少于 l_l（非抗震设计）或 l_{lE}（抗震设计）。钢筋在柱顶锚固要求见图 4.4-3，能伸入上部墙体的钢筋应伸入墙体；不能伸入墙体的钢筋应在梁内或板内锚固；

5）抗震设计时，转换柱箍筋应采用复合螺旋箍或井字复合箍（图 4.4-4）并应沿柱全高加密。非抗震设计时，宜采用复合螺旋和井字复合箍。箍筋应沿柱全高加密。

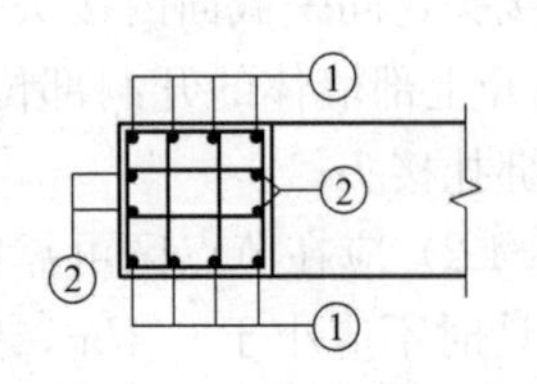

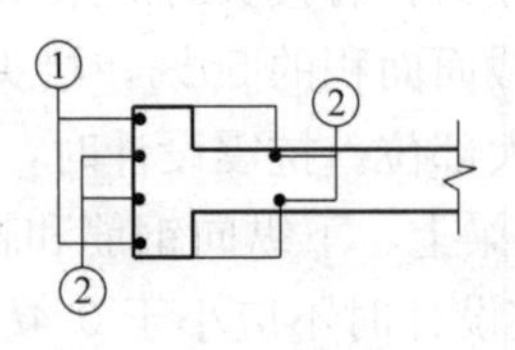

图 4.4-3　框支柱竖向主筋锚固要求

注：在上部墙体范围内的①号筋②号筋应伸入上部墙体内不少于一层，其余柱钢筋应锚入梁内或板内，并满足锚固长度要求。

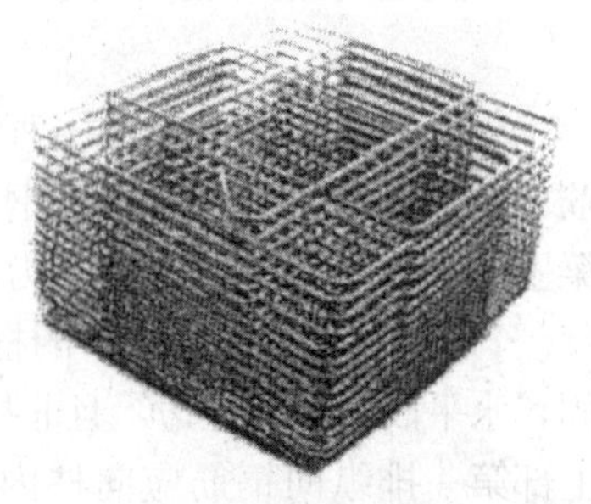

图 4.4-4　内井字形的连续复合螺旋箍

转换柱柱端箍筋加密区最小配箍特征值 λ_v 和最小体积配箍率 ρ_v 见表 4.4-7。

框支柱柱端加密区最小配箍特征值 λ_v 和最小体积配箍率 ρ_v **表 4.4-7**

抗震等级	箍筋形式	λ_v						ρ_v
		柱轴压比						
		≤0.3	0.4	0.5	0.6	0.7	0.8	
特一级（比普通柱+0.03）	井字复合箍	0.13	0.14	0.16	0.18	0.20	—	1.6%
	复合螺旋箍	0.11	0.12	0.14	0.16	0.18	—	
一级（比普通柱+0.02）	井字复合箍	0.12	0.13	0.15	0.17	0.19	—	1.5%
	复合螺旋箍	0.10	0.11	0.13	0.15	0.17	—	
二级（比普通柱+0.02）	井字复合箍	0.10	0.11	0.13	0.15	0.17	0.19	1.5%
	复合螺旋箍	0.08	0.09	0.11	0.13	0.15	0.17	
三、四级（比普通柱+0.02）	井字复合箍	0.08	0.09	0.11	0.13	0.15	0.17	1.5%
	复合螺旋箍	0.07	0.08	0.09	0.11	0.13	0.15	
非抗震	采用复合螺旋箍或井字复合箍，$d_v \geqslant 10$、$S_v \leqslant 150$							0.8%

注：普通箍指单个矩形箍和单个圆形箍，复合箍指由矩形，多边形、圆形箍或拉筋组成的箍筋；复合螺旋箍指由螺旋箍与矩形、多边形、圆形箍或拉筋组成的箍筋；连续复合矩形螺旋箍指用一根通长钢筋加工而成的箍筋。

复合螺旋箍或井字复合箍的箍筋直径，抗震设计时不应小于 10mm，间距不应大于 100mm 和 6 倍纵向受力钢筋直径的较小值；非抗震设计时，直径不应小于 10mm，间距不应大于 150mm。

6）特一级及高位转换时，框支柱宜采用型钢混凝土柱或钢管混凝土柱。

考虑结构变形的连续性，在水平方向上与框支框架直接相连的非框支框架的抗震构造设计宜适当加强，加强的范围不少于相邻一跨。

3. 节点核心区水平箍筋的设置，除应满足规范规定的最小配箍特征值 λ_v 和最小体积配箍率 ρ_v 要求外，其箍筋配筋构造，笔者建议：

1）转换柱节点区水平箍筋不应小于上、下柱柱端加密区箍筋的配置；

2）当转换梁腰筋拉通有可靠锚固时，节点区水平箍筋、拉筋的直径、沿竖向的间距尚应符合下列要求：

特一级时，不宜小于 ϕ14@100 且需将每根柱纵筋钩住；

二级时，不宜小于 ϕ12@100 且需将每根柱纵筋钩住；

二级时，不宜小于 ϕ10@100 且需至少每隔一根将柱纵筋钩住；

非抗震设计时，不宜小于 ϕ10@200 且需至少每隔一根将柱纵筋钩住。

此处符号“ϕ”仅表示箍筋的直径。

4. 落地剪力墙

落地剪力墙在框支层所受剪力很大，按剪跨比计算还有可能存在剪切破坏的矮墙效应。因此，规范对部分框支剪力墙底部加强部位剪力墙的分布钢筋的构造要求，比普通剪力墙底部加强部位要高。

1）落地剪力墙底部加强部位墙体的水平和竖向分布钢筋最小配筋率，抗震设计时不应小于 0.30%，非抗震设计时不应小于 0.25%；抗震设计时时钢筋的肢距不应大于 200mm，钢筋直径不宜小于 10mm，不应小于 8mm。

注意到《高规》第 10.2.2 条中，带转换层的高层建筑结构，其剪力墙底部加强部位高度的规定并未特指在“抗震设计”的条件下，故应理解为：无论是抗震设计还是非抗震设计，带转换层的高层建筑结构，都应有剪力墙底部加强部位，且其剪力墙底部加强部位的高度是相同的。

2）抗震设计时，底部加强部位剪力墙两端及门窗洞口两侧均应设置约束边缘构件（暗柱、端柱、翼墙和转角墙）。抗震设计时无论轴压比的大小如何，均应设置约束边缘构件，约束边缘构件宜向上延伸一层；当约束边缘构件内配置型钢时，型钢宜向上、下各延伸一层。非抗震设计时应设置端柱或暗柱。端柱或暗柱的构造要求，建议按抗震等级为三级时的剪力墙构造边缘构件要求设计。其要求如图 4.4-5 和表 4.4-8 所示。

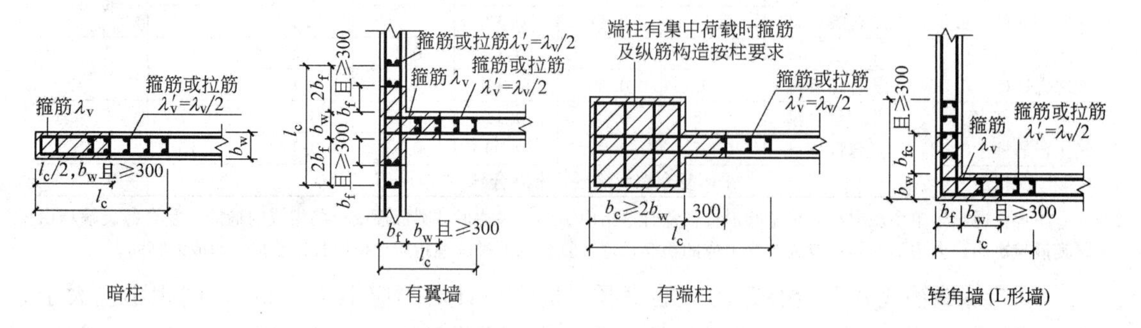

图 4.4-5　约束边缘构件

约束边缘构件范围 l_c 及其配箍特征值 λ_v 纵向钢筋最小配筋率 ρ_{min}　　表 4.4-8

项目	一级(9度)		一级(8度)		二、三级	
	$\lambda\leqslant0.2$	$\lambda>0.2$	$\lambda\leqslant0.3$	$\lambda>0.3$	$\lambda\leqslant0.4$	$\lambda>0.4$
l_c(暗柱)	$0.20h_w$	$0.25h_w$	$0.15h_w$	$0.20h_w$	$0.15h_w$	$0.20h_w$
l_c(翼墙或端柱)	$0.15h_w$	$0.20h_w$	$0.10h_w$	$0.15h_w$	$0.10h_w$	$0.15h_w$
λ_v	0.12	0.20	0.12	0.20	0.12	0.20
纵向钢筋(取较大值)	$0.012A_c$，$8\phi16$		$0.012A_c$，$8\phi16$		$0.010A_c$，$6\phi16$（三级 $6\phi14$）	
箍筋或拉筋沿竖向间距	100mm		100mm		150mm	

注：1. 抗震墙的翼墙长度小于其 3 倍厚度或端柱截面边长小于 2 倍墙厚时，按无翼墙、无端柱查表；

2. l_c 为约束边缘构件沿墙肢长度，且不小于墙厚和 400mm；有翼墙或端柱时不应小于翼墙厚度或端柱沿墙肢方向截面高度加 300mm；

3. λ_v 为约束边缘构件的配箍特征值，体积配箍率可按《抗规》式（6.3.9）计算，并可适当计入满足构造要求且在墙端有可靠锚固的水平分布钢筋的截面面积；

4. h_w 为抗震墙墙肢长度；

5. λ 为墙肢轴压比；

6. A_c 为图 4.4-5 中约束边缘构件阴影部分的截面面积。

3）非抗震设计时，底部加强部位剪力墙墙肢端部亦均应设置构造边缘构件，其要求如图 4.4-6 和表 4.4-9 所示。

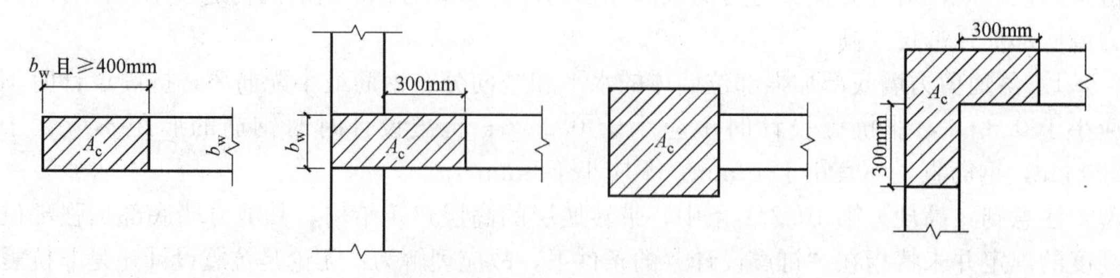

图 4.4-6　构造边缘构件

构造边缘构件配筋要求　　表 4.4-9

抗震等级	一　级	二　级	三　级	四　级	非抗震设计	附　注
纵向钢筋最小配筋量	$0.010A_c$ 且 $\geqslant 6\phi 14$	$0.008A_c$ 且 $\geqslant 6\phi 12$	$0.005A_c$ 且 $\geqslant 4\phi 12$	$0.005A_c$ 且 $\geqslant 4\phi 12$	$\geqslant 4\phi 12$	A_c 为构造边缘构件断面
最小箍筋配置	$\phi 8@150$	$\phi 8@200$	$\phi 6@200$	$\phi 6@250$	$\phi 6@250$	全高度设置

4）落地剪力墙不宜开洞，以免刚度削弱过大，如需开洞，应开规则小洞且布置在墙体中部，以形成开小洞剪力墙或双肢剪力墙；落地双肢剪力墙宜供连梁具有较大的约束弯矩。

部分框支剪力墙结构的落地剪力墙，特别是联肢墙或双肢墙，当考虑最不利荷载组合时墙肢可能出现偏心受拉。如果双肢剪力墙中一个墙肢出现小偏心受拉，该墙肢可能会出现水平通缝而严重削弱其抗剪能力，抗侧刚度也严重退化，由荷载产生的剪力将全部转移到另一个墙肢而导致另一墙肢抗剪承载力不足。因此，应尽可能避免出现墙肢小偏心受拉情况。当墙肢出现大偏心受拉时，剪力将在墙肢中重分配，此时，可将另一受压墙肢按弹性计算的剪力设计值乘以 1.25 增大系数后计算水平钢筋，以提高其抗剪承载力。注意，在地震作用的反复荷载下，两个墙肢都要增大设计剪力。

5）抗震设计的落地双肢剪力墙，当抗震等级为特一、一、二级，且轴向压应力$\leqslant 0.2f_c$ 及剪应力$>0.15f_c$ 时，为了防止剪切滑移，宜在墙肢的底截面处另设置 45°斜向交叉防滑钢筋，斜向交叉防滑钢筋可按单排设在墙截面中部，采用根数不太多的较粗钢筋，一端锚入基础，另一端锚入墙内，锚固长度不应小于 l_{aE}（图 4.4-7）。

斜向交叉防滑钢筋的截面面积，一般情况下按承担地震剪力设计值 V_w 的 30%确定。即

$$0.3V_w \leqslant A_s f_y \sin\alpha \qquad (4.4\text{-}7)$$

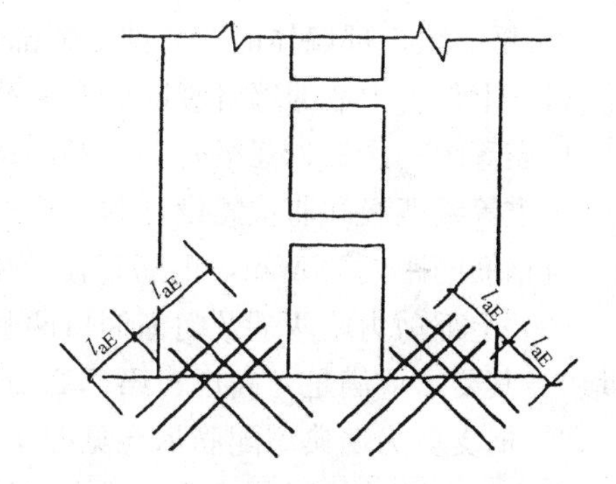

图 4.4-7　落地双肢剪力墙在墙肢底截面处另设斜向交叉防滑钢筋

6）由于落地剪力墙和框支柱所受的水平剪力和弯矩差异很大，当地基土较弱或基础刚度和整体性较差时，落地剪力墙下的基础就可能产生较大的转动。建议结合地基及基础的设计，采取以下措施：

（1）采用筏形基础、桩基础或墙下条形基础等抗转动性能较好的整体式基础；

（2）调整基础底板面积，使落地剪力墙下和框支柱下的地基附加应力尽可能均匀；在此基础上适当加强基础的刚度（如适当加大基础底板厚度等）。

7）部分框支剪力墙结构的一级落地剪力墙底部加强部位，当墙肢在边缘构件以外的部位在两排钢筋间设置直径不小于 8mm、间距不大于 400mm 的拉结筋时，剪力墙的受剪承载力验算可计入混凝土的受剪作用。

5. 框支梁上部墙体

1）框支梁上部墙体的底部加强部位截面设计，除应满足落地剪力墙底部加强部位墙体的设计要求外，还应满足以下要求：

试验及有限元计算分析表明，在竖向及水平荷载作用下，框支剪力墙的框支梁上部墙体既有 X 方向的正应力 σ_x，也有 Y 方向的正应力 σ_y，还有剪应力 τ，且均为非线性分布，

有类似“拱”的受力状态。受力复杂并在多个部位会出现较大的应力集中，这些部位剪力墙容易发生破坏，将这样的墙体按内力均匀分布配置水平和竖向分布钢筋并不符合墙体受力的实际情况。

当框支梁上部墙体开有边门洞时，有可能改变“拱”的合理传力途径：往往形成小墙肢，此小墙肢的应力集中尤为突出，而边门洞部位框支梁应力急剧加大，在水平荷载作用下，上部有边门洞的框支梁弯矩约为上部没有边门洞的框支梁弯矩的3倍，剪力也约为3倍。

（1）框支梁上部墙体配筋示意见图4.4-8。

根据中国建筑科学研究院结构所等单位的试验及有限元分析，在竖向及水平荷载作用下，框支边柱上墙体的端部，中间柱上 $0.2l_n$（l_n 为框支梁净跨）宽度及 $0.2l_n$ 高度范围内有较大的应力集中。因此，在 $0.2l_n$ 区段内的竖向和水平钢筋，均应比区段以外相应钢筋的间距加密一倍。

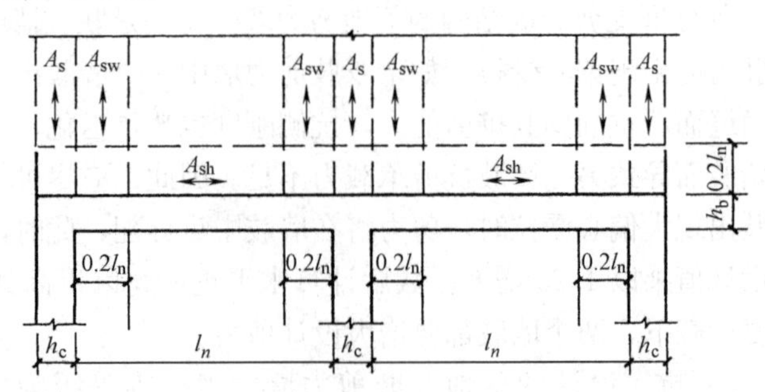

图4.4-8　框支梁相邻上层剪力墙配筋示意

（2）框支梁上墙体竖向钢筋在框支梁内的锚固长度，抗震设计时不应小于 L_{aE}，非抗震设计时不应小于 l_a。

2）框支梁上部墙体的非底部加强部位截面设计，应满足以下要求：

（1）上部剪力墙的墙身竖向分布钢筋、水平分布钢筋的最小配筋率为：

抗震等级一、二、三级时≥0.25%；

抗震等级四级和非抗震设计时≥0.2%；

且钢筋间距≤200mm，钢筋直径≥ϕ8。

（2）上部剪力墙两端及门窗洞口两侧均应设置构造边缘构件（暗柱、端柱、翼墙和转角墙），其要求应满足《高规》第7.2.16条有关规定，且要求配箍特征值 λ_v≥0.1。

3）框支剪力墙典型配筋示意见图4.4-9。

框支梁上部墙体竖向钢筋在梁内的锚固长度、抗震设计时不应小于 l_{aE}，非抗震设计时不应小于 l_a。

6. 转换层楼板

转换层楼板应采用现浇楼板，并应双层双向配筋，且每层每方向的配筋率不宜小于0.25%，楼板中钢筋应锚固在边梁或墙体内。

与转换层相邻楼层的楼板宜双层双向配筋，且每层每方向的配筋率不宜小于0.20%。

三、构件开洞

1. 框支梁开洞

转换梁上托不少楼层的竖向荷载，承受较大的剪力，开洞会大大削弱转换梁的受剪承载能力，尤其是在转换梁端部剪力最大的部位开洞，对转换梁的抗剪承载能力影响更加不利，因此，转换梁不宜开洞。若必须开洞时，洞口边离开支座柱边的距离不宜小于梁截面高度；被洞口削弱的截面应进行承载力计算，因开洞形成的上、下弦杆应加强纵向钢筋和

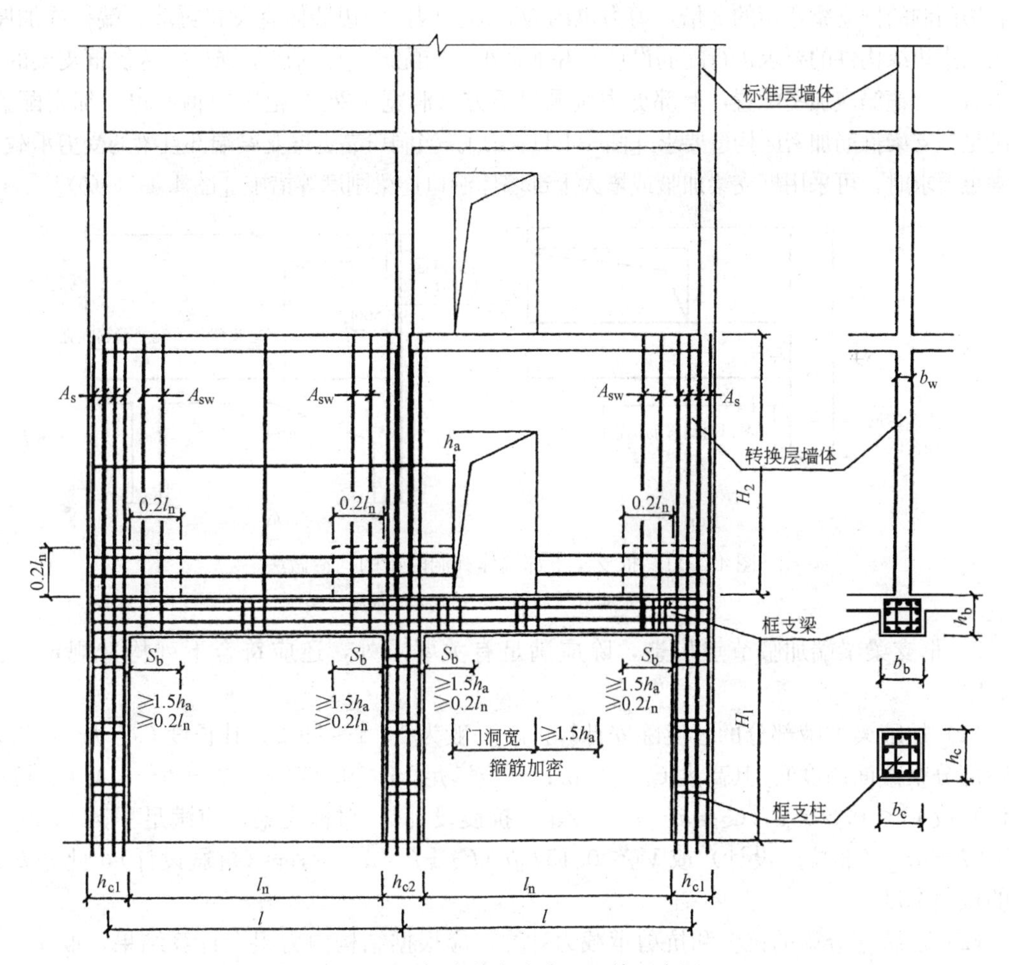

图 4.4-9 框支剪力墙典型配筋示意图

注：S_b 为框支梁箍筋加密区范围。

抗剪箍筋的配置。洞口高度限值及内力计算参见第五章第四节实腹梁开洞的有关内容。开洞部位应配置加强钢筋，或用型钢加强。被洞口削弱的截面应进行承载力计算，洞口截面的剪力设计值应乘以 1.2 的增大系数。

2. 框支梁上部墙体开洞

1）框支梁上部墙体不宜开洞，特别注意不应在框支柱上方墙体上开洞。

必须开洞时，应尽可能开在中间部位，并应满足图 4.4-10 的要求，且洞边墙体宜设置翼墙、端柱或加厚，应按约束边缘构件的要求进行配筋设计，并加强小墙肢配筋。

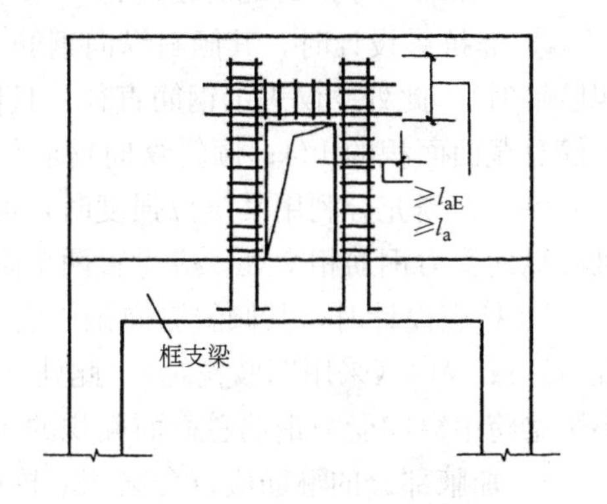

图 4.4-10 框支梁上方剪力墙体洞口加筋

2）当框支梁上部墙体开有边门洞时，往往形成小墙肢，此小墙肢的应力集中尤为突出，而边门洞部位框支梁应力急剧加大，在水平荷载作用下，上部有边门洞的框支梁弯矩约为上部没有边门洞的框支梁弯矩的3倍，剪力也约为3倍。因此洞边墙体宜设置翼墙、端柱或加厚，应按约束边缘构件的要求进行配筋设计，并加强小墙肢配筋。同时应加强这一区段框支梁的抗剪承载力，箍筋应加密配置，上部剪力墙洞口下方（洞宽$+2h_b$）范围内箍筋也应加密配置，并满足框支梁箍筋加密区构造要求［图4-4-11（*a*）］。当洞口靠近框支梁端部且梁的受剪承载力不满足要求时，可采用框支梁加腋或增大上部墙体洞口连梁刚度等措施［图4.4-11（*b*）］。

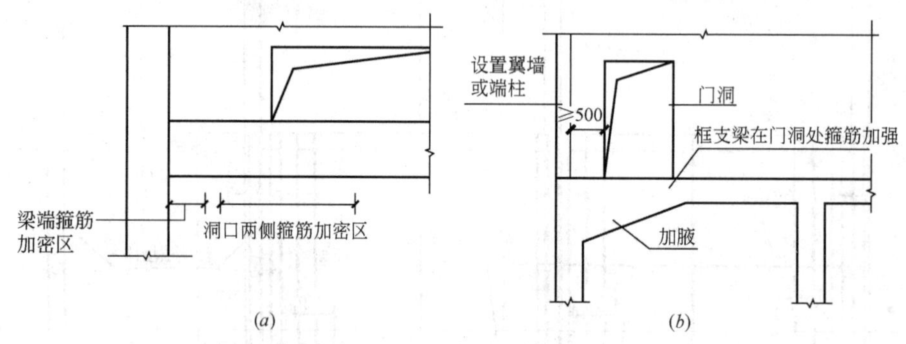

图4.4-11 框支梁上部墙体开洞时梁的构造做法

（*a*）洞口处箍筋加密；（*b*）梁端加腋

3）框支梁梁端加腋节点构造，除应满足有关要求外，还应符合下列构造规定（图4.4-12）：

（1）加腋梁加腋部分的坡度除安计算外，一般为1：1～1：2，其长度$C_1 \geqslant h$（h为未加腋部分梁截面高度），其高度$C_c \leqslant 0.4h$；并应满足$V_b \leqslant 0.25 f_c b(C_2+h-a_s)$（非抗震设计）或$V_b \leqslant 0.20 f_c b(C_2+h-a_s)/\gamma_{RE}$（抗震设计）；对框支梁，应满足$V_b \leqslant 0.20 f_c b(C_2+h-a_s)$（非抗震设计）或$V_b \leqslant 0.15 f_c b(C_2+h-a_s)/\gamma_{RE}$（抗震设计），此处$b$为梁的截面宽度。

（2）加腋部分梁的抗弯和抗剪承载力计算，应根据结构内力组合计算结果，取1—1、2—2两个控制截面（图4.4-12）进行。

（3）加腋部分梁的配筋构造：

① 非抗震设计时，其倾斜纵向钢筋一般不少于2ϕ12（采用双肢箍时）或4ϕ12（采用四肢箍时），此处ϕ仅表示钢筋直径，且倾斜纵向钢筋总截面面积不小于梁跨中纵向受力钢筋总截面面积的1/4；倾斜纵向钢筋伸入支座（柱）内的长度l_s，当不利用其强度时，取$l_s=l_{as}$，当充分利用其抗拉强度时，取$l_s=l_a$，见图4.4-12（a）。倾斜纵向钢筋和框架梁底纵向受力钢筋相交处，应设置两个附加箍筋，直径同梁内箍筋。

② 抗震设计时，其倾斜纵向钢筋应由计算确定。构造上一般不少于2ϕ14（采用双肢箍时）或4ϕ14（采用四肢箍时），此处ϕ仅表示钢筋直径，且倾斜纵向钢筋总截面面积不小于梁跨中纵向受力钢筋总截面面积的1/4；倾斜纵向钢筋伸入支座（柱）内的长度不小于l_{aE}。加腋部分的箍筋应符合梁相应抗震等级的构造要求，并自2—2截面向跨中延伸一个箍筋加密区长度，见图4.4-12（*b*）。倾斜纵向钢筋和框架梁底纵向受力钢筋相交处。应设置两个附加箍筋，直径同梁内箍筋。

3. 转换层楼板开洞

转换层楼板不应在落地剪力墙边开设洞口，较远处开设洞口时，楼板边缘和较大洞口周边应设置边梁，其宽度不宜小于板厚的2倍，全截面纵向钢筋配筋率不应小于1.0%

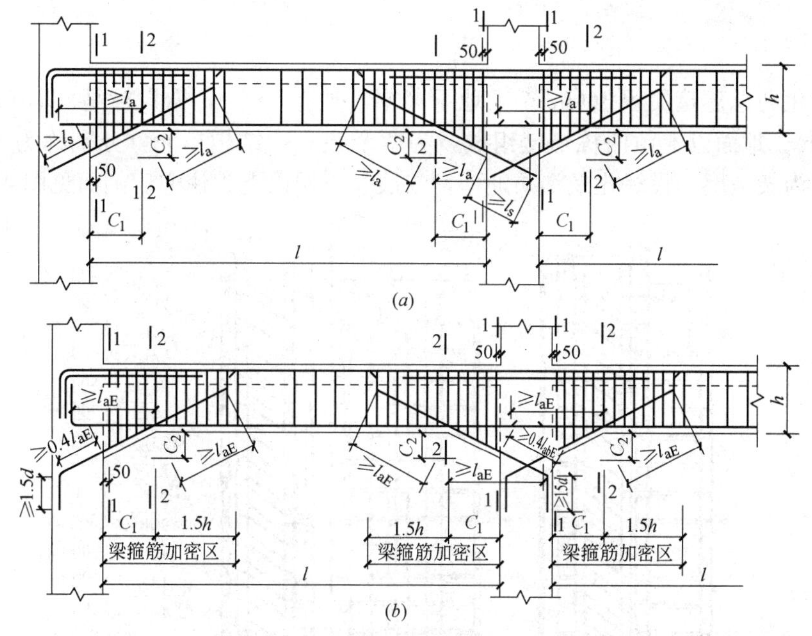

图 4.4-12 加腋梁加腋部分配筋构造

（a）非抗震设计时；（b）抗震设计时

（图 4.4-13）。钢筋接头宜采用机械连接或焊接，楼板的钢筋应锚固在边梁内（图 4.4-14）。与转换层相邻楼层的楼板开洞时也应适当加强。转换层相邻楼层可根据工程具体情况取转换层上、下各 1～2 层。

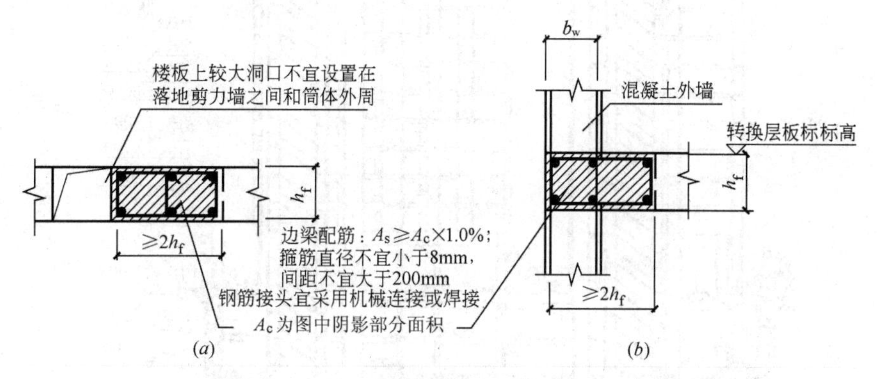

图 4.4-13 转换层楼板边缘和洞口周边设边梁

（a）楼板洞口部位；（b）楼板边缘部位

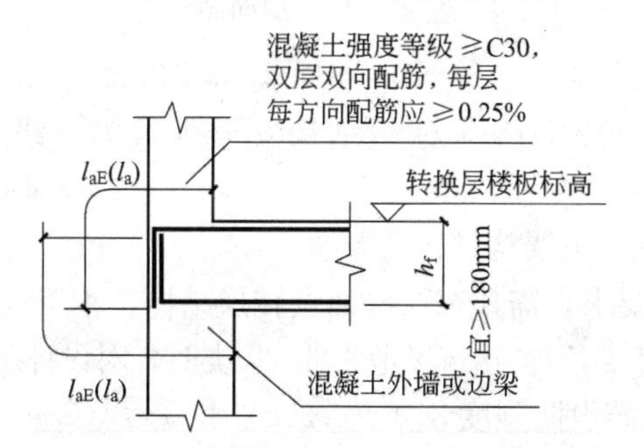

图 4.4-14 转换层楼板钢筋锚固要求

四、工程实例

永和文化苑总建筑面积 36000m²，地下 2 层，地上 28 层，檐口标高 90.8m，室内外高差为 0.6m。地面以上由两栋塔楼组成，为两个独立的结构单元，分别称为 1 号楼、2 号楼。一层为架空层，设绿化及消防通道，二层及三层以上为住宅。剖面见图 4.4-15。

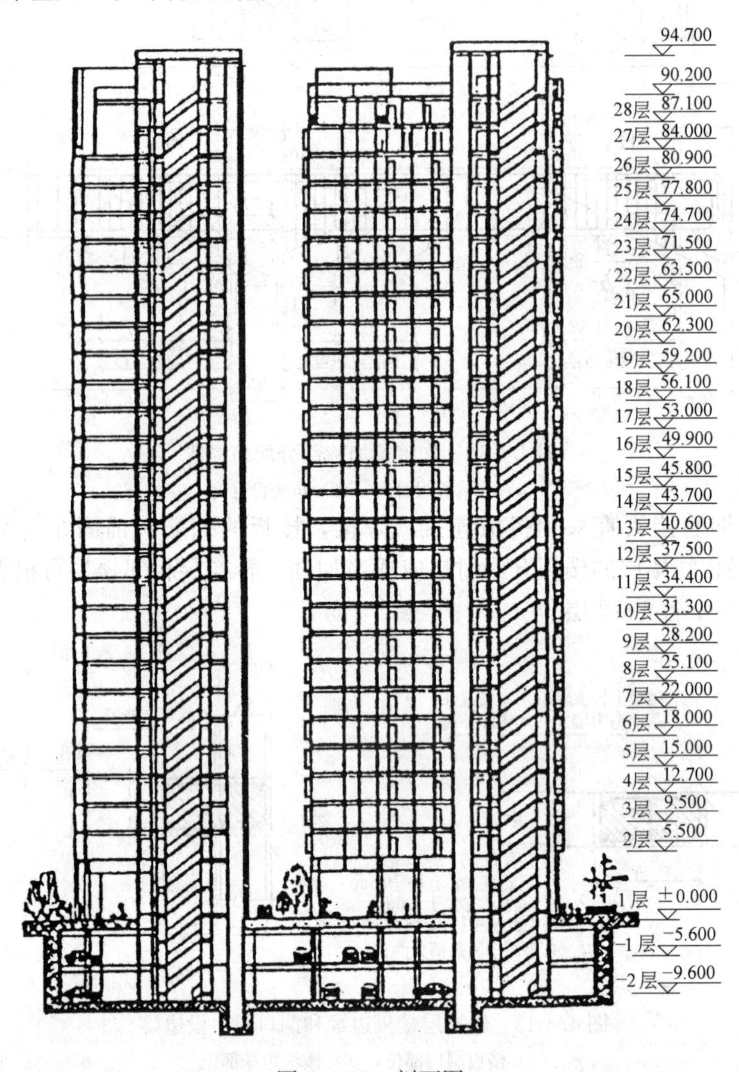

图 4.4-15　剖面图

本工程抗震设防烈度为 7 度，设计基本地震加速度值为 0.15g，抗震设防类别为丙类，基本风压 1.1W_0 = 0.50kN/m²，建筑结构安全等级为二级。建筑场地类别为Ⅲ类。基础设计等级为甲级。

1. 主楼结构选型及主楼主要构件截面尺寸

为满足首层大空间的要求，需在三层楼面设转换结构，本工程采用现浇部分框支剪力墙结构。根据《高规》第 4.8.4 条："建筑场地为Ⅲ、Ⅳ类时，对设计基本地震加速度为 0.15g 和 0.30g 的地区，宜分别按抗震设防烈度 8 度（0.20g）和 9 度（0.40g）时各类建筑的要求采取抗震构造措施"，故地震作用计算按 7 度 0.15g，抗震构造措施按 8 度确定，即抗震等级框支框架为特一级，底部加强部位剪力墙抗震等级为一级，非底部加强部位剪力墙抗震等级为一级。

本工程地下室长 70m，不设沉降缝和伸缩缝，在 2 栋主楼四周分别设后浇带，在主楼施工完毕后用高强度等级混凝土浇筑，调整结构不均匀沉降，减少混凝土结构温度应力。在主体结构完成即沉降基本完成时，采用高一级强度等级微膨胀混凝土浇筑，在后浇带处设加强钢筋。

主楼主要构件截面尺寸见表 4.4-10。混凝土强度等级见表 4.4-11。

主楼主要构件截面　　**表 4.4-10**

部位 楼层	剪力墙	框支柱	梁	板
−2	500	1200×1200	600×600	150
−1	500	1200×1200	600×1000	200
1	500	—	1600×2000	200
2～11	250	—	250×500	120
12～28	200	—	200×500	120

主楼混凝土强度等级　　**表 4.4-11**

楼层 部位	−2～1	转换层	2～9	9～21	21～28
剪力墙	C60	C60	C50	C40	C30
柱	C60	C60	C50	C40	C30
梁	C40	C60	C40	C40	C30
板	C40	C60	C40	C40	C30

采用中国建筑科学研究院 PKPM 系列 SATWE 计算，TBSA5.0 复核。计算震型为 18 个，考虑扭转耦联计算。主要计算结果见表 4.4-12。

主要计算结果　　**表 4.4-12**

楼层 部位			1 号塔楼 SATWE	2 号塔楼 SATWE
地震作用	结构自震周期	$T1$	1.347	2.408
		$T2$	1.276	2.317
		$T3$	1.190	1.646
地震作用	基底剪力（kN）	X 方向	3032.6	3484.4
		Y 方向	3403.9	3291.4
	剪重比 Q_0/W（%）		3.01	2.40
	楼层最大位移与层之比		1/2001	1/1215

2. 特殊结构措施

（1）转换层的设计

本工程平面布置不规则，平面形状凸凹较多，外墙不在同一轴线上，最大错位 900mm，造成转换层梁柱布置困难，计算模型不宜简化。经反复分析比较，最终确定采用大柱网，大跨度框支梁的结构形式，最大跨度 10.2m，框支梁最大截面 1600mm×2000mm，加腋 1200mm（长）×400mm（高），框支柱 1200mm×1200mm。2 号楼转换层平面见图 4.4-16。为使计算模型与结构实际受力情况更加吻合，计算建模时框支梁分成两根梁，分别承担不在同一轴线的上部结构的重量。计算结果 1 号楼转换层上、下结构等效剪切刚度比 X 方向为 1.328，Y 方向为 1.647，2 号楼转换层上、下结构等效剪切刚度比 X 方向为 1.404，Y 方向为 1.484，满足规范要求。

为提高框支柱的延性和变形能力，提高转换层的抗震能力，在框支柱中设置了芯柱。

（2）合理的选取剪力墙的厚度

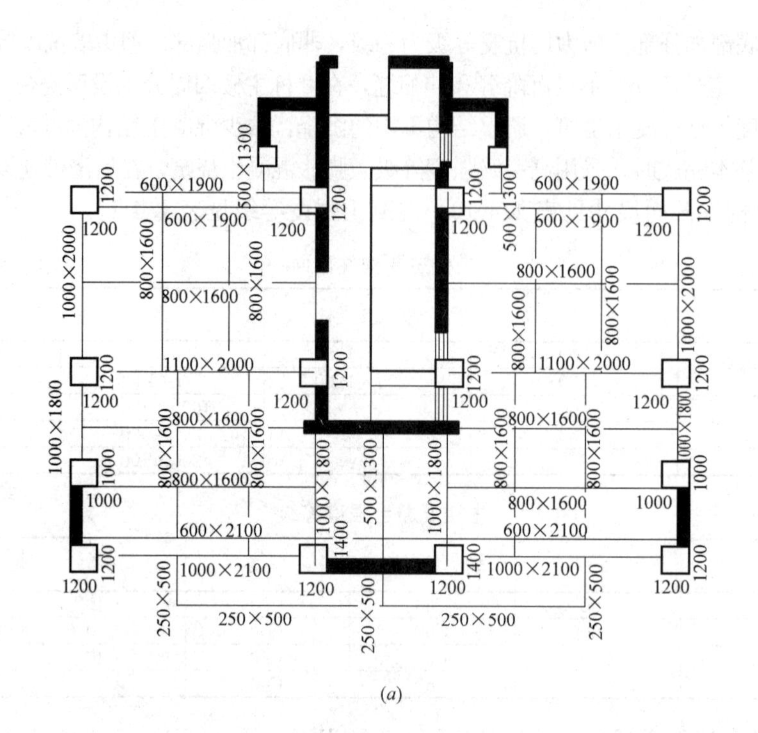

(*a*)

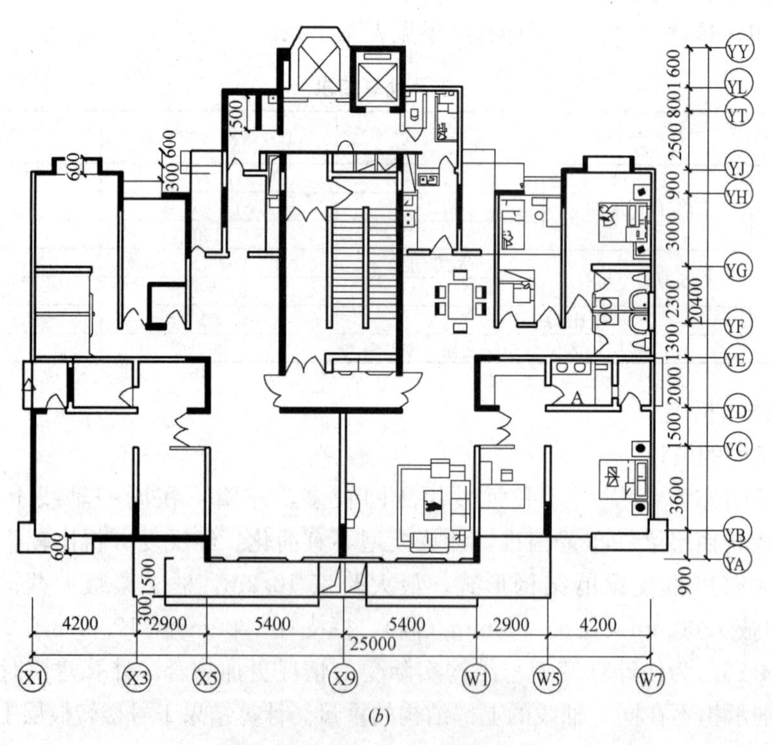

(*b*)

图 4.4-16　2 号楼转换层平面

(*a*) 2 号楼转换层平面布置；(*b*) 2 号楼转换层结构平面布置

转换层以上为 27 层，若剪力墙过厚，重量大，转换层梁柱受力大，且刚度大地震力大。若剪力墙偏薄，结构周期大位移大，但地震力减小，面积利用率增大，因此合理的选择剪力墙厚度很重要。本工程 2～11 层剪力墙采用 250mm 厚，12～18 层剪力墙采用 200mm 厚，周期、位移均满足规范的要求，并减轻框支梁、柱的荷载，改善剪力墙的抗震性能，尽量做到经济合理。

（3）角窗的处理

根据建筑平面户型的要求，在角部设置角窗，设计中加大连梁上下纵筋配筋量各 15%，洞口两侧剪力墙暗柱也增大配筋，角窗处楼面设 400mm×120mm（高）斜跨洞口暗梁，暗梁纵筋上下 4Φ14，箍筋 ϕ6@150，楼板负筋拉通。

（4）局部加强措施

1 号楼平面凸凹较大，两侧凹入较大部位采用拉梁连接，楼电梯间形成较大洞口，与其相连的楼板采用 150mm 厚，双层双向Φ10@150 加强。2 号楼平面楼板加强示意图见图 4.4-17。

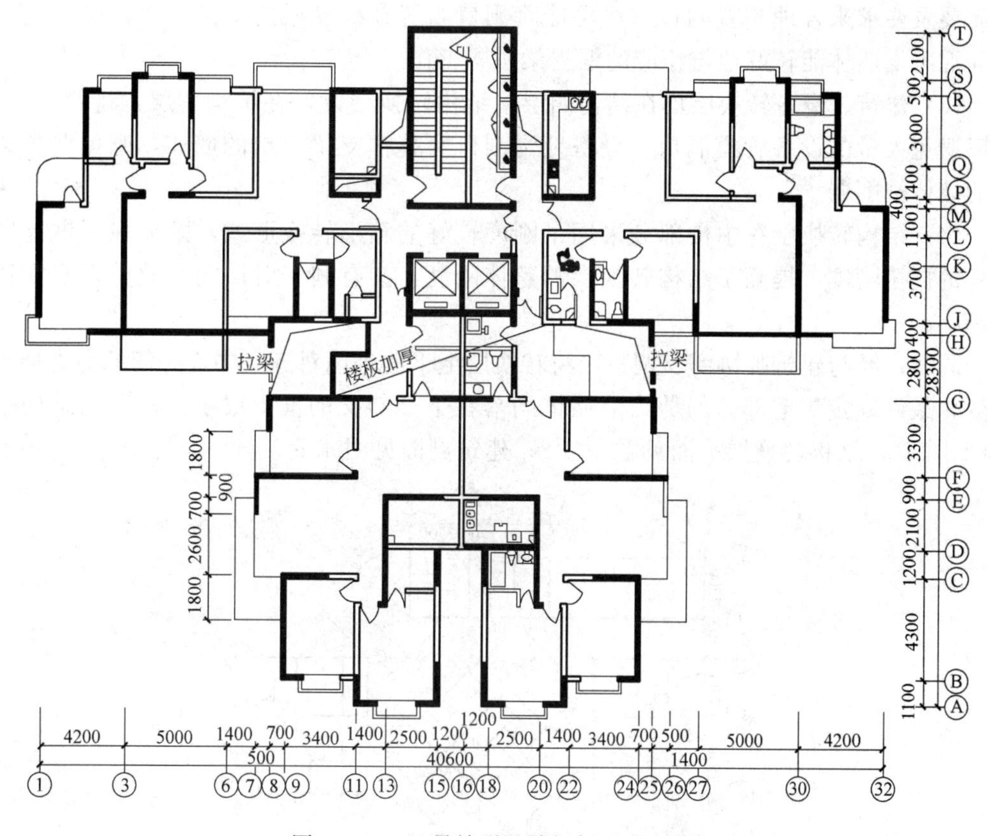

图 4.4-17 2 号楼平面楼板加强示意图

第五节 实际工程举例

一、庆化开元高科技大厦

庆化开元高科技大厦地下 1 层，地上主楼 31 层，裙房 3 层，结构总高度 95.27m，总建筑面积 44311.3m²。主楼 1～3 层及裙房部分为商店、娱乐用房，需要布置灵活的大空间。3 层以上为住宅。

抗震设防烈度为 8 度，抗震设防类别为丙类，建筑场地类别为Ⅲ类。

1. 结构方案的确定

为满足建筑使用功能的要求，决定在三层设置结构转换层，三层及以下层为框支-剪力墙，四层为框架-剪力墙，四层以上为全剪力墙，形成了独特的转换结构体系。

本工程属 B 级高度的高层建筑，并且是一个在竖向有一定特殊性的复杂高层建筑。之所以将结构转换层设置在三层，主要是考虑以下一些原因：

（1）利用三层相对较大的层高（层高为 4.2m），可减小刚度上的突变，较容易控制转换层上、下层的剪切刚度比和侧向刚度比。

（2）结构转换层的上部不是做住宅使用，而是卡拉 OK 娱乐用房，故可以按照结构的需要及要求来合理布置洞口，尽可能将洞口布置在框支梁的中部，使转换层上层的钢筋混凝土墙体能较好地与相应的框支梁协同工作。

（3）建筑、设备转换层均在结构四层，结构转换层设置在结构三层，将两者分开，可以避免大量的设备管道洞口、设备地沟洞口穿越框支梁上层的墙体，避免框支梁上层的墙体被削弱。

（4）结构转换层在主楼部分采用了刚度较好的箱形转换形式，既加强了框支转换构件的抗扭刚度，提高了结构转换层的整体刚度，又有利于对层间等效剪切刚度比的控制。

同时，经与建筑师协商、调整，将转换层上下的轴网对齐，中心井筒的剪力墙定位不变，最后确定住宅部分的剪力墙墙体均落在下部斜交的框支梁上。标准层结构平面见图 4.5-1，结构转换层平面见图 4.5-2，建筑剖面见图 4.5-3。

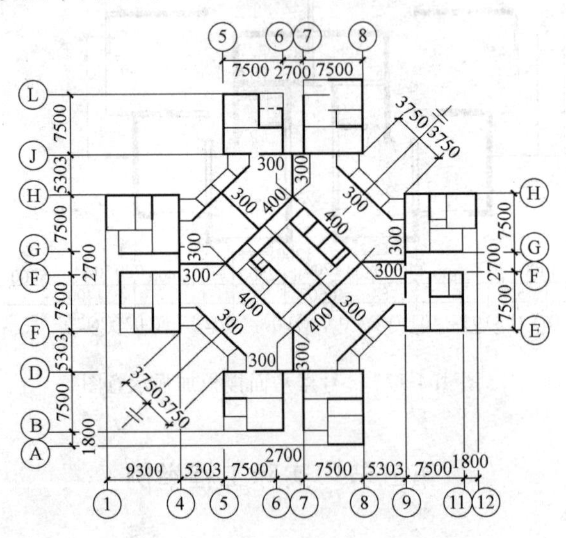

图 4.5-1　标准层结构平面图（未注明墙厚为 250mm）

2. 结构整体计算分析

考虑到本工程的抗侧力构件有正交、斜交两种布置情形，故在弹性分析阶段，采用

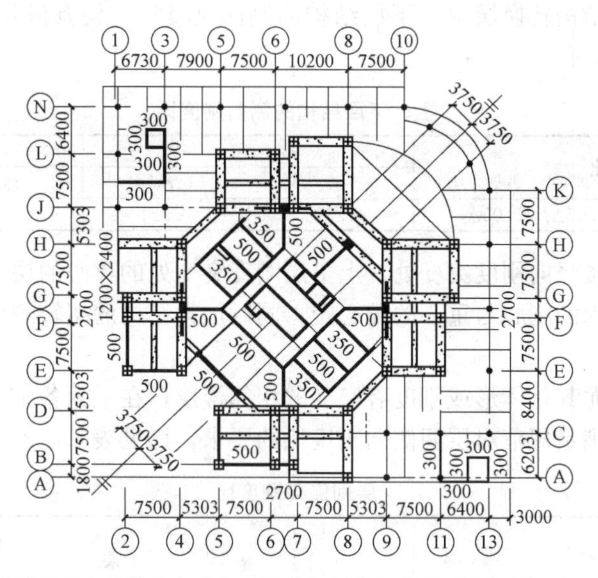

图 4.5-2　结构转换层（层 3）平面图（标高 10.500m）

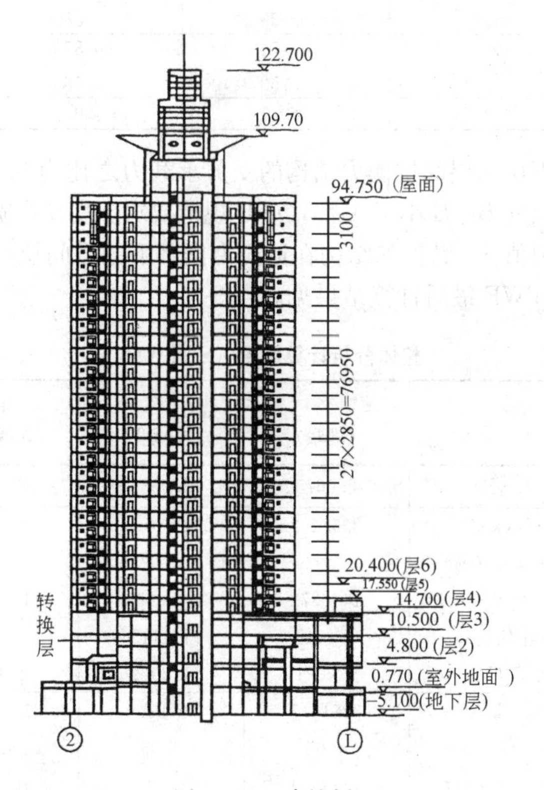

图 4.5-3　建筑剖面

SATWE、TAT 两种程序对结构进行了分析对比，以 $\alpha=0°$、$45°$分别进行了耦联与非耦联的结构整体抗震分析计算，并采用相应的程序进行了弹性时程分析补充计算。同时还用 SATWE 程序中的有限元分析程序——FEQ 对框支梁进行了有限元的补充计算。通过上述结构分析，调整结构布置及构件截面尺寸，使以下主要设计参数满足《高规》规定：

（1）严格控制结构转换层上、下层结构的侧向刚度比，使其满足 γ_e 接近 1，且不大于 1.3，其结果见表 4.5-1。

上、下层结构的侧向刚度比　　表 4.5-1

刚度比	0°		45°	
	γ_{ex}	γ_{ey}	γ_{ex}	γ_{ey}
$\gamma_e=\Delta 1H_2/\Delta 2H_1=9.05\Delta_1/10.05\Delta_2$	1.298	0.921	1.269	1.177

（2）控制主裙楼竖向刚度突变处、上下层刚度突变处的重心的层间偏心距、刚心的层间偏心距、各个层内的刚心与重心的偏心距；同时加大结构的扭转刚度，以减小结构扭转效应。

（3）使各楼层尤其是体形或刚度有突变的相邻楼层，在平面各个方向上的等效侧向刚度比尽可能接近，满足规范对层间侧向刚度比的要求，详见表 4.5-2。

层间侧向刚度比　　表 4.5-2

刚度比		层2/层3	层3/层4	层2/相邻3层平均值
$\alpha=0°$	γ_x	0.830	0.876	0.859
	γ_y	0.825	0.889	0.868
$\alpha=45°$	γ_x	0.754	0.873	0.980
	γ_y	0.752	1.166	0.985
规范要求		≥0.7	≥0.7	≥0.8

（4）转换层上、下层的层间抗侧力结构的受剪承载力之比为 0.895 大于 0.7，满足规范的要求。竖向收进尺寸 B_1/B 小于 0.75，满足规范要求。房屋高宽比为 1.6 小于 B 级高度高层建筑高宽比的限值 6。其他如结构在地震力作用下的层间位移角、顶点位移等均满足《高规》要求，SATWE 最后计算结果见表 4.5-3。

整体分析计算结果（SATWE）　　表 4.5-3

α		0°（耦联）	0°（非耦联）	45°（耦联）	45°（非耦联）
周期 T_1（s）		2.0675	2.0686	2.0701	2.0701
x 向	底部剪力 Q_{0x}（kN）	32572.2	32550.8	35441.7	30567.5
	底部剪重比 Q_{0x}/G_e（%）	4.02	4.02	4.38	3.78
	底部弯矩 M_{0x}（kN·m）	1468372	1466698	1602313	1574065
	最大层间位移角 $D_{max,x}/h$	1/1118	1/1115	1/1082	1/1082
	总位移角 D_{max}/H_{max}	1/2021	1/2022	1/1723	1/1745
y 向	底部剪力 Q_{0y}（kN）	32816.7	32793.0	35550.7	31373.2
	底部剪重比 Q_{0y}/G_e（%）	4.05	4.05	4.39	3.88
	底部弯矩 M_{0y}（kN·m）	1472304	1470476	1648312	1616777
	最大层间位移角 $D_{max,y}/h$	1/1117	1/1113	1/1049	1/1049
	总位移角 D_{max}/H_{max}	1/1999	1/1998	1/1943	1/2002

注：结构总重力 G_e 为 809381.4kN。

3. 结构转换层的主要构件设计

剪力墙底部加强部位的高度为 20.4m，加强部位以上剪力墙的抗震等级为一级，加强部位以下的剪力墙、框支柱、框支梁的抗震等级均为特一级。

在三层主楼部位设置局部箱形转换层。混凝土强度等级及墙体厚度沿高度递减变化，混凝土强度等级为C45～C30。转换层以下均采用HRB400级钢筋，框支柱均采用型钢混凝土柱。

（1）主楼结构转换层上、下层楼板厚度均为180mm，上、下层楼板间设置了1200mm×2400mm的框支主梁、700mm×2400mm的框支次梁。其周围的框架部分也采用180mm厚的楼板，梁截面尺寸为500mm×800mm。

（2）框支主梁的上部纵向钢筋为14～18Φ40，下部纵向钢筋为28Φ40，框支次梁的上部纵向钢筋为10Φ40，下部纵向钢筋为20Φ40，框支主、次梁两侧腰筋均为Φ25@200，箍筋均为Φ16@100全长加密。

（3）框支柱截面均为1400mm×1400mm，均为短柱。为了使结构具有很好的延性，防止结构的脆性破坏，采用了型钢混凝土柱。型钢的形式为十字形，两个方向对称布置，型钢为焊接工字钢，高度为1000mm，钢板厚度均为30mm。

二、佳成大厦

佳成大厦为临街商住楼，地下1层，地上17层，一～六层平面总长为60m，根据建筑规划要求，六层以上成阶梯形内收，总长为41m。总建筑面积为19600m²。

根据建筑功能要求，一～四层为商场，五、六层为办公，需要大开间；六层以上为层高2.2m的设备层；七～十七层为住宅，可采用小开间。故利用六、七层间的设备层进行结构转换。结构体系为部分框支剪力墙结构。考虑转换层以上仅11层，根据计算分析和

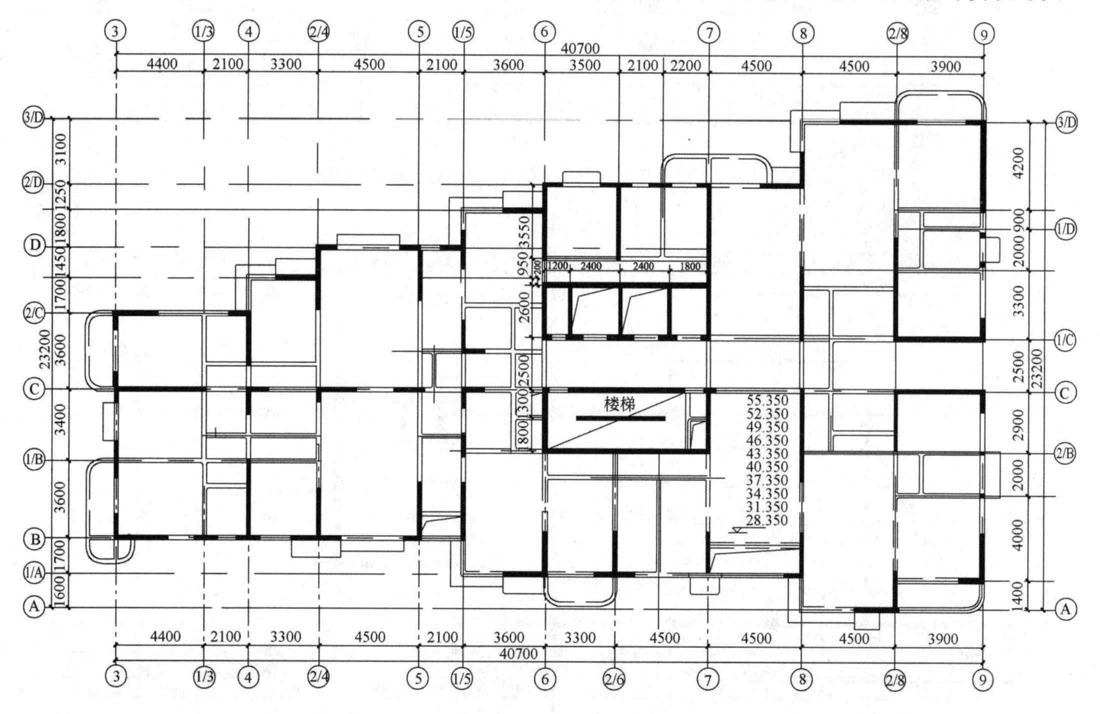

图4.5-4　七～十七层住宅结构平面

工程经验，设计采用实腹框支梁转换，考虑机电管道在设备层内的灵活布置，框支梁截面取为 800mm×1600mm 而不是按通常取为梁高等于层高的做法。从而避免了在框支梁上开大洞的不利情况，同时大大方便了机电设备管道的安装。

转换层及其上标准层平面分别见图 4.5-4、图 4.5-5、图 4.5-6。

本工程设计难点在于：上海地区抗震设防裂度为 7 度，根据建设部建质［2003］46 号文，本工程已属超限高层建筑。同时，结构转换又存在着框支柱、转换次梁的情况（如七～十七层㉘轴上有横向剪力墙和(1/C)轴上有纵向剪力墙交叉但不能直通底层，见图 4.5-4），形成框支主梁承托剪力墙并承托转换次梁及其上剪力墙，这种多次转换传力路径长、复杂、框支主梁将承受较大的剪力、扭矩和弯矩，于抗震不利。

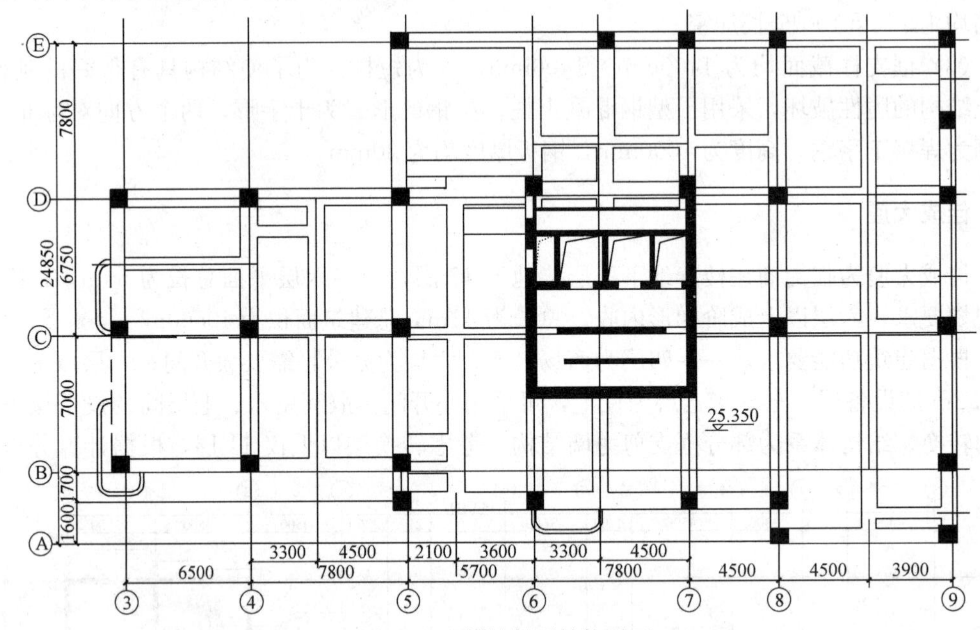

图 4.5-5　转换层顶结构平面

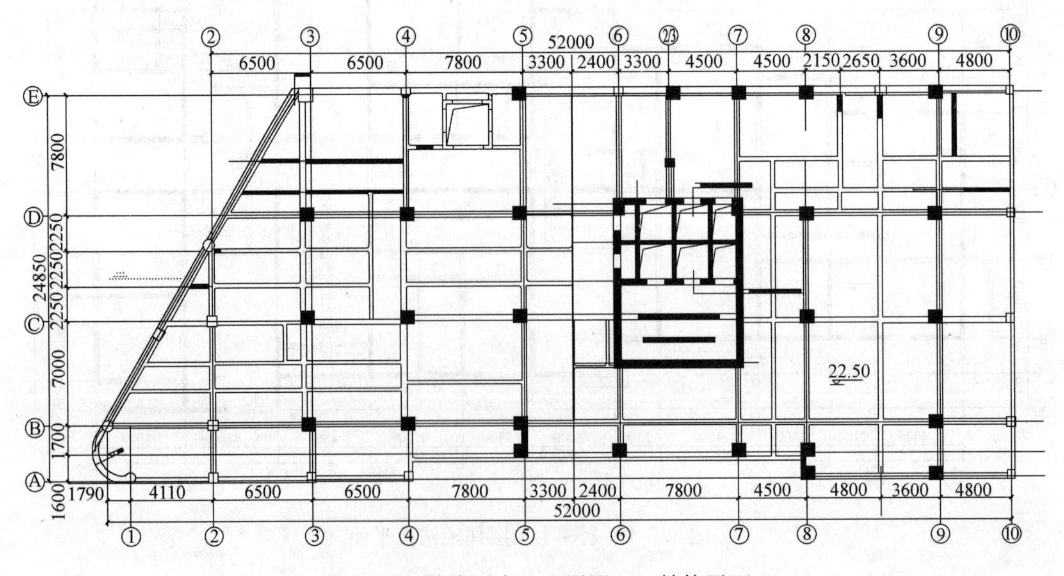

图 4.5-6　转换层底（六层屋面）结构平面

结构分析采用中国建筑科学研究院编制的 PMSAP 和 SATWE 程序进行弹性静力抗震对比计算，并采用弹性动力时程分析进行校核计算。计算中考虑了结构的扭转耦联，考虑了双向地震作用，计算振型数取为 15。

从计算结果看，由于结构布置有剪力墙核心筒，使得转换层上、下楼层等效侧向刚度比接近 1，同时，核心筒与上部楼层的短肢剪力墙组成了结构很好的抗侧力体系，减小了转换层邻近楼层水平剪力的突变。

楼层竖向构件最大水平位移和平均位移之比除少数楼层为 1.28 外，一般均在 1.05～1.15。

为了弄清高位转换在地震作用下对结构的不利影响，又分别采用了 SATWE 程序和弹性动力时程分析程序，对转换层位置在六层和五层两种情况分别进行了计算。对计算结果中的结构自振周期、水平地震剪力、层间位移、最大位移角与楼层平均位移的比值等结构特性进行了比较。详见表 4.5-4、表 4.5-5。采用弹性动力时程分析时，选用了上海人工模拟地震波 SHW1、SHW2 及天津宁河波，地震加速度的最大值为 35cm/s^2。

采用 SATWE 程序计算结果　　表 4.5-4

	转换层下为六层		转换层下为五层	
层间位移角 d_x/h	1/1478		1/1487	
层间位移角 d_y/h	1/1256		1/1295	
最大位移与层间平均位移比值	X 向	1.16	X 向	1.15
	Y 向	1.35	Y 向	1.28
最大地震力作用方向	3.41°		4.21°	
自震周期	T_1=1.2396s		T_1=1.211s	
	T_2=1.0627s		T_2=1.023s	
	T_3=0.8562s（扭为主）		T_3=0.747s	
X 向地震剪力	10925kN		10654kN	
Y 向地震剪力	9759kN		9112kN	

采用弹性动力时程分析计算结果　　表 4.5-5

	转换层下为六层	转换层下为五层
层间位移角 d_x/h	1/1288	1/1291
层间位移角 d_y/h	1/1010	1/1107
x 向最大剪力	12582kN	12466kN
y 向最大剪力	10938kN	10255kN

从图 4.5-7 层间位移曲线可以看出：转换层位于第六层比转换层位于第五层的位移曲线，除突变位置上升一层外，其突变量也较大。表明了高位转换对结构的抗震更为不利。

根据住建部和上海市对超限高层建筑抗震设计的规定，本工程由上海市抗震办组织并委托上海市抗震设防审查专家委员会进行了抗震设防专项审查。

针对本工程的设计难点和重点，根据审查专家的意见，施工图设计中采用了以下措施：

（1）为使转换层上、下部结构的等效侧向刚度比小于 1.3 并接近 1.0，利用建筑布置的楼、电梯间设置剪力墙组成从结构底层直通到顶层的剪力墙核心筒，并适当加大转换层以下各层核心筒周边剪力墙的厚度为 500mm，核心筒内部剪力墙的厚度为 240～300mm 不变，而转换层以上各层则采用短肢剪力墙，既很好地满足了建筑住宅的功能要求，又合理地减小了转换层以上各楼层的侧向刚度。经计算转换层上、下部结构的等效侧向刚度比为 1.1，满足规范的要求，同时又符合各层侧向刚度大于相邻上部楼层侧向刚度 70%的规定。

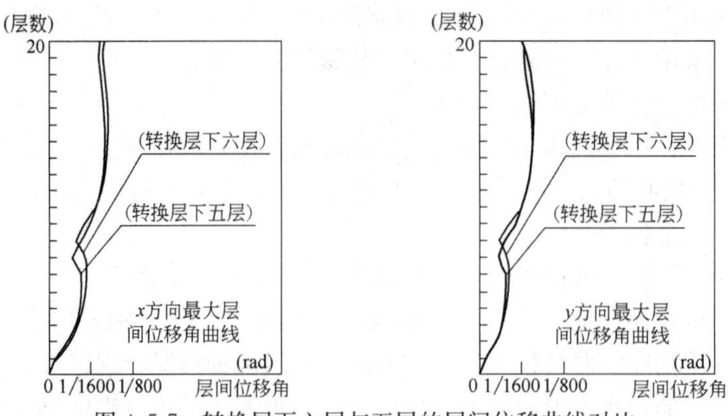

图 4.5-7 转换层下六层与五层的层间位移曲线对比

(2) 考虑转换层以上部分七～十七层为层层退台，会使结构产生较大的扭转效应，设计中适当加大了周边墙体和边梁的截面尺寸和配筋。

(3) 剪力墙底部加强部位取底层至转换层以上三层。底部加强部位框支柱抗震等级为一级，采用 950mm×950mm 钢筋混凝土柱。框支柱的轴压比均小于 0.6。底部加强部位剪力墙抗震等级为二级，除核心筒剪力墙厚度按第 1 款设计外，周边短肢剪力墙墙体厚度为 240mm，其余短肢剪力墙墙体厚度为 200mm。

(4) 楼板采用钢筋混凝土现浇梁板体系。转换层楼板厚 250mm，转换层上、下相邻层楼板厚 150mm，其余层楼板厚 120～100mm，个别不规则楼板做暗梁局部加强。

(5) 混凝土强度等级，转换层以下为 C40，转换层以上为 C30。

三、世茂湖滨花园三号楼

世茂湖滨花园三号楼地下 1 层，地面以上由层数分别为 22、25、28、26 层的 K、L、M、N 四个单元组成。结构最大高度为 87m，建筑面积约 5 万 m^2。

抗震设防烈度为 7 度，场地土的特征周期 0.9s，设计基本地震加速度 0.10g。结构的阻尼比为 0.05，水平地震影响系数最大值为 0.08，罕遇地震影响系数最大值为 0.5，基本风压为 0.6kN/m^2，地面粗糙度为 B 类。

根据建筑功能要求，二层以下需要大开间柱网，局部四层以下为架空的汽车通道，以上则为住宅，可采用小开间。结构设计在标高±0.00 处平面中间位置设置一道防震缝，使之成为两个独立的结构单元。在二层和局部四层位置设置转换构件，结构体系为部分框支剪力墙结构。转换层及其以上标准层结构平面分别见图 4.5-8、图 4.5-9、图 4.5-10。

1. 结构计算分析

由于结构二层以上平面凹口深达 6.27m，占凹口方向 15.5m 的 40.5%；平面又有较多外凸部分；顶部跃层楼板开大洞，开洞面积超过本层楼面面积的 30%。加之又采用部分框支剪力墙结构，为平面和竖向均不规则结构。为此，结构计算采用 SATWE 和 PM-SAP 两个程序进行分析、比较、调整。同时按上海当地的三条地震波进行弹性动力时程分析，以确定结构薄弱层位置。

根据初步计算结果对结构的主要调整如下：

(1) 二层为结构转换层，计算表明扭转效应明显。为此，经与建筑专业协调，此层的

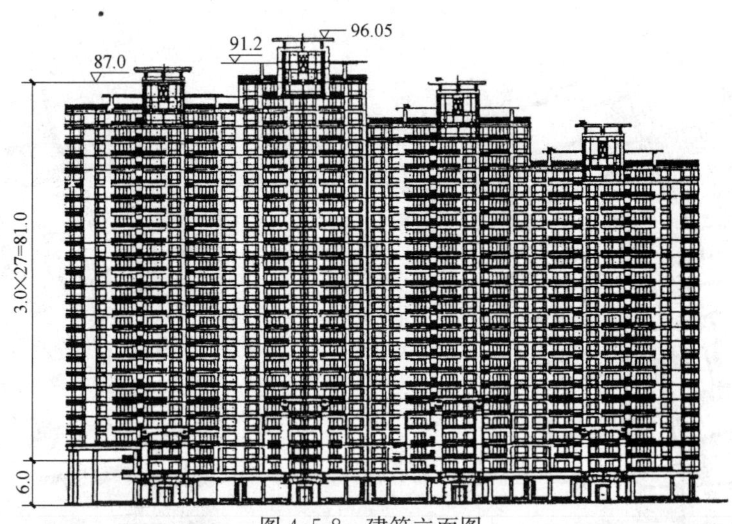

图 4.5-8　建筑立面图

凹口板全部贯通，板厚 200mm，配筋率不小于 0.35％双层双向。上部标准层在凹口的内侧设置一宽为 2000mm，厚为 120mm 的拉板，并设拉梁加强，配筋为双层双向 ϕ12@150。以加强楼板的面内刚度和整体性，提高结构的抗扭能力。

(2) 尽可能减少转换层以上的剪力墙，适当加厚转换层以下的剪力墙厚度，控制转换层上下部刚度比不大于 2.0，避免转换层上下刚度突变。

(3) 计算表明二层层间位移有突变，是薄弱层，地震内力乘以 1.15 的放大系数。

(4) 一至五层为结构剪力墙底部加强部位，二层框支梁、框支柱的抗震等级为一级，四层框支梁、框支柱的抗震等级为特一级，剪力墙的抗震等级为二级。

(5) 混凝土强度等级：一至五层底部加强部位为 C50，五层以上为 C40，楼板均为 C35，调整后结构整体计算部分计算结果见表 4.5-6。

最终计算结果整理表　　**表 4.5-6**

程序种类			SATWE	PMSAP	时程分析
自振周期（s）	T_1		1.929（平动系数为 0.97，扭转系数为 0.03）$T_3/T_1=0.78<0.85$	2.172（平动系数为 0.96，扭转系数为 0.04）$T_3/T_1=0.78<0.85$	
	T_2		1.862（平动系数为 0.98，扭转系数为 0.02）$T_2/T_1=0.81<0.85$	2.153（平动系数为 0.95，扭转系数为 0.05）$T_3/T_1=0.79<0.85$	
	T_3		1.506（平动系数为 0.12，扭转系数为 0.88）	1.704（平动系数为 0.20，扭转系数为 0.80）	
最大层间位移	风荷载	x 向	1/4843	1/3926	
		y 向	1/4742	1/3316	
	地震荷载	x 向	1/1123	1/1008	1/1011
		y 向	1/1631	1/1124	1/1001
最大层间位移与平均位移的比值	风荷载	x 向	1.19	1.06	
		y 向	1.15	1.01	
	地震荷载	x 向	1.36	1.11	
		y 向	1.18	1.03	
剪重比（％）		x 向	3.02	2.58	
		y 向	2.76	2.50	
基底剪力（kN）		x 向	13467	13796	13218
		y 向	13568	14318	17618
有效质量系数（％）		x 向	97.9	93.4	
		y 向	94.01	90.1	
转换层上下刚度比		x 向	1.815	1.81	
		y 向	1.578	1.58	

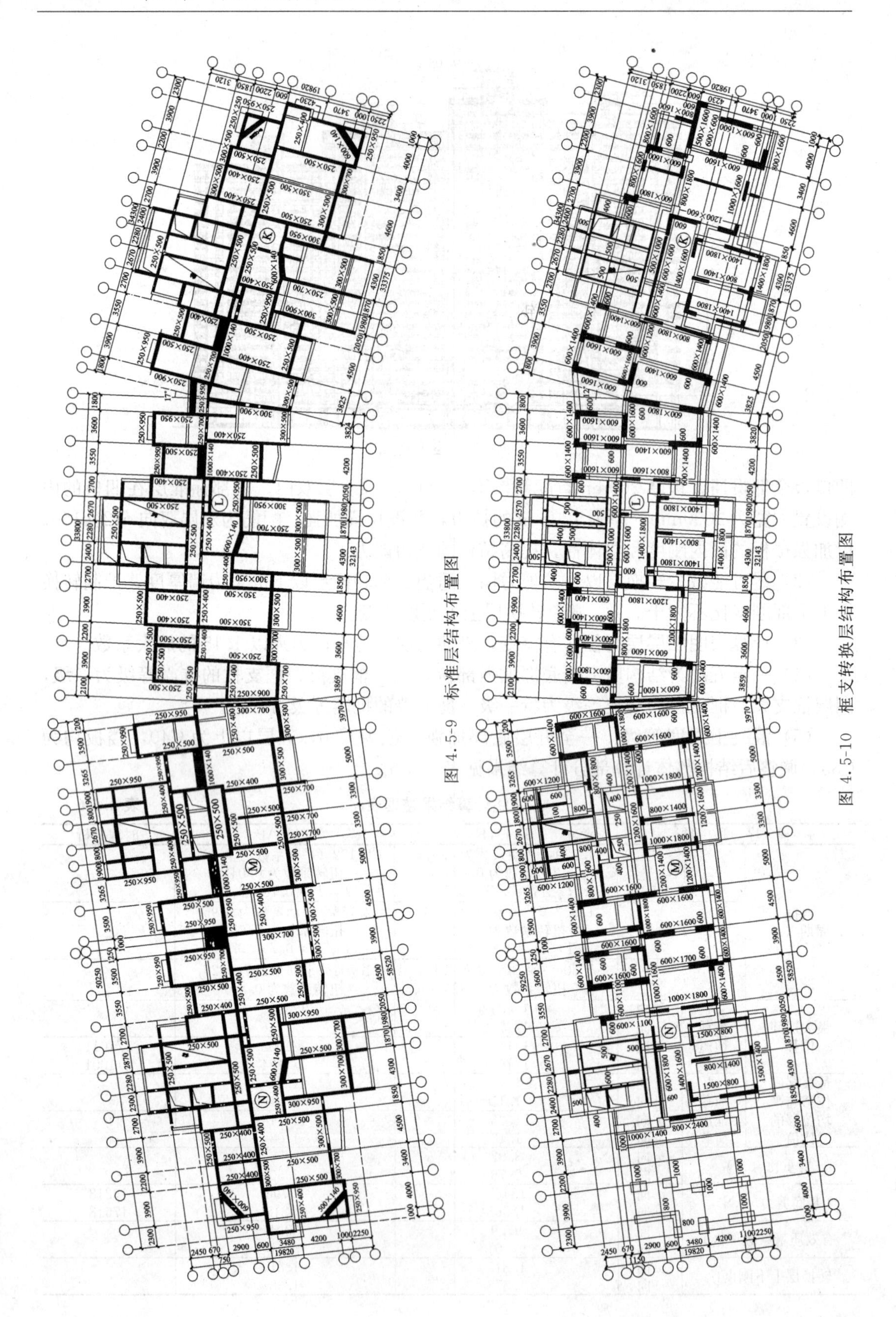

图 4.5-9　标准层结构布置图

图 4.5-10　框支转换层结构布置图

2. 型钢混凝土框支转换构件的设计

本工程转换层以上各层的剪力墙布置不规则，纵横方向轴线错位较多，有多处需二次转换；其次剪力墙靠柱边开洞的情况较多，电算分析表明，部分框支梁在地震作用效应组合下抗剪承载能力不足；再次根据建筑净高和设备走管线的要求，转换梁截面高度受到限制。综合考虑各种因素，决定对部分框支梁、框支柱采用型钢混凝土结构。

采用型钢混凝土框支梁的目的是为了提高框支梁的截面抗剪承载能力，减小框支梁的截面高度，提高框支梁的延性。虽然钢筋混凝土框支柱的轴压比和承载能力均满足规范要求，考虑强柱弱梁以及框支梁、柱节点连接的可靠性，在与型钢混凝土框支梁相连的框支柱和剪力墙边缘构件中配置构造型钢。

为了进一步弄清转换层附近构件的受力状态，除整体计算外，还采用了高精度有限元软件 FEQ 进行框支梁、框支柱和转换层上 2 层剪力墙的应力及应变分析。

根据建筑及机电专业的要求，型钢混凝土框支梁截面尺寸统一取 800mm×1600mm，梁的纵向受力钢筋由裂缝宽度控制，型钢的截面尺寸则由含钢率等构造要求确定。型钢采用窄翼缘工字钢，以避免梁内箍筋和柱纵筋穿越翼缘板，同时便于混凝土的浇捣。型钢混凝土框支梁截面见图 4.5-11。型钢梁上下翼缘板上设置栓钉，以提高型钢与混凝土的粘结和抗滑移能力，保证型钢与混凝土之间的内力传递。

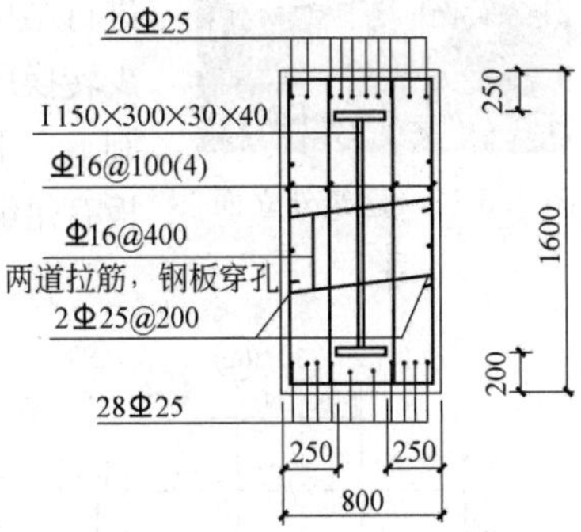

图 4.5-11　型钢梁截面

型钢混凝土框支梁上部的剪力墙纵筋尽可能避开型钢梁翼缘，直接伸入框支梁内；如遇翼缘板阻挡，则在翼缘板上加焊钢板，剪力墙纵筋与钢板焊接。

型钢梁与型钢柱的节点连接形式采用翼缘板焊接、腹板用高强螺栓连接。为避免塑性铰出现在梁柱节点核心区，在工字钢柱侧面焊接一段悬臂梁与钢梁栓焊连接。同时在型钢柱上均设置加劲板，加劲板厚度同翼缘板。加劲板上预留混凝土溢浆孔，以保证混凝土浇捣密实。

在二次转换的框支梁上，为使主型钢混凝土框支梁与次型钢混凝土框支梁刚度匹配、变形协调，在次型钢混凝土框支梁上附加一段钢梁，节点构造详见图 4.5-12。此时主型钢混凝土框支梁扭矩较大，可按普通混凝土结构进行抗扭承载力计算。

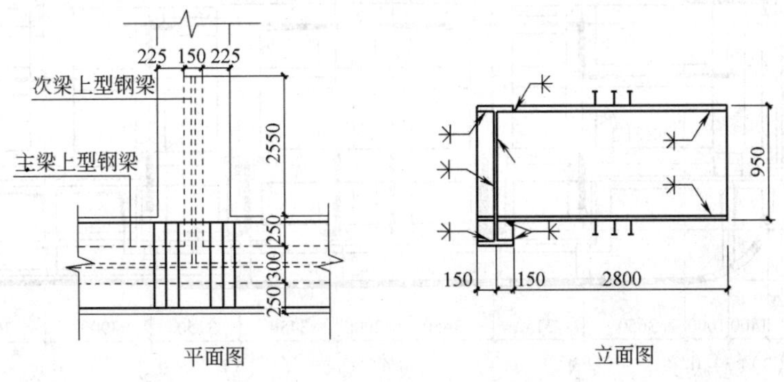

图 4.5-12　主次框支梁节点构造

混凝土梁与型钢柱的连接，若受工字钢阻挡，梁纵筋水平锚固长度不足时，则在型钢柱上加焊小牛腿，钢筋与牛腿板焊接。

图 4.5-13 建筑外立面

四、深圳国际名苑大厦

深圳国际名苑大厦为一大底盘双塔商住楼，地下 2 层，地上 34 层，地上一至四层为商场，五层为屋顶花园，六层以上为住宅，建筑高度 100.8m，总建筑面积 5.1 万 m^2，见图 4.5-13。

本工程抗震设防烈度 7 度，设计地震基本加速度 0.10g，设防地震分组为第一组，场地类别属Ⅱ类，基本风压为 0.90kN/m^2。

为满足建筑功能要求，采用部分框支剪力墙结构体系。中央剪力墙核心筒整个结构高度直接通过在第五层布置交叉逐次大梁进行结构转换，以满足底部几层大空间的需要（图 4.5-14）。为减少转换层上、下层的刚度突变，落地剪力墙核心筒适当加厚，控制上、下层的刚度不大于 1.3。框支层楼板厚度取 180mm，以使楼板有足够面内的刚度，保证有效地传递水平力。

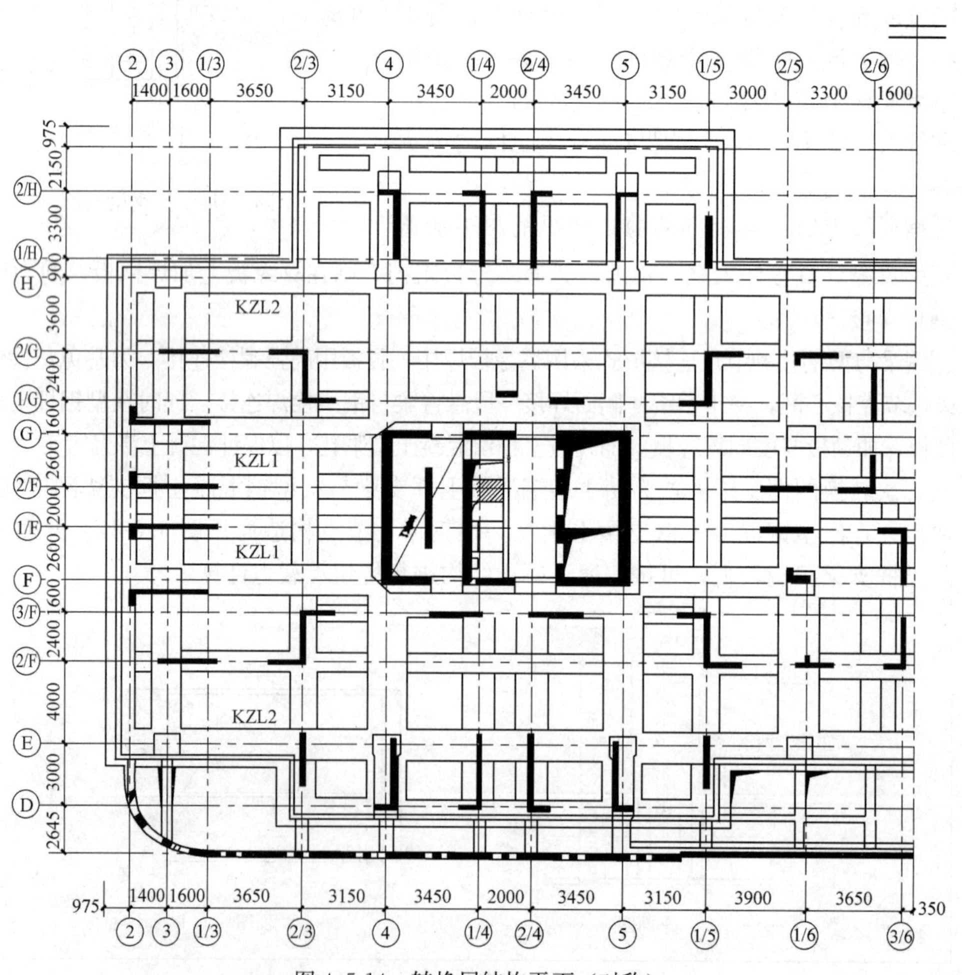

图 4.5-14 转换层结构平面（对称）

1. 结构分析

采用STAWE（空间杆-墙板元模型）和TAT（空间杆-薄壁杆系模型）两种不同计算模型的分析程序对结构进行了三维空间整体计算，并采用弹性时程分析进行了多遇地震下的补充计算。整体计算主要结果见表4.5-7。

整体计算主要结果 **表4.5-7**

计算程序名称			STAWE		TAT	
基本周期			$T_1=3.582$	$T_t/T_1=0.76$	$T_1=3.204$	$T_t/T_1=0.74$
			$T_2=3.107$		$T_2=3.042$	
			$T_3=2.721$		$T_3=2.361$	
结构总重力（kN）			856827		832706	
地震作用	最大层间位移角	X向	1/1971		1/2045	
		Y向	1/1383		1/1327	
	最大扭转位移比	X向	1.32		1.27	
		Y向	1.16		1.08	
风载下最大层间位移角		X向	1/1843		1/1937	
		Y向	1/1136		1/1246	

计算结果表明：两种程序分析得出的结构反应特征、变化规律基本吻合，基本能正确反映结构的内力和变化情况，各项指标均能满足规范要求。

2. 钢纤维混凝土转换梁设计

本工程转换层承受上部26层结构重量，框支梁设计内力大，应力状态复杂，采用普通钢筋混凝土框支转换大梁，则截面很大，由此刚度加大，地震作用也随之加大，上、下层刚度变化加剧，造成构件内力进一步加大，这显然是不经济也是不合理的。另外，截面很大的钢筋混凝土实腹转换大梁，其大体积混凝土硬化期间由于水化热产生的温度应力也不容忽视。如何消除温度应力的影响，控制裂缝，是框支转换大梁设计必须考虑的又一个问题。

钢纤维混凝土中的钢纤维能够阻止混凝土中裂缝的发生和发展，能够克服基体中微观裂缝和缺陷产生应力集中造成的过早开裂，钢纤维混凝土中的钢纤维乱向分布于混凝土中，不仅可以提高构件的承载能力，还可以提高构件的抗裂度，提高构件的刚度，同时也是抵抗构件复杂应力的较理想材料。经分析比较，决定采用钢纤维混凝土框支梁，以尽可能减小框支梁截面尺寸，减小上、下层刚度变化程度，增强框支梁的延性，提高框支梁的抗震性能。

框支梁混凝土强度等级采用C40，钢筋为HRB335级，钢纤维采用剪切矩形钢纤维，钢纤维长度28～30mm，等效直径约为0.4～0.5mm，长径比约为60，混凝土内钢纤维掺量为80kg/m^3。

下面以Ⓖ轴KZL1梁为例说明钢纤维混凝土转换梁的设计：

(1) 截面尺寸的确定

根据所掺加的钢纤维长径比$l_f/d_f=60$，钢纤维体积率$\rho_f=1.026\%$，可得钢纤维含量特征值：

$$\lambda_f=\rho_f l_f/d_f=1.026\%\times 60=0.6156$$

$$1+0.15\lambda_f=1+0.15\times 0.6156=1.09234$$

根据《钢纤维混凝土结构设计与施工规程》(GECS 38：92)，按截面控制条件确定梁的截面尺寸为800mm×1800mm，若采用普通钢筋混凝土框支梁，在其他条件相同的情况下，1.09234×1800=1966.2，即框支梁的截面尺寸需要800mm×2000mm。

(2) 承载力的计算

根据《钢纤维混凝土结构设计与施工规程》，由弯矩设计值M和剪力设计值V可分别计算出框支梁纵向受力钢筋A_s和箍筋A_{sv}，本工程对钢纤维混凝土框支梁与普通钢筋混凝土框支梁在相同设计内力情况下的配筋计算结果作了对比如表4.5-8所示。可以看出：采用钢纤维混凝土框支梁，不仅截面尺寸减小10%，框支梁纵向受力钢筋A_s也减少了约25%，箍筋A_{sv}也略有减少。两种框支梁在支座处截面配筋详图见图4.5-15、图4.5-16。

不同类型框支梁计算结果比较 **表4.5-8**

框支梁类型	内力设计值	截面尺寸 (mm×mm)	纵筋 A_{s1} (mm^2)	纵筋 A_{s2} (mm^2)	箍筋 A_{sv} (mm^2/mm)
普通钢筋混凝土	$M_1=13278kN\cdot m$ $M_2=10387kN\cdot m$ $V=7326kN$	800×2000	25954	19585	741
钢纤维钢筋混凝土		800×1800	20763	14488	728

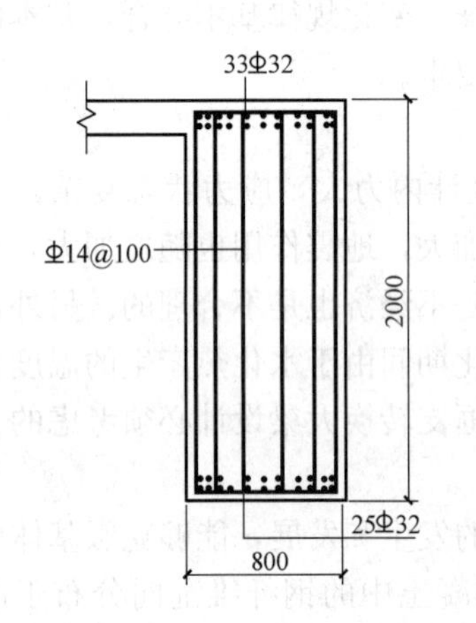

图4.5-15 普通钢筋混凝土转换梁截面配筋

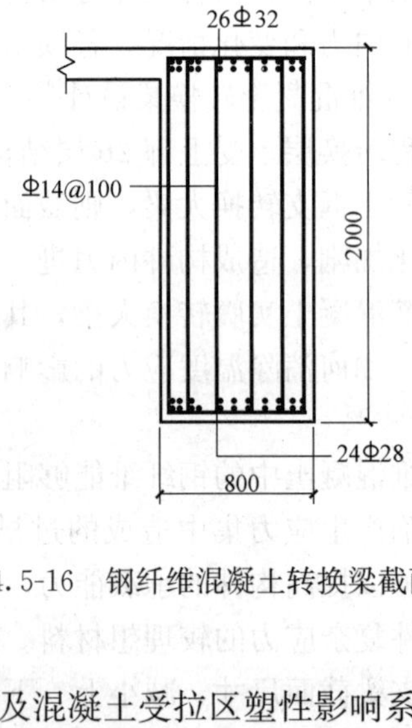

图4.5-16 钢纤维混凝土转换梁截面配筋

(3) 钢纤维混凝土转换梁挠度和裂缝宽度的验算

钢纤维加入混凝土后，提高了混凝土的抗拉强度及混凝土受拉区塑性影响系数，从而提高了钢纤维混凝土框支梁的抗裂弯矩，提高了钢纤维混凝土框支梁的刚度。根据《钢纤维混凝土结构设计与施工规程》，验算了框支梁的最大挠度和裂缝宽度，均满足规范要求。

3. 施工质量控制

(1) 应保证钢纤维在混凝土中均匀分散。如果加入的钢纤维分散不均匀，将使某些部位的混凝土缺少钢纤维或钢纤维在某一范围内结团，不仅没有增强作用，还会引起局部强度的削弱。施工中采用强制式搅拌机，拌合时先将砂、水泥、石料和钢纤维投入拌合筒内干拌，使钢纤维均匀分散于拌合料中后再加水湿拌，从而保证了钢纤维在混凝土中的分散均匀性。

（2）浇筑钢纤维混凝土时，应保证施工的连续性。如果在规定的连续施工区域内中断，由于钢纤维会沿接缝的表面排列，则起不到增强作用。采用泵送混凝土时，若泵送速度较慢，可通过掺加粉煤灰、提高砂率、调整泵送剂掺量和掺入时间等方法加以解决。

（3）钢纤维混凝土应采用机械振捣，除应保证混凝土密实外，尚应保证钢纤维分布均匀。采用插入式振动器时，不能将振动器与结构受力方向垂直插入混凝土混合料中，以避免钢纤维沿振动器取向分布，降低纤维方向有效系数，影响钢纤维的增强效果。一般要求斜向插入，与平面的夹角不大于30°。振动时间不宜过长，以免导致钢纤维下沉造成新的不均匀现象。

第五章　托 柱 转 换

第一节　托柱转换的适用范围

一、受力特点

托柱转换结构中的实腹托柱梁在竖向荷载作用下的内力和普通跨中有集中荷载的框架梁相似，只不过是托柱梁（转换梁）的跨度较大，跨中又有很大的集中荷载，故在楼板刚度为无限大的假定下，虽然梁端和跨中的弯矩、剪力都很大，但没有轴向拉力，为受弯构件。转换梁、柱节点的不平衡弯矩完全按相交于该节点的梁、柱刚度进行分配。一般框支柱的轴力、弯矩较大，剪力较小。为偏心受压构件。同时，托柱转换仅是托柱梁上下层柱子根数略有变化，其楼层侧向刚度差异不大，故水平地震作用下楼层层间抗侧力结构的受剪承载力差异也不大。

实际上，由于结构的整体作用，托柱梁与其上部的框架是共同工作的。有计算分析表明（见第二章表 2.2-10）：适当加大托柱梁上部几层框架梁的截面尺寸，可使上部几层框架梁和转换梁共同承担外荷载，避免将较大的内力集中于一根梁（转换梁）上，减小实腹转换梁的内力，减小实腹转换梁的截面尺寸。使结构受力较为均匀合理，提高结构的抗震性能。

如前所述，在部分框支剪力墙结构中，框支梁和其上部的墙体是共同受力的。但当实腹梁上托的剪力墙体上开有大洞，形成较小的墙肢位于转换梁跨中时，竖向荷载下实腹梁上托的剪力墙体已不再有拱的效应。实腹转换梁也不再是偏心受拉构件，转换结构受力和部分框支剪力墙结构中的框支转换结构大相径庭。实际上其受力类似于一般的托柱转换梁。只是实腹转换梁上托的不是框架柱而是剪力墙肢，可称为托墙转换。

华东建筑设计研究院有限公司专项设计部曾对某超高层商住楼框支结构进行计算分析。该结构转换梁上的混凝土墙体开大洞，使之成为墙肢分段布置在转换梁上（为区别起见，称为托墙梁），同时各墙肢轴线不完全在同一轴线上，不能形成规范意义上的部分框支剪力墙结构。计算分别采用 SATWE 和 ETABS 结构计算程序进行整体计算和校核，并采用通用结构分析软件 ANSYS 对转换层部位进行专门的计算分析。计算表明：

1. 分段布置的墙肢仅作为竖向构件作用在托墙梁上，不像部分框支剪力墙那样梁墙共同工作，也没有明显的拱效应；

2. 托墙梁的内力分布类似于一般受弯梁，跨中底部和支座上部弯矩最大，剪力从跨中集中荷载作用处到梁端范围内最大，轴向力并不是全跨受拉，显然不是部分框支剪力墙结构中框支梁的偏心受拉构件；

3. 托墙梁刚度的改变对上部混凝土剪力墙应力的影响不同于框支剪力墙中框支梁上部墙体应力的改变，当加大托墙梁刚度时，跨中上部剪力墙竖向应力分布逐渐增大，而跨端（包括端部非框支剪力墙部分）上部剪力墙的竖向应力则逐渐减小。

工程设计中区别框支梁和托柱（墙）梁这两种不同受力状态的实腹梁对梁的承载能力、变形计算和构造做法是很重要的。如何区别？关键在于剪力墙体是否开洞，在什么位置开洞，开多大的洞。当在靠近梁端位置开较大的洞口时，则此墙下的梁一般有可能是托墙梁。当然，目前对这两种转换梁的区别尚没有明确、具体的规定，最基本、可靠的办法就是通过对转换层部位进行专门的更细微的有限元计算分析，确定转换梁的受力状态。

有限元计算分析表明，在重力荷载和地震作用下，特别是在主次梁多级转换时，转换梁处于弯、拉、剪、扭复杂应力状态。转换宽扁梁相比普通转换梁受楼板约束大，扭转刚度有所增大。但对于多级转换的主转换梁及上部墙、柱与转换梁偏心等情况，转换梁受扭不可避免。同时由于上部结构刚度的存在，与转换梁的变形协调一般都使转换梁跨中受到较大拉力。

转换宽扁梁截面宽而扁，刚度适当弱化，组合应力较小，较为有利，且愈是高烈度区，弱化转换梁刚度愈有利。

研究表明：宽扁梁转换梁拥有框支剪力墙转换、托柱转换在高位、高烈度区的抗震性能，比普通实腹转换梁有着较大的优势，它有利于减缓高位转换刚度突变带来的转换层框支柱剪力、轴力突变增大及框支柱顶弯矩突变增大引起的应力集中，改善结构的抗震性能。

二、适用范围

托柱转换是建筑结构中最常用的转换形式。采用实腹梁托柱转换，传力直接、明确，便于工程计算、分析和设计，施工方便，造价较经济，在实际工程中得到广泛的应用。

托柱转换可以用于抗震设防烈度为6度、7度、8度的多层及高层钢筋混凝土建筑结构。可用于结构的整体转换，也可用于局部转换。抗震设计时，底部带转换层的筒中筒结构B级高度高层建筑，当外筒框支层以上采用壁式框架时，因抗震性能比密柱框架更为不利，其最大适用高度应比本书第二章表2.2-2规定的数值适当降低。一般可考虑抗震设防烈度、转换层位置高低等因素，降低10%～20%。

对于底部带转换层的框架-核心筒结构、外筒为密柱框架的筒中筒结构或框架-剪力墙结构（框架部分抽柱，剪力墙全部落地）等，由于其转换层上、下的刚度突变不像部分框支剪力墙结构那么严重，转换层上、下部分内力传递途径的突变程度也小于部分框支剪力墙结构。转换层位置高度对此类结构虽有影响，但不如部分框支剪力墙结构严重。故底部带转换层的框架-核心筒结构和外筒为密柱框架的筒中筒结构，其转换层位置可适当提高。特别是梁托柱的局部转换，转换层位置更可放宽。例如，某工程在18层有局部退台，需在此层设置三根单跨的托柱梁，虽然传力间接，但并未使结构的楼层竖向刚度发生较大变化，不应受《高规》有关高位转换的限制。但对局部转换部位的构件应根据结构的实际受力情况予以加强，例如提高转换层构件的抗震等级、水平地震作用的内力乘以增大系数、提高配筋率等。

托柱转换的水平转换构件，也可采用桁架转换、箱型转换、厚板转换等转换结构型式，本章主要介绍实腹梁托柱转换的有关设计。

三、工程实例

工程实例1：海南三亚天域酒店

三亚天域酒店为五星级度假酒店，地下一层，地上建筑平面分为A、B、C、D四个区域，其中A区地上2层，B区地上5层，C区地上4层，D区地上6层，总建筑面积4.1万m^2。

场地所在区的基本风压值为0.7kN/m^2，抗震设防基本烈度为6度。按《三亚市总体规划》的要求，本工程需提高一度设防，按7度设计。构件的抗震等级为三级，结构的安全等级为二级。建筑场地类别为Ⅲ类。

本工程采用现浇钢筋混凝土框架结构。

根据多层酒店的建筑功能要求，首层为大柱网的共享空间大堂、餐厅、会议中心等，而上部几层为小开间的客房，同时又有使用净空高度的要求。故结构上、下层框架柱有不少对不齐，柱的位置需要调整，结构转换不可避免。如工程C区、D区首层为柱距9m和8.4m的中西餐厅，而上部客房开间4.2m。设计时经计算分析比较，决定采用托柱实腹梁转换，根据上部楼层数的不同，转换梁的截面尺寸分别为500mm×1400mm（C区）、500mm×1550mm（D区）。转换梁的计算采用框架整体计算和构件手算相结合的方法，截面设计除满足承载能力极限状态外，同时进行了裂缝宽度的验算，考虑到构件所处的潮湿环境，控制裂缝宽度≤0.2mm。为使转换梁的上层柱底平面外方向弯矩得到平衡，在转换柱垂直于转换梁的方向设有300mm×700mm的梁。转换梁平面及详图见图5.1-1、图5.1-2。

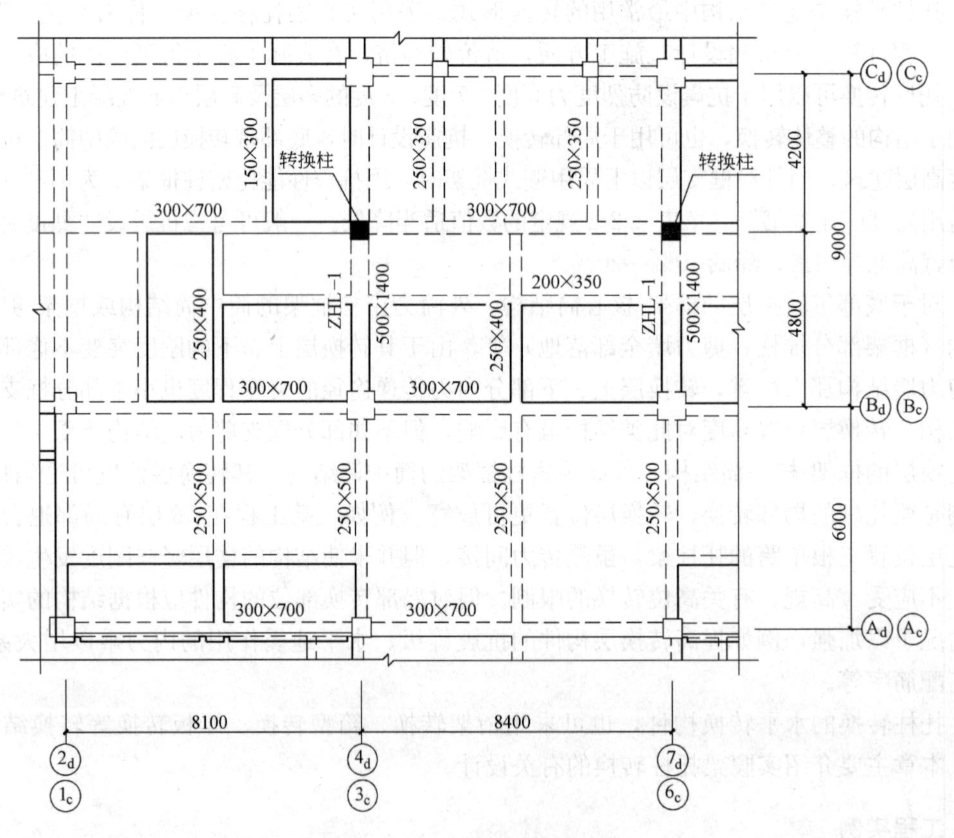

图5.1-1 转换梁平面图

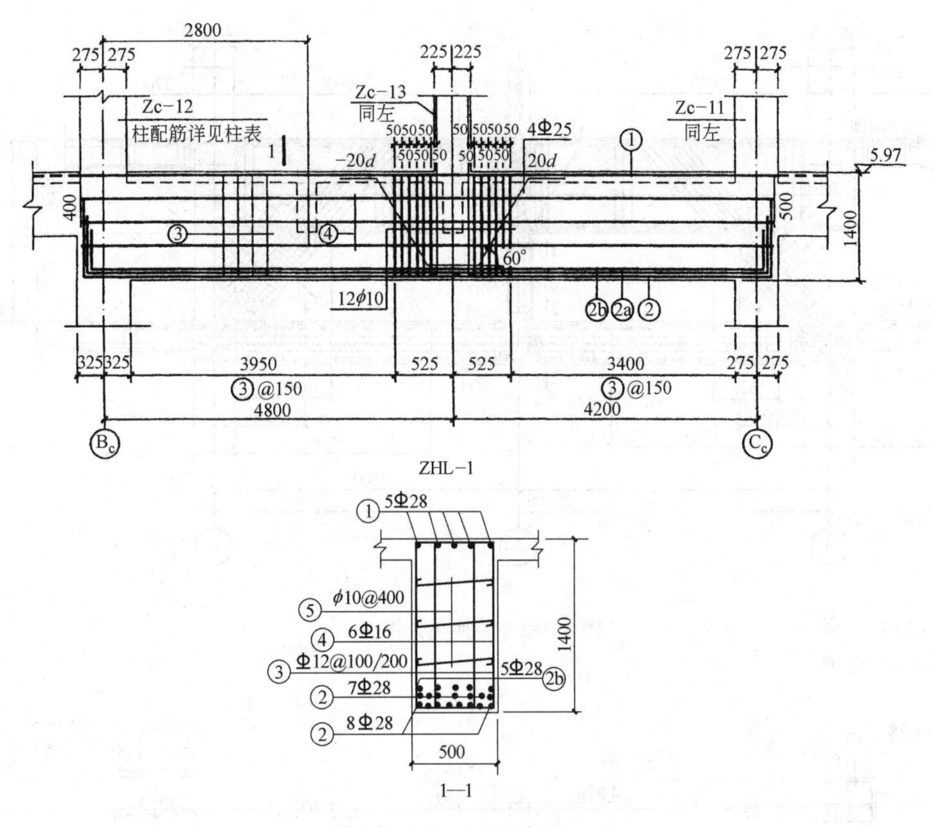

图 5.1-2　转换梁详图

工程实例 2：中南大学湘雅二医院第二住院大楼

中南大学湘雅二医院第二住院大楼是一座大型综合性医疗建筑，地下 3 层，地上 20 层，建筑总高度为 89.60m，总长度为 66.30m，宽度为 69.60m，总建筑面积 8.6 万 m^2。建筑平面呈不对称“H”形。

本地区抗震设防基本烈度为 6 度。由于本工程抗震设防类别为乙类，按《长沙市抗震设防区划》表 5.1.1 的规定，地震作用按“区划”提供的动参数的 1.2 倍经换算后按 7 度进行抗震验算，抗震构造措施按 7 度设计。建筑场地类别为Ⅱ类。

本工程采用现浇钢筋混凝土框架-剪力墙结构。框架、剪力墙抗震等级均为二级。

由于首层大厅在裙房部分抽柱，致使结构在上部进行转换。抽柱后柱距为 15m，受大厅净高的限制，不允许在二层楼面设置转换梁，故将转换梁设置在三层楼面。转换梁以上有 4 层重量，裙房屋面为屋顶花园，荷载较大。二层层高为 4.5m，为满足功能要求，便于建筑平面灵活布置，要求转换梁上可设置门洞，故转换梁高取 2270mm（高跨比为 1/6.6），为保证转换梁具有足够的刚度，在转换梁两端靠近支座处设置了斜向压杆。由于住院部大厅净高的限制，二层楼面此处框架梁高度只能取 1000mm，显然刚度偏小，难以满足挠度要求，故在该梁顶面中部设置一竖向拉杆作用于刚度较大的转换梁上，见图 5.1-3、图 5.1-4。

为使转换梁的设计经济、合理，转换梁分别进行了结构整体分析和有限元计算分析，并对单个构件进行了挠度及裂缝宽度验算，均满足规范要求。

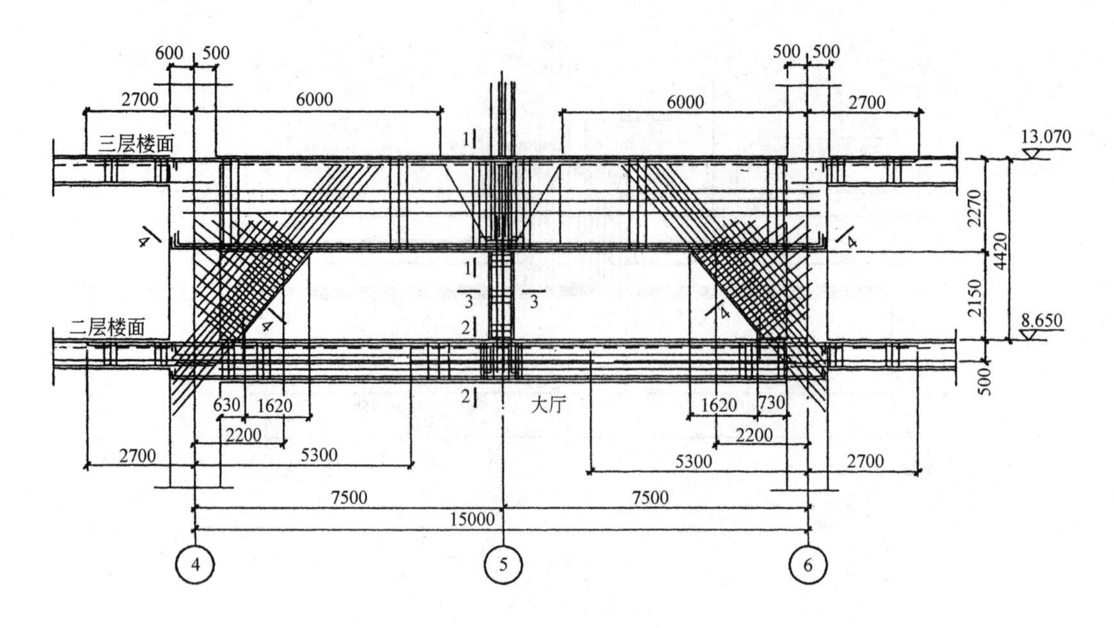

图 5.1-3 转换梁详图（一）

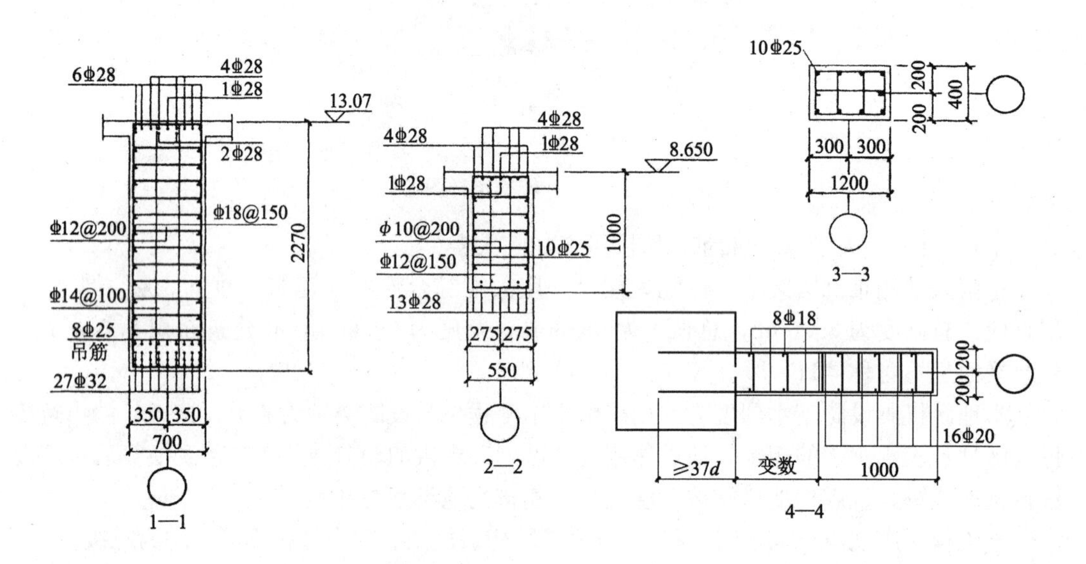

图 5.1-4 转换梁详图（二）

第二节 结构布置

本节所讨论的结构平面布置，主要针对在同一楼层范围较大的托柱转换，即形成了带转换层的结构。对楼层仅有个别抽柱的托柱转换（局部转换），要求可放宽，如转换楼层和平面位置，一般根据建筑功能要求设置即可。

采用实腹梁转换形式的底部大空间带转换层建筑结构，其结构的平面及竖向布置，除应满足第二章第三节“一、结构布置”的相关规定外，还应满足以下要求。

一、平面布置

1. 平面布置应力求简单、规则、均衡对称，尽量使水平荷载的合力中心与结构刚度中心重合，避免扭转的不利影响。

2. 底部大空间的带转换层建筑结构必须设置上下贯通的落地剪力墙和（或）落地筒体。落地剪力墙（筒体）和框支柱的布置宜满足第四章部分框支剪力墙结构的有关要求。

3. 由于托柱梁上托的是空间受力的框架柱，柱的两主轴方向都有较大的弯矩，故设计中除应对此柱按计算配足两个方向的受力钢筋外，还应在垂直于托柱梁轴线方向的转换层板内设置转换次梁（图 5.2-1）。以平衡转换梁所托上层柱底平面外方向的弯矩。避免承受过大的扭矩，保证转换梁平面外承载力满足设计要求。转换次梁的截面设计应由计算确定。

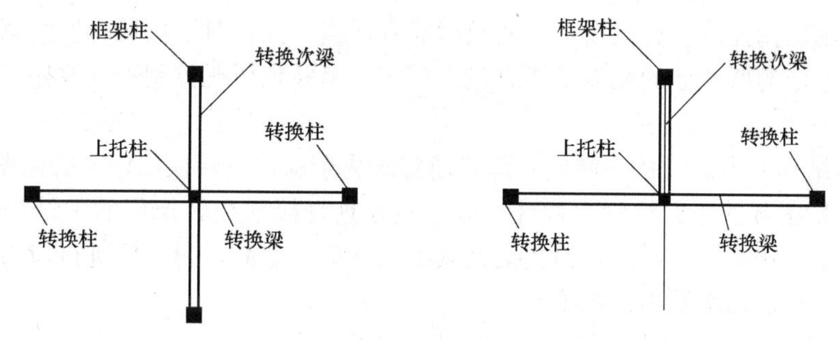

图 5.2-1　在转换层平面内设置转换次果

4. 转换层楼板厚度不应小于 150mm，应采用双层双向配筋，除满足竖向荷载下受弯承载力要求外，每层每个方向的配筋率不应小于 0.25％。

5. 转换层周围楼板不应错层布置。

6. 转换层在转换梁所在与外框筒之间的楼板不应开设洞口边长与内外筒间距之比大于 0.20 的洞口，当洞口边长大于 1000mm 时，应采用边梁或暗梁（平板楼盖、宽度取 2 倍板厚）对洞口加强，开洞楼板除应满足承载力要求外，边梁或暗梁的纵向受力钢筋配筋率不应小于 1.0％。

7. 实验表明：带托柱转换的筒体结构，外围框架柱与内筒的距离过大，除了增加楼盖结构设计的难度外，更重要的是难以保证转换层上部外框架（或框筒）的剪力能可靠地传递到筒体上。而外围转换柱受力性能较差，更需要得到内筒（或核心筒）的帮助。当外围转换柱与内筒（或核心筒）的间距过大，两者的协同工作能力更差，这就很可能导致外围转换柱的承载能力、变形能力等不足甚至破坏。对于框架-核心筒结构，若内筒、外框距离过大，内筒、外框的协同工作能力也很差。而对带托柱转换层的筒体结构，上述缺点更为明显、突出。因此，《高规》规定：抗震设计时，带托柱转换层的筒体结构的外围转换柱与内筒（或核心筒）的中心距离不宜大于 12m。超过时，应适当加大楼板的厚度及框架梁的截面高度等。还可根据具体工程的实际情况，采用其他有效、可靠的设计措施。

非抗震设计时，带托柱转换层的筒体结构的外围转换柱与内筒（或核心筒）的中心距离可适当放宽，但不宜大于 15m。

8. 在筒中筒结构中，由于外框筒采用密排柱，限制了建筑物的使用，为了满足建筑的功能要求，一般在底层或底部几层抽柱以扩大柱距形成大空间，因而造成上、下楼层的竖向构件不贯通，此时一般需在其间设置转换层。带托柱转换层的筒体结构的结构平面布置除应符合上述规定外，还应满足以下要求：底层或底部几层的抽柱应结合建筑使用功能与建筑立面设计的要求进行。抽柱位置宜均匀对称。整层抽柱时，至少应保留角柱、隔一抽一，设防烈度为 8 度时，宜保留角柱及相邻柱、隔一抽一；局部抽柱时，不应连续抽去多于 2 根以上的柱子，且所抽柱子的位置应在结构平面的中部、主对称轴附近。

二、竖向布置

1. 控制转换层上、下刚度的突变，结构竖向布置应使框支层与相邻上层的侧向刚度比满足《高规》附录 E 的规定。

2. 对于托柱转换的宽扁梁转换结构，转换层上层的直升柱、所托柱的截面不能有过大削弱，柱轴压比控制不宜放松，纵筋及箍筋宜适当加强；对于托墙转换的宽扁梁转换结构，转换层上层的所托墙的截面不能有过大削弱，墙肢轴压比控制不宜放松，纵筋及箍筋宜适当加强。

3. 筒体结构的内筒或核心筒应全部贯通建筑物全高，且转换层以下的筒壁宜加厚。

4. 转换层上部的竖向抗侧力构件（墙、柱）宜直接落在转换层的主结构上。当结构竖向布置复杂，转换主梁承托转换次梁及其上柱（剪力墙肢）时，应进行应力分析，按应力校核配筋，并加强配筋构造措施。

5. 转换梁截面中心线宜与转换柱截面中心线重合。

6. 转换层上、下部结构质量中心宜接近重合（不包括裙房）。

三、工程实例

1. 佳程广场

大底盘双塔楼高层建筑，地上 25 层，结构高度 99.99m。裙房 4 层。整栋建筑地下 3 层（局部 4 层），建筑面积 14 万 m^2。

抗震设防烈度为 8 度，抗震设防类别为丙类，建筑物场地类别为Ⅱ类。

采用现浇钢筋混凝土框架-核心筒结构。

双塔楼平面二十二层以下均近似为正方形（图 5.2-2），二十三层至顶层平面呈橄榄形（图 5.2-3），转换层以上结构平面见图 5.2-4。转换层以上退台后局部收进水平向尺寸为相邻下一层的 45%，为竖向不规则；每栋塔楼二十二层顶（标高 88.38m 处）有 6 根框架柱需转换，属抗侧力构件不连续，且为高位转换。计算分析表明：二十二层以上虽有较多抽柱转换，但由于核心筒墙体布置上下贯通，竖向刚度突变并不明显。二十三层与二十二层（转换层）侧向刚度比，X 方向为 0.8103，Y 方向为 0.8042。

针对以上情况，设计中采取了以下措施：

1）试算了多种转换层梁板布置，最后决定采用如图 5.2-3 所示的主次转换梁板布置方案。计算中考虑了主次梁共同作用的空间受力情况，并对主梁单独承受荷载情况进行了验算，同时沿上层结构外轮廓周边布置环梁。

2）转换层楼板厚度取 200mm，相邻的上、下层楼板也适当加厚，均采用双层双向配筋。

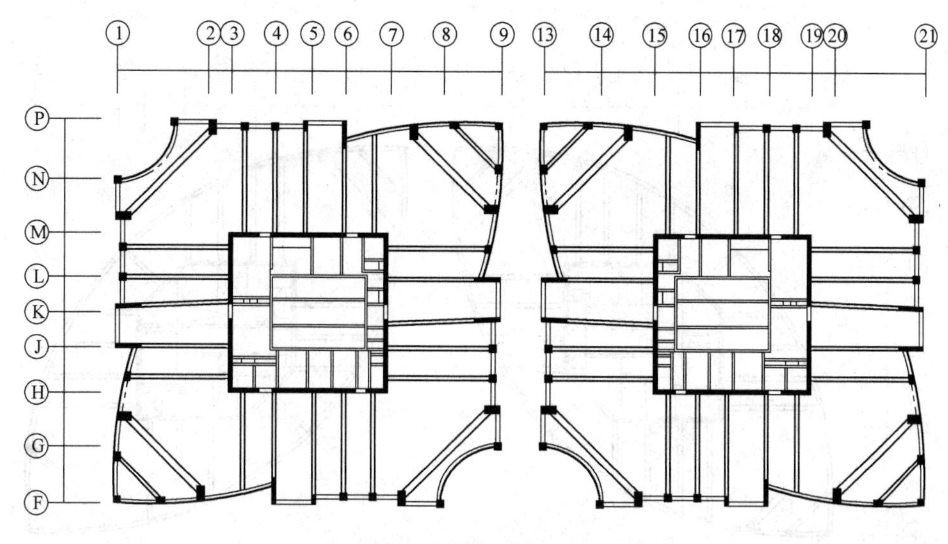

图 5.2-2 标准层平面

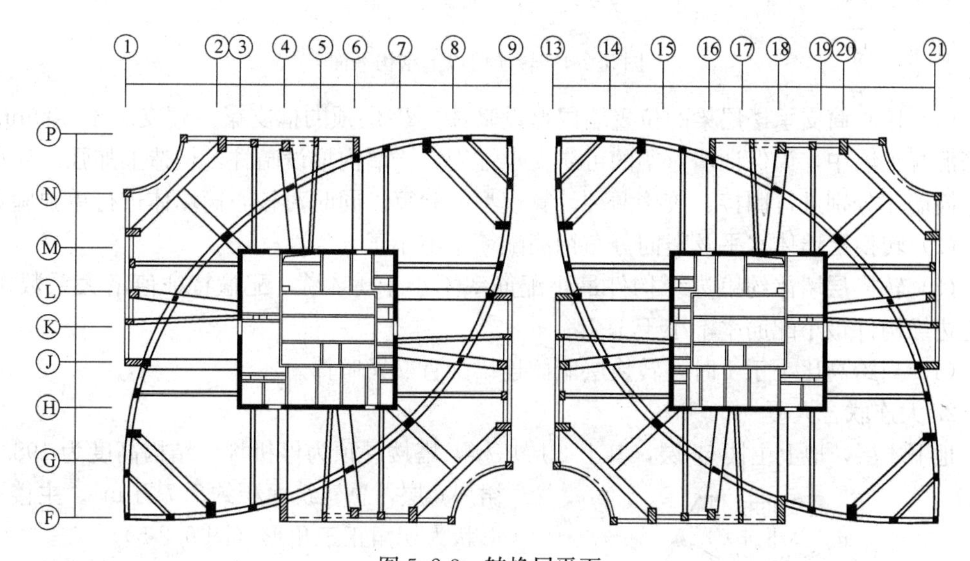

图 5.2-3 转换层平面

3）框支梁按特一级设计：

(1) 对框支梁进行多模型验算。按两端固接，一端固接、一端铰接及两端铰接等计算简图分别计算，取其大者进行配筋设计；

(2) 框支梁（托柱梁）水平地震内力增大 1.8 倍；

(3) 取框支梁（托柱梁）所属面积重力荷载代表值的 10%作为其竖向地震作用；

(4) 按增大 1.56 倍（1.3×1.2）后的剪力设计值验算框支梁的受剪承载力；

(5) 梁端加密区箍筋最小配箍率取 $1.43f_t/f_{yv}(1.1\times1.3f_t/f_{yv})$。

4）框支柱按特一级设计：

(1) 框支柱端弯矩增大 1.8 倍；

(2) 按增大 1.68 倍（1.4×1.2）后的框支柱端剪力设计值验算框支柱的受剪承载力。

5）支承框支梁核心筒墙体设计：

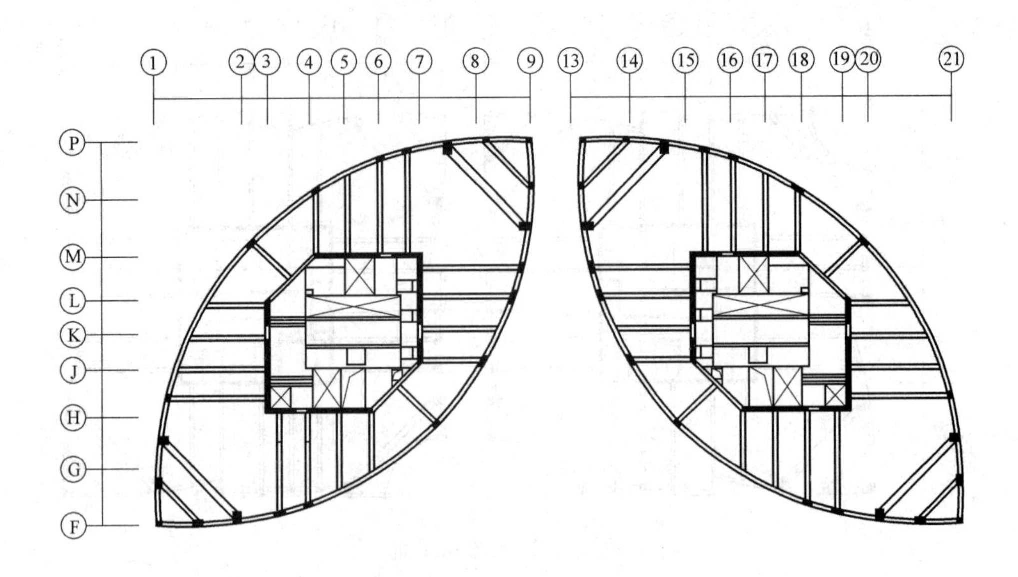

图 5.2-4　转换层以上结构平面

（1）核心筒支承楼层梁的位置墙内增设暗柱。22 层顶的框支梁一端支承于 600mm 厚钢筋混凝土墙中，为保证墙对梁的可靠支承锚固，于墙内增设暗柱，构造上加强。对梁与核心筒墙体分别进行固接、铰接两种计算模型的验算。同时对核心筒墙体进行单独验算。

（2）转换层墙体水平及竖向分布钢筋配筋率不小于 0.4%。

（3）转换层墙体约束边缘构件最小配筋率不小于 1.4%，配箍特征值增大系数 1.2。构造边缘构件最小配筋率不小于 1.2%。

（4）当跨高比小于 1 时，转换层墙体连梁配置交叉暗撑。

2. 大连联合大厦

地下 4 层，地上主楼 52 层，其上 2 层塔楼，塔楼屋顶为停机坪，结构高度为 198.6m，裙房 6 层，总建筑面积约 7.7 万 m^2。主楼平面形状为切角正三角形（图 5.2-5）。

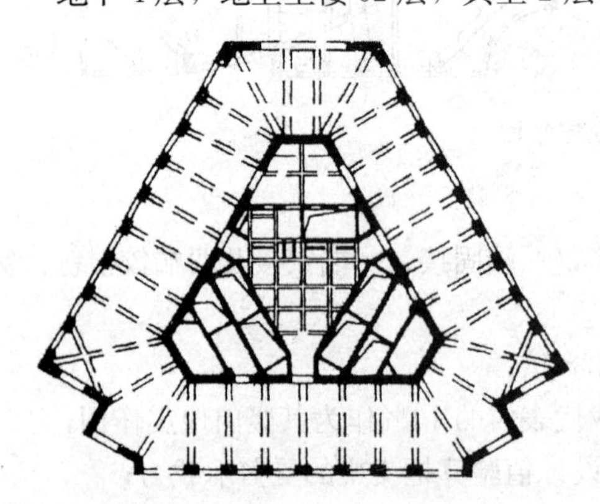

图 5.2-5　标准层结构平面图

本工程抗震设防烈度为 7 度，基本风压值取用 $0.7kN/m^2$。

结构体系为钢筋混凝土筒中筒结构。

根据建筑功能要求，6 层以下与裙房相连部分为商场，7 层以上为客房、办公，结构利用六至七层间的设备层设置转换大梁，转换层以下柱距为 6.6m，以上为 3.3m。转换层以下抽柱按“保留角柱、隔一抽一”的原则进行。

为了减小竖向构件的刚度突变，加强转换层的承载能力和延性性能，将一至六层的型钢混凝土框支柱延伸到 7 层。型钢混凝土框支柱在梁柱节点楼层标高处设置水平加劲板，以加强节点区的承载能力和延性性能。

外框筒各层柱截面尺寸见表 5.2-1。

外框筒各层柱截面尺寸（mm×mm）　表 5.2-1

楼层	地下部分	1～6 层	7～14 层	15～21 层	22～29 层	30～37 层	39～顶层
柱截面	1350×1350	130×130	800×1300	750×1250	700×1200	600×1150	500×1100

注：地下部分和地上一至六层柱均为型钢混凝土柱。

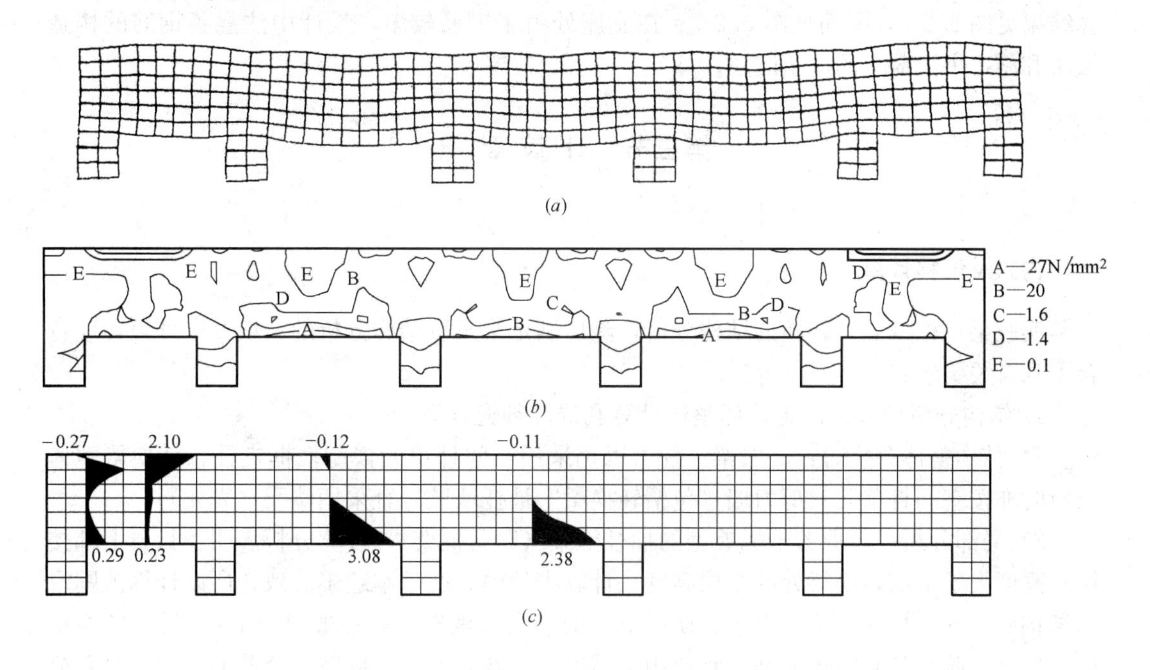

图 5.2-6　转换梁的有限元分析结果

（a）变形位移图；（b）最大主应力等值线；（c）截面应力图（应力单位 N/mm²）

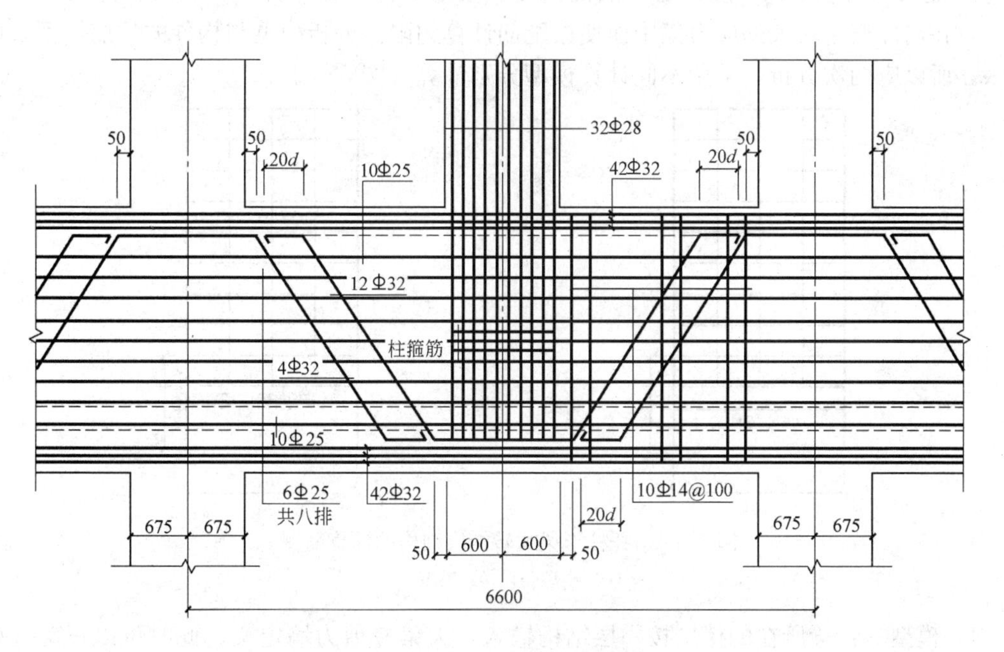

图 5.2-7　转换梁配筋示意图

转换梁截面高度取3.0m，转换梁上下楼层板厚取180mm，为了更进一步弄清转换梁的内力及变形情况，除采用TBSA程序对结果进行整体计算外，又采用了平面有限元及SAP程序对转换梁进行局部更细微的计算。转换梁跨高比6.6/3.0=2.2，属深梁。为使计算出的深梁内力更接近实际受力情况，计算范围取转换梁以上4层。转换梁的有限元计算结果见图5.2-6，配筋见图5.2-7。在支座处由于钢筋较多，设计中注意了钢筋的构造做法和施工中混凝土的浇筑问题。

第三节 计算要点

一、内力及位移计算

实腹梁托柱（墙）转换的结构分析，除应满足第三章结构分析的一般规定外，还应符合下列有关要求：

1. 结构分析应分两步走，即整体计算和局部补充计算。

1）结构整体分析时，一般梁、柱可以仍采用空间杆单元模型；框支柱、转换梁整体分析时亦按空间杆单元；剪力墙（包括转换梁上被托墙肢）宜采用墙元（壳元）；

2）局部分析一般取若干榀典型的抽柱框架（壁式框架）。计算分析表明：只要上部楼层总高度大于下部转换梁处的楼层高度，计算出的内力就基本趋于一致，所以计算范围取从结构底层到转换层以上不小于转换梁下部的楼层高度即可，一般可取2～4层。转换层梁、柱（墙肢）的有限单元划分宜选用高精度元，在梁、柱（墙肢）全截面高度下可划分三至五等分。

2. 超大梁转换结构一般占有一层的高度，按梁（杆单元）分析，有时会造成梁刚度偏大，在局部产生较大的应力集中而使梁配筋计算超限。分析模型与构件的配筋模型难以统一，所以应两次分析，采用不同计算模型分别计算（图5.3-1）。

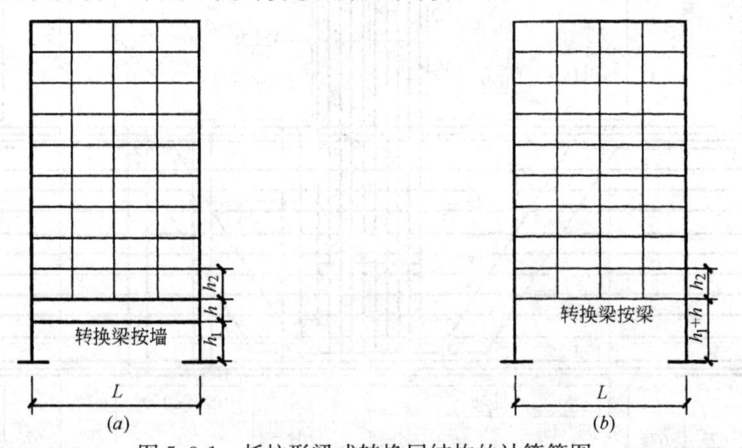

图5.3-1 托柱形梁式转换层结构的计算简图

（a）模型一；（b）模型二

1）模型一：梁所在的楼层按一层结构输入，大梁按剪力墙定义，此时可以正确分析整体结构及构件内力，除大梁（用剪力墙输入）的配筋不能用以外，其余构件的配筋均可参考采用；

2）模型二：把大梁和下一层两层合并为一层输入，大梁按梁定义，层高为两层之和。这种计算模型仅用于考察、计算大梁受力、配筋，其余构件及结构整体分析的结果可以不用。

3. 当考虑转换梁和上部框架（壁式框架）共同工作时，转换梁上部框架可作为空腹桁架考虑。整体计算时应考虑楼板为弹性有限刚度，即按实际情况计算楼板面内刚度。此时所有的梁、柱均匀考虑弯曲、剪切、轴向、扭转变形。

二、内力调整

1. 薄弱层水平地震剪力的调整

同本书第四章第三节“二、内力调整”中第1款薄弱层水平地震剪力的调整。

2. 与转换构件相连的转换柱剪矩设计值的调整

同本书第四章第三节“二、内力调整”中第3款与转换构件相连的转换柱弯矩设计值的调整。

3. 转换柱轴力的调整

同本书第四章第三节“二、内力调整”中第4款转换柱轴力的调整。

4. 转换柱剪力设计值的调整

同本书第四章第三节“二、内力调整”中第5款转换柱剪力设计值的调整。

5. 转换角柱的内力调整

同本书第四章第三节“二、内力调整”中第6款转换角柱的内力调整。

6. 转换梁地震内力的调整

同本书第四章第三节“二、内力调整”中第7款转换梁地震内力的调整。

7. 剪力墙的内力调整

托柱转换时剪力墙的内力调整，规范未见明确规定，笔者建议可参考本书第四章第三节“二、内力调整”中第8款部分框支剪力墙结构中落地剪力墙的内力调整。或根据工程具体情况适当放宽要术。

8. 构件配筋设计时的有关内力设计值的调整等详见本书第三章表3.2-10。

三、构件的配筋计算

1. 转换梁

一般托柱梁为弯、剪构件，正截面承载力按纯弯计算，斜截面承载力按受剪计算。其配筋构造和一般梁相同。

为保证结构的大震不倒，还应验算转换梁以上与所托柱相连的框架梁均产生塑性铰后，转换梁承担上部框架所传下来的全部竖向荷载时的承载能力。此时计算可按《抗规》第5.1.3条仅考虑静载标准值和各可变荷载组合值之和（即重力荷载代表值），材料强度亦取标准值。

当托柱（墙）梁的跨高比 $l_0/h<5.0$ 时，根据《混规》，属深受弯构件。其截面的承载力计算，应按深受弯构件分别计算出构件竖向荷载和水平荷载作用下的内力，按规范进行荷载和内力的最不利组合，根据本节第四款“深受弯构件的承载力计算及构造要求”提供的方法进行正截面、斜截面和局部受压承载力的计算。并根据局部有限元分析结果，用

应力校核截面配筋。

部分框支剪力墙结构中的框支梁及其上部几层墙体是共同工作的，受力性能和破坏特征如同倒“T”形深梁，配筋计算和构造要求亦可参考本节第四款提供的方法进行。

2. 转换柱

与实腹转换梁相连的下层柱为转换柱，为偏心受压构件，配筋计算和构造要求均同部分框支剪力墙结构中的框支柱。

3. 转换梁、柱节点核心区的抗震验算见本书第二章第三节有关规定。

四、深受弯构件的承载力计算及构造要求

本款中公式的符号规定均同《混规》。

1. 深受弯构件的分类及受力特点

根据《混规》的规定，当托柱（墙）梁的跨高比 $l_0/h<5.0$ 时，其竖向荷载下的受力性能和破坏特征与跨高比 $l_0/h\geqslant 5.0$ 的梁（不管是框架梁还是转换梁）有较大差别，属深受弯构件。此处，h 为梁截面高度；l_0 为梁的计算跨度，可取支座中心线之间的距离和 $1.15l_n$（l_n 为梁的净跨）两者中的较小值。

根据 l_0/h 的比值大小不同，深受弯构件有深梁和短梁之分，见表 5.3-1。

深受弯构件的分类 **表 5.3-1**

		简支单跨梁	简支多跨连续梁
深受弯构件	深梁	$l_0/h\leqslant 2.0$	$l_0/h\leqslant 2.5$
	短梁	$2.0<l_0/h<5.0$	$2.5<l_0/h<5.0$

深受弯构件和 $l_0/h\geqslant 5.0$ 的普通梁（浅梁）受力性能比较见表 5.3-2。

深梁、短梁、浅梁的受力性能比较 **表 5.3-2**

受力阶段	比较内容	深梁 $l_0/h\leqslant 2.5$ (2.0)	短梁 (2.0) $2.5<l_0/h<5$	浅梁 $l_0/h\geqslant 5$
弹性阶段	平截面假定	不成立	基本成立	成立
	中和轴	非直线	接近直线	直线
	变形	弯曲、剪切、轴向	弯曲、剪切	弯曲为主
非弹性阶段及破坏阶段	弯曲破坏标准	$\varepsilon_s\geqslant\varepsilon_y$，$\varepsilon_c<\varepsilon_u$	$\varepsilon_s\geqslant\varepsilon_y$，$\varepsilon_c=\varepsilon_u$	$\varepsilon_s\geqslant\varepsilon_y$，$\varepsilon_c=\varepsilon_u$
	弯曲破坏形态	适筋、少筋梁	适筋、少筋、超筋梁	适筋、少筋、超筋梁
	受力模型	以拱作用为主	拱作用、梁作用	以梁作用为主
	剪切破坏形态	斜压	斜压、剪压	斜压、剪压、斜拉
	腹筋作用	作用不大	有些作用	垂直腹筋作用大

2. 深受弯构件的承载力计算

简支钢筋混凝土单跨深梁可采用由一般方法计算的内力进行截面设计；钢筋混凝土多跨连续深梁应采用由二维弹性分析求得的内力进行截面设计。

深受弯构件一般应进行正截面、斜截面和局部受压承载力的计算。

1）正截面受弯承载力的计算

深受弯构件的正截面受弯承载力计算采用内力臂表达式，为简化计算，公式中忽略了

水平分布筋对受弯承载力的作用，这是偏于安全的。

$$M \leqslant f_y A_s z \tag{5.3-1}$$

$$z = \alpha_d (h_0 - 0.5x) \tag{5.3-2}$$

$$\alpha_d = 0.80 + 0.04 \frac{l_0}{h} \tag{5.3-3}$$

当 $l_0 < h$ 时，取内力臂 $z = 0.6l_0$ （5.3-4）

式中 x——截面受压区高度，按一般受弯构件计算；当 $x < 0.2h_0$ 时，取 $x = 0.2h_0$；一般情况下，由于 x、A_s 均未知，故计算中可先令 $x = 0.2h_0$ 求出 A_s，再用式 $\alpha_1 f_c b x = f_y A_s$ 反求 x。若符合假定则可，否则用新的 x 再算 A_s；

h_0——截面有效高度：$h_0 = h - a_s$，其中 h 为截面高度；当 $l_0/h \leqslant 2$ 时，跨中截面 a_s 取 $0.1h$，支座截面 a_s 取 $0.2h$；当 $l_0/h > 2$ 时，a_s 按受拉区纵向钢筋截面重心至受拉边缘的实际距离取用。当 $l_0/h = 5.0$ 时，有 $\alpha_d = 1.0$，$z = h_0 - 0.5x$，与浅梁公式一样。

2）斜截面受剪承载力的计算

（1）为防止深受弯构件的斜截面超筋破坏，应控制其截面尺寸。

当 $h_w/b \leqslant 4$ 时

$$V \leqslant \frac{1}{60}(10 + l_0/h)\beta_c f_c b h_0 \tag{5.3-5}$$

当 $h_w/b \geqslant 5$ 时

$$V \leqslant \frac{1}{60}(7 + l_0/h)\beta_c f_c b h_0 \tag{5.3-6}$$

当 $4 < h_w/b < 6$ 时，按线性内插法取用。

式中 l_0——计算跨度，当 $l_0 < 2h$ 时，取 $l_0 = 2h$；

h_0——截面的腹板高度：对矩形截面，取有效高度 h_0；对T形截面，取有效高度减去翼缘高度；对I形截面，取腹板净高。

（2）均布荷载作用下，配有竖向分布钢筋和水平分布钢筋的矩形、T形和I形截面的深受弯构件其斜截面的受剪承载力计算公式如下：

$$V \leqslant 0.7 \frac{(8 - l_0/h)}{3} f_t b h_0 + 1.25 \frac{(l_0/h - 2)}{3} f_{yv} \frac{A_{sv}}{s_h} h_0 + \frac{(5 - l_0/h)}{6} f_{yh} \frac{A_{sh}}{s_v} h_0 \tag{5.3-7}$$

对集中荷载作用下的深受弯构件（包括作用有多种荷载，且其中集中荷载对支座截面所产生的剪力值占总剪力值的75%以上的情况），其斜截面的受剪承载力应符合下列规定：

$$V \leqslant \frac{1.75}{\lambda + 1} f_t b h_0 + \frac{(l_0/h - 2)}{3} f_{yv} \frac{A_{sv}}{s_h} h_0 + \frac{(5 - l_0/h)}{6} f_{yh} \frac{A_{sh}}{s_v} h_0 \tag{5.3-8}$$

式中 λ——计算剪跨比：当 $l_0/h \leqslant 2.0$ 时，取 $\lambda = 0.25$；当 $2.0 < l_0/h < 5.0$ 时，取 $\lambda = a/h_0$，其中，a 为集中荷载到深受弯构件支座的水平距离；规范规定：λ 的上限值为 $(0.92l_0/h - 1.58)$，下限值为 $(0.42l_0/h - 0.58)$。

一般要求不出现斜裂缝的钢筋混凝土深梁，应符合下式要求：

$$V_k \leqslant 0.5 f_{tk} b h_0 \tag{5.3-9}$$

式中 V_k——按荷载效应的标准组合计算的剪力值。

若满足上式，可不进行斜截面受剪承载力计算，但应按深梁的构造要求配置分布钢筋。

3）局部受压承载力的计算

（1）钢筋混凝土深梁在承受支座反力的作用部位以及集中荷载作用部位，应按《混规》第六章“6.6 局部受压承载力的计算”进行局部受压承载力计算。

（2）若深梁的支承长度 l_s 满足下列条件，可不进行支座局部受压承载力计算。

① 边支座：当 $V \leqslant 0.15 f_c bh$ 时，$l_s \geqslant 0.15h$；

当 $0.15 f_c bh < V \leqslant 0.2 f_c bh$ 时，$l_s \geqslant 0.2h$；

② 中间支座：当 $V \leqslant 0.15 f_c bh$ 时，$l_s \geqslant 0.25h$；

当 $0.15 f_c bh < V \leqslant 0.2 f_c bh$ 时，$l_s \geqslant 0.35h$。

3. 深梁的构造要求

1）一般规定

（1）深梁的混凝土强度等级不应低于 C20，用于转换构件则不应低于 C30。

（2）深梁的截面宽度不应小于 140mm。当 $l_0/h \geqslant 1$ 时，h/b 不宜大于 25；当 $l_0/h < 1$ 时，l_0/b 不宜大于 25。

（3）当深梁支承在钢筋混凝土柱上时，宜将柱伸至深梁顶。简支深梁在顶部、连续深梁在顶部和底部应尽可能与其他水平刚度较大的构件（如楼盖）相连接。

（4）深梁中心线宜与柱中心线重合；如不能重合时，深梁任一侧边离柱边的距离不宜小于 50mm，见图 5.3-2。

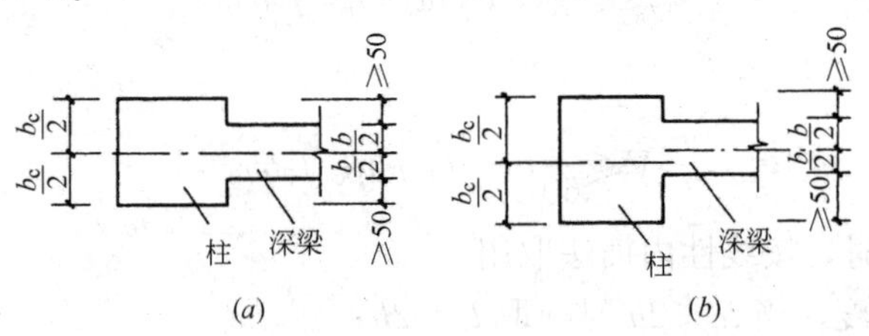

图 5.3-2 深梁与柱连接平面

（a）梁柱中心线重合；（b）梁柱中心线不重合

2）纵向受拉钢筋的构造要求

深梁的纵向受拉钢筋宜采用较小的直径，且宜按下列规定布置：

（1）深梁的下部纵向受拉钢筋宜均匀布置在梁下边缘以上 $0.2h$ 范围内（图 5.3-3 和图 5.3-5）。

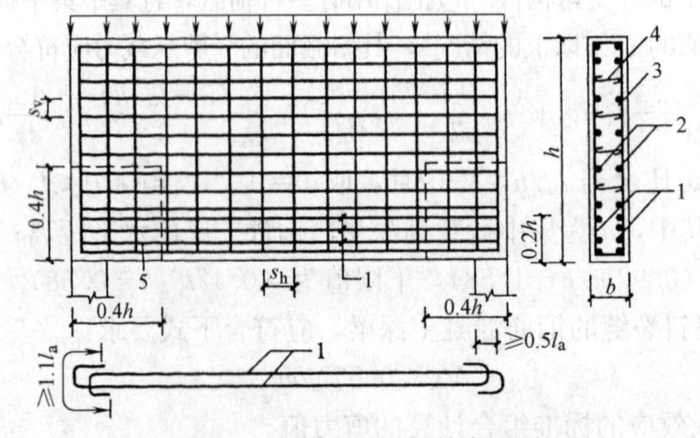

图 5.3-3 简支深梁钢筋布置图

1—下部纵向受拉钢筋；2—水平分布钢筋；3—竖向分布钢筋；4—拉筋；5—拉筋加密区

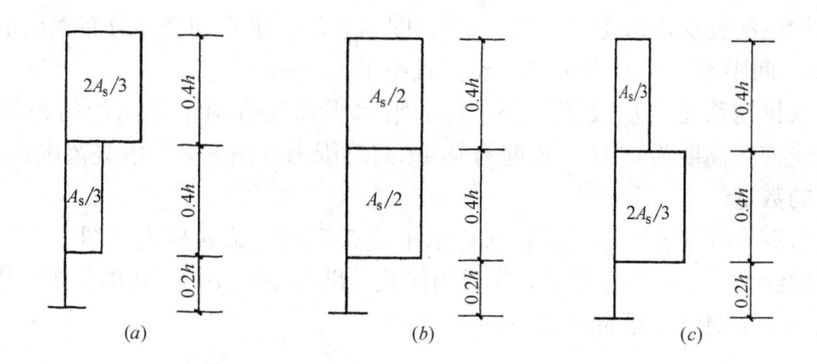

图 5.3-4　连续深梁中间支座截面纵向受拉钢筋在不同高度范围内的分配比例

(a) $1.5<l_0/h\leqslant2.5$；(b) $1<l_0/h\leqslant1.5$；(c) $l_0/h\leqslant1$

(2) 连续深梁中间支座截面的纵向受拉钢筋宜按图 5.3-4 规定的高度范围和配筋比例均匀布置在相应高度范围内。对于 $l_0/h\leqslant1.0$ 的连续深梁，在中间支座底面以上 (0.2～0.6) l_0 高度范围内的纵向受拉钢筋配筋率尚不宜小于 0.5%。水平分布钢筋可用作支座部位的上部纵向受拉钢筋，不足部分可由附加水平钢筋补足，附加水平钢筋自支座向跨中延伸的长度不宜小于 $0.4l_0$（图 5.3-5）。

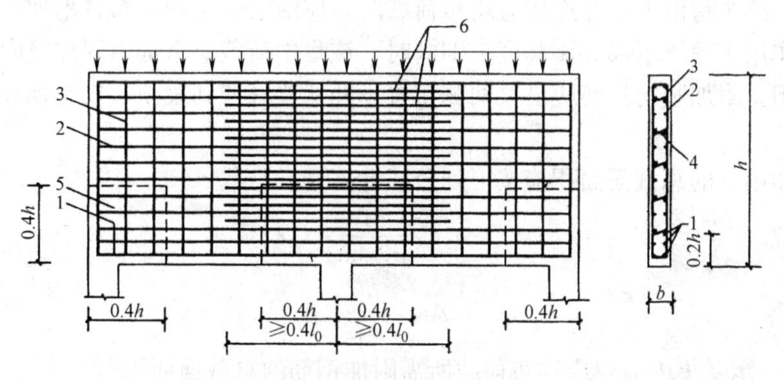

图 5.3-5　连续深梁的钢筋配置

1—下部纵向受拉钢筋；2—水平分布钢筋；3—竖向分布钢筋；4—拉筋；5—拉筋加密区；6—支座截面上部的附加水平钢筋

(3) 深梁的下部纵向受拉钢筋应全部伸入支座，不应在跨中弯起或截断。在简支单跨深梁支座及连续深梁梁端的简支支座纵向受拉钢筋应伸至梁端，并应在端部沿水平方向弯折锚固（图 5.3-3）。从支座边缘算起的锚固长度应为 $1.1l_a$；伸入支座的直线段长度不应小于 $0.5l_a$。当不能满足上述锚固长度要求时，应采取在钢筋上加焊锚固钢板或将钢筋末端搭接焊成封闭式等有效的锚固措施，见图 5.3-6。对连续深梁的中间支座，下部纵向受拉钢筋宜贯穿中间支座；当必须切断时，应全部伸过中间支座的中心线。其自支座边缘算起的锚固长度不应小于 l_a。

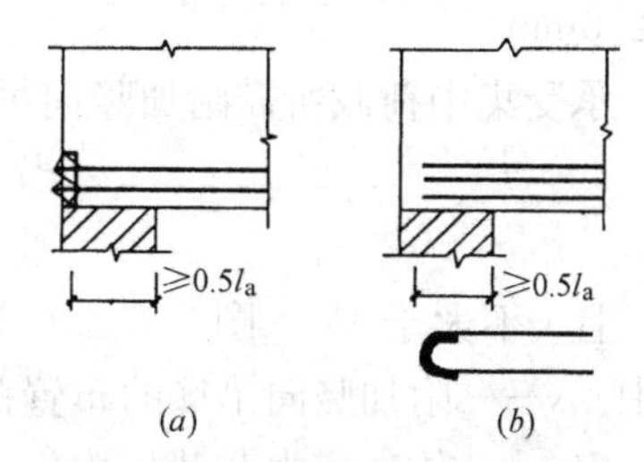

图 5.3-6　锚固措施

(a) 加焊锚固钢板；(b) 搭接焊

3) 水平和竖向分布钢筋的构造要求

（1）深梁应配置双排钢筋网（图 5.3-3、图 5.3-5）。水平和竖向分布钢筋的直径均不应小于 8mm，间距不应大于 200mm，也不宜小于 100mm。

在深梁双排钢筋之间应设置拉筋，拉筋沿水平和竖直两个方向的间距均不宜大于 600mm。在支座区高度为 0.4h，长度为 0.4h 的范围内（图 5.3-5 虚线范围内），尚应适当增加拉筋的数量。

（2）当沿深梁端部竖向边缘设柱时，水平分布钢筋应锚入柱内［图 5.3-7（a）］。在深梁上、下边缘处，竖向分布钢筋宜做成封闭式［图 5.3-7（b）］，在中部错位搭接，其搭接接头面积应小于钢筋总截面面积的 25%。

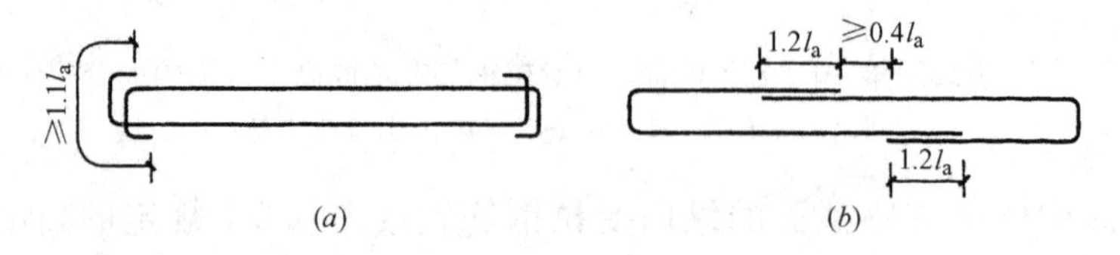

图 5.3-7　分布钢筋的锚固

（a）在端部弯折锚固；（b）封闭式锚固

4）吊筋的构造要求

（1）当深梁全跨沿下边缘作用有均布荷载时，应沿梁全跨均匀布置附加竖向吊筋。当有集中荷载作用于深梁下部 3/4 高度范围内时，该集中荷载应全部由附加竖向吊筋或附加斜向吊筋承担。附加竖向吊筋应沿梁两侧布置，并从梁底伸到梁顶，在梁顶和梁底应做成封闭式。

（2）附加吊筋的总截面面积应按下列公式计算：

集中荷载　$$A_{sv} \geqslant \frac{F}{\sigma_{sv}\sin\alpha} \tag{5.3-10}$$

均布荷载　$$A_{sv} \geqslant \frac{ql_0}{\sigma_{sv}} \tag{5.3-11}$$

式中　A_{sv}——承受集中荷载或均布荷载所需附加钢筋的总截面面积；

F、q——集中荷载设计值、均布荷载设计值；

α——附加吊筋与梁轴线间的夹角；

σ_{sv}——为限制裂缝宽度，附加吊筋的应力：应取吊筋的设计强度 f_{yv} 乘以承载力计算附加系数 0.8。

（3）承受均布荷载所需的附加竖向吊筋，应沿梁的全跨均匀布置，间距不宜大于 200mm。

承受集中荷载所需附加竖向吊筋的布置范围应满足下列公式要求：

$$当\ h_1 > h_r/2\ 时，s = b_r + 2h_1 \tag{5.3-12}$$

$$当\ h_1 \leqslant h_r/2\ 时，s = b_r + h_1 \tag{5.3-13}$$

且 s 不大于 $4b_r$［图 5.3-8（a）］。

式中　s——附加竖向吊筋的布置范围；

b_r——传递集中荷载的构件（挑耳）截面宽度；

h_r——传递集中荷载的构件截面高度；

h_1——传递集中荷载的构件底面至深梁底面的距离。

承受集中荷载所需的附加斜向吊筋，可按图 5.3-8（b）的要求布置。

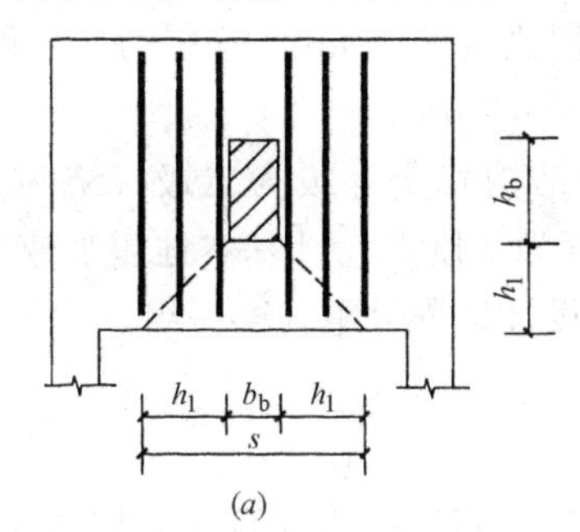

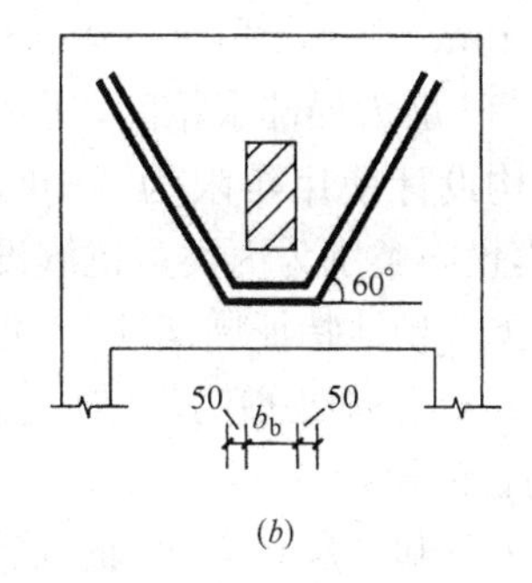

图 5.3-8　深梁承受集中荷载作用时的附加吊筋
（a）竖向吊筋；（b）斜向吊筋

5）深梁的配筋率

深梁的纵向受拉钢筋配筋率 $\rho\left(\rho=\frac{A_s}{bh}\right)$、水平分布钢筋配筋率 $\rho_{sh}\left(\rho_{sh}=\frac{A_{sh}}{bs_v}\right.$，$s_v$ 为水平分布钢筋的间距$\left.\right)$和竖向分布钢筋配筋率 $\rho_{sv}\left(\rho_{sv}=\frac{A_{sv}}{bs_h}\right.$，$s_h$ 为竖向分布钢筋的间距$\left.\right)$不宜小于表 5.3-3 规定的数值。

深梁中钢筋的最小配筋百分率（%）　　**表 5.3-3**

钢　筋　种　类	纵向受拉钢筋	水平分布钢筋	竖向分布钢筋
HPB235	0.25	0.25	0.20
HRB335、HRB400、RRB400	0.20	0.20	0.15

注：当集中荷载作用于连续深梁上部 1/4 高度范围内且 $l_0/h>1.5$ 时，竖向分布钢筋最小配筋百分率应增加 0.05。

4. 短梁

1）除深梁以外的深受弯构件（短梁）的内力可按一般方法计算。短梁的承载力应按规范中深受弯构件的规定计算。

2）短梁的纵向受力钢筋、箍筋及纵向构造钢筋的构造规定与一般梁相同，但短梁截面下部 1/2 高度范围内和中间支座上部 1/2 高度范围内布置的纵向构造钢筋，宜较一般梁适当加强。

五、工程实例

1. 工程概况

重庆悦来温德姆酒店总建筑面积为 5 万 m^2，主体平面尺寸为 164m×45m，地下 1 层，地上 16 层（含 2 层出屋面机房设备层），总结构高度为 69.59m。屋顶层造型仿场地周边丘陵地貌设 16.5m 高的椭球形单层铝网壳，总建筑高度为 82m。建筑效果图如图 5.3-9 所示。

图 5.3-9　重庆悦来温德姆酒店建筑效果图

1层为大堂及餐厅，层高为8m；2层为会议厅及宴会厅，层高为8.9m；3层为设备层，层高为2.19m。4～14层为酒店客房层，层高为4.2mm；15层为出屋顶机房设备层，层高为3.9m；16层为局部水箱间，层高为3.9～4.0m。

本工程结构设计使用年限为50年，建筑结构安全等级为二极，结构重要性系数取1.0。建筑抗震设防类别为丙类，抗震设防烈度为6度，设计基本地震加速度值为0.05g，场地类别为Ⅲ类，场地特征周期 T_g=0.60s，设计地震分组为第一组。

采用钢筋混凝土框架-剪力墙结构。

2. 转换构件的设置

酒店1层大堂和2层宴会厅因建筑使用功能大空间的需要有5处抽柱，因此在其上部楼层（设备层）相位位置设5根整层高托柱转换梁。为减小2、3层抗侧刚度的差异，在2层5.6m高处设框架梁，形成3.3m高的2层夹层，局部夹层作为酒店管理用房。

转换梁、转换柱均采用钢骨混凝土柱。酒店3层转换梁结构平面布置图见图5.3-10，转换梁立面布置图见图5.3-11。

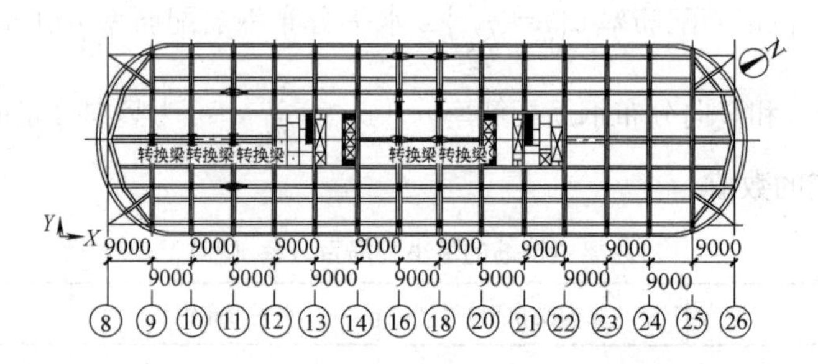

图5.3-10 酒店3层转换梁平面布置图

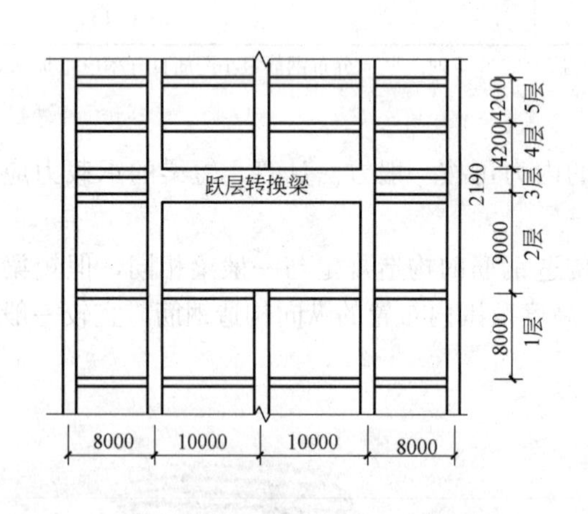

图5.3-11 转换梁立面布置图

为形成山丘状的立面造型，4层以上各层沿纵轴方向两侧逐层逐进4.5m，因两端客房建筑功能要求，端部框架柱无法上延，各层形成的5～9.5m跨悬挑区域采用局部密挑梁、斜撑及梁托柱等结构处理方案。其纵剖面（南北向）如图5.3-12所示。

3. 本例主要介绍带托柱转换的结构计算分析。

1）多遇地震作用下结构的整体计算分析

多遇地震影响系数采用安评报告中 α_{max}=0.076。计算结果见表5.3-4。由表5.3-4可知，该结构整体刚度较好。

计算结果 **表5.3-4**

方向	周期(s)	1层最小剪重比	刚重比	最大层间位移角
Y向	T_1=1.21	3.71%	11.1	1/1 624
X向	T_2=1.18	3.90%	11.3	1/1 640
扭转	T_3=0.91	—	—	—

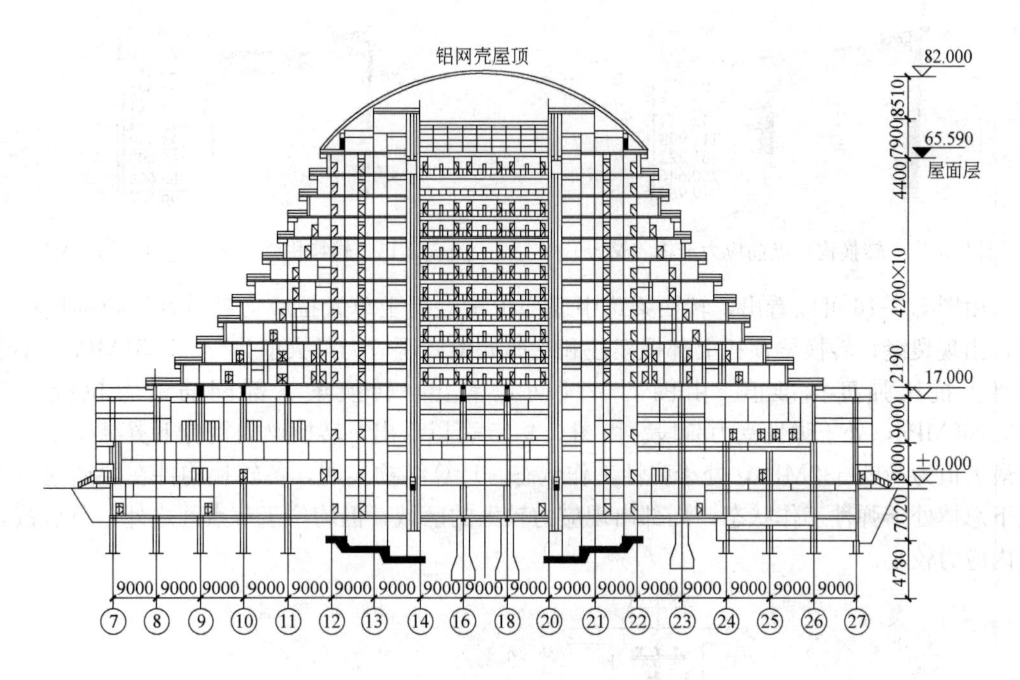

图 5.3-12　重庆悦来温德姆酒店纵向剖面图

2）转换构件的弹塑性分析

位于酒店 3 层的各榀托柱转换梁及转换柱均属于重要的受力构件，均采用钢骨混凝土组合构件，以提高构件的承载能力及延性。转换柱上延至 4 层，内设构造钢骨以减小刚度突变的影响。

各转换构件截面如图 5.3-16 所示，转换梁截面尺寸为 1000×3490，梁内钢骨采用 H2890×600×40×40；转换柱截面尺寸为 1400×1600，柱内钢骨采用 H1100×600×60×60；转换柱上一层（4 层）框架柱截面尺寸为 800×1000，柱内钢骨采用 H500×300×20×20。转换梁、转换柱均采用 C60 混凝土一次整浇，纵筋和箍筋均采用 HRB400 级钢筋，钢骨采用 Q345GJC，要求满足 Z15 性能。

根据《高规》要求，除对结构进行整体受力分析外，另用 ANSYS 软件对各转换构件进行了罕遇地震工况下的弹塑性有限元分析，以确保转换构件的安全。罕遇地震工程下，位于轴⑯的转换构件混凝土主应力云图、纵筋应力云图、钢骨主应力云图分别如图 5.3-13、图 5.3-14、图 5.3-15。

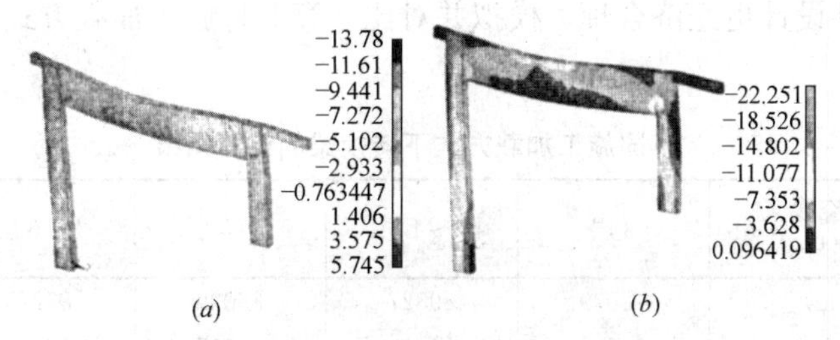

图 5.3-13　转换构件混凝土主应力云图（MPa）

（a）混凝土 σ_1 主应力图；（b）混凝土 σ_3 主应力图

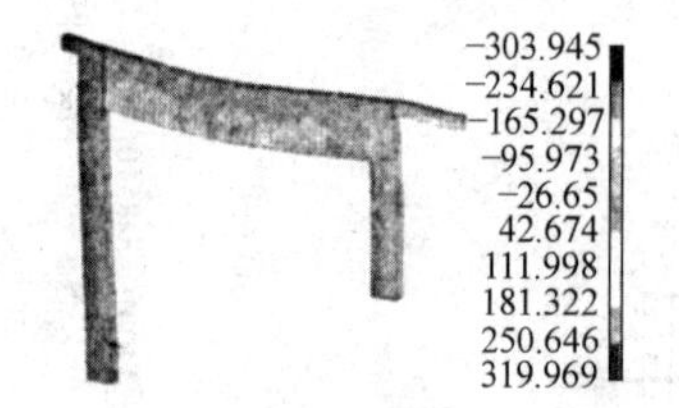

图 5.3-14 转换构件纵筋应力云图（MPa）

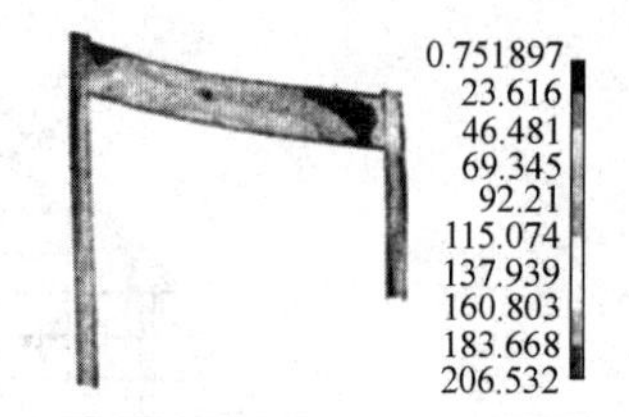

图 5.3-15 转换构件钢骨主应力云图（MPa）

由图 5.3-16 可以看出，转换梁跨中底部少量混凝土单元拉应力超过其抗拉强度标准值，出现裂缝；转换梁顶托上部框架柱和支座处梁底压应力最大值为−22.251MPa，小于混凝土抗压强度标准值。由图 5.3-14 可以看出，转换梁下部配筋最大拉应力为319.969MPa，处于弹性受力阶段。由图 5.3-15 可以看出，转换梁内钢骨下翼缘跨中位应力最大值为 206.532MPa，处于弹性工作状态。计算结构表明，各转换构件在罕遇地震工况下总体处于弹性工作状态，局部出现应力较大的区域，但均位于节点区之外，节点核心区内应力较小。

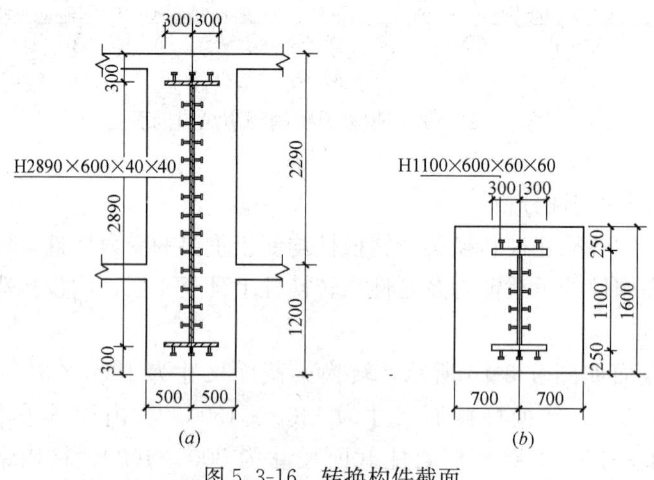

图 5.3-16 转换构件截面

（*a*）转换梁；（*b*）转换柱

3）含转换构件楼层施工顺序的优化

一般施工过程中转换梁上部逐层施工，转换梁及其上部各层无法同时具有刚度，转换梁在此过程中主要受弯矩和剪力。若转换梁与其上 1 层或多层同时具有刚度，形成一榀空腹桁架受力，转换梁作为桁架下弦则基本以拉弯受力为主，受力状况将得到明显改善。

为使转换构件设计更经济合理，模拟并对比计算 5 种施工加载方式，轴⑪转换梁的计算结果见表 5.3-5。

不同施工加载方式下转换梁的计算结果 **表 5.3-5**

施工加载计算中空腹桁架包含的楼层号	3层	3～4 层	3～5 层	3～6 层	3～7 层
跨中弯矩(kN·m)	92099	89827	89039	87775	86628
剪力(kN)	14198	14108	14017	13888	13766
上柱轴压力(kN)	11672	11511	11357	11142	10938

由表2可知，随着空腹桁架包含楼层数的增加，转换梁所受的弯矩、剪力包络值及所承担的上柱荷载明显减小，能有效减小梁内钢骨截面及配筋量，降低施工难度。考虑到空腹桁架包含楼层数过多，将影响模板和支撑周转周期，对支撑体系的承载力和刚度的设计要求也将提高。综合考虑上述影响，设计中要求空腹桁架包含的楼层为3～6层，即要求在施工过程中3～6层的框架混凝土均达到设计要求强度后方可拆模，形成整体受力体系，共同承担上部结构的施工荷载。

第四节 构造要求

一、一般要求

1. 采用实腹转换梁的带转换层建筑结构，其构造要求除应满足《高规》框架-剪力墙结构、剪力墙结构及本书第二章第三节等的有关规定外，还应满足本节的要求。

2. 实腹转换梁、框支柱、转换层楼板的混凝土强度等级不应低于C30。

3. 转换梁截面高度不宜小于计算跨度的1/8。当梁高受限制时，可以采用加腋梁。采用宽扁梁转换梁时，梁的截面高度可适当减小，但不应小于跨度的1/10。托柱转换梁截面宽度不应小于其上所托柱在梁宽方向的截面宽度，一般两侧宜各宽出50mm。框支梁截面宽度不宜大于框支柱相应方向的截面宽度，且不宜小于其上墙体截面厚度的2倍和400mm。

托柱转换梁的截面尺寸选择，不仅与强度有关，与刚度关系也很大。分析表明：随着转换大梁高度的变化，不仅转换大梁本身内力变化较大，还对其上部几层柱的内力、配筋影响明显，即转换大梁的挠度对其上部几层柱的内力影响很敏感。从表5.4-1某工程托柱转换大梁高度变化对上、下柱内力及配筋的影响情况，可以看出：转换大梁截面高度越大，上、下柱配筋越小。所以，适当加大托柱转换梁的截面高度，对有效减少上、下柱的配筋有一定效果。

转换大梁高度变化对上下柱内力及配筋的影响 **表5.4-1**

转换大梁截面尺寸	竖向荷载下上柱最大内力			上柱配筋率	竖向荷载下下柱最大内力			下柱配筋率
	M	N	V		M	N	V	
700×2200	402.44	3729.1	117.83	4.7	1091.5	3283.5	620.82	5.2
700×2800	294.77	3803.3	142.48	4.1	666.14	3424.3	379.74	3.7
700×2900	281.98	3811.6	138.24	4.0	616.97	3445.4	351.66	3.5

4. 带转换层的高层建筑结构，都存在着结构传力不直接、受力复杂的缺点；同时，结构楼层侧向刚度不均匀甚至突变。因此，无论是部分框支剪力墙结构还是带托柱转换层结构的转换构件，都应加强其抗震措施。《高规》明确规定：带找柱转换层的筒体结构，其转换柱和转换梁的抗震等级应按部分框支剪力墙结构中的框支框架确定。底部加强部位剪力墙的抗震等级，宜按部分框支剪力墙结构中底部加强部位剪力墙确定。注意：上述规定无论是整体转换还是局部转换，都是适用的。

5. 如前所述，对部分框支剪力墙结构，高位转换对结构抗震更加不利，因此《高规》

规定部分框支剪力墙结构转换层的位置设置在3层及3层以上时，其框支柱、落地剪力墙的底部加强部位抗震构造措施的抗震等级宜按《高规》表3.9.3和表3.9.4的规定提高一级采用，已经为特一级时可不再提高。但对托柱转换结构，包括带托柱转换层的筒体结构，因其受力情况和抗震性能较部分框支剪力墙结构有利，故《高规》并未要求根据转换层设置高度采取更严格的抗震措施。即当转换层的位置设置在3层及3层以上时，转换柱和转换梁的抗震等级可不提高。

6. 转换柱的截面尺寸应符合第四章部分框支剪力墙结构中框支柱的有关规定。

7. 转换层楼板厚度不宜小于150mm。与转换层相邻的上部1～2层楼板厚度也宜适当加厚。

二、构件配筋构造

1. 实腹转换梁

1）实腹转换梁纵向受拉钢筋的最小配筋率，不应小于表5.4-2规定的数值。

实腹转换梁纵向受拉钢筋的最小配筋率 ρ_{min}（%） 表5.4-2

位置	非抗震设计	抗震设计			
		特一级	一级	二级	三级
支座	0.3	0.6	0.5	0.4	0.35
跨中	0.3	0.6	0.5	0.4	0.35

2）实腹转换梁支座上部纵向钢筋至少应有50%沿全长贯通，下部纵向钢筋应全部直通到柱内。

3）沿梁高应配置间距不大于200mm，直径不小于16mm的腰筋，且每侧腰筋配筋率不小于框支梁腹板截面面积的0.1%。

4）转换梁上、下纵向钢筋和腰筋的锚固宜符合图4.4-2的要求。当梁上部配置多排纵向钢筋时，其内排钢筋锚入柱内的长度可适当减小，但不应小于锚固长度 l_a（非抗震设计）或 l_{aE}（抗震设计）。

5）转换梁支座处（离柱边1.5倍梁截面高度范围内）箍筋应加密，加密区箍筋直径不应小于10mm，间距不应大于100mm；加密区箍筋最小面积含箍率，非抗震设计时不应小于 $0.9f_t/f_{yv}$，抗震设计时，特一、一和二级分别不应小于 $1.3f_t/f_{yv}$、$1.2f_t/f_{yv}$ 和 $1.1f_t/f_{yv}$。

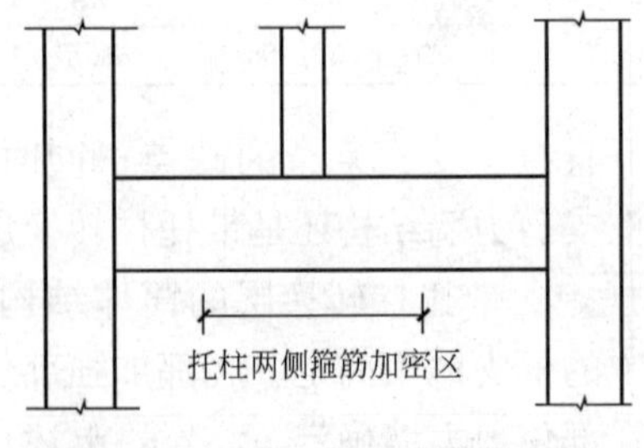

图5.4-1 转换梁托柱部位箍筋加密区示意

6）抗震设计时，实腹转换梁不应采用弯起钢筋抗剪。

7）转换梁纵向钢筋的接头应采用等强机械连接，同一截面上，接头的钢筋截面面积不应超过全部钢筋截面面积的50%，接头应避开上部墙体的开洞部位、梁上托柱部位及受力较大部位。抗震设计时，主筋不宜有接头，不得采用绑扎接头。

对托柱转换梁的托柱部位，梁的箍筋应加密配置，对密区范围可取梁上托柱边或墙边两侧各1.5倍转换梁高度（图 5.4-1）；箍筋直径、间距及面积配筋率应符合《高规》第 10.2.7 条第 2 款的规定。

2. 转换柱

承托转换梁的竖向构件就是转换柱，转换柱的设计及构造要求应符合第四章部分框支剪力墙结构中框支柱的有关规定。

3. 转换梁上部框架

如前所述，转换梁与上部框架是共同工作的，可以看成是一榀受相连框架梁和楼板约束的多层空腹杆桁架。设计时应尽可能加大转换梁上面几层框架梁的刚度，以便更好地共同承受上部荷载，将主要由转换梁承托转变为多层梁共同承托上部框架柱的工作机制。

上部框架尤其是转换层上层的框架梁柱受力复杂、应力集中明显，设计时应予加强。抗震设计时，转换层上部框架柱轴压比限值建议按表 5.4-3 取用。

转换层上部框架柱轴压比限值　　**表 5.4-3**

柱轴压比	特一、一级	二　级	三　级	四　级
N/f_cA	0.65	0.75	0.85	0.90

考虑结构变形的连续性，在水平方向上与设置转换梁的框架直接相连的普通框架（不设转换梁的框架）的抗震构造设计宜适当加强，加强的范围不少于相邻一跨。

上部框架柱节点及柱端箍筋加密区最小体积配箍率。抗震等级为一级时不宜小于 1.2%，二级时不宜小于 1.0%，三、四级时不宜小于 0.8%。

上部框架梁纵向受力钢筋的构造要求应注意其整体结构多层空腹杆桁架的工作特性，下部纵向受力钢筋在框架柱内的锚固、搭接应按受拉钢筋要求执行。

4. 节点核心区水平箍筋的设置，除应满足规范规定的最小配箍特征值 λ_v 和最小体积配箍率 ρ_v 要求外，其箍筋配筋构造，笔者建议：

1）转换柱节点区水平箍筋不应小于上、下柱柱端箍筋加密区箍筋的配置；

2）当转换梁腰筋拉通有可靠锚固时，节点区水平箍筋、拉筋的直径、沿竖向的间距尚应符合下列要求：

特一级时，不宜小于 ϕ14@100 且需将每根柱纵筋钩住；

一级时，不宜小于 ϕ12@100 且需将每根柱纵筋钩住；

二级时，不宜小于 ϕ10@100 且需至少每隔一根将柱纵筋钩住；

非抗震设计时，不宜小于 ϕ10@200 且需至少每隔一根将柱纵筋钩住。

此外“ϕ”仅表示箍筋的直径。

5. 转换层楼板应采用现浇楼盖，并应双层双向配筋，且每层每方向的配筋率不宜小于 0.25%，楼板中钢筋应锚固在边梁或墙体内；落地剪力和筒体外周围的楼板不宜开洞。楼板边缘和较大洞口周边应设置边梁或暗梁。暗梁截面宽度不宜小于板厚的 2 倍，纵向钢筋配筋率不应小于 1.0%，钢筋接头宜采用机械连接或焊接。

与转换层相邻楼层的楼板也应适当加强。宜双层双向配筋，且每层每方向的配筋率不宜小于 0.20%。楼板边缘和较大洞口周边应设置边梁或暗梁。

三、构件开洞

1. 实腹转换梁开洞

框支梁不宜开洞，若需开洞时，洞口位置宜远离框支柱边，位于转换梁中和轴附近。

（1）当洞口直径（或洞口宽度、高度中的大者）$\leqslant h_b/4$（h_b 为转换梁的高度）时，可采取洞口加筋、洞边加网片予以构造加强。

当洞口直径$>h_b/4$ 时，开洞位置需位于跨中 $l_n/3$ 区段（l_n 为转换梁净跨），且洞口上、下部按上、下弦杆进行加强配筋。

当洞口直径$>h_b/3$ 时，需进行专门有限元分析，根据计算应力设计值进行配筋。为减少矩形洞口角部应力集中，可将洞口直角改为圆角或洞口角部加腋角。

（2）洞口上、下弦杆的内力按下式计算（图 5.4-2）：

$$\text{剪力}\quad V_i=\frac{I_i}{I_1+I_2}V_b \tag{5.4-1}$$

$$\text{弯矩}\quad M_i=V_i\frac{l_0}{2} \tag{5.4-2}$$

$$\text{轴力}\quad N_i=\pm\frac{M_b}{Z} \tag{5.4-3}$$

式中 M_i——计算截面的弯矩；

V_i——计算截面的剪力；

I_i——上弦杆或下弦杆的惯性矩；

Z——内力臂。

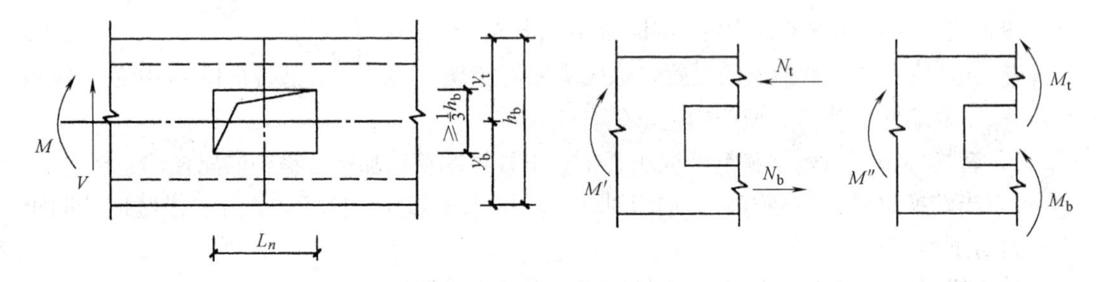

图 5.4-2 洞口上、下弦杆内力计算

（3）洞口上、下弦杆斜截面受剪承载力计算时，剪力设计值宜乘以 1.2 放大系数，以增强其抗剪能力。沿弦杆全长箍筋应加密，间距不宜大于 100mm。

当洞口较大、弦杆内力较大时，可于弦杆内设置型钢以提高其承载能力和延性。洞口两侧也应配置加强钢筋，或用型钢加强。

2. 转换层楼板开洞

和第四章部分框支剪力墙结构的有关规定相同。

四、宽扁梁转换梁的构造要求

采用宽扁转换梁时，除应满足普通转换梁的有关设计要求外，尚应符合下列规定：

1）为确保宽扁梁转换梁支座节点承载能力与延性性能满足弹性大震要求，应双向设置宽扁梁，以扩大外核心区范围，保证外核心区受扭承载力，并应按梁端实配纵向受力钢筋复核其受扭极限承载能力满足要求，避免外核心区扭转脆性破坏。

2）宽扁梁转换梁截面高度 h_b。对非预应力钢筋混凝土扁梁可取梁计算跨度的1/8～1/12，对托柱转换梁，不应大于梁计算跨度的 1/12，对托墙转换梁，不应大于梁计算跨度的 1/10，对预应力钢筋混凝土扁梁可适当放宽，上托楼层较多、荷载较大时宜取较大值，上托楼层较少、荷载较小时宜取较小值。截面宽高比 b_b/h_b 不宜大于 2.5。

3）抗震设计时，宽扁梁转换梁截面尺寸尚应符合下列要求：

$$b_b \leqslant 1.75 b_c$$

$$b_b \leqslant b_c + 0.75 h_b;$$

式中　b_c——柱截面宽度，圆形截面取柱直径的 0.8 倍；

b_b、h_b——分别为梁截面宽度和高度。

对转换边梁，不宜采用宽扁梁。必须采用时，其梁宽不宜大于框支柱截面该方向的尺寸，并应采取措施，以考虑其受扭的不利影响。

宽扁梁转换梁的受剪截面控制条件应满足第四章式（4.4-1）、式（4.4-2）的规定。

4）宽扁梁转换梁一般同时受弯、受拉、受剪、受扭，处于复杂应力状态，应按偏心受拉、受扭、受剪构件设计。上部墙肢、框架柱集中荷载作用处尚应验算宽扁梁的抗冲切承载力。配置抗冲切箍筋及弯起钢筋。

5）宽扁梁转换梁纵向受力钢筋的最小配筋率，宜比表 5.4-2 规定的数值加 0.05%，钢筋一般为单层放置，肢距不宜大于 200mm。

抗震设计时，计入受压钢筋作用的梁端截面混凝土受压区高度与截面有效高度之比，不应大于 0.25。

6）采用梁宽大于柱宽的宽扁梁转换梁时，一、二级抗震等级时，宽扁梁端的截面内应有大于 60%的上部纵向受力钢筋穿过框支柱；其他情况下宜有大于 60%的上部纵向受力钢筋穿过框支柱，并且可靠地锚固在柱核心区内。对于边柱节点，宽扁梁转换梁端的截面内未穿过框支柱的纵向受力钢筋应可靠地锚固在框架边梁内。

7）宽扁梁转换梁两侧面应配置腰筋，腰筋直径不应小于 16mm，间距不应大于 200mm。

8）宽扁梁转换梁梁端箍筋加密区长度，应取自框支柱边以外 $b+h$ 范围内长度和自梁边算起 l_{aE} 中的较大值（图 5.4-3）；加密区的箍筋最大间距和最小直径及箍筋肢矩应符合《抗规》的有关规定。

9）抗震设计时，宽扁梁转换梁的梁、柱节点核芯区应符合下列要求：

（1）应根据本书第二章第三节“五、转换梁、柱的节点核心区的抗震验算及构造要求”的有关规定，验算节点核芯区截面受剪承载力。

（2）对于柱内节点核芯区的配箍量及构造要求同普通框架节点；对于中柱节点柱外核芯区（两向宽扁梁相交面积扣除柱截面面积部分），可配置附加水平箍筋及拉筋，当核芯区受剪承载力不能满足计算要求时，可配置附加腰筋；对于宽扁梁边柱节点核芯区，也可配置附加腰筋（图 5.4-3）。

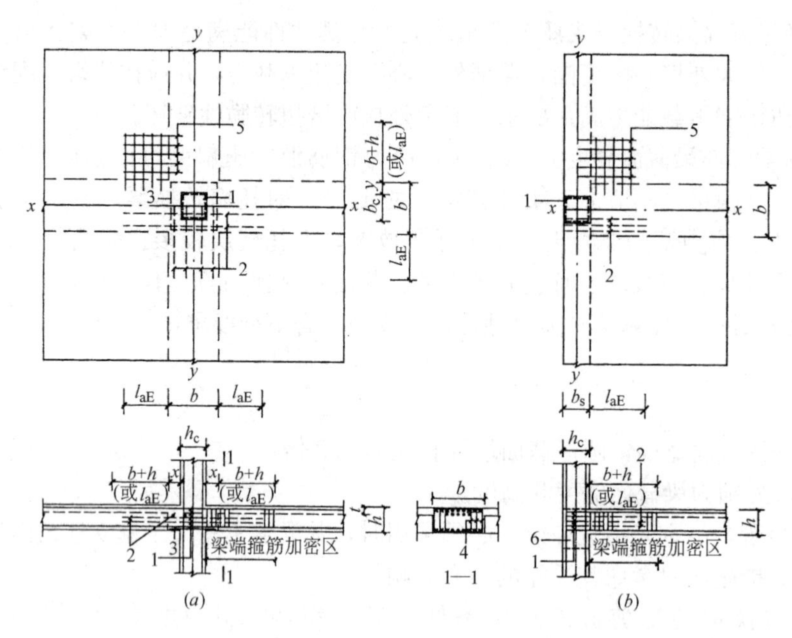

图 5.4-3　扁梁柱节点的配筋构造

(a) 中柱节点；(b) 边柱节点

1—柱内核心区箍筋；2—核心区附加腰筋；3—柱外核心区附加水平箍筋；4—拉筋；5—板面附加钢筋网片；6—边梁

(3) 当中柱节点和边柱节点在宽扁梁交角处的板面顶层纵向钢筋和横向钢筋间距较大时，应在板角处布置附加构造钢筋网片，其伸入板内的长度，不宜小于板端跨方向计算跨度的1/4，并应按受拉钢筋锚固在宽扁梁内。

10) 宽扁梁转换梁在重力荷载正常工作状态下最大裂缝宽度不应大于0.2mm，竖向长期挠度不应大于$L/400$（L为宽扁梁转换梁的跨度）。

11) 宽扁梁转换梁上层的框支剪力墙（托柱或托墙）截面不应有过大削弱，轴压比控制不宜放松，配筋、配箍应适当加强。

第五节　实际工程举例

一、北京葛洲坝大厦办公主楼

1. 工程概况

北京葛洲坝大厦由1幢办公主楼、大堂门厅、2幢商务酒店和4层裙楼组成，地下3层，埋深15.6m。总建筑面积为11.27万m^2，地上约8万m^2。建筑效果图见图5.5-1，剖面图见图5.5-2。其中办公主楼地上24层，结构高度117m，平面外柱轴线尺寸44.1m×37.8m，核心筒外轮廓尺寸为27.0m×16.5m，首层～三层层高6m，标准层层高4.5m。

抗震设防类别为丙类，抗震设防烈度为8度（0.2g），建筑场地类别为Ⅲ类，设计地震分组为第1组。

办公主楼采用钢筋混凝土筒中筒结构体系。

图 5.5-1　建筑效果图

2. 结构不规则情况

1）办公主楼外框筒密柱柱距 2.1m（图 5.5-3）。其中南立面因大跨度功能要求，有 12 根柱在三层顶以下柱距为 8.4m，为此采用抽柱转换。转换柱采用型钢混凝土柱，延伸至地下二层底板。转换层的选型，曾考虑利用第 3 层整层层高做转换桁架，并且比选了不同腹杆布置方案，经计算分析发现：转换层以上几层的密柱框架可形成空腹桁架共同受力，使得转换层除上弦杆外其他杆件受力都很小，所以最终采用在三层顶布置型钢混凝土转换梁的方案（图 5.5-4）。

2）由于主楼二层南侧局部楼板挑空，造成南侧 3 个转换柱成为双向穿层柱，1 个转换柱及 6 个框筒柱成为单向穿层柱，穿层高度均为两层。

3）由于上述两条局部不规则，导致在 X 方向偶然偏心地震作用下，与转换层相邻的个别楼层的扭转位移比超过 1.2，其中地上一层为 1.27、三层为 1.26（见表 5.5-4）。相应的最大层间位移角分别为 1/4084 和 1/2941。

4）专家意见

考虑上述的不规则，邀请了 4 位全国超限高层建筑审查委员会专家召开论证会，专家认为：该结构不落地柱所承担的静载和地震剪力均小于本层的 10%，12 根不落地框筒柱承担的地震剪力占基底总剪力（按 $0.2V_0$ 调整后）仅 3%；12 根不落地框筒柱承担的静

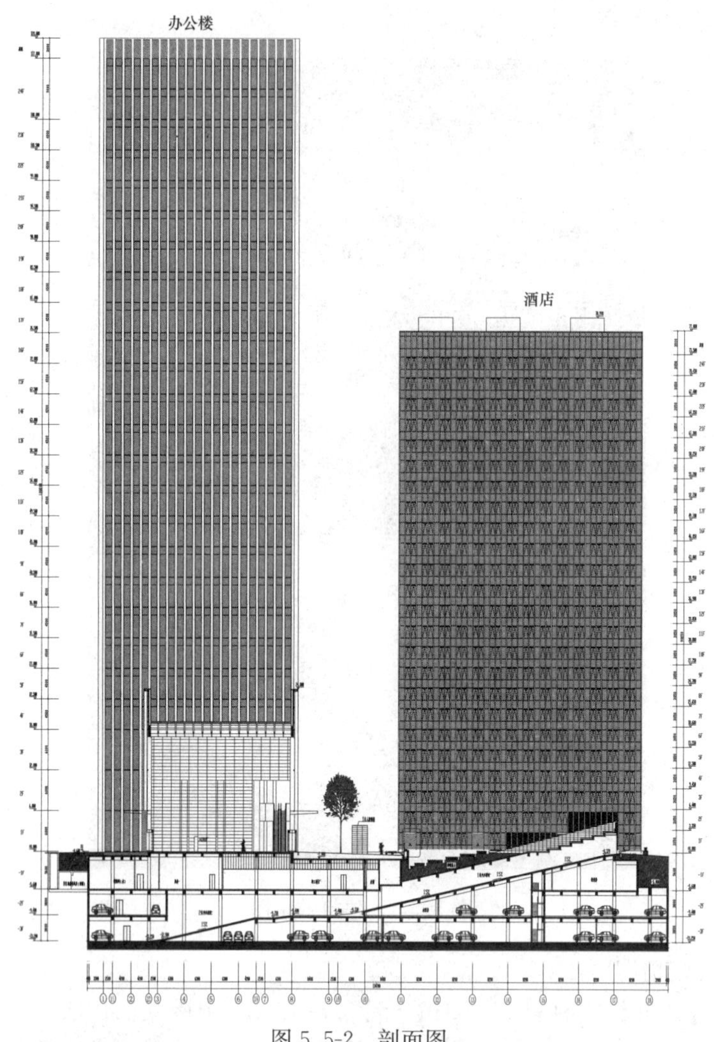

图 5.5-2　剖面图

力荷载面积占楼层总面积仅 7.9%；水平转换构件距地面高度 18m，占总高度 15%。最后判定：该结构属于局部转换结构，最大适用高度可不降低；不规则性相对较轻，不属于超限高层建筑工程。但由于结构存在局部转换及局部挑空，及由此引起的相关楼层扭转位移比较大，建议对关键部位的构件进行抗震性能化设计。

3. 抗震性能目标的选择

根据专家意见，本工程办公主楼的抗震性能目标为 C 级，即在多遇地震、设防烈度地震和预估的罕遇地震作用下，其性能水准分别为 1、3、4，各性能水准下结构预期的震后性能状况见表 5.5-1。三层顶的转换构件和转换柱满足承载力中震弹性的性能要求。

4. 计算分析

1）多遇地震下结构弹性分析

采用 SATWE 软件（2011 年 3 月版）和 MIDAS Gen 7.3 版进行结构多遇地震下的弹性分析计算。按振型分解反应谱法，取前 15 阶振型并考虑偶然偏心。计算结果见表 5.5-2～表 5.5-4。

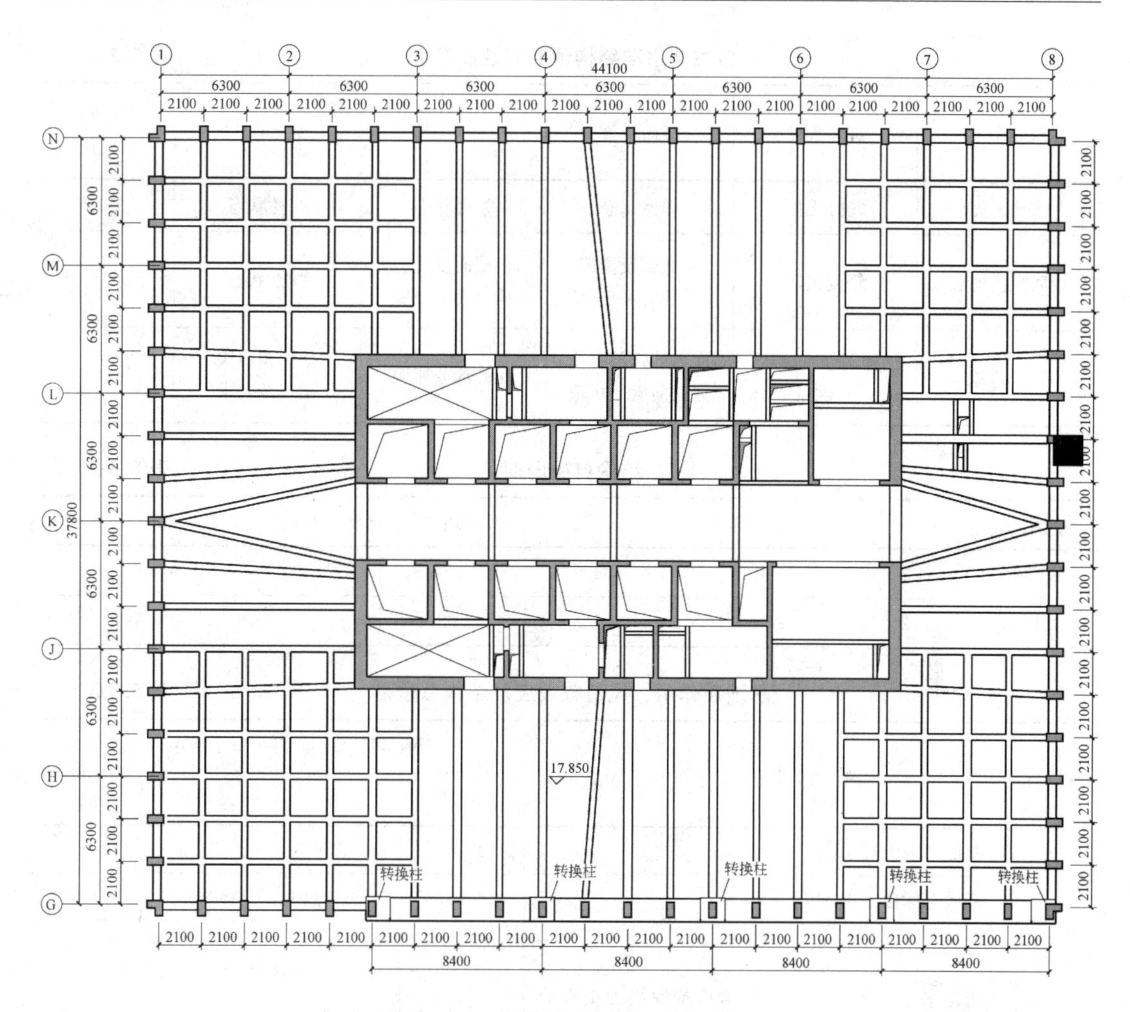

图 5.5-3　转换层（三层）结构平面

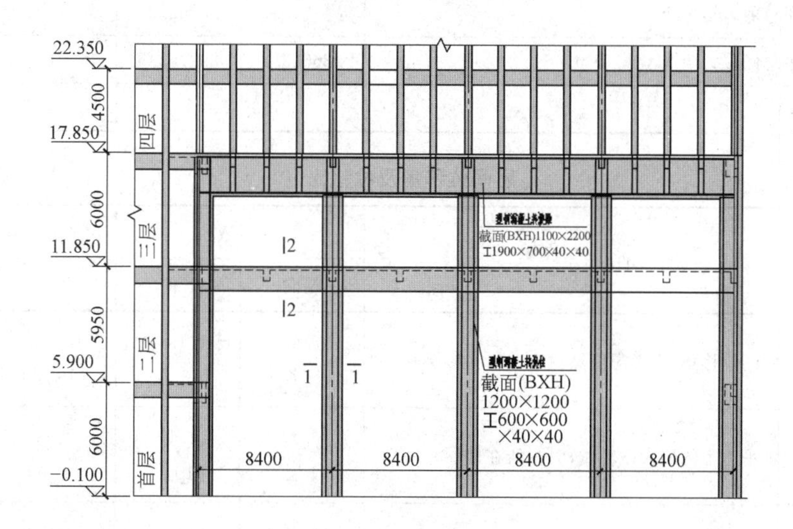

图 5.5-4

各性能水准结构预期的性能指标　　表 5.5-1

地震作用	破坏程度	竖向构件	水平构件	转换梁、柱	层间位移角限值
多遇地震	完好无损	弹性状态	弹性状态	弹性状态	1/1000
设防烈度地震	轻度损坏	正截面及受剪承载力不屈服	正截面及受剪承载力不屈服	弹性状态	—
预估罕遇地震	结构不严重破坏，不倒塌	底部加强部位受剪截面满足规范	允许部分屈服	受剪截面满足规范要求	1/120

结构自振周期　　表 5.5-2

周期(s)	T_1	T_2	$T_3(T_t)$	T_4	T_t/T_1	T_t/T_2
SATWE	2.487	1.572	1.481	0.72	0.595	0.942
MIDAS	2.297	1.591	1.526	0.687	0.664	0.959

总地震作用、风荷载效应及结构总重量　　表 5.5-3

软　件		SATWE		MIDAS(X,Y)	
		X 向	Y 向	X 向	Y 向
地震作用	基底总剪力 Q_0(kN)	27268	23816	30629.6	23219.4
	基底总倾覆力矩 M_{ov}/(kN·m)	1666478	1537811	2458392	1802462
	楼层最小剪重比(%)	3.87	3.38	4.6	3.27
	规定水平力下首层框架柱承担抗倾覆力矩百分比(%)	33.48	37.62	25.13	38.16
风荷载	基底总剪力 Q_0(kN)	4484.9	5362.3	5166.1	6069.4
	基底总倾覆力矩 M_{ov}(kN·m)	326623.2	392762.5	379187.6	447583.8
结构总重量(kN)		703725.1		70945.7	

层间位移角及位移比　　表 5.5-4

软　件		SATWE		MIDAS	
		X 向	Y 向	X 向	Y 向
偶然偏心地震作用	最大层间位移角(不考虑偶然偏心)(所在楼层)	1/1687 (19 层)	1/1059 (13 层)	1/1845 (19 层)	1/1137 (14 层)
	规定水平力下的最大扭转位移比(所在楼层)	1.27 (1 层)	1.17 (1 层)	1.31 (1 层)	1.15 (3 层)
风荷载作用	最大层间位移角(所在楼层)	1/9999 (4 层)	1/5287 (12 层)	1/9999 (3 层)	1/5418 (14 层)

由上述各表可以看出，两计算模型的计算结果比较接近。周期比、位移角、位移比等均满足规范要求。

图 5.5-5 为 SATWE 软件计算出的各层框架柱承担的地震剪力与基底剪力的比值，X 向和 Y 向框架部分各层地震剪力最大值大于结构底部总剪力的 10%。

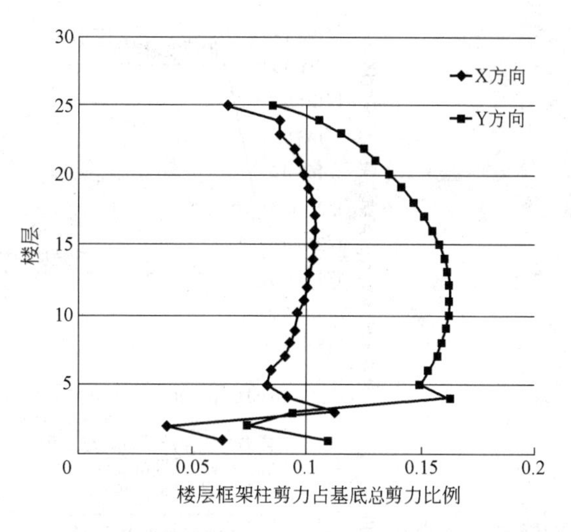

图 5.5-5 各层框架柱地震剪力与基底剪力比值

2）弹性时程分析

采用 SATWE 软件进行多遇地震弹性时程分析以校核振型分解反应谱法计算结果。分析时采用了本项目《安评报告》所给出的多遇地震水平向（X、Y）加速度峰值 70cm/S^2，计算结果均满足规范要求。时程分析算得的 19 层以下楼层剪力包络值小于反应谱计算值，而 19 层及以上大于反应谱计算值，超过 9%左右，表明结构上部楼层受高阶振型影响较大，在反应谱法计算时可通过将 19 层以上楼层地震力放大 1.1 倍来近似考虑。

3）中震计算分析

按表 5.5-1 提出的抗震性能目标，对转换梁和转换柱的承载力按中震弹性进行验算；竖向和水平构件的正截面和斜截面受剪承载力按中震不屈服和小震弹性分别复核，配筋取两者包络。

4）大震静力弹塑性分析

采用 PKPM 软件的 PUSH&EPDA 模块对结构进行大震下弹塑性分析，以判断结构在大震作用下是否存在薄弱部位，是否满足大震抗震性能目标。

弹塑性梁、柱单元采用纤维束模型，水平推力荷载采用倒三角形分布，在 X、Y 向逐步加载。结构抗倒塌验算见图 5.5-6，从图中可知，在 8 度大震性能控制点，结构 X 向、Y 向最大层间位移角分别为 1/360 和 1/193，均小于限值要求 1/120，满足预期的性能目标要求且具有一定的安全储备。

塑性铰的发展趋势是：核心筒连梁两端首先出现弯曲塑性铰，随着连梁进入塑性状态数量增加，框架梁端也逐渐出现塑性铰；连梁塑性铰沿结构竖向的出现顺序是先中部出铰，逐渐扩散至中下部，最后到整个塔楼。所有的竖向构件承载力未屈服也未发生明显的塑性变形。

5. 抗震加强措施

通过计算分析，针对工程特点，在设计时采取了下列抗震构造措施：

1）转换部位框架梁、柱采用型钢混凝土柱，提高转换柱的延性和承载力；

2）核心筒角部的约束边缘构件贯穿建筑物全高；

3）在核心筒剪力墙约束边缘构件层与构造边缘构件层之间设置两层过渡层，过渡层边缘构件配箍特征值取：$0.10<\lambda_v<0.12$；

4）通过在大厅采光屋面合理布置屋面水平支撑来增加屋面刚度，使大厅扭转位移比满足规范要求，另外也为山墙抗风柱提供支座；

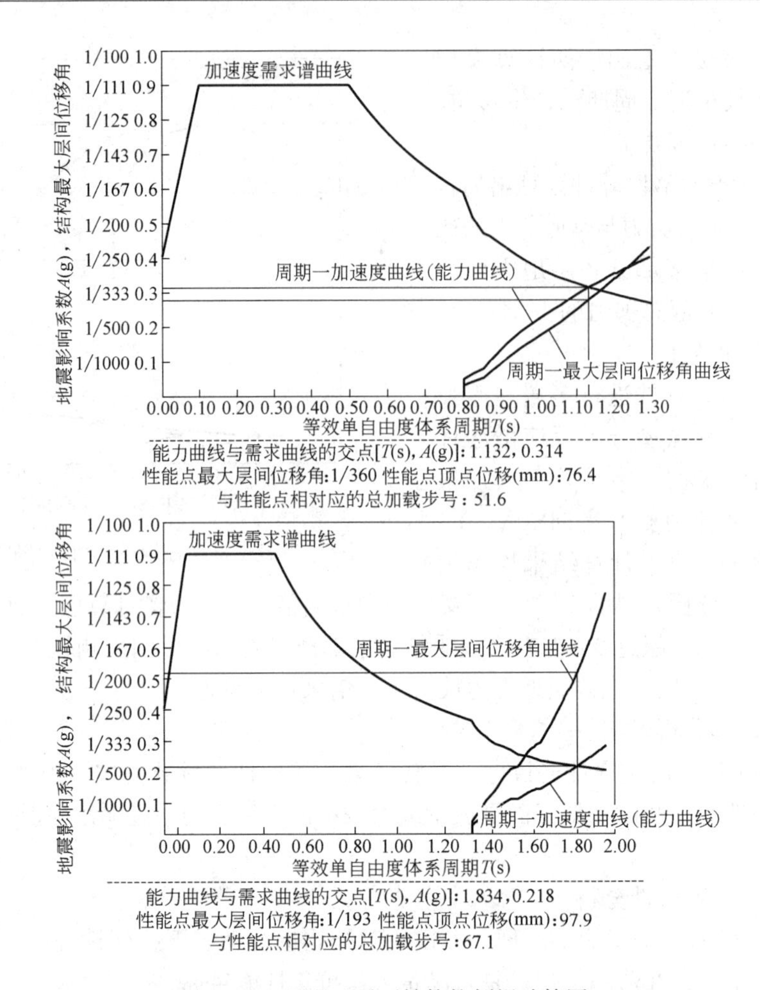

图 5.5-6　罕遇地震下结构抗倒塌验算图

5）适当提高剪力墙竖向钢筋的最小配筋率；

6）对于首层顶局部挑空形成的不连续楼板，板厚增加至 150mm，板钢筋上下通长配置并提高配筋率，同时加强洞口边梁，以加强楼板刚度，有效传递水平力；

7）对于大堂以及首层顶楼板挑空形成的穿层长柱，设计方法为：剪力按同层短柱剪力取值，计算柱端弯矩，并按长柱计算长度核算穿层柱的承载力，提高结构抗震安全性；

8）因转换层地震水平剪力有突变，为传递地震剪力转换层楼板做加强处理。

二、北京银泰中心

北京银泰中心是集酒店公寓（A 座）、办公写字楼（B、C 座）、商场（裙房 D）、娱乐服务（裙房 E）为一体的大型综合性建筑群体。其中 B、C 座为两幢结构布置相同的办公写字楼，地下 4 层，地上 42 层，以上有 2 层局部塔楼，结构总高度 186m，见图 5.5-7。

本工程结构设计使用年限为 50 年，结构安全等级为一级，抗震设防烈度为 8 度，设计地震分组为第一组，抗震设防类别为丙类，建筑场地类别为Ⅱ类，地面特征周期 T_g = 0.40s，基本风压为 0.5kN/m²，地面粗糙度为 C 类。

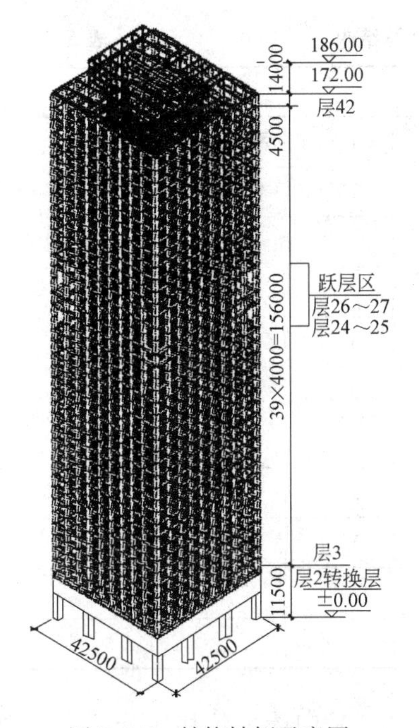

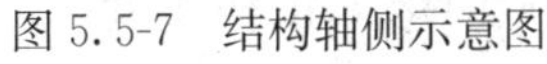
图 5.5-7 结构轴侧示意图

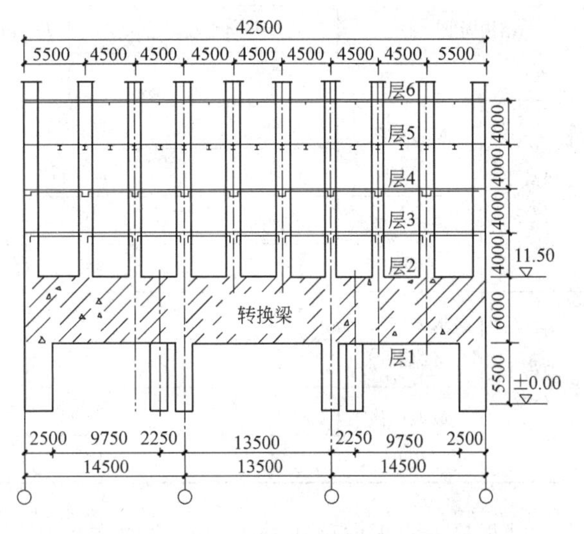

图 5.5-8 转换梁相邻楼层立面示意图

采用钢筋混凝土筒中筒结构体系，外框筒平面为 42.5m×42.5m 的正方形。中央核心筒平面尺寸 18.05m×21.2m。核心筒上下贯通建筑物全高，连续完整。各层柱截面尺寸及柱距见表 5.5-5。

为满足建筑交通、大堂大空间的要求，首层抽柱，经分析研究，决定在二层（标高 11.50m）设置实腹转换梁承托上部 40 层外框筒密柱传来的荷载。转换梁相邻楼层立面如图 5.5-8 所示。

外框筒柱截面尺寸及柱距 **表 5.5-5**

楼 层	截面尺寸（mm×mm）		柱距（m）
	角 柱	其 他 柱	
－4～－1	2500×2500×2000	2000×2000	13.5
1～2	2500×2500×2000	Φ 1500	13.5
2～3	2000×2000	1200×1700	4.5
4～12	1200×1200	1200×900	4.5
12 以上	1200×1200	1200×600	4.5

1. 结构计算分析

采用 ETABS 和 SATWE 两种软件进行结构整体计算分析，用杆单元模拟柱和梁，用壳单元模拟剪力墙，用膜单元模拟楼板。计算中考虑了 P-Δ 效应、扭转效应、风载及地震作用的最不利方向。部分计算结果见表 5.5-6。

可以看出：两个程序计算结果差异不大。结构的主振型以平动为主，扭转振型的周期与平动周期之比较小，结构有较好的抗侧及抗扭刚度，层间位移角满足《高规》要求。

ETABS和SATWE软件部分计算结果 **表5.5-6**

		ETABS			SATWE		
结构周期（s）		T_1（X向平动）＝3.59		T_3/T_1＝0.61	T_1（X向平动）＝3.46		T_3/T_1＝0.63
		T_2（Y向平动）＝3.48			T_2（Y向平动）＝3.43		
		T_3（扭转）＝2.19			T_3（扭转）＝2.18		
风载下位移	最大层间位移角	X向	1/1983		X向	1/1968	
		Y向	1/2017		Y向	1/2212	
	最大位移（mm）	X向	68.0		X向	72.9	
		Y向	68.20		Y向	66.2	
地震下位移	最大层间位移角	X向	1/837		X向	1/835	
		Y向	1/832		Y向	1/919	
	最大位移（mm）	X向	162.9		X向	163.4	
		Y向	164.5		Y向	152.5	

楼板最大水平位移和质心位移之比在1.26以内，X、Y向最大位移比分别为1.15、1.2，满足《高规》要求。

对结构进行了弹性动力时程分析，选取Ⅱ类场地土、特征周期为0.40s的二条实际地震波及针对本场地的一条人工模拟加速度时程曲线，输入的地震加速度峰值为70cm/s^2，结构阻尼比0.05，计算结果满足《高规》要求。实际配筋取三条时程曲线计算结果的平均值和振型分解反应谱法计算结果中的较大值。

为了保证结构在罕遇地震下仍有充足的延性和承载力而不致倒塌，又采用EPDA程序对结构进行弹塑性静力计算（Pushover法）作为补充分析。计算出层间位移角为1/214，小于规范1/120的限值。

由于转换梁的截面高度大于本层层高，整体计算中转换梁的位置取在梁顶标高处，即下层层高取到转换梁顶标高处。转换层楼层高度 h_1＝5500＋6000＝11500mm，转换层上一楼层高度 h_2＝4000mm。计算所得的柱端弯矩尚应乘以下式的修正系数：

$$\beta h/h_1/(h_1+h_2) \tag{5.5-1}$$

转换梁作为考虑轴向变形的弯曲杆单元，应同时考虑剪切变形的影响。

转换层计算楼层高度为11.5m，故局部分析时取典型一榀抽柱框架转换梁以上四个楼层（计算高度为4×4＝16m）与下部转换梁组成一体，计算中考虑杆件的轴向变形。

2. 转换构件截面配筋及构造设计

1）设计指标控制：剪力墙、外框筒梁柱、转换梁、框支柱抗震等级均为特一级，严格控制转换层及转换层以下楼层剪力墙、框架柱、框支柱的轴压比，使框支柱的轴压比不大于0.5，剪力墙筒体的轴压比不大于0.4。柱配箍特征值 λ_v 不小于0.19。

2）通过调整转换层相邻各层框支柱、外裙梁的截面尺寸，调整内筒墙厚以及在楼梯间设置补偿剪力墙等措施，使转换层上下层楼层侧向刚度比不大于0.74，避免出现结构薄弱层。

3）转换梁：为避免脆性破坏和具有较合适的配箍率，控制转换梁剪压比不大于0.08，对转换梁进行多次试算、调整，最后确定转换梁截面尺寸为2000mm×6000mm，混凝土强度等级为C50。

转换梁跨高比为13500/6000＝2.25，故按深梁进行截面设计。截面配筋见图5.5-9。

为提高转换梁混凝土的抗裂性及增强混凝土和钢筋的共同工作性能，在转换梁纵筋保护层范围内增设$\phi4@50\times50$的U形钢筋网片，见图5.5-10。

在转换梁内与柱轴线对应位置处预埋了工字形钢梁，并在节点处理上保证钢梁和柱内型钢等强连接，以提高结构整体抗震性能。转换梁型钢与柱内型钢连接示意见图5.5-11。

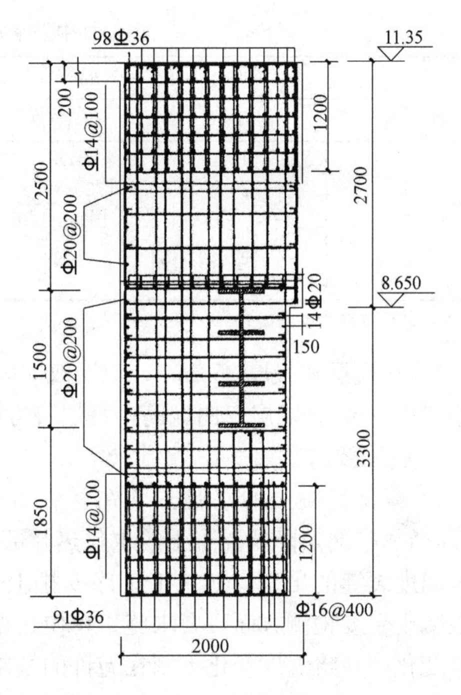

图5.5-9 转换梁配筋示意图

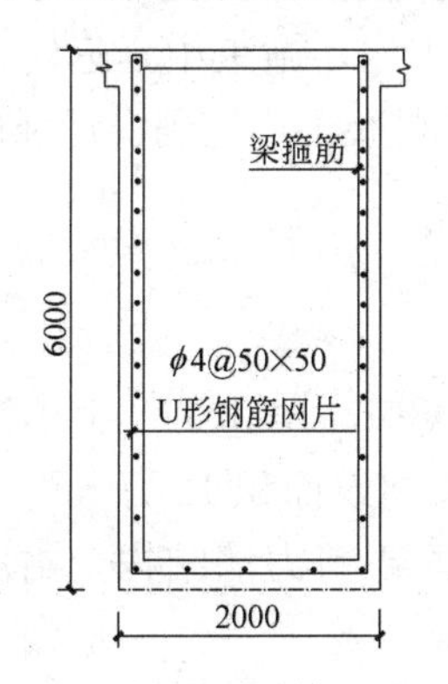

图5.5-10 转换梁钢筋网片示意图

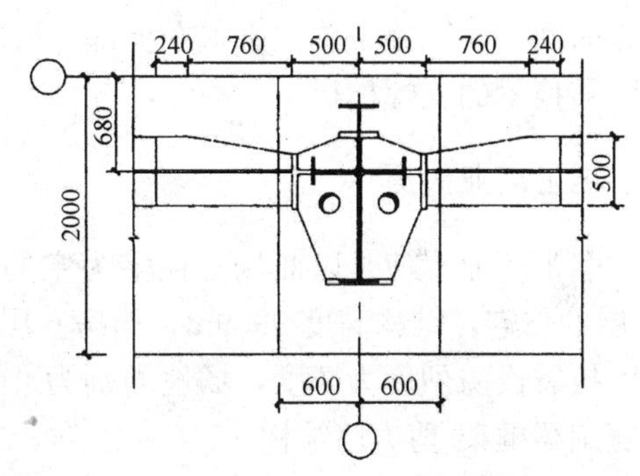

图5.5-11 转换梁型钢与柱内型钢连接示意图

4）框支柱及框架柱：为提高构件延性及承载能力，外框筒钢筋混凝土柱中，从地下二层至地上六层均增设构造型钢，六层以上至结构顶部增设芯柱。典型柱截面形式见图5.5-12。型钢柱中型钢的截面尺寸及芯柱配筋见表5.5-7。

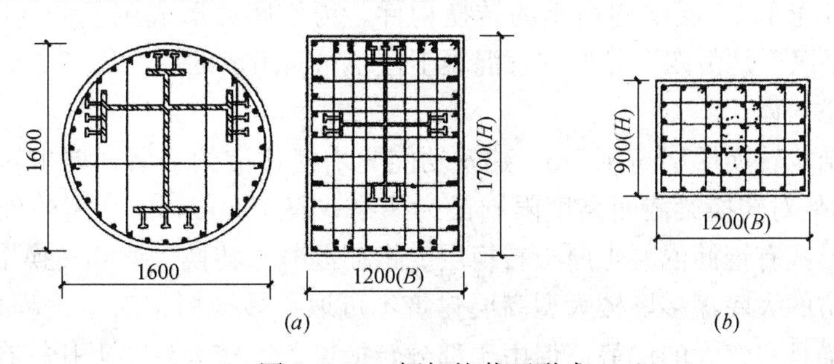

图5.5-12 框架柱截面形式

(a) 型钢柱；(b) 芯柱

型钢柱中型钢截面尺寸及芯柱配筋 表 5.5-7

型钢(mm)				芯柱	
腹板厚	翼缘厚	腹板高	翼缘宽	截面	纵筋
9	14	350	200～250	700×600	8Φ28
18	20	350～950	200～700	1200×600	12Φ28
36	40	1000/1100	300/400	1200×700	12Φ28
40	50	1500	600	1200×900	16Φ28
—	—	—	—	1200×1200	16Φ28

注：芯柱箍筋为Φ12@100。

5）转换层楼板厚250mm，双层双向配筋，每层每方向配筋率0.63%。转换层上一层楼板厚180mm，双层双向配筋，每层每方向配筋率0.87%。

3. 施工要求

1）降低混凝土的水化热。在材料方面，通过在水泥中掺入粉煤灰和5%～8%的UEA微膨胀剂，降低混凝土的水化热并部分抵消由水化热引起的混凝土约束应力，从而减少温度裂缝的出现。在施工工序安排上，将转换梁的混凝土分两层浇筑，每层高3m。在混凝土温度检测方面，要求施工单位在梁侧布置数量较多的测温点，实时监测转换梁的温度变化，并将温度变化控制在允许的范围内。

2）参照大体积混凝土结构的经验，采用免振捣的自密实混凝土。

3）延迟拆模时间。为保证转换梁能与上部楼层协同工作，施工中延迟转换梁的拆除模板时间，要求施工单位必须在上部4层施工完毕且梁柱混凝土均达到设计强度后，方可拆除转换梁的支撑模板。

三、名汇商业大厦

名汇商业大厦是以商场、住宅为主的大底盘多塔楼大型高层建筑。主楼塔楼为三幢33层的住宅，结构高度99.9m，裙房6层，地下4层，总建筑面积12万m^2。

抗震设防烈度为7度，场地类别为Ⅱ类。塔楼采用框架-剪力墙结构，裙房采用大柱距宽扁梁框架-剪力墙结构。

1. 转换结构形式的选择

本工程主体结构采用非正交柱网，各塔楼之间设置防震缝（图5.5-13）。由于建筑功能要求，结构需在第7层设置转换结构。转换层以下为大柱距框架-剪力墙结构，以上则为小柱距框架（局部短肢剪力墙）-剪力墙结构。其中西南部位还需设置挑出长度为9m的双向悬臂承托上部26层结构荷重的转换构件。为使底部形成用于商场的通透大空间，B座塔楼转换层以下是由四个异形钢管混凝土柱小角筒组成的剪力墙核心筒，以上则为完整的剪力墙核心筒体。

上、下部结构转换层层高4.5m，建筑功能为塔楼住宅的会所，要求转换梁底以下净空高度2.9m。故对转换梁截面高度限制极为严格，仅1600mm。常用的处理上下层柱网不对齐的转换形式有钢筋混凝土厚板转换层、钢筋混凝土转换大梁和转换桁架等。厚板转换层对7度设防的大底盘多塔楼大型高层建筑不可取，转换桁架对本工程显然也不合适，而实腹转换大梁具有较大的优势。但由于部分转换梁跨度较大且梁上托柱在跨中，致使梁端最大弯矩达22000kN·m，采用常规的钢筋混凝土实腹转换大梁梁高需2000mm以上，

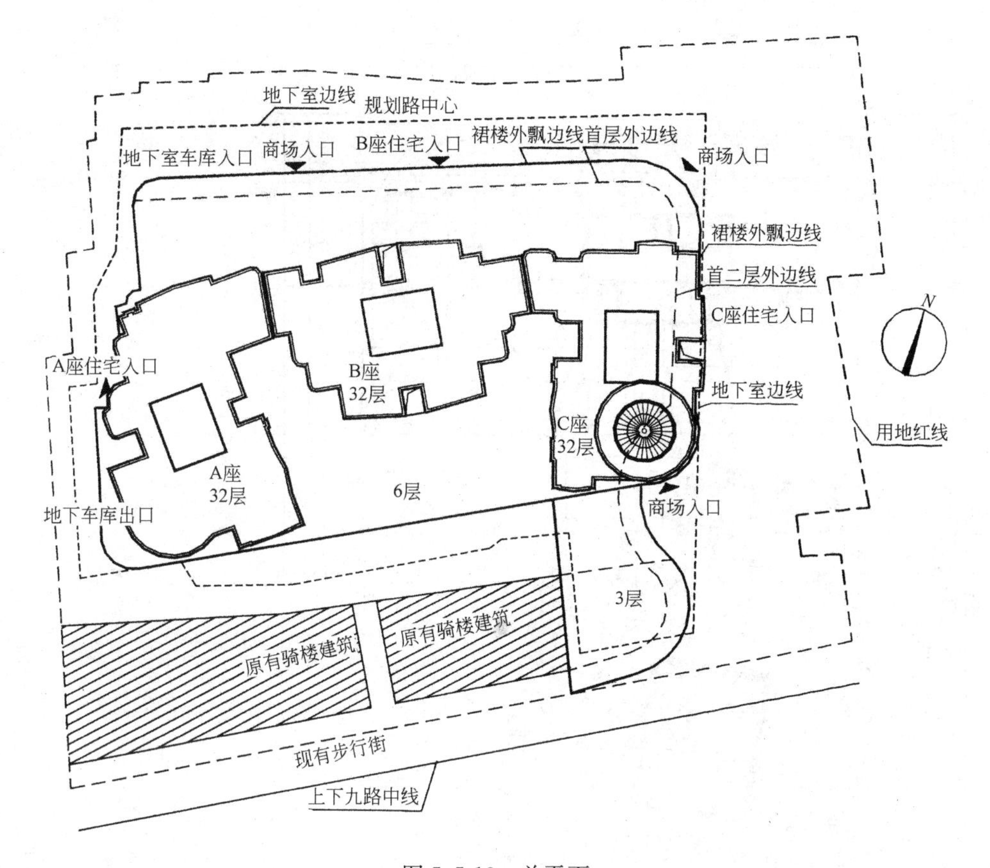

图 5.5-13 总平面

不能满足建筑对楼层净空高度的要求。

结合工程中大量应用钢管混凝土柱和带约束拉杆异形钢管混凝土柱的具体情况，设计中综合了厚板转换和实腹梁转换的优点，采用钢-混凝土组合梁转换大梁的结构方案（图5.5-14、图5.5-15）。实腹梁转换结构受力明确、计算模型简单，整体计算结果表明：结构整体刚度及自振周期合理，位移等均符合规范要求。梁高为1500mm的内置空腹钢箱型钢-混凝土梁整体抗弯能力良好，在型钢梁的适当位置设置纵横向的肋板，既可提高转换梁的刚度，又可兼作与混凝土良好结合的连接件。有限元计算及试验研究分析结果表明：型钢与混凝土之间的变形是协调的，共同工作性能良好。

2. 转换层结构的设计

1）转换梁内钢结构采用空腹钢箱的形式，可减少结构自重，主转换梁高1550mm（钢结构高1350mm），以宽度 b=1000mm扁梁为主；次梁则采用“井字式”布置的钢筋混凝土梁，梁截面主要采用800mm×1200mm；

2）部分钢管混凝土柱上设置了伞形斜撑结构（图5.5-16），斜撑采用钢管混凝土结构，伞形结构受力合理明确，在减小了梁内力的同时，钢结构的连接处理及浇筑混凝土都很方便；

3）由于梁端较大的弯矩会对钢管壁产生较大的径向拉力而影响到柱的承载能力，梁柱节点构造上设置了加强环板以减少其不利影响；

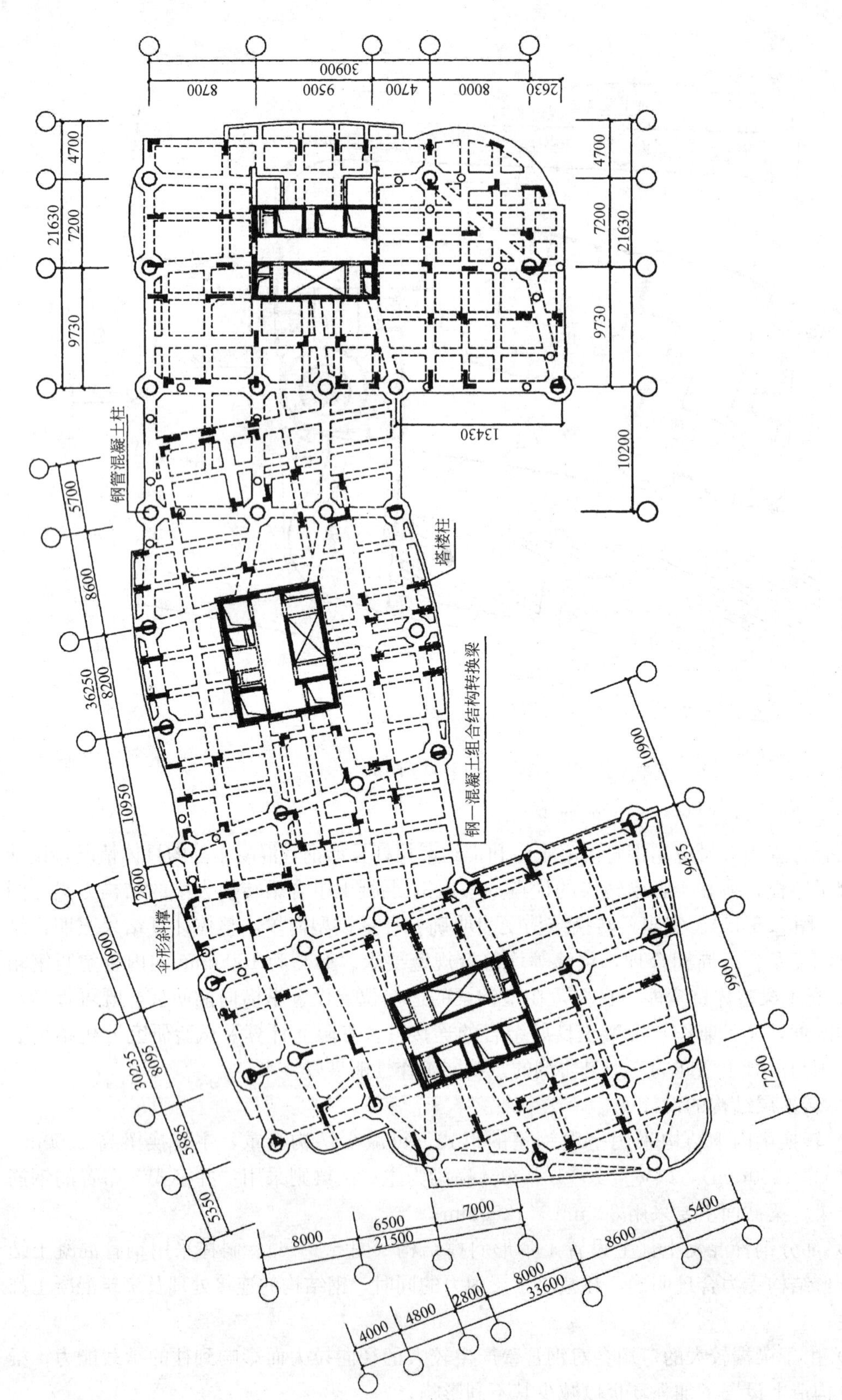

图 5.5-14 转换层上一层剪力墙平面布置

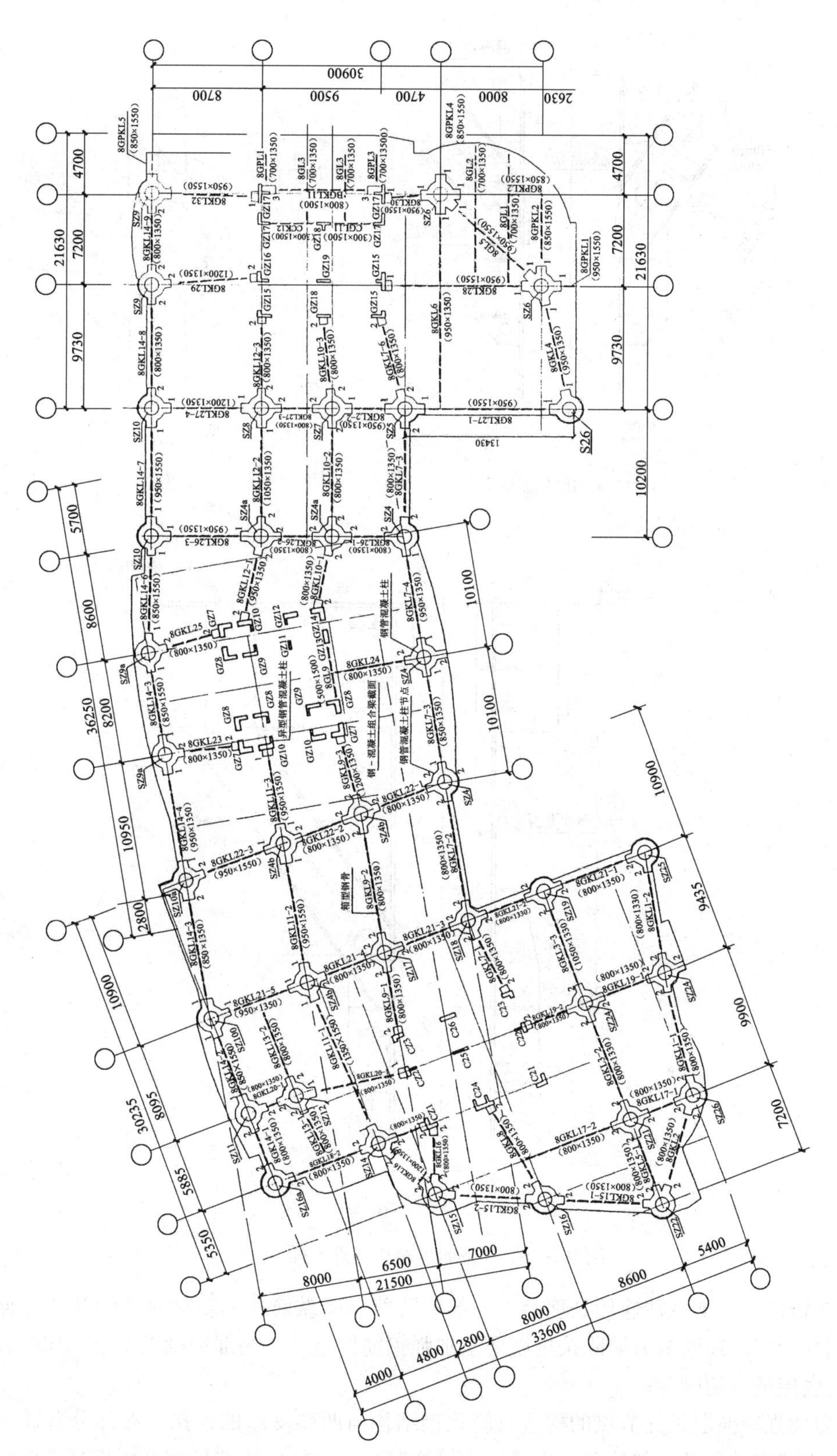

图 5.5-15 转换层结构平面布置

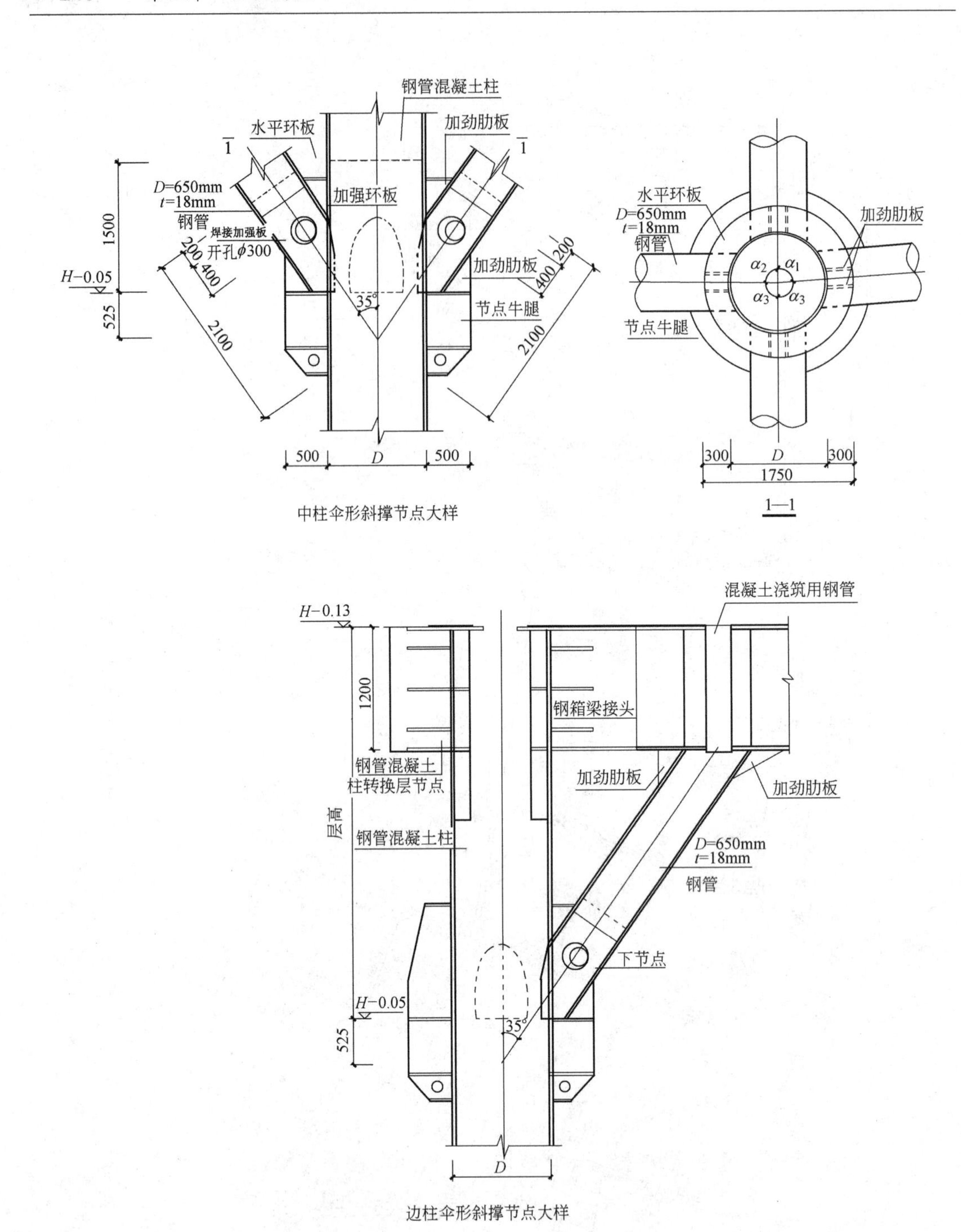

图 5.5-16　伞形斜撑结构节点大样

4）在转换梁与支承柱连接处理上，上部短肢剪力墙纵筋从钢箱梁面板的开孔直伸到梁底并围焊固定；短肢剪力墙除按抗震要求加强箍筋构造外，局部加设工字钢，加强转换梁上层柱底层的剪切刚度；

5）为加强转换层梁柱节点的构造及简化钢结构与两端支座的连接，在部分普通钢筋混凝土剪力墙内转角及端部位置设置异形钢管作暗柱，这样的构造处理既可提高墙体抗剪性能和延性，又使转换梁内的钢结构与之连接方便简单，由此组成的梁、柱、剪力墙的劲性结构体系，受力明确、抗震性能较好。

3. 结构计算及分析

1）本工程整体计算分析采用 TBSA5.0，计算结果显示两个主轴方向结构刚度均匀，单位面积的结构自重为 $18kN/m^2$。主要计算结果见表 5.5-8。

主要计算结果　　　　**表 5.5-8**

计算方向			X 向	Y 向
风荷作用下的基底弯矩 M_w（kN·m）			1057145	969497
自振周期（s）		T_1	3.414	3.243
		T_2	2.558	2.817
		T_3	2.101	2.219
A 幢	地震作用下的位移	顶点	1/1414	1/1511
		层间	1/1020	1/1160
	风荷载作用下的位移	顶点	1/1406	1/2116
		层间	1/1040	1/1760
B 幢	地震作用下的位移	顶点	1/2190	1/1706
		层间	1/1820	1/1285
	风荷载作用下的位移	顶点	1/2186	1/1677
		层间	1/1900	1/1270
C 幢	地震作用下的位移	顶点	1/1528	1/2599
		层间	1/1130	1/2080
	风荷载作用下的位移	顶点	1/1591	1/2471
		层间	1/1230	1/2010
地震作用下的基底弯矩 M_0（kN·m）			1033770	1027576
地震作用下的基底剪力 Q_0（kN·m）			18344	18962

2）为确保内置空腹钢箱型钢-混凝土转换梁的安全可靠，又采用了 SUPER SAP93 软件对大梁进行了有限元分析和结构试验研究。结果表明：

（1）钢梁翼缘板的应力较大，接近钢板的强度设计值，节面受压区的混凝土强度亦接近抗压强度设计值，说明钢结构和混凝土能够很好地共同工作变形协调。

（2）钢梁腹板承担了 80%以上的剪应力，混凝土仅占 20%以下，说明混凝土箍筋受力较小，按规范要求满足抗震构造即可。

（3）组合梁跨中最大挠度满足规范要求。由于转换梁跨度较大，计算中考虑了必要的起拱。

四、深圳大学科技楼

深圳大学科技楼主楼、地上 15 层，结构高度 68.2m，裙房 2 层，高 8.0m。主楼平面为边长 54m×54m 的“回”字形，中部天井内设有 21 层的中央公共竖向钢结构交通塔，塔高 93.8m。

抗震设防烈度为7度，建筑抗震设防类别为丙类。采用现浇钢筋混凝土框架-剪力墙结构。

由于建筑功能要求，平面南北入口大厅一、二层抽去一排中柱，形成17m跨的大空间，以上则为8.5m柱距的框架，需在三层进行结构转换。经计算分析比较后，决定采用现浇钢筋混凝土宽扁梁转换，转换梁以上8层，转换层及其上一层平面如图5.5-17。

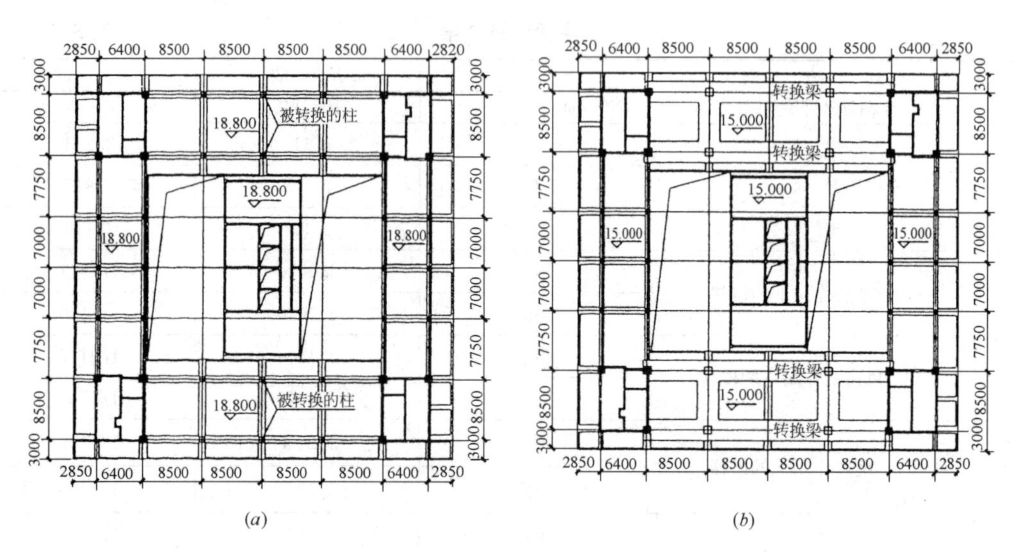

图5.5-17 转换结构平面图

(a) 转换层上一层平面；(b) 转换层平面

转换梁跨度17m，梁截面尺寸3000mm×1200mm，混凝土强度等级C30，控制剪压比不大于0.12，转换梁伸过框支柱延伸到混凝土筒体形成连续梁。框支柱截面尺寸1100mm×1100mm，混凝土强度等级C50。转换梁和框支柱抗震等级均为一级。

设计中对宽扁梁转换和普通实腹梁转换进行了计算分析和比较，普通实腹转换梁截面尺寸取800mm×3000mm，宽扁梁转换梁截面尺寸取3000mm×1200mm。

表5.5-9是在其他条件完全相同的情况下，分别采用宽扁梁转换和普通实腹梁转换时，结构整体计算的部分结果。可以看出：采用宽扁梁转换时结构周期加长，层间位移角增大，结构整体刚度有所降低。

两种情况结构整体计算的部分结果 **表5.5-9**

转换类型	X向地震作用			Y向地震作用		
	T_1 (s)	层间位移角		T_1 (s)	层间位移角	
		转换层	转换层上一层		转换层	转换层上一层
宽扁梁转换	1.728	1/6866	1/5410	1.411	1/8046	1/6365
普通实腹梁转换	1.659	1/7837	1/6213	1.401	1/8257	1/6522

在重力荷载及多遇地震作用下，两种情况所承托框架柱在各工况下的柱底剪力、弯矩均很小，轴力差别不大，见表5.5-10；而在重力荷载作用下，采用宽扁梁转换梁时所承托框架柱的柱顶弯矩、剪力和轴力均比普通实腹梁转换时有较大增加。两种情况转换梁内力标准值比较见表5.5-11，由于普通实腹转换梁刚度较大，故在重力荷载作用下，梁跨

中弯矩大，支座弯矩小，跨中弯矩大约是支座弯矩的 2 倍；而宽扁梁刚度较小，梁跨中弯矩和支座弯矩差距要小一些。*Y* 向地震作用下，宽扁梁支座弯矩（347kN・m）比普通实腹转换梁（778kN・m）减小 55%。

两种情况所承托框架柱柱底轴力标准值（kN）　表 5.5-10

	重 力 荷 载	*X* 向地震作用	*Y* 向地震作用
宽扁梁转换	4355	2.3	91
普通实腹梁转换	4951	2.4	99

两种情况转换梁内力标准值（kN，kN・m）　表 5.5-11

外 荷 载	重 力 荷 载			*X* 向地震作用		*Y* 向地震作用	
内力	支座弯矩	跨中弯矩	剪力	支座弯矩	剪力	支座弯矩	剪力
宽扁梁转换	9514	13286	3152	173	10	374	50
普通实腹梁转换	8106	16896	3285	118	2	778	53

两种情况框支柱内力标准值比较见表 5.5-12，在 *X*、*Y* 向地震作用下，框支柱的轴力分别由普通实腹转换梁的 691kN、514kN 减小为宽扁梁的 413kN、335kN，大约减小了 30%～40%，在多遇地震下（水平地震影响系数为 0.08），普通实腹梁转换可满足抗震要求，但在罕遇地震下（水平地震影响系数为 0.50），按大震弹性计算，地震作用将是多遇地震下的 6.25 倍，即采用普通实腹梁转换，则转换梁和框支柱的内力将是多遇地震下的 6.25 倍。

本工程转换梁为连续梁，框支柱为中柱，表 5.5-12 中地震作用下框支柱的弯矩和剪力差异尚不明显。但当框支柱为边柱时或（和）转换梁为单跨梁时，计算表明：宽扁梁就可大大改善框支柱在地震作用下的弯矩和剪力集中问题。

两种情况框支柱内力标准值（kN，kN・m）　表 5.5-12

外 荷 载	重 力 荷 载				*X* 向地震作用				*Y* 向地震作用			
内力	柱顶弯矩	柱底弯矩	柱顶剪力	轴力	柱顶弯矩	柱底弯矩	柱顶剪力	轴力	柱顶弯矩	柱底弯矩	柱顶剪力	轴力
宽扁梁转换	1814	692	358	10758	495	355	122	413	101	57	23	335
普通实腹梁转换	840	350	170	9903	426	302	104	691	98	53	22	514

两种情况在多遇地震和罕遇地震下转换构件内力比较见表 5.5-13，宽扁梁转换时，转换梁支座组合弯矩、框支柱组合轴力大震比小震增大的幅度分别为 31%、20%，而普通实腹梁转换时，相应增幅高达 61%、31%。可见，采用宽扁梁转换对减小该增幅的效果十分明显。采用宽扁梁转换结构抗大震的性能比采用普通实腹梁转换结构有很大提高。也就说明：采用宽扁梁转换结构较容易满足大震下极限承载力的要求。

多遇地震和罕遇地震下部分转换构件内力比较（kN，kN・m）　表 5.5-13

项　目	宽扁梁转换			普通实腹梁转换		
	小 震	大 震	增幅（%）	小 震	大 震	增 幅
转换梁支座弯矩	8900	11682.8	31	8054	12968.5	61
框支柱轴力	10676	12851.8	20	10041	13115.5	31

第六章　搭接柱转换

第一节　搭接柱转换的适用范围

一、受力及变形特点

当转换层的上、下柱错位竖向不连续，但其水平投影距离较小时，可分别将转换层的上柱向下、下柱向上直通，在转换楼层形成一个截面尺寸较大的柱（搭接块），和水平构件（梁、板）一道来完成在竖向荷载和水平荷载下力的传递，实现结构转换，这就是搭接柱转换。

搭接柱转换是近年来出现的一种新颖的转换形式。试验研究和计算分析表明：竖向荷载作用下搭接柱转换可将上层柱的轴向压力通过搭接块的剪切变形传递到下层柱上，而搭接柱上、下层柱偏心所产生的弯矩则由搭接柱附近上、下层楼盖梁、板的拉、压力形成的反向力偶来平衡。搭接柱转换层中受拉楼盖的梁、板为偏心受拉构件，搭接柱转换层中受压楼盖的梁、板为偏心受压构件，搭接块本身受力较为复杂，所受压力、剪力、弯矩都较大。搭接块及其附近构件受力见图 6.1-1。

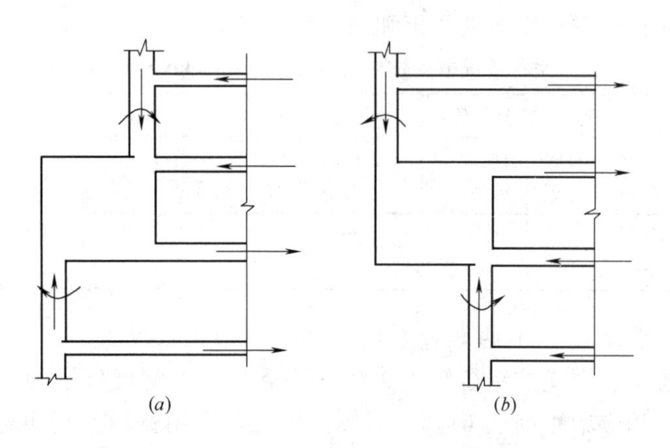

图 6.1-1　搭接块附近构件受力

(*a*) 内收搭接；(*b*) 外挑搭接

根据建筑立面的内收或外挑要求，搭接柱转换可分为外挑搭接和内收搭接。但两者在受力特点上原理是一致的，区别仅在于由于偏心方向的不同，会造成搭接柱转换上、下层楼盖梁、板受拉或受压的不同。由于结构平面内部上、下楼层框架柱的错位而采取的搭接柱转换，按受力特点，也可归为外挑搭接和内收搭接两种情况，参见图 6.1-1。

竖向荷载作用下搭接柱转换结构产生的主内力、主变形如图 6.1-2、图 6.1-3 所示。

搭接柱在竖向荷载作用下上、下节点的转角相近，搭接柱的竖向位移主要由搭接块的竖向剪切变形构成，因此，为减小搭接柱上层柱因此而产生的次内力，应采取措施减小搭接块的竖向剪切变形。

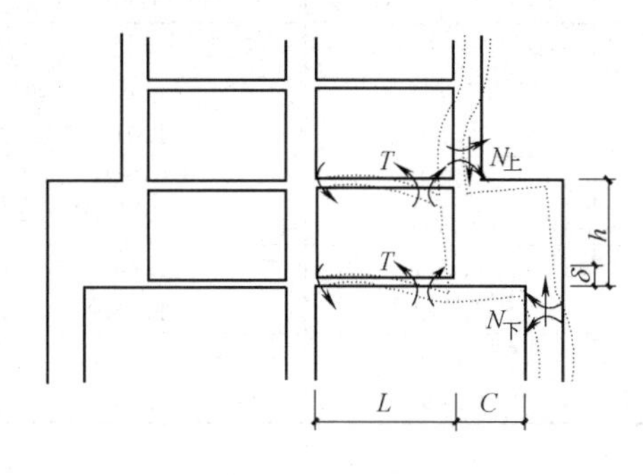

图 6.1-2　内收搭接

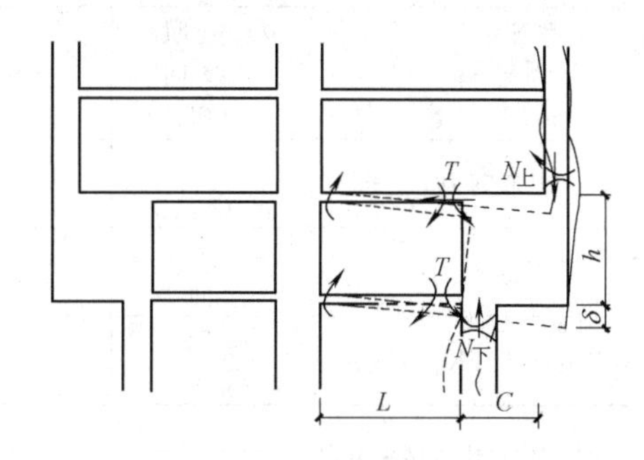

图 6.1-3　外挑搭接

值得注意的是，当搭接柱上、下层柱偏心弯矩很大时，搭接柱上层梁板承受很大的拉力，易成为薄弱部位，搭接柱转换层上部 1～2 层梁板仍可能受到影响，承受拉力。因此，搭接柱转换结构在竖向荷载作用下的安全度和可靠度，主要取决于与搭接块相连接楼盖梁板的承载能力和轴向刚度的控制。只要楼盖梁板的承载能力和轴向刚度得到控制和满足，竖向荷载作用下，次内力（柱、梁、板、墙的弯矩、剪力）及搭接柱变形就能得到控制，整个搭接柱转换结构就能正常工作。

为此，当由上、下柱轴力产生的力矩较大时，可通过对搭接柱受拉楼层的梁板施加预压应力，产生结构的反向变形，用以减小搭接块的水平位移，减小受拉楼盖梁板的拉应力，控制其裂缝发展，确保受拉楼盖梁板的轴向刚度，提高受拉楼盖梁板的承载能力。同时，对搭接柱受拉楼层的梁板施加预压应力，也有利于减小搭接柱的转角，减小搭接柱上、下层梁的梁端弯矩。

如果搭接柱附近上、下层楼板不开洞，保持连续，则上、下层楼板的拉、压力由楼板自身平衡，并不会对其他构件内力产生显著影响。

搭接柱转换基本保证了框架柱直接落地，避开了设置刚度较大的转换梁、转换层，框架梁截面尺寸、刚度沿竖向基本保持均匀，从而避免了结构抗侧刚度沿竖向突变引起的抗震不利影响。地震作用下框架柱受力均匀，且吸收地震作用较小，搭接块虽然受力较大，但只要在设计中予以足够的承载能力和良好的延性，结构整体抗震性能较好。因此，采用搭接柱转换的框架-剪力墙结构或框架-筒体结构，其整体结构的振动特性和地震作用下的工作状况与框架柱直通落地没有转换的框架-剪力墙结构或框架-筒体结构几乎没有什么区别。

为进一步深入了解搭接柱转换的抗震性能，中国建筑科学研究院等单位针对某具体工程，采用搭接柱转换（模型 1）、实腹梁托柱转换（模型 2）及框架柱直通落地没有转换（模型 3）3 种结构模型，应用 TBSA6.0 进行了计算分析。计算结果见表 6.1-1、表6.1-2。其中模型 2 的转换梁截面尺寸由剪压比不大于 0.15 控制，其余构件截面尺寸、布置均同搭接柱模型。模型 3 的转换层上柱直通落地，楼盖外挑分层退台，其余构件截面尺寸、布置均同搭接柱模型。

整体结构工作特性比较 **表 6.1-1**

转换模型		搭接柱转换	转换梁转换	直升柱
$\frac{框架承担倾覆弯矩}{总倾覆弯矩}$（%）	x 向	14.65	52.35	19.61
	y 向	14.38	54.59	31.40
周期（s）	T_1（y 向）	2.11	1.90	1.95
	T_2（x 向）	1.93	1.74	1.45
	T_3（扭转）	0.54	0.54	1.01
基底剪力	Q_{x0}	$0.0199W$	$0.0243W$	$0.0194W$
	Q_{y0}	$0.0194W$	$0.0221W$	$0.0181W$
层 2 的 $\delta_{max}/\bar{\delta}$	x 向	1.239	1.210	1.48
	y 向	1.414	1.448	1.26
侧向刚度比（$K_下/K_上$）	x 向	1.86	1.80	1.21
	y 向	1.98	1.89	1.25

注：W 为建筑物总重力。

转换层框支柱、上层柱内力标准值比较 **表 6.1-2**

转换模型		搭接柱转换			转换梁转换			直升柱	
		重力荷载	小震作用	大震组合	重力荷载	小震作用	大震组合	重力荷载	小震作用
框支柱（1100×1000）C60 混凝土	N（kN）	16254	831	21448	14949	2505	30605	18067	1327
	$M_上$（kN·m）	267	62	657	1199	109	1879	127	74
	$M_下$（kN·m）	956	145	1861	310	251	1876	69	99
	V（kN）	255	20	378	314	74	778	85	36
搭接柱上层柱和转换梁上层柱（1100×1000）C60 混凝土	N（kN）	13143	792	18094	12266	1053	18849	16347	1315
	$M_上$（kN·m）	53	17	157	109	40	357	223	49
	$M_下$（kN·m）	832	71	937	692	186	1853	144	118
	V（kN）	253	23	395	167	46	454	76	34
层 9（1000×1000）C60 混凝土	N（kN）	8295	618	12518	5482	1176	12832	—	—
	$M_上$（kN·m）	548	62	936	88	406	2626		
	$M_下$（kN·m）	104	53	435	18	125	799		
	V（kN）	186	31	380	30	152	980		
层 10（1000×1000）C60 混凝土	N（kN）	7057	560	10557	6457	662	10594	—	—
	$M_上$（kN·m）	163	51	482	160	88	710		
	$M_下$（kN·m）	348	81	854	127	377	2483		
	V（kN）	146	36	371	82	133	913		
层 21（750×750）C40 混凝土	N（kN）	2802	286	4590	1969	579	5588	—	—
	$M_上$（kN·m）	62	41	318	21	158	1009		
	$M_下$（kN·m）	11	46	299	13	60	388		
	V（kN）	15	24	165	10	62	398		

计算结果表明，3 种模型整体结构周期、总地震作用相差不大，但实腹梁托柱转换，由于转换梁的巨大刚度引起地震作用下框支柱及上层柱内力积聚，相比搭接柱转换，地震作用下这些柱轴力、弯矩、剪力增加达 2～3 倍，且随着转换层位置的提高，增幅加大，此时框架部分承担的倾覆弯矩超过 50%。这种类同加强层（尤其是高位加强）引起的框架柱地震作用积聚效应对实现大震不到设防目标不利。经弹性大震复核，实腹梁托柱转换的框支柱，7 度时延性不足，8 度时极限承载力不满足要求。而搭接柱转换则比较顺利地实现地震作用下框架柱内力平稳过渡，经弹性大震复核，框架柱均满足要求，搭接块、筒体受力虽然较大，但承载能力和延性储备更大，结构整体抗震性能优越，较容易实现大震

不倒的设防目标。

二、适用范围

1. 搭接柱转换和实腹梁托柱转换的比较

实腹梁托柱转换是工程中最常用的结构转换形式，广泛应用于底部大空间框支剪力墙、底部抽柱形成大空间等情况的转换。若采用实腹梁托柱转换来完成如图 6.1-1 所示的建筑立面外挑或内收，虽然其受力明确，楼板不承受拉力或压力，仅传递水平荷载，但托柱实腹梁本身承受很大的弯矩和剪力，造成转换梁截面尺寸大、配筋多，梁柱节点区纵向受力钢筋锚固困难。特别是当上托层数较多、上、下楼层柱水平投影距离又较小时，很容易造成梁的抗剪箍筋超筋；同时转换层的建筑可使用空间较少。另一方面，由于转换梁刚度大、自重大，转换层上、下楼层竖向刚度突变较大，很难实现“强柱弱梁”，当转换层位置较高时，对抗震尤为不利。

而搭接柱转换结构自重小，上、下楼层沿竖向刚度变化相对较小，又可充分利用建筑空间。当上、下楼层柱水平投影距离较小时，采用搭接柱转换无疑比实腹梁托柱转换更具优越性。

搭接柱转换和实腹梁托柱转换主要特点对比见表 6.1-3。

搭接柱转换和实腹梁托柱转换主要特点对比　　表 6.1-3

对比项目	搭接柱转换	实腹梁托柱转换
竖向刚度突变	小	大
建筑空间利用率	高	低
转换构件自重	小	大
楼盖受力	拉力或压力	无拉力或压力
托柱实腹梁或搭接块受力及配筋	搭接块受力较复杂	托柱实腹梁受力较明确，梁的抗剪箍筋容易超筋
上下层柱应力集中	大	大
抗震性能	较好	较差

2. 搭接柱转换的适用范围

结合城市景观和功能需要，建筑立面有竖向外挑或（和）竖向收进的建筑结构；或建筑结构上、下层柱局部错位、改变结构柱网，使外框柱不能直通落地，可采用搭接柱转换形式。

搭接柱转换是一种合理有效的结构转换形式。它传力直接、稳定可靠、尤其适合于高位结构转换，具有十分优良的抗震性能。

搭接柱转换可直接应用于非抗震设防地区及抗震设防烈度不大于 7 度的地区，8 度抗震设防烈度地区在对搭接块高宽比适当从严限制后也可应用。

当搭接块上、下层柱的水平投影距离 C 对搭接块的高度 h 之比（图 6.2-2）大于 0.7 或当搭接块上柱轴向压力很大时，不宜采用搭接柱转换形式。

试验和分析研究都表明：采用搭接柱转换的框架-剪力墙结构或框架-筒体结构，其整体结构的振动特性和地震作用下的工作状况与框架柱直通落地没有转换的框架-剪力墙结构或框架-筒体结构几乎没有什么区别。但对抗震设计的框架结构，由于其抗侧力刚度小，设置搭接柱转换更弱化了结构的抗侧能力，对整体结构的振动特性和地震作用下的工作状况影响显然要比框架-剪力墙结构或框架-筒体结构大得多，加之目前对这方面研究还不多，因此，采用搭接柱转换的框架结构适用范围应从严控制：一般可用于局部转换，对设防烈度较高的框架结构局部转换采用搭接柱转换应慎重，对设防烈度较高的框架结构整体转换不宜采用全部搭接柱转换。

3. 如上所述，托柱（墙肢）转换比部分框支剪力墙转换（托墙转换）受力性能较简单，而搭接柱转换比托柱（墙肢）转换又要简单，搭接柱转换是这三种转换中受力最为简单的，因此，当建筑物底部需要大空间、上部需要小空间时，若结构的抗侧力刚度满足设计要求，则可在剪力墙底部开大洞（满足建筑功能要求），在剪力墙上部开小洞（结构洞），形成搭接柱（墙肢）转换［图 6.1-4（*a*）］或托柱（墙肢）转换［图 6.1-4（*b*）］以减小结构上，下楼层侧向刚度的突变，改善结构的受力性能。

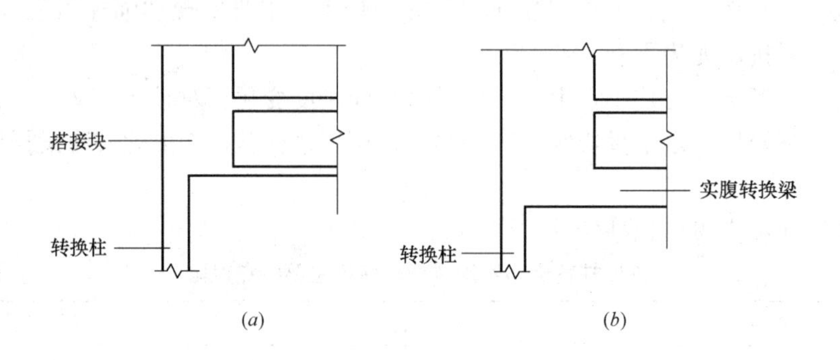

图 6.1-4 搭接柱转换和托柱转换
（*a*）搭接柱转换；（*b*）托柱转换

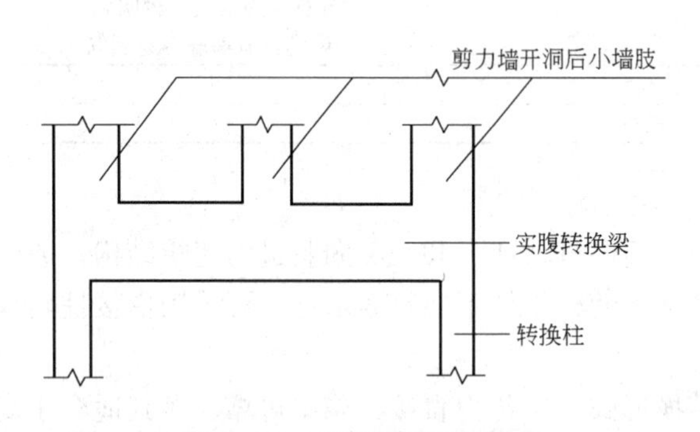

图 6.1-5 实腹梁托墙转换

需要指出的是：对于墙体开洞后中间位置同时有小墙肢的情况，则一般应要用实腹梁托墙转换等而不宜采用搭接墙转换（图 6.1-5）。

三、工程实例

1. 某综合楼

地上 9 层，地上结构总高度 30.35m，地下 3 层，柱网 7.2m × 7.2m，总建筑面积 4.5 万 m^2。抗震设防烈度为 8 度，设计基本地震加速度值 0.20*g*，抗震设防类别为丙类，建筑场地类别为Ⅱ类，地上部分采用框架-剪力墙结构。

根据建筑功能要求，地上部分主要用作车库，①、②轴间和Ⓕ、Ⓖ轴间为汽车通道，不能设置剪力墙；②、Ⓖ轴是地上建筑的外立面，做玻璃幕墙，需要通透，故也不希望设置剪力墙。这就使得上部结构的剪力墙设置出现较大的困难：有些位置上部结构可以设置剪力墙，但很难直通地下室；而有些部位地下部分可以设置剪力墙，但又不能直通上部结构。结构布置未调整前，只有在④～⑧轴之间，Ⓗ轴以上部分利用电梯井、楼梯间等设置剪力墙（参见图 6.1-6）。计算分析表明：由于剪力墙数量不足，且剪力墙偏置，结构层间位移角不满足规范限值，扭转效应较大，甚至出现薄弱层（见表 6.1-4）。

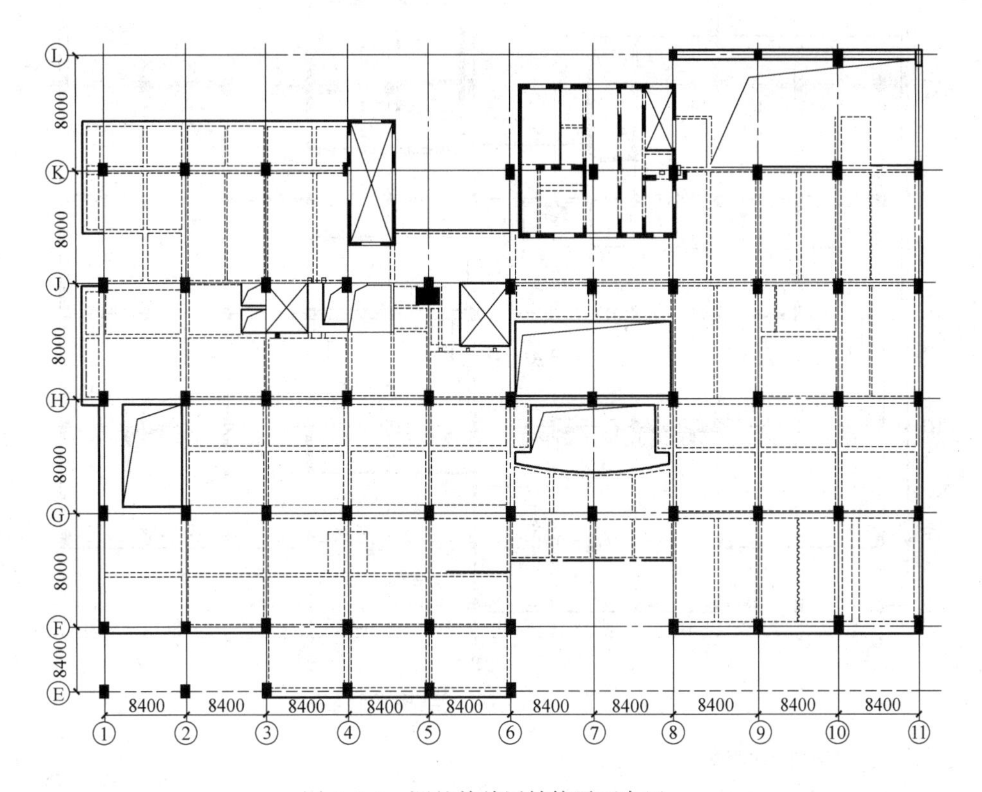

图 6.1-6　调整前首层结构平面布置

经过分析并和建筑等专业协商讨论最后决定：在①轴设置一道剪力墙；Ⓗ轴设置一道剪力墙，考虑地下室此处为车道，故剪力墙开大洞；Ⓖ轴的上部结构做玻璃幕墙，故设置开大洞的连肢墙；以上剪力墙均地上、地下直通。平面Ⓖ轴右下角部位设置的剪力墙，不仅是结构抗侧的需要，也是抗扭的需要，故墙肢应长些，刚度应大些。但地下室此处为车道，上部的剪力墙不能直通下来，故采用搭接墙转换。调整后的结构首层平面见图6.1-7。搭接墙配筋构选见图 6.1-8。

计算分析表明：经过以上调整，结构相关指标均满足规范的相关要求，说明此调整是可行的。

调整前、调整后两种情况部分计算结果　　**表 6.1-4**

	调整前	调整后	
		弹性楼板	刚性楼板
框架部分承担倾覆力矩占结构底部总倾覆力矩	远超过 50%	x:44.04% y:47.17%	x:39.76% y:45.81%
层间位移角	x:1/641，y:1/671 均在 6 层	x:1/803，y:1/821 均在 5 层	x:1/897，y:1/827 均在 5 层
位移比	所有楼层均超 1.2， 最大 1.56，在 4 层	x:最大 1.10，在 9 层 y:最大 1.31，在 2 层	x:最大 1.13，在 9 层 y:最大 1.29，在 2 层
薄弱层	第 4 层出现	无	无

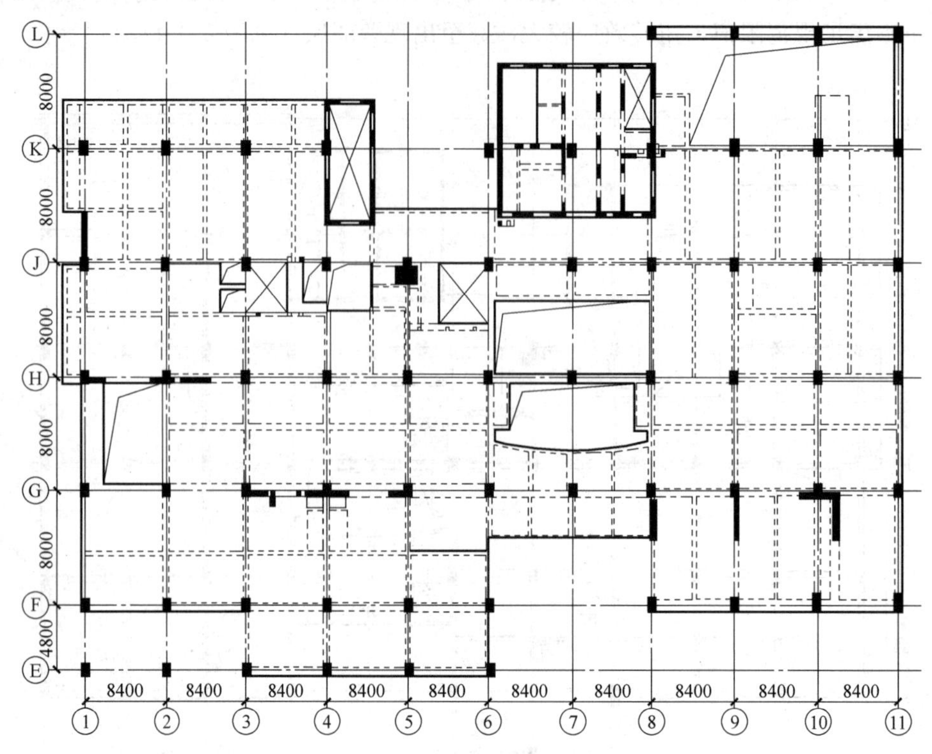

图 6.1-7　调整后首层结构平面布置

2. 南京金鹰国际商城

南京金鹰国际商城是一座集购物、餐饮、娱乐、办公及酒店为一体的综合性大厦。该工程地下 2 层，地上：裙房 8 层，主楼 58 层，地面以上结构高度：裙房 36m，主楼 210m，总建筑面积 14.8 万 m^2。

58 层主楼平面呈菱形（◇）切四角，对角线长边达 63.2m，短边为 46m，采用钢筋混凝土筒中筒结构。抗震设防烈度为 7 度，抗震设防类别为丙类，场地类别为Ⅱ类。

该工程在 26 层、50 层分别设计二层避难层，同时由于建筑立面要求，在 27 层、51 层将外筒分别向内平移 1500mm，致使外筒框架柱不在同一垂直线上。方案阶段曾考虑采用桁架或实腹大梁进行转换，但由于此二层有许多设备及设备管道，且层高受到限制而被否定。经分析研究，决定在设计中采用将框架柱截面加大（或称为变截面柱）、使上、下两层柱形成阶梯形，进行外筒内收的转换（图 6.1-9）。上部外筒通过变截面柱与下部外筒连成整体，为了保证外筒的整体受力性能及连续性，将 27 层、51 层外筒框架梁截面加大，形成两道刚性较大的环箍。为了使

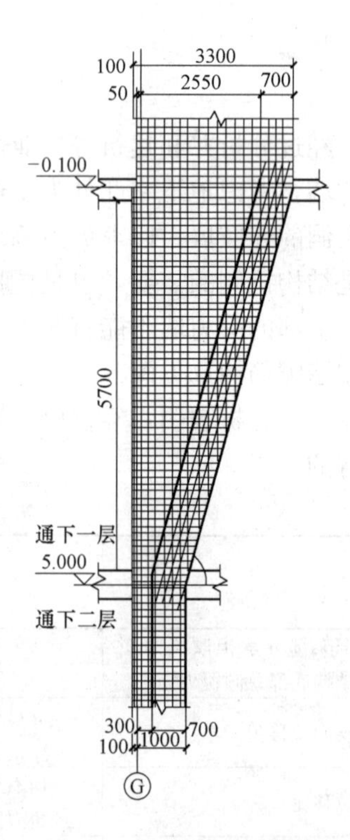

图 6.1-8　搭接墙配筋构造

变截面柱转换时上、下层刚度变化较为平缓，在结构 25 层、26 层、49 层、50 层逐层加大柱截面。同时对转换层上、下层楼板加厚（取为 250mm）、楼板双层双向配筋，对变截面柱的外箍筋采取焊接封闭箍筋等构造措施。

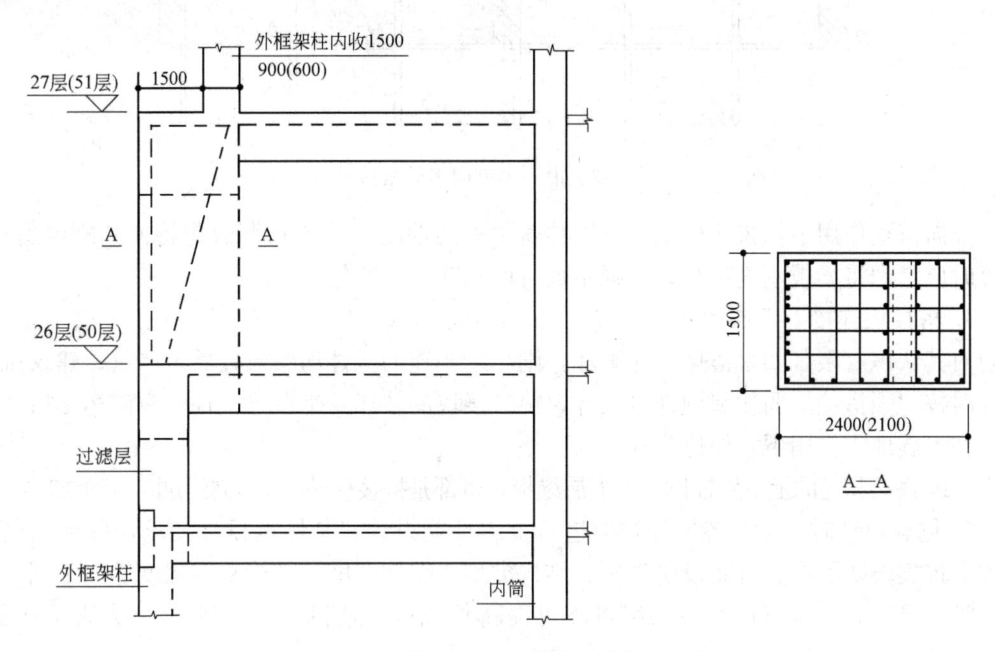

图 6.1-9　框架外筒内收转换（搭接柱转换）

第二节　搭接柱转换的设计方法

一、一般规定

1. 若结构同一楼层沿一个方向需多处设置搭接柱转换（图 6.2-1）时，应根据具体情况设置落地剪力墙或落地筒体，并应控制结构的层间位移角满足规范要求。以形成框架-剪力墙结构、筒体结构等结构体系。

2. 带有搭接柱转换的框架-剪力墙结构、筒体结构等结构体系的结构平面及竖向布置等应符合《抗规》、《高规》的相关规定，以使结构具有合理的抗侧力刚度和抗扭刚度，避免结构竖向抗侧力刚度突变，使结构具有足够的承载能力和很好的延性及抗震性能。除搭接柱转换构件以外的其他构件如剪力墙、框架、楼板等的设计也应符合《抗规》、《高规》等相关构件的设计要求。

3. 结构计算应分两步走：整体计算和局部计算。整体计算可考虑刚性楼盖、弹性楼盖两种模型下的多遇地震、竖向荷载、风荷载等效应的计算；局部计算可取搭接块、搭接块邻近不少于两跨范围内的上下 2～4 层柱、楼盖，以整体计算结果中的相应杆件内力作为外荷载，按连续体有限元进行结算，对应力复杂部位，单元应尽可能细分。根据建筑结构的重要性，对高烈度区可根据抗震性能设计的需要，补充中震或大震地震作用下结构的弹性或弹塑性计算分析。

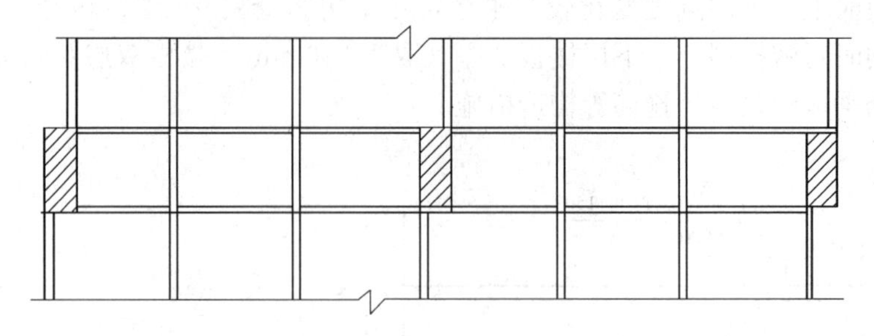

图 6.2-1　同一楼层沿一个方向多处搭接柱转换示意

竖向荷载作用下，搭接柱上、下层楼盖梁板的混凝土徐变长期效应将使其刚度退化，计算时应考虑将梁板刚度折减，折减系数可取 0.5～0.75。

4. 搭接块连接上下层柱和上下层梁板，作用类似框架结构中的梁柱节点，受力复杂，目前对其认识有限。如果搭接块先破坏，则与之相连的构件均失效，后果严重。建议抗震设计时按“强搭接块弱相邻构件”设计，使搭接块的破坏发生在梁、柱、板破坏之后。搭接块在大震地震作用下宜保持弹性。

5. 与搭接相连的上下层柱以及上下层梁板，也都是搭接柱转换的主要构件，应予加强。

6. 抗震设计时，上述各构件均应进行抗震性能设计。其性能目标要求，可根据具体工程的抗震设防烈度、抗震设防类别、结构类型、结构高度，结构复杂程度等的不同，采用抗震等级提高一级（已为特一级可不再提高）、中震不屈服、中震弹性、大震不屈服、大震弹性等进行设计。

本节以下内容仅讨论搭接柱转换及其相邻构件的设计方法。

二、搭接块的设计

搭接块是搭接柱转换的关键构件，应按大震地震作用下弹性计算结果组合效应进行设计。

1. 搭接块截面尺寸的确定

（1）搭接块的宽高比

为确保搭接块转换结构的正常工作，控制相连楼层梁板构件的刚度和承载能力十分重要，与此相关，搭接块的宽高比控制也十分重要。搭接块上、下层柱的水平投影距离不宜太大。搭接块上、下层柱的水平投影距离 C 对搭接块的高度 h 之比（宽高比），根据工程设计实践经验和理论分析结果，建议应分别满足下列各式：

$C/h<0.45$　　受拉楼盖可不设置预压应力　　(6.2-1)

$0.45\leqslant C/h<0.70$ 或搭接块上柱轴力较大　　受拉楼盖宜设置预压应力　　(6.2-2)

式中符号 C、h 意义参见图 6.2-2。

（2）搭接块的斜裂缝控制要求

搭接块是搭接柱转换形式的一个关键构件。有限元计算及试验分析表明，搭接块受力比较复杂，主拉应力 σ^+ 与主压应力 σ^- 如图 6.2-3 所示。

由搭接块裂缝状态分布图可知，随着模型柱顶的荷载增加，搭接块的剪切裂缝增多、宽度增大，应要求搭接块在正常使用过程中不致因混凝土所受斜向压力（剪力）过大而出现斜裂缝。因此，设计中搭接块应以正常使用过程中不出现斜裂缝作为截面尺寸的控制条

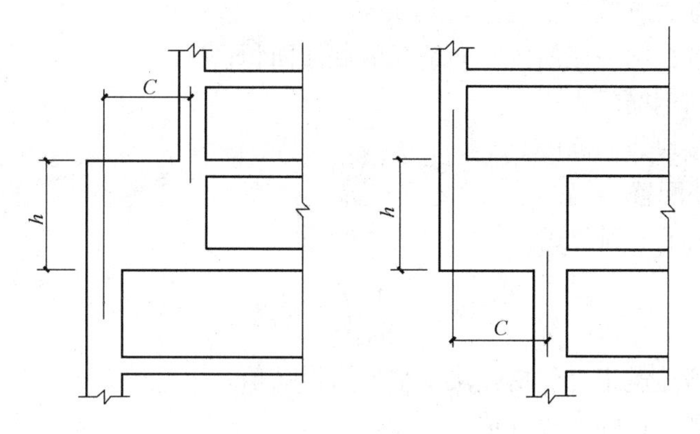

图 6.2-2　搭接块相关尺寸

件。建议搭接块上层柱柱顶轴力，即搭接块所受剪力与搭接块截面应满足下式：

$$V_{\mathrm{k}} \leqslant \beta f_{\mathrm{tk}} b h \tag{6.2-3}$$

式中　V_{k}——搭接块正常使用状态下竖向剪力标准值，可取搭接块上层柱正常使用状态下轴力标准值；

β——裂缝控制系数，当对搭接块受拉楼盖施加预应力时，取 0.85；

f_{tk}——混凝土轴心抗拉强度标准值；

b——搭接块横截面宽度；

h——搭接块竖向高度。

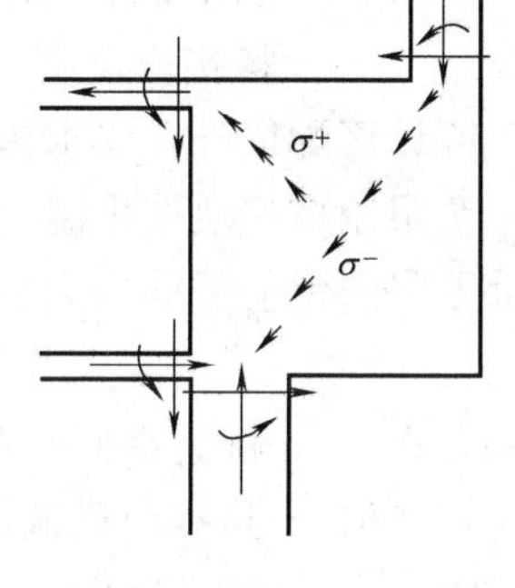

图 6.2-3　“搭接块”主应力图

（3）搭接块斜截面抗剪的截面控制条件

除满足裂缝控制要求外，搭接块斜截面受剪截面控制条件应满足下式：

$$V \leqslant \frac{1}{\gamma_{\mathrm{RE}}}(0.15 f_{\mathrm{c}} b h) \tag{6.2-4}$$

式中　V——搭接块竖向剪力设计值，可取搭接块上层柱考虑罕遇地震作用组合的轴力设计值；

f_{c}——混凝土轴心抗压强度设计值；

γ_{RE}——承载力抗震调整系数，取 0.85。

2. 搭接块的混凝土强度等级

应取和搭接块上、下层柱的混凝土强度等级相同。

3. 搭接块的配筋设计

（1）竖向钢筋配置

搭接块竖向及水平钢筋按抗剪要求配置，不考虑混凝土的抗剪作用，按罕遇地震作用下的弹性计算结果组合进行配筋。其中，竖向配筋应满足下式：

$$V_1 \leqslant \frac{1}{\gamma_{\mathrm{RE}}}\left(f_{\mathrm{y}} \frac{A_{\mathrm{sv}}}{s} h\right) \tag{6.2-5}$$

式中　V_1——罕遇地震组合的搭接块竖向剪力设计值；

f_{y}——钢筋受拉强度设计值；

γ_{RE}——承载力抗震调整系数，取 0.85；

A_{sv}——配置在同一截面内竖向钢筋的截面面积；

s——竖向钢筋间距；

h——搭接块竖向高度。

（2）水平钢筋配置

水平钢筋需满足下列公式：

$$V_2 \leqslant \frac{1}{\gamma_{RE}}\left(f_y \frac{A_{sv}}{s'}c\right) \tag{6.2-6}$$

式中　V_2——罕遇地震组合的搭接块水平剪力设计值；

f_y——钢筋受拉强度设计值；

γ_{RE}——承载力抗震调整系数，取 0.85；

A_{sv}——配置在同一截面内水平钢筋的截面面积；

s'——水平钢筋间距；

c——搭接块宽度。

除计算配筋外，要求搭接块竖向钢筋均要有拉筋拉结，拉筋的间距同搭接块水平钢筋。为限制搭接块产生温度、收缩裂缝并使其具有一定的抗剪强度，要求搭接块中的水平钢筋及竖向钢筋配筋率满足下列关系：

$$A_{sv}/bs \geqslant 0.7\% \tag{6.2-7}$$

式中　A_{sv}——配置在同一截面内的钢筋面积；

b——搭接块横截面宽度；

s——钢筋间距。

研究分析表明：与普通混凝土搭接柱转换结构相比，内置型钢搭接柱转换结构的受力机理不变，而极限承载能力有显著提高。在搭接比例不大于 0.52 时，加型钢后极限承载力可提高约 20%～40%。在搭接比例不小于 0.52 且不大于 0.8 时，提高幅度约为 40%～110%。

因此，当搭接块截面受剪承载力不满足要求，即不满足式（6.2-5）、（6.2-6），且搭接块尺寸因建筑等要求受到限制不能加大时，建议采用在钢筋混凝土搭接块中内置型钢，形成型钢混凝土搭接块、以提高搭接块的承载能力和延性。

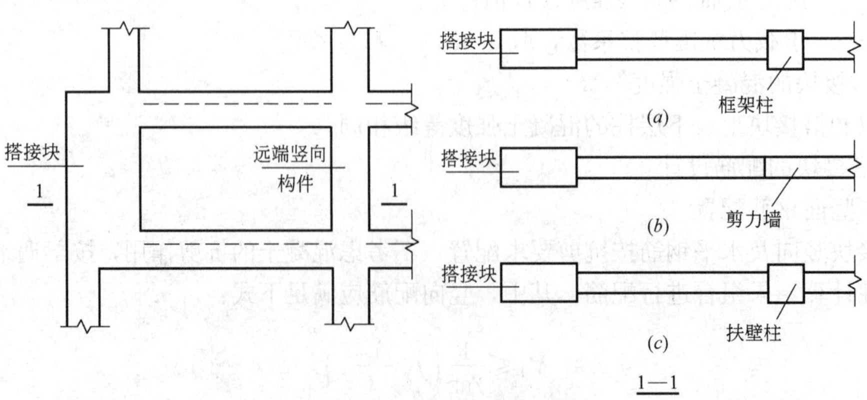

图 6.2-4　上、下层梁远端竖向构件布置示意

（a）框架柱；（b）剪力墙（c）扶壁柱

三、搭接块附近构件设计要点

1. 与搭接块相连的楼盖

与搭接块相连的楼盖梁、板是搭接柱转换的重要构件，应具有足够的承载能力和轴向刚度。

搭接块受拉楼盖应考虑楼盖构件的变形，计算分析应取楼板为弹性，按楼板实际面内刚度、采用有限元分析结果进行配筋设计。楼盖梁、板均应按偏心受拉构件设计。梁的上、下部纵向受力钢筋应沿梁跨全长贯通，并应锚入搭接块内满足受拉纵筋锚固长度要求。为避免正常使用阶段楼板出现裂缝，应控制受拉楼盖梁板的纵向受拉钢筋的最大拉应力。受拉楼盖计算拉应力较大时应施加预应力，预应力应尽量平衡正常使用荷载所引起的楼板拉应力或按限制裂缝宽度为0.1mm设计，预应力钢筋的配置应以梁中配置为主。受拉楼盖的普通钢筋和预应力钢筋设计，应考虑罕遇地震作用组合下楼板所受的轴力和弯矩。预应力强度比λ的控制参见《预应力混凝土结构抗震设计规程》。

搭接块受压楼盖的梁板均应按偏心受压构件设计。梁的上、下部纵向受力钢筋应沿梁跨全长贯通，并应锚入搭接块内满足受压纵筋锚固长度要求。

与搭接块相连的楼板厚度不宜小于150mm，混凝土强度等级不宜低于C30。并应双层双向配筋，每层每方向受力钢筋配筋率不宜小于0.25%。搭接块邻近楼板本跨内不应开大洞。较远处楼板开洞应在洞口设置边梁或设置补强钢筋。

搭接块相邻上、下层楼板应（对受拉层楼板）或宜（对受压层楼板）双层双向配筋，每层每方向受力钢筋配筋率不宜小于0.20%。楼板开洞时应在洞口设置边梁或设置补强钢筋。

2. 搭接块上、下层柱

搭接块上、下层柱应按罕遇地震作用下弹性计算结果组合效应进行设计。其设计弯矩、剪力和轴力的计算可分为两个步骤：首先考虑在罕遇地震作用组合下进行整体结构弹性分析求出搭接块上、下层柱的内力M_1、V_1、N_1。在此基础上，在搭接块上层柱作用轴力N_1，对搭接块局部采用连续体有限元进行结构分析，求得搭接块上、下层柱端产生的附加弯矩M_2。搭接块上、下层柱的设计轴力和剪力仍取N_1和V_1，设计弯矩取M_1+M_2，以此叠加后内力进行搭接块上、下层柱的承载力设计。

搭接块上、下层柱的抗震等级应提高一级采用，一级提高至特一级，若原抗震等级已为特一级则不再提高。

搭接块上、下层柱的混凝土强度等级不应低于C30。

搭接块上层柱的纵向受力钢筋应伸入搭接块内底部，下层柱的纵向受力钢筋应伸入搭接块内顶部；上、下层柱的箍筋宜全高加密。

3. 与搭接块相连的上、下层楼面梁的远端竖向构件

与搭接块相连的上、下层楼面梁的远端竖向构件，除受有竖向、水平荷载产生的内力外，还受有因搭接块的偏心受力由梁板传来的内力（弯矩、剪力），应适当加强。平面布置上，上、下层梁远端应设置与梁轴线方向上的剪力墙或框架柱、不应将梁远端支承在剪力墙平面外，否则应在墙内设扶壁柱（图6.2-4），坚向构件的配筋应适当加强。

第三节 实际工程实例

一、福建兴业银行大厦

深圳福建兴业银行大厦地上 28 层，结构总高度 105.6m，抗震设防烈度为 7 度，采用框架-核心筒结构体系。地上三、十、二十二层建筑立面有变化：三层竖向外挑，十层、二十二层则竖向收进，改变结构柱网，使外框柱不能直通落地，需进行结构转换。经分析研究，决定采用搭接柱转换。

本工程建筑平面及剖面见图 6.3-1、图 6.3-2、图 6.3-3。

1. 整体结构的布置及核心筒的加强

本工程有多处采用搭接柱转换，因此，剪力墙筒体的数量、结构布置十分重要。本工程两个主轴方向筒体高宽比分别为 8.67 和 7.22，均小于 10，较为合理。结合建筑功能要求，利用楼电梯间、管道井等布置剪力墙筒体，墙肢多为“L”形、工字形、[形等，具有很好的抗侧刚度和抗扭刚度。并注意加强剪力墙筒体的配筋和构造，使之具有十分良好的承载能力、延性和抗震性能。计算分析表明：框架部分承担的倾覆弯矩仅占总倾覆弯矩的 15%。同时适当加强框架的设计，使之成为结构抗震的第二道防线，有利于结构整体达到大震不倒的设防目标。

2. 结构计算分析

1）整体杆系模型的计算分析

本工程整体杆系模型计算分析采用 TBSA 与 ETABS 两种软件，按刚性楼盖、弹性楼盖两种模型进行了小震作用、重力荷载效应、风荷载效应的结构内力及变形计算。

本工程楼盖没有开设较大洞口，整体性好，刚度大，弹性楼盖与刚性楼盖模型整体计算的结果十分接近，主要构件内力及变形的差别在 5%～10%左右。竖向荷载和多遇水平地震作用下，其主要内力标准值计算结果见表 6.3-1。

搭接块上层柱柱底内力标准值 **表 6.3-1**

楼层	4			10			23		
内力	N(kN)	M(kN·m)	V(kN)	N(kN)	M(kN·m)	V(kN)	N(kN)	M(kN·m)	V(kN)
重力荷载下	13143	831	253	7057	348	146	1886	81	29
多遇地震下	792	71	23	560	81	36	209	36	26

2）局部连续体有限元分析

采用了 SAP2000 整体壳单元，取 3、4 层最不利搭接柱区段上、下 3～4 层建立空间模型进行计算分析。楼板为水平面内的壳单元，梁、柱和剪力墙为竖向平面内的壳单元。考虑到搭接柱转换的安全度，搭接块局部有限元分析时取刚性楼盖最不利搭接块上层柱柱底轴力、水平剪力、弯矩作为搭接柱转换层局部有限元分析的外荷载。并以此计算结果验算构件的配筋。

3）罕遇地震作用下的弹性分析

考虑到搭接柱转换结构的重要性，本工程补充采用了弹性反应谱大震分析与计算。按

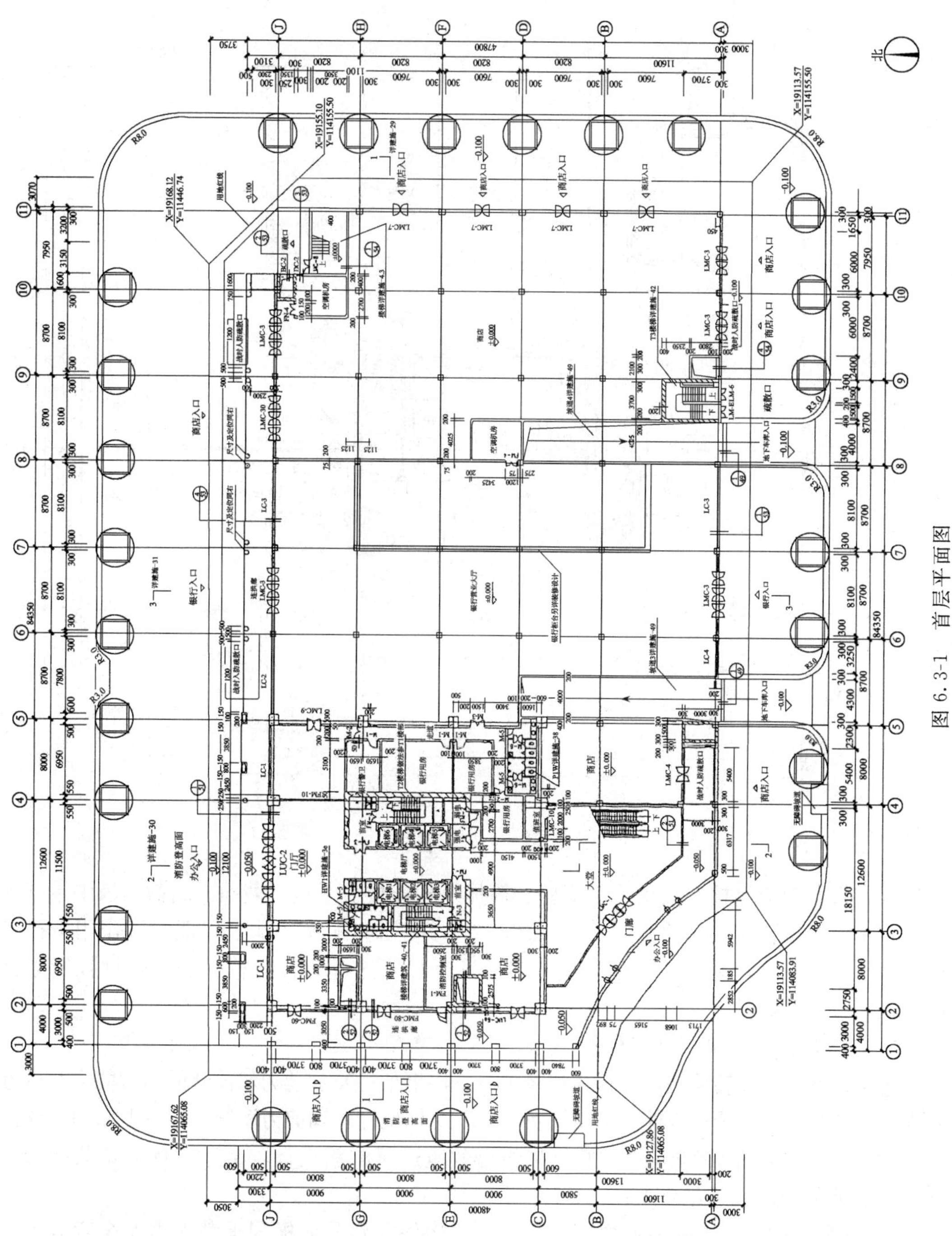

图 6.3-1 首层平面图

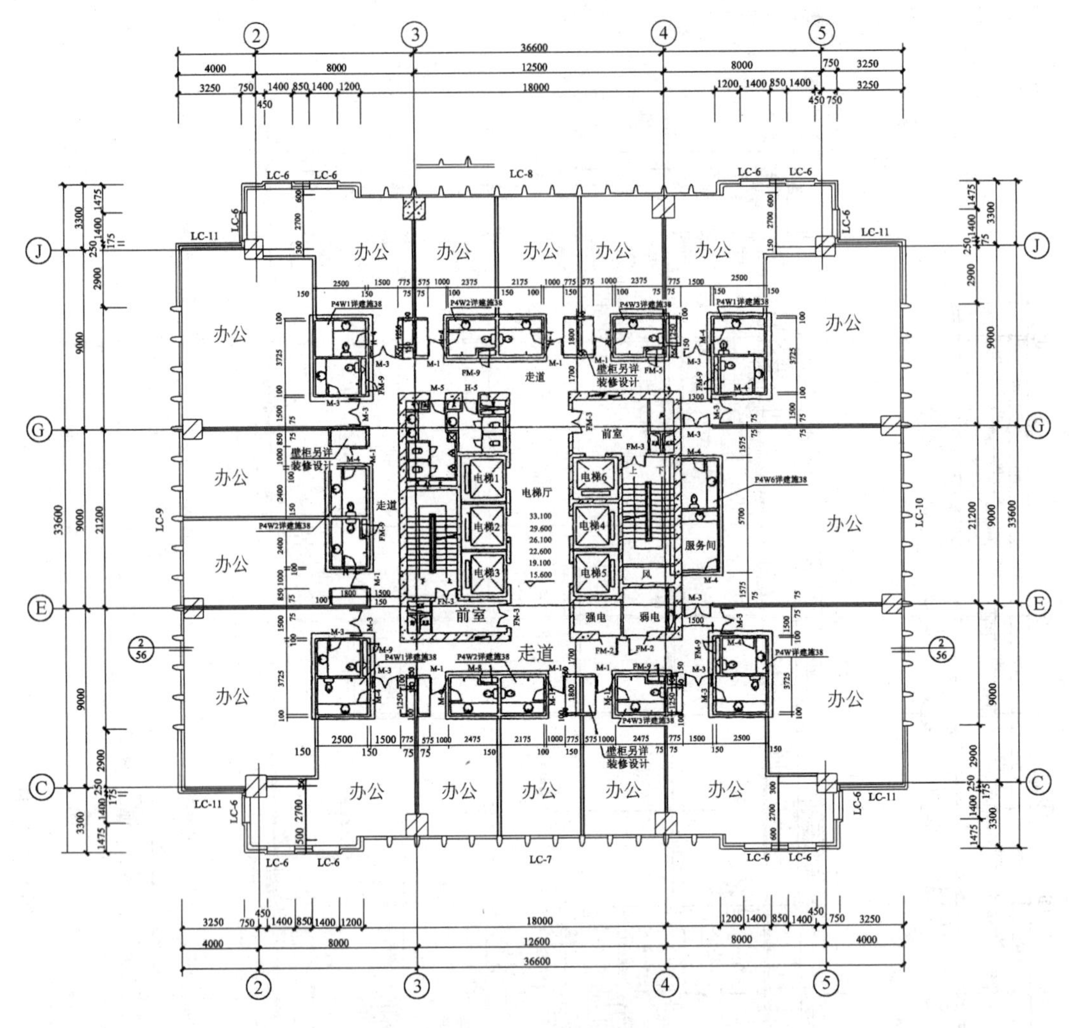

图 6.3-2　四到九层平面图

弹性大震组合效应复核搭接块、上下柱、筒体及相连楼盖梁板正截面、斜截面极限承载能力，较小震组合作用结果适当增加了 10％～20％配筋和配箍，基本保证大震作用下搭接柱转换结构的安全。并在此基础上进一步验证复核了这部分竖向构件满足延性控制条件（大偏压、强剪弱弯）。

3. 搭接块及上、下层框架柱的设计

为了保证搭接柱转换构件（搭接块及上、下层框架柱）和剪力墙筒体的承载能力与延性要求，设计对搭接柱转换构件（搭接块及上、下层框架柱）和剪力墙筒体按以下原则进行：

1）按罕遇地震作用下弹性计算结果组合效应进行配筋设计，上述构件的正截面和斜截面极限承载力均应满足要求；

2）满足抗震设计中强剪弱弯的原则，上述构件的斜截面极限承载能力安全度应大于 1.2 倍正截面极限承载能力安全度；

3）罕遇地震作用下弹性计算结果组合效应下，上述构件均应处于大偏心受压状态；

4）适当加强上述构件的配筋率、配箍率和受力钢筋的锚固、搭接长度。

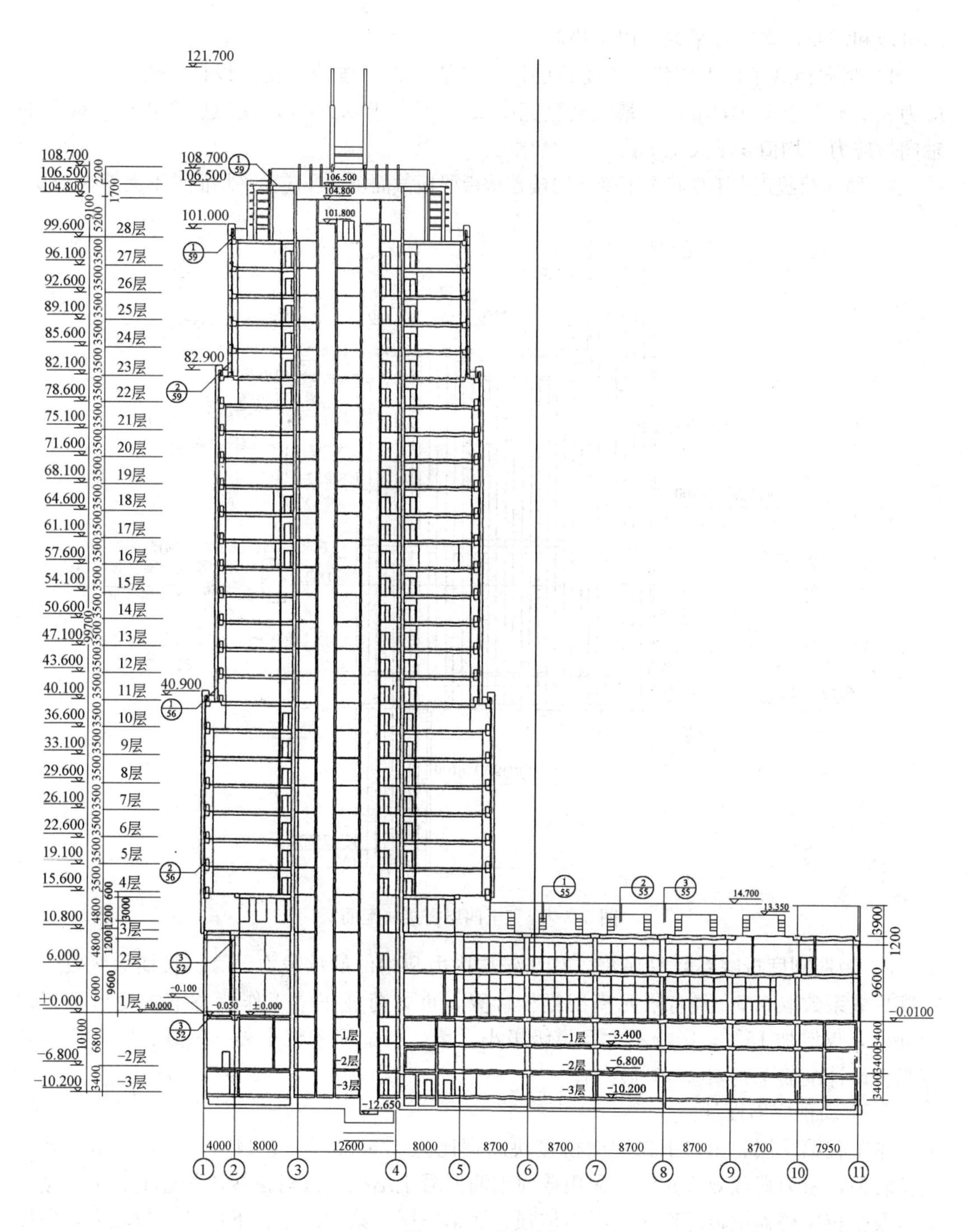

图 6.3-3 剖面图

搭接块及上、下层框架柱配筋详见图 6.3-4、图 6.3-5。

4. 与搭接块相连楼盖的设计

与搭接块相连楼盖的梁、板承载能力和合适的轴向刚度控制是搭接柱转换结构在竖向荷载作用下正常工作的关键技术。为了确保与搭接块相连楼盖的梁、板具有较强的轴向刚度，控制主变形不致过大，同时使楼盖的梁、板基本处于不开裂的弹性工作状态，结合实际可能和需要，本工程采取了以下措施：

1）竖向荷载正常工作状态下受拉层楼盖（梁、板）按偏心受拉设计，受拉纵筋最大应力 σ_{max} 不大于 150N/mm^2，最大裂缝宽度 w_{max} 不大于 0.1mm，受拉层楼盖梁、板截面轴向拉应力平均值 σ 不大于 f_{tk}。

2）竖向荷载正常工作状态下受压层楼盖楼板梁板截面轴向压应力平均值 σ 不大于 0.1f_{ck}。

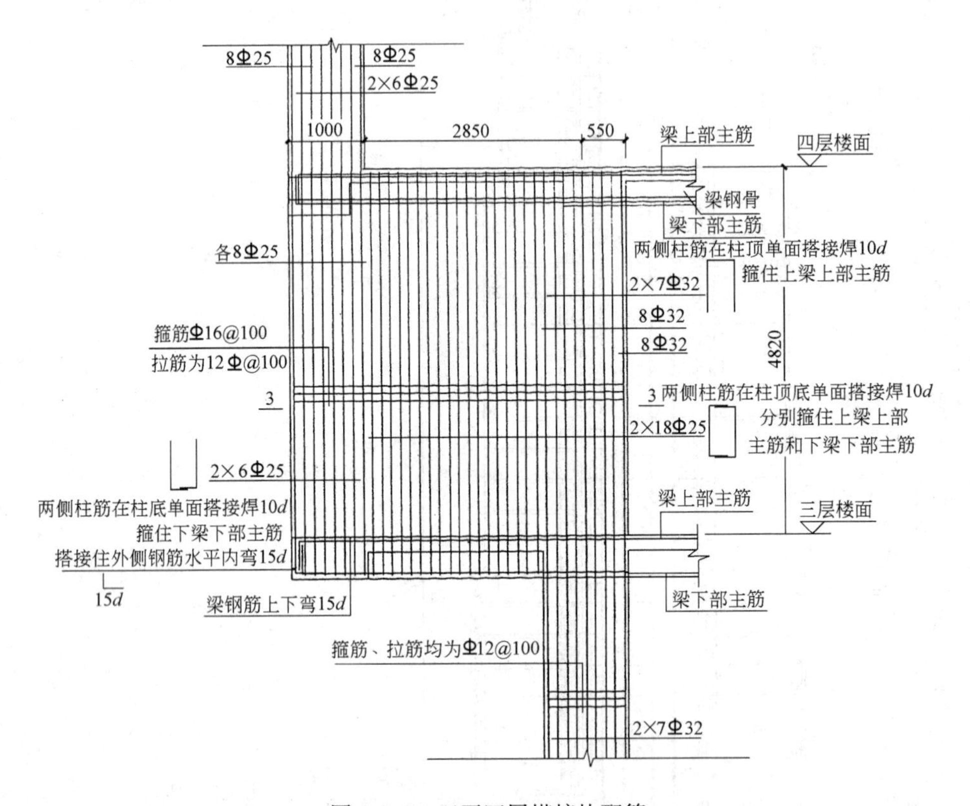

图 6.3-4　三至四层搭接块配筋

3）短期刚度折减系数取 0.85，用于结构内力和构件的承载力计算。长期徐变效应下刚度折减系数取 0.5。经有限元模型复核计算，重力荷载正常工作状态下主变形不超过 2.0mm，仅增加 15%，影响不大且量级极小。梁、板配筋率较小震、风载、竖向荷载效应组合设计配筋率约增大 50%左右。

5. 主动预应力设计

本工程第十层、第二十二层中搭接块高宽比为 1.55/3.5=0.44<0.45，且由于处于高位转换，重力荷载效应减弱，采用普通钢筋混凝土结构。故对搭接块相连上、下层楼盖梁板及受拉层楼盖梁板配筋予以适当加强。而第三层、第四层上、下层柱错位较大，搭接块高度受建筑功能限制不允许越层加高，搭接块高宽比 C/h=3.3/4.8=0.67>0.45，故在受拉层第四层楼盖梁板采用主动预应力设计。

1）预应力强度比 λ 的控制

考虑经济可行和耐久性，通过从严控制裂缝宽度，加大非预应力钢筋配筋量，使之能满足重力荷载作用下正常使用状态承载力要求。本工程预应力强度比 λ 取扣除预应力损失后总预应力约为 70%重力荷载标准值产生的受拉楼盖的总水平拉力。实际工程采用 ϕ15.0

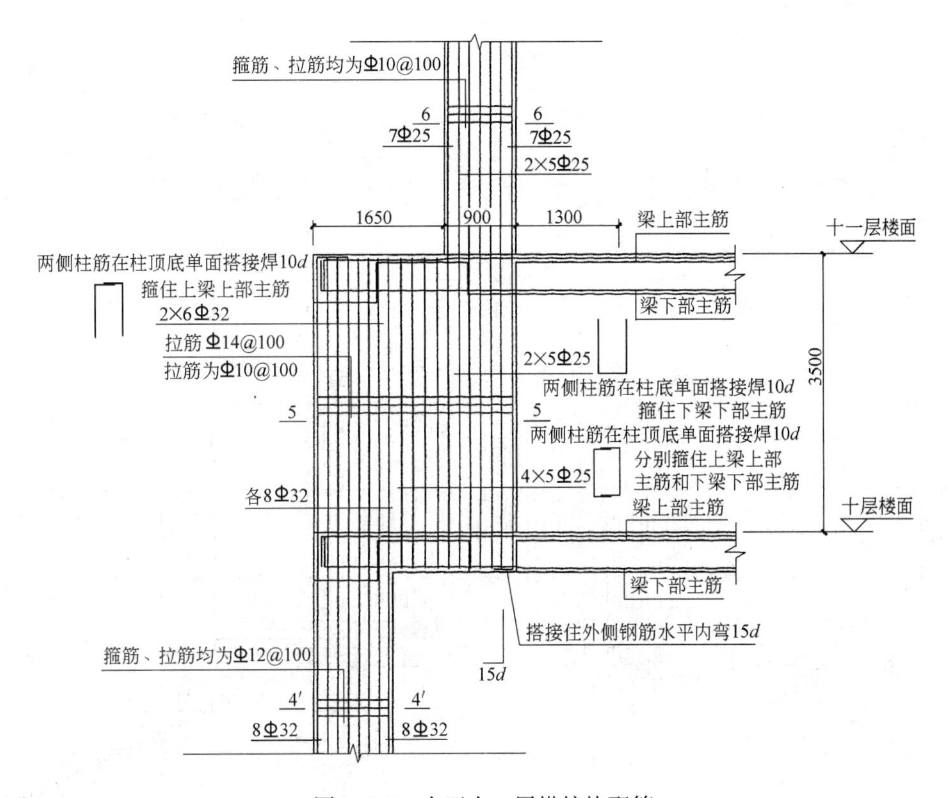

图 6.3-5　十至十一层搭接块配筋

($7\phi5$) 高强钢绞线，后张预应力，预应力控制应力 $\sigma_{con}=0.7f_{ptk}$ ($f_{ptk}=1860\mathrm{N/mm^2}$)，扣除预应力损失后，有效预应力 $\sigma_{pe}=0.75\sigma_{con}$，每股钢绞线有效预拉力 $N_p=138.6\times977\times10^{-3}=135.0\mathrm{N}$。

2）分批张拉

计算分析表明：施工阶段若采用一次张拉，张拉时四层上柱柱底将受到较大弯矩作用。采用两次张拉，可使上柱受力较为均匀。第一批张拉四层混凝土强度等级达到100%，上部施工 3 层后张拉 40%，第二批上部施工 10 层后张拉剩余的 60%钢绞线。

3）集中与分散布筋

楼盖拉力来自于上层柱集中力，计算分析及试验均表明，楼盖拉应力分布具有不均匀性。设计通过加大框架梁刚度与配筋，集中与分散布置预应力筋的方式，来适应和调节楼盖拉应力分布。其中框架梁及梁侧加密布筋 2/3，其余板区分散布筋 1/3。

4）筒体锚固端设计构造加强措施

由于实际筒体内机电及楼电梯井道影响，部分预应力筋遇井洞处，不能贯通整个楼层，只能锚固于筒体墙内侧面，筒体壁厚 500mm。经分析筒体局部变形对整体楼盖变形及应力分布影响不大，但筒体局部应力产生环向弯矩较大，针对此局部应力，3～4 层筒壁水平分布筋予以加强。

5）后浇缝设置

为减小搭接块刚度对楼板受压预应力干扰影响，预应力施工前框架梁两侧外段预留100mm 宽后浇缝，周边张拉端、锚固端混凝土封闭时同时予以封闭。

本工程预应力布筋平面施工图见图 6.3-6。

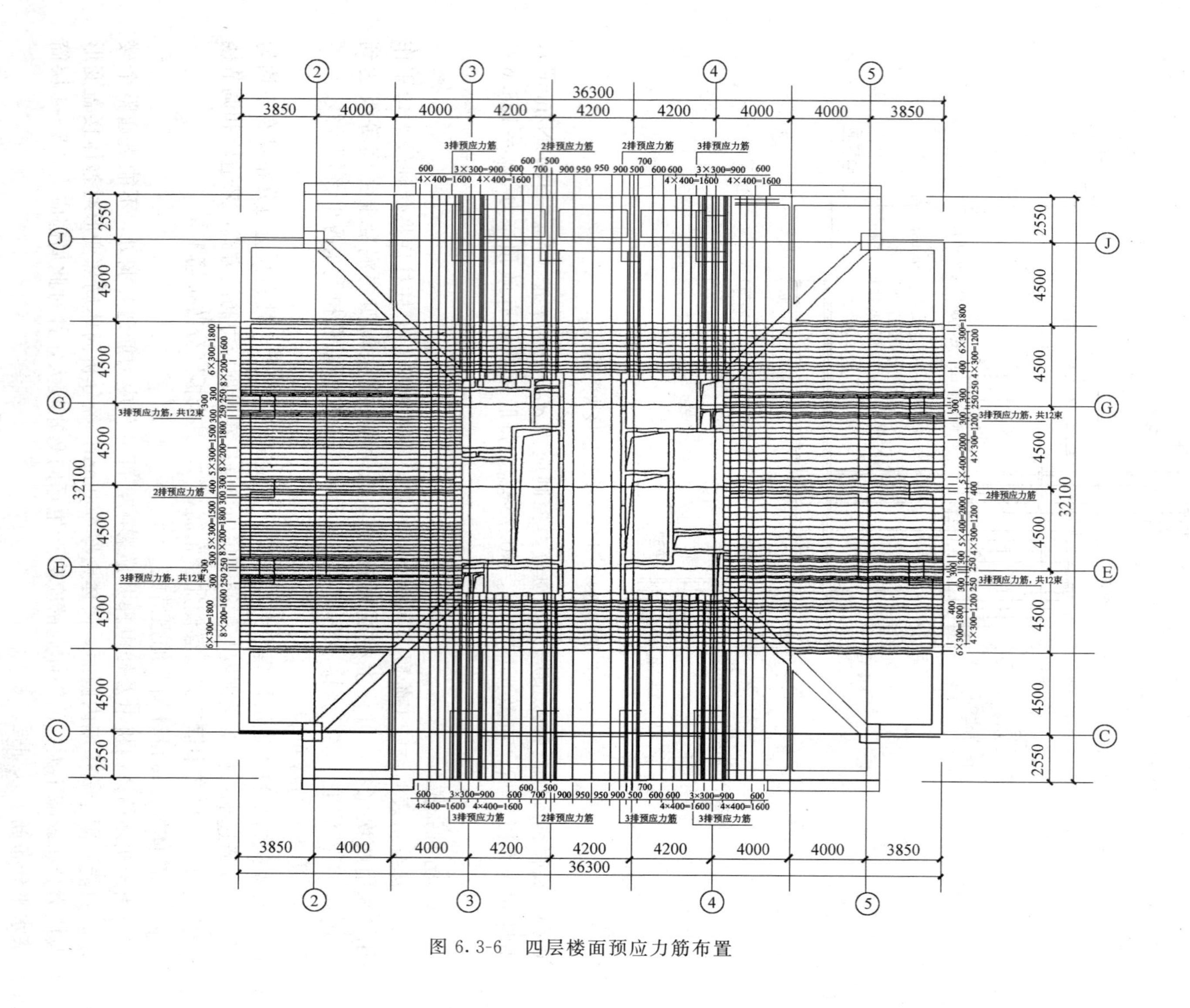

图 6.3-6 四层楼面预应力筋布置

二、广州生物岛商务办公楼

1. 工程概况

广州生物岛商务办公楼总建筑面积为 91245m²，其中裙房商业（含餐饮）面积为 12970m²，塔楼办公面积为 78275m²，主层面高为 207.4m（玻璃餐厅顶），幕墙顶高为 213.8m。地上 60 层，地下 3 层，裙房 4 层。建筑效果见图 6.3-7。

2. 设计条件

抗震设防烈度为 7 度，设计基本地震加速度为 0.1g，地震设计分组为第一组，场地土类别为Ⅱ类，属建筑抗震不利地段。抗震设防类别为标准设防类，设计使用年限为 50 年，结构安全等级为二级。

结构承载力计算时，基本风压按 100 年重现期采用，取 0.6kN/m²；结构位移计算时，基本风压按 50 年重现期采用，取 0.5kN/m²，地面粗糙类别为 B 类，设计风荷载取值按风洞试验与规范风荷载两者中的较大值采用。

图 6.3-7 建筑效果图

3. 结构体系概述及结构布置

由于塔楼建筑平面中庭为大开洞，且此大开洞无需侧面采光，利用这一有利条件在中庭周边布置剪力墙，既避免了对建筑功能的影响，又用剪力墙形成了类似筒体效应，提供较大的抗侧刚度。外围采用框架，形成钢筋混凝土框架—剪力墙结构。结构标准层平面布置见图 6.3-8。

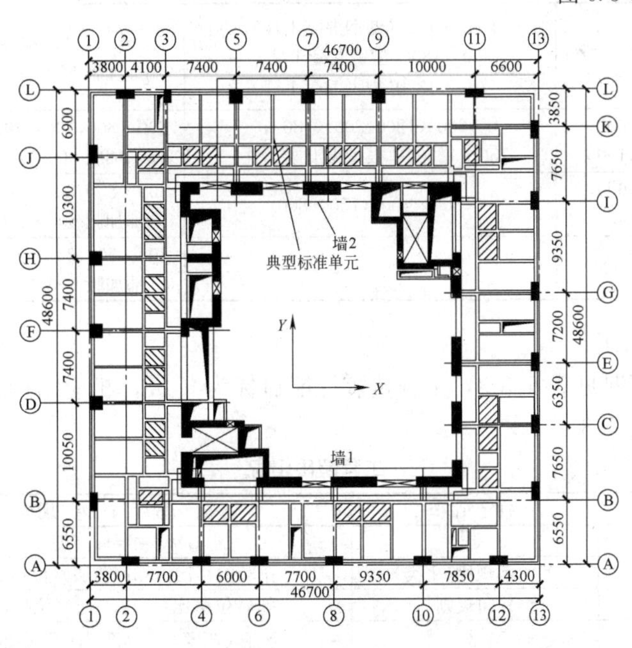

图 6.3-8 下部标准层平面布置

由于建筑在第35层（避难层）有退台，平面各边均收进500mm，故通过搭接柱进行上、下部标准层的过渡，在此层将柱子由800×1000加大至1300×1800（图6.3-9），同时增大35、36层的楼板厚度，实现上层柱剪力及弯矩的有效传递。

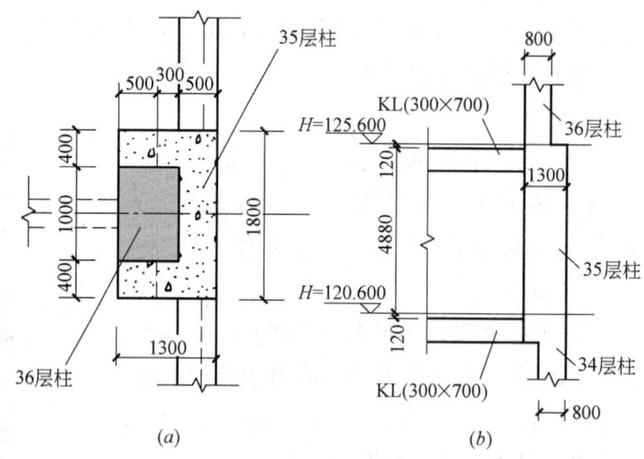

(a) (b)

图6.3-9 上、下标准层搭接柱示意图

(a) 平面示意图；(b) 剖面示意图

塔楼主要构件截面见表6.3-2。混凝土强度等级：地下3层～地上37层墙、柱为C60，38～50层墙、柱为C50，51层及以上为C40；梁、板为C30，内置型钢为Q345B（钢板厚度≤35mm）。

塔楼主要构件截面（mm） **表6.3-2**

楼层	剪力墙	框架柱	框架梁	次梁
6～10	600,800,1000	1200×1200(型钢混凝土柱), 800×1800(型钢混凝土柱), 750×1200(型钢混凝土柱)	300×800,300×700 (端部加腋600×700)	200×400,200×600 300×600
11～35	500,600, 800,1000	1200×1200,800×1800, 750×1200(单根型钢混凝土柱)	300×800,300×700 (端部加腋600×700)	200×400,200×600 300×600
36～48	400,600, 800	800×1000,750×800	300×800,300×700 (端部加腋600×700)	200×400,200×600 300×600
49～顶层	300,400	800×600	300×800,300×700 (端部加腋600×700)	200×400,200×600 300×600

4. 工程超限情况

本工程超限情况见表6.3-3，工程抗震性能目标为C级，相应结构在各地震水准下预期的震后性能见表6.3-4。

工程超限情况 **表6.3-3**

超限情况		判定结果	程度与注释(规范限值)
高度超限		是	超B级：主层面高度207.4m>140m
不规则类型	扭转不规则	X向不规则(Ⅰ类)	扭转位移比：1.27(首层)(位移角1/3445)>1.2
		Y向规则	扭转位移比：1.12(2层)(位移角1/3351)>1.2
	楼板不连续	是	有效宽度36%<50%，开洞面积40%>30%
	侧向刚度不规则	是	避难层($H_{本}/H_{上}$)>1.5，刚度比1.015<1.1
超限情况总结		高度超限高层建筑，同时带有平面扭转不规则、楼板不连续及侧向刚度不规则。	

抗震性能目标　　表 6.3-4

构件性质及部位		水震	中震	大震
性能水准		1	3	4
关键构件	底部加强部位剪力墙；搭接柱	无损坏（弹性）	轻微损坏（抗剪弹性，抗弯不屈服）	轻度损坏（抗剪不屈服，抗弯不屈服）
普通竖向构件	非底部加强部位剪力墙；框架柱	无损坏（弹性）	轻微损坏（抗剪弹性，抗弯不屈服）	部分构件中度损坏（可屈服，但满足抗剪截面要求）
耗能构件	连梁；框架梁	无损坏（弹性）	轻度损坏，部分构件中度损坏（抗剪不屈服，部分构件可抗弯屈服）	中度损坏，部分比较严重损坏

项目于 2012 年 8 月 10 日进行了超限高层建筑工程抗震设防的专项审查。根据专家意见，对结构进行了加强：1）35、36 层及设备层楼板厚度增加至 150mm，且双层双向加强楼板配筋，通过复核，由于 35、36 层中部短剪力墙的厚度为 800mm，按最小配筋率即可满足剪力墙平面外的抗弯承载力要求；2）将搭接柱设为关键构件，通过验算满足关键构件相应的性能水准；3）补充最不利地震方向的验算，通过核对各构件均可满足相应设定的性能目标；4 底板板厚由 500mm 加大至 600mm，并进一步优化基础和锚杆设计。

5. 结构计算与分析

1）整体计算结果

选用 SATWE 和 MIDAS 程序对工程进行小震弹性分析计算，模型以底板为嵌固端，地下 3 层，地上 60 层。考虑偶然偏心地震作用、双向地震作用、扭转耦联以及施工模拟加载的影响，计算结果见表 6.3-5。

主要计算结果　　表 6.3-5

计算软件			SATWE	MIDAS
自振周期(s)		T_1	4.943 5(*Y* 向平动)	5.061 9(*Y* 向平动)
		T_2	3.784 7(*X* 向平动)	3.722 4(*X* 向平动)
		T_3	3.485 2(扭转)	3.488 2(扭转)
周期比		T_1/T_3	0.705	0.689
剪重比		*X* 向	1.33%	1.33%
		X 向	1.18%	1.15%
层间位移角（所在楼层）	风荷载	*X* 向	1/2 432(35)	1/2 432(35)
		Y 向	1/1 262(23)	1/1 336(25)
	地震作用	*X* 向	1/1 719(35)	1/1 922(35)
		Y 向	1/1 154(37)	1/1 168(39)
扭转位移比(所在楼层)		*X* 向	1.27(1)	1.086(2)
		Y 向	1.12(2)	1.064(1)
刚重比		*X* 向	3.30>2.7	4.41>2.7
		Y 向	1.98<2.7	2.33<2.7

由于框架部分承担的地震倾覆力矩占结构总地震倾覆力矩在 10%～20%，故按框架-剪力墙结构进行了框架部分的地震内力调整。

由表 6.3-5 可以看出：

(1) SATWE 与 MIDAS 的计算结果相近，说明计算结果合理、有效，计算模型符合结构的实际工作状况；

（2）结构的周期比、层间位移角，刚度比等均满足规范规定。

剪重比基本满足《抗规》要求，底部局部楼层不满足时，调整结构总剪力和各楼层的水平地震剪力使之满足；X 向最大扭转位移比为 1.27，略大于限值 1.2，设计按单向、双向地震的最不利情况进行包络设计；底部大部分剪力墙轴压比、型钢混凝土柱轴压比均满足规范规定，10 层以上超出 0.7 限值的楼层采用芯柱和复合箍的形式以满足轴压比的要求。

2）中震作用下楼板有限元分析

为保证中震作用下结构的整体性能，设定楼板的性能目标为中震不屈服。采用 ETABS 软件进行了搭接柱上、下层楼板的有限元分析，分析时各层楼板厚度除角部楼板为 150mm 外，其余均为 100mm。

搭接柱的下层（35 层）楼板承受比较明显的拉力，X 向轴力最大值为 142kN/m，角部处可达 200kN/m；Y 向轴力最大值为 163N/m，角部处可达 299kN/m，楼板主要拉力分布见图 6.3-10。构造上将中间楼板加厚到 120mm，角部楼板厚加厚至 150mm，换算后中间楼板和角部楼板的拉应力分别为 1.36MPa 及 1.99MPa。考虑各种工况的组合后，此处楼板采用 ϕ8@150 双层双向配筋加强。

搭接柱上层（36 层）楼板承受比较明显的压力，X 向轴力最大值为 150kN/m，Y 向轴力最大值为 288kN/m。该层的楼板主要压力分布见图 6.3-11。构造措施同 35 层，换算后 X 向、Y 向楼板的压应力分别为 1.25MPa 及 2.4MPa。考虑各种工况的组合后，此处楼板也采用 ϕ8@150 双层双向配筋加强。

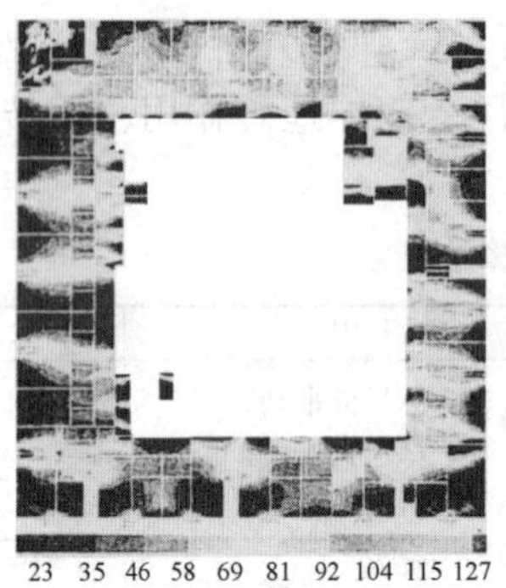

(a) X 向

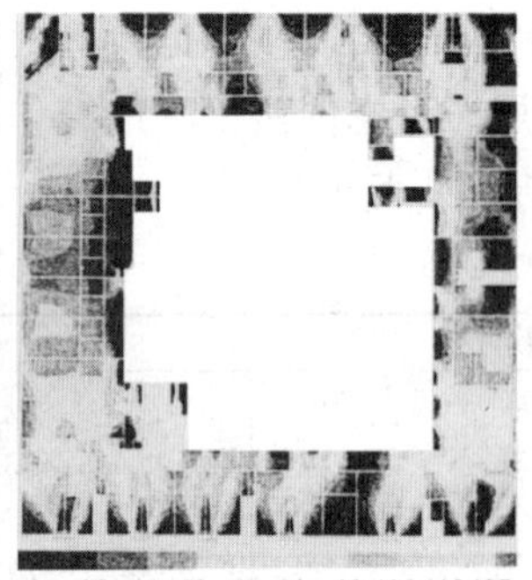

(b) Y 向

图 6.3-10　搭接柱下层（35 层）楼板轴力（竖向荷载）图（kN）

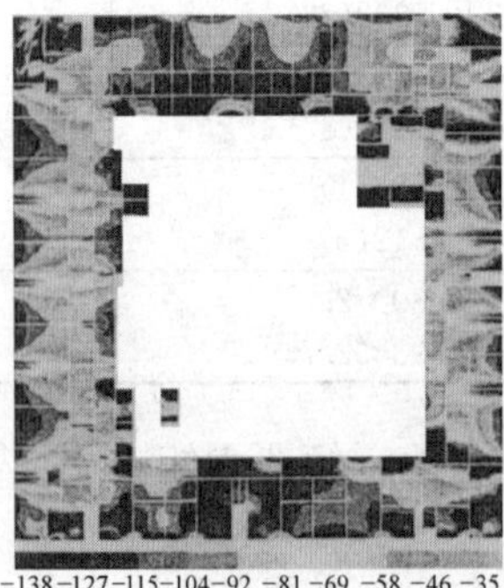

(a) X 向

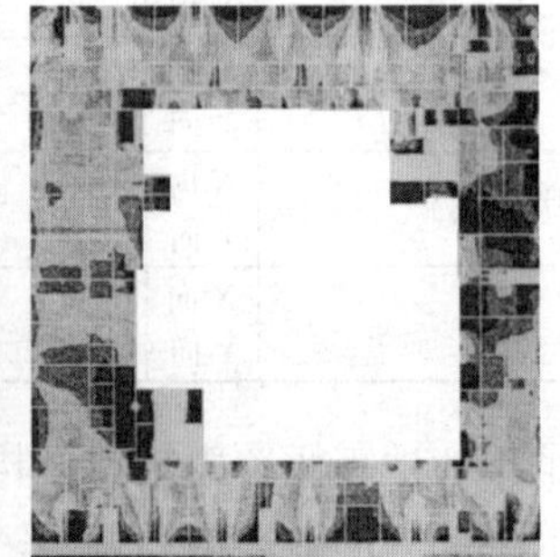

(b) Y 向

图 6.3-11　搭接柱下层（36 层）楼板轴力（竖向荷载）图（kN）

3）动力弹塑性时程分析

选用符合场地特性的1组双向人工波、2组双向天然波，采用ABAQUS软件进行了大震作用下的动力弹塑性时程分析，计算结果见表6.3-6。

双向地震作用下结构整体计算结果汇总 **表6.3-6**

地震作用		人工波		天然波1		天然波2	
		X向	Y向	X向	Y向	X向	Y向
剪重比/%	X向	4.53	3.90	4.17	4.62	4.41	4.97
	Y向	3.78	4.72	3.63	4.47	3.61	4.57
层间位移角	X向	1/204	1/419	1/420	1/509	1/294	1/252
	Y向	1/280	1/178	1/310	1/233	1/253	1/214

弹塑性计算整体指标的综合评价如下：①在考虑重力二阶效应及大变形的条件下，结构在地震作用下的最大顶点位移为0.751m，并最终仍能保持直立，满足"大震不倒"的设防要求；②由于结构弹性刚度较大且核心筒有很好的耗能能力，主体结构在地震波作用下的X、Y向最大弹塑性层间位移角分别为1/204、1/178均远小于高规中框架-剪力墙结构限值1/100的要求；③由于X、Y向剪力墙数最相近，两个方向最大剪重比较为接近，剪重比介于3.61%～4.97%；④结构的层间位移角最大值出现在中上部（20～52层），其中大部分时候出现在20、35、48层竖向构件变截面且层高较高（层高5.0m）的楼层；⑤大震作用下，结构X向框架承担约15%的楼层地震剪力，而Y向框架承担约20%的楼层地震剪力。

抗震性能评述如下：1）剪力墙受压损伤主要出现在连梁上，充分发挥了连梁的耗能能力，仅有个别墙肢在中上部楼层出现局部的轻微～中度的受压损伤，抗震性能良好，满足所设定的抗震性能目标；2）外框柱未出现混凝土受压损伤和钢材塑性应变，各层楼面梁仅个别位置出现轻微～中度的钢筋塑性应变，外框架抗震性能良好；3）在大震作用下，各层绝大部分楼板仅出现混凝土轻微受压损伤和钢筋塑性应变，剪力墙周边局部应力集中处出现混凝土中度受压损坏，楼板基本完好，仍保留大部分平面内刚度，其局部损坏对整体结构抗震承载力影响不大。

三、福建厦门银聚祥邸

如前所述，当剪力墙底部开大洞、上部为不开洞或在墙体中间位置开有小洞时，为框支剪力墙，而当剪力墙底部开大洞、上部开有规则较大洞口形成较小的独立墙肢时，则为托墙转换。两种情况下，一般都可采用实腹转换大梁进行转换设计（框支梁或托墙梁），见图6.3-14。而对于后者，当在墙体中间位置开有较大洞口、两侧形成小墙肢、转换楼层以上墙肢的宽高比（C/h）较小时，采用搭接墙转换更具优势。

搭接墙转换的具体做法是：取消实腹转换大梁，利用上下层楼盖的一拉一压形成的反向力偶来平衡由于竖向荷载在转换楼层上部墙肢和下部框支柱的偏心所产生的弯矩，完成竖向荷载的传递（图6.3-12）。

搭接墙转换避开设置刚度较大的实腹转换大梁，目的是弱化转换楼层的刚度，使得结构刚度和内力沿竖向变化较为均匀，不致突变。

福建厦门银聚详邸为一体型收进复杂的B级高度的钢筋混凝土高层建筑结构（图6.3-13），地下4层，地上40层，结构总高度157m，总建筑面积为8.8万m^2。

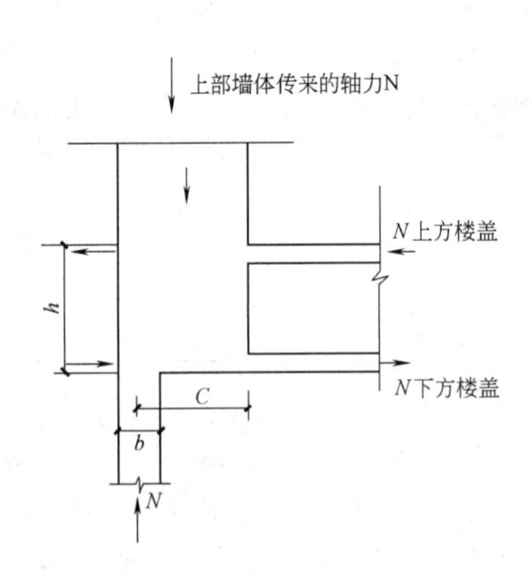

图 6.3-12 重力荷载作用下搭接墙转换结构受力示意图

图 6.3-13 工程效果图

本工程抗震设防烈度为7度，设计基本地震加速度为0.15g，Ⅱ类、一组场地。主体结构采用现浇钢筋混凝土框架-核心筒结构。

由于建筑底部大堂需要大空间，三层以下部分剪力墙不能落地，需进行局部结构转换。转换层以上有36层，转换跨度为24m。原设计考虑采用实腹梁托墙转换（图6.3-14），经对实腹梁托墙转换和搭接墙转换两个方案的计算分析比较，发现搭接墙转换比实腹梁托墙转换在楼层侧向刚度变化上较为均匀、抗震性能较好、构件受力等方面更合理。两个方案整体振动特性比较见表6.3-7，重要构件内力比较见表6.3-8。

整体计算部分结果比较 **表 6.3-7**

转换模型	搭接墙转换	转换梁转换
周期（s）	T_1=3.385（Y） T_2=3.05（X） T_3=2.76（T）	T_1=3.38（Y） T_2=3.04（X） T_3=2.75（T）
基底剪力（kN）	V_x=32941kN=0.026W V_y=33940kN=0.026W	V_x=330296kN=0.026W V_y=34013kN=0.026W

重要构件内力比较（kN；kN·m） **表 6.3-8**

	转换模型	搭接墙转换				转换梁转换			
构件	内力	$M_上$	$M_下$	N	V	$M_上$	$M_下$	N	V
下层框支柱（1400mm×1600mm）	重力荷载G	4631	−586	32270	1741	5760	−1314	27931	3952
	小震E	289	256	4166	190	681	890	3725	2118
	大震组合值G+4.5E	5938	1738	51017	2596	8825	5319	44964	13483
搭接层上层墙体（500mm厚）	重力荷载G	1337	−6447	30227	1396	−1495	−17184	26925	3258
	小震E	2055	4224	4216	545	4926	14284	3420	1990
	大震组合值G+4.5E	10585	25455	49199	4074	23662	81448	42316	12213

可见两种转换的结构整体动力特性较为接近，结构周期、总地震作用相差不大。但对于实腹梁托墙转换，由于转换大梁的巨大刚度使得地震作用下框支柱及上部墙肢的内力增

大很多。如实腹梁托墙转换方案的框支柱弯矩比搭接墙转换方案增大约 2～4 倍，剪力增大约 10 倍左右；实腹梁托墙转换方案的上部墙肢弯矩比搭接墙转换方案增大约 2～4 倍，剪力增大约 2～5 倍左右。最终决定改用搭接墙转换（图 6.3-15）。搭接块高 5.1m，宽 1.4m，避免了设置转换层和转换大梁，为业主提供了较好的建筑使用空间，同时主体结构刚度和内力沿竖向变化均匀，抗震性能好，经济合理，深受业主好评。目前工程已封顶，情况良好。

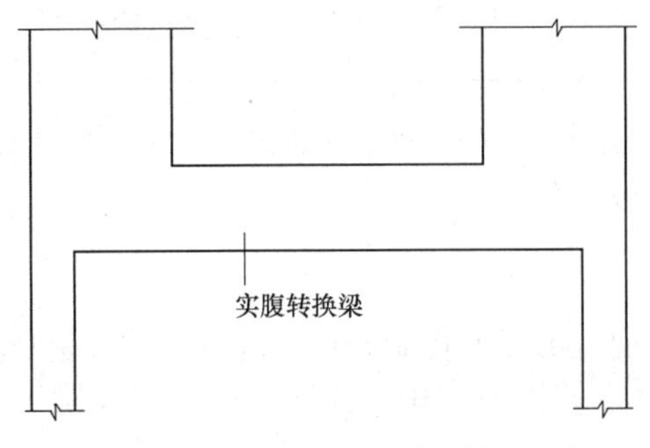

图 6.3-14　实腹梁托墙转换结构示意

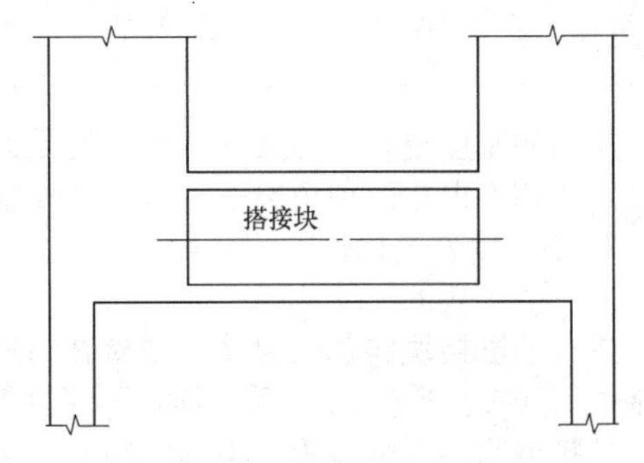

图 6.3-15　搭接墙转换结构示意

1. 搭接墙转换结构的计算分析

整体计算分析采用 ETABS，按弹性楼盖、刚性楼盖两种计算模型进行了小震作用、重力荷载效应、风荷载效应的设计计算。同时，为了更好的摸清搭接墙转换结构在重力荷载作用、地震荷载组合效应下的工作性能，在整体结构模型中，用壳元模拟搭接块、下部转换柱、上部剪力墙、搭接块上、下方楼盖梁等，并对上述构件进行了划分。

由表 6.3-9 可以看出：弹性楼盖、刚性楼盖得到的周期等整体计算结果很接近。

弹性、刚性楼盖周期比较（s）　　**表 6.3-9**

弹性楼盖周期	刚性楼盖周期
$T_1=3.385$（Y）	$T_1=3.334$（Y）
$T_2=3.05$（X）	$T_2=2.987$（X）
$T_3=2.76$（T）	$T_3=2.702$（T）

刚性楼盖模型计算出的转换柱内力偏小（表 6.3-10），主要是因为刚性楼盖模型假定楼盖中所有点水平位移相等，没有相对位移，掩盖了搭接块下部转换柱的变形。

弹性楼盖、刚性楼盖搭接块下层转换柱（1400mm×1600mm）内力（kN；kN·m）　　**表 6.3-10**

	弹性楼盖				刚性楼盖			
内　力	$M_上$	$M_下$	N	V	$M_上$	$M_下$	N	V
重力荷载	4631	−586	32270	1741	409	−510	32276	367
小震	289	256	4166	190	177	515	4477	233

考虑到搭接墙转换的重要性，采用了弹性反应谱大震组合效应复核计算了搭接块、转换柱、搭接块上部墙体正截面、斜截面的承载力。

重力荷载作用下，搭接墙结构上下层楼盖梁、板的徐变长期效应将使其刚度退化，故设计中将梁、板截面刚度降低 75%，考虑楼盖刚度退化来复核竖向构件承载力（表 6.3-11）。

楼盖刚度退化前后重要竖向构件内力（kN；kN·m） 表6.3-11

模型		刚度退化前				受拉层楼盖刚度退化75%			
构件	内力	$M_上$	$M_下$	N	V	$M_上$	$M_下$	N	V
转换层下层	重力荷载（$D+L$）	4631	−586	32270	1741	5365	−865	32249	2077
	小震	289	256	4166	190	589	286	4166	220
转换层上层	重力荷载（$D+L$）	1337	−6447	30227	1396	1010	−7689	30192	1777
	小震	2055	4224	4216	545	2038	4068	4216	500
搭接块	重力荷载（$D+L$）	20395	−48859	−31127	8133	−21485	−48411	−31099	−7693
	小震	3630	7032	4101	1083	3407	6052	4102	858

楼盖的刚度退化，增大了转换柱的受力，有利于提高转换柱的强度。最终取考虑楼盖刚度退化和不退化两种情况下的最不利控制内力进行设计。

2. 搭接墙转换构件的配筋设计

（1）搭接块的配筋

进行了搭接块斜截面裂缝控制验算和斜截面抗剪截面控制条件的验算；搭接块竖向及水平钢筋均按抗剪要求计算配筋，不考虑混凝土的抗剪作用。竖向钢筋之间设置拉接钢筋，拉接钢筋间距由体积配箍率控制。

（2）转换柱、搭接块上部墙体配筋

转换柱及搭接块上部墙体的承载力和延性控制十分必要，除了要满足小震组合下极限承载力要求，还需采用弹性大震的方法来检验，配筋、配箍从严控制。

（3）搭接块上、下层楼盖设计

1）搭接块上、下层梁：梁截面为1400mm×800mm，重力荷载作用下，搭接块下层楼盖中梁受拉，考虑到该梁的重要性，设计时结合建筑功能需要，把该梁上反，跨中处楼板位于梁的受拉翼缘，分担了重力荷载引起的部分拉力。梁按偏拉构件设计，裂缝宽度限制为0.1mm，并用中震组合效应进行复核。

2）搭接块上、下层楼板：竖向荷载作用下，搭接块下层楼盖内侧楼板受拉，外侧楼板受压，搭接块上层楼盖内侧楼板受压，外侧楼板受拉。设计中控制楼板内最大拉应力$\sigma_{拉}<f_t$，楼板按偏心受拉、偏心受压构件计算配筋，控制板的裂缝宽度不大于0.1mm。楼板配筋见图6.3-16、图6.3-17。

四、马来西亚吉隆坡石油大厦

马来西亚吉隆坡石油大厦，地下3层，地上95层，建筑总高度452m，建筑平面为圆形，底部直径46.2m，旁侧有一圆形附属塔楼（44层，直径23.0m）与圆形主塔楼相连。双塔楼之间有人字形桁架连廊相连。平面见图6.3-18。

马来西亚吉隆坡仅考虑抗风设计。本工程采用钢筋混凝土框架-核心筒-伸臂结构体系。与圆形主塔楼相连的圆形附属塔楼，可增大结构的抗侧能力。

圆形主塔楼外周边有16根钢筋混凝土圆柱，圆柱直径由底部的2400mm逐渐减小到顶部的1200mm。建筑平面在第六十层、七十二层、八十二层、八十五层处有四次收进，每次收进尺寸不大，要求柱子向内平移一段水平距离。设计在五十七层到六十层、七十层到七十三层、七十九层到八十二层，采用3层高的变截面柱来实现上、下柱的错位转换。柱子主要受力钢筋斜向配置，使之传力更直接、受力更合理，见图6.3-19。同时，相应楼层圆形主塔楼外周边框架梁采用变截面梁，梁截面宽度1000mm，截面高度由柱边的1150mm逐渐减小到跨中的775mm，既可使机电管道通过，又可约束楼板，承受斜柱所产生的一部分水平推力。

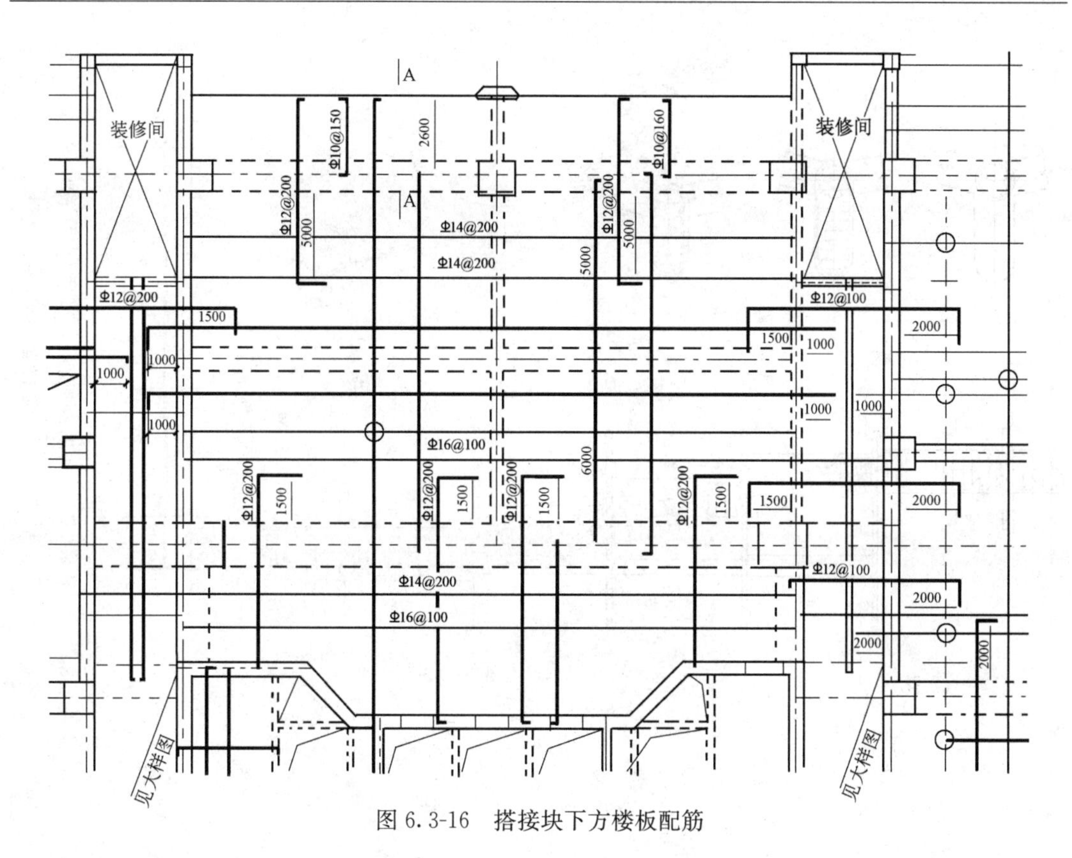

图 6.3-16　搭接块下方楼板配筋

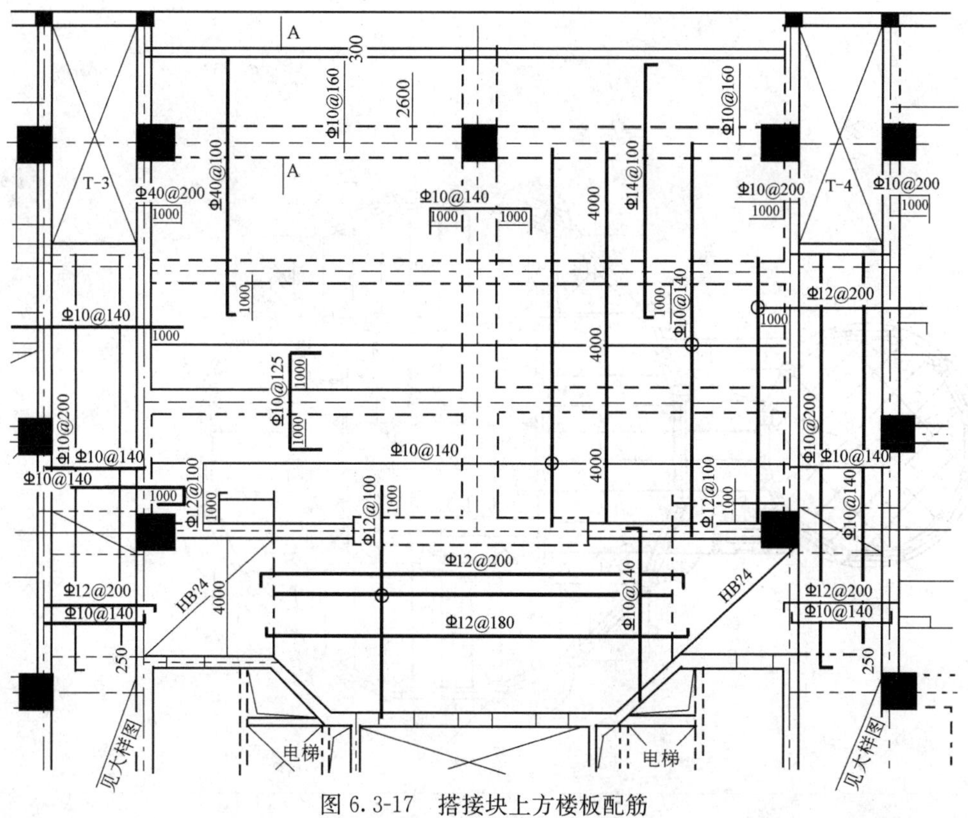

图 6.3-17　搭接块上方楼板配筋

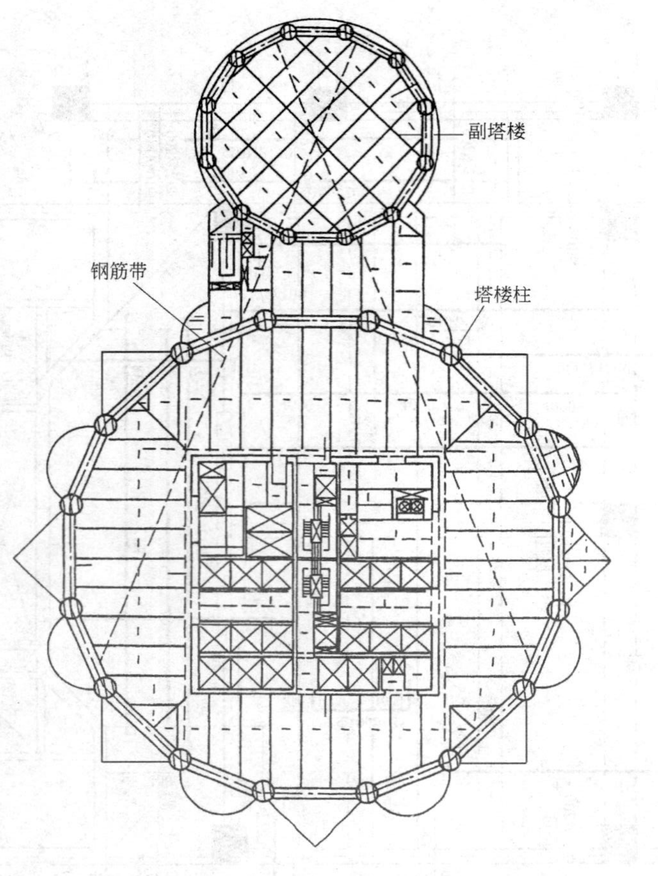

图 6.3-18　马来西亚石油双塔标准层平面

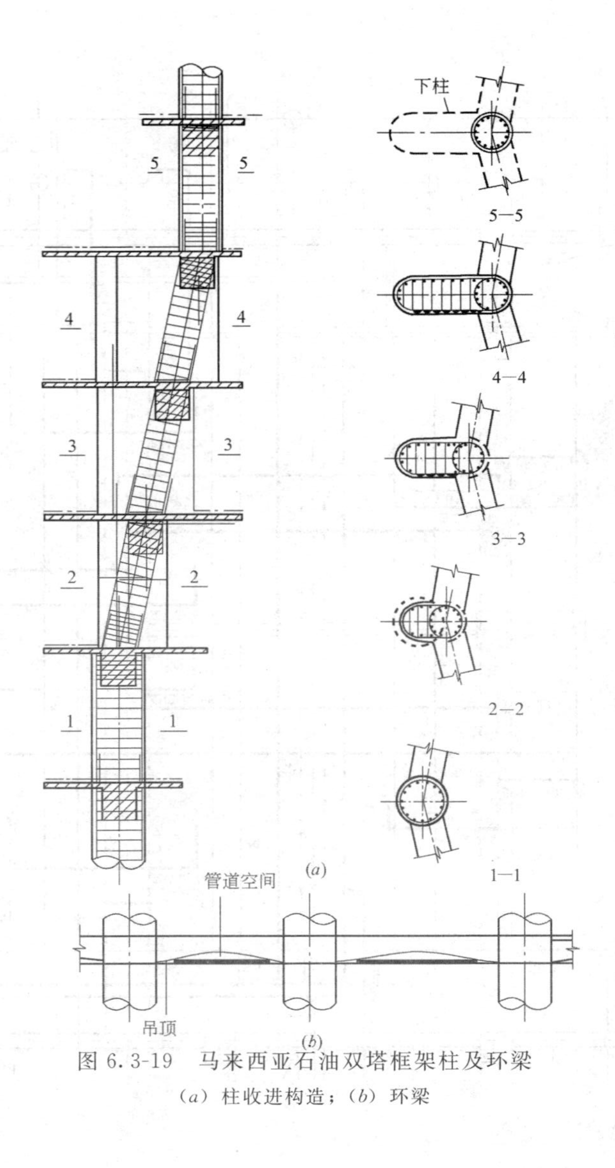

图 6.3-19　马来西亚石油双塔框架柱及环梁

(a) 柱收进构造；(b) 环梁

第七章 桁架转换

第一节 桁架转换的适用范围

一、受力及变形特点

用作转换结构的桁架一般有两种：空腹桁架和斜腹杆桁架。除上下弦杆外，仅有竖腹杆的称空腹桁架；而只要有斜腹杆，不管有没有竖腹杆，则称为斜腹杆桁架。

本章所说的桁架转换，是指在带转换层结构中的水平转换构件采用的是桁架结构而不是实腹梁、箱形梁等其他转换结构构件。

在竖向和水平荷载作用下，就单榀桁架而言，当桁架上托剪力墙时，则除桁架以外的其他部分结构构件受力特点和框支剪力墙相似，当桁架上托框架柱或小墙肢时，则除桁架以外的其他部分结构构件受力特点和抽柱框架的受力特点相似。其变形及受力特点在本书第四章、第五章均有介绍，此处不再赘述。

空腹桁架和斜腹杆桁架在构件受力及配筋设计上是有区别的。

等节间空腹转换桁架在竖向荷载作用下，各杆件均受有大小不等的弯矩、剪力和轴力，都是偏心受力构件。主要受力特点为：空腹转换桁架各杆件的内力是两头大中间小，即桁架两端的杆件内力较大，中间部分的杆件内力较小。第一节间的各杆件主要是由弯矩和剪力起控制作用，随着跨度的增加，这个现象愈加突出，甚至造成局部内力分布不合理，以致带来构造和施工上的复杂和不便。理论上，可以通过增大中间节间的跨度和减小端节间的跨度来调节各杆内力，使各杆内力相对较为均匀。但在实际工程中，节间距离过小会由于杆件的剪跨比过小形成短柱而导致压杆的脆性破坏。故一般不采用这种做法。分析表明：当跨度不大于15m时，采用空腹转换桁架较为经济合理（预应力空腹转换桁架可适当加大）。

斜腹杆转换桁架中的斜腹杆使竖向荷载的传力方向和途径发生变化，一部分竖向荷载通过斜腹杆直接传力给支座，使端部上、下弦杆弯矩和剪力都有较大幅度的减小，且竖向刚度有较大的提高，有利于控制水平构件的竖向位移。但需注意的是：斜腹杆及上、下弦杆中轴力较大，截面设计主要由轴力控制。

由多个单层桁架（空腹转换桁架或斜腹杆转换桁架）叠合组成“多层桁架”（图7.1-1），分析表明：多层空腹桁架各弦杆的内力大小与各弦杆的刚度有关。各杆件轴力分布的特点是下弦杆出现最大拉力，而上弦杆压力最大，中间弦杆的轴力相对较小。在每层弦杆中，中间位置弦杆轴力大，往两端则逐渐减小。

多层斜腹桁架改变了上部竖向荷载的传力途径，使一部分竖向荷载通过支座附近的竖杆传递给支座，大幅度降低了各层弦杆的弯矩和剪力。但同时增加了斜腹杆及弦杆的轴向力。

总之，多层桁架与单层桁架的受力特点十分相似，但多层桁架面内刚度大，桁架的挠度小。可以应用在跨度较大的转换结构中。

实际工程中，由于转换桁架和它上部的结构总是同时存在的，即使是单层转换桁架，由于上部框架和单层转换桁架的共同工作，也不同程度地具有“多层桁架”的受力特点。上部几层框架梁的刚度对转换桁架内力及变形影响不容忽视。适当加大上部几层框架梁的截面尺寸，使上部几层框架梁的刚度增加，转换桁架所承受的荷载将减小，反之，转换桁架所承受的荷载会加大。

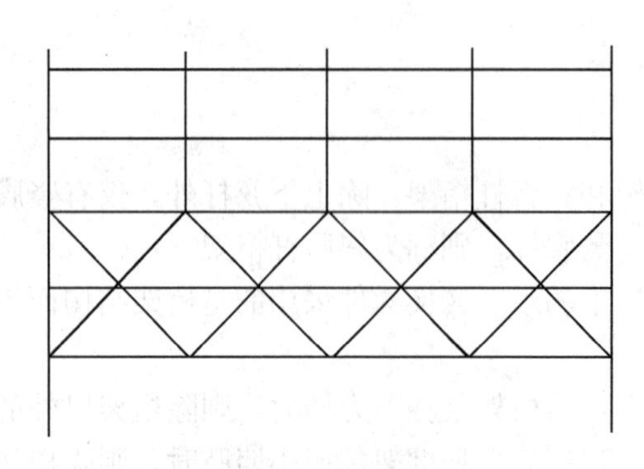

图 7.1-1　多层桁架转换

与实腹梁相比，桁架转换层由于质量、刚度都相对较小，分布比较均匀，故结构整体的质量和刚度突变程度要远小于实腹梁。特别是在框架-剪力墙结构、筒中筒结构或仅为局部转换的结构中，只要剪力墙（筒体）等主要抗侧力构件布置合理，转换桁架本身设计得当，具备较好的承载能力和延性，则采用桁架转换的结构不致造成结构竖向刚度突变，使结构具有较好的抗震性能。

实腹梁主要靠弯曲变形来吸收地震能量，而由桁架的几何关系决定，桁架杆件的伸长和压缩量值比结构的侧移量值要小，因而在结构产生相同侧移的条件下，靠杆件轴向变形吸收地震能量的桁架比起靠杆件弯曲变形吸收地震能量的实腹梁要小得多。这是桁架转换一个很主要的缺点。

桁架转换层的刚度不如实腹梁，桁架的上、下弦杆和斜腹杆主要为小偏心受力构件，延性较差；此外，桁架的节点受力复杂，延性较差。因此，转换桁架的延性和耗能能力也较差。

东南大学等单位通过对低周反复荷载作用下预应力混凝土桁架转换层框架结构模型的实验研究，得出如下一些结论：

1. 在使用阶段，结构处于良好的工作状态，有效地满足底部大跨度的要求，在破坏阶段，结构具有较好的延性，能够满足工程抗震的要求。

2. 满足转换层上、下层剪切刚度比 γ 和转换层下层柱轴压比 μ 限值条件的桁架转换层结构，转换桁架上层是结构的薄弱层，破坏比较严重。设计时应保证转换层以上柱底、特别是边柱柱底尽可能避免出现塑性铰，同时加强上层柱与转换桁架的连接构造，以保证预应力混凝土桁架转换层框架结构有更好的延性。

3. 桁架转换层框架结构设计应遵循下列原则：桁架转换层结构按“强转换层、弱转换层上层”的原则；桁架转换层按“强斜腹杆、强节点”的原则；桁架转换层上部框架结构按“强柱弱梁、强边柱弱中柱”的原则。满足上述设计原则的桁架转换层结构具有较好的延性，能够满足工程抗震的要求。

二、适用范围

在托柱转换中，采用实腹梁转换虽然可以满足建筑功能要求，但当转换梁跨度较大且承托的楼层数较多时，会使实腹转换梁截面尺寸过大，配筋很多，梁柱节点区纵向受力钢筋锚固困难；同时转换层的建筑可使用空间较少。另一方面，由于转换梁刚度大、自重大，转换层上、下楼层竖向刚度突变较大，当转换层位置较高时，对抗震尤为不利。和实腹梁相比，桁架转换用料省、自重轻、传力明确、途径清楚，桁架转换上、下层质量分布相对较均匀，刚度突变程度也较小，不但可以大大减轻自重，而且可利用腹杆间的空间布置机电管线，有效地利用建筑空间。

转换桁架的结构选型应根据转换桁架的跨度及其承托的上部结构柱网、层数、荷载等因素综合考虑。一般竖向荷载不大或跨度不大的结构转换，可考虑采用钢筋混凝土转换桁架。当转换桁架承托的上部层数较多、荷载较大或跨度较大时，宜采用双层或多层转换桁架（图 7.1-1）；当仅设置一道转换桁架将使杆件的截面尺寸过大时，可设置多道转换桁架，使每道转换桁架仅承担一层或几层竖向荷载，从而减小杆件的截面尺寸（图 7.1-2）；当采用普通钢筋混凝土桁架不能满足转换结构抗裂要求时，可考虑对桁架下弦杆件施加预应力，形成部分预应力混凝土转换桁架。

转换桁架既可用于结构的整体转换，也可用于结构的局部转换。既适用于托墙转换，也适用于托住（小墙肢）转换。

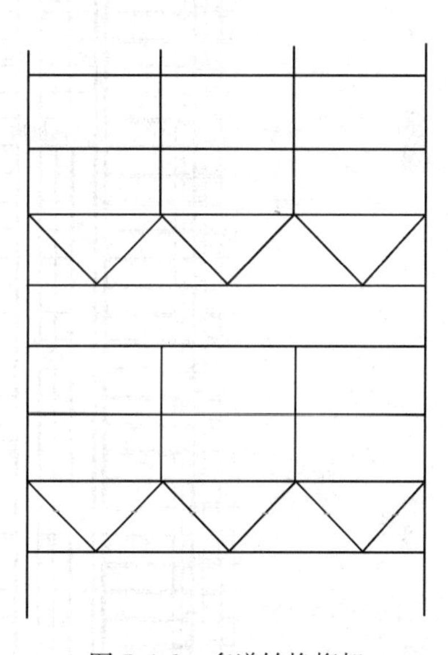

图 7.1-2　多道转换桁架

采用带桁架转换层的剪力墙结构，其房屋最大适用高度可按表 2.2-1、表 2.2-2 中的部分框支剪力墙结构取用。采用带桁架转换层的其他结构体系，其房屋最大适用高度应比表 2.2-1、表 2.2-2 中相应结构体系的数值适当降低 10％～20％。9 度抗震设计时不应采用带桁架转换层的高层建筑结构。7 度和 8 度抗震设计的带桁架转换层的高层建筑结构不宜再同时采用两种或两种以上《高规》第 10.1.1 条所指的复杂建筑结构。

采用桁架转换层的部分框支剪力墙结构，地面以上转换层的设置位置，8 度时不宜超过 3 层，7 度时不宜超过 5 层，6 度时可适当增加。

需要注意的是：桁架转换的杆件基本上都是轴心或小偏心受力构件，节点区的构造较为复杂，容易发生节点脆性的剪切破坏和钢筋失锚和滑移破坏，延性较差。同时节点区的施工也较为复杂。故在实际工程中，竖向荷载较大或跨度较大的结构转换，采用钢筋混凝土转换桁架很少，如确实需要采用桁架转换，一般可采用型钢混凝土转换桁架或钢转换桁架。

三、工程实例：南京新华大厦

南京新华大厦是一幢集文化、新闻、商场、金融、宾馆、娱乐为一体的综合型、智能型、多功能的超高层建筑。由主楼和裙房两部分组成，总建筑面积为 8.9 万 m^2。主楼地下 2 层，地上 50 层，屋面标高 173m，上部结构为框架（采用核心钢管高强度混凝土和预应力宽扁梁构成）-核心筒（钢筋混凝土）结构体系。裙房地下 1 层，地上 6 层，局部 9 层，上部结构采用钢筋混凝土框架-剪力墙结构体系。首层平面及结构剖面图见图 7.1.-3、图 7.1.-4。

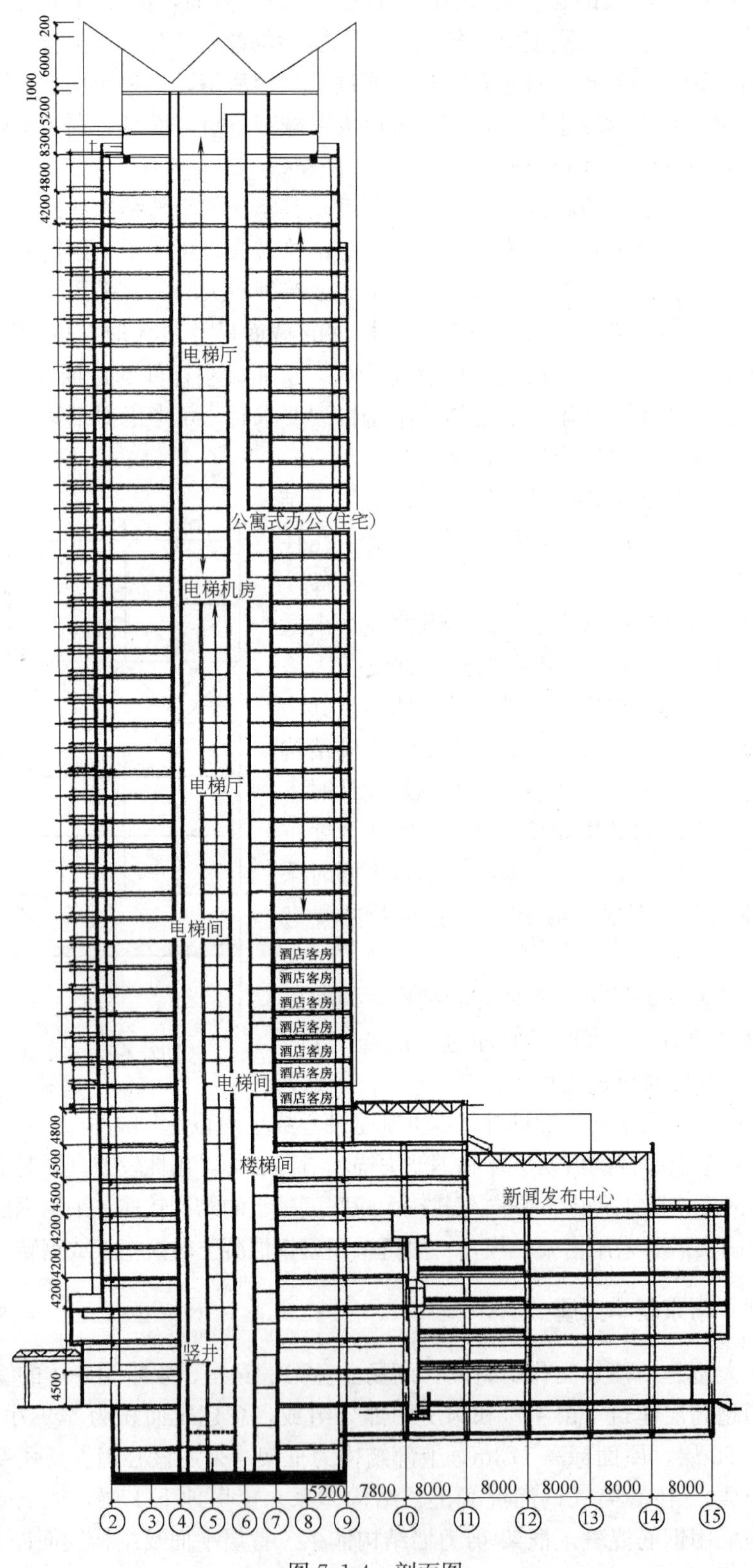
电梯厅
公寓式办公(住宅)
电梯机房
电梯厅
电梯间
酒店客房
酒店客房
酒店客房
酒店客房
酒店客房
酒店客房
酒店客房
电梯间
楼梯间
新闻发布中心
竖井
5200
7800
8000
8000
8000
8000
8000

图 7.1-4 剖面图

裙房部分是商场、餐饮及江苏省新闻发布中心，柱距为8.0～8.3m，由于商场功能需要，在裙房平面中部设有一个16m×16m的共享大厅，从地上1层直至地上6层。共享大厅以上各层为新闻发布中心、游泳池等。为此，设计需抽去原中厅中部（Ⓖ轴线和⑪轴线交接处）的一根框架柱，自±0.000标高开始一直到6层楼面+21.30m标高为止。这根柱原承受6层至9层的楼、屋面荷载，此外还承受了7层新闻发布中心24.0m×24.0m网架的屋面荷载，荷载较大。为此，需要在6层楼面设置转换结构。转换结构形式的选择，除应满足结构承载能力、变形要求外，还要满足建筑使用功能和建筑美观等多方面的要求。曾考虑采用2根十字交叉的16.0m跨度的预应力大梁。但因上部荷载太大，梁截面很大，自重大，配筋多，施工也较困难而否定。从建筑角度讲，过大的梁截面也不美观，特别是从五层商场看过去，净空高度不够，显得很压抑。为减轻转换构件的自重，后改为转换预应力桁架。但转换预应力桁架的几何尺寸仍然很大，放在共享中庭中，比例不协调，仍影响建筑的美观。经仔细分析研究，发现在中庭上部⑪轴线上，八、九层之间，建筑上是没有任何出入口的一片墙体，可以在该处设置南北向一层楼高的16.0m跨度的预应力桁架。用该桁架支承八层和九层的楼、屋面及七层新闻发布中心网架结构屋面的荷载。为了避免桁架及⑪轴线上中庭边柱受力太大，同时在六层楼面设计2根十字交叉的预应力大梁，用以支承六层和七层的楼面荷载。由于荷载减小了一大半，使该十字交叉的预应力大梁截面得以减小，从而满足中庭内建筑的使用功能和美观要求。同时八层的预应力桁架正好嵌在墙体内，并不影响建筑的使用功能和美观要求，即将原考虑的两个方案结合起来，在不同的位置或采用十字交叉的预应力大梁或采用一层楼高的预应力桁架。使建筑的使用功能和美观要求与结构的受力合理达到了较好的统一。预应力桁架和十字交叉的预应力大梁构造分别见图7.1-5、图7.1-6。

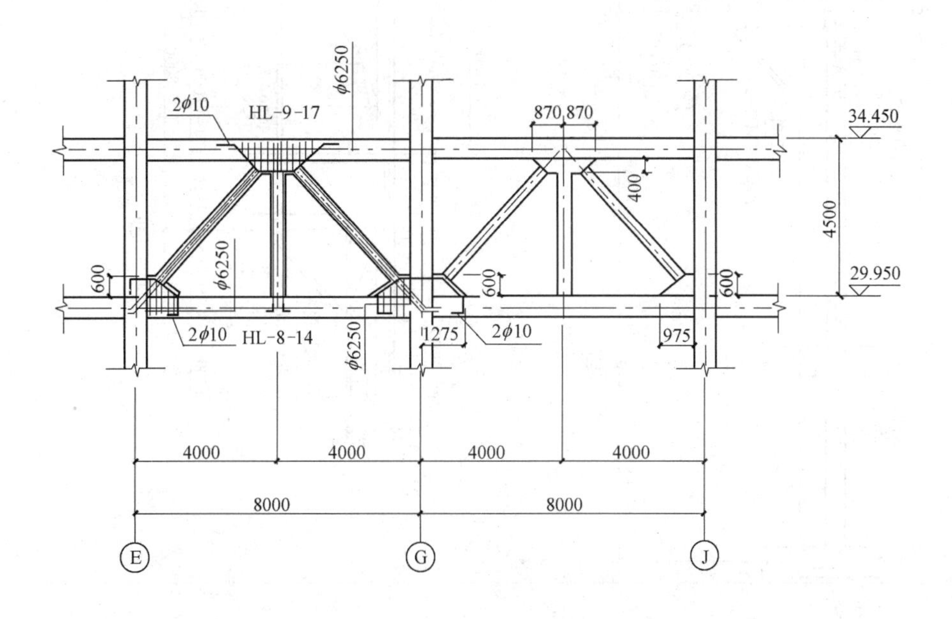

图7.1-5　预应力混凝土转换桁架

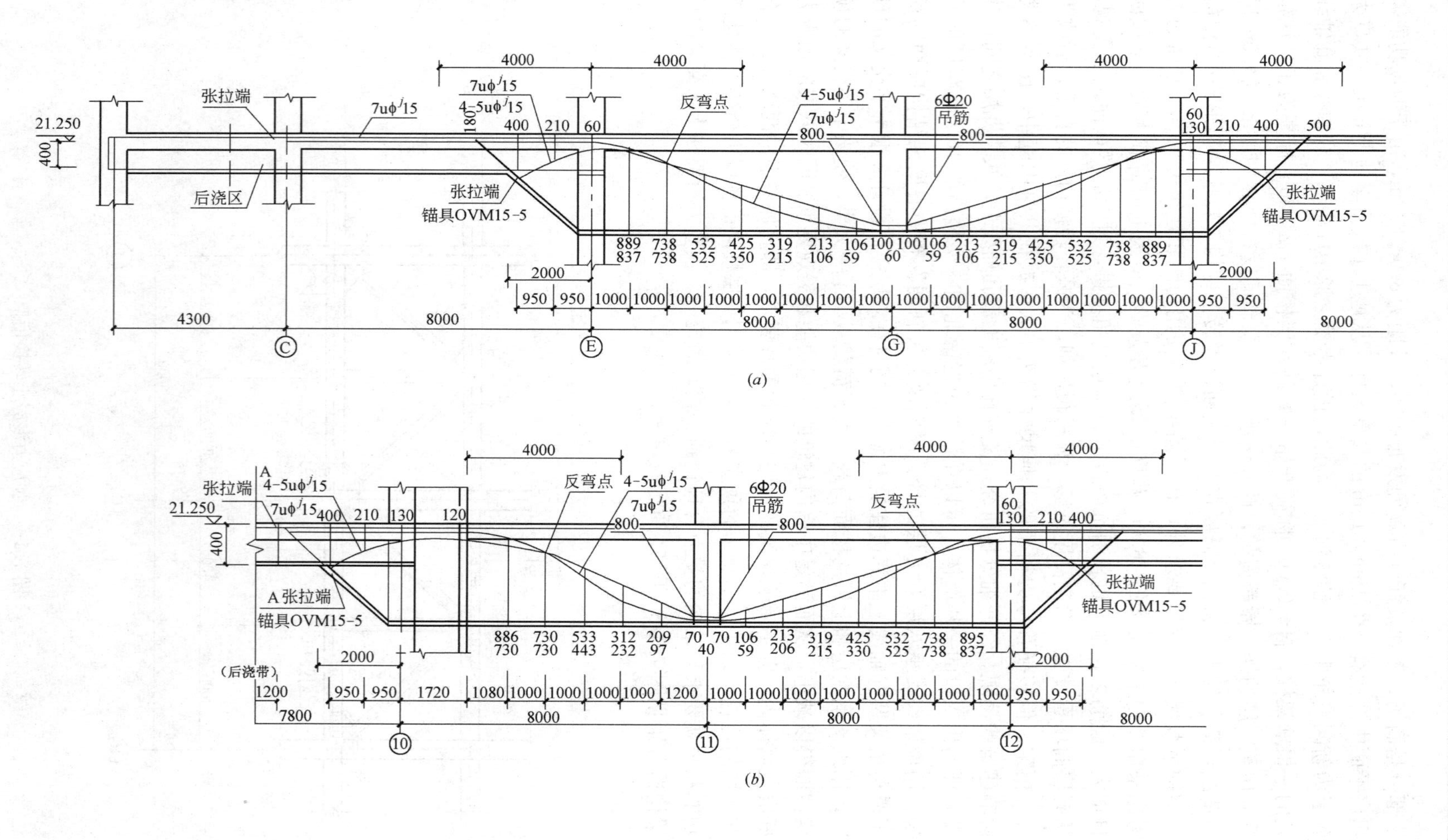

图 7.1-6　十字交叉预应力混凝土转换梁配筋示意图

(a) HYL-2-型梁配筋示意；(b) ZYL-2-型梁配筋示意

第二节 带桁架转换层结构的设计方法

本节主要介绍桁架转换结构设计的有关内容。带转换层结构的整体设计和其他构件设计的相关内容，应符合本书第一～五章的相关规定。

一、结构布置

带桁架转换层建筑结构的竖向抗侧力构件布置宜简单、规则、均匀、对称，尽量减少结构刚心与质心的偏心；主要抗侧力构件宜尽可能布置在周边，尤其应注意加强桁架转换层下部结构的抗扭能力。

当局部转换确有需要采用桁架转换结构时，桁架转换结构平面宜居中或对称布置，以减小结构的扭转效应。

转换层下部必须有落地剪力墙和（或）落地筒体，落地纵横剪力墙最好成组布置，结合为落地筒体。当转换层上托剪力墙时，落地剪力墙和（或）落地筒体、转换柱的平面布置应符合部分框支剪力墙结构平面布置的要求。

带桁架转换层结构中转换层上、下部结构的侧向刚度比，应符合《高规》附录 E 的有关规定。为了使下部结构尽量接近上部结构的刚度，可采用加大落地剪力墙厚度、提高混凝土强度等级和加大转换柱截面尺寸等方法。

当结构为抽柱转换时，桁架托柱，则对柱子的平面位置有一定的要求，不能像实腹梁托柱那样，上托柱在竖向平面内可任意放置。另外，和实腹梁转换一样，桁架转换也仅适用于上、下层竖向构件在同一竖向平面内的转换。同时，上托框架柱（或小墙肢）和转换桁架上弦杆在竖向平面外宜中心线对齐，转换桁架下弦杆、与转换柱相连的腹杆在竖向平面外宜中心线对齐。

二、计算分析要点

1. 带桁架转换层高层建筑结构的整体计算应采用两种不同力学计算模型的三维空间分析程序进行结构整体分析，并应采用弹性时程分析程序作校核性验算。

2. 抗震设计时，带桁架转换层建筑结构应考虑桁架竖向地震作用的影响。竖向地震作用的计算可按本书第三章有关规定进行。

3. 带桁架转换层的建筑结构在转换层上、下层楼层侧向刚度有突变，转换层楼盖一方面要传递较大的水平力，这将在楼板平面内引起较大的内力；另一方面，在竖向荷载作用下，转换桁架的腹杆会产生较大的轴向力和轴向变形，同时位于上、下层楼板平面内的上、下弦杆也存在较大的轴向力。为了正确反映并计算上、下弦杆的轴向力，带桁架转换层结构的计算应考虑楼板、梁在其平面内的实际刚度，将上、下层楼板定义为弹性楼板。以便计算桁架上、下弦杆、梁、板的变形和内力，进行荷载和内力组合、配筋计算。

4. 由于桁架转换层是结构的薄弱层，故整体计算时该层的地震剪力应按《高规》第 3.5.8 条的规定乘以 1.25 的增大系数。并应符合楼层最小地震剪力系数（剪重比）的要求；抗震等级为特一、一、二级时转换构件在水平地震作用下的计算内力应分别乘以 1.9、1.6、1.3 的增大系数，三、四级时增大系数可酌情减小，但不宜小于 1.25。

5. 对结构中的受力复杂部位，应进行更为精细的有限元应力分析，并按应力进行配筋设计校核。

6. 带桁架转换层结构应按“强转换层及其下部，弱转换层上部”的原则设计；桁架转换层应按“强斜腹杆”、“强节点”的原则设计；桁架转换层上部框架则应按“强柱弱梁”、“强边柱，弱中柱”的原则设计。

7. 在方案设计阶段，带桁架转换层结构的计算分析可采用下述简化方法：

1）结构的整体分析中，将转换桁架（斜）腹杆作为柱单元，上、下弦杆作为梁单元，按三维空间分析程序计算整体结构的内力和位移。计算时，桁架上、下弦杆均应计入楼板作用，楼板有效翼缘宽度可取为：$12h_i$（中桁架）、$6h_i$（边桁架），其中 h_i 为上、下弦杆相连楼板厚度。

2）利用整体分析所得到的转换桁架相邻上部柱下端截面内力（M_c^b、V_c^b、N_c^b）和转换桁架相邻下部柱上端截面内力（M_c^t、V_c^t、N_c^t）作为转换桁架的外荷载（图 7.2-1），采用考虑杆件轴向变形的杆系有限元程序分析各种工况下转换桁架上、下弦杆的最大轴向力。

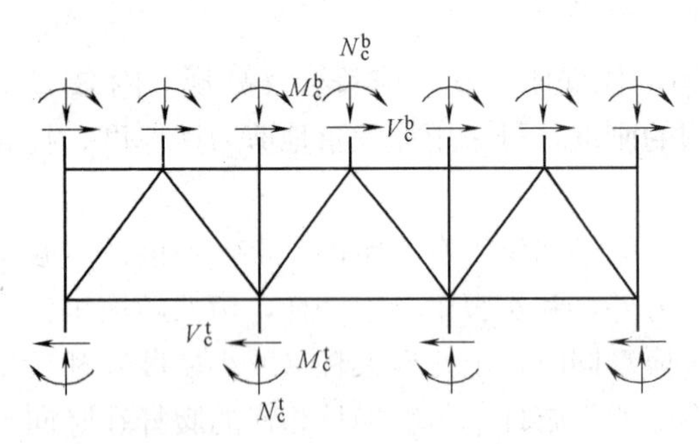

图 7.2-1　转换桁架计算简图

3）按有关规范中基本组合的要求，对各种工况进行组合，得到上、下弦杆轴向力设计值。

4）利用整体空间分析计算的梁单元的弯矩、剪力和扭矩，按偏心受力构件计算上、下弦杆的配筋，其中轴力可按上、下弦及相连楼板有效翼缘的轴向刚度比例分配，以考虑翼缘范围内楼板的影响。

三、转换桁架的设计

转换桁架的跨高比一般可取 1/10～1/6，高度不宜过小。转换桁架的高度一般为一个楼层高度（单层桁架）或多个楼层高度（多层桁架）。桁架上弦在上一层楼板平面内，下弦则在下一层楼板平面内。转换桁架的设计应与其上部结构的设计综合考虑。其上弦节点应布置成与上部框架柱、墙肢形心重合，使传力简单、直接，并应有足够的刚度保证其整体受力作用。

采用桁架作转换结构时，一层桁架中一般不宜设置“X”形斜腹杆，腹杆数量不宜过多，以免杆件受力复杂，且易造成杆件长细比过小，形成短柱，不满足规范抗震要求。

桁架上、下弦节间长度一般可取 3～5m，可能情况下，两端节间距取小值，跨中取大值，以尽可能使各杆件受力均匀。节点尺寸不宜过小，以保证节点具有足够的承载能力和较好的延性。

桁架上弦截面宽度（弦杆在桁架平面外的尺寸）应大于上托柱相应方向的截面尺寸，下弦截面宽度（弦杆在桁架平面外的尺寸）不应大于上层转换柱相应方向的截面尺寸。上、下弦截面宽度宜相同，以方便施工。腹杆截面宽度不应大于上、下弦截面宽度，且腹杆长度与截面短边之比应大于 4。

转换柱应向上伸入转换桁架与上托框架柱直通相连。在转换桁架内应按框架柱和桁架端腹杆两者的最不利情况设计。其截面宽度不应小于上、下弦截面宽度。

节点是保证转换桁架整体性及正常工作的重要部位。桁架节点处一般有3～5根杆件交汇，截面又发生突变，受力相当复杂。如设计不当或施工质量得不到保证，将会在节点附近出现裂缝，甚至造成节点的剪切破坏。因此，必须予以充分的重视。

节点宽度与桁架弦杆截面宽度相同，其高度应根据腹杆的布置情况确定。节点与腹杆相接面应与腹杆轴线垂直。节点几何尺寸应满足节点斜面长度不小于腹杆截面高度加50mm。

转换桁架的混凝土强度等级不应低于C30。当采用预应力转换桁架时，混凝土强度等级不应低于C40。

所有杆件纵向钢筋节点区（支座）的锚固长度均为l_{aE}（抗震设计）、l_a（非抗震设计）。锚固长度自节点区外边缘算起。

转换桁架跨中起拱值，钢筋混凝土桁架可取$l/700$～$l/600$，预应力桁架可取$l/1000$～$l/900$，此处l为转换桁架跨度。

转换桁架所有杆件均应进行截面承载能力的计算，对受拉杆，还应按规范验算正常使用状态下的裂缝宽度。注意构件裂缝宽度的验算，仅考虑竖向荷载和风荷载的效应组合，不考虑地震作用的效应组合。

抗震设计时，转换桁架所有杆件的抗震等级均应按相应结构框支梁的要求确定抗震等级。杆件的构造要求如内力调整、轴压比限值、最小配筋率等均应满足相应抗震等级的具体规定。

1. 斜腹杆桁架

1）内力分析及配筋计算

转换桁架上、下弦杆各节间杆件均互相刚接，腹杆与上、下弦杆铰接。一般情况下，上弦杆受有轴向压力、弯矩、剪力，按偏心受压构件设计；下弦杆受有轴向拉力、弯矩、剪力，按偏心受拉构件设计；斜腹杆受有轴向压力或拉力，按轴心受压或轴心受拉构件设计。杆件的计算长度平面内、平面外均可取$l_0=l$，此处l为杆件的几何长度。

受拉杆件应根据结构类别（钢筋混凝土结构或预应力混凝土结构）和环境类别，按《混规》表3.4.5选用不同的裂缝控制等级及最大裂缝宽度限值，验算杆件正常使用状态下的裂缝控制要求。

2）构造要求

（1）斜腹杆截面尺寸的确定：为使斜腹杆有较好的延性，受压斜腹杆截面尺寸可由其轴压比确定。轴压比限值见表7.2-1，受拉斜腹杆截面尺寸一般取与受压斜腹杆截面尺寸相同。斜腹杆的截面宽度宜比上、下弦杆小。

桁架受压斜腹杆轴压比μ限值表　　**表7.2-1**

抗震等级	特一级	一级	二级	三级
轴压比限值	0.55	0.65	0.75	0.85

$$\mu=N_{max}/(f_c bh) \tag{7.2-1}$$

式中　N_{max}——斜腹杆桁架考虑地震作用组合的斜腹杆最大轴向压力设计值；

f_c——斜腹杆桁架混凝土轴心抗压强度设计值；

b——受压斜腹杆截面宽度；

h——受压斜腹杆截面高度。

初步设计估算截面尺寸时，可取 N_{max} 为

$$N_{max}=0.8G \tag{7.2-2}$$

式中　G——斜腹杆桁架上按简支状态计算分配传来的所有重力荷载作用下受压斜腹杆轴向压力设计值。

上、下弦杆的截面尺寸，截面高度可按取节间长度的（1/8～1/12）。截面宽度：对上弦杆应大于所承托的上柱的截面宽度，并应满足轴压比限值的要求，轴压比限值可按表 7.2-1 取用；对下弦杆应小于转换柱相应方向的截面尺寸。

（2）转换桁架杆件的配筋构造见表 7.2-2。

转换桁架杆件的配筋构造　　**表 7.2-2**

		受压弦杆	受压斜腹杆	受拉弦杆	受拉斜腹杆
纵筋最小配筋率（%）	特一级	1.4	1.4	0.40 和 $80f_t/f_{yv}$ 之大者	0.40 和 $80f_t/f_{yv}$ 之大者
	一级	1.1	1.1	0.40 和 $80f_t/f_{yv}$ 之大者	0.40 和 $80f_t/f_{yv}$ 之大者
	二级	0.9	0.9	0.30 和 $65f_t/f_{yv}$ 之大者	0.30 和 $65f_t/f_{yv}$ 之大者
	三级和非抗震	0.8	0.8	0.25 和 $55f_t/f_{yv}$ 之大者	0.25 和 $55f_t/f_{yv}$ 之大者
纵筋配筋方式		周边对称均匀布置，全长贯通	周边对称均匀布置，全长贯通	周边对称均匀布置，至少 50%全长贯通	周边对称均匀布置，全长贯通
纵筋锚固		伸入节点边下弯不小于 15d	伸入节点边水平弯不小于 15d	伸入节点边上弯不小于 15d	伸入节点边水平弯不小于 15d
箍筋最小体积配箍率（%）	抗震设计	1.5（1.6）	1.5（1.6）	$0.6f_t/f_{yv}$	$0.6f_t/f_{yv}$
	非抗震设计	1.0	1.0	$0.4f_t/f_{yv}$	$0.4f_t/f_{yv}$
节点区箍筋最小体积配箍率（%）		同受压杆，且直径不应小于 10mm，间距不应大于 100mm			
节点区附加周边钢筋		直径不宜小于 16mm，间距不应大于 100mm			

注：1. 表中括号内数值用于特一级；
2. 采用 335MPa 级、400MPa 级纵向受力钢筋时，应分别按表中数值增加 0.1 和 0.05 采用；
3. 当混凝土强度等级高于 C60 时，上进纵向受力钢筋配筋率的数值应增加 0.1 采用。

（3）受压弦杆纵向受力钢筋应沿截面周边对称、均匀布置，且宜全部贯通受压弦杆，最小配筋率要求见表 7.2-2。

受压弦杆箍筋应全杆长加密，最小体积配箍率要求见表 7.2-2。箍筋宜采用复合螺旋箍或井字复合箍，箍筋直径不应小于 10mm，间距不应大于 100mm 和 6d（d 为纵向受力钢筋直径）两者中的较小值。

（4）受拉弦杆纵向受力钢筋应沿截面周边对称、均匀布置，且宜全部贯通受拉弦杆，最小配筋率要求见表 7.2-2。纵向受力钢筋进入边节点区按充分受力锚固，以过边节点中心起计算受拉锚固长度，且末端应伸至节点边弯折 15d（d 为纵向受力钢筋直径）。

受拉弦杆箍筋应全杆长加密，最小体积配箍率要求见表 7.2-2。

（5）转换桁架受压、受拉弦杆的纵向受力钢筋接头宜采用机械连接接头。

（6）受压腹杆的纵向受力钢筋配筋构造要求同受压弦杆，钢筋进入节点区的锚固长度不应小于 10d（d 为纵向受力钢筋的直径）。

（7）受拉腹杆的纵向受力钢筋配筋构造要求同受拉弦杆，钢筋进入节点区的锚固长度

不应小于 $15d$（d 为纵向受力钢筋的直径）。

（8）桁架斜腹杆轴压比一般较大，为保证其具有良好的延性和承载能力，必要时可设置型钢。

（9）转换桁架的端节点为上、下弦杆和斜腹杆的交汇区域，桁架的支座反力较大，若采用预应力转换桁架，则还有相当大的张拉力。一般情况下，端节点宽度与上、下弦杆相同，高度应局部加大以满足节点的受力及构造要求。由于交汇于端节点的斜腹杆引起的水平剪力往往很大，故端节点应有足够的水平长度。

中间节点宽度与上、下弦杆截面宽度相同，其高度应根据有无承托上柱以及交汇的腹杆情况确定。节点与腹杆相接面应与腹杆轴线垂直。节点几何尺寸应满足节点斜面长度不小于腹杆截面高度加 50mm。

桁架节点截面尺寸及箍筋配置应满足节点区抗剪承载力要求，抗震设计时应按“强节点”的要求满足规范有关规定，以保证整体桁架结构具有足够的延性不致发生脆性破坏，保证桁架各杆件很好地共同工作。

上弦节点截面抗剪要求：

$$\begin{cases} V_j \leqslant \dfrac{1}{\gamma_{RE}}\left[0.1\left(1+\dfrac{N_1}{f_c b_j h_j}\right) f_c b_j h_{j0} + \dfrac{f_{yv} A_{sv}}{s} h_{j0}\right] \\ \text{且满足 } V_j \leqslant \dfrac{1}{\gamma_{RE}}(0.2 f_c b_j h_j) \end{cases} \tag{7.2-3}$$

下弦节点截面抗剪要求：

$$\begin{cases} V_j \leqslant \dfrac{1}{\gamma_{RE}}\left[0.05 f_c b_j h_{j0} + \dfrac{f_{yv} A_{sv}}{s} h_{j0} - 0.16 N_2\right. \\ \text{且满足 } V_j \leqslant \dfrac{1}{\gamma_{RE}}(0.15 f_c b_j h_j) \end{cases} \tag{7.2-4}$$

式中　γ_{RE}——考虑地震作用组合时截面抗震承载力调整系数，$\gamma_{RE}=0.85$；

N_1——计算节点处上弦杆所受到的组合轴向压力设计值（取大者）；当 $N_1 > 0.5 f_c b_c h_c$ 时，$N_1 = 0.5 f_c b_c h_c$；

f_c——混凝土抗压强度设计值；

b_c、h_c——上弦杆截面宽度和高度；

b_j、h_j——节点截面宽度和高度；

f_{yv}——节点区抗剪箍筋抗拉设计强度；

A_{sv}——节点区同一截面内箍筋各肢截面面积之和；

s——节点区箍筋水平间距；

h_{j0}——节点截面有效高度；

N_2——计算节点处下弦杆所受到的组合轴向拉力设计值（取小者）；

V_j——斜腹杆桁架节点剪力设计值，其中 V_j 按式（7.2-5）计算；

$$V_j = \begin{cases} 1.25 A_s f_{yk} \sin\alpha & \text{一级抗震等级} \\ 1.05 T_0 \sin\alpha & \text{二级抗震等级} \\ T_0 \sin\alpha & \text{三级抗震等级、非抗震设计} \end{cases} \tag{7.2-5}$$

式中　T_0——受拉腹杆组合轴力设计值；

A_s——受拉腹杆实配受拉纵向钢筋总面积；

α——受力斜腹杆与上下弦杆的夹角；

f_{yk}——受拉腹杆实配受拉纵向钢筋抗拉强度标准值。

（10）桁架上、下弦节点配筋构造

桁架节点区应采用封闭式箍筋，箍筋应加密，且应垂直于弦杆的轴线位置布置，并设置拉筋，以确保节点约束混凝土的性能。桁架节点区的箍筋数量应按式（7.2-3）、式（7.2-4）、式（7.2-5）计算。节点区内箍筋的最小体积配箍率要求同受压弦杆，箍筋直径不应小于 10mm，间距不应大于 100mm。

为了防止桁架节点外侧转折处混凝土开裂，加强腹杆的锚固，以及抵抗节点间杆件应力差所引起的剪力，节点区内侧应配置周边附加钢筋。周边附加钢筋应采用变形钢筋，其直径不宜小于 16mm，间距不宜小于 150mm，伸入弦杆内锚固长度不宜小于 l_{aE}（抗震设计）或 l_a（非抗震设计）。

桁架的端节点在靠近内夹角四周应设置不少于 4 根箍筋，箍筋间距不应大于 50mm。

斜腹杆桁架上下弦节点构造做法见图 7.2-2。

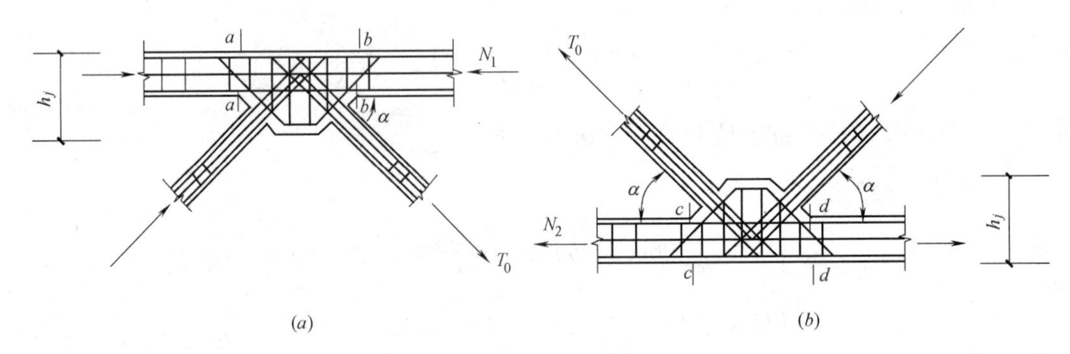

图 7.2-2　斜腹杆桁架

（a）上弦节点；（b）下弦节点

2. 空腹桁架

1）内力分析及配筋计算

转换桁架上、下弦杆各节间杆件均互相刚接，腹杆与上、下弦杆也为刚接。一般情况下，上弦杆受有轴向压力、弯矩、剪力，按偏心受压构件设计；下弦杆受有轴向拉力、弯矩、剪力，按偏心受拉构件设计；竖腹杆受有轴向拉力、弯矩、剪力，按拉、弯、剪构件设计。杆件的计算长度平面内、平面外均可取 $l_0=l$，此处 l 为杆件的几何长度。

受拉杆件应根据结构类别（钢筋混凝土结构或预应力混凝土结构）和环境类别，按《混规》表 3.4.5 选用不同的裂缝控制等级及最大裂缝宽度限值，验算杆件正常使用状态下的裂缝控制要求。

2）构造要求

（1）腹杆截面尺寸的确定：空腹桁架腹杆截面尺寸一般应由其剪压比限值计算确定，以避免腹杆的脆性破坏。有地震作用效应组合控制时，剪压比限值取 0.15，无地震作用效应组合控制时，取 0.20。腹杆的剪压比 λ 可按下式计算：

$$\lambda=V_{max}/\beta_c f_c b h_0 \tag{7.2-6}$$

式中　λ——空腹桁架剪压比；

V_{max}——空腹桁架腹杆最大组合剪力设计值；

f_c——空腹桁架腹杆混凝土抗压设计强度；

b——空腹桁架腹杆截面宽度；

h_0——空腹桁架腹杆截面有效高度；

β_c——混凝土强度影响系数。

(2) 空腹桁架受压、受拉弦杆的纵向受力钢筋、箍筋的构造要求均同斜腹杆桁架受压、受拉弦杆相应的构造要求。

(3) 空腹桁架竖腹杆应按“强剪弱弯”进行截面配筋计算，其纵向受力钢筋、箍筋的构造要求均同斜腹杆桁架受压腹杆相应的构造要求。

(4) 转换桁架的中间节点宽度与上、下弦杆截面宽度相同，其高度应根据有无承托上柱以及交汇的腹杆情况确定。节点与腹杆相接面应与腹杆轴线垂直。节点几何尺寸应满足节点斜面长度不小于腹杆截面高度加 50mm。

转换桁架的端节点实际上就是框架的梁柱节点，故节点的设计及构造要求应符合框架的梁柱节点的相应设计及构造要求。

桁架节点截面尺寸及箍筋配置应满足式 (7.2-7)、式 (7.2-8)、式 (7.2-9) 节点区抗剪承载力要求，抗震设计时应按“强节点”的要求满足规范有关规定，以保证整体桁架结构具有足够的延性不致发生脆性破坏，保证桁架各杆件很好地共同工作。

上弦节点截面抗剪要求：

$$\begin{cases} V_j \leqslant \dfrac{1}{\gamma_{RE}}\left[0.1\left(1+\dfrac{N_1}{f_c b_j h_j}\right) f_c b_j h_{j0} + \dfrac{f_{yv}A_{sv}}{s}(h_{j0}-a_s')\right] \\ \text{且满足 } V_j \leqslant \dfrac{1}{\gamma_{RE}}(0.2 f_c b_j h_j) \end{cases} \tag{7.2-7}$$

下弦节点截面抗剪要求：

$$\begin{cases} V_j \leqslant \dfrac{1}{\gamma_{RE}}\left[0.05 f_c b_j h_{j0} + \dfrac{f_{yv}A_{sv}}{s}(h_{j0}-a_s') - 0.16N_2\right] \\ \text{且满足 } V_j \leqslant \dfrac{1}{\gamma_{RE}}(0.15 f_c b_j h_j) \end{cases} \tag{7.2-8}$$

式中　V_j——空腹桁架节点剪力设计值，其中 V_j 按式 (7.2-9) 计算。

N_1——计算节点处上弦杆所受到的组合轴向压力设计值（取最小值），当 $N_1 > 0.5 f_c b_c h_c$ 时，取 $N_1 = 0.5 f_c b_c h_c$；

N_2——计算节点处下弦杆所受到的组合轴向拉力设计值（取最大值）；

$$V_j = \begin{cases} 1.05 M_{0u}/(h_0 - a_s') & \text{一级抗震等级} \\ 1.05 M_0/(h_0 - a_s') & \text{二级抗震等级} \\ M_0/(h_0 - a_s') & \text{三级抗震等级、非抗震设计} \end{cases} \tag{7.2-9}$$

式中　M_{0u}——空腹桁架腹杆考虑承载力调整系数的正截面受弯承载力；

M_0——空腹桁架腹杆节点边截面处组合弯矩设计值；

h、h_0——空腹桁架腹杆截面高度、截面有效高度；

a_s'——空腹桁架腹杆受压区纵向钢筋合力中心至受压区边缘的距离；

符号 f_c，b_c，h_c，b_j，h_j，h_{j0}，f_{yv}，A_{sv}，S，γ_{RE}的意义同斜腹杆桁架。

节点区内侧附加弯起钢筋除满足抗弯承载力外，直径不宜小于Φ20，间距不宜大于100mm。节点区内箍筋体积配箍率要求同受压弦杆。

空腹桁架上下弦节点构造做法见图 7.2-3。

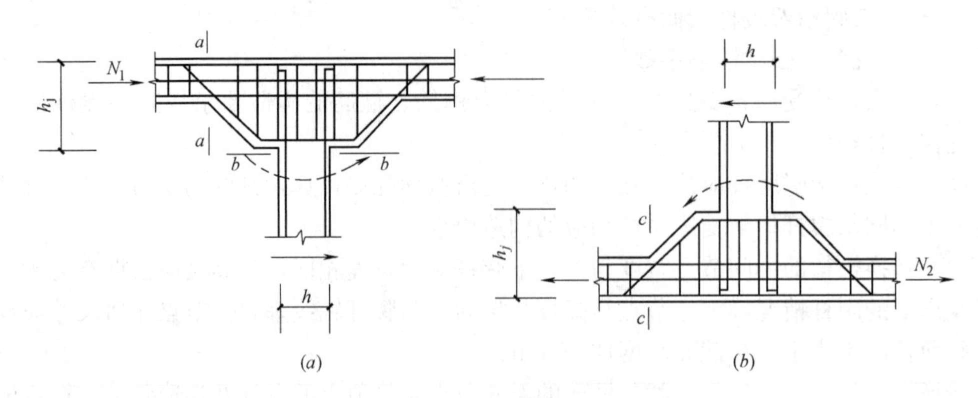

图 7.2-3 空腹桁架

(a) 上弦节点；(b) 下弦节点

四、转换桁架邻近构件的设计

1. 满足转换层上、下层剪切刚度比 γ 和转换层下层柱轴压比限值 μ 条件的桁转换架层结构，转换桁架上层是结构的薄弱层，破坏比较严重。设计时应保证转换桁架上层柱的柱底尽可能避免边柱出现塑性铰，同时加强上层柱与转换桁架的连接构造，以保证桁架转换层的上部结构有更好的延性。

上部结构的柱、梁均应按普通钢筋混凝土框架结构的设计方法确定截面尺寸，满足规范对柱轴压比限值的要求，梁、柱抗剪截面控制条件等。此外，为满足“强边柱弱中柱”的原则，边柱截面尺寸一般可较中柱稍大些。如果由于构造要求不能加大边柱的截面尺寸时，可以在柱内埋置型钢以提高其刚度、延性和承载能力。上部结构梁的截面设计同普通钢筋混凝土框架结构，应设计使梁先受弯屈服，以满足“强柱弱梁”、“强剪弱弯”、“强节点”的原则。以及其他构造要求。

抗震设计时，转换桁架相邻上层中柱下端截面的弯矩设计值应乘以放大系数 η_b，并应根据放大后的弯矩设计值进行配筋设计。

$$\eta_b=\left(\frac{M^b_{cue}}{M^b_c},1.5\right)_{max} \tag{7.2-10}$$

式中 M^b_{cue}——转换桁架相邻上层中柱下端柱的柱顶考虑承载力抗震调整系数的正截面受弯承载力值；

M^b_c——转换桁架相邻上层中柱下端柱的柱顶截面弯矩设计值。

当柱对称配筋时，M^b_{cue} 可按下式计算：

$$M^b_{cue}=\frac{1}{\gamma_{RE}}[\alpha_1 f_{ck}b_c x(h_{c0}-0.5x)+f'_{yk}A'_s(h_{c0}-a'_s)-N_G(0.5h_{c0}-a_s)] \tag{7.2-11}$$

$$x=\frac{N_G}{\alpha_1 f_{ck}b_c} \tag{7.2-12}$$

式中　b_c、h_{c0}——柱截面宽度、有效高度；

A'_s——纵向受压钢筋实际截面面积；

f'_{yk}——纵向受压钢筋强度标准值；

f_{ck}——混凝土轴心抗压强度标准值；

α_1——系数，当 $f_{cuk} \leqslant 50\text{N/mm}^2$ 时，α_1 取为 1.0；当 $f_{cuk}=80\text{N/mm}^2$ 时，α_1 取 0.94，其间按直线内插法取用；

N_G——重力荷载代表值的柱中轴向压力设计值。

2. 桁架转换层下部结构柱的截面尺寸可根据满足轴压比限值的要求和转换桁架上、下层剪切刚度比 $\gamma=1$ 来确定。当为一般框架柱时，其轴压比限值见表 7.2-3。当为框支柱时，其轴压比限值应满足第四章表 3-4 的规定。应严格控制转换桁架下层柱的轴压比限值。当采用钢筋混凝土柱难以满足轴压比限值时，桁架转换层下部结构的框支柱可采用型钢混凝土柱、钢管混凝土柱、高强混凝土柱等，以调整截面尺寸，满足框支柱承载能力、刚度及延性等方面的要求。同时应满足第四章有关框支柱的配筋计算及构造要求。

转换桁架下层柱的轴压比 μ_N　　**表 7.2-3**

	抗震设计				非抗震设计
	特一级	一级	二级	三级	
轴压比限值	0.50	0.60	0.70	0.80	0.85

转换桁架相邻下层柱的柱顶弯矩应乘以放大系数 η_t，并且根据放大后的弯矩设计值进行配筋。

$$\eta_t=\left(\frac{M_{cue}^t}{M_c^t},1.6\right)_{max} \tag{7.2-13}$$

式中　M_{cue}^t——转换桁架相邻下层柱柱顶考虑承载力抗震调整系数的正截面受弯承载力值；

M_c^t——转换桁架相邻下层柱的柱顶截面弯矩设计值。

对于薄弱层柱的混凝土也应进行特别约束，箍筋间距不得大于 100mm，箍筋直径不得小于 10mm，并且箍筋接头应焊接或作 135°弯钩，必要时可采用内置型钢的方法来提高柱截面的抗弯承载力。

3. 转换桁架上、下弦杆所在楼层楼面应采用现浇板，其混凝土强度等级不宜低于 C30，楼板厚度不应小于 180mm；并应采用双层双向配筋，每个方向贯通钢筋的配筋率不宜小于 0.35%。在楼板边缘、孔洞边缘应设置边梁予以加强，边梁宽度不宜小于板厚的 2 倍，单侧纵向受力钢筋配筋率不应小于 0.35%。钢筋接头宜采用机械连接或焊接。

采用斜腹杆桁架作为转换构件时，端节点斜腹杆会对桁架下弦端节点产生水平推力，设计中宜将角区楼板适当加厚，并在板内顺应变方向配置加强钢筋，在下弦与楼板连接处加设腋角。也可在角区楼板增设预应力钢筋来平衡此水平力。

4. 分析表明：转换层上、下层楼板也受到较大的影响。因此，设计时也应考虑对转换层上、下各 2～3 层楼板采取加强措施。如适当加大这些楼层楼板的厚度；提高其混凝土强度等级；采用双层双向配筋、每个方向贯通钢筋的配筋率不宜小于 0.25%；且在楼板边缘、孔洞边缘应设置边梁予以加强等。

五、工程实例：律湾广场 9 号楼主楼

1. 工程概况

津湾广场 9 号楼项目主楼地上 70 层，平面尺寸 50.1m×50.1m，地下 4 层，建筑面积约 150000m²，结构高度 292.05m，总建筑高度 299.65m。

本工程抗震设防烈度为 7 度，场地类别为Ⅱ类，基本风压为 0.70kN/m²。

采用钢筋混凝土核心筒-矩形钢管混凝土柱钢框架结构。

由于结构在 1-4 层框架部分需要大空间，故结构第 1-8 层外框架采用 8 根巨柱加 4 根角柱。结合建筑避难层及立面收进的要求，在第 8 层设置全层高的转换桁架，完成由稀柱到密柱的转换。结构自第 9 层起，周边框架的柱距为 4.5m，钢框架梁高为 0.95m。并在第 58 层设置转换桁架。由于建筑立面的多次收进，在结构 51、53、57、63 层设置斜柱。承托上部楼层收进的框架柱。结构顶部收进为圆形，最顶部两层采用钢框架，在收进部位增设钢支撑。主楼计算模型及立面图见图 7.2-4，标准层平面见图 7.2-5。

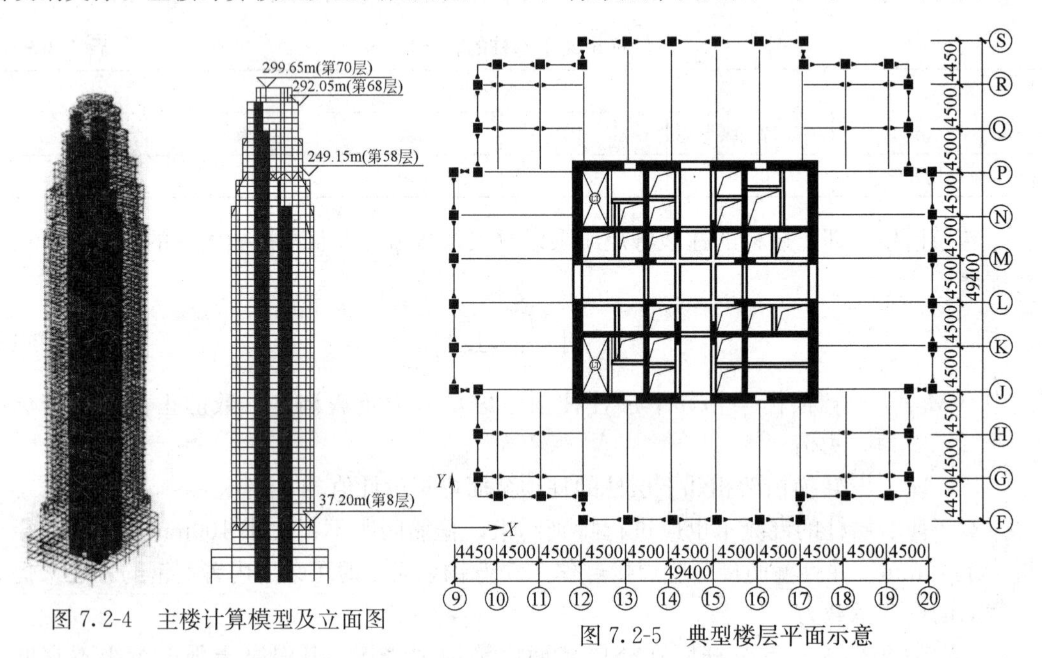

图 7.2-4　主楼计算模型及立面图

图 7.2-5　典型楼层平面示意

第 8 层转换桁架示意见图 7.2-6，杆件截面尺寸见表 7.2-4，第 58 层转换桁架示意见图 7.2-7，杆件截面尺寸见表 7.2-4。

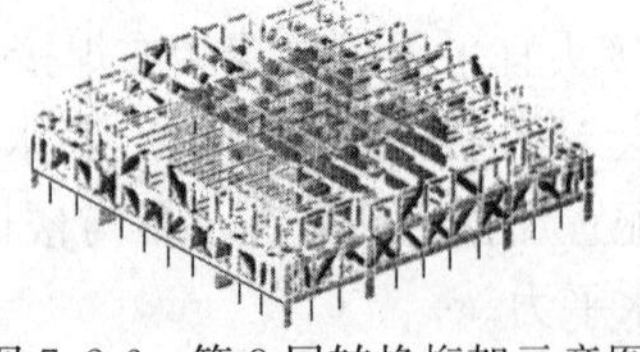

图 7.2-6　第 8 层转换桁架示意图

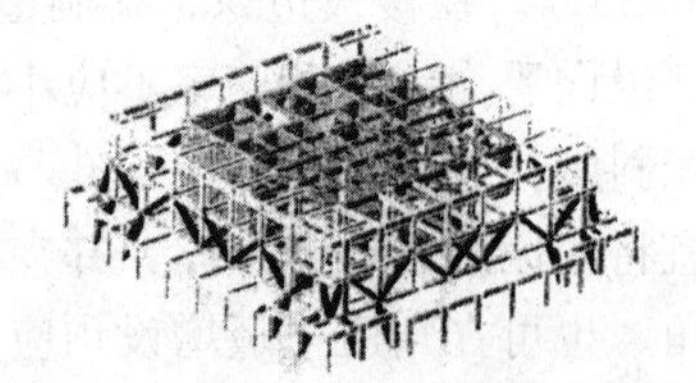

图 7.2-7　第 58 层转换桁架示意图

2. 抗震性能目标

本工程结构主要抗震超限内容有：1）结构高度为 292.05m，超过规范限值 190m；2）楼板局部不连续，第 1 层楼板开洞大于 30%；3）侧向刚度不规则及楼层承载力突变，第

7层侧向刚度及承载力存在不规则情况；4）竖向抗侧力构件不连续，第8，58层存在转换桁架。为此，对结构采用了抗震性能化设计。具体抗震性能目标见表7.2-5。

转换桁架杆件截面尺寸（mm×mm×mm×mm） **表7.2-4**

转换桁架所在楼层	上弦杆	下弦杆	竖腹杆	斜腹杆
第8层	□1200×900×60×80	□1200×90×80×100	□900×900×45×45	□900×900×90×90和□700×700×45×45
第58层	□600×500×20×40	□600×500×26×40	□500×500×30×30	□500×500×30×30

8层及8层以下钢管混凝土转换柱截面尺寸为□900×500×14×20。

结构抗震性能目标 **表7.2-5**

抗震烈度		频遇地震(小震)	设防烈度地震(中震)	罕遇地震(大震)
性能水平定性描述		不损坏	可修复损坏	结构不倒塌
层间位移角限值		1/500	—	1/100
核心筒底部加强区	正截面承载	弹性，特一级	不屈服	底部加强区可形成塑性铰，破坏程度轻微，$\theta<IO$
	抗剪	弹性，特一级	弹性	不屈服，抗剪截面满足限制条件
核心筒普通楼层	正截面承载	弹性，特一级	允许部分剪力墙进入屈服	可形成塑性铰，破坏程度为可修复并保证生命安全，$\theta<LS$
	抗剪	弹性，特一级	不屈服，抗剪截面满足限制条件	允许局部屈服，但抗剪截面满足限制条件
核心筒连梁		弹性，抗震等级同核心筒	允许进入塑性，但抗剪截面满足限制条件	先于墙肢进入塑性，允许塑性充分发展，$\theta<CP$
普通外框柱		弹性，一级	不屈服	可形成塑性铰，破坏程度为可修复并保证生命安全，$\theta<LS$
第8层及以下巨柱及角柱		弹性，特一级	弹性	不屈服
外框梁		弹性，一级	允许进入塑性	可形成塑性铰，破坏程度为可修复并保证生命安全，$\theta<LS$
第8层的转换桁架		弹性，一级	弹性	不屈服
第58层的转换桁架		弹性，一级	弹性	不屈服
桁架转换层及斜柱上下层相关楼板		弹性	不屈服	可进入屈服
其他结构构件		弹性	允许进入塑性	可形成塑性铰，破坏程度严重但防止倒塌，$\theta<CP$

注：θ为构件位移水平。

3. 结构整体计算分析

1）多遇地震下结构分析

结构在多遇地震及风荷载作用下的整体计算采用PMSAP和ETABS软件进行对比分析。根据结构布置情况将嵌固部位选在首层楼板，采用刚性楼板假定，周期折减系数取0.85。主要计算结果见表7.2-6。

典型结构响应指标对比 **表7.2-6**

结构响应		PMSAP		ETABS	
		地震作用	风荷载	地震作用	风荷载
最大层间位移角	X向	1/674	1/1225	1/580	1/1079
	Y向	1/618	1/1154	1/550	1/1090
位移比	X向	1.15	—	1.13	—
	Y向	1.25	—	1.21	—

续表

结构响应		PMSAP		ETABS	
		地震作用	风荷载	地震作用	风荷载
基底剪力/kN	X向	48193	23394	47150	25510
	Y向	46015	23686	49660	24950
剪重比/%	X向	2.23	—	2.20	—
	Y向	2.14	—	2.30	—

均满足规范的要求。

根据《抗规》第5.1.2条第3款关于选波的要求，采用天津市地震工程研究所检测中心提供的5条天然波和2条人工波对结构进行多遇地震时程分析，地震波的峰值加速度均调整为55cm/s²。计算结果表明：多遇地震下对结构的整体分析计算是合理、可靠的。

2）中震弹性计算

结构第8层的转换桁架是本结构中特别重要的部分，计算分析主要验证转换桁架在中震作用下（考虑竖向地震效应组合）构件是否全部满足弹性的抗震性能要求。

转换结构分析中所采用的假定：①楼板按弹性楼板考虑，转换层上下层转换桁架处楼板不考虑膜刚度，即不考虑此处楼板传递的水平力；②转换桁架部分的计算考虑了竖向地震作用，竖向地震作用按照《抗规》第5.3.1条所提供的简化方法进行计算；③转换桁架及其上下层框架地震内力的调整。计算结果表明：中震反应谱工况下，第8层外侧转换桁架腹杆最大应力比为0.511，上弦杆最大应力比为0.368，下弦杆最大应力比为0.814；内侧转换桁架腹杆最大应力比为0.807，上弦杆最大应力比为0.800，下弦杆最大应力比为0.800，应力比均小于0.85，可见第8层转换桁架满足中震弹性要求。另外转换桁架最大挠跨比为（1/2881）＜（1/400)，满足正常使用极限状态要求。

采用PERFORM-3D软件对结构进行非线性动力时程分析。计算分析第1个分析步是施加重力方向荷载，包括结构自重、全部恒荷载与0.5倍的活荷载。第2个分析步为输入地震时程：采用天津市地震工程研究所检测中心提供的2条天然波和1条人工波进行罕遇地震时程分析；采用三向输入法，将地震主方向峰值加速度调整为310gal。地震主、次方向与竖向的峰值加速度比值为1∶0.85∶0.65。

计算结果表明：结构在罕遇地震作用下的最大层间位移角小于规范规定的1/50的限值要求；

结构在罕遇地震作用下各构件的性能状态亦满足性能目标要求。因此，结构设计满足预先设定的性能目标。

3）转换桁架的补充分析计算

考虑到第8层的转换桁架对于本工程的重要性，还对其进行了补充分析计算：

（1）第8层的转换桁架下悬吊部分的深化计算分析

第8层的转换桁架不仅承担其上部荷载作用，还悬吊了3层外框柱，因此结构悬吊构件安装情况的模拟是否准确是模型正确与否的关键步骤，分别以考虑施工模拟和不考虑施工模拟两种情况分析转换桁架悬吊构件的受力，并考虑竖向地震作用。采用ETABS软件自带的施工顺序模拟功能进行桁架施工模拟。按最不利情况进行包络设计。

（2）第8层的转换桁架的施工方案分析

考虑施工安装过程对转换桁架的影响，以保证施工的可行性，并针对其中的难点提出解决方案。

① 由于建筑立面收进，桁架角部采取了主、次桁架结合的形式来完成上部外框柱的转换。节点杆件多，夹角小，故桁架角部节点采用了铸钢节点，选用 GS20Mn5V 钢材，并对其化学成分、力学性能提出相应要求。

② 通过对多方案的比选，对桁架分段进行了优化，既保证了单个分段的重量不致太大，减小吊装难度，又通过合理的分段，减少高空焊接量，并将高空焊接点远离节点受力最大处，达到了各方面的平衡，并经过比较提出的安装顺序如下：a）主体结构安装至第4层顶部时，其上楼面梁停止安装，仅巨柱、角柱向上继续安装；b）安装第8层的转换桁架；c）安装其上部的外框柱，可同时安装第6、7层的吊柱及相应的楼面梁；d）待主体结构施工完成后，再安装第5层的吊柱，形成完整的结构。

施工中应注意：a）安装全程要做好全程沉降观测，以便及时调整方案；b）结合总体工程的进度，若较早进行幕墙安装，则第5层吊柱最后安装的想法难以实现，根据幕墙安装的进度、即时的沉降量及预估的沉降变形量，采取长圆孔预留沉降变形量，待主体变形稳定后再焊牢。

③ 临时桁架的设计

转换桁架下部第5、6层之间需设置临时桁架，将转换桁架的荷载通过临时桁架传递到下部巨柱及角柱上，以实现转换桁架与其下部吊柱的相对独立。临时桁架采用截面尺寸为□500×500×20×20的箱形钢，并设置千斤顶，以调节转换桁架标高。

第三节　实际工程举例

一、嘉洲翠庭大厦

嘉洲翠庭大厦为一综合性高层建筑，地下2层，地上主楼25层，裙房14层。地下部分主楼和裙房连为一体不设结构缝，地上部分用防震缝分开成两个结构单元。主楼檐口高度75.9m，总建筑面积26000m^2。见图7.3-1。

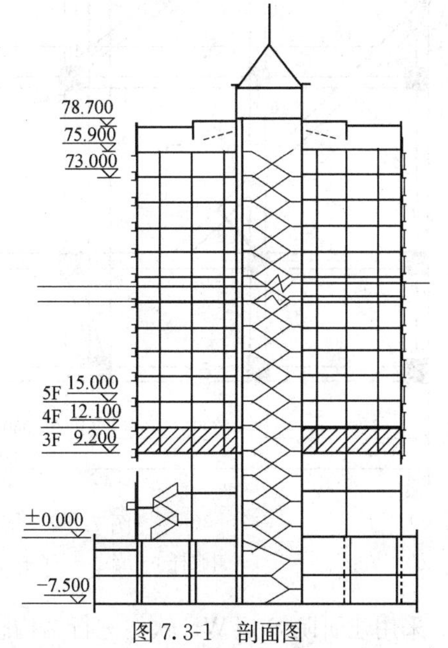

图7.3-1　剖面图

主楼平面中央利用楼电梯间设置剪力墙核心筒。由于1～2层为商场，需大开间，故采用正交大柱网框架-核心筒结构。2层以上为住宅，需小开间，故采用短肢剪力墙-核心筒结构。结构除中央核心筒剪力墙沿整个高度直通外，上、下两部分柱网成45°斜交。柱网与结构体系同时进行转换，给设计增加了很大难度。

1. 转换结构形成的选择

为了合理、经济地确定转换结构形式，对实腹转换梁和桁架转换进行了分析比较。

转换层设置在第三至第四层，两种转换形式的转换构件平面布置基本相同。实腹梁转换方案仅沿正交柱网布置转换主梁，斜交柱网布置转换次梁，考虑第二层楼层净空要求，转换梁设在第四层；转换梁上的剪力墙是沿上部斜柱网布置的短肢剪力墙（实际构造可视为柱的翼缘），通过转换次梁传至正交柱网的转换主梁上，荷载形式为集中作用，与典型框支剪力墙转换结构完全不同，梁的弯矩、剪力都很大。桁架转换方案则在相应位置布置主、次桁架，桁架上弦设在第四层，下弦设在第三层。上弦杆短肢剪力墙处下设斜腹杆，短肢剪力墙及其传来的荷载作为节点集中荷载，把实腹梁的弯、剪效应基本转变为腹杆的轴向力。

转换桁架下弦平面结构布置见图 7.3-2。

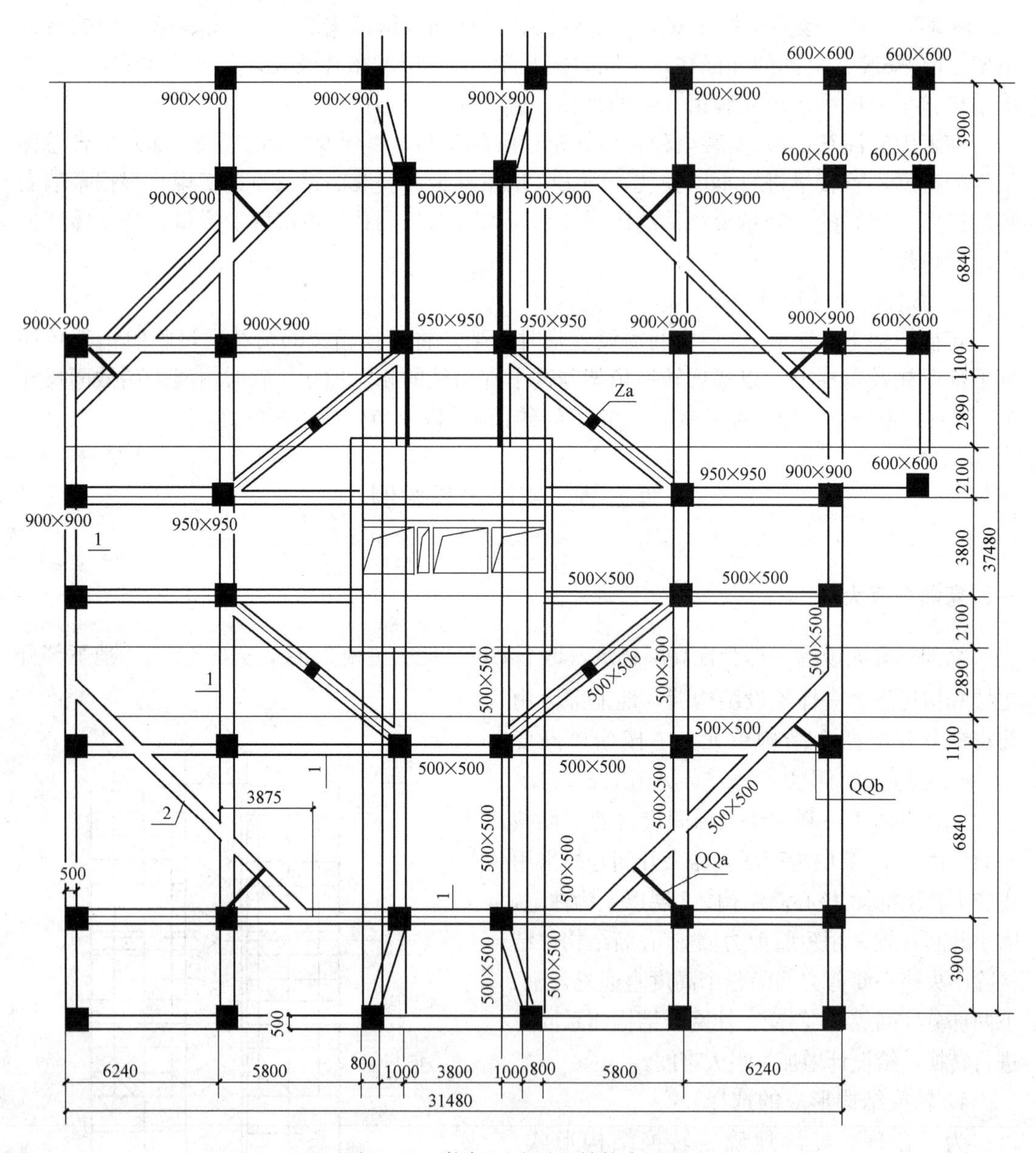

图 7.3-2　桁架下弦平面结构布置图

1—斜腹杆主桁架；2—直杆空腹次桁架（QQa，QQb、Za）桁架竖杆

采用建研院 SATWE 软件进行结构整体分析，表 7.3-1 为结构整体分析的部分计算结

果，位移反应包络图、层间位移角反应包络图见图 7.3-3、图 7.3-4；两个方案中取一榀典型转换构件在竖向荷载及地震作用下各杆件的内力，见图 7.3-5、图 7.3-6。图中括号内数字为地震作用下的内力。

SATWE 整体分析部分计算结果 **表 7.3-1**

主要参数		实腹转换梁	转换桁架
基本周期 T_1(s)		2.189	2.293
结构总重 N_{max}(kN)		583928.9	544572.9
基底总剪力 V_0(kN)		6492.78	6292.50
基底总弯矩 M_0(kN·m)		260744.8	228193.1
质量 G(t)	总质量 G_0	58830.0	55851.0
	第三层质量 G_3	1990.0	2010.0
	第四层质量 G_4	2509.0	2310.0
剪力系数(%)		1.09	1.13
转换层与相邻层层间位移	$\Delta u_3/h_3$	1/2606	1/2708
	$\Delta u_4/h_4$	1/3529	1/2448
顶点位移与地震作用之比(u/H)		1/2171	1/2063
层刚比 γ	标准层/转换层($\gamma_上$)	0.90	0.80
	转换层/框支层($\gamma_下$)	1.40	1.60

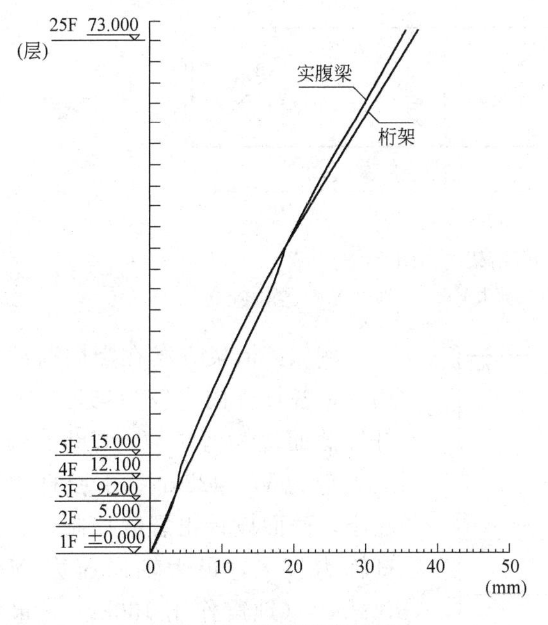

图 7.3-3 位移反应包络

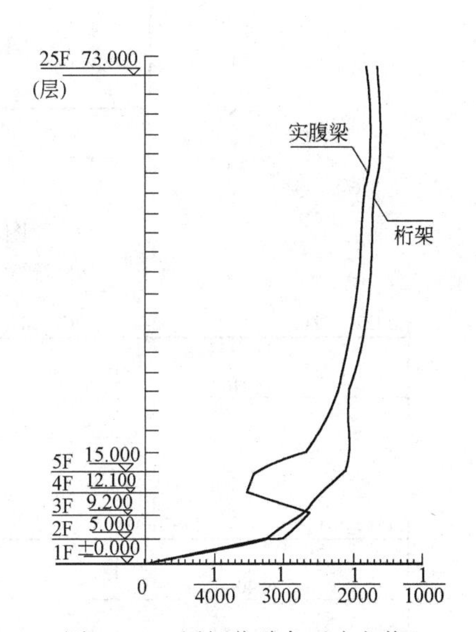

图 7.3-4 层间位移角反应包络

由表 7.3-1 可以看出，两个方案结构基本周期接近，桁架方案基本周期略长，侧向刚度稍弱于实腹梁方案。但结构整体刚度差别不大。桁架方案转换层上、下楼层侧向刚度变化相对较平缓（上层 1/2448，下层 1/2708，层差 10.62%），而实腹梁方案则显示出突变的特点（上层 1/3529，下层 1/2606，层差 26.15%）；楼层质量分布：实腹梁方案质量大，且集中在上层，桁架方案质量小，且重心下移，底部总剪力、总弯矩都比实腹梁方案减少了，说明结构抗震性能得到一定的改善。

计算分析表明：整个结构主要由地震作用控制，但转换层构件主要承受上部结构传下来的竖向集中荷载，转换层构件（杆件）截面设计主要由竖向荷载作用控制，水平地震作用的影响较小。同时，从图 7.3-5、图 7.3-6 可以看出：桁架方案和实腹梁方案两者的杆件内力差异较大。

(−11) (−3) (−14) (−11)
−428 −192 −113 −74 −71 −17 −67 +25
(+6)
−40(−6) −6 +41 (+1) −7(−5) +10(+4) −15(−2)
−66(−3) (+2) +27 −13(−3)
−260 −354 −128 −36
+289 +45
2900
6840 6100
(a)
−442 −418 +50 −26 +61 −26 +90 +7
−27(−3) −27(−3) +31(+3) +31(+3) −7(−1) −7(−2) +7(+1) +7(+1)
+189 −226 +85 −55
2900
6840 6100
(b)
(−6) (+3) (−1.4) (−1.1)
−434(−142) −1692(−136) −884(−272) +576(+254)
+2 +0.2
2900
6840 6100
(c)

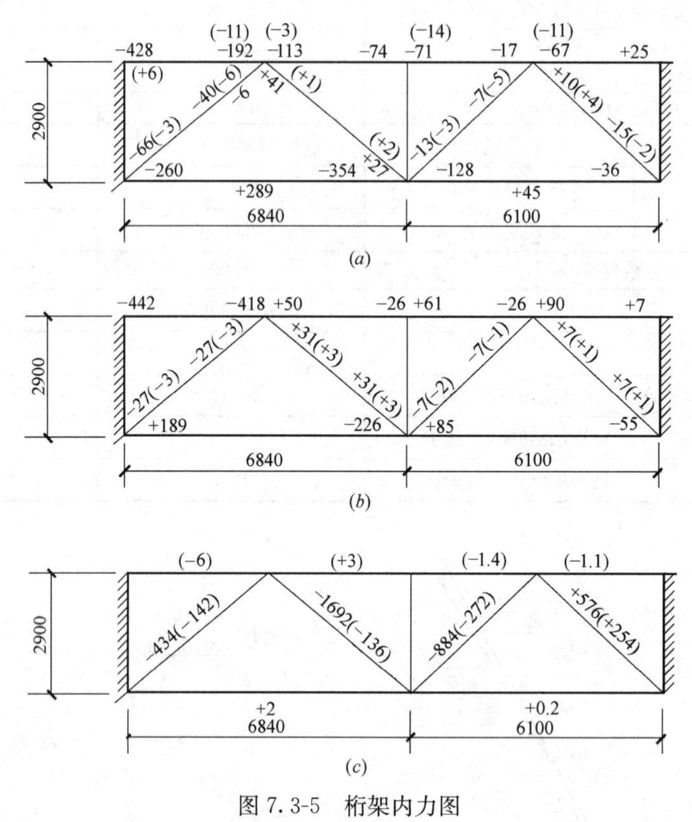

图 7.3-5　桁架内力图

（a）弯矩 M；（b）剪力 V；（c）轴力 N

−1427(−22) −2448 −1677(−68)
+2208(+144) +553 +791
6840 6100
(a)
+1543(+12) −1492(−37) −511(+22) +298(+22)
6840 6100
(b)
+22 −1
6840 6100
(c)

图 7.3-6　梁内力图

（a）弯矩 M；（b）剪力 V；（c）轴力 N

例如：桁架方案在竖向荷载作用下，各杆件内力较为均匀。上弦杆件截面最大弯矩 M=428kN·m，最大剪力 V=422kN；下弦杆内力较小，截面设计由裂缝控制；斜腹杆轴力较大，最大轴向压力 N=1692kN（地震作用 136kN），最大轴向拉力 N=576kN（地震作用 254kN）。设计中为便于施工，减少模板，上、下弦杆及腹杆截面尺寸统一取 500mm×500mm，上、下弦杆截面总高度 1000mm，扣除下层板厚 180mm，下弦实际增加高度仅

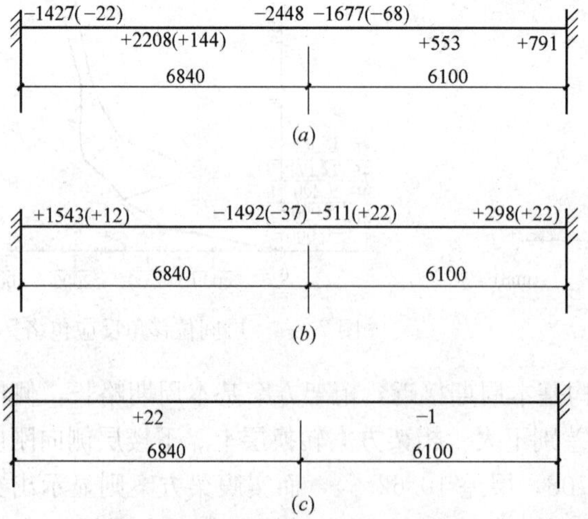

为 320mm。

而实腹梁方案梁截面最大弯矩 2448kN·m，最大剪力 V=1543kN，较桁架方案上弦杆件截面内力分别增大了 5.7 倍和 3.5 倍。按控制截面计算，梁的截面尺寸为 500mm×1300mm。

由上述分析可见，采用桁架方案可以通过灵活设置腹杆合理转换竖向荷载，特别是在抗震设计中，结构的整体刚度、层间刚度、楼层质量及相应的内力较为均匀、合理。

桁架方案截面尺寸小，自重轻，按混凝土体积折算厚度，桁架方案仅为 0.705m，而实腹梁方案为 0.844m。

桁架方案增大了楼层净空高度，可以充分、有效地利用建筑空间作休闲活动中心。而实腹梁方案占据楼层很多建筑空间，原设计转换层层高 2.9m，但转换梁高 1.3m，楼层净空高度 1.6m，仅为半层高度。这样的楼层净空高度建筑使用上已很难利用。

从构造上看，实腹梁方案需用主次梁多级转换，传力复杂。而采用斜腹杆主桁架和空腹次桁架构成了很好的空间转换结构形成。避免了多级转换的复杂传力路径，传力明确、简单，空间性能好。

经以上分析比较，最后确定采用桁架转换方案。

2. 转换桁架的构造设计

1）整体计算时端斜腹杆按斜撑（柱）输入。由于桁架的端竖杆均为层间柱，上弦节点荷载通过斜撑（柱）传至层间柱的端节点，从计算结果来看，水平推力不大，下弦杆的轴向拉力也不大。考虑使用期间桁架承受较大的静载，为减少裂缝开展，下弦杆按纯弯构件验算正常使用条件下的裂缝宽度；加配 4 束 7ϕ^{s}5 无粘结预应力钢丝束，使理论计算裂缝宽度控制不大于 0.05mm，其构造用量为 0.4t，占总钢量的 0.02%。实际竣工至今经多次观察，未发现新的裂缝，使用情况良好。

2）上部荷载分布不均匀，集中在梁柱角部区域。故将该处板加厚至 500mm，其余部分板厚均为 200mm。加厚部分用双向Φ12@200 的 U 形筋与板内面筋底筋结合。梁柱节点均按核心区构造原则加强约束箍筋和拉筋。桁架端杆为框架柱，层高低且节点加腋后形成极短柱，除按核心区构造加强箍筋外，另每边增设 2Φ25 交叉钢筋（图 7.3-7）。

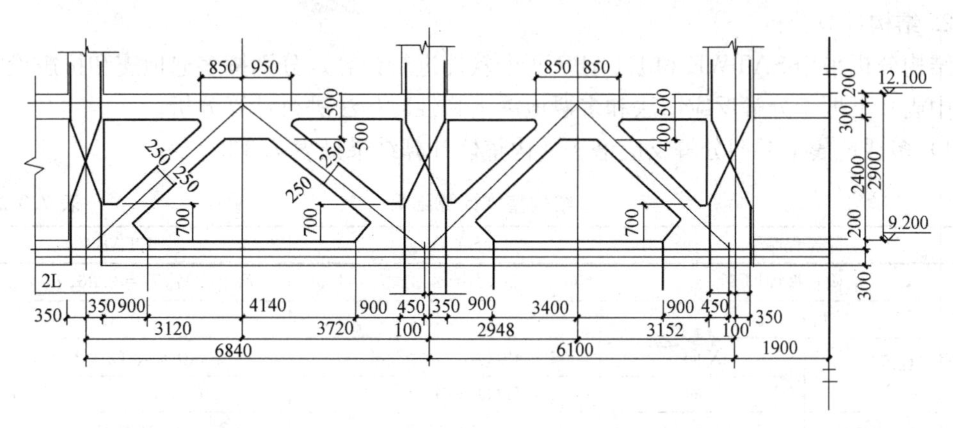

图 7.3-7　斜腹杆主桁架模板图

3）角部区域的短肢剪力墙（见图 7.3-2 中标注的 QQa 和 QQb 构件）一边与柱整体连接，一边为自由端，是框架柱外伸的短肢墙，即可视为柱外伸翼缘，为此将该墙段直接落至转换桁架下弦，一方面加强了转换桁架的空间刚度，另一方面又可将此部分荷载通过与短肢剪力墙相连的框架柱直接传至下层框支柱上，从而大大减轻了桁架的荷载效应。

4）由于桁架斜腹杆杆端存在弯矩，使杆件处于偏压或偏拉状态，同时在地震作用下，内力的增幅远大于上、下弦杆，分别约为8%（压杆）和44%（拉杆），设计中为便于施工，减少模板，腹杆截面尺寸统一取500mm×500mm，但杆件截面配筋则按不同情况分别进行计算，均满足承载能力和正常使用的要求。

二、现代商务大厦

1. 工程概况

深圳市现代商务大厦是集办公和商业为一体的综合性建筑。地下3层，地上32层，结构总高度186.20m，1～6层平面尺寸为44.2m×63.0m，6层以上平面尺寸为44.2m×38.8m，总建筑面积69499m^2。

本工程抗震设防烈度为7度，设计基本地震加速度值为0.1g，地震分组为第一组，抗震设防类别为丙类。位移计算风荷载按50年一遇w_0=0.75kN/m^{2}采用，承载力计算风荷载按100年一遇w_0=0.90kN/m^{2}采用。

由于在15～30层楼层层高均为6.6m，为加强结构刚度并满足建筑节能要求，7层以上外框架柱均按密柱布置，在6层通过桁架转换将上部外框密柱转换为落地稀柱，转换层及其上一层平面见图7.3-8。桁架下弦采用型钢混凝土弦杆，截面尺寸为1200mm×1000mm；上弦和腹杆均为普通钢筋混凝土弦杆，上弦截面尺寸为1100mm×800mm；B桁架中间跨腹杆截面尺寸为1000mm×1100mm，其余截面尺寸均为900mm×950mm。

主体结构采用筒中筒结构，楼盖采用普通混凝土现浇楼盖，核心筒采用钢筋混凝土剪力墙，核心筒四角从地下一层至六层加设芯柱。外框柱转换层以下采用型钢混凝土柱，转换层以上采用钢筋混凝土柱。

2. 结构计算分析

结构分析采用SATWE和ETABS两个软件进行计算。分别按多遇地震和抗震设防烈度（中震）下振型分解反应谱法和多遇地震下弹性时程法进行计算分析。

1）多遇地震下振型分解反应谱法结构整体计算结果见表7.3-2。

结构整体计算结果 **表7.3-2**

计算程序		SATWE	ETABS
结构自振周期		T_1=4.50，T_2=3.31，T_3=1.99	T_1=4.47，T_2=3.36，T_3=1.63
T_1/T_1		0.42	0.37
底层地震力（kN）	X向	24749（Q_{0X}/G_e=2.02%）	23440（Q_{0X}/G_e=1.98%）
	Y向	20677（Q_{0Y}/G_e=1.69%）	19902（Q_{0Y}/G_e=1.62%）
地震力倾覆弯矩（kN·m）	X向	2092391	1931240
	Y向	1862059	1727013
稳定性验算	X向刚重比	E_{jd}/GH^2=6.06满足要求	E_{jd}/GH^2=4.62满足要求
	Y向刚重比	E_{jd}/GH^2=3.07满足要求	E_{jd}/GH^2=3.09满足要求
	两个程序的X、Y向刚重比大于2.7可不考虑重力二阶效应。		

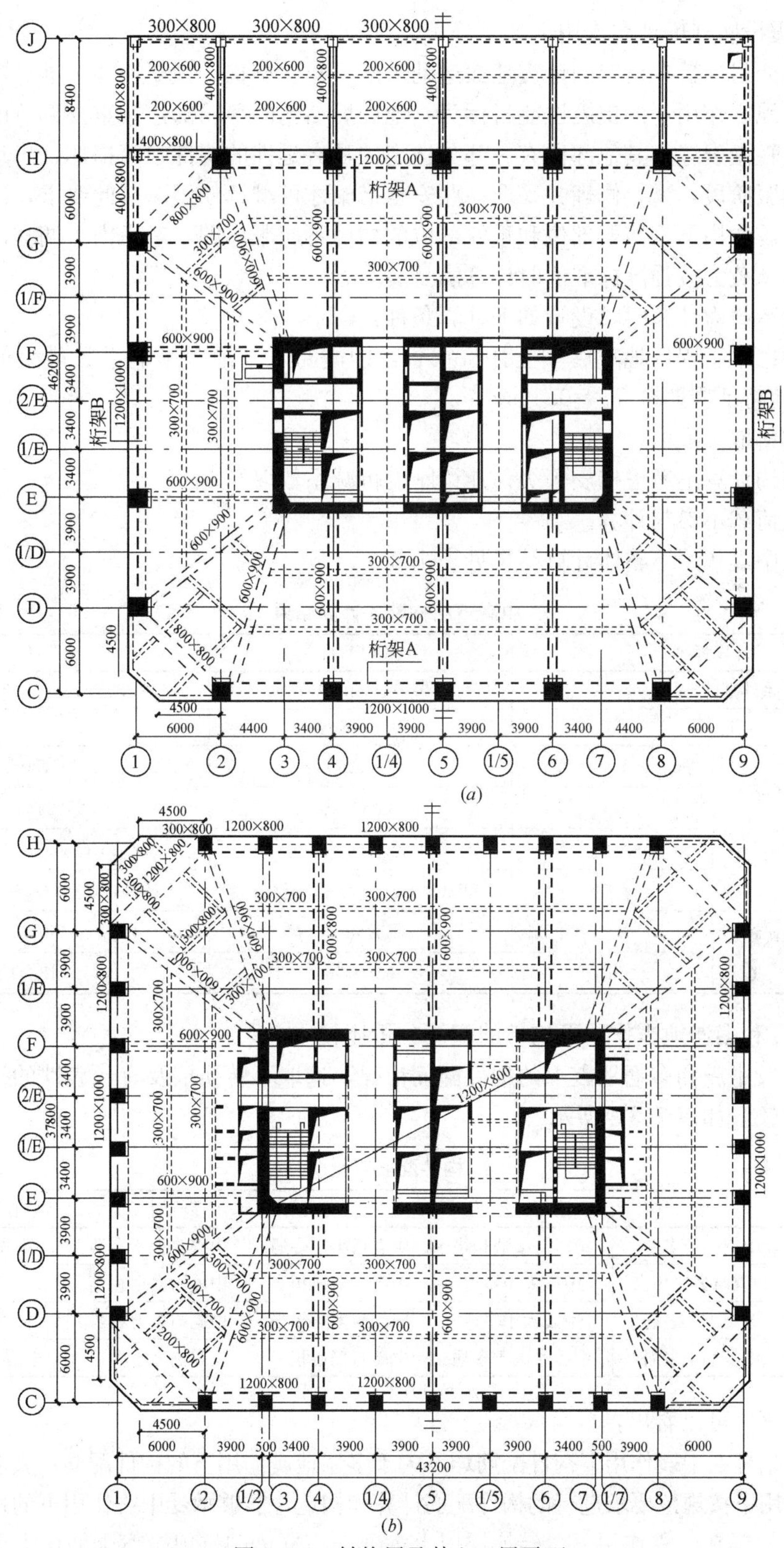

图 7.3-8　转换层及其上一层平面

(a) 六层平面图；(b) 七层平面图

2）抗震设防烈度地震作用下计算分析。

抗震性能目标旨在设定的地震地面运动水准下建筑结构的预期性能水准。本工程在抗震设防烈度地震作用下的抗震性能目标为：地震后结构的薄弱部位和重要部位的构件轻微损坏，出现轻微裂缝，其他部位有一部分选定的具有延性的构件中等损坏，出现明显的裂缝，进入屈服阶段，需要修理并采取一些安全措施才可继续使用。按此要求，结构在抗震设防烈度地震作用下，薄弱部位和重要部位的构件不屈服，即不考虑内力调整的地震作用效应和抗震承载力按强度标准值时计算满足要求。

在结构承载力计算时，设置如下计算条件：

（1）根据本工程场地地震安全评价报告，中震时水平地震影响系数最大值取 $\alpha_{\max}=0.269$，场地特征周期取 $T_g=0.45s$；

（2）材料取标准值；

（3）结构计算不考虑抗震等级，连梁刚度折减系数取 0.5；

（4）风荷载不参与计算。

结构在中震作用下整体计算结果见表 7.3-3。

中震下结构整体计算结果 **表 7.3-3**

计算程序		SATWE	ETABS
结构自振周期		$T_1=4.40, T_2=3.29, T_3=2.10$	$T_1=4.56, T_2=3.42, T_3=1.66$
T_1/T_1		0.48	0.36
最大层间位移角	X 向	1/551(25 层)	1/505(30 层)
	Y 向	1/339(24 层)	1/325(24、30 层)
底层地震力（kN）	X 向	69311($Q_{0X}/G_e=5.67\%$)	72185($Q_{0X}/G_e=5.90\%$)
	Y 向	61699($Q_{0Y}/G_e=5.05\%$)	61645($Q_{0Y}/G_e=5.04\%$)
地震力倾覆弯矩（kN·m）	X 向	5878946	5750153
	Y 向	5280076	5142341

3）中震和多遇地震作用下构件的配筋分析比较。

为了比较中震和多遇地震下的构件配筋情况，选取了转换层及有代表性的楼层进行了构件配筋比较，如表 7.3-4 所示。

构件配筋对比 **表 7.3-4**

	框 架 柱	边 框 架 梁	内 框 架 梁	核心筒外墙	核心筒外墙连梁
首层	中震小于多遇	中震与多遇相当	中震略小于多遇	中震略大于多遇	中震大于多遇
转换	中震与多遇相当	中震大于多遇	中震与多遇相当	中震与多遇相当	中震大于多遇
18 层	中震小于多遇	中震大于多遇	中震与多遇相当	中震与多遇相当	中震大于多遇
顶层	中震小于多遇	中震略大于多遇	中震与多遇相当	中震略大于多遇	中震与多遇相当

由表 7.3-4 可以看出：

（1）框架柱在中震作用下构件配筋均不大于多遇地震作用下的构件配筋，表明框架柱在多遇地震作用下按规范要求进行的构件配筋计算和构造，能够承受中震作用下的地震作用；

（2）框架梁在中震作用下，转换层以上大部分边框梁的抗剪抗弯配筋比多遇地震作用下的构件配筋有所增加，约增加 20%～40%，但未屈服，也未超过抗震等级为一级的框架梁的构造配筋；

(3) 在中震作用下，核心筒剪力墙底部水平分布钢筋和墙肢约束边缘构件纵向受力钢筋略有增加；

(4) 在中震作用下，核心筒剪力墙连梁抗剪抗弯配筋普遍增加，且局部已屈服；

(5) 在中震作用下，转换桁架、桁架斜压杆所需配筋略大于多遇地震作用下的配筋，桁架上、下弦杆配筋有所增加。由于配筋计算采用的是纯弯构件模型，配筋仅体现了弯矩的影响，而桁架主要是轴力起控制作用，故桁架上、下弦的配筋需进一步分析计算。

4) 桁架转换上、下层楼层刚度比的计算。

以桁架转换层上、下楼层侧移刚度比 γ 来表达转换层刚度比的变化：

$$\gamma=\theta_{i+1}/\theta_i \tag{7.3-1}$$

式中 θ_i、θ_{i+1}——第 i、$i+1$ 层层间侧移角，$\theta_i=\Delta_{u_i}/\Delta_{h_i}$；

Δ_{u_i}——第 i 层层间侧移；

Δ_{h_i}——第 i 层层高。

根据以上定义，转换层上层与转换层侧移刚度比 $\gamma'=1.26$，转换层与转换层下层侧移刚度比 $\gamma'=1.12$，转换层及其下层楼层抗剪承载力满足不小于相邻上层的 80%的规定，且楼层地震剪力 X、Y 两个方向由上到下均为逐层递增，转换层未发生明显突变，说明桁架转换层的刚度、质量变化较为均匀。

5) 桁架内力计算采用结构整体计算结果，模型转换层及其上层板采用壳单元，考虑楼板、梁的实际刚度计算梁、板的内力。

3. 桁架转换层的主要加强措施

1) 转换层予以加强。转换桁架下弦采用型钢混凝土杆件，型钢为 H600×600×20×20，控制型钢拉应力比≤0.7；控制斜杆轴压比≤0.6；按标准组合值计算裂缝，控制弦杆支座处裂缝宽度不大于 0.3mm，其余部位裂缝宽度不大于 0.1mm；为了减小桁架局部应力集中和加强节点，在弦杆、斜杆和柱相交处加腋。转换桁架配筋见图 7.3-9，转换桁架下弦与框支柱连接做法见图 7.3-10。

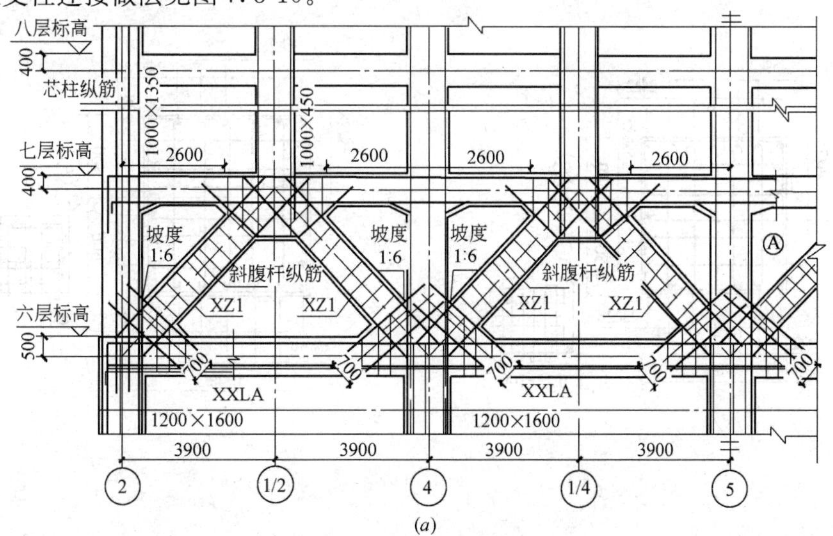

(a)

图 7.3-9 转换桁架配筋图（一）

(a) 桁架 A 立面

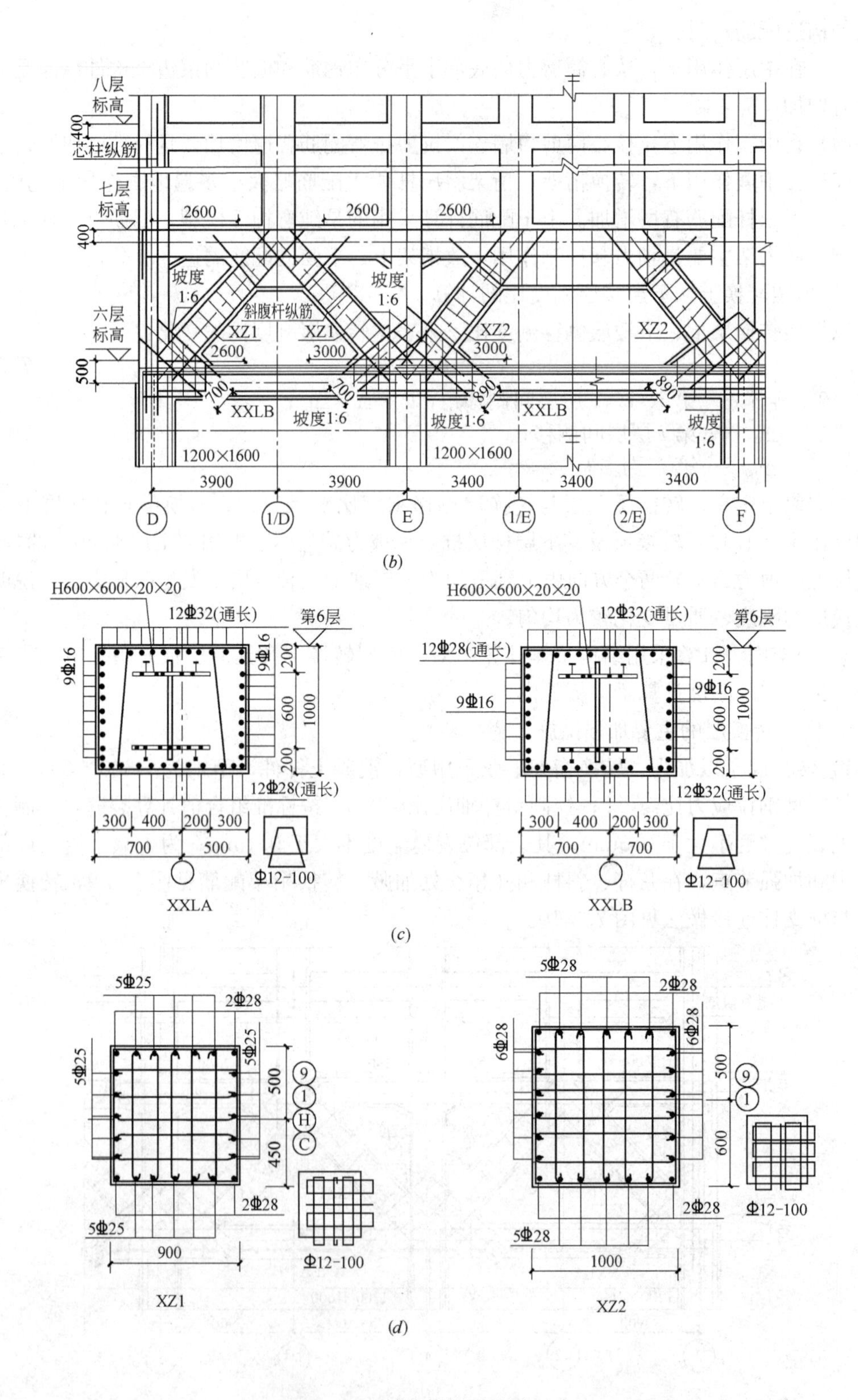

图 7.3-9 转换桁架配筋图（二）

(*b*) 桁架 B 立面；(*c*) 下弦杆配筋（C40）；(*d*) 斜腹杆配筋力（C60）

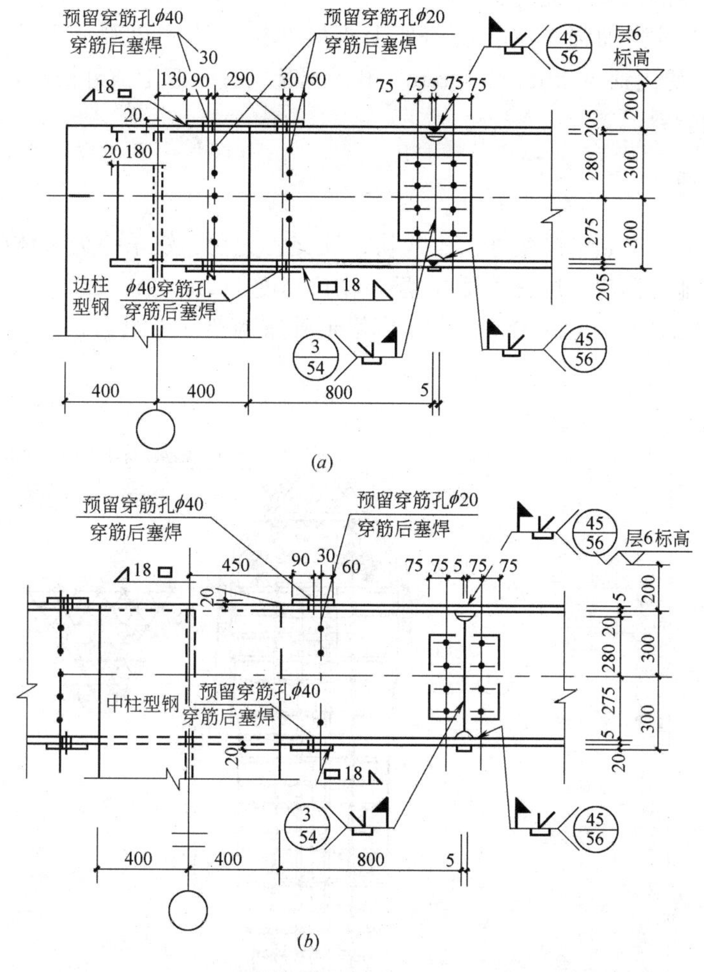

图 7.3-10 转换桁架下弦与框支柱的连接构造

(*a*) 边柱与桁架下弦型钢连接立面；(*b*) 中柱与桁架下弦型钢连接立面

转换层及其上一层楼板加强，板厚加厚为 200mm 并双层双向配筋，沿转换桁架上下弦和核心筒四周根据有限元应力分析结果增加板带暗梁以提高转换层的整体抗震能力和加强楼板抗裂能力。

2）框架柱予以加强。严格控制框架柱的轴压比，以提高延性。框架柱底部加强区控制轴压比不大于 0.70；转换桁架及其下一层框支柱控制轴压比不大于 0.60；标准层框架柱控制轴压比不大于 0.70。为满足“强边柱弱中柱”的设计原则，适当加大边柱截面尺寸并在边柱中设置芯柱。在转换层以下，采用型钢混凝土柱以提高转换柱的承载能力和延性。

3）核心筒加强。底部加强区在核心筒四周设置芯柱，提高剪力墙承载力；加强地下一层至二层核心筒外墙水平筋和底部加强区边缘构件配筋；为保证核心筒内水平剪力均匀传递，核心筒内楼层板厚均为 150mm。

4）加强核心筒连梁的抗剪抗弯能力，加强薄弱部位连梁配筋，同时在核心筒六个出口处的大连梁内设置交叉暗撑，保证连梁的抗剪承载力，使连梁的抗弯屈服早于抗剪屈服，增加结构构件的抗震延性。

5）外框架梁适当加强。从转换桁架上一层开始，外框架梁从下往上截面尺寸由500mm×900mm变化到300mm×700mm，和外框架密柱一起形成外框筒，以增强结构的整体刚度和抗侧能力。

三、深业中心大厦

深圳深业中心大厦是一座集办公、购物、社交、美食、娱乐等为一体的综合写字楼。大厦地下4层，地上裙房6层，主楼34层，檐口高度122m，在122m高混凝土结构顶部设有底面积为24m×24m、高21.2m的金字塔形外露网架（见图7.3-11）。大厦总建筑面积7.4万m^2。

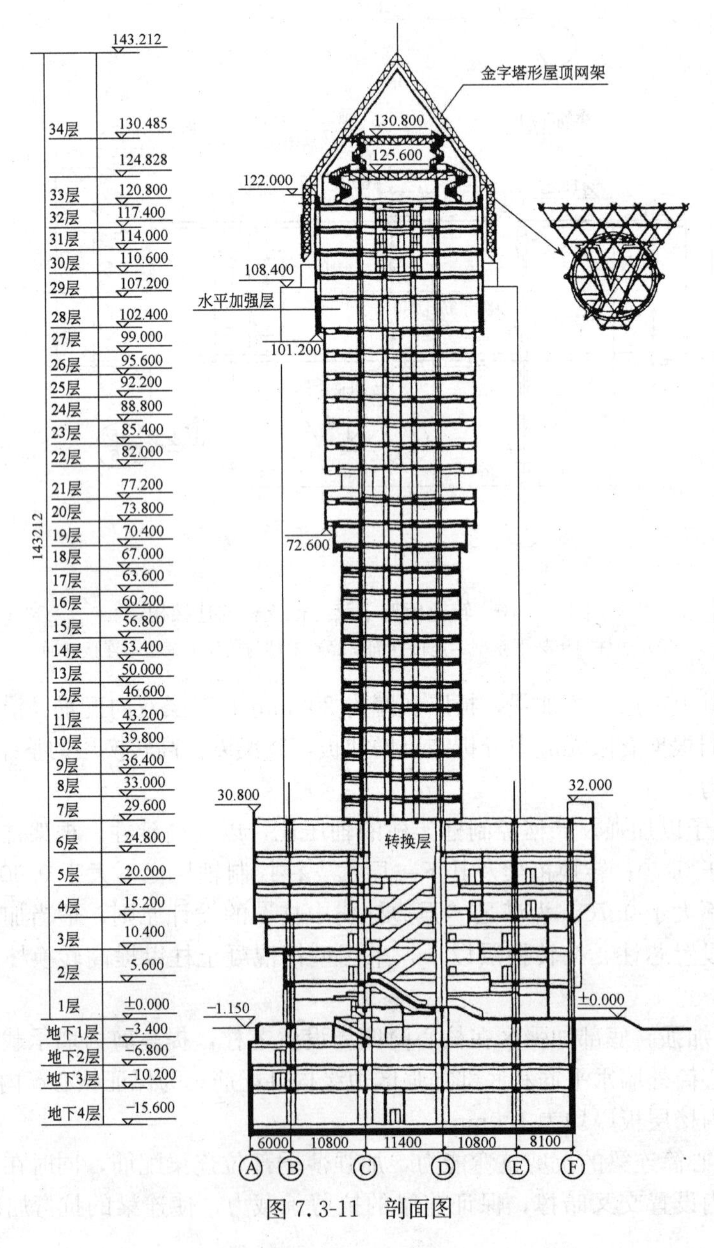

图7.3-11　剖面图

本工程抗震设防烈度为 7 度，场地类别为Ⅱ类，基本风压为 0.70kN/m^2。

1. 转换结构形式的确定

上部结构由两个八字形塔楼及其之间的连接体构成。两塔楼之间的连接体各楼层平面宽度不等。每一塔楼由外框架和内筒组成了框架-剪力墙结构，内筒沿结构整个高度上下直通。由于标准层为办公用房，裙房为购物、娱乐等公用部分，故在第六层以上采用密柱框架，以减小梁、柱截面尺寸，满足建筑对楼层净空高度的要求，并增加建筑使用面积；同时在结构上，可以减小水平地震作用下外框密柱筒体的剪力滞后效应，减小地震作用下的角柱轴向力。六层以下则改为大柱距框架，满足公用部分的建筑功能要求。转换层及标准层结构平面布置分别见图 7.3-12、图 7.3-13。

利用第六层建筑上的避难层设置转换层，对下部外框架进行抽柱转换，转换结构的平面布置见图 7.3-14。

由于内筒较小，为了提高结构的抗侧力刚度，减小结构的水平侧移，同时又可适应建筑造型及相应的结构布置和适应支承塔顶网架结构的要求，在第二十八层又利用建筑要求的避难层设置加强层。每一塔楼的水平加强层采用截面高度为一个楼层高度的大梁，大梁开设洞口以满足机电管线通行的要求，形成空腹桁架。加强层平面布置见图 7.3-15。

转换桁架模板图见图 7.3-16。由于避难层有很多机电管道需要穿行，同时也应满足人行通过，故转换结构采用一个楼层高的空腹桁架。上弦杆在第六层顶面，截面高度为 2800mm，下弦杆在第六层底面，截面高度受建筑净空高度限制取为 800mm，竖腹杆截面宽度为 2000mm，整个转换桁架相当于一个截面很大的梁，均匀开设大洞，洞口大小为 2000mm×1800mm。从而很好地满足了其他专业的功能要求。转换桁架上托 28 层楼层荷载，作用在桁架上弦节点处的最大竖向荷载达 11400kN。

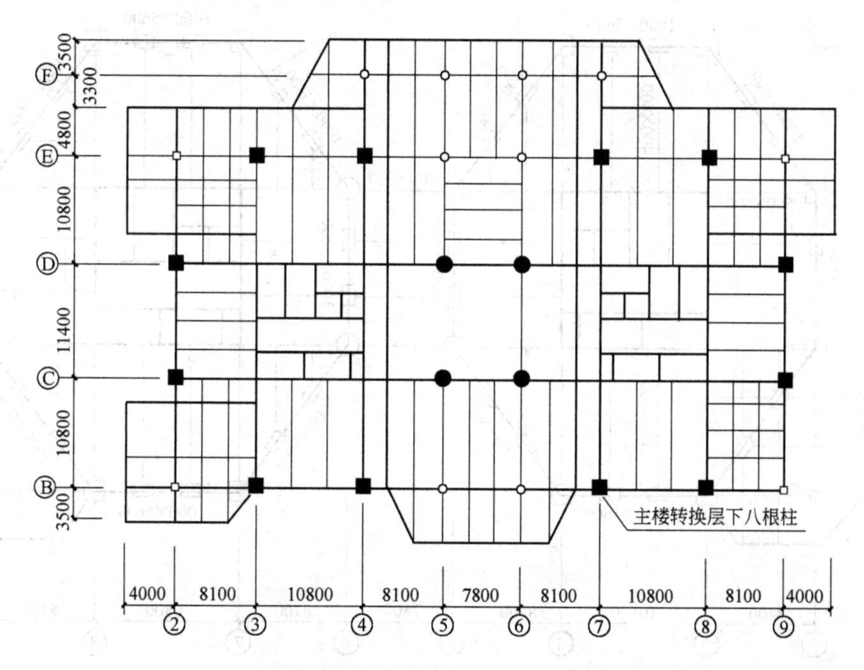

图 7.3-12 转换层以下（公用建筑部分）柱及梁布置图

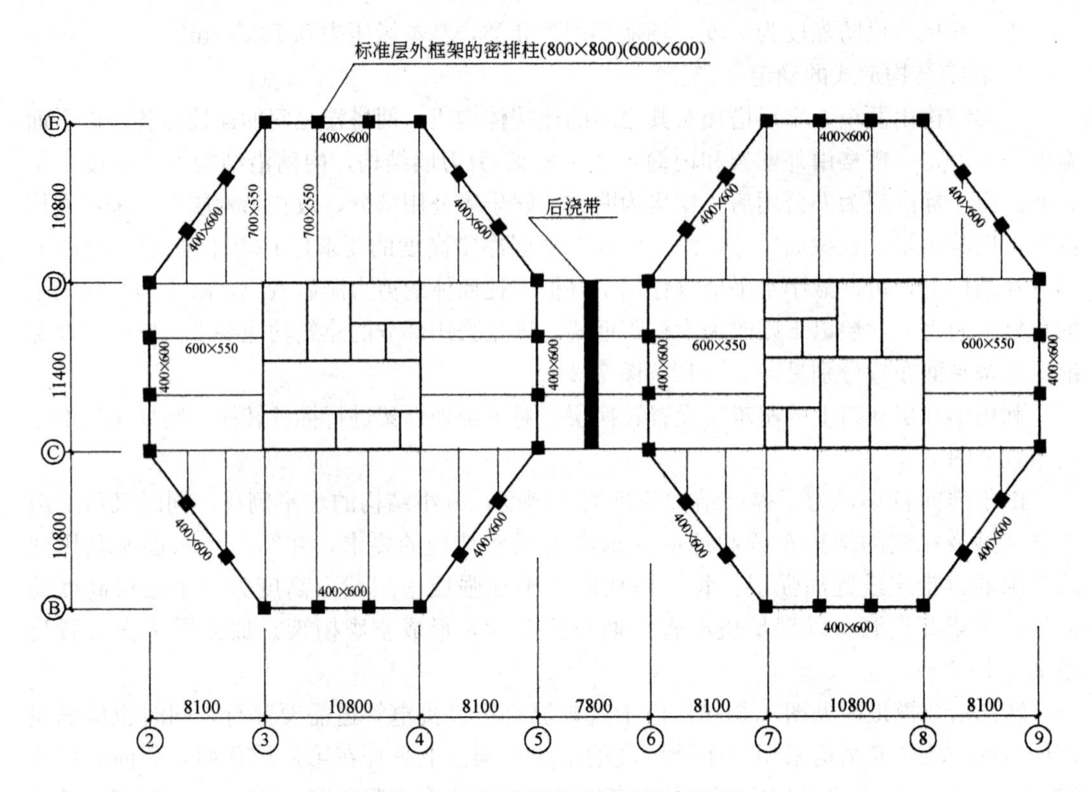

图 7.3-13　标准层柱及梁平面布置图

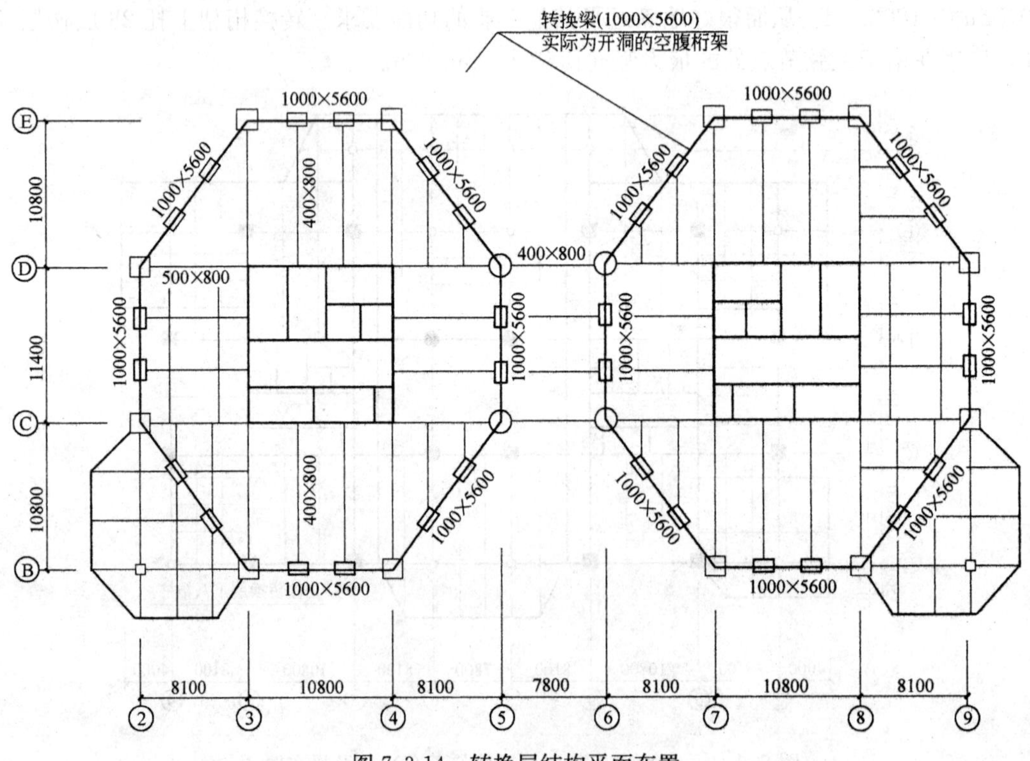

图 7.3-14　转换层结构平面布置

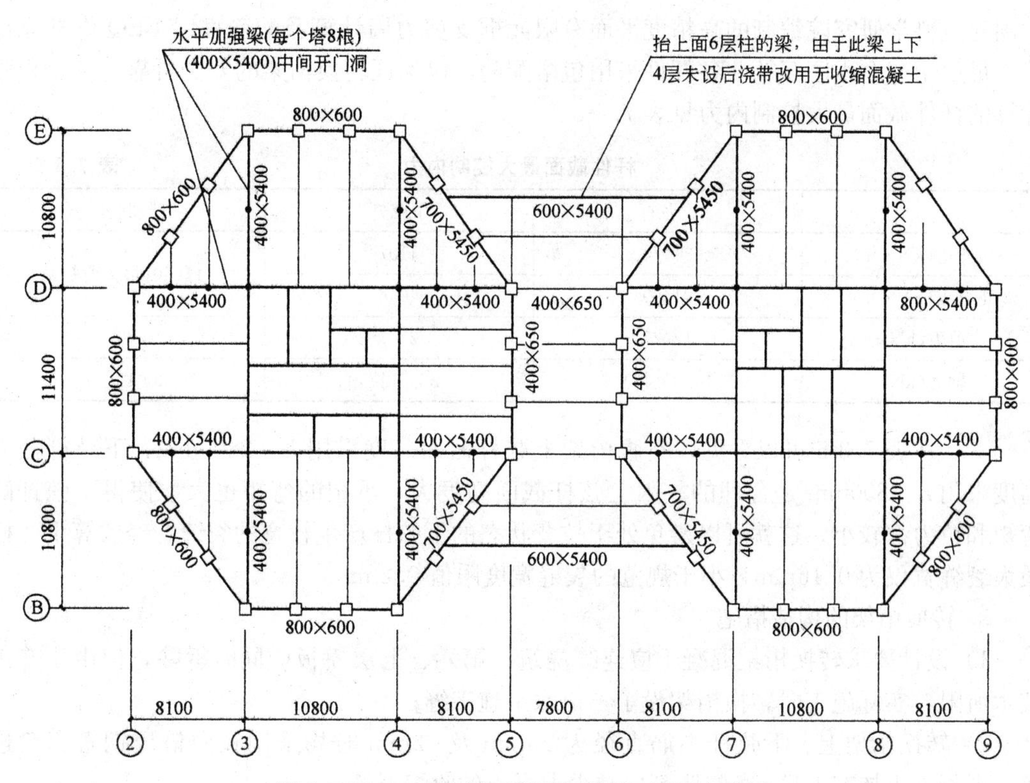

图 7.3-15　二十八层（水平加强层）平面布置图

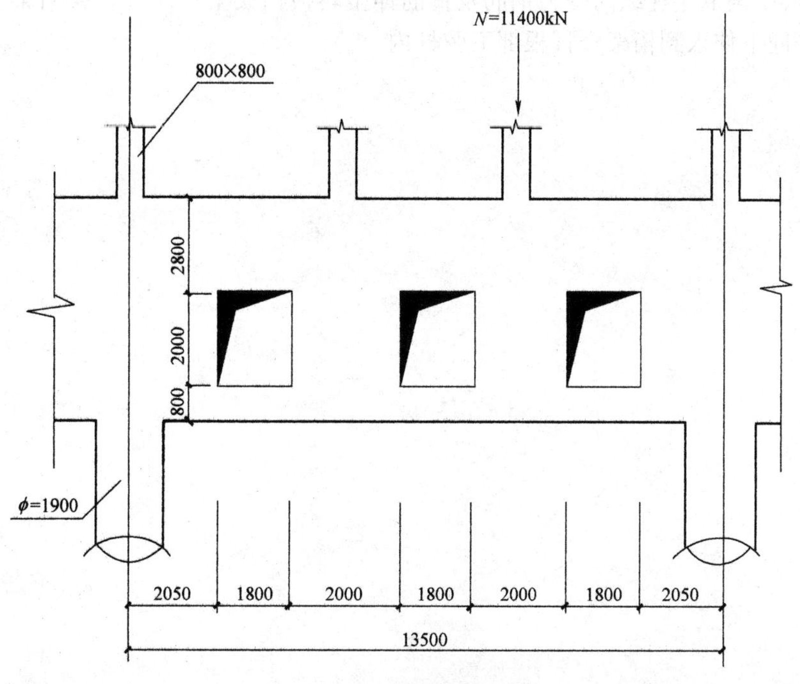

图 7.3-16　转换桁架模板图

2. 转换桁架的计算分析

转换桁架计算以 TBSA 程序为主，同时以机械部设计研究院编制的 PESCAD 程序及中国建筑科学研究院编制的高精度平面有限元框支剪力墙计算及配筋程序FEQ作补充计算。最后用三个程序互补，各杆件采用包络配筋，以保证转换桁架的安全可靠。三个程序计算的杆件截面最大控制内力见表7.3-5。

杆件截面最大控制内力 表7.3-5

	上弦杆	下弦杆	竖腹杆
负弯矩(kN·m)	31474	4107	11150(最大弯矩)
正弯矩(kN·m)	21499	4046	
剪力(kN)	12927	2707	5101
轴力(kN)	12285(拉)	3855(拉)	2001(压)

从表7.3-5可以看见，空腹桁架上弦杆截面高度采用$h=2800$mm，下弦杆截面高度采用$h=800$mm是合理的。因上弦杆截面高度大，承担的弯矩也大，使得下弦杆的弯矩和拉力都较小，这就可以避免处于拉弯状态的下弦杆产生较宽的裂缝。经验算下弦杆最大裂缝宽仅为0.16mm，小于规范的裂缝宽度限值0.2mm。

3. 转换桁架的构造措施

1）设计要求转换桁架混凝土应连续浇筑，第六、七层模板应同时拆除，但由于施工技术所限，实际施工时转换桁架设了二道水平施工缝；

2）转换桁架上、下弦杆主筋直径为25mm及32mm时均采用径向挤压钢管套筒连接，混凝土中掺有UEA微膨胀剂以减少混凝土的收缩裂缝；

3）转换桁架下层柱纵向受力钢筋及箍筋伸至转换桁架上一层，转换桁架上托柱的纵向受力钢筋向下伸入到桁架竖杆根部下弦杆内。

第八章　箱形转换

第一节　箱形转换的适用范围

一、受力及变形特点

箱形转换结构是利用楼层边肋梁、中间肋梁和上、下层楼板，形成刚度很大的箱形空间结构。本章所说的箱形转换，是指在带转换层结构中的水平转换构件采用的是箱形结构而不是实腹梁、桁架等其他转换结构构件。

在竖向和水平荷载作用下，就单榀肋梁而言，当肋梁上托剪力墙时，则此肋梁及上部墙体的受力特点和框支剪力墙相似，当肋梁上托框架柱或小墙肢时，则此肋梁及上部结构的受力特点和抽柱框架的受力特点相似。其变形及受力特点在本书第四章、第五章均有介绍，此处不再赘述。

计算表明：箱形转换结构上、下层楼板和肋梁一起共同受力，刚度大，传力均匀、可靠，整体工作性能好，不仅其抗弯、抗剪能力较实腹转换梁大大提高，而且由于上、下层楼板的承载力可形成一对力偶，平衡肋梁平面外可能产生的扭矩。故抗扭能力以及变形协调能力也较实腹转换梁大大提高。同时，结构整体变形十分明显，使得转换柱受力较为均匀。

对上、下层楼板本身，荷载作用下，除受有局部弯矩外，还承受结构整体弯曲所产生的整体弯矩。此外，上、下层楼板平面内还受有拉力或压力，处于偏心受拉或偏心受压受力状态：顶板（上层楼板）支座区偏心受拉，跨中区偏心受压；底板（下层楼板）支座区偏心受压，跨中区偏心受拉。与普通转换层楼板受力有较大区别。应根据整体计算和局部计算的结果进行内力组合、配筋。所以，按偏心受拉或偏心受压构件计算配筋的箱形转换结构上、下层楼板比一般转换层楼板仅考虑局部弯曲的配筋要大。

二、适用范围

箱形转换结构具有以下优点：

1. 箱形转换结构刚度大，整体性好，受力明确，能更好更可靠地传递竖向和水平荷载，使各转换构件和竖向构件受力较均匀。受力性能优于一般实腹梁转换结构。

2. 箱形转换结构的面内刚度较实腹梁转换层要大得多，而自重相差不大；但却比厚板转换层要小得多，节省材料，减小地震作用，降低造价。

3. 可以满足上、下层结构体系或柱网轴线变化的转换要求，也可以满足上、下层结构体系和柱网轴线同时变化的转换要求。当需要纵、横两个方向同时进行结构转换时，可以采用双向肋梁布置。避免采用框支主次梁的转换方案。

4. 箱形转换结构的空腔部分可以兼做设备层，肋梁可根据建筑功能要求开设洞口，充分利用建筑空间，提高了经济效益。

箱形转换结构的缺点是箱形转换上、下层刚度突变较严重，不宜用在楼层较高的部位。同时转换结构竖向构件受力较大，大震作用下易首先进入塑性状态甚至破坏。应根据规范要求采取合理可靠的加强措施，确保结构安全。此外，箱形转换结构的施工也较麻烦。

箱形转换一般适用于结构的整体转换，也可用于结构的局部转换。既适用于托墙转换，也适用于托柱（小墙肢）转换。

采用带箱形转换层的剪力墙结构，其房屋最大适用高度可按表 2.2-1、表 2.2-2 中的部分框支剪力墙结构取用。采用带箱形转换层的其他结构体系，其最大通用高度应比表 2.2-1、表 2.2-2 中的数值降低 10%～20%。9 度抗震设计时不应采用带箱形转换层的高层建筑结构。7 度和 8 度抗震设计的带箱形转换层的高层建筑结构不宜再同时采用两种或两种以上《高规》第 10.1.1 条所指的复杂建筑结构。

采用箱形转换层的部分框支剪力墙结构，地面以上转换层的设置位置，8 度时不宜超过 3 层，7 度时不宜超过 5 层，6 度时可适当增加。

《高规》第 10.2.9 条条文说明指出：带转换层的高层建筑，当上部平面布置复杂而采用框支主梁承托剪力墙并承托转换次梁及其上剪力墙时，这种多次转换传力路径长，框支主梁将承托较大的剪力、扭矩和弯矩，一般不宜采用。中国建筑科学研究院抗震所进行的试验表明，框支主梁易产生受剪破坏。应进行应力分析，按应力校核配筋。并加强配筋构造措施。条件许可时，可采用箱形转换层。

三、工程实例

佛山市粤荣大厦由主楼和裙房组成，原设计主楼为商场、写字楼和公寓，裙房为汽车库。主楼地下 1 层，地上 28 层，檐高 92.4m，裙房 8 层，檐高 26.1m。总平面呈“L”形，最大尺寸为 91m×54m，柱网 10.9m×10.9m；主楼平面为 34m×35m 的矩形，总建筑面积 59980m^2。该工程停建 4 年后重新做修改设计，对建筑功能进行大调整，除裙房南侧保留小部分车库外，写字楼和公寓均改为综合商场和豪华住宅，主楼由 28 层增至 30 层。五层以下仍为商场，五层为休闲场所，6～30 层为高级住宅。修改后建筑平面和剖面分别见图 8.1-1、图 8.1-2、图 8.1-3。

由于基础和地下室已经完工，因此修改设计确定：结构下部的柱网维持不变，也不改变原设计的结构体系。由于 5 层以下仍为商场，5 层为休闲场所，6～30 层为高级住宅，故需在 5 层设置结构转换层，5 层以下为大开间的框筒结构，5 层以上则为钢筋混凝土剪力墙结构。

1. 转换层结构形式的确定

修改设计方案曾考虑采用普通实腹框支梁式转换层，但存在以下 2 个问题：

一是转换层上部荷载很大，且按户型要求布置的剪力墙与转换层以下的大开间柱网上下完全对不齐，若采用实腹梁转换，则需要通过主次转换梁进行二次转换，受力、构造都很复杂。此外，为满足户型面积要求，各单元外围剪力墙均超出周边框架 1.6m，使得框支转换边梁支承相当于 75m 高的悬墙，产生很大的扭矩，框支梁处于复杂的弯剪扭受力状态；

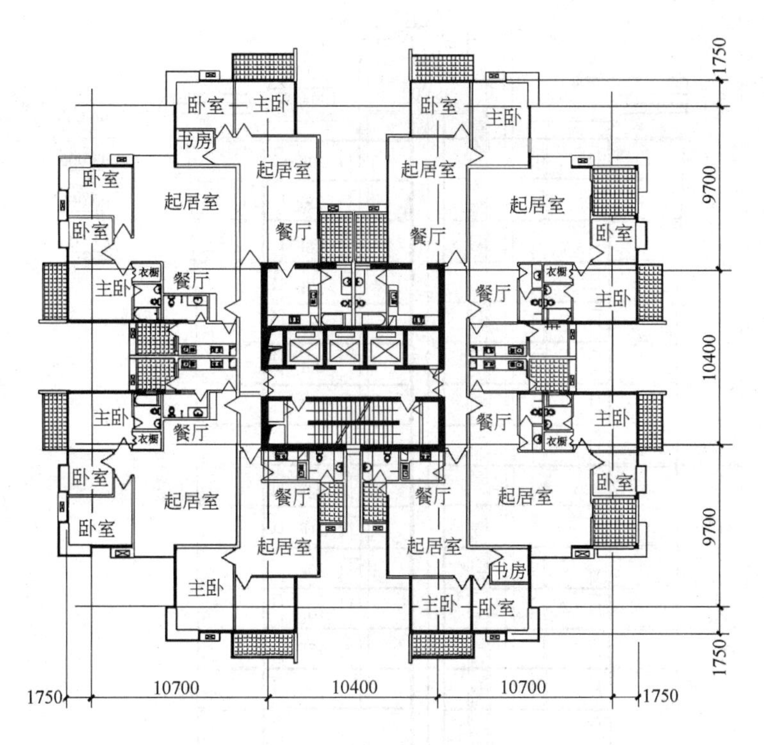

图 8.1-1　标准层平面图

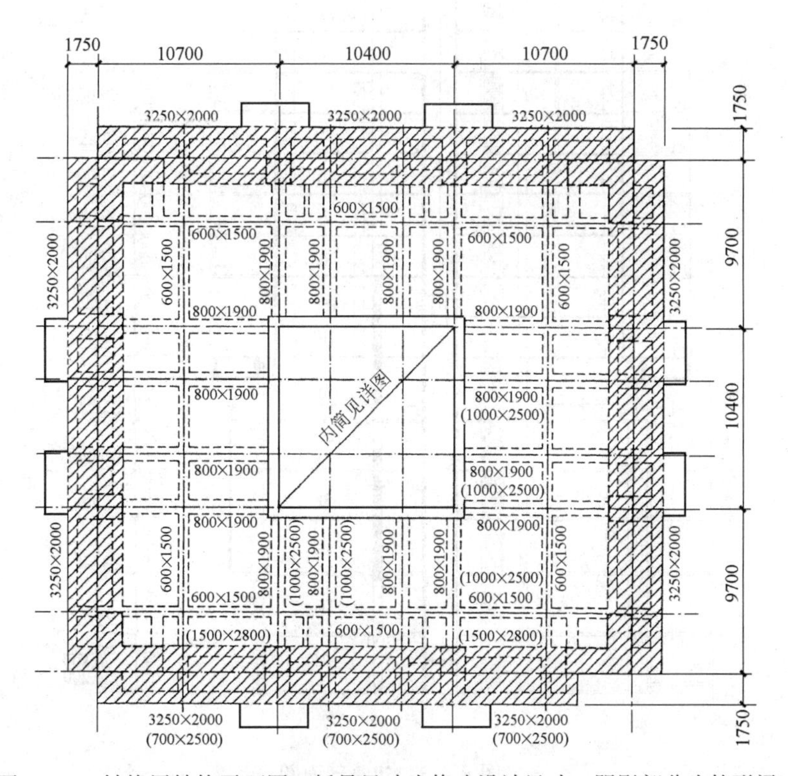

图 8.1-2　转换层结构平面图（括号尺寸为修改设计尺寸，阴影部分为箱形梁）

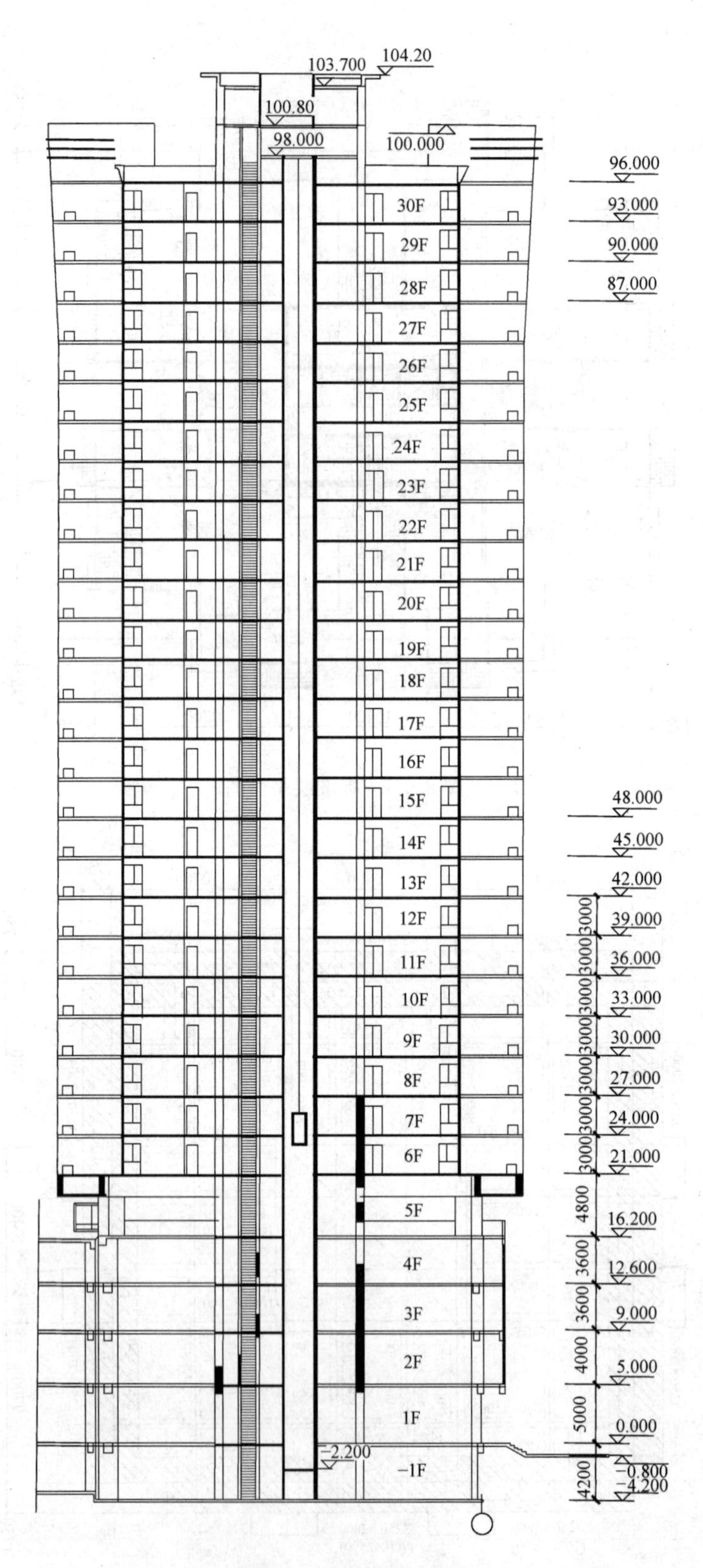
104.20
103.700
100.80
98.000
100.000
96.000
93.000
90.000
87.000
30F
29F
28F
27F
26F
25F
24F
23F
22F
21F
20F
19F
18F
17F
16F
15F
14F
13F
12F
11F
10F
9F
8F
7F
6F
5F
4F
3F
2F
1F
-1F
48.000
45.000
42.000
39.000
36.000
33.000
30.000
27.000
24.000
21.000
16.200
12.600
9.000
5.000
0.000
-0.800
-4.200
-2.200
3000
3000
3000
3000
3000
3000
3000
4800
3600
3600
4000
5000
4200

图 8.1-3　建筑剖面图

二是由于剪力墙与转换层以下的大开间柱网上下完全对不齐，为保证转换层楼盖传递水平力的可靠性，板厚需加厚至 500mm。

根据以上分析，同时考虑到采用普通实腹框支梁方案受原设计和施工条件的限制，决定调整原修改设计方案，调整从框支结构转换构件的刚度入手，并对核心筒和周边框架作相应调整。

1）周边实腹框支梁改为预应力箱形转换梁

原修改设计方案实腹框支梁截面尺寸分别为 1500mm×2800mm（中间梁）和 700mm×2500mm（边梁），为 T 形和 L 形截面。由于弯剪扭荷载效应导致实腹框支梁截面很大，为此，利用箱形梁抗弯、抗扭刚度大，整体性好的特点，将实腹框支梁与上、下层楼板一起构成箱形截面的预应力转换构件——箱形转换梁。箱形梁截面高 2000mm，壁厚 600mm，顶板、底板厚 250mm（图 8.1-4）。为减小箱形转换梁的扭矩，改善箱形转换梁的受力性能，在框支柱上设置支托（图 8.1-5、图 8.1-6）。为使箱形转换梁具有足够的延性，满足抗震要求，预应力筋的拉力和预应力筋及普通钢筋的拉力之和的比值不宜大于 0.75。

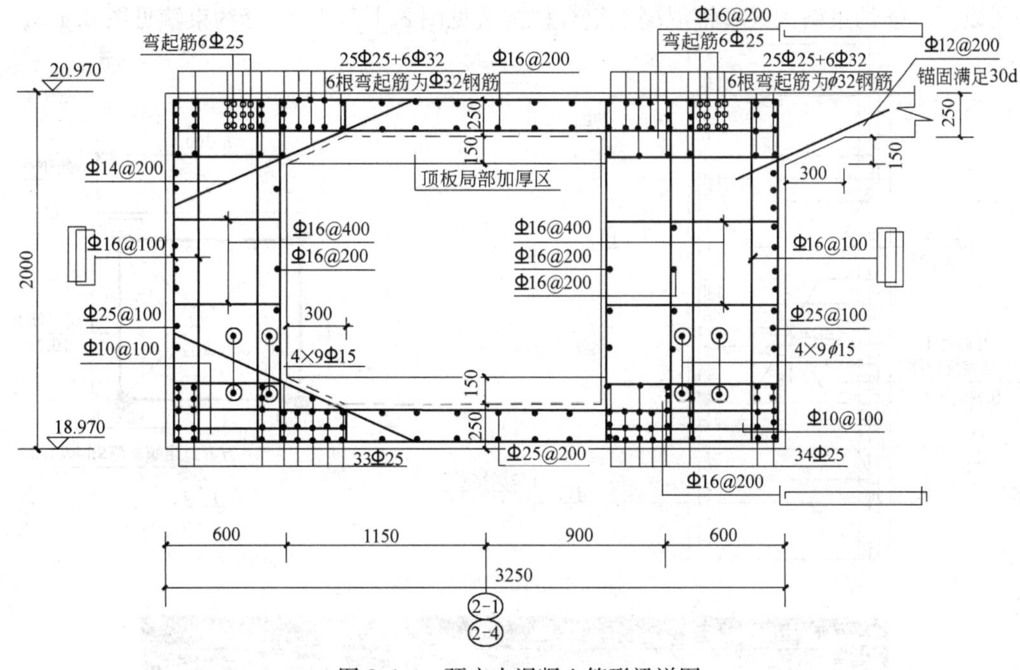

图 8.1-4　预应力混凝土箱形梁详图

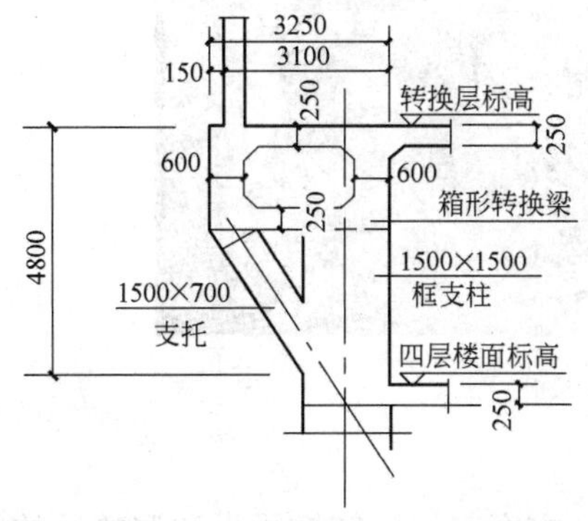

图 8.1-5　框支柱柱顶支托

图 8.1-6　框支柱柱顶支托实景

调整后，转换层板厚由500mm减至250mm，转换梁高度也有所减小，转换层板的折算厚度由1500mm降为900mm，混凝土用量减少40%。结构自重也相应减小，取得了明显的技术经济效益。

2）强约束格构式型钢混凝土柱

原设计地下室顶板预留的钢筋和构造做法均不满足特一级框支柱的要求，原修改设计方案，参照冶标《钢骨混凝土结构设计规程》YB 9082—97和新颁布的行业标准《型钢混凝土组合结构技术规程》JGJ 138—2001，采用“十”字形实腹钢骨混凝土组合柱，这是基于强骨弱箍的设计概念。本工程由于施工中对钢柱脚和增加的纵向受力钢筋的生根问题原有柱预留条件的限制，很难施工。通过模拟地震试验，按“强箍弱骨”的概念对初定的型钢混凝土柱的修改设计进行调整，改“十”字形实腹钢骨为空腹钢骨，并采用双层约束箍筋加交叉筋的构造设计方案。就本工程而言，不设“十”字形钢骨时，柱的轴压比为0.64，仅超出控制值不到7%。采用双层约束箍加“X”形筋的格构式型钢混凝土柱，顺利解决了施工困难，其技术经济指标十分显著，用钢量较规程规定的最大含钢率4.0%低60%以下。强约束格构式型钢混凝土组合柱构造见图8.1-7，型钢套约束箍见图8.1-8。

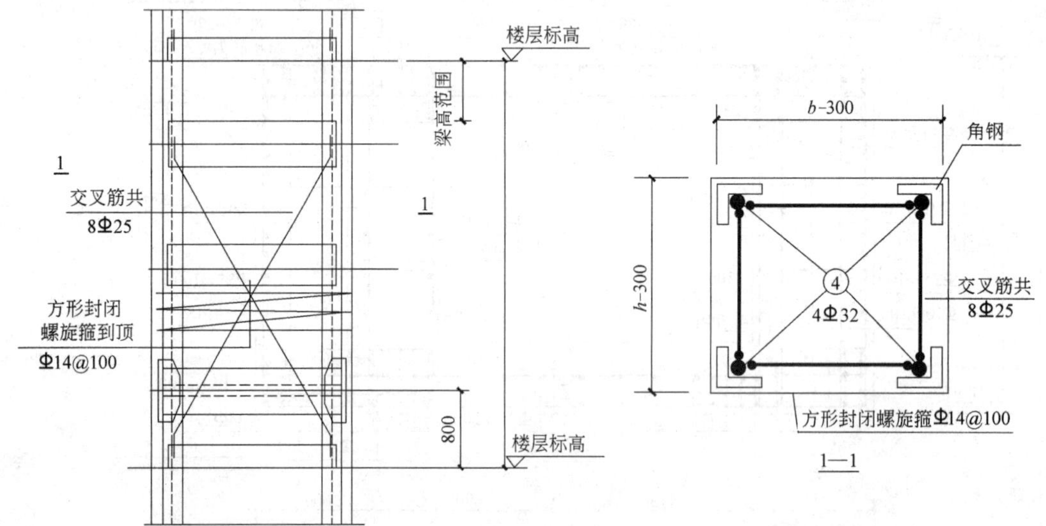

图8.1-7 强约束格构式型钢混凝土组合柱

图8.1-8 型钢套约束箍

2. 两种转换层结构技术经济分析比较

采用SATWE和TAT两种程序对初定修改设计方案（框支转换梁）和调整后的修改

设计方案（箱形转换）进行分析比较（包括时程分析），计算结果表明：两者变化不大，原因是起主导作用的筒体未做大的调整。

采用时程分析对实腹梁框支转换和箱形转换两种方案进行分析比较可知：实腹梁框支转换结构基本周期为 1.78s，箱形转换方案结构基本周期为 2.17s，合理周期为 2.29s（7 度，Ⅱ类场地，$T_g=0.33s$，$\delta=1/800$）；底部总剪力，实腹梁方案 $V_x=12222.57kN$，$V_y=10164.26kN$，箱形转换方案 $V_x=7619.26kN$，$V_y=7795.18kN$；地震作用下层间位移角，实腹梁方案为 1/2858（X 向）、1/2078（Y 向），箱形转换方案为 1/2855（X 向）、1/3385（Y 向）；表明箱形转换方案结构刚度更趋合理。

实腹梁框支转换和箱形转换两种方案技术经济比较见表 8.1-1，可以看出，采用箱形转换方案较实腹梁框支转换方案优越。

实腹梁与箱形梁技术经济比较 **表 8.1-1**

项目名称			实腹梁	箱形梁
楼层净高(m)			5.0−2.8=2.2	4.8−2.0=2.8
混凝土及钢材耗量	混凝土(m^3)		1900	1300
	钢(t)		730	250
梁柱线刚比			2.99∶1	1.33∶1
层刚比	顶(X、Y 向)		—	1.29(X),1.09(Y)
	底(X、Y 向)		—	1.18(X),1.24(Y)
地震效应	总弯矩(kN·m)	X 向	597784.31	411623.91
		Y 向	514995.94	419131.41
	总剪力(kN)	X 向	12222.57	7619.26
		Y 向	10164.26	7795.18
大梁配筋率 ρ (%)	底筋 A_s		1.45(框)+0.98(边)=2.43	1.16+0.25(预)
	面筋 A'_s		0.60(框)+0.98(边)=1.58	0.89
	抗扭纵筋 A_{stl}		1.02(框)+0.48(边)=1.50	0.25
	抗扭箍筋 A_{svl}		0.43(框)+0.56(边)=0.99	0.4

第二节 箱形转换结构的设计方法

本节主要介绍箱形转换结构设计的有关内容。带转换层结构的整体设计和其他构件设计的相关内容，应符合本书第一～五章的相关规定。

一、结构布置

带箱形转换层建筑结构的竖向抗侧力构件布置宜简单、规则、均匀、对称，尽量减少结构刚心与质心的偏心；主要抗侧力构件宜尽可能布置在周边，尤其应注意加强箱形转换层下部结构的抗扭能力。

箱形结构的肋梁应双向布置。根据建筑和机电等专业的功能要求在中间肋梁的腹板上开洞时，应满足实腹转换梁开洞的有关规定。

箱形结构的四周边肋梁应环向贯通以形成封闭的箱体。

当局部转换确有需要采用箱形结构时，局部的箱形转换构件平面宜居中或对称布置，以减小结构的扭转效应。

转换层下部必须有落地剪力墙和（或）落地筒体，落地纵横剪力墙最好成组布置，结合为落地筒体。当转换层上托剪力墙时，落地剪力墙和（或）落地筒体、转换柱的平面布置应符合部分框支剪力墙结构的平面布置要求。

带箱形转换层结构中转换层上、下部结构的侧向刚度比，应符合《高规》附录 E 的有关规定。为了使下部结构的刚度尽量接近上部结构的刚度，可采用加大落地剪力墙厚度、提高混凝土强度等级和加大转换柱截面尺寸等方法。

带箱形转换层结构的上、下层侧向刚度均突变，同时相邻楼层质量差异很大，竖向传力又不直接，是特别不规则的建筑结构。由于结构的地震作用效应不仅与刚度有关，而且还与质量相关，仅限制转换层结构的上、下层侧向刚度，是无法有效控制结构的地震效应的。因此，当转换层结构的上、下层侧向刚度比较大时，应采用弹性时程分析法进行多遇地震下的结构计算，严格控制转换层结构的上、下层层间位移角比，以避免产生薄弱层或软弱层，确保结构具有足够的承载能力和变形能力。

肋梁与其上托的剪力墙或框架柱截面中心线宜重合。

二、肋梁截面尺寸的确定

箱形转换结构可根据转换层上、下部竖向结构布置情况沿双向或单向布置主肋梁。一般宜沿需转换的建筑平面周边设置肋梁构成闭合的箱体，以满足箱形转换结构刚度和构造要求。

箱形转换结构肋梁的截面尺寸，应满足下列要求：

1. 肋梁的截面宽度不宜大于转换柱相应方向的截面宽度，当梁上托墙时，不宜小于上部墙体厚度的 2 倍，且不宜小于 400mm；当梁上托柱时，尚不应小于梁宽方向的柱截面宽度；由于箱形转换层整体平面内存在较大的侧向应力，肋梁应适当加宽，以加强其平面外的侧向刚度。梁截面高度，考虑到由上、下楼板和肋梁组成的工字型截面抗弯能力比普通矩形截面梁有一定程度的提高，故梁截面高度可较框支梁适当减小。一般不宜小于计算跨度的 1/8～1/10。

2. 肋梁的受剪截面控制条件应满足以下要求：

非抗震设计
$$V \leqslant 0.2\beta_c f_c b h_0 \tag{8.2-1}$$

抗震设计
$$V \leqslant (0.15\beta_c f_c b h_0)\gamma_{RE} \tag{8.2-2}$$

初步设计估算肋梁截面尺寸时，可取
$$V = (0.6 \sim 0.8)G \tag{8.2-3}$$

式中 V——肋梁上在所有重力荷载代表值作用下按简支梁计算出的支座截面剪力设计值。当结构为非抗震设计或设防烈度较低时，可取小值，反之应取大值；

G——作用在肋梁上所有重力荷载代表值，按《抗规》第 5.1.3 条计算；

f_c——肋梁混凝土抗压设计强度；

b——肋梁腹板宽度；

h_0——肋梁截面有效高度；

β_c——混凝土强度影响系数；

γ_{RE}——承载力抗震调整系数，取 $\gamma_{RE}=0.85$。

3. 受有扭矩的箱形转换结构肋梁，其截面尺寸尚应满足以下要求：

当 h_w/b(或 h_w/t_w)≤4 时　　$V/bh_0+T/(0.8W_t)\leqslant 0.25\beta_c f_c$　　(8.2-4)

当 h_w/b(或 h_w/t_w)=6 时　　$V/bh_0+T/(0.8W_t)\leqslant 0.20\beta_c f_c$　　(8.2-5)

当 $4<h_w/b$(或 h_w/t_w)<6 时，按线性内插法确定。

式中　b——箱形截面的侧壁总厚度 $2t_w$；

h_0——箱形截面的有效高度；

h_w——箱形截面的腹板净高；

t_w——箱形截面壁厚，其值不应小于 $b_h/7$，此处 b_h 为箱形截面的宽度；

T——扭矩设计值；

W_t——箱形截面受扭塑性抵抗矩，按《混规》第 6.4.3 条的规定计算。

当 h_w/b(或 h_w/t_w)>6 时，受扭构件的截面尺寸控制条件及扭曲截面承载力计算应符合专门规定。

为了保证箱形转换结构的整体受力作用，箱形转换结构上、下层楼板厚度不宜小于 180mm。

三、计算分析要点

带箱形转换层建筑结构的计算分析应分两步走：结构整体三维空间分析和箱形转换层结构的局部有限元计算分析，并应考虑肋梁竖向地震作用的影响。竖向地震作用的计算可按本书第三章有关规定进行。

1. 箱形转换层结构的整体计算方法

带箱形转换层高层建筑结构的整体计算应采用两种不同力学计算模型的三维空间分析程序进行结构整体分析，并应采用弹性时程分析程序作校核性验算。

由于箱形转换层上、下楼层是结构的薄弱层，整体计算时，该层的地震剪力应按《高规》第 3.5.8 条的规定乘以 1.25 的增大系数。并应符合楼层最小地震剪力系数（剪重比）的要求；抗震等级为特一、一、二级时转换构件在水平地震作用下的计算内力应分别乘以 1.9、1.6、1.3 的增大系数。三、四级时增大系数可酌情减小，但不宜小于 1.25。

如何对箱形转换层进行模型化处理，使之最接近结构的实际受力状态是结构分析的关键所在。带箱形转换层结构的整体计算分析，不宜简单地按普通实腹梁式转换层进行计算和设计，避免造成不必要的浪费和可能的安全隐患，应考虑转换层中上、下层楼板的整体受力。应考虑箱型转换层顶、底板的有利作用。

带箱形转换层结构上、下楼层侧向刚度比的验算，应根据工程实际情况，选择合理的计算层高度和计算模型，采取多种方法进行复核。

工程设计上，带箱形转换层的高层建筑结构可采用三维空间分析程序进行整体结构内力分析，宜将箱形梁离散后参与整体分析。箱形梁离散的方法主要有墙板模型和梁模型两种。

1）梁模型

基本假定：

（1）把箱形转换结构根据其主梁的布置方式按《公路桥涵设计规范》离散成位于结构楼层内的Ⅰ字形和⊏字形截面梁系（如图 8.2-1 所示）。箱形梁的抗弯刚度应计入相连层楼板的作用，楼板的有效翼缘宽度为：$12h_i$（中梁）、$6h_i$（边梁），但不应大于梁间距之半，

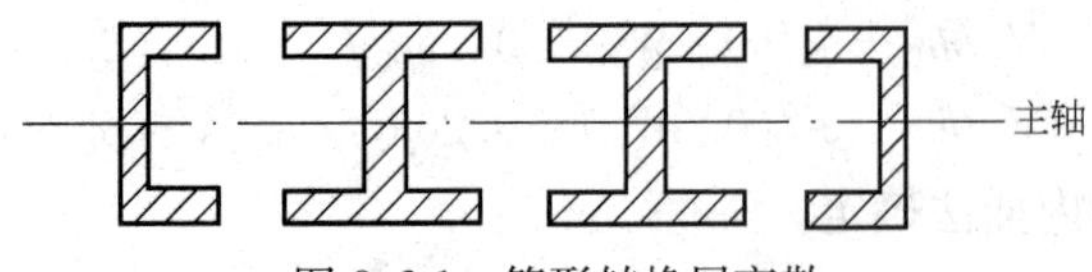

图 8.2-1　箱形转换层离散

h_i 为箱形梁上、下翼相连楼板厚度，不宜小于 180mm。

（2）离散后的梁为空间受力构件，其参数为：

EA——轴向刚度，按实际计算；

GA_1——竖向抗剪刚度，按实际计算；

GA_2——横向抗剪刚度，按实际计算；

EI_1——竖向抗弯刚度，按实际计算；

EI_2——横向抗弯刚度，按实际计算；

EJ——抗扭刚度，令 $EJ=0$。

箱形转换层在整体计算时划分成等效交叉梁系，箱形结构的上、下楼板连同腹板组成Ⅰ字形或［字形截面梁，再折算成等效刚度矩形截面（图 8.2-2）参与计算。等效刚度矩形截面尺寸：

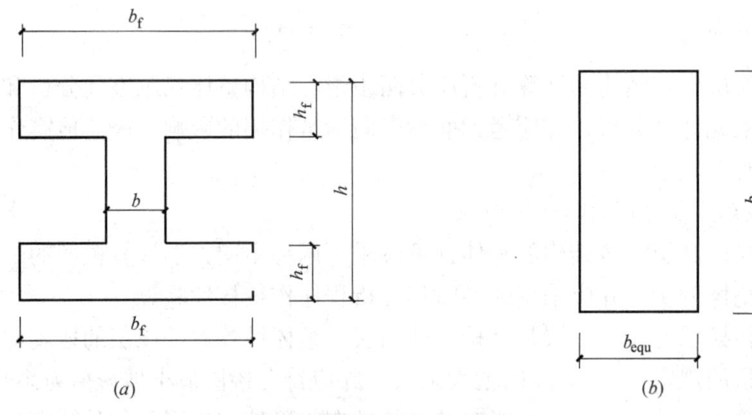

图 8.2-2　箱形梁截面等效

（a）箱形截面；（b）等效矩形

$$h_{equ}=\sqrt{\frac{b_f h^3-(b_f-b)(h-2h_f)^3}{b_f h-(b_f-b)(h-2h_f)}} \tag{8.2-6}$$

$$b_{equ}=\frac{b_f h-(b_f-b)(h-2h_f)}{b_{equ}} \tag{8.2-7}$$

2）墙板模型

基本假定：

（1）把箱形转换结构离散为墙板构件，箱形梁上、下翼板视为普通楼板不参与构件受力计算，如图 8.2-3、图 8.2-4 所示。离散后的墙板高度应算至上、下翼板外侧面。

（2）墙板平面只计平面内刚度，不考虑其平面外刚度。

当墙板与其他构件相连时，应考虑墙板和构件之间在平面转动的连续性，必须在连接楼面标高处设置一根单参数刚梁，定义其竖向刚度为无限大，其余参数如截面尺寸、轴向刚度、竖向抗剪刚度、横向抗剪刚度、横向抗弯刚度、抗扭刚度均不考虑。

图 8.2-5 所示情况，刚梁 1 在左端为连续端，右端为铰接端；刚梁 2 在两端均为连续端。墙板应承受的竖向荷载也是通过刚梁施加到结构计算中去的。

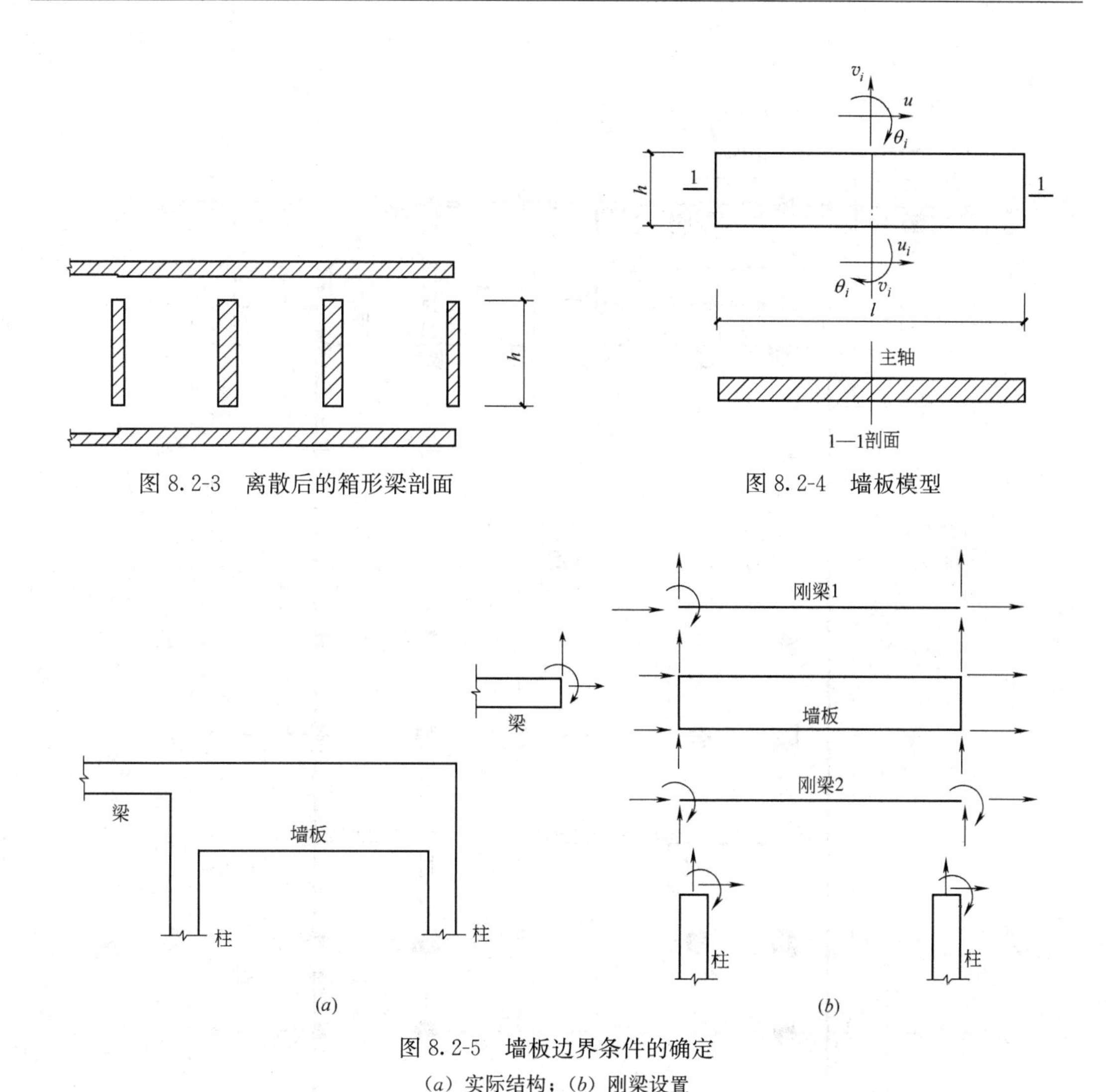

图 8.2-3　离散后的箱形梁剖面

图 8.2-4　墙板模型

图 8.2-5　墙板边界条件的确定

(a) 实际结构；(b) 刚梁设置

2. 箱形转换层结构的局部计算方法

在整体计算后，应对箱形转换层采用板单元或组合有限元方法进行局部应力分析，采用有限元方法，单元的每一个节点具有六个自由度（三个位移、三个转角），单元刚度矩阵分别由平面应力问题和薄板弯曲问题来考虑。

3. 工程实例

总参管理局汽车服务中心综合楼工程，地下 1 层，地上 4 层（不含设备层），房屋高度 46.85m，总建筑面积约 11962m^2。建筑平面见图 8.2-6、图 8.2-7。

本工程设计基本地震加速度为 0.2g，抗震设防烈度为 8 度，设计地震分组为第一组，Ⅲ类场地。基本风压为 0.45kN/m^2，地面粗糙度为 C 类。

根据建筑功能要求和建筑设计方案，本工程主楼采用钢筋混凝土部分框支剪力墙结构。

因为首层汽车展厅与上部各层住宅建筑功能完全不同，首层为大众汽车展厅，需要空旷的大空间，要求楼层净高不小于 6.0m，最大跨度超过 14.5m；其上各层为普通住宅，

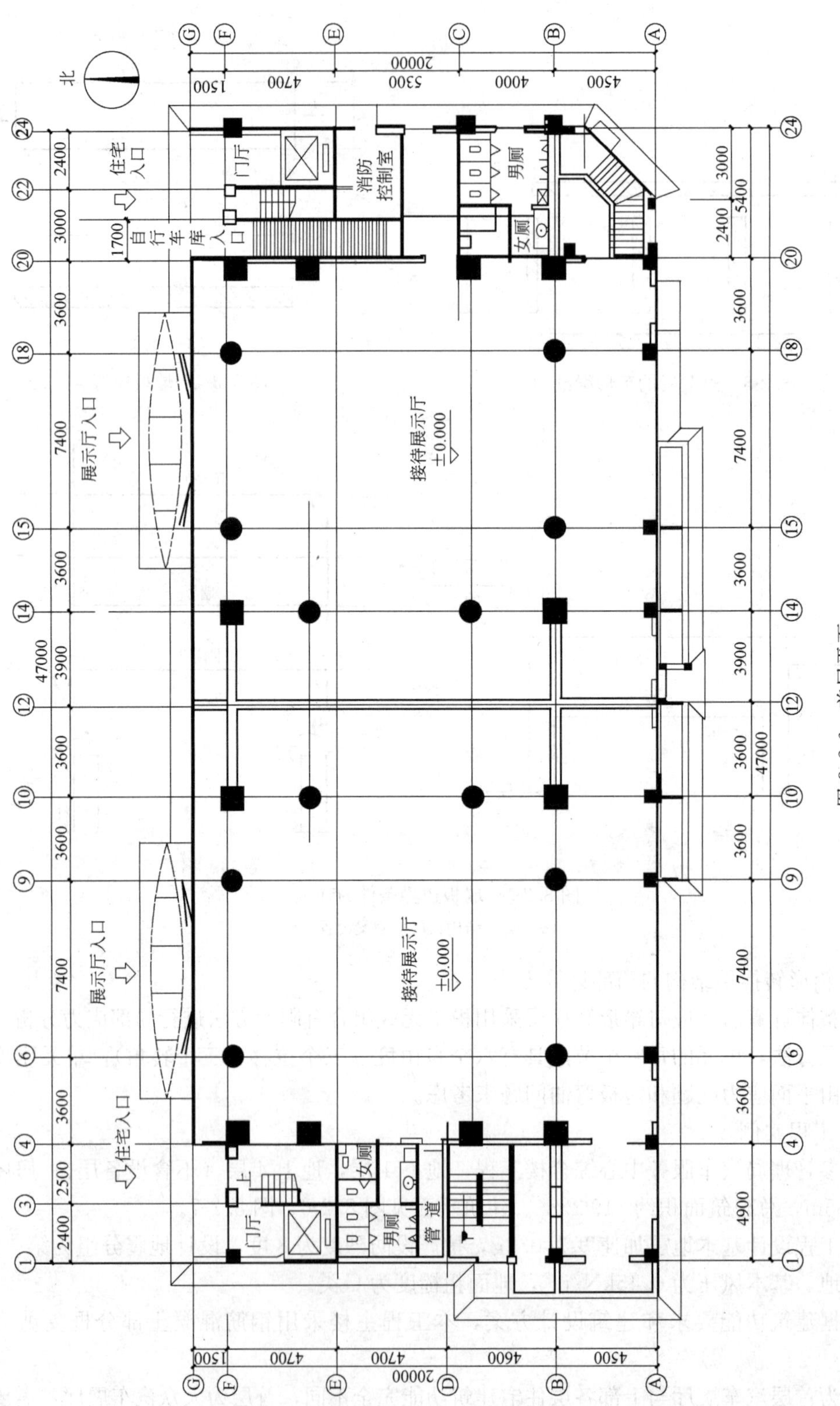
北
接待展示厅
±0.000
接待展示厅
±0.000
展示厅入口
展示厅入口
住宅入口
住宅入口
自行车库入口
门厅
门厅
消防控制室
男厕
女厕
男厕
女厕
管道
上
20000
47000
47000

图 8.2-6　首层平面

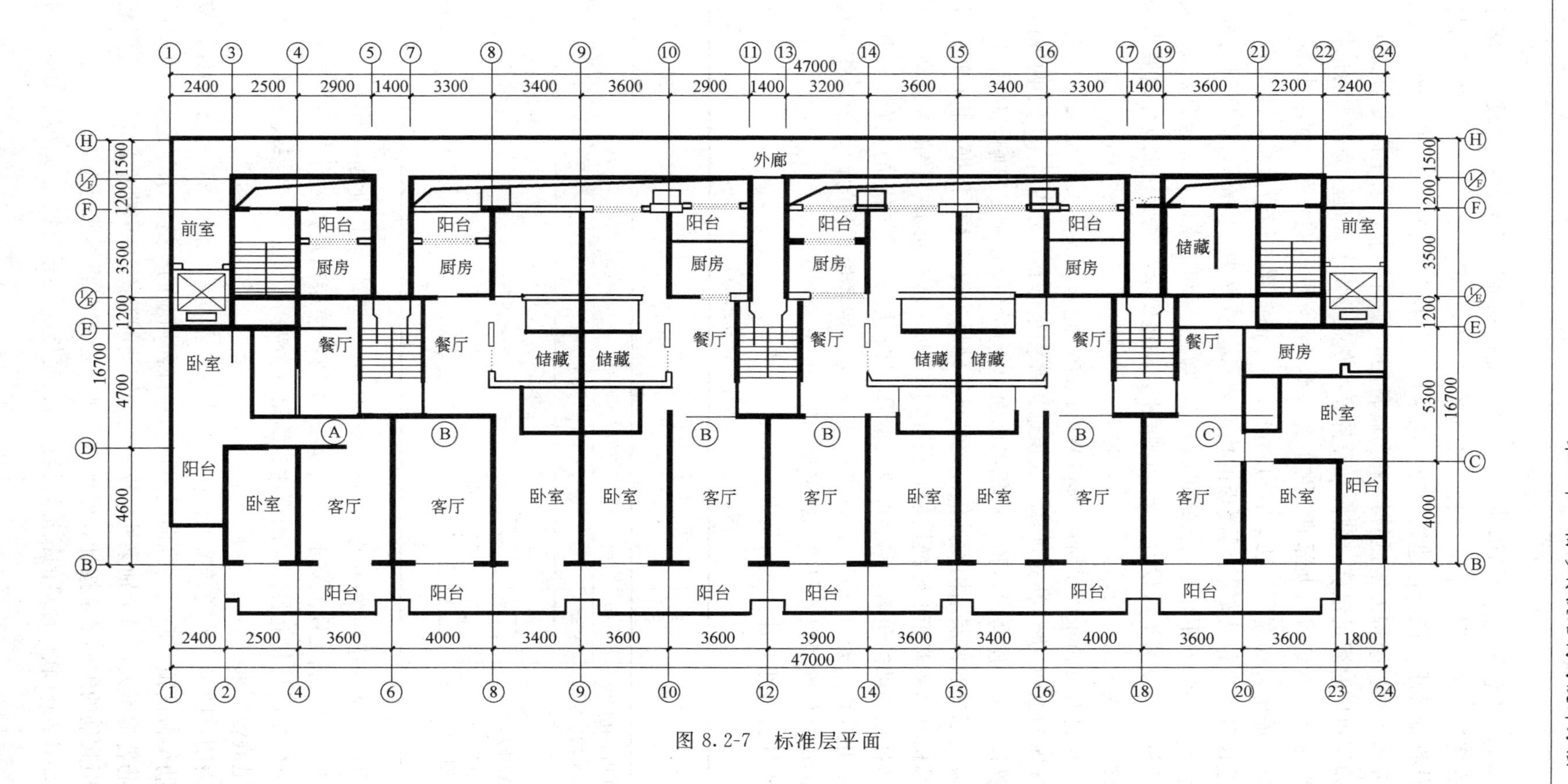
外廊
前室
卧室
阳台
厨房
餐厅
储藏
客厅
A
B
C
47000
16700
2400
2500
2900
1400
3300
3400
3600
3200
2300
1800
4000
3900
1500
1200
3500
4700
4600
5300

图 8.2-7 标准层平面

层高为2.9m。因此需要进行结构转换。由于本工程水平转换构件跨度较大，落地剪力墙主要集中在房屋平面两端，中部仅有一片（图8.2-6），普通框支转换梁难以满足结构的局部和整体性能要求；同时，建筑希望利用结构转换层作为设备层，以减小房屋总高度，满足规划要求。根据结构方案试算结果和设备层的层高要求，采用高度为2400mm的箱形结构转换层可同时满足建筑、结构、设备等各专业的要求，是较为理想的选择。箱形内部腹板（肋梁）设置位置与上部剪力墙布置基本一致，肋梁的截面宽度由计算确定，并不小于上部剪力墙的截面宽度。肋梁的构造设计参考框支梁的构造要求，箱形转换层的顶、底板的构造设计参考框支转换层楼板的构造要求，板厚为200mm。转换层的竖向构件，在建筑专业允许的情况下，尽可能多的设置落地剪力墙和框支柱，落地剪力墙截面适当加厚并设置边框柱，以满足承载力、竖向刚度比及构造要求。框支柱根据建筑要求采用圆形截面，截面尺寸由轴压比及承载力要求确定。

结构整体计算分析采用建研院SATWE程序，并采用美国CSI公司开发的空间有限元分析程序SAP2000进行补充计算。为保证工程安全可靠，分析时采用了两种计算模型：将箱形转换层作为一层考虑，顶、底板考虑面内变形和面外刚度影响，称为计算模型A，除箱形转换层以外的各层结构设计依此模型计算结果为设计主要依据；将箱形转换层视为一般转换结构（即忽略箱形转换层的底板有利作用），转换层下一层的高度取为自该层柱底至箱形转换层中部的距离，称为计算模型B，转换层上、下楼层的侧向刚度比和等效侧向刚度比依此计算结果为依据。取计算模型A和B两者最不利的计算结果作为箱形转换层内肋梁的设计依据，以确保箱形转换层内肋梁的安全可靠。

结构整体分析部分计算结果见表8.2-1。

结构整体分析部分计算结果 **表8.2-1**

<table>
<tr><td colspan="2">周　　期</td><td colspan="2">$T_1=0.7354, T_2=0.5201, T_3=0.4654,$
$T_4=0.2196, T_5=0.1473, T_6=0.1311$</td><td>说　明</td></tr>
<tr><td rowspan="2">水平地震作用下楼层内最大位移与平均位移比</td><td>X向</td><td colspan="2">多数为1.05(均小于1.20)</td><td rowspan="2">考虑质量偶然偏心</td></tr>
<tr><td>Y向</td><td colspan="2">多数不超过1.35(均小于1.50)</td></tr>
<tr><td rowspan="4">水平地震作用下转换层与其上层侧向刚度比</td><td>X向</td><td>0.867</td><td rowspan="2">均大于0.5(转换层要求)和0.7(一般楼层要求)</td><td rowspan="2">按楼层剪力与层间位移的比值计算</td></tr>
<tr><td>Y向</td><td>0.776</td></tr>
<tr><td>X向</td><td>0.44</td><td rowspan="2">均不大于1.30</td><td rowspan="2">按高规计算</td></tr>
<tr><td>Y向</td><td>1.16</td></tr>
</table>

可以看出，结构扭转为主的第一周期（T_3）与平动为主的第一周期（T_1）之比为0.63，小于0.85，满足规范要求。水平地震作用下楼层内最大位移与平均位移比、水平地震作用下转换层与其上层侧向刚度比也满足规范要求。此外，各层最小剪力系数、层间位移均满足规范要求。

分析表明：肋梁与普通转换梁的受力状态有所不同，但仍是偏心受拉构件，按普通转换梁计算肋梁截面顶、底层的纵向受力钢筋并符合相应的构造要求，是偏于安全的。肋梁的计算配筋普遍不大，除个别梁外，纵向受力钢筋配筋率均不超过1.0%，抗剪配筋为构造配置。但腰筋的配筋量是按计算模型A的水平分布钢筋要求配置的。

采用SAP2000软件计算的箱形转换层顶、底板应力分布见图8.2-8、图8.2-9。图中阴影区域为受拉区，非阴影区域为受压区。

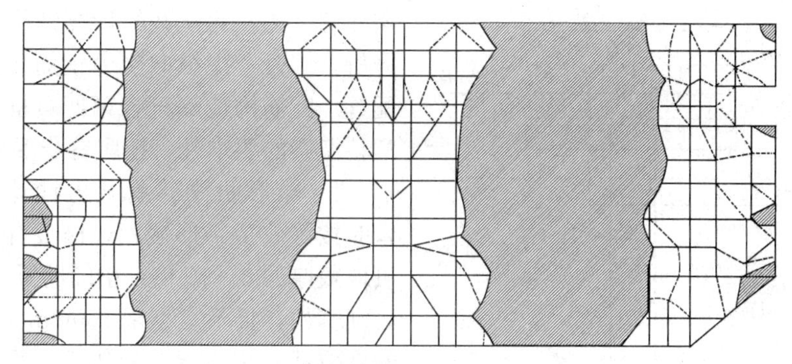

图 8.2-8　箱形转换层底板应力分布示意

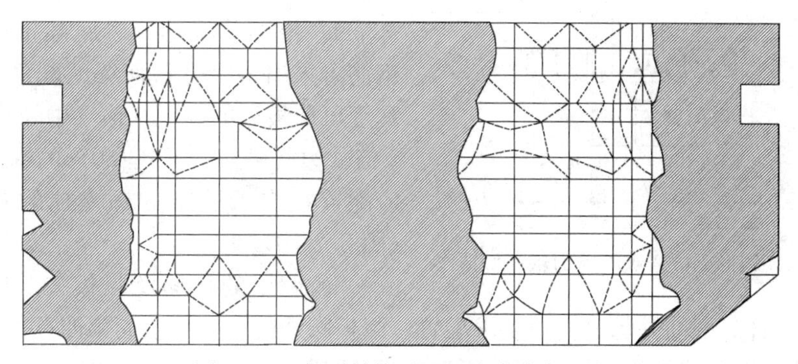

图 8.2-9　箱形转换层顶板应力分布示意

转换层顶、底板 X 方向的配筋计算结果见表 8.2-2。Y 方向的配筋计算结果与 X 方向类似，此处略。

转换层顶、底板配筋计算结果（X 方向）　　表 8.2-2

	顶板		底板	
	支座(mm^2/m)	跨中(mm^2/m)	支座(mm^2/m)	跨中(mm^2/m)
受压钢筋	439,支座下铁	构造配筋	构造配筋	722,跨中上铁
实配	1330,ρ=0.665%	770,ρ=0.385%	770,ρ=0.385%	1025,ρ=0.51%
受拉钢筋	1327,支座上铁	构造配筋	构造配筋	945,跨中下铁
实配	1330,ρ=0.665%	770,ρ=0.385%	770,ρ=0.385%	1025,ρ=0.51%

注：混凝土强度等级为 C40，钢筋为 HRB335 级；ρ 为配筋率。

可以看出：对普通实腹梁转换层楼板，若板厚为 200mm，按局部弯曲计算可能仅按构造配筋即可，但对箱形转换层顶、底板按整体受力的偏心受拉或偏心受压构件计算，仍需按计算配置较多的钢筋。

框支柱的内力调整、荷载及内力组合、截面配筋计算和构造要求等，均按《高规》的相应规定进行。

四、构件设计

1. 箱形转换结构的混凝土强度等级不应低于 C30。

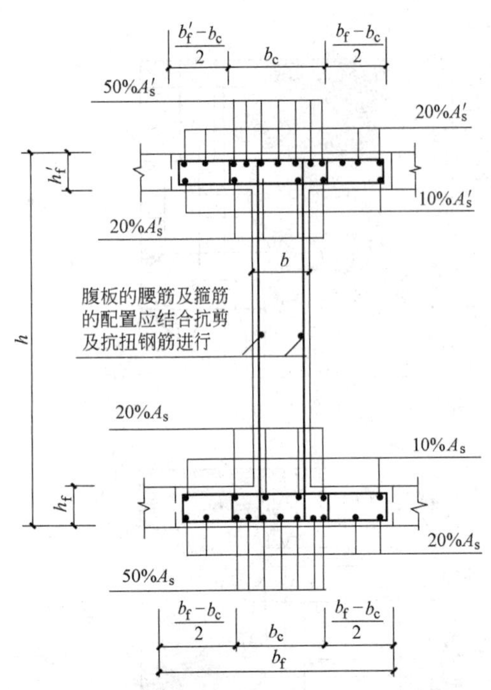

图 8.2-10 箱形梁抗弯纵向受力钢筋构造

2. 箱形肋梁的配筋设计，应对按梁元模型和墙（壳）元模型的计算结果进行比较和分析，综合考虑纵向受力钢筋和腹部钢筋的配置。配筋构造除符合第四章框支梁或第五章转换梁的要求外，还应符合下列规定：

1）箱形肋梁的承载力计算，受剪、受弯时按等效工字形截面，楼板有效翼缘宽度可取板厚的 8～10 倍（中间肋梁）或 4～5 倍（边肋梁），且不宜小于 180mm，箱形梁抗弯刚度应计入相连层楼板作用。受扭时按箱形截面。

2）箱形肋梁的顶、底部抗弯纵向受力钢筋可采用工字形截面梁的配筋方式，翼缘宽度可取板厚的 8～10 倍（中间肋梁）或4～5 倍（边肋梁）；70%～80%的纵向受力钢筋应配置在支承肋梁的框支柱的宽度范围内（图 8.2-10）。

3）肋梁的箍筋及腹板腰筋应结合抗剪及抗扭承载力计算配筋并满足构造要求配置，腹板腰筋的构造要求同第四章框支梁。

4）肋梁上、下翼缘板内横向钢筋不宜小于Φ 12@200 双层。

5）箱形梁的开洞构造要求同第四章框支梁、第五章转换梁的开洞要求。

6）箱形转换结构肋梁的纵向受力钢筋在支座的锚固构造应满足图 4.4-2 的规定，所有纵向受力钢筋（包括梁翼缘柱外部分）锚固长度的计算均从柱内边算起。

7）箱形转换构件截面的抗剪及抗扭配筋构造，当壁厚 $t \leqslant b/6$ 时，可在壁的外侧和内侧配置横向钢筋和纵向钢筋［图 8.2-11（a）］。要特别注意壁内侧箍筋在角部应有足够的锚固长度。当承受的扭矩很大时，宜采用 45°和 135°的斜钢筋。当壁厚 $t > b/6$ 时，壁内侧钢筋不再承受扭矩，可仅按受剪配置内侧钢筋［图 8.2-11（b）］。

3. 转换柱设计应考虑箱形转换层（顶、底板、肋梁）的空间整体作用，配筋构造同本书第四章对框支柱的要求。

落地剪力墙的设计应符合本书第四章部分框支剪力墙结构中落地剪力墙的相关要求。

4. 由于箱形转换层是整体受力的，因此，配筋计算时应考虑板平面内的拉力和压力的影响。顶板和底板的配筋计算应以箱形整体模型分析结果为依据，除进行楼板的局部弯曲设计外，尚应按偏心受拉或偏心受压构件进行配筋设计。和整体弯曲叠加后进行。应双层双向配筋，且每层每方向的配筋率不应小于 0.25%，钢筋最小直径不宜小于 12mm，最大间距不宜大于 200mm，楼板中的钢筋应锚固在边梁或墙体内。

转换厚板上、下一层的楼板应适当加强，楼板厚度不宜小于 150mm。宜双层双向配筋，每层每方向配筋率不宜小于 0.20%。

5. 所有构件纵向钢筋支座锚固长度均为 l_{aE}（抗震设计）、l_a（非抗震设计）。

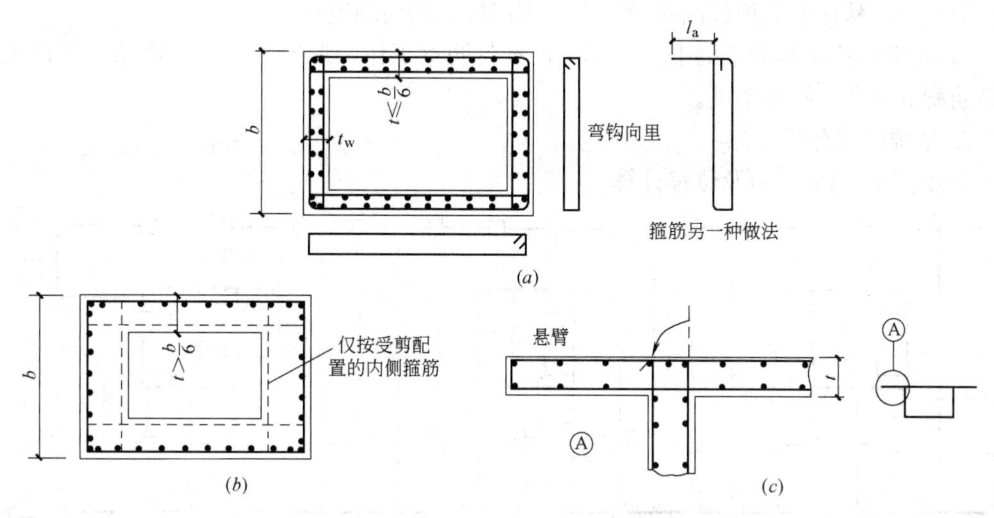

图 8.2-11 箱形截面的抗扭配筋

（a）$t\leqslant b/6$；（b）$t>b/6$；（c）带悬壁的箱形截面节点Ⓐ

第三节 实际工程举例

一、高科广场 B 栋商住楼

高科广场 B 栋商住楼地下 2 层，地上 29 层，结构总高度 90.9m，建筑剖面和结构平面布置见图 8.3-1、图 8.3-2、图 8.3-3。

本工程抗震设防烈度为 8 度，抗震设防类别为丙类，建筑场地类别为Ⅲ类。

由于第一至三层全部为大空间的商业用房，而 4 层以上全部为住宅用房。为满足建筑的使用要求，同时为了协调设备在系统功能上的转换关系，故结构设计时在第三层设置了结构转换层。为 B 级高度的部分框支剪力墙结构体系。

1. 转换结构形式的确定

转换层结构形式决定采用箱形转换结构。主要考虑以下几点：

1）本工程上部剪力墙开间较小且双向布置，采用箱形转换结构可以有效地发挥箱形转换结构的整体刚度和良好的抗扭刚度，避免采用框支梁转换主、次转换梁方案，避免出现框支主梁承受较大的剪力、扭矩和弯矩现象。

2）将箱形转换层视为一刚性整体，可减小结构转换层下层的层高，减小结构转换层的下层与上层

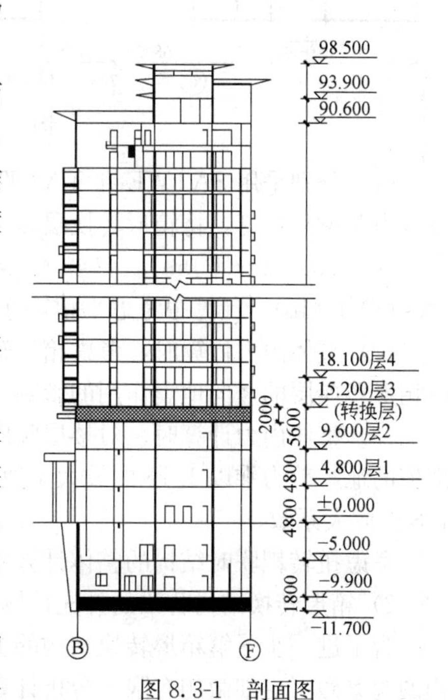

图 8.3-1 剖面图

的层高之比，从而有效地控制转换层上、下层楼层侧向刚度比。

3）箱形转换结构肋梁的上、下层楼板参与肋梁工作，形成工字形截面梁，可以大大提高肋梁的抗弯、抗剪刚度。

2. 结构计算分析

1）结构的整体内力及位移计算

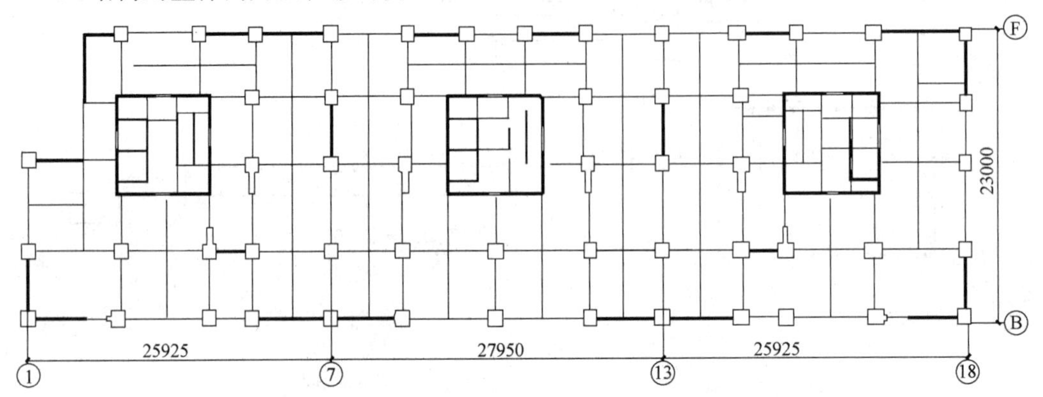

图 8.3-2 结构层 2 平面图

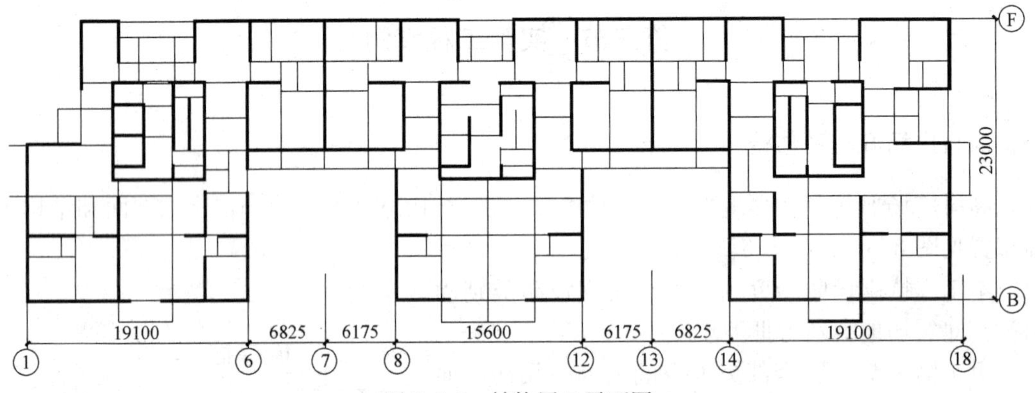

图 8.3-3 结构层 5 平面图

（1）分别采用 SATWE 和 TAT 两种不同力学模型的三维空间分析软件进行结构的整体内力及位移计算，将箱形转换层简化为梁单元，该梁中点至第二层顶板距离为转换层层高 4.6m（5.6m－1.0m），该梁中点至第四层顶板距离为转换层上一层层高 3.9m（2.9m＋1.0m），计算中考虑平扭耦连、考虑偶然偏心计算结构的扭转效应。

（2）整体内力计算时，考虑箱形转换层竖向地震作用的影响，整体位移计算时，不考虑箱形转换层的竖向地震作用的影响。

（3）整体内力计算时，对楼层竖向抗侧力构件不连续的转换层，其对应于地震作用标准值的地震剪力乘以 1.15 的放大系数，特一级的转换构件水平地震作用下的内力值乘以 1.8 的放大系数。

考虑扭转耦联时结构的整体计算主要计算结果见表 8.3-1。

2）箱形转换结构肋梁的补充计算

为了进一步了解箱形转换结构的受力情况，除进行整体分析计算外，还对箱形转换结构的肋梁做了更细微的有限元分析计算。构件配筋则取两个计算结果中的最不利情况。

结构的整体计算主要计算结果　　**表 8.3-1**

<table>
<tr><td colspan="4">周　　期(s)</td><td>$T_1=1.5858$</td><td>$T_2=1.4293$</td><td>$T_3=1.2558$</td></tr>
<tr><td colspan="2" rowspan="2">平动系数</td><td colspan="2">X 向</td><td>1.00</td><td>0.56</td><td>0.44</td></tr>
<tr><td colspan="2">Y 向</td><td>0.00</td><td>0.02</td><td>0.01</td></tr>
<tr><td colspan="4">扭转系数</td><td>0.00</td><td>0.42</td><td>0.55</td></tr>
<tr><td rowspan="8">地震作用</td><td colspan="2" rowspan="2">振型质量参与系数</td><td>X 向</td><td colspan="3">97.21%</td></tr>
<tr><td>Y 向</td><td colspan="3">98.10%</td></tr>
<tr><td colspan="2" rowspan="2">最大层间位移角</td><td>X 向</td><td colspan="3">1/1626</td></tr>
<tr><td>Y 向</td><td colspan="3">1/1243</td></tr>
<tr><td colspan="2" rowspan="2">最大层位移与平均位移比值</td><td>X 向</td><td colspan="3">1.22</td></tr>
<tr><td>Y 向</td><td colspan="3">1.31</td></tr>
<tr><td colspan="2" rowspan="2">最大层间位移与平均层间位移比值</td><td>X 向</td><td colspan="3">1.24</td></tr>
<tr><td>Y 向</td><td colspan="3">1.26</td></tr>
<tr><td rowspan="4">楼层剪重比</td><td colspan="2" rowspan="2">底部剪重比</td><td>X 向</td><td colspan="3">4.69%</td></tr>
<tr><td>Y 向</td><td colspan="3">5.02%</td></tr>
<tr><td colspan="2" rowspan="2">转换层剪重比</td><td>X 向</td><td colspan="3">5.46%</td></tr>
<tr><td>Y 向</td><td colspan="3">5.79%</td></tr>
</table>

（1）对箱形转换结构肋梁各榀采用 FEQ 程序进行高精度平面有限元框支剪力墙分析计算。由于肋梁上部墙体开有洞口且位置无规律，使得箱形转换结构的肋梁和其上部的墙体不能完全共同工作，故计算中取肋梁以上所有层数的墙体进行分析计算。

（2）对箱形转换结构的各榀肋梁进行手算复核，考虑在重力荷载标准值与竖向地震作用效应组合下，进行肋梁的截面设计复核计算。

3）箱形转换结构上一层结构内力的补充计算

考虑箱形转换结构的上层实际刚度相对较大，故上层的实际层高应从箱形转换结构顶面算起，即在保证建筑总高度不变的情况下，取转换层上层的层高为 2.9m，转换层下层的层高为 5.6m，进行结构整体分析补充计算。

4）箱形转换结构下一层结构内力的补充计算

同样的道理，考虑箱形转换结构的整体刚度较大，故转换层下层的层顶应从箱形转换结构底板底面算起，即在保证建筑总高度不变、保证水平地震作用计算正确的情况下，取转换层上层的层高为 4.9m，转换层下层的层高为 3.6m，进行结构整体分析补充计算。

5）楼层侧向刚度比的补充计算

上述的结构分析，无论是结构的整体计算还是局部补充计算，都未能正确反映出箱形转换层上、下楼层的侧向刚度比，计算结果均存在一定的偏差。主要是因为高度 2.0m 的箱形转换层本身是一个刚度很大的整体，其上层的层底是箱形转换层的上板顶，故上层层高应取为 2.9m，而下层层高应取为 3.6m。为使结构计算模型符合实际结构的这个受力状态，将箱形转换结构也算为一层，将肋梁视为贯穿全层高度的混凝土墙体，进行整体内力分析计算，作为构件配筋计算的校核和补充。

3. 主要的计算控制参数

1）楼层的侧向刚度比：由于转换层上部楼层 y 方向侧向刚度较大，故 y 方向 1～3 层均未满足《高规》“不宜小于相邻上部楼层侧向刚度的 70%或其上相邻三层侧向刚度平均值的 80%”和“当转换层设置在 3 层及 3 层以上时，其楼层侧向刚度不应小于相邻上部楼层侧向刚度的 60%”的要求。故 1～3 层均为薄弱层，按规范要求将地震作用乘以 1.15 放大系数参与结构内力分析。

2）转换层上、下部结构的侧向刚度比 γ_e 计算结果见表 8.3-2。y 方向 $\gamma_e=0.77$，而 x 方向仅为 $\gamma_e=0.27$，均很好地满足《高规》γ_e 值宜接近 1、不应大于 1.3 的要求。

转换层上、下部结构的侧向刚度比 γ_e **表 8.3-2**

参　数	H_1(mm)	H_2(mm)	Δ_1(mm)	Δ_2(mm)	$\gamma_e=(\Delta_1 H_2)/(\Delta_2 H_1)$
x 方向	15200（三层高）	14500（五层高）	4.53	16.31	0.27
y 方向			7.40	9.18	0.77

表 8.3-3 为楼层层间抗侧力结构的受剪承载力比值的计算结果，可见也很好地满足《高规》楼层层间抗侧力结构的受剪承载力不应小于其上一层受剪承载力 75%的要求。

楼层层间抗侧力结构的受剪承载力比值 **表 8.3-3**

参　数	受　剪　面　积		受剪面积比 S_1/S_2
	转换层 S_1(m^2)	转换层上层 S_2(m^2)	
x 方向	163.54	51.36	3.18
y 方向	123.49	69.33	1.78

4. 主要构造措施

1）转换层以下的一、二层楼板板厚分别取为 120mm、150mm，转换层以上的四层楼板板厚取为 150mm，结构顶层板厚亦取为 150mm，箱形转换层的上、下层板厚则取为 180mm。板的配筋均为双层双向，配筋率每层每向不小于 0.25%。

2）箱形转换层的肋梁截面尺寸为 1000mm×2000mm，转换层以下的框架梁主梁梁截面尺寸为 500mm×800mm，框支柱截面尺寸为 1200mm×1200mm。转换层以下的主要墙体厚度为 500mm，转换层以上的墙体厚度随高度增加逐渐减薄。

3）加强部位各构件（剪力墙肢、框支柱、框支梁）均按特一级构造。

二、苏州艾拉国际自由水岸 104 号楼

1. 工程概况

苏州艾拉国际自由水岸 104 号楼为地下 1 层，地上 25 层的商住楼。近似矩形平面，平面长度为 49.0m，平面典型宽度为 13.1m，房屋高度为 74.35m，总建筑面积为 14542.6m^2。

抗震设防烈度为 6 度，设计基本地震加速度为 0.05g，设计地震分组为第一组；抗震设防类别为丙类。建筑场地为Ⅲ类场地。

基本风压为 0.50kN/m^2（按 1000 年重现期的风压值），地面粗糙度为 B 类。风荷载体形系数为 1.4。

结构使用年限为 50 年，建筑结构的安全等级为二级，取 $\gamma_0=1.0$。

本工程采用钢筋混凝土部分框支剪力墙结构。由于底层为商铺，上层为住宅，且考虑上部剪力墙布置的具体情况，决定采用箱形转换层结构。这样一方面可以避免采用框支主梁承托剪力墙，并承托转换次梁及其上部的剪力墙的复杂受力情况；另一方面，转换主次梁交叉、四周环通，形成刚度很大的箱体，转换梁之间彼此约束，大大提高其抗扭能力。对结构整体受力有利。

转换层位于2层楼面，转换层结构平面、标准层平面和结构剖面分别见图8.3-4、图8.3-5、图8.3-6。

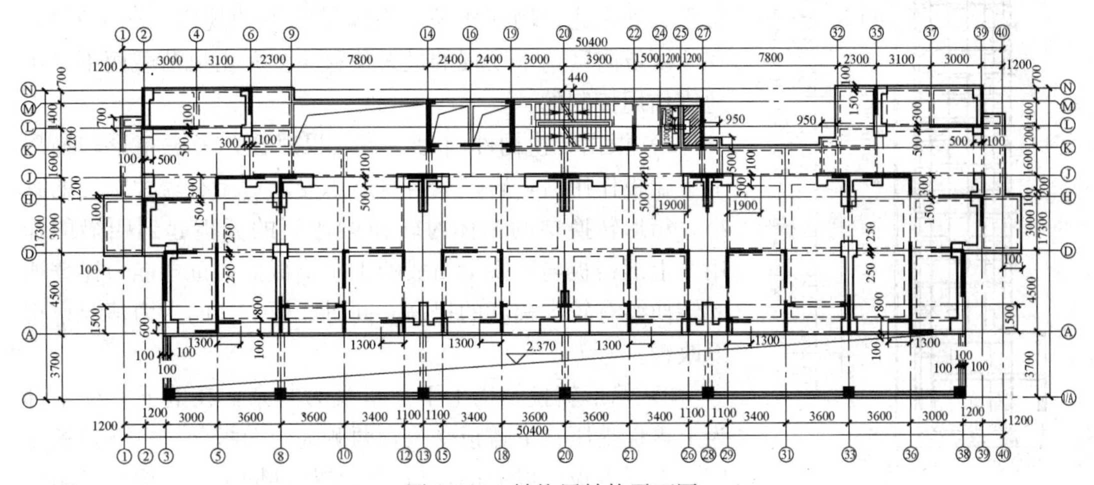

图8.3-4 转换层结构平面图

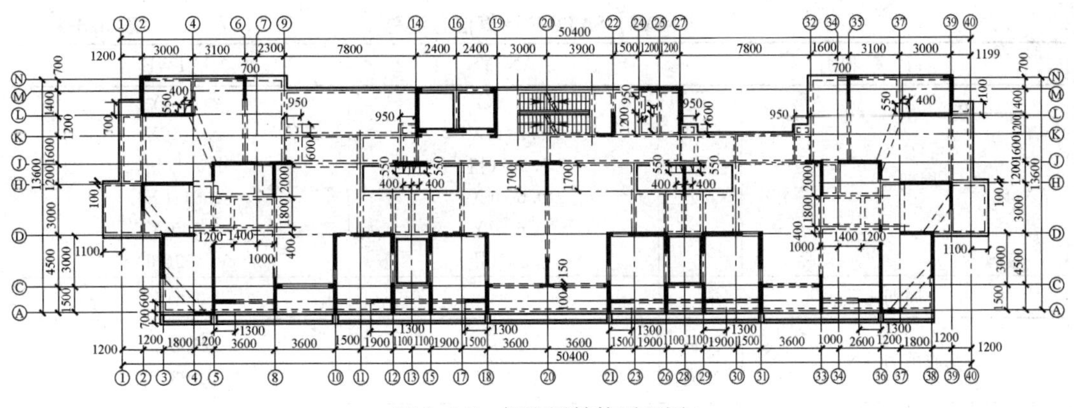

图8.3-5 标准层结构平面图

本工程框支柱的抗震等级为一级，框支梁及转换层框架梁的抗震等级为二级，一般剪力墙抗震等级底部加强部位为三级，非底部加强部位为四级，框支剪力墙抗震等级为二级。

该楼主体结构主要构件尺寸为：落地剪力墙厚400mm（端柱800mm×800mm），转换梁截面为800mm×1800mm（局部600mm×1800mm），上部剪力墙厚均为200mm。混凝土强度等级为C30～C50。

2. 结构计算

1）采用ANSYS软件对结构进行整体计算分析。以地下室顶板作为上部结构的嵌固

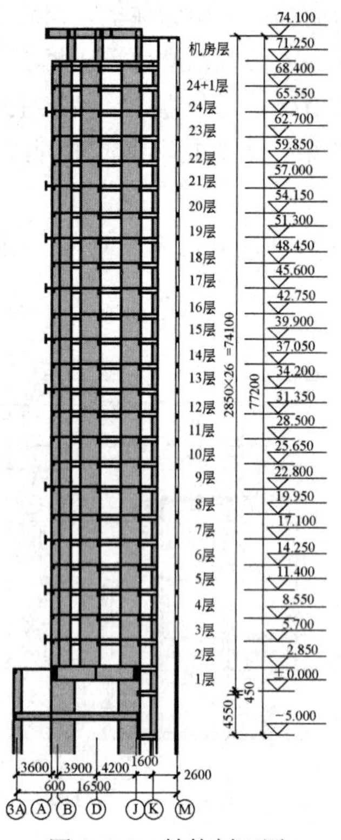

图 8.3-6　结构剖面图

部位，转换层及转换层以下的框支箱形梁、框架梁和框支柱和落地剪力墙采用实体单元 Solid 95，其余剪力墙和楼板采用壳单元 Shell 181，普通梁采用三维空间线单元 Beam 189。计算考虑了恒载、活载、风荷载和地震共 4 种主要荷载的作用。并用 SATWE 软件进行对比计算，主要计算结果见表 8.3-4。

由上表可知：结构在荷载作用下的各主要指标（层向位移角、剪重比、周期比等）均满足规范的规定。还可看出：在 6 度设防区，本工程的最大位移主要是由风荷载而不是由地震作用控制的。

2）根据转换构件内力计算结果对比，考虑箱形转换层上下盖板作用后，转换梁自身所承受的弯矩有较大幅度的减小，箱形转换层的箱体对转换梁弯矩的分担起到明显的作用，上下盖板与转换梁组成的工字形截面的抗弯能力比普通的转换梁有较大幅度的提高。同时，框支柱的受力情况也得以改善。

3）箱形转换结构上下盖板受力复杂，在上下盖板中部为上盖板受压、下盖板受拉，两侧为上盖板受拉、下盖板受压，上下盖板形成力耦，与整体结构共同工作，增强了箱形转换构件的整体刚度。

ANSYS，SATWE 计算信息汇总　　**表 8.3-4**

计算程序		ANSYS	SATWE
周期(s)	T_1	2.336(Y)	2.256(Y)
	T_2	2.231(X)	2.126(X)
	T_3	1.982(扭)	1.841(扭)
	T_4	0.660(X)	0.641(X)
	T_5	0.638(Y)	0.580(Y)
	T_6	0.588(扭)	0.492(扭)
周期比 T_t/T_1		0.848	0.816
基底剪力/kN	X 向	2304	2358.9
	Y 向	2426	2463.5
剪重比/%	X 向	0.96	0.98
	Y 向	1.01	1.02
最大层间位移角(风荷载)	X 向	1/4421	1/4262
	Y 向	1/1199	1/1078
最大层间位移角(地震作用)	X 向	1/3618	1/2807
	Y 向	1/3387	1/2530
结构总质量(t)		23967	24130

3. 相关设计措施

本工程结构设计中主要采取了以下措施：

1）调整上部结构剪力墙的布置，使刚心与质心尽量一致，减少扭转影响。在考虑偶然偏心地震作用下，控制楼层竖向构件的最大水平位移和层间位移不大于该楼层平均值的1.4倍。

2）转换层竖向构件布置，尽量使上下结构连续贯通，减少转换。同时尽可能使水平转换构件传力直接，特别应避免多级转换，当无法避免必须采用转换主次梁转换时，转换次梁应适当加强且双向交叉布置。

3）本工程转换层以上南面四周均有转角窗，设计中两侧转角窗下落地剪力墙采用长肢剪力墙，转换层以上转角窗两侧剪力墙均设约束边缘构件；同时转角窗部位设置暗梁，并适当加厚转角窗处墙板厚度。

4）上部结构门窗洞口尽量位于转换结构中部，尽量避免无连梁相连的延性较差的秃头墙。

5）严格控制框支层上下构件轴压比。

6）严格控制转换梁剪压比。

7）本工程转换梁跨高比较小，其受力性能类似于深梁，因此转换主、次梁沿梁高方向配置Φ20@100水平腹筋，以加强其整体受力性能和平面外刚度。

8）箱形转换结构上下楼板厚均为180mm，内配Φ12@150双层双向筋，配筋率达0.42%左右。

三、厦门镇海明珠大厦

厦门镇海明珠大厦由A、B两幢高层综合楼组成，地下1层，地上均为32层，结构高度99.84m，两幢高层建筑由1层地下室连为一体，地上则设防震缝脱开，成为两个独立的结构单元。

本工程抗震设防烈度为7度，设计基本地震加速度值为0.15g，设计地震分组为第一组；建筑场地类别为Ⅱ类；采用100年重现期的基本风压值为0.95kN/m^2，地面粗糙度为C类。

由于建筑功能要求，结构地上一至四层大空间与四层以上住宅在开间、轴线位置上均不同，需在五层设置转换层进行结构形式和剪力墙轴线位置两种转换，转换层层高5m。

采用部分框支剪力墙结构，由于地基条件的限制（基地后侧为19.2m高的岩质边坡，见图8.3-7），为满足上部建筑功能要求，支承两楼南侧外墙的转换大梁需外挑最大长度达3.6m，使该处转换大梁的受力更加复杂。本工程属竖向不规则结构。

1. 转换结构形式的选择

本工程不仅需要实现结构体系的转换，还要实现轴线位置上下错位的转换，特别是上部结构南侧还要在框支层中挑出，若采用常规的实腹框支梁转换形式，则不可避免会出现转换梁搭转换梁的二级转换情况，并使转换梁产生较大的扭矩。为此采用箱形转换结构形式。箱形转换结构的顶板、底板不仅增强了整个转换层的刚度，使之可以将上部结构的荷载有效地传递至下部各竖向构件上，而且大大提高了整个转换层的抗扭承载力。从而避免了复杂传力、受力状态的二级转换，也避免了实腹转换大梁承受较大扭矩的不利受力状态。箱形转换结构的顶板、底板厚度均取200mm。转换层结构平面布置见图8.3-8。

2. 上部结构的计算与分析

采用SATWE（空间杆-墙板元模型）和TAT（空间杆-薄壁杆系模型）两种不同力学

模型的分析软件进行结构整体分析，并采用组合有限元模型对整体结构及箱形转换层进行复核计算。

1）计算中对计算模型的假定和部分参数的选取如下：

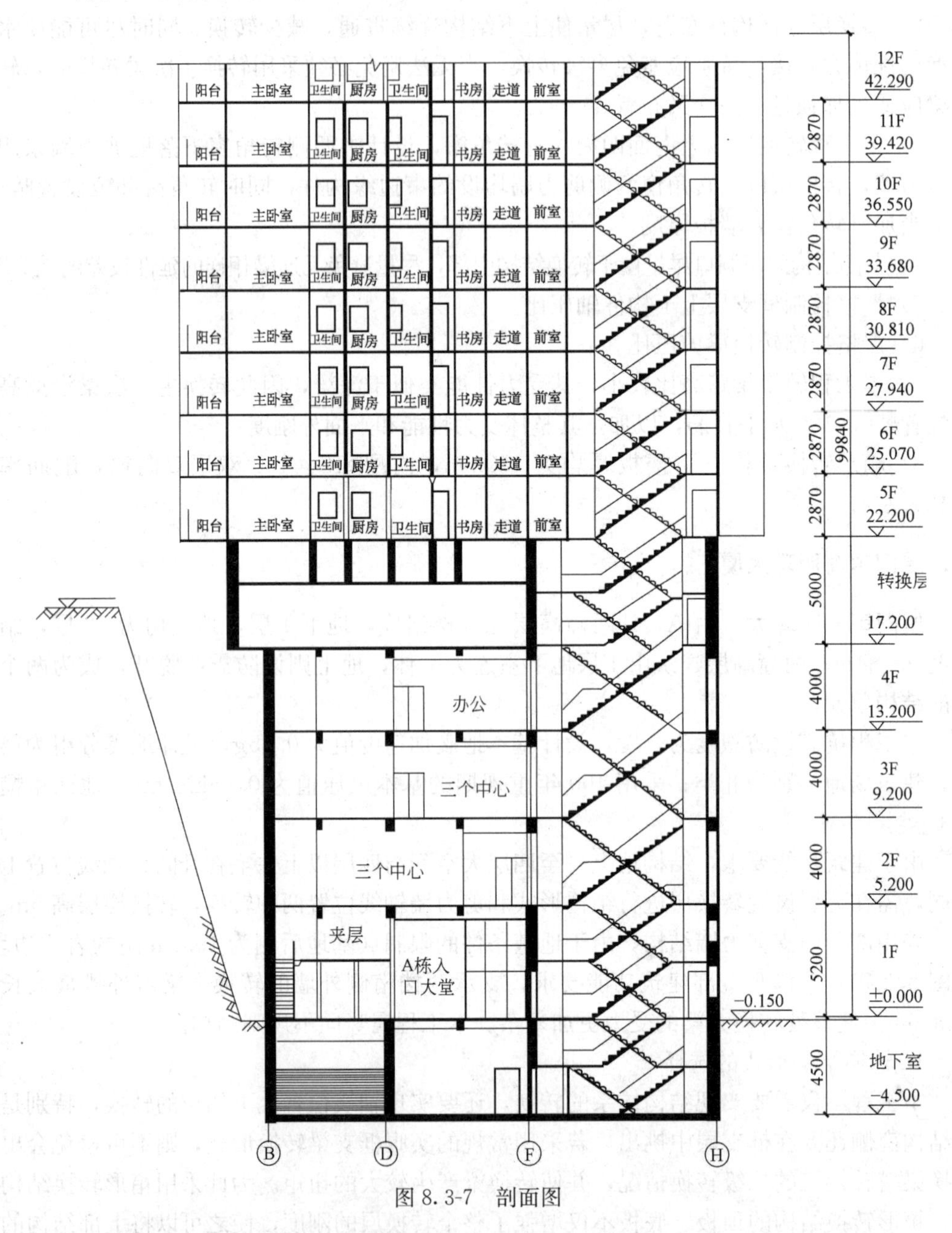

图 8.3-7　剖面图

（1）考虑扭转耦联和重力二阶效应；

（2）对结构进行稳定性验算；

（3）竖向荷载按模拟施工加载方式计算；

（4）计算单向水平地震作用时考虑偶然偏心的影响，同时考虑双向水平地震作用，并取两者计算结果的最不利值；

(5) 转换层以下各层楼板假定为弹性楼板；

(6) 结构振型数取为18；

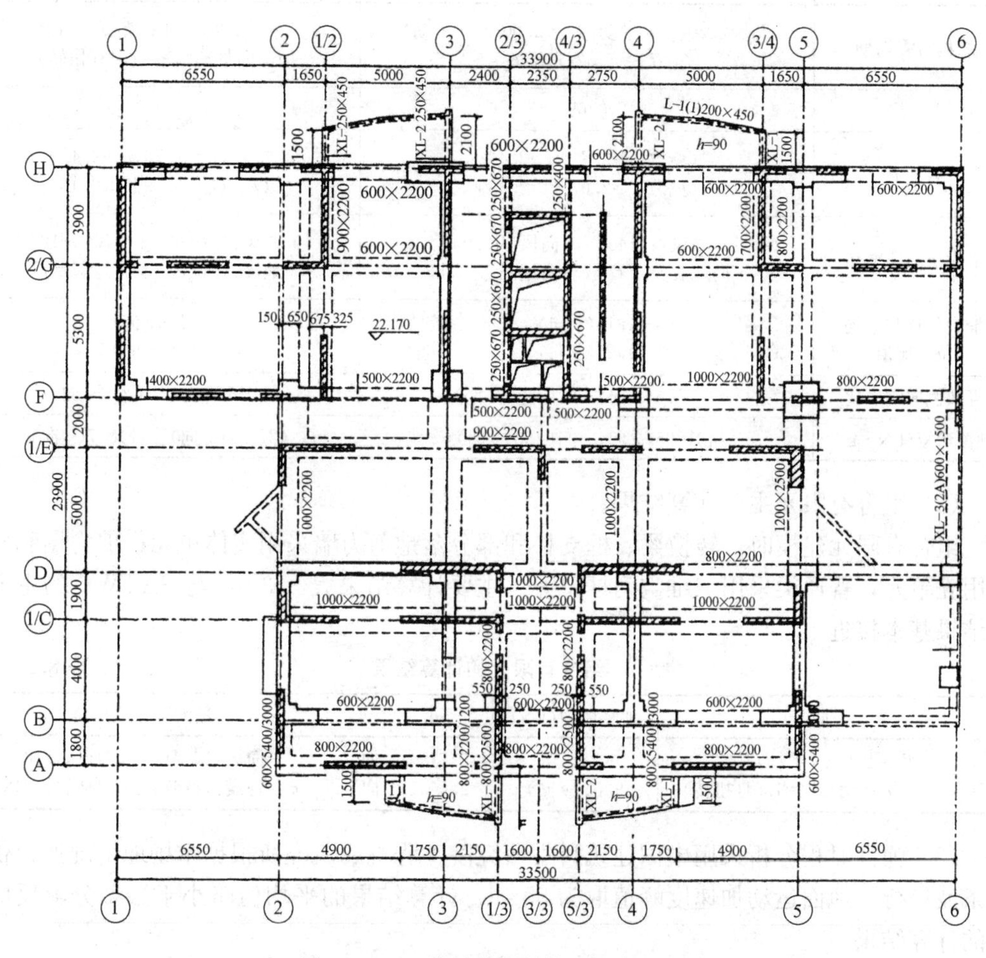

图 8.3-8 A栋转换层结构平面布置图

注：图中带斜线的剪力墙表示转换层上部的剪力墙

(7) 周期折减系数取为0.9。

2) 对转换构件的配筋计算，还考虑了以下几点：

(1) 特殊构件定义时指定框支柱、框支梁，以确保计算是能按规范规定对转换构件在水平地震作用下的计算内力及框支柱的水平地震剪力进行调整；

(2) 对于带剪力墙翼墙的框支柱，SATWE程序计算时框支柱配筋输出结果为0（表示构造配筋）。考虑此结果对框支柱偏于不安全，故另建模型对带剪力墙翼墙的框支柱与剪力墙之间断开用深梁连接（墙、柱分离模型），以确保框支柱配筋计算的可靠性；

(3) 由于转换次梁传给转换主梁的集中力较大，故根据转换梁剪力设计内力包络图采用手工计算复核转换主梁集中荷载处的附加箍筋及附加吊筋是否满足设计要求，以策安全。

3) 主要计算结果如下（以A栋为例，B栋类似）：

(1) SATWE和TAT的主要计算结果见表8.3-5，均符合规范的相关规定。

SATWE 及 TAT 主要计算指标 **表 8.3-5**

计算程序	SATWE	TAT
结构自震周期	T_1=2.20(y 向平动)T_2=2.00(x 向平动) T_3=1.52(扭转)	T_1=2.08(y 向平动)T_2=1.76 (x 向平动)T_3=1.43(扭转)
T_3/T_1	0.69	0.69
剪重比	Q_{0X}/G_e=2.74%>2.4% Q_{0Y}/G_e=2.67%>2.4%	Q_{0X}/G_e=2.76%>2.4% Q_{0Y}/G_e=2.79%>2.4%
最大层间位移角	x 向风:1/1452 y 向风:1/1100 x 向地震:1/1476 y 向地震:1/1258	x 向风:1/1686 y 向风:1/1230 x 向地震:1/1710 y 向地震:1/1592
最大位移与平均位移比值	1.15(x 向) 1.21(y 向)	1.17(x 向) 1.28(y 向)
等效侧向刚度比	0.66(x 向) 0.54(y 向)	0.56(x 向) 0.40(y 向)
倾覆弯矩(kN·m)	431895(x 向) 416450(y 向)	427774(x 向) 411887(y 向)

(2) 组合有限元主要计算结果。

组合有限元建模时，转换梁、框支柱和部分落地剪力墙采用实体单元；剪力墙和楼板采用壳单元，普通梁采用三维空间杆单元。主要计算结果表 8.3-6，与 SATWE 的主要计算结果基本接近。

组合有限元的计算结果 **表 8.3-6**

周　期(s)	地震剪力(kN)	剪重比	最大层间位移角
T_1=2.03(y 平动) T_2=1.98(x 平动)T_3=1.51(扭转)	10041(x 向) 9265(y 向)	2.71%(x 向) 2.50%(y 向)	x 向风:1/1715 y 向风:1/1606 x 向地震:1/1673 y 向地震:1/1967

(3) 弹性时程分析采用中国建筑科学研究院工程抗震研究所根据本场地情况所提供的三条波进行。地面运动加速度峰值取为 55gal。计算结果的平均值略小于振型分解反应谱法的计算结果。

3. 箱形转换层结构设计

1) 框支肋梁的设计

框支肋梁抗震等级为一级。

框支肋梁截面高度取为 2200mm，剪压比均控制在 0.15 以内，最小配箍率取为 $1.3f_t/f_{yv}$；个别肋梁受力较大，梁端抗剪承载力不足，采用梁端水平加腋的方式解决；为减少上部墙体因肋梁变形而引起过大的附加应力，控制肋梁挠度值不大于 $l_0/600$（l_0 为肋梁的计算跨度）；肋梁上一层剪力墙上开洞应尽量布置在肋梁剪力较小处，如不能做到，则对剪力墙上洞口连梁和肋梁此部位适当加强，洞口外侧短墙肢配筋也适当加强。

2) 框支柱及底部加强部位剪力墙的设计

框支柱抗震等级为特一级，底部加强部位剪力墙抗震等级为一级，其他部位剪力墙抗震等级为二级。

框支柱截面尺寸 1200mm×1200mm、1400mm×1400mm 等，并尽可能带剪力墙翼缘，混凝土强度等级为 C50。框支柱截面中部设置芯柱，芯柱附加纵向钢筋的截面面积大于柱截面面积的 0.8%。

3）箱形转换结构顶、底板的设计

箱形转换结构的顶、底板厚度均为200mm，有限元分析结果表明：在竖向荷载作用下，箱形转换结构的顶、底板存在较大的拉、压应力，与普通楼层板受力有较大的区别。顶、底板的配筋主要采用组合有限元分析结果，并控制板的最大裂缝宽度在0.2mm以内。

4）针对转换结构单侧悬挑所采取的主要措施

加大落地剪力墙的墙厚和数量。落地核心筒墙体加厚至500mm，在建筑物外圈及悬挑一侧内跨设置500～800mm的落地剪力墙并尽可能布置成L形，以加大结构的抗扭刚度。

结构布置尽可能左右对称并通过调整剪力墙的布置方式，使结构质心和刚心尽可能接近，以减小结构的扭转效应。

悬挑转换肋梁不进行梁端负弯矩调幅。A栋悬挑转换肋梁根部梁截面高度大于转换层层高5.0m，取为5.4m与下一层梁相连。悬挑转换肋梁配筋构造参照牛腿做法，设置间距不大于100mm的封闭水平筋等。支撑B栋悬挑转换肋梁的框支柱则在肋梁根部范围内做成截面均匀变化的变截面柱。

四、中国水科院科研综合楼

中国水科院科研综合楼工程由A、B、C、D四座单体组成的以办公科研教育用房为主，含少量商业服务、客房的综合性建筑。其中A座地下3层，地上12层，檐口标高44.7m。平面为75.6m×42.0m的长方形。总建筑面积为52828m^2。

采用底部带转换层的钢筋混凝土框架-剪力墙体系，基础形式为梁板式筏形基础。

本工程抗震设防烈度为8度，设计地震分组为第一组，设计基本地震加速度为0.20g，抗震设防类别为丙类，场地类别为Ⅱ类。框支框架、剪力墙抗震等级为一级，框架为二级。

由于建筑功能需要，A座建筑中间部位25.2m×25.2m的范围内（图8.3-9）一～二层为两层高的大空间展厅，故需在二层顶（即展厅上方）设置结构转换层（图8.3-10）。经分析比较后认为：箱形转换形式可以利用楼层之间有限厚度的楼板和转换梁的组合达到一种相对较大刚度和承载力的转换结构。在箱形转换结构肋梁中可以选择适当位置开设管道和人员通行孔洞，以充分利用空间。最后确定采用箱形结构转换形式。箱形转换结构肋梁支承在截面为1100mm×1600mm的型钢混凝土柱上，箱形转换结构上部支承9层框架重量，箱形转换结构顶板厚度为250mm，底板厚度为200mm，井字肋梁截面尺寸为1000mm×4500mm。

为了方便机电管线的布设，在X、Y向井字肋梁的跨中位置分别开设一个2100mm×2100mm和1500mm×2100mm的洞口，见图8.3-11。

由于箱形转换结构受力复杂，而作用又极其重要，所以在采用SATWE进行结构整体计算后，又运用ANSYS程序对箱形转换结构进行有限元分析。计算结果表明：结构楼层的最大位移发生在转换层处，箱形转换层上、下层的等效侧向刚度比（仅考虑了结构的抗剪刚度，忽略了抗弯刚度）在X、Y方向分别为0.58、0.62，满足规范的规定，结构侧移也满足规范的规定。

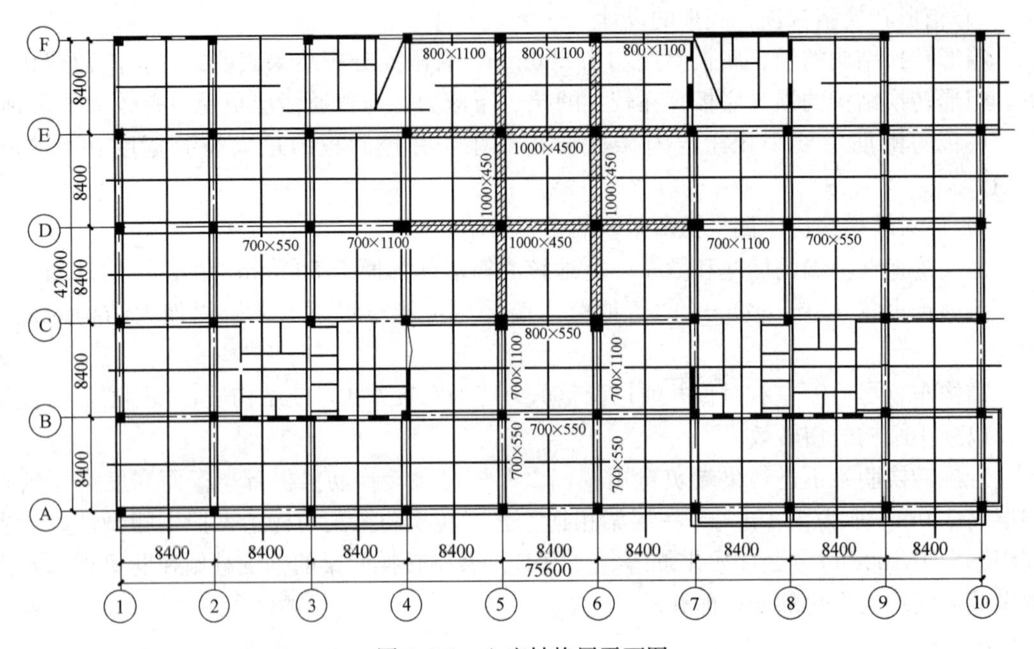

图 8.3-9 A座转换层平面图

注：未注明框架梁均为 700×550，未注明非框架梁均为 300×550。

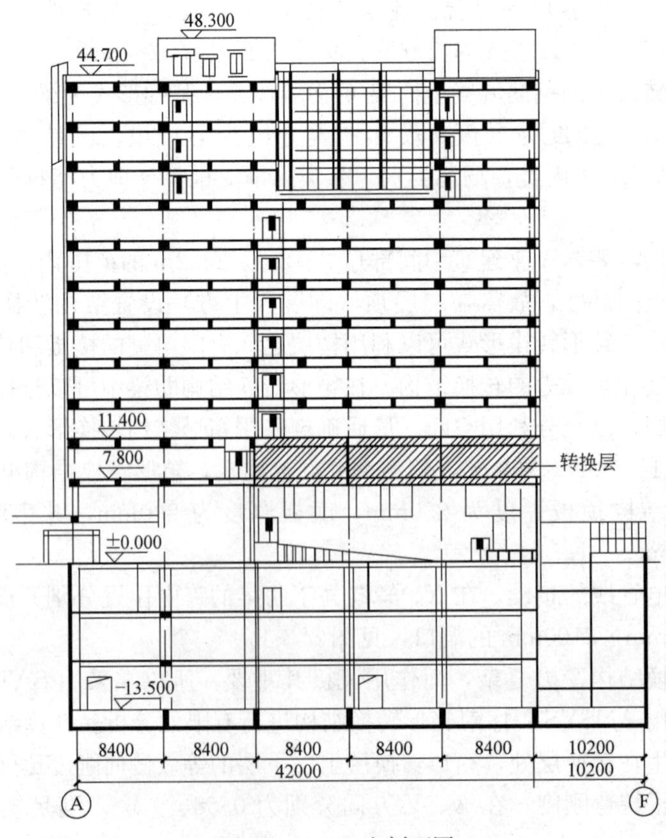

图 8.3-10 A座剖面图

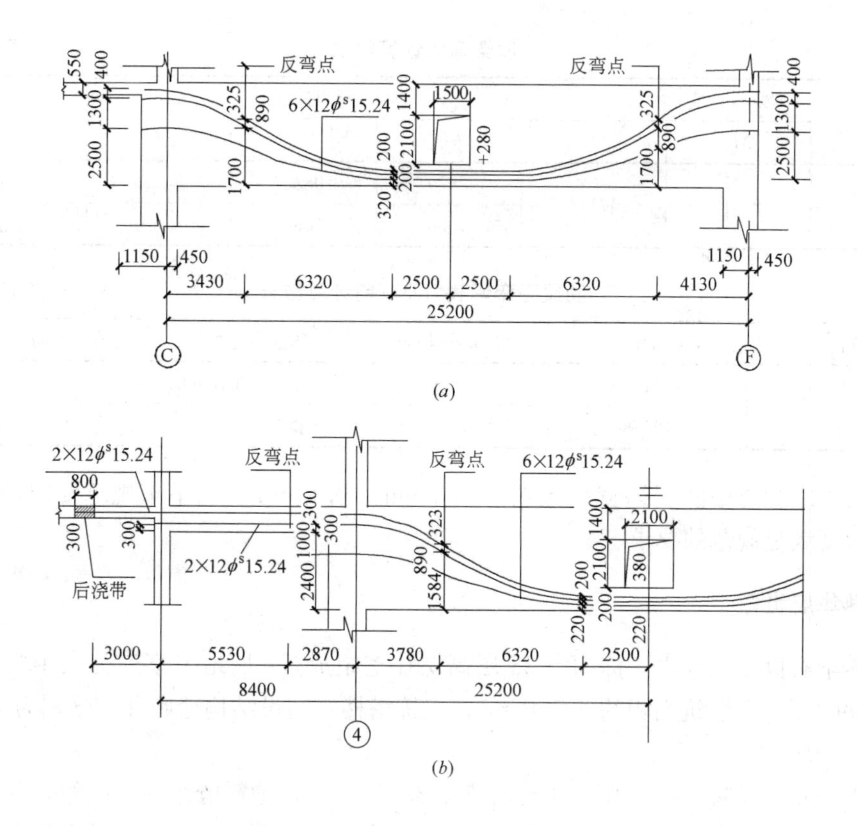

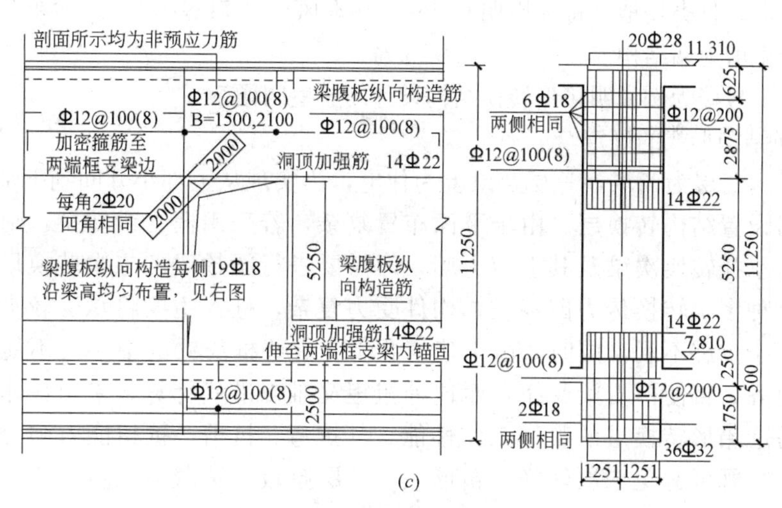

图 8.3-11　梁的纵剖面和横剖面

（a）KZLB 预应力筋布置；（b）KZLA1 预应力筋布置；（c）KZL 上孔洞加强

箱形转换结构肋梁采用有粘结预应力混凝土结构，并按预应力度（构件中预应力钢筋的承载力对全部纵向受力钢筋总承载力的比值）$\lambda=0.55$ 来配置普通受力钢筋。肋梁内力及配筋计算结果见表 8.3-7、表 8.3-8。

在正常使用荷载作用下肋梁的挠度值 $f_1=8.16$mm，预应力等效荷载作用下肋梁的反拱 $f_2=2.65$mm，肋梁的最终挠度值 $f=8.16-2\times2.65=2.86$mm，$f/L=1/1181<1/400$，肋梁挠度满足规范的要求。

肋梁弯矩计算结果　　表 8.3-7

弯矩设计值			弯矩标准值			说明
M_L	M_R	M_m	M_L	M_R	M_m	
25000	25013	47115	9879	9833	24546	静载
			1060	1060	4048	活载

肋梁受弯承载力及配筋计算结果　　表 8.3-8

位置	$M_{预}$(kN·m)	$M_{非预}$(kN·m)	非预应力配筋	配筋率(%)
支座	24120	21544	30 Φ 25(HRB400)	1.13
跨中	42578	33630	30 Φ 32(HRB400)	1.46

肋梁支座和跨中的裂缝宽度分别为 0.02mm、0.14mm，均小于规范要求的 0.2mm，肋梁抗裂度满足规范的要求。

五、常熟华府世家

常熟华府世家工程由 3 栋 32～33 层高层住宅组成，2 层地下室连为一个整体，建筑高度约 99.6m，总建筑面积约 9.5 万 m^2，三栋塔楼之间设结构缝脱开，分别为 1 号楼、2 号楼、3 号楼。

本工程 6 度设防，设计基本地震加速度 0.05g，设计地震分组为第一组，建筑抗震设防类别为丙类。Ⅲ类场地，特征周期 0.55s。基本风压 0.5kN/m^2，地面粗糙度 B 类。采用钢筋混凝土剪力墙结构。

下面以 1 号楼为例说明箱形转换结构设计的一些问题。

1. 转换结构形式的确定

结构一、二层为商场，三层及以上为住宅，为实现从上部小开间到下部大空间的功能转换，需设置结构转换层。由于平面布置复杂，若采用框支梁转换，则框支梁将承托剪力墙并承托转换次梁及其上剪力墙，即需要进行梁抬梁的二次转换局部甚至是三次转换。这种多次转换传力路径长，构件受力复杂，框支主梁将承受较大的剪力、扭矩和弯矩，于抗震不利。同时，由于建筑要求，有些框支梁的中心线不能和上部剪力墙中心线对齐，将使框支梁受扭，而这种扭矩又难以准确计算。采用整体性好的箱形转换层，考虑箱形转换层的整体工作性能，其抗弯、抗剪、抗扭能力和变形协调能力都大大提高。既可避免二次转换，箱形上、下层厚板的承载力又可形成一对力偶，抵消掉一部分扭矩。

最后决定采用整体性好的箱形转换结构。转换层平面见图 8.3-12。图中阴影部分为转换层以上标准层剪力墙，虚线部分则为下层箱形肋梁、框支柱及落地剪力墙的轮廓线。一般框支柱截面 1200mm×1200mm，一般箱形肋梁截面 800mm×2000mm，转换层上下层板厚均为 200mm，转换层以上剪力墙厚 200mm，转换层以下落地剪力墙厚 400mm。

2. 结构分析

整体计算采用 SATWE 和 PMSAP 程序进行。结构转换层设在二层，计算时采用剪弯刚度。箱形顶板采用弹性膜单元。考虑程序计算模式所限，未输入箱形底板，而是将转换层作为一般梁输入，但计算上下层侧向刚度比时，考虑底板的作用，将箱形转换层的高度平均分配给相邻的上、下两层。计算考虑双向地震作用，同时也考虑了偶然偏心的影响。主要计算结果见表 8.3-9。

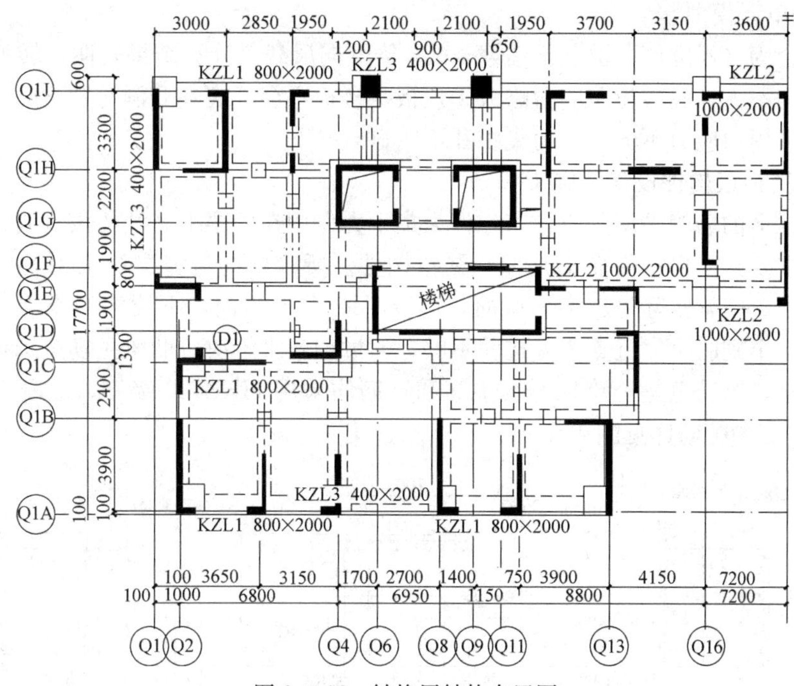

图 8.3-12　转换层结构布置图

结构计算结果　　**表 8.3-9**

计算程序		SATWE		PMSAP	
自振周期(s)	T_1(平动系数)	2.5644(1.00)		2.5801	
	T_2(平动系数)	2.4009(0.61)		2.4123	
	T_3(扭转系数)	2.0996(0.61)		2.0424	
、	方向	x 向	y 向	x 向	y 向
地震作用	剪重比 Q_0/W(%)	0.98	1.06	0.96	1.05
	最大层间位移角	1/2849	1/2407	1/3146	1/2002
	最大层间位移/平均层间位移	1.21	1.22	1.19	1.20
风荷载作用	总风力(kN)	2407	6041	2391	6002
	最大层间位移角	1/4261	1/1478	1/4440	1/1468
	最大位移比	1.20	1.03	1.22	1.05
	有效质量系数(%)	97.75	94.39	97.68	94.19
总质量(t)		38848		38859	

通过调整平面及竖向布置，控制结构周期比在 0.85 以内，最大位移比控制在 1.4 以内；转换层上、下结构的侧向刚度比，x 方向为 0.63，y 方向为 0.87，均接近 1，满足规范的要求。

箱形转换层的局部分析采用 ANSYS 有限元软件，计算模型处理如下：①转换层向下取 1 层，底部取为嵌固；②转换层以上取 3 层，荷载从 SATWE 整体结构计算数据提取。转换层及其上三层剪力墙和下一层墙、柱均采用 Solid65 实体单元模拟，楼面板采用 Shell63 板壳单元模拟。

荷载组合为（标准值）恒载＋活载＋0.6 倍 y 向风载。计算结果表明，转换层的顶板和底板应力均不大，底板拉压应力略大于顶板，楼板不会开裂。开洞对肋梁的应力分布影响不大，洞口周边应力不大，应力集中并不明显。

3. 箱形转换层构件设计及施工

箱形肋梁上的墙体大多分段分布，作为集中力作用在肋梁上，墙体没有明显的内力拱出现，肋梁主要是受弯构件而不是偏心受拉构件。所以梁的弯剪配筋采用 SATWE 整体计算配筋结果，肋梁实际为工字形截面，计算时取 T 形截面，下层板的作用未考虑，留作安全储备。个别肋梁靠近支座处抗剪不够，通过加腋来解决。肋梁主筋全跨拉通，接头采用机械连接，箍筋也是全跨加密。主筋和箍筋均采用 HRB400 级钢，混凝土强度等级 C40。典型框支梁配筋详见图 8.3-13。

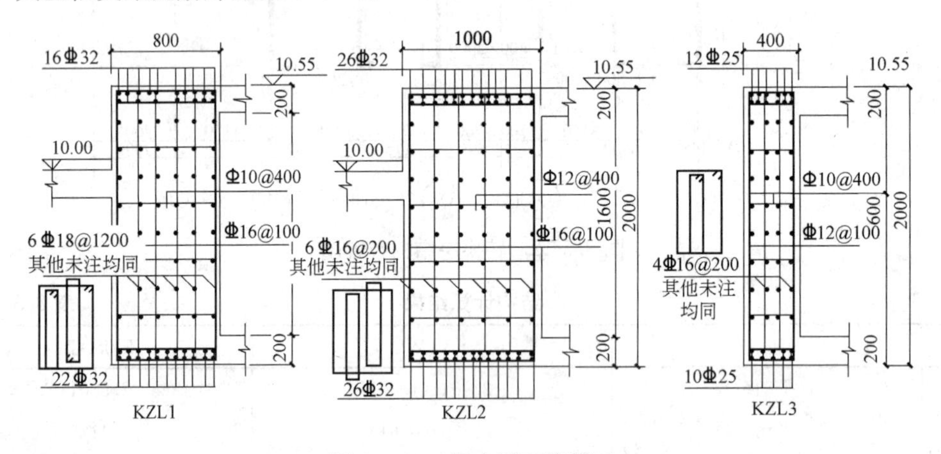

图 8.3-13　框支梁配筋断面

主、次梁相交处，采取以附加箍筋为主、以吊筋为辅的配筋方式。但由于箍筋间距为 100mm，直径 16mm 或 14mm，又是多肢套叠，如果再设置间距 50mm 的附加箍筋，则箍筋间距过小，无法施工，因此采用加大主、次梁相交处箍筋直径的方式来解决。

转换层顶、底板均厚 200mm。顶板配Φ12@150，底板配Φ14@150，均为双层双向拉通。单层单向配筋率分别为 0.38%和 0.5%。在局部拉应力较大区域，采取加强措施，适当增加配筋。

由于箱形转换层的梁板形成一个个封闭的空间，为便于施工拆除模板，满足箱形转换层内设备管道检修要求，在一些肋梁腹部开设Φ600 的圆洞，使每个分隔区域均能连通。洞尽量少开，圆洞直径小于梁高的 1/3，并且靠近肋梁剪力较小的跨中 1/3 范围内。对开洞处进行补强处理，详见图 8.3-14。

整个箱体一次整浇是不可能的，考虑将水平施工缝留在下层板面上 300mm 高处，在施工缝面框支梁中适当增加构造钢筋。

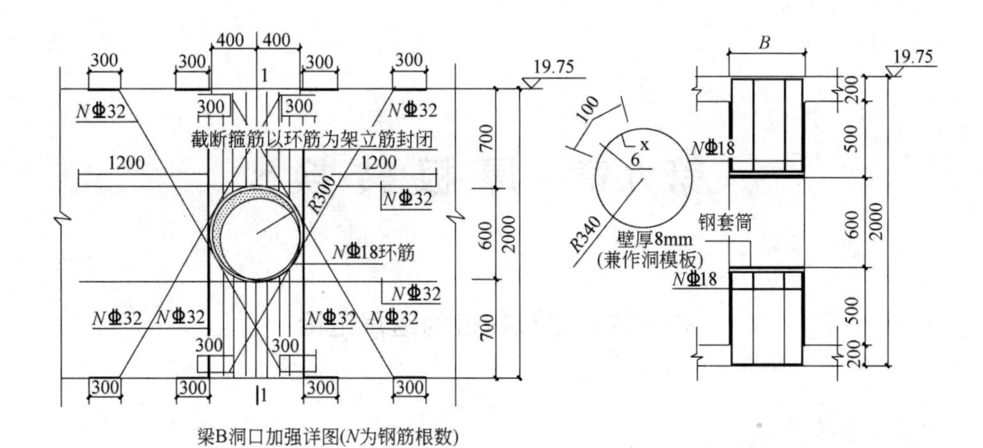

图 8.3-14 框支梁开洞补强

第九章　厚 板 转 换

第一节　厚板转换的适用范围

一、受力及变形特点

当转换层的上、下层剪力墙或柱子错位范围较大，结构上、下层柱网有很多处对不齐时，采用搭接柱或实腹梁转换已不可能，这时可在上、下柱错位楼层设置厚板，通过厚板来完成结构在竖向荷载和水平荷载下力的传递，实现结构转换，这就是厚板转换。

本章所说的厚板转换，是指在带转换层结构中的水平转换构件采用的是厚板结构而不是实腹梁、箱形梁、桁架等其他转换结构构件。

对一些结构的整体计算分析和模型试验研究表明：水平荷载作用下，带厚板转换层的高层建筑剪力墙结构，其总体受力特点和部分框支剪力墙结构相似，楼层剪力沿高度变化总的趋势为自上而下呈线性增大。但在转换厚板处，由于转换厚板的巨大刚度和质量，转换层上、下层刚度和剪力都有很大突变；同时，转换层下部结构的外柱剪力、弯矩都较大，转换厚板相连的上、下几层构件也会受到影响，产生较大的应力集中。

转换厚板的面外刚度很大，且面外刚度是竖向荷载作用下结构传力的关键，上部结构主要通过厚板面外刚度来改变传力途径，将荷载传递到下部结构竖向构件中去。

对转换厚板的局部有限元计算分析表明：竖向荷载作用下转换厚板的弯矩分布与板-柱结构的弯矩分布相似。在以柱为支座的转换厚板支座处负弯矩很大，以剪力墙为支座的转换厚板支座处负弯矩也较大，但小于以柱为支座的转换厚板支座外负弯矩。转换厚板的支座负弯矩只分布于支座附近一定范围内，在剪力墙支座处沿剪力墙长度方向呈两端绝对值大而中间小的不均匀分布，在核心筒附近双向弯矩向井筒的角部位置集中的现象明显；转换板的正弯矩分布范围大，在上部结构荷载作用大或跨度大的位置弯矩值就大，但正弯矩与相应负弯矩的绝对值相比要小。在下部结构轴线（即柱上板带位置）上弯矩分布与连续梁的弯矩分布相似，在上部结构剪力墙线荷载作用处弯矩变化小。

转换厚板的冲切破坏也是值得注意的，竖向荷载对厚板产生很大的冲切力，地震作用产生的不平衡弯矩要由板柱（墙）节点传递，在柱（墙）边将产生较大的附加剪应力，有可能发生冲切破坏，甚至导致结构连续破坏。

转换厚板的挠度很小，厚板板内应力不大，需要注意的位置是厚板的周边和角部位置。

转换厚板的厚度很厚，在转换层集中了相当大的质量，地震作用下，振动性能十分复杂。同时，转换厚板刚度很大，而上、下层刚度相对较小，造成转换层处结构的上、下层侧向刚度均突变，使结构受力很不合理。塑性铰将首先出现在应力集中严重的部位——竖向构件与转换厚板相交处附近，容易产生薄弱层，使厚板转换层的上、下层构件承受很大剪力而导致脆性破坏，甚至比框支剪力墙的抗震性能更差。中国建筑科学研究院及东南大学等单位的试验研究表明：厚板本身产生破坏的可能性不大，但厚板的上、下相邻层结构出现明显裂缝和混凝土剥落。试验还表明：在竖向荷载和地震作用的共同作用下，厚板不仅会发生冲切破坏，还有可能产生剪切破坏。

二、适用范围

1. 厚板转换的优缺点

和实腹梁托柱转换比较，厚板转换可以使结构上、下层竖向构件灵活布置，无须上、下层结构对齐，较好地满足了建筑的功能要求。转换厚板的刚度大，调整结构的变形和受力能力较强，使竖向构件的受力相对较均匀。同时，还避免了竖向构件与转换层相交处的一些节点的复杂构造。因此，在一些非地震区及地下结构中得到应用。

但是，厚板转换使得结构的传力变得不直接、不合理、很复杂，给计算分析和设计带来困难；厚板转换使得结构的刚度突变，结构抗震性能差；厚板本身受力也很复杂：厚板不是简单的受弯构件，同时受有剪、扭、冲切甚至有拱的效应等，且目前尚未摸清其特点；转换厚板混凝土用量多、结构自重大、重心高，加大了地震作用，加大了基础的负担；同时，厚板可能产生的大体积混凝土的水化热给施工带来不便。

2. 厚板转换的适用范围

目前国内对厚板转换的计算分析和试验研究都较少，转换厚板结构的受力性能、破坏机理尚不十分清楚。考虑到厚板转换结构形式的受力复杂性、抗震性能较差、施工较复杂，同时由于转换厚板在地震区使用经验较少，同时由于厚板转换在地震区的实际工程经验很少，故采用厚板转换形式应慎重，特别是在地震区，更应慎重。应深入研究，组织专家论证，以确保工程的安全和合理、经济。

《高规》10.2.4 条规定，非抗震设计和 6 度抗震设计时可采用厚板转换，7 度、8 度抗震设计时地下室的转换结构构件可采用厚板。

框架结构由于结构抗侧力刚度较弱，采用厚板转换结构形式将会使转换层处结构的上、下层竖向刚度均产生更大的突变，故不应采用。

厚板转换一般适用于结构的整体转换，也可用于结构的局部转换；既适用于托墙转换（框支转换），也适用于托柱（小墙肢）转换。

采用带厚板转换的剪力墙结构，其房屋最大适用高度可按本书第二章表 2.2-1、表 2.2-2 中的部分框支剪力墙结构取用。采用带厚板转换的其他结构体系，其房屋最大适用高度应比按表 2.2-1、表 2.2-2 中相应结构体系规定的数值降低 20%甚至更多。

采用带厚板转换的部分框支剪力墙结构，地面以上转换层的设置位置，一般不宜超过 6 层。

三、工程实例

工程实例 1：广州金桂园（二期）工程是一组大型高级商住综合建筑群。地下 1 层（局部 2 层），裙房 2 层，主楼均为 14 层（不包括机房和水塔），为大底盘多塔楼结构。

由于本工程的建筑功能要求，下部 2 层为商场，要求大开间、大柱网，而上部为高级住宅，要求小开间、小柱网，需在二层设置结构转换层，且转换层以上的剪力墙布置较零散，很多剪力墙没有布置在柱网上，与转换层以下的柱网错位太多，如果采用实腹梁转换、桁架转换或箱形转换结构形式，实腹转换梁、转换桁架或箱形转换梁很难布置。同时，还有一些剪力墙需采用框支主、次梁方案，经几次转换才能传递到主转换构件上，使得传力路径既不合理又很长。采用厚板转换结构形式可使转换层上部的剪力墙灵活布置，可以很好地满足建筑功能要求。通过分析比较，确定采用大底盘带厚板转换层的结构转换形式。

转换层设在二层，转换板厚度为700mm，混凝土强度等级为C40。其中D4栋转换层上、下楼层的结构平面布置见图9.1-1、图9.1-2。

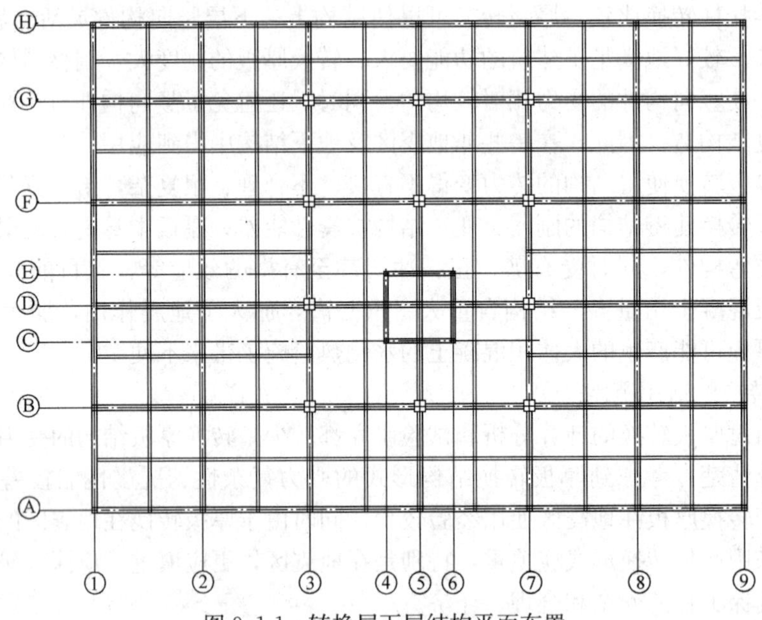

图9.1-1　转换层下层结构平面布置

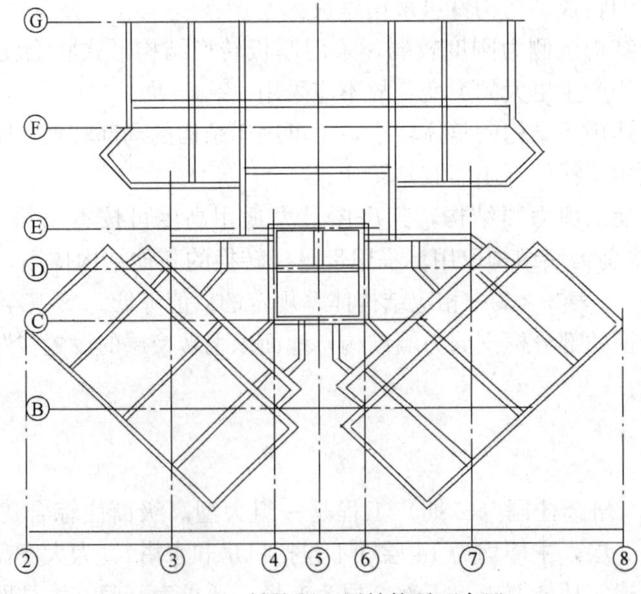

图9.1-2　转换层上层结构平面布置

工程实例 2：北京新东安市场为一大型商业建筑，地面以上 11 层，地面以下 3 层，总建筑面积 220000m^2。

本工程抗震设防烈度为 8 度，抗震设防类别为丙类，采用钢筋混凝土框架-剪力墙结构体系。

由于受建筑平面布置的限制，仅以电梯井道作为钢筋混凝土剪力墙，剪力墙布置无规律，且数量不能满足钢筋混凝土框架-剪力墙结构体系的要求，剪力墙部分承担的地震剪力小于结构总地震剪力的 50%，故结构设计框架部分抗震等级按框架结构考虑。结构抗震等级均为一级。

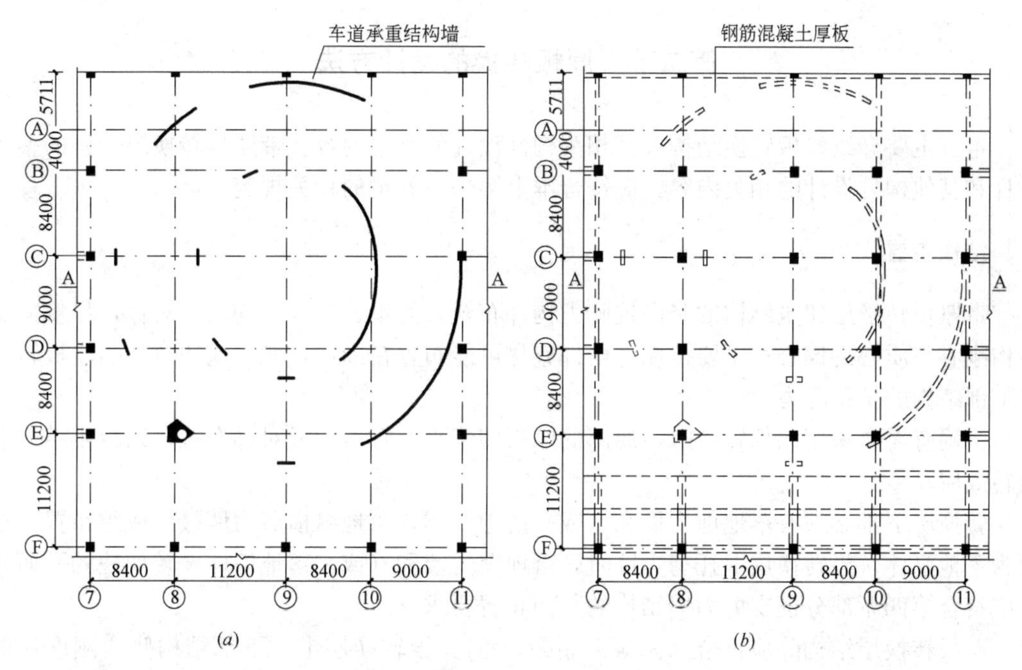

图 9.1-3　转换层平面图

(*a*) 首层柱平面图；(*b*) 二层（转换层）结构平面图

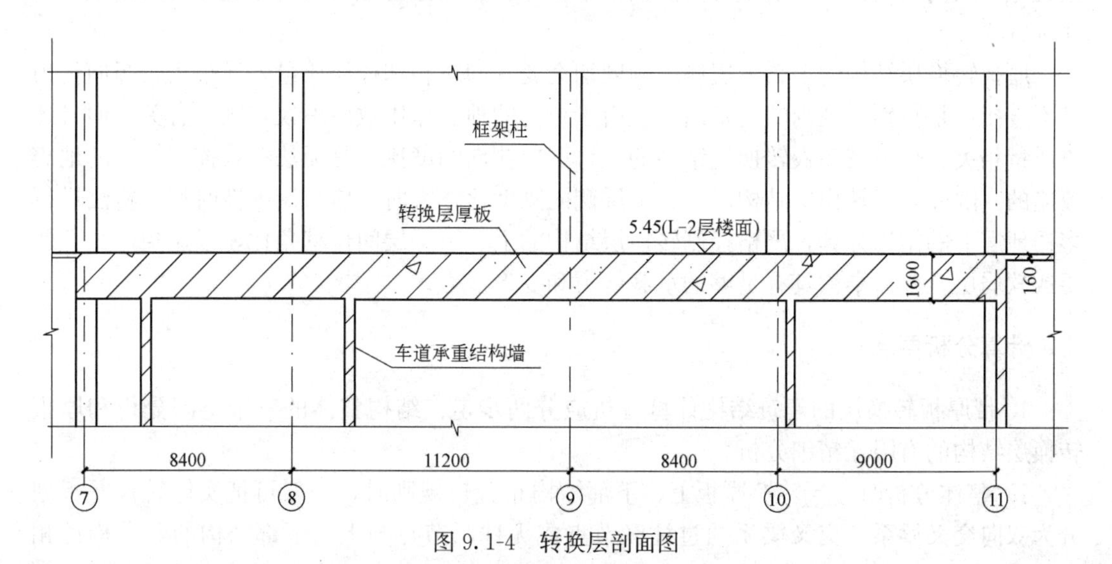

图 9.1-4　转换层剖面图

地下车库设置了净宽为7850mm的环形车道，客车与货车由首层入口分别进入至地下三层和地下二层。环形车道位置处不能按标准柱网布置框架柱，造成上、下层框架柱错位或柱子、剪力墙竖向对不齐，由于错位较多，同时又出现上、下层不同结构类型的转换，经分析决定在环形车道顶板处（12层楼板）设置厚板结构转换层。上部标准柱网框架柱直接落在转换结构厚板上，转换厚板支承于结构下部车道结构承重混凝土墙体、框架柱和其他结构柱上。上部标准柱网框架柱传递给结构转换层厚板的最大轴向压力为20000kN，转换厚板厚度为1600mm，厚板中设置了暗梁，厚板采用三层配筋，以满足厚板的应力变化及施工顺序的要求。厚板转换层平面、剖面详见图9.1-3、图9.1-4。

第二节 厚板转换的设计方法

本节主要介绍厚板转换结构及其相关构件设计的有关内容。带厚板转换层结构的整体设计和其他构件设计的相关内容，应符合本书第一～五章的相关规定。

一、结构布置

带厚板转换层建筑结构的竖向抗侧力构件布置宜简单、规则、均匀、对称，尽量减少结构刚心与质心的偏心；主要抗侧力构件宜尽可能布置在周边，尤其应注意加强厚板转换层下部结构的抗扭能力。

当确有需要采用局部转换时，局部的厚板转换平面宜居中或对称布置，以减小结构的扭转效应。

转换层下部必须有落地剪力墙和（或）落地筒体，落地纵横剪力墙最好成组布置，结合为落地筒体。当转换层上托剪力墙时，落地剪力墙和（或）落地筒体、转换柱的平面布置应符合第四章部分框支剪力墙结构的平面布置要求。

厚板转换层结构除应符合《高规》附录E的关于转换层上、下部结构侧向刚度比的规定外，还应满足转换层上、下部结构层间位移角比的规定。为了使下部结构的刚度尽量接近上部结构的刚度，可采用提高混凝土强度等级、加大落地剪力墙厚度和转换柱截面尺寸等方法。

厚板转换层结构的上、下层侧向刚度均突变，同时相邻楼层质量差异很大，竖向传力又不直接，是特别不规则的建筑结构。由于结构的地震作用效应不仅与刚度有关，而且还与质量相关，仅限制厚板转换层结构的上、下层侧向刚度比，是无法有效控制结构的地震效应的。因此，当转换层结构的上、下层侧向刚度比较大时，应采用弹性时程分析法进行多遇地震下的结构计算，严格控制转换层结构的上、下层层间位移角比，以避免产生薄弱层或软弱层，确保结构具有足够的承载能力和变形能力。

二、计算分析要点

1. 带厚板转换层的建筑结构计算分析应分两步走：结构整体的三维空间分析和厚板转换层结构的有限元精细分析。

1）整体分析时，当转换厚板上、下部结构布置较规则时，一般可把实体转换厚板划分为双向交叉梁系，交叉梁系通过柱联节点或无柱联节点与上、下部结构的竖向构件相连，参与结构的整体计算。

交叉梁高可取转换板的厚度，梁宽可取为支承柱的柱网间距，即梁每一侧的宽度取其间距之半，但不超过转换板厚的6倍。根据整体计算分析所得的交叉梁系的内力，进行转换厚板板带的配筋计算。

采用这种计算方法，当转换厚板上、下部竖向构件布置不规则时，由于交叉梁系中梁宽的合理取值很难确定，故计算分析的误差会较大。此时可采用设置虚梁的分析方法，即在转换厚板上、下层的轴线位置定义，虚梁的截面尺寸为100mm×100mm，当虚梁所围成的面积较大时还应在其中再增设虚梁，人工细分厚板单元。建立起柱联节点网或无柱联节点网以形成转换厚板上、下部结构的力的有效传递，使转换厚板参与结构的整体计算。

转换厚板由于板很厚，厚板面外的变形（弯曲、剪切变形等）不可忽略，如果继续采用薄板单元将会给计算带来很大的误差。整体计算时厚板一定要考虑厚板面外的变形（弯曲、剪切变形等），这样才能把上部结构、厚板、下部结构的变形、传力等计算合理，由于厚板上下传力的特殊性，厚板面外变形的正确考虑，决定了计算结果的正确性。所以，整体分析时，转换厚板应定义为平面内无限刚、平面外为有限刚度的弹性板。

2）对转换厚板的局部连续体有限元分析，应考虑厚板的剪切变形，单元划分的长、宽、高数量级宜相同，尺寸宜接近；对柱边、剪力墙边的板单元划分宜更细、更密。如PKPM系列中的SlabCAD程序所采用的板单元为基于Mindlin假设的中厚板通用八节点等参数单元，计算精度较高。

2. 上述厚板转换层结构的计算分析，采取的是两步走的方法，即先进行结构整体计算分析，再对转换厚板进行更细微的连续体有限元分析。这从工程需要的精度来看是可以的。但对于体形特别复杂的高层建筑，精度尚显不足，特别是对转换厚板的二次分析，从本质上说是一种静力分析方法，对地震作用下的厚板的动力特性几乎未作分析。应用大型的结构分析通用软件，采用组合单元对结构进行整体有限元分析，是最接近结构实际受力状态且计算精度较高的方法。但这种方法对计算机的资源要求很高，计算耗时较长，不便于工程设计的反复修改计算。有的甚至没有中国规范的配筋及构造计算。

实际工程设计中，对体形复杂的带厚板转换层的高层建筑结构可采用第一种方法进行结构分析和配筋计算，再用第二种方法进行内力、变形和截面配筋的校核，是较好的结构计算分析方法。

3. 由于转换层是结构的薄弱层，故整体计算时该层的地震剪力应按《高规》第3.5.8条的规定乘以1.25的增大系数。并应符合楼层最小地震剪力系数（剪重比）的要求；抗震等级为特一、一、二级时转换构件在水平地震作用下的计算内力应分别乘以1.9、1.6、1.3的增大系数，三、四级时增大系数可酌情减小，但不宜小于1.25。

厚板转换层上一层剪力墙、框架柱底截面，弯矩、剪力设计值宜按底层剪力墙、框架柱底截面要求适当放大。配筋构造适当加强。

三、构造设计

这里所讨论的构造设计，主要是针对结构中的转换厚板及其相关构件。对结构中的其他构件以及其他构造设计内容，见《高规》、《混规》等构件设计的有关规定。

1. 转换柱、落地剪力墙

转换厚板的下层柱应按框支柱设计，转换厚板的下层剪力墙，不应设计成短肢剪力墙或单片剪力墙。转换柱、剪力墙应按部分框支剪力墙结构中的框支柱、落地剪力墙设计。

转换厚板上、下部的剪力墙、柱直通时，其纵向钢筋应上、下直通设置；当转换厚板上、下部的剪力墙、柱不能直通时，其纵向钢筋均应在转换厚板内可靠锚固。

2. 转换厚板

1）转换厚板的厚度可由受弯、受剪、受冲切承载力计算确定。一般情况下，可取厚板转换层下柱柱距的 1/3～1/6 进行板厚的估算，一般约在 1.0～3.0m 之间，上托楼层多、板跨度大可取大值。实际工程中，由于柱网、荷载等因素的变化较大，转换厚板的厚度变化范围也较大。在满足强度及变形要求下，转换厚板应尽可能减薄。

由于在转换厚板层集中了很大的质量和刚度，于结构抗震不利，故可根据有限元分析结果在应力较小区域的转换厚板处作局部减薄处理，以减小转换层处的地震反应。薄板与厚板交界处可加腋；转换厚板亦可局部做成夹心板。

2）转换厚板的混凝土强度等级不应低于 C30。

3）转换厚板宜按整体计算分析时所划分的主要交叉梁系的剪力和弯矩设计值进行截面设计，并按连续体有限元分析的应力结果进行截面配筋校核。

（1）厚板受弯纵向钢筋可沿转换板上、下部双层双向设置，且每一方向纵向受力钢筋的总配筋率不宜小于 0.6%。注意：在里规定的是一个方向纵向受力钢筋的总配筋率，并未对该方向的上、下层最小配筋率作出明确规定。工程设计中宜根据板的受力情况适当调整上、下层钢筋的配筋比例，建议每层每方向配筋率不小于 0.25%，且上、下层总配筋率不宜小于 0.6%。板的两个方向底部纵向受力钢筋应置于板内暗梁底部纵向受力钢筋之上。配筋计算时，应考虑板两个方向纵向受力钢筋的实际有效高度。

（2）为了防止转换厚板的板端沿厚度方向产生层状水平裂缝，宜在厚板外周边配置钢筋骨架网进行加强。钢筋骨架网直径不宜小于 16mm，钢筋间距不宜大于 200mm。

4）转换厚板内沿下部结构轴线处应设置暗梁，下部结构轴线之间沿上部结构主要剪力墙长度方向处应设置暗次梁，暗梁的宽度建议取为 $2/3h$，且不小于下层柱宽或墙厚；暗次梁的宽度建议取为 $1/2h$，且不小于上层柱宽或墙厚，此处 h 为转换厚板的厚度。暗梁、暗次梁的配筋应符合下列规定（图 9.2-1）：

（1）暗梁（暗次梁）纵向受力钢筋的最小配筋率，建议不小于按结构相应抗震等级提高一级后的框架梁的最小配筋率，同时不应小于二级抗震等级时框架梁的最小配筋率；非抗震设计时，不应小于二级抗震等级时框架梁的最小配筋率；

（2）暗梁（暗次梁）的下部纵向受力钢筋应在梁全跨拉通，上部纵向受力钢筋至少应有 50%在梁全跨拉通；

（3）暗梁（暗次梁）抗剪箍筋的面积配筋率不宜小于 0.45%；

（4）暗梁（暗次梁）箍筋，构造上至少应配置四肢箍，当计算不需要时，直径不应小于 8mm，间距不宜大于板厚的二分之一和 300mm 两者的小值，肢距不宜大于板厚和 400mm 两者的小值；当计算需要时，应由计算确定，且直径不应小于 10mm，间距不宜

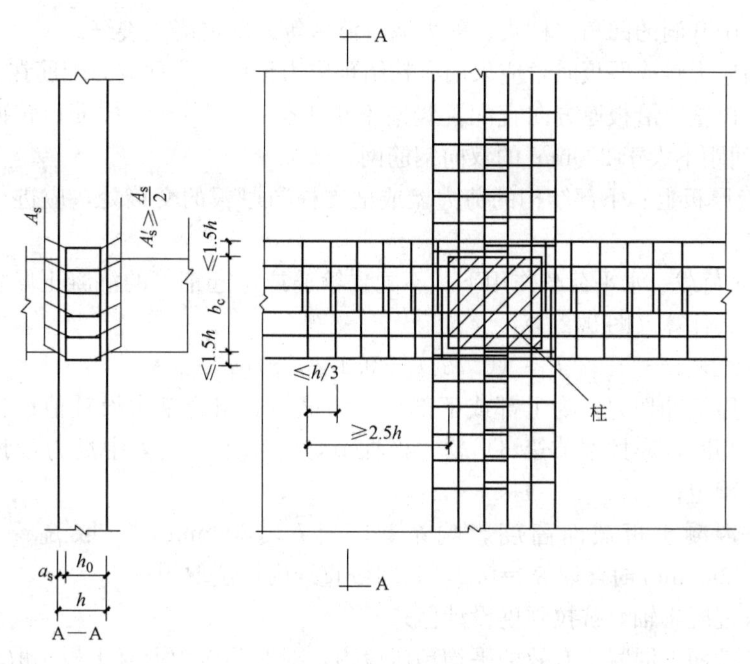

图 9.2-1　暗梁构造

大于板厚的二分之一和 200mm 两者的小值，肢距不宜大于板厚和 300mm 两者的小值。

5）转换厚板中部不需要配置抗冲切钢筋的区域，应配置不小于⌀ 16@400 直钩形式的双向抗剪兼架立钢筋（图 9.2-2）。

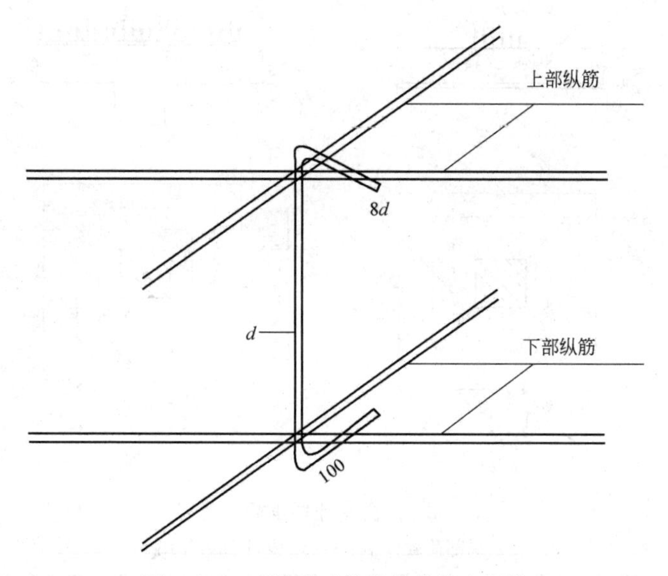

图 9.2-2　直钩形式的抗剪兼架立钢筋

6）对转换厚板上、下部结构的剪力墙或框支柱与厚板的交接处，由于柱子轴力很大，混凝土强度等级较高，还宜验算此处板的局部受压承载力。厚板的局部受压承载力计算和构造要求可按《混规》的有关规定进行。

7）对转换层厚板施加预应力，可有效地控制板的角部及高应力区和其他应力集中区域（如转换板中开洞的凹角、柱头、剪力墙过渡区等）的混凝土裂缝。

当采用预应力转换厚板时，应采用有粘结预应力配筋；非预应力配筋在上部和下部宜双层双向通常设置；沿板厚方向宜配置竖向不小于Φ 25@150mm 插筋；转换厚板中部宜设置 1～2 层间距不大于 200mm 的双向钢筋网。

3. 对转换厚板上、下部结构的剪力墙或框支柱与厚板的交接处，应进行厚板抗冲切承载力的验算。

1）在竖向荷载、水平荷载作用下，不配置箍筋或弯起钢筋的混凝土厚板，其抗冲切承载力可按下式计算（图 9.2-3）：

$$F_l \leqslant (0.7\beta_h f_t + 0.15\sigma_{pc,m})\eta u_m h_0 \quad (9.2\text{-}1)$$

式中 F_l——厚板冲切力，为上部或下部柱、墙最不利组合轴力设计值；当有不平衡弯矩时，应按本节第 6）款“板柱节点计算用等效集中反力设计值”的规定确定；

β_h——混凝土板截面高度影响系数，当 $h \leqslant 800$mm 时，取 $\beta_h = 1.0$；当 $h \geqslant 2000$mm 时，取 $\beta_h = 0.9$，其间按直线内插法取用；

f_t——混凝土轴心抗拉强度设计值；

$\sigma_{pc,m}$——截面上混凝土有效的平均预压应力，对非预应力混凝土板，取 $\sigma_{pc,m} = 0$；

η——系数，考虑到矩形形状的加载面积边长之比大于 2 后，受冲切承载力有所降低，此外，当临界截面相对周长 u_m/h_0 过大时，也会使受冲切承载力降低。

故综合给出系数 η。按下列两个公式计算，并取其中较小值：

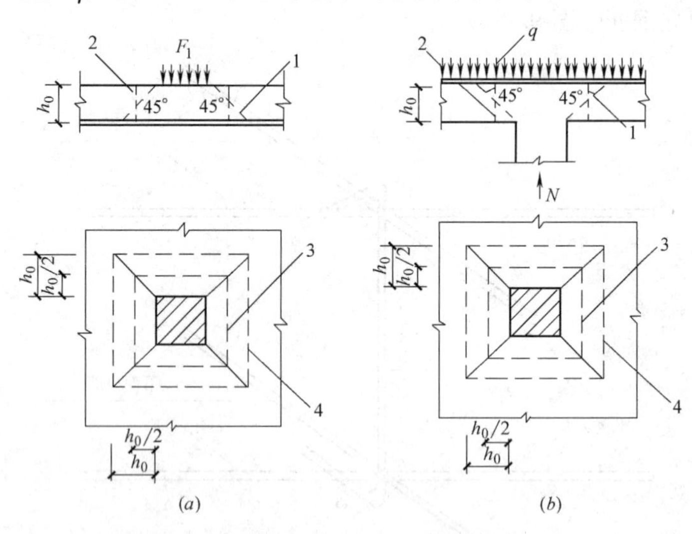

图 9.2-3　板受冲切承载力计算

（a）局部荷载作用下；（b）集中反力作用下

1—冲切破坏锥体的斜截面；2—临界截面；3—临界截面的周长；4—冲切破坏锥体的底面线

$$\eta_1 = 0.4 + \frac{1.2}{\beta_s} \quad (9.2\text{-}2)$$

$$\eta_2 = 0.5 + \frac{\alpha_s h_0}{4u_m} \quad (9.2\text{-}3)$$

式中 h_0——截面有效高度，取两个配筋方向的截面有效高度的平均值；

η_1——局部荷载或集中反力作用面积形状的影响系数；

η_2——临界截面周长与板截面有效高度之比的影响系数；

β_s——局部荷载或集中反力作用面积为矩形时的长边与短边尺寸的比值，β_s 不宜大于 4；当 $\beta_s<2$ 时，取 $\beta_s=2$；当面积为圆形时，取 $\beta_s=2$；

α_s——板柱结构中柱类型的影响系数：对中柱，取 $\alpha_s=40$；对边柱，取 $\alpha_s=30$；对角柱，取 $\alpha_s=20$。

u_m——临界截面的周长，具体规定如下：

（1）临界截面是指冲切最不利的破坏锥体底面线与顶面线之间的平均周长 u_m 处板的冲切截面。其中：①对等厚板为垂直于板中心平面的截面；②对变高度板为垂直于板受拉面的截面。

（2）临界截面的周长是指：①对矩形截面或其他凸角截面柱，是距离局部荷载或集中反力作用面积周长 $h_0/2$ 处板垂直截面的最不利周长；②对凹角截面柱（异形截面柱），宜选取周长 u_m 的形状呈凸形折线，其折角不能大于 180°，由此可得到最小周长，此时在局部周长区段离柱边的距离允许大于 $h_0/2$。

常见的复杂集中反力作用面的冲切临界截面，如图 9.2-4 所示。

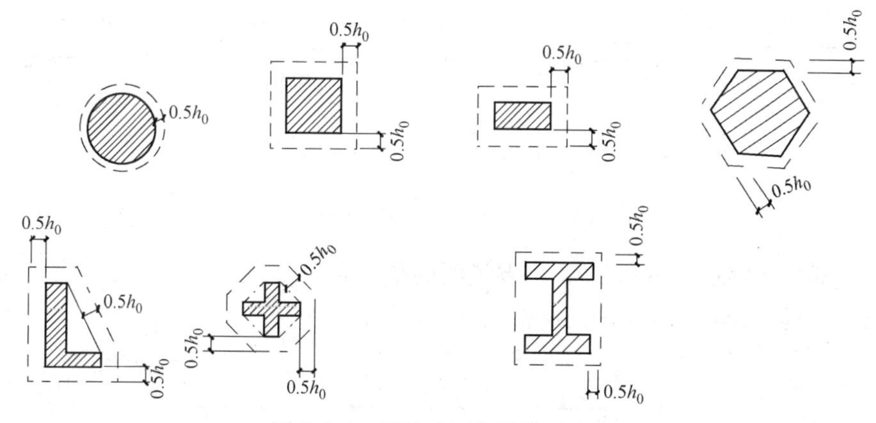

图 9.2-4 板的冲切临界截面示例

（3）当板开有孔洞且孔洞至局部荷载或集中反力作用面积边缘的距离不大于 $6h_0$ 时，受冲切承载力计算中取用的临界截面周长 u_m，应扣除局部荷载或集中反力作用面积中心至开孔外边画出两条切线之间所包含的长度。邻近自由边时，应扣除自由边的长度，见图 9.2-5。

2）在冲切力较大的柱头转换厚板处设置柱帽或托板。柱帽或托板的几何尺寸应由板的抗冲切承载力按式（9.2-1）计算确定。构造上帽或托板的有效宽度 C 不宜小于 1/6，l 为转换厚板的计算跨度，托板的厚度不宜小于转换厚板厚度的 1/5。常用柱帽或托板的形式见图 9.2-6。图 9.2-6（a）适用于冲切力较小的情况，图 9.2-6（b）、（c）、（d）适用于冲切力较大的情况。

设置托板式柱帽时，非抗震设计时托板底部应布置构造钢筋；抗震设计时托板底部钢筋应按计算确定，并应满足抗震锚固要求。计算柱上板带的支座钢筋时，可考虑托板厚度的有利影响。

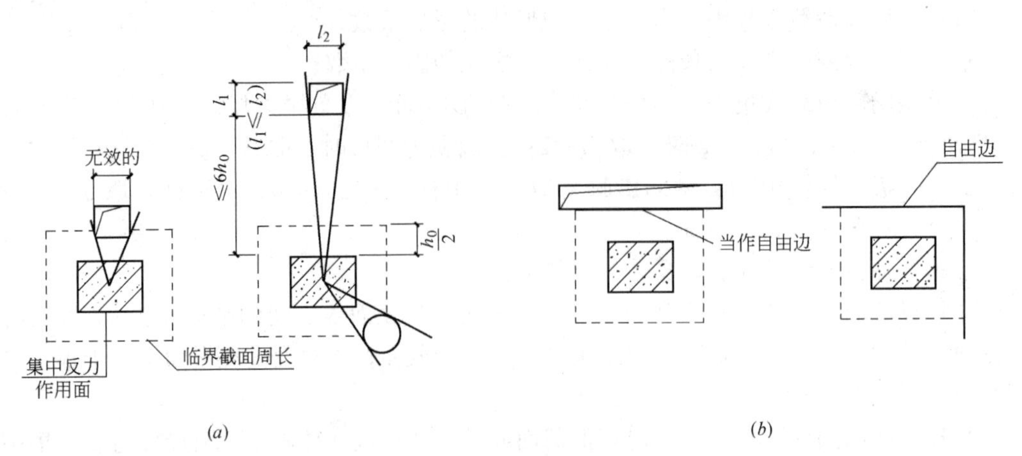

图 9.2-5 邻近孔洞或自由边时的临界截面周长

(a) 孔洞；(b) 自由边

注：当图中 $l_1 > l_2$ 时，孔洞边长 l_2 用 $\sqrt{l_1 l_2}$ 代替

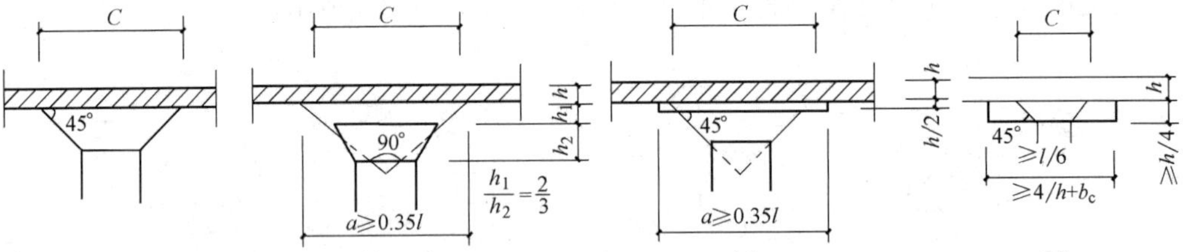

图 9.2-6 柱帽及托板的外形尺寸

柱帽配筋构造要求见图 9.2-7。需要说明的是，此配筋构造仅为非抗震设计时的构造要求，当为抗震设计时，柱帽配筋应根据有关计算确定。

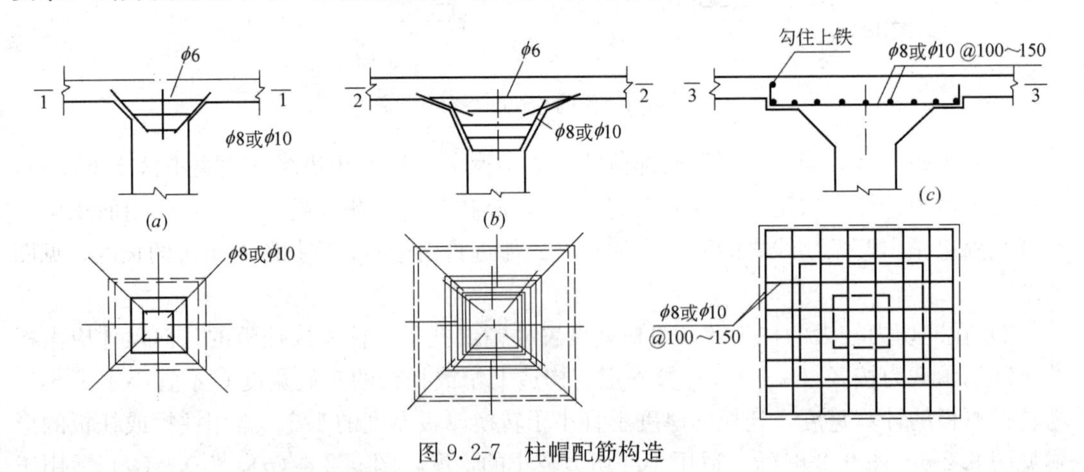

图 9.2-7 柱帽配筋构造

3）配置抗冲切钢筋

转换厚板在竖向荷载、水平荷载作用下，当板柱节点的受冲切承载力不满足式 (9.2-1) 的要求且板厚受到限制时，可配置抗冲切钢筋（箍筋或弯起钢筋）。此时，应符合下列规定：

（1）转换厚板受冲切截面应符合下列条件：

$$F_l \leqslant 1.05 f_t \eta u_m h_0 \tag{9.2-4}$$

（2）设置暗梁的转换厚板的抗冲切承载力可按下式计算：

当配置箍筋时

$$F_l \leqslant (0.35 f_t + 0.15 \sigma_{pc,m}) \eta u_m h_0 + 0.8 f_{yv} A_{svu} \tag{9.2-5}$$

当配置弯起钢筋时

$$F_l \leqslant (0.35 f_t + 0.15 \sigma_{pc,m}) \eta u_m h_0 + 0.8 f_y A_{sbu} \sin\alpha \tag{9.2-6}$$

式中　A_{svu}——与呈45°冲切破坏锥体斜截面相交的全部箍筋截面面积；

A_{sbu}——与呈45°冲切破坏锥体斜截面相交的全部弯起钢筋截面面积；

f_{yv}——箍筋的抗拉强度设计值，按《混规》采用，但数值大于360N/mm^{2}取360N/mm^2；

f_y——弯起钢筋抗拉强度设计值；

α——弯起钢筋与板底的夹角。

（3）混凝土板中配置抗冲切箍筋或弯起钢筋时，尚应符合下列构造要求：

① 按计算所需的箍筋截面面积应配置在冲切破坏锥体范围内，此外尚应按相同的箍筋直径和间距自柱边向外延伸配置在不小于1.5h_0范围内。箍筋宜为封闭式，并应箍住架立钢筋和主筋。直径不应小于6mm间距不应大于1/3h_0（图9.2-8）。

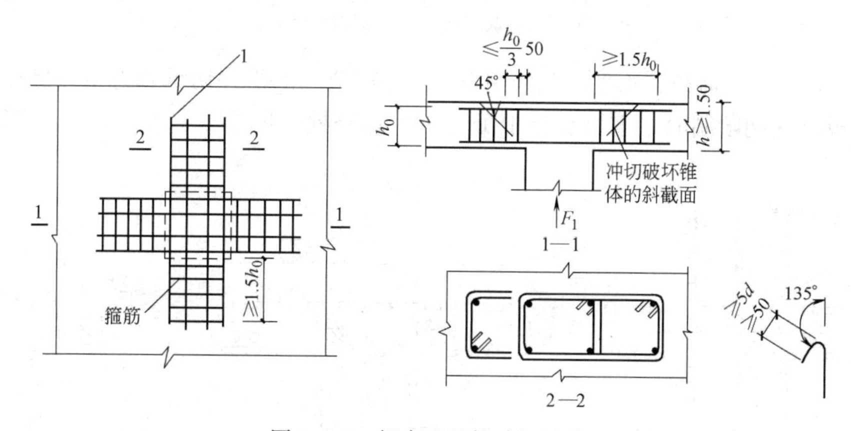

图9.2-8　板中配置抗冲切箍筋

1—架立钢筋；2—箍筋

抗冲切箍筋宜和暗梁箍筋结合配置，箍筋肢数不应少于4肢。

② 按计算所需的弯起钢筋可由一排或两排组成，其弯起角可根据板的厚度在30°～45°之间选取，弯起钢筋的倾斜段应与冲切破坏斜截面相交，当弯起钢筋为一排时，其交点应在离局部荷载或集中反力作用面积周边以外（1/2～2/3）h范围内，当弯起钢筋为二排时，其交点应在离局部荷载或集中反力作用面积周边以外（1/2～5/6）h范围内。弯起钢筋直径不应小于12mm，且每一方向不应少于三根（图9.2-9）。

（4）对配置抗冲切钢筋的冲切破坏锥体以外的截面。尚应按式（9.2-1）要求进行受冲切承载力验算。此时，临界截面周长u_m应取配置抗冲切钢筋的冲切破坏锥体以外0.5h_0处的最不利周长。

4）配置抗冲切锚栓

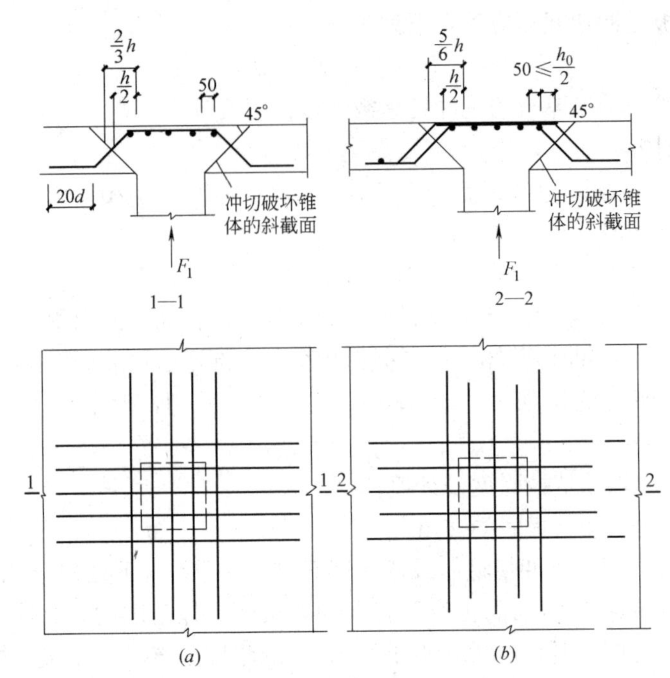

图 9.2-9　板中配置抗冲切弯起钢筋

(a) 一排弯起钢筋；(b) 二排弯起钢筋

转换厚板在竖向荷载、水平荷载作用下，当板柱节点的受冲切承载力不满足式（9.2-1）的要求且板厚受到限制时，也可在板中配置抗冲切锚栓（图 9.2-10）。此时，应符合下列规定：

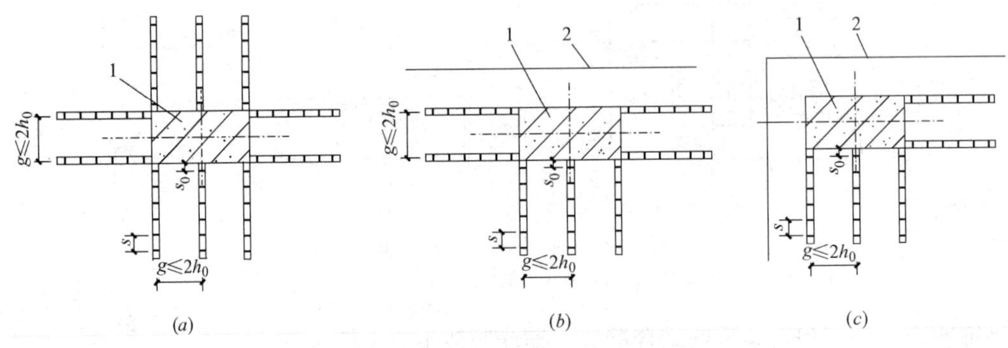

图 9.2-10　矩形柱抗冲切锚栓排列

(a) 内柱；(b) 边柱；(c) 角柱

1—柱；2—板边

（1）受冲切截面控制条件应符合式（9.2-4）；

（2）受冲切承载力应按下列公式计算：

$$F_{l,\mathrm{eq}}\leqslant(0.35f_{\mathrm{t}}+0.15\sigma_{\mathrm{pc,m}})\eta u_{\mathrm{m}}h_0+0.9\frac{h_0}{s}f_{\mathrm{yv}}A_{\mathrm{sv}} \tag{9.2-7}$$

式中　s——锚栓间距；

f_{yv}——锚栓抗拉强度设计值，不应大于 $300\mathrm{N/mm^2}$；

A_{sv}——与柱面距离相等围绕柱一圈内锚栓的截面面积。

(3) 对配置抗冲切锚栓的冲切破坏锥体以外的截面，尚应按式（9.2-1）要求进行受冲切承载力验算。

此时，u_m 应取距最外一排锚栓周边 $h_0/2$ 处的最不利周长。

(4) 在混凝土板中配置锚栓，应符合下列构造要求：

① 混凝土板的厚度不应小于 150mm；

② 锚栓的锚头可采用方形或圆形板，其面积不小于锚杆截面面积的 10 倍；

③ 锚头板和底部钢条板的厚度不小于 $0.5d$，钢条板的宽度不小于 $2.5d$，d 为锚杆的直径［图 9.2-11（a）］；

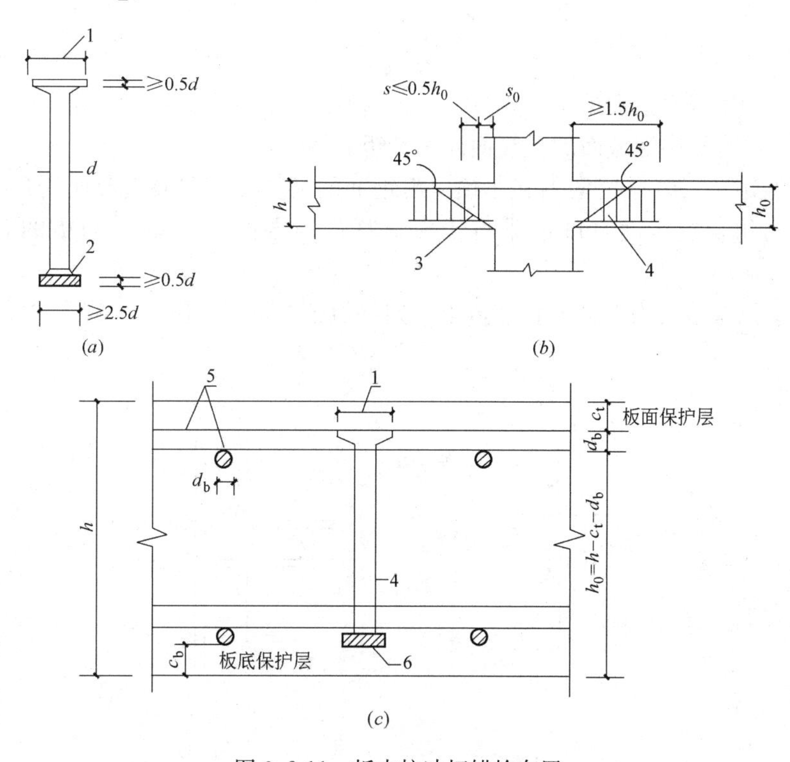

图 9.2-11 板中抗冲切锚栓布置

（a）锚栓大样；（b）用锚栓作抗冲切钢筋；（c）锚栓混凝土保护层要求

1—顶部面积≥10 倍锚杆截面面积；2—焊接；3—冲切破坏锥面；

4—锚栓；5—受弯钢筋；6—底部钢板条

④ 里圈锚栓与柱面之间的距离 s_0 应符合下列规定：

$$50\text{mm} \leqslant s_0 \leqslant 0.35h_0 \quad (9.2\text{-}8)$$

⑤ 锚栓圈与圈之间的径向距离 $s \leqslant 0.5h_0$；

⑥ 按计算所需的锚栓应配置在与 45°冲切破坏锥面相交的范围内，且从柱截面边缘向外的分布长度不应小于 $1.5h_0$［图 9.2-11（b）］；

⑦ 锚栓的最小混凝土保护层厚度与纵向受力钢筋相同；锚栓的混凝土保护层不应超过最小保护层厚度与纵向受力钢筋直径一半的和［图 9.2-11（c）］。

5）配置型钢剪力架

转换厚板在竖向荷载、水平荷载作用下，当板柱节点的受冲切承载力不满足式(9.2-1)的要求且板厚受到限制时，还可在板中配置抗冲切型钢剪力架。此时，应符合下列规定：

(1) 型钢剪力架的型钢高度不应大于其腹板厚度的70倍；剪力架每个伸臂末端可削成与水平呈30°～60°的斜角；型钢的全部受压翼缘应位于距混凝土板的受压边缘$0.3h_0$范围内；

(2) 型钢剪力架每个伸臂的刚度与混凝土组合板换算截面刚度的比值α_a应符合下列要求：

$$\alpha_a \geqslant 0.15 \tag{9.2-9}$$

$$\alpha_a \geqslant \frac{E_a I_a}{E_c I_{0,cr}} \tag{9.2-10}$$

式中　I_a——型钢截面惯性矩；

$I_{0,cr}$——组合板裂缝截面的换算截面惯性矩。

计算惯性矩$I_{0,cr}$时，按型钢和非预应力钢筋的换算面积以及混凝土受压区的面积计算确定，此时组合板截面宽度取垂直于所计算弯矩方向的柱宽b_c与板的有效高度h_0之和。

(3) 工字钢焊接剪力架伸臂长度可由下列近似公式确定［图9.2-12 (*a*)］：

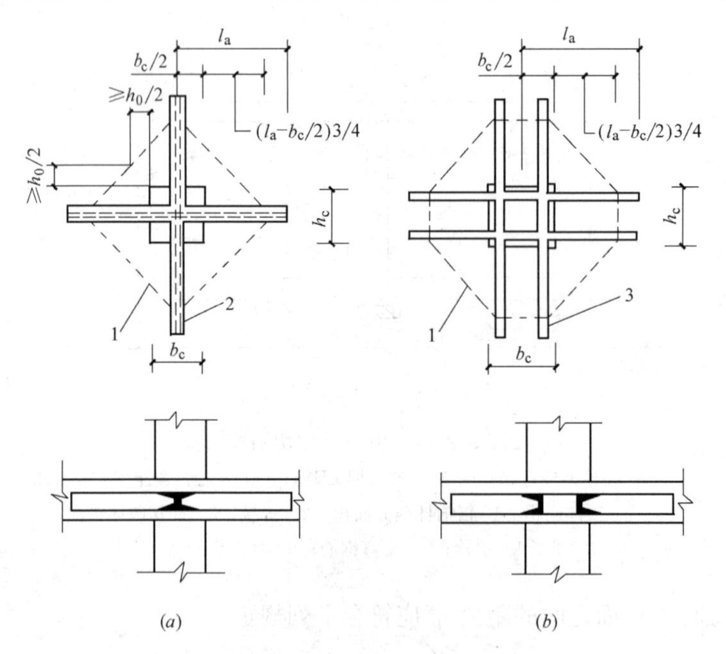

图9.2-12　剪力架及其计算冲切面

(*a*) 工字钢焊接剪力架；(*b*) 槽钢焊接剪力架

1—设计截面周长；2—工字钢；3—槽钢

$$l_a = \frac{u_{m,de}}{3\sqrt{2}} - \frac{b_c}{6} \tag{9.2-11}$$

$$u_{m,de} \geqslant \frac{F_{l,eq}}{0.6 f_t \eta h_0} \tag{9.2-12}$$

式中 $u_{m,de}$——设计截面周长；

$F_{l,eq}$——距柱周边 $h_0/2$ 处的等效集中反力设计值。当无不平衡弯矩时，对板柱结构的节点取柱所承受的轴向压力设计值层间差值减去冲切破坏锥体范围内板所承受的荷载设计值，取 $F_{l,eq}=F_l$；当有不平衡弯矩时，应符合下述6）款“板柱节点计算用等效集中反力设计值”的规定；

b_c——方形柱的边长；

h_0——板的截面有效高度；

η——考虑局部荷载或集中反力作用面积形状、临界截面周长与板截面有效高度之比的影响系数，按本节式（9.2-2）、式（9.2-3）计算，并取其中的较小值。

槽钢焊接剪力架的伸臂长度可按［图9.2-12（*b*）］所示的计算截面周长，用与工字钢焊接剪力架的类似方法确定。

（4）剪力架每个伸臂根部的弯矩设计值及受弯承载力应满足下列要求：

$$M_{de}=\frac{F_{l,eq}}{2n}\left[h_a+\alpha_a\left(l_a-\frac{h_c}{2}\right)\right] \quad (9.2\text{-}13)$$

$$\frac{M_{de}}{W}\leqslant f_a \quad (9.2\text{-}14)$$

式中 h_a——剪力架每个伸臂型钢的全高；

h_c——计算弯矩方向的柱子尺寸；

n——型钢剪力架相同伸臂的数目；

f_a——钢材的抗拉强度设计值，按现行国家标准《钢结构设计规范》GB 50017—2003有关规定取用。

（5）配置型钢剪力架板的冲切承载力应满足下列要求：

$$F_{l,eq}\leqslant 1.2f_t\eta u_m h_0 \quad (9.2\text{-}15)$$

6）板柱节点计算用等效集中反力设计值

（1）板柱节点在垂直荷载、水平荷载作用下的受冲切承载力计算，应考虑板柱节点冲切破坏临界截面上偏心剪应力传递的部分不平衡弯矩。其集中反力设计值，应以等效集中反力设计值代替。等效集中反力设计值 $F_{l,eq}$ 可按下列情况确定：

① 传递单向不平衡弯矩的板柱节点

当不平衡弯矩作用平面与柱矩形截面两个轴线之一相重合时，可按下列两种情况进行计算：

a. 由节点受剪传递的单向不平衡弯矩 $\alpha_0 M_{unb}$，当其作用的方向指向图9.2-13的 *AB* 边时，等效集中反力设计值可按下列公式计算：

$$F_{l,eq}=F_l+\frac{\alpha_0 M_{unb}a_{AB}}{I_c}u_m h_0 \quad (9.2\text{-}16)$$

$$M_{unb}=M_{unb,c}-F_l e_g \quad (9.2\text{-}17)$$

b. 由节点受剪传递的单向不平衡弯矩 $\alpha_0 M_{unb}$，当其作用的方向指向图9.2-13的 *CD* 边时，等效集中反力设计值可按下列公式计算：

$$F_{l,eq}=F_l+\frac{\alpha_0 M_{unb}a_{CD}}{I_c}u_m h_0 \quad (9.2\text{-}18)$$

$$M_{unb}=M_{unb,c}+F_l e_g \tag{9.2-19}$$

式中　F_l——在竖向荷载、水平荷载作用下，柱所承受的轴向压力设计值的层间差值减去冲切破坏锥体范围内板所承受的荷载设计值；

α_0——计算系数，按本条第（2）款计算；

M_{unb}——竖向荷载、水平荷载对轴线 2（图 9.2-13）产生的不平衡弯矩设计值；

$M_{unb,c}$——竖向荷载、水平荷载对轴线 1（图 9.2-13）产生的不平衡弯矩设计值；

a_{AB}、a_{CD}——轴线 2 至 AB、CD 边缘的距离；

I_c——按临界截面计算的类似极惯性矩，按本条第（2）款计算；

e_g——在弯矩作用平面内轴线 1 至轴线 2 的距离，按本条第（2）款计算；对中柱截面和弯矩作用平面平行于自由边的边柱截面，$e_g=0$。

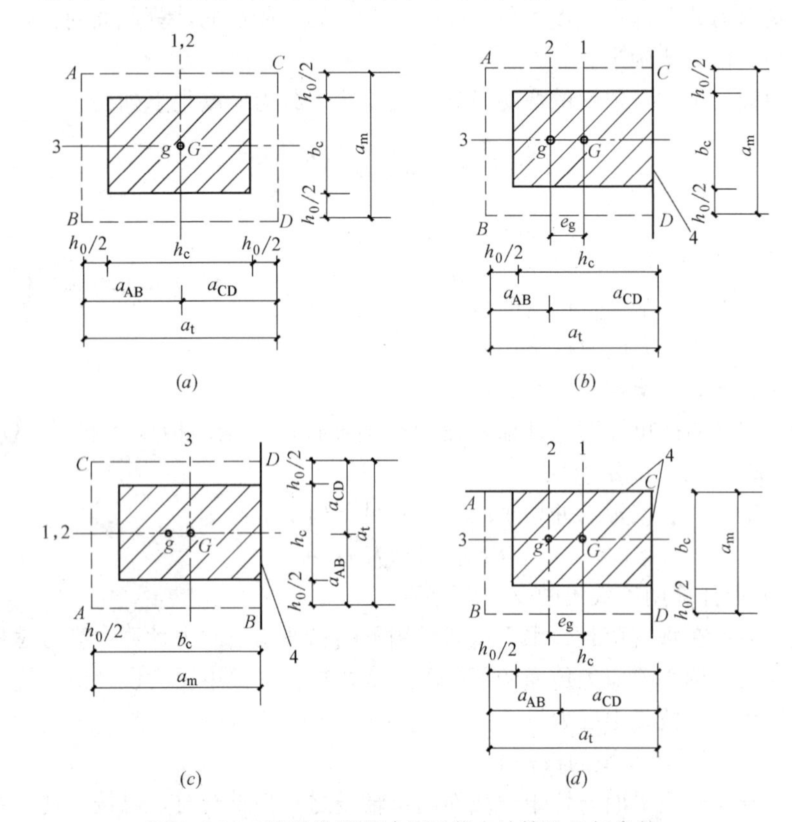

图 9.2-13　矩形柱及受冲切承载力计算的几何参数

（a）中柱截面；（b）边柱截面（弯矩作用平面垂直于自由边）；

（c）边柱截面（弯矩作用平面平行于自由边）；（d）角柱截面

1—通过柱截面重心 G 的轴线；2—通过临界截面周长重心 g 的轴线；3—不平衡弯矩作用平面；4—自由边

② 传递双向不平衡弯矩的板柱节点

当节点受剪传递的两个方向不平衡弯矩为 $\alpha_{0x}M_{unb,x}$、$\alpha_{0y}M_{unb,y}$时，等效集中反力设计值可按下列公式计算：

$$F_{l,eq}=F_l+\tau_{unb,max}u_m h_0 \tag{9.2-20}$$

$$\tau_{unb,max}=\frac{\alpha_{0x}M_{unb,x}a_x}{I_{cx}}+\frac{\alpha_{0y}M_{unb,y}a_y}{I_{cy}} \tag{9.2-21}$$

式中 $\tau_{unb,max}$——双向不平衡弯矩在临界截面上产生的最大剪应力设计值；

$M_{unb,x}$、$M_{unb,y}$——竖向荷载、水平荷载引起对临界截面周长重心处 x 轴、y 轴方向的不平衡弯矩设计值，可按式（9.2-17）或式（9.2-19）同样的方法确定；

α_{0x}、α_{0y}——x 轴、y 轴的计算系数，按本条第（2）款和第（3）款确定；

I_{cx}、I_{cy}——对 x 轴、y 轴按临界截面计算的类似极惯性矩，按本条第（2）款和第（3）款确定；

a_x、a_y——最大剪应力 τ_{max} 作用点至 x 轴、y 轴的距离。

③ 当考虑不同的荷载组合时，应取其中的较大值作为板柱节点受冲切承载力计算用的等效集中反力设计值。

（2）板柱节点考虑受剪传递单向不平衡弯矩的受冲切承载力计算中，与等效集中反力设计值 $F_{l,eq}$ 有关的参数和图 9.2-13 中所示的几何尺寸，可按下列公式计算：

① 中柱处临界截面的类似极惯性矩、几何尺寸及计算系数可按下列公式计算［图 9.2-13（a）］：

$$I_c=\frac{h_0a_t^3}{6}+2h_0a_m\left(\frac{a_t}{2}\right)^2 \tag{9.2-22}$$

$$a_{AB}=a_{CD}=\frac{a_t}{2} \tag{9.2-23}$$

$$e_g=0 \tag{9.2-24}$$

$$\alpha_0=1-\frac{1}{1+\frac{2}{3}\sqrt{\frac{h_c+h_0}{b_c+h_0}}} \tag{9.2-25}$$

② 边柱处临界截面的类似极惯性矩、几何尺寸及计算系数可按下列公式计算：

a. 弯矩作用平面垂直于自由边［图 9.2-13（b）］

$$I_c=\frac{h_0a_t^3}{6}+h_0a_ma_{AB}^2+2h_0a_t\left(\frac{a_t}{2}-a_{AB}\right)^2 \tag{9.2-26}$$

$$a_{AB}=\frac{a_t^2}{a_m+2a_t} \tag{9.2-27}$$

$$a_{CD}=a_t-a_{AB} \tag{9.2-28}$$

$$e_g=a_{CD}-\frac{h_c}{2} \tag{9.2-29}$$

$$\alpha_0=1-\frac{1}{1+\frac{2}{3}\sqrt{\frac{h_c+h_0/2}{b_c+h_0}}} \tag{9.2-30}$$

b. 弯矩作用平面平行于自由边［图 9.2-13（c）］

$$I_c=\frac{h_0a_t^3}{12}+2h_0a_m\left(\frac{a_t}{2}\right)^2 \tag{9.2-31}$$

$$a_{AB}=a_{CD}=\frac{a_t}{2} \tag{9.2-32}$$

$$e_g=0 \tag{9.2-33}$$

$$\alpha_0=1-\frac{1}{1+\frac{2}{3}\sqrt{\frac{h_c+h_0}{b_c+h_0/2}}} \tag{9.2-34}$$

③ 角柱处临界截面的类似极惯性矩、几何尺寸及计算系数可按下列公式计算［图 9.2-13（d）］：

$$I_c=\frac{h_0 a_t^3}{12}+h_0 a_m a_{AB}^2+h_0 a_t\left(\frac{a_t}{2}-a_{AB}\right)^2 \tag{9.2-35}$$

$$a_{AB}=\frac{a_t^2}{2(a_m+a_t)} \tag{9.2-36}$$

$$a_{CD}=a_t-a_{AB} \tag{9.2-37}$$

$$e_g=a_{CD}-\frac{h_c}{2} \tag{9.2-38}$$

$$\alpha_0=1-\frac{1}{1+\frac{2}{3}\sqrt{\frac{h_c+h_0/2}{b_c+h_0/2}}} \tag{9.2-39}$$

（3）在按式（9.2-20）、式（9.2-21）进行板柱节点考虑传递双向不平衡弯矩的受冲切承载力计算中，如将本条第（2）款的规定视作 x 轴（或 y 轴）的类似极惯性矩、几何尺寸及计算系数，则与其相应的 y 轴（或 x 轴）的类似极惯性矩、几何尺寸及计算系数，可将前述的 x 轴（或 y 轴）的相应参数进行置换确定。

（4）当边柱、角柱部位有悬臂板时，临界截面周长可计算至垂直于自由边的板端处，按此计算的临界截面周长应与按中柱计算的临界截面周长相比较，并取两者中的较小值。在此基础上，应按本条第（2）款和第（3）款的原则，确定板柱节点考虑受剪传递不平衡弯矩的受冲切承载力计算所用等效集中反力设计值 $F_{l,eq}$ 的有关参数。

4. 其他要求

1）转换厚板的上、下层框支柱或剪力墙的纵向受力钢筋应在转换厚板内有可靠的锚固。

2）转换厚板上、下一层的楼板应适当加强，楼板厚度不宜小于 150mm。宜双层双向配筋，每层每方向配筋率不宜小于 0.20%。

3）大体积混凝土由于水化热引起的内外温度差超过 25℃时，就会产生有害裂缝。同时，混凝土在凝结过程中还会产生干缩裂缝，如果处理不当，将会危及结构安全，产生不良后果。厚板转换层的厚板，混凝土用量大，大体积混凝土的水化热问题应引起重视。为减小混凝土内部水化热带来的约束温度应力影响，并解决底模支撑问题，在设计上宜采取一些针对性的措施；

（1）采用粉煤灰混凝土，利用 C60 混凝土强度，减少水泥用量，降低水化热。同时，在混凝土中掺入一定量的膨胀剂替代水泥，成为补偿收缩混凝土；

（2）增加配筋率。转换厚板宜采用分层浇筑混凝土的方法。板中除配有上部和下部受力钢筋外，在厚板中部宜设置 1～2 层双向钢筋网。钢筋尽可能小直径、密间距，以便减小裂缝宽度控制裂缝。浇筑混凝土时，建议做好测温监控工作。

四、工程实例

宁波浙海大厦二期工程位于浙江省宁波市中心繁华地段，地下 2 层，地上 52 层，建筑平面尺寸约为 54m×38m。

本工程抗震设防烈度为 6 度，设计基本地震加速度为 0.05g，基本风压为 0.55kN/m^2，采用钢筋混凝土框架-剪力墙结构。

1. 转换结构形式的确定

由于建筑使用功能的不同，下部商场和上部住宅的柱网差别很大，下部仅有两个有楼电梯间构成的剪力墙井筒和沿轴线上布置的框架柱，而上部除两个剪力墙井筒保留外，框架柱全部取消，代之以间距很密的多道剪力墙，上、下层竖向构件大多数对不齐。采用实腹梁等平面内的转换形式都不可能实现上、下层竖向构件的传力。由于上层剪力墙间距很密，若采用箱形转换，则箱形梁间距很密，已和厚板转换差别不大，而给施工带来很多不便。考虑本工程抗震设防烈度为 6 度，因此决定采用厚板转换。在建筑功能发生变化的第六层楼面设置厚板转换层，转换层下部、上部竖向构件平面布置见图 9.2-14、图 9.2-15。

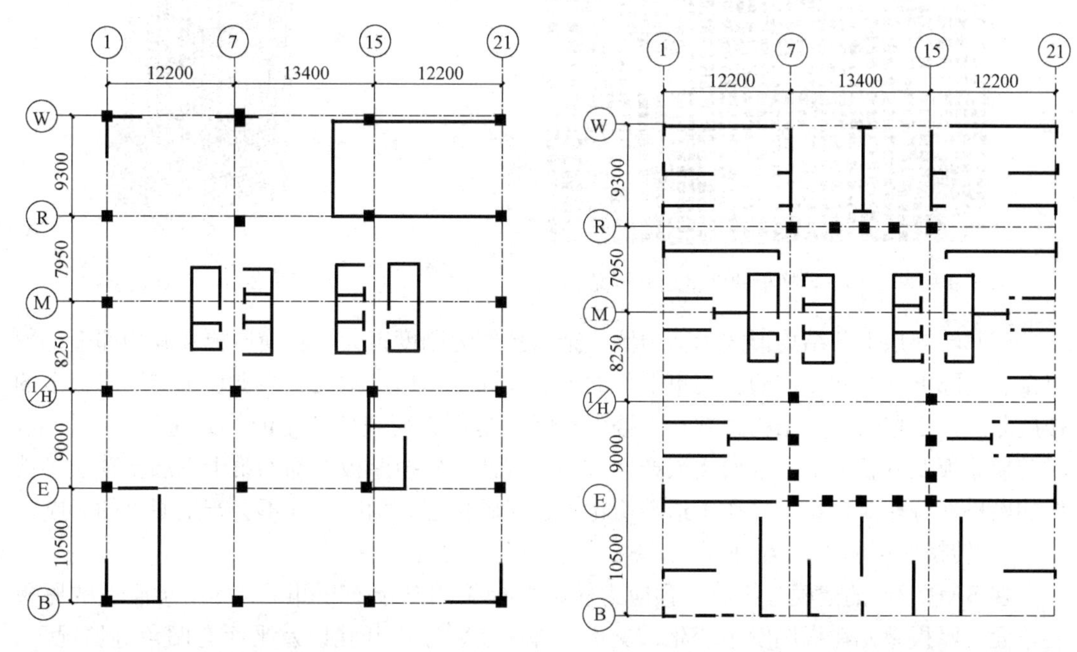

图 9.2-14　转换板下部竖向构件平面布置图　　图 9.2-15　转换板上部竖向构件平面布置图

转换层以下核心筒墙体厚度为 1000mm，框支柱截面尺寸为 2000mm×2000mm，内设直径为 1000mm 的圆形芯柱，墙、柱混凝土强度等级均为 C50；转换层以上核心筒墙体厚度为 1000mm，住宅部分剪力墙体厚度为 500mm。为达到减小转换板的厚度、满足板的抗裂要求以及提高转换厚板的抗冲切承载能力，设计在转换厚板中采用了有粘结预应力技术，转换厚板的厚度为 2000mm 和 3200mm 两种，见图 9.2-16。图中深色区域为板厚度为 3200mm 区域。

2. 结构计算分析

结构计算分析采用 SAP2000 和 SATWE 程序。

1）整体计算模型

采用杆元模拟梁和柱、采用板壳元模拟楼板和剪力墙，嵌固端位于地下室顶板面，建立不包含地下室的整体结构模型，见图 9.2-17。

（1）转换层下部结构、转换厚板和转换层上部的 12 层结构基本按实际结构建模，未作简化处理，且网格划分较细，转换厚板的网格划分更为精细。

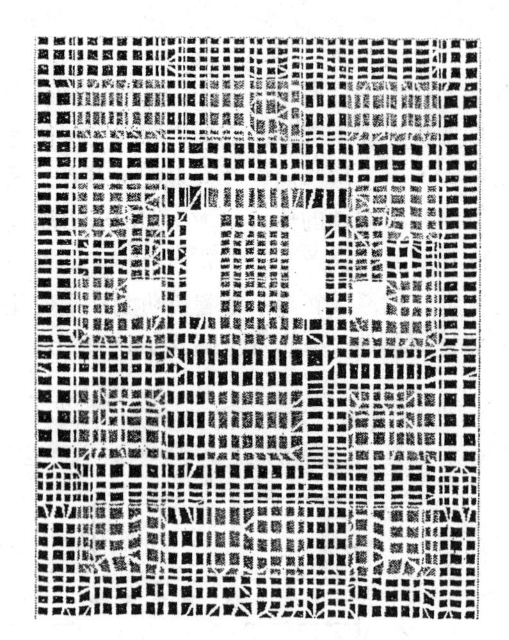

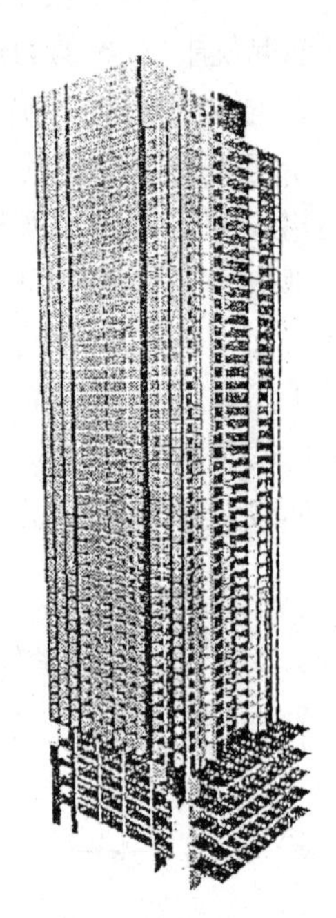

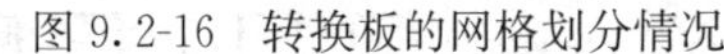

图 9.2-16　转换板的网格划分情况

图 9.2-17　计算模型

（2）转换层上部结构形式为剪力墙。结构抗侧力刚度很大，转换厚板及其相邻上部数层楼层实际上是共同工作的。而更上部的楼层共同工作作用不大。当支承于转换厚板上的楼层起过一定层数后，结构顶部若干楼层实际上是作为荷载按一定的传力途径向下扩散，对转换厚板及其相邻上部数层楼层产生影响。因此，转换厚板上部的第十三层至顶层各楼层的网格划分相对较粗，并作了适当简化。这对转换层结构的计算不会产生明显的影响。

2）转换厚板的单元类型

在 SAP2000 的建模分析时，预应力转换厚板采用基于 Mindlin/Reissner 假设的厚板壳单元。厚板单元在板厚发生变化、支承条件改变、厚板开孔以及平面有凹角等情况下，出现应力集中的程度比薄板单元更为显著，对单元形状和单元扭曲程度更为敏感。因此，网格的划分应更为谨慎。本工程转换厚板的单元划分按如下原则进行：

（1）划分后单元内角理想值为 90°，至少应控制在 45°～135°变化范围内。

（2）划分后单元长宽比（对三角形单元为最长边与最短边之比；对四边形单元为两对边中点距离的较大值与较小值之比）应尽可能接近 1，不宜超过 4，不允许超过 10。

（3）所有板单元的扭曲度均为 0。

转换厚板的单元网格划分见图 9.2-16。

3）荷载作用及组合

荷载作用包括：恒载、活载、X 向地震作用、Y 向地震作用、X 向风载、Y 向风载、预应力作用，其中预应力转换厚板中的预应力作用通过等效荷载进行考虑。

设计转换板时，基本组合考虑以下 4 种情况：

（1）1.35 恒+0.7×1.4 活；

（2）1.2 恒+1.4 活+0.6×1.4 风；

（3）1.2 恒+1.4 风+0.7×1.4 活；

(4) 1.2 恒+0.6 活+1.3 地震作用+0.28 风载。

设计转换板时，标准组合考虑以下 3 种情况：

(1) 1.0 恒+1.0 活；

(2) 1.0 恒+1.0 活+0.6 风；

(3) 1.0 恒+1.0 风+0.7 活。

4) 计算结果的分析

整体计算中，后板转换层上、下楼层 X 方向和 Y 方向的楼层侧向刚度见表 9.2-1。由表 9.2-1 可知，转换厚板上下层的楼层抗侧刚度基本能满足《高规》中规定：楼层侧向刚度不宜小于上部楼层侧向刚度的 70%或其上相邻三层侧向刚度平均值的 80%。

转换板上下各两层的 *X*、*Y* 向层间抗侧刚度（kN/mm） **表 9.2-1**

(标准值)	X 向层刚度	Y 向层刚度
转换层上方第二层	30404	27865
转换层上方第一层	44291	28465
转换层下方第一层	31721	40005
转换层下方第二层	34504	38778

在转换厚板的有限元计算中，着重考虑了转换厚板受弯承载力的验算、抗冲切承载力的验算和抗裂度的验算。

经上海建科结构新技术工程有限公司优化设计后，将转换厚板内的预应力束分为上下两层配置，每层预应力束曲线按三段抛物线形布置，其矢高控制在 0.5m 左右。2.0m 厚转换板内两层预应力束的孔道中心间距为 850mm，3.2m 厚转换板内两层预应力束的孔道中心间距为 2000mm。预应力张拉对转换层的影响主要包括轴向压力以及曲线预应力筋形成的向上等效面载两方面，其中板内建立的平均预压应力为 1.20MPa。在荷载标准组合及预应力共同作用下，转换板中最大拉应力约为 4.0MPa，能满足正常使用极限状态下的三级抗裂要求。

基本组合作用下，2000mm 厚转换厚板中最大弯矩设计值达 4820kN·m，该值小于转换厚板的实际受弯承载力 7385kN·m；3200mm 厚转换厚板中最大弯矩设计值达 14799kN·m，小于转换厚板的实际受弯承载力 18320kN·m，均满足规范要求。

厚板的冲切和剪切问题非常重要，在基本组合（2）作用下，转换板下部支承柱中轴力设计值见表 9.2-2。转换板上方的剪力墙和下方的框架柱存在重叠部分，该范围内上部剪力墙传递的轴力不会引起转换板的冲切问题，在进行抗冲切验算时可以扣除。经如此考虑后引起转换板产生冲切可能的最大集中力为 38190kN，该值小于转换板的抗冲切承载能力（可考虑混凝土、箍筋以及弯起预应力筋的综合作用）47212kN，满足规范要求。

转换板下层柱在工况组合（2）下的轴力（kN） **表 9.2-2**

轴 线	①	⑦	⑮	㉑
Ⓦ	−4542	−12493	−8904	−17087
Ⓡ	−15306	−28244	−17124	−26115
Ⓜ	−17737	—	—	−31042
Ⓘ/Ⓗ	−21480	−29703	−18130	−35000
Ⓔ	−15079	−41546	−33637	−42375
Ⓑ	−3629	−39186	−38222	−6038

第三节 实际工程举例

一、南昌市某商住楼

南昌市某商住楼地上 21 层，建筑面积 1.4 万 m^2。其中 1～3 层为营业餐厅，柱网较大，采用框架-剪力墙结构体系，第四层为设备层，5～21 层为住宅，采用短肢剪力墙较多的剪力墙结构体系。

1. 转换结构形式的选择

由于上、下楼层柱网多处对不齐，且结构体系也发生了变化，故需要在第四层设置转换层。根据本工程的具体情况，采用实腹梁转换难以实现上、下楼层的结构转换，考虑到按当时（2000 年底）实行的《建筑抗震设计规范》GBJ 11—89，南昌市的抗震设防烈度为不大于 6 度，且转换层的位置在第四层，因此决定采用预应力钢筋混凝土厚板转换形式，并在冲切力较大的柱头设置柱帽，以提高转换厚板的抗裂性能，减小板的挠度，降低板的厚度。转换板厚度为 1000mm，转换层结构平面布置见图 9.3-1。

2. 转换厚板的设计

1）板的应力分析

板的应力分析分两步进行：首先将转换厚板等效为平面交叉宽扁梁系。采用 SATWE 计算软件进行结构整体分析。求得转换层上层短肢剪力墙墙肢底部截面的内力。其次将转换厚板单独取出，以结构整体分析求得的转换层上层短肢剪力墙墙肢底部截面的内力作为外荷载反向作用在转换厚板上，采用 SAP93 分析软件对转换厚板进行局部有限元计算。单元类型采用 8 节点三维块体元（brick），将转换厚板沿厚度方向分为 2 层，每层均根据上部剪力墙、下部剪力墙及柱的位置合理划分单元，每层有 2177 个三维块体元，2 层共有 4354 个三维块体元。转换厚板下部框架柱及剪力墙视为转换厚板的铰支座。预应力的效应按等效荷载法考虑。

2）板的承载能力及变形验算

（1）按正常使用极限状态验算

先根据工程经验确定预应力钢筋的布置方式，然后再验算转换厚板的抗裂度及挠度是否满足规范要求。具体做法是：

① 计算转换厚板承受的静载值；

② 假定预应力钢筋产生的向上部分的等效荷载值与转换厚板承受的静载值数值相等；

③ 假定预应力钢筋的布置方式（曲线形状）；

④ 根据预应力钢筋的等效荷载计算方法计算出所需预应力钢筋的截面面积。

图 9.3-2 为转换厚板部分区域预应力钢筋的布置图。

作用在转换厚板上的荷载包括两部分；一部分是结构整体分析时求得转换层上一层短肢剪力墙底部截面的内力（分布取相应于标准组合下的内力、准永久组合下的内力），另一部分是预应力钢筋所产生的等效荷载。转换厚板在标准组合的内力和预应力钢筋所产生的等效荷载共同作用下，板底最大主拉应力为：

$$\sigma_{1\max}^{k}=\sigma_{ck}-\sigma_{pc}\leqslant f_{tk} \tag{9.3-1}$$

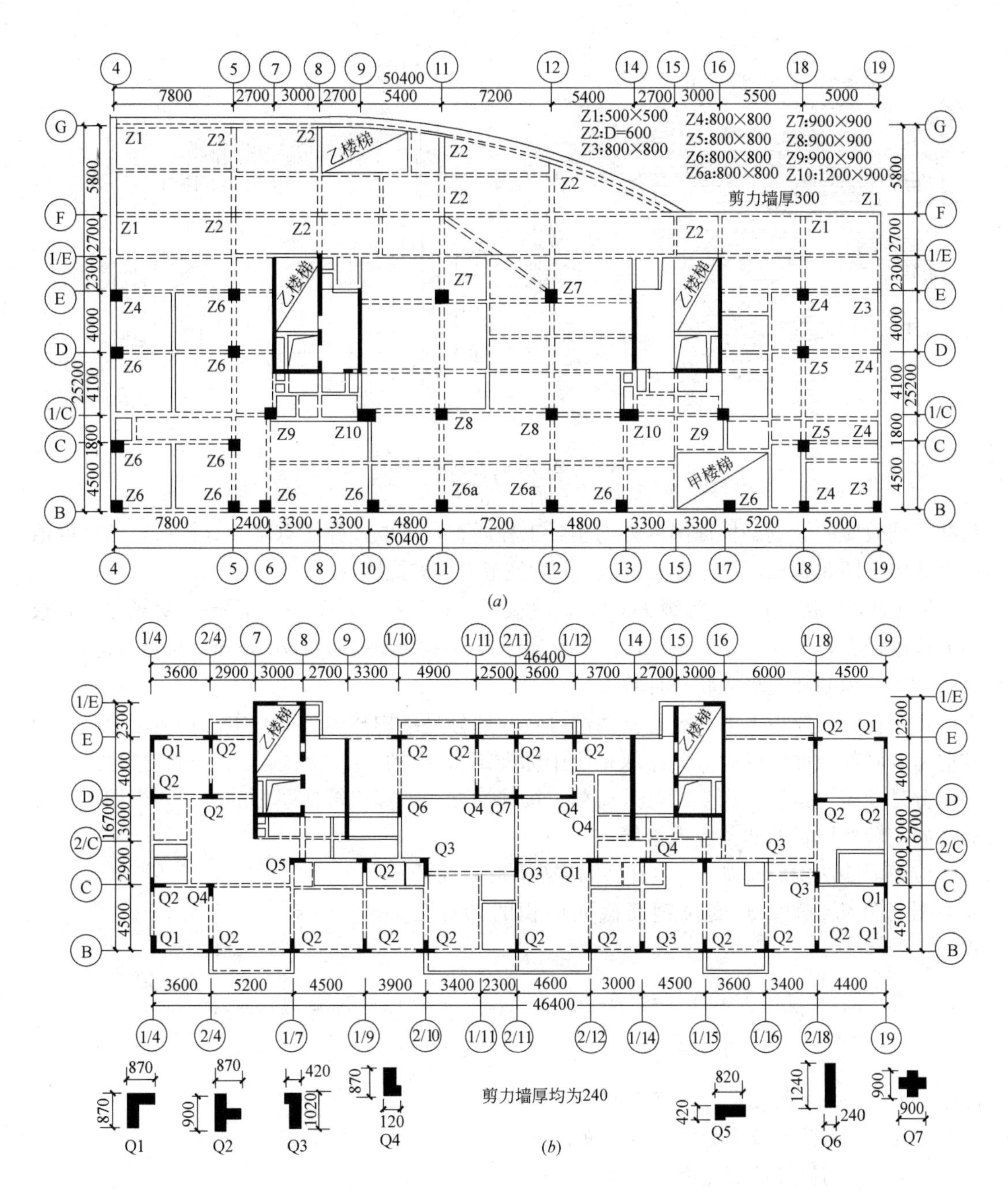

图 9.3-1　结构平面布置

(*a*) 四层楼面结构布置；(*b*) 五层楼面结构布置

转换厚板在准永久组合的内力和预应力钢筋所产生的等效荷载共同作用下，板底最大主应力为：

$$\sigma_{1\max}^{q}=\sigma_{cq}-\sigma_{pc}\leqslant 0 \tag{9.3-2}$$

关于挠度验算，先计算出转换厚板在标准组合下的内力和预应力钢筋所产生的等效荷载共同作用下的最大挠度 $f_{\max}^{e}$，此为弹性有限元分析的结果，再考虑混凝土塑性变形及

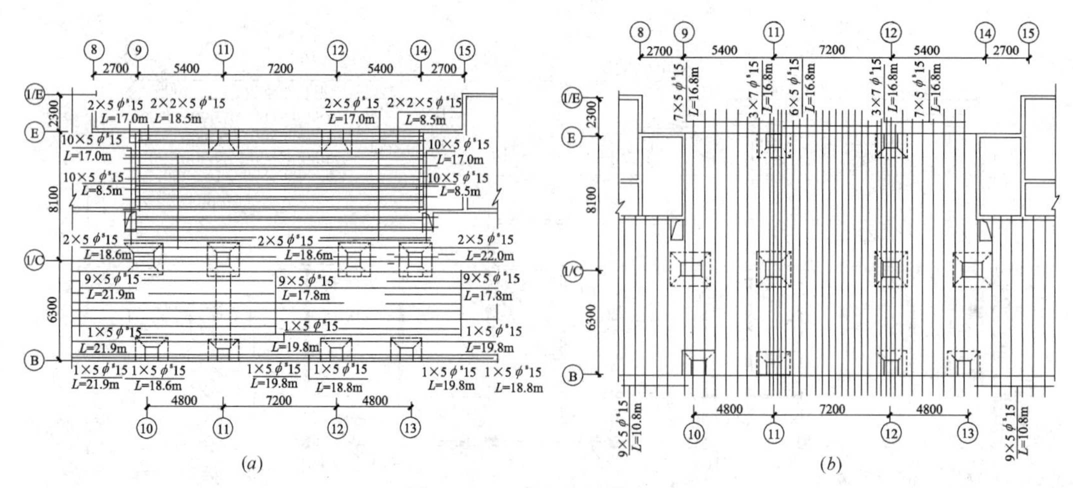

图 9.3-2　预应力钢筋布置

（a）纵向；（b）横向

荷载长期效应的影响。根据国内外的实际工程调查，可取按弹性有限元分析所得的挠度值增大 3 倍，即 $3.0f^{e}_{max} \leqslant [f_{max}]$，$[f_{max}]$ 为规范允许的挠度值。计算得 $\sigma^{k}_{1max}=1.9N/mm^2 < f_{tk}=2.4mm^2$（混凝土强度等级为 C40），$\sigma^{q}_{1max}=-0.5N/mm^2 \leqslant 0$；轴(2/11)～(2/12)交轴(1/C)～Ⓔ板块的挠度最大，为 $f^{e}_{max}=7.3mm \leqslant [f_{max}]=l/250=7200/250=28.8mm$，满足规范要求。

（2）按承载能力极限状态计算

作用在转换厚板上的荷载包括两部分：一部分是结构整体分析时求得转换层上一层短肢剪力墙底部截面的内力（分布取相应于标准组合下的内力、准永久组合下的内力），另一部分是预应力钢筋所产生的等效荷载。按弹性方法计算出转换厚板的应力，根据应力配筋法确定转换厚板的非预应力钢筋。

应力配筋法的原理如下：若已知转换厚板截面的应力图（图 9.3-3），则受拉钢筋截面面积的计算公式为：

$$T=0.55A_{ct}+f_{y}A_{s} \tag{9.3-3}$$

$$T=Ab \tag{9.3-4}$$

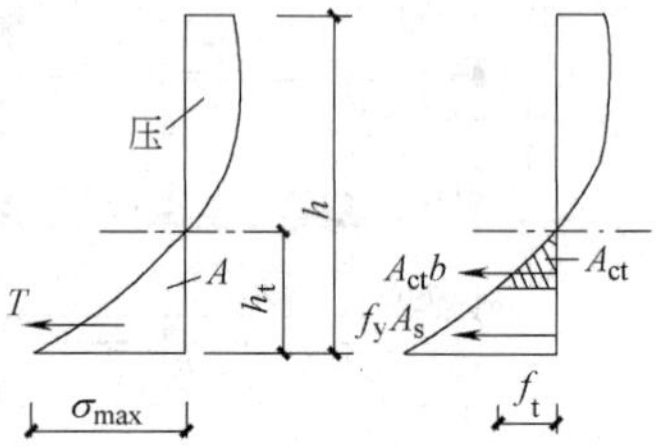

图 9.3-3　转换板截面应力图

式中　T——为由荷载设计值确定的截面总拉力；

A——为截面拉应力图形的总面积；

b——为计算截面宽度；

A_{ct}——为拉应力小于混凝土抗拉强度的截面拉应力图形的面积；

f_{y}——为非预应力钢筋的抗拉强度设计值；

A_{s}——为非预应力钢筋的截面面积。

考虑转换厚板预应力钢筋的等效荷载作用，则式（9.3-3）变化为：

$$T \leqslant 0.55A_{ct}+f_{y}A_{s}+(f_{py}-\sigma_{pe})A_{p} \tag{9.3-5}$$

$$\sigma_{pe}=\sigma_{con}-\sigma_{1} \tag{9.3-6}$$

式中　f_{py}——为预应力钢筋的抗拉强度设计值；

A_p——为预应力钢筋的截面面积；

σ_{pe}——为完成全部预应力损失后预应力钢筋的有效拉应力；

σ_{con}——为张拉控制应力；

σ_l——为预应力损失。

若忽略混凝土的抗拉作用，则上式为：

$$T \leqslant f_y A_s + (f_{py} - \sigma_{pe}) A_p \tag{9.3-7}$$

则可计算出非预应力钢筋的截面面积。限于篇幅，整个转换厚板的配筋不再给出，仅以轴㉑～㉒交轴Ⓒ～Ⓔ板块为例说明钢筋数量的确定方法。

根据 SAP93 弹性有限元计算，在上部荷载设计值及预应力钢筋所产生的等效荷载共同作用下，板底的最大拉应力 $\sigma_{max}=4.2\text{N/mm}^2$。因此每米板宽（即 $b=1000\text{mm}$）范围内横截面的总拉力 $T=Ab=0.5\times4.2\times500\times1000=1050\text{kN}$。预应力钢筋采用 $14\phi^s15$ 钢绞线，$A_p=1960\text{mm}^2$，$f_{py}=1320\text{N/mm}^2$，非预应力钢筋为 HRB400 级，$f_y=360\text{N/mm}^2$，则由式（9.3-7）可计算出 $A_s\geqslant1425\text{mm}^2$。考虑温度、收缩等方面的影响，板底、板顶均配置双层双向非预应力钢筋Φ20@150（$A_s=2095\text{mm}^2$）。

转换厚板的抗冲切承载力是影响板厚的重要因素。经验算，本工程采用厚度为 1000mm 转换厚板，如不加柱帽，板的抗冲切承载力不能满足规范要求，故在转换厚板下层框支柱柱顶均设置了柱帽，同时在抗冲切承载力验算时，不考虑预应力钢筋对板抗冲切承载力的有利影响，将这部分有利影响作为安全储备。柱帽的节点做法详见图 9.3-4。

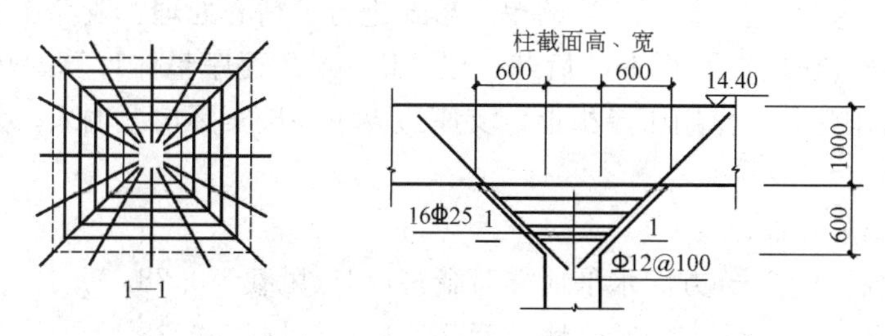

图 9.3-4　柱帽大样

二、南京娄子巷小区 D7-07、08 高层商住楼

南京娄子巷小区 D7-07、08 高层商住楼地下 1 层，地上裙房 5 层，塔楼 30 层，总建筑面积 3.7 万 m²，由于 5 层以下为商场，5 层以上为住宅，故除剪力墙中筒上下直通外，5 层以下为大柱网的框架柱，5 层以上为小间距的剪力墙（图 9.3-5）。为满足建筑功能要求，需在第五层进行结构转换。本工程上、下部结构柱网、轴线双向交错，按结构竖向在一个平面内的单榀式转换结构不能很好地满足要求，而厚板转换则能实现结构的三维转换，转换层的上、下柱网可以灵活布置。经分析比较，决定采用预应力厚板转换。工程最大柱距为 8m，考虑到施加预应力能提高转换厚板的抗冲切能力，故板厚取柱距的 1/4 即 2.0m。

1. 计算分析

首先采用建研院 TBSA4.2 程序进行结构整体计算分析，并按规定进行时程分析。整

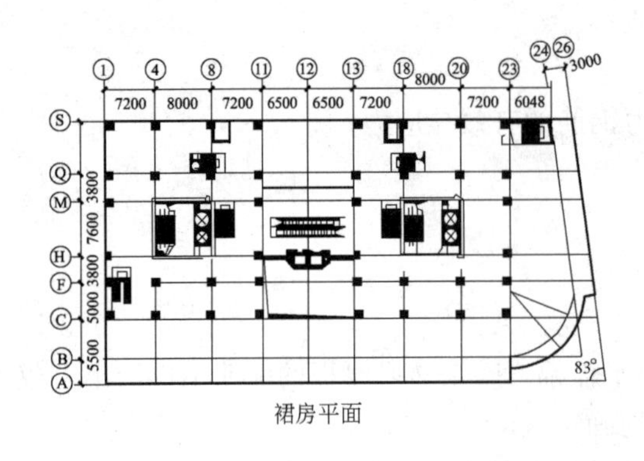

裙房平面

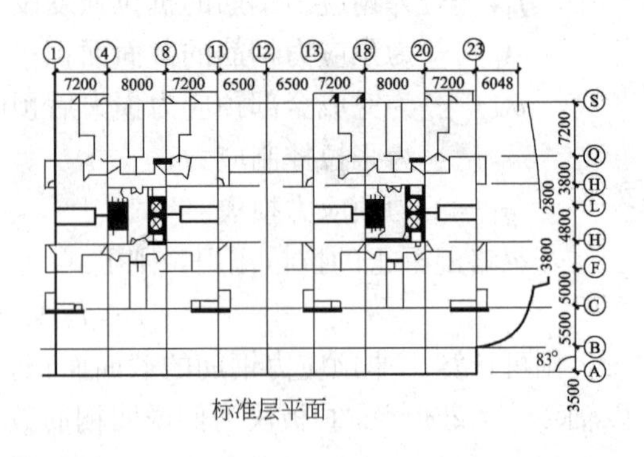

标准层平面

图 9.3-5 结构布置图

体分析时将厚板转换层转化为等效交叉梁系。转换厚板下部有柱子或剪力墙作支座的沿支座轴线均设暗梁，梁高与板厚相同，梁宽统一取 1.5m。分析结果显示结构第一振型 $T_1=2.2$s，最大层间位移 2.5mm，最大顶点位移 33.04mm，均在较合适的范围内。时程分析结果表明，薄弱层在转换层的下一层。同时用 SAP93 程序进行了验算，两者结果基本相同。

其次采用 SUPER-SAP91 结构有限元分析程序对转换厚板进行局部应力分析，采用高精度 8 节点实体三维单元，为保证计算精度，便于分析和减少计算时间，采用了以直角网格为主，单元长、宽、高量级相同，尺寸接近的单元划分模式，转换层厚板则分为四个层区，对柱边、剪力墙边及核心筒边的单元形式进行了精心处理，避免在这些应力集中区出现单元“畸变”。作用在厚板上的荷载，以 TBSA4.2 程序整体计算的转换厚板上部结构最大组合内力作为外力作用于厚板上，支座边界条件按实际情况输入。分析考虑了 5 种荷载工况：

1）重力荷载×1.25；

2）重力荷载×1.2＋x 方向水平地震荷载×1.3－风载×0.28；

3）重力荷载×1.2－x 方向水平地震荷载×1.3－风载×0.28；

4）重力荷载×1.0＋x 方向水平地震荷载×1.3＋风载×0.28；

5）重力荷载×1.0－x 方向水平地震荷载×1.3－风载×0.28。

计算结果表明，工况 3）是控制工况，开裂区主要集中在支承柱边缘和板顶的上部剪力墙周围。

2. 构造设计

结构竖向布置时，尽量将上部剪力墙贯通下来，并在主体平面四角设置剪力墙，形成下部较大的整体刚度和抗扭刚度。

转换层以上尽可能减少剪力墙数量、在剪力墙上开洞、减小剪力墙厚度；且墙体自上而下厚度分三次由小变大，混凝土强度等级也错开分三次变化，以减小结构沿竖向刚度变化的不均匀程度。同时考虑抗扭因素，同一平面内剪力墙体厚度亦有变化。

厚板转换层以上三层剪力墙均按加强层设计。从下往上，楼板厚板分别为 180mm、150mm、120mm、250mm，剪力墙厚度分别为 250mm、250mm、220mm，中筒外墙剪力墙厚度从 600mm 过渡到 500mm、400mm、300mm。

适当提高塔楼顶层三层楼板及连梁的配筋，以适应顶部较大的地震反应及温度应力的影响。

转换厚板以下墙、柱采用C50混凝土，中筒外墙、剪力墙厚度为600mm，并适当提高墙体配筋率。框支柱采用圆形钢筋混凝土芯柱，轴压比小于等于0.6，受力纵筋配筋率取2.0%，封闭焊接箍，体积配箍率不小于1.4%，间距不大于80mm。对与框支柱及剪力墙相交的框架梁均适当加大截面，全跨箍筋加密。并加强框支柱的锚固，保证板柱节点处结构的抗剪强度及延性。转换层下一层板厚为250mm。

转换层厚板与剪力墙、柱相交处均设置暗梁（内配预应力钢筋），暗梁内纵向受力钢筋配筋参考TBSA4.2的计算结果和实际情况作适当调整。板的纵向受力钢筋配置主要考虑板的抗弯承载力。通过对板抗弯强度的验算，在正常配筋率的情况下，控制截面的抗弯强度满足规范要求。实际设计中，板底、板顶均配置Φ25@150双向，配筋率为0.34%。为提高板的抗冲切能力，板周边暗梁上、下各配置Φ14@200，最低配筋率为0.45%。

在转换厚板顶部和底部采用双向有粘结预应力钢筋直线布束方案。根据计算结果，预应力筋的布置重点在受力较大的暗梁位置，同时兼顾板的跨中受力及施工阶段控制大体积混凝土收缩裂缝的需要。预应力钢筋采用极限抗拉强度为1860N/mm^{2}高强低松弛钢绞线，4束ϕ15.24，张拉力每束为189.5kN。

在板的四角、中筒四角均设置抗裂钢筋。板周边沿高度方向配置钢筋网，以防止板端头出现水平及竖向裂缝。

第十章　其他转换结构形式

除以上各章介绍的转换结构形式之外，还有其他一些转换结构形式。现通过一些工程实例，对几种转换形式简单介绍如下。

第一节　斜撑转换

一、受力特点

当上、下楼层轴线对不齐，柱子有错位时，可从下柱下端设置斜柱至上柱下端，直接将上柱荷载传至下柱，这就是斜撑转换。

图 10.1-1（*a*）所示为采用单根斜柱的斜撑转换受力示意，图 10.1-1（*b*）、图 10.1-1（*c*）所示为采用二根斜柱的斜撑转换受力示意。

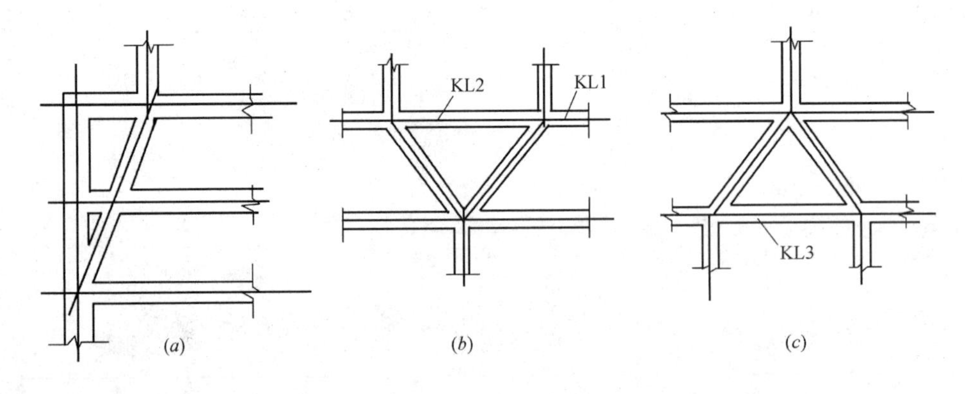

图 10.1-1　斜撑转换

单根斜柱的斜撑转换［图 10.1-1（*a*）］竖向荷载下斜柱主要承受轴向压力，水平荷载下可能斜柱也受力，但斜柱的剪力、弯矩都不大，为偏心受压或偏心受拉构件；上下层楼盖（梁、板）分别受有拉力或压力，同时受有剪力、弯矩，也是偏心受压或偏心受拉构件。

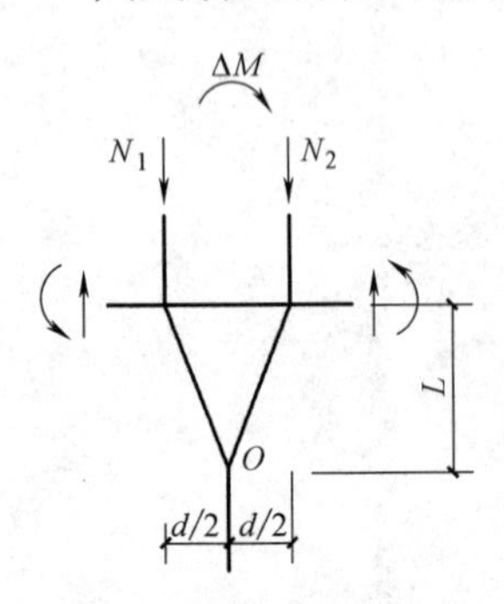

图 10.1-2　Y 形斜撑受力示意

二根斜柱的 Y 形斜撑转换［图 10.1-1（*b*）］，在均匀、对称的竖向荷载作用下，即当竖向轴力 $N_1=N_2$ 时，上柱竖向荷载将通过 Y 形斜撑直接传递给下柱，在 Y 形上弦梁内产生一定的拉力，而无其他内力产生（图 10.1-2）。故该荷载工况比较适于采用 Y 形斜撑形式。

当 Y 形斜撑两根上柱传来的竖向荷载不等时，即竖向轴力 $N_1 \neq N_2$ 时，将对斜撑下端的 O 点产生不平衡弯矩 $\Delta M=$

$(N_2-N_1)\times\frac{d}{2}$，该弯矩需由上弦梁的剪力、弯矩进行平衡。当两上柱轴向力差异较大，如 N_2 很大而 N_1 很小或接近 0 时，则 Y 形斜撑转换方案中上弦梁 KL1 受到的弯矩大小接近普通转换梁（剪力仍远小于普通转换梁），同时在上弦梁 KL2 内产生较大拉力［图 10.1-1（b）］。对于此类荷载情况，采用 Y 形斜撑转换并无明显优势。

当 Y 形斜撑转换受到水平力作用时，同样会产生不平衡弯矩，受力特点与竖向轴力不相等时类似，但一般而言，小震地震或风荷载等水平荷载作用下产生的不平衡弯矩相对要小很多，基本可通过加强上弦梁设计来解决。

二根斜柱的"人"字形斜撑转换［图 10.1-1（c）］，受力特点和 Y 形斜撑转换相似，但方向正好相反。当二根斜柱对称布置、截面特性相同时，上柱传给斜柱的力也是均匀、对称的，下弦梁内产生一定的拉力而无其他内力。

和实腹梁转换相比，斜撑转换具有以下优点：

1. 竖向荷载作用下传力路径直接、明确，受力合理

斜撑转换直接将结构上层柱传来的重力荷载由斜柱（撑杆）传至下层柱及楼盖。传力路径直接、明确，以构件的受压（斜柱）、受拉（相应部位楼盖）代替实腹转换梁的受弯、受剪，受力方式更为合理。

2. 水平地震作用下应力集中程度减缓，有利于结构抗震

斜撑转换的转换层与上、下楼层的刚度比变化幅度很小，故在水平地震作用下，可以避免结构层间剪力和构件内力发生突变，有利于结构抗震。

计算分析表明：水平地震作用下，在其他条件不变时，分别采用实腹梁转换、斜撑转换的结构，斜撑转换显著降低了水平地震作用和柱端弯矩，大大减缓了应力集中程度。

3. 与实腹梁转换相比较，斜撑转换减轻结构自重，可合理利用转换层下部的建筑空间，设计构造简单，施工方便。

二、设计要点

1. 转换柱设计

转换柱承受很大的轴向压力、水平剪力和弯矩，其设计要求同部分框支剪力墙结构中的框支柱。

2. 楼盖设计

由于斜柱的轴向力和剪力会使楼盖梁、板受拉，结构计算时应假定楼板为弹性，以便计算出梁、板所受的水平拉力。并按包括地震作用效应组合下的偏心受拉构件计算梁、板的承载力，此外，还应按偏心受拉验算构件在重力荷载作用下的挠度和最大裂缝宽度，满足规范要求。

二根斜柱的斜撑转换中处于拉弯受力状态的梁［图 10.1-1（b）中的 KL2、图 10.1-1（c）中的 KL3］，由于所受拉力较大，其承载能力问题对能否实现斜撑转换至关重要，是斜撑转换中的重要构件。

必要时可在梁内设置型钢。

3. 斜柱设计

斜柱是斜撑转换的重要构件，应确保在大震下的可靠工作。

斜柱在竖向荷载作用下，一般处于偏心受压工作状态。但在水平荷载作用下，斜柱可能受拉，处于偏心受拉工作状态。因此，斜柱应按偏心受压和偏心受拉两种情况进行包络设计。

4. 节点设计

斜柱和上、下柱的连接节点是保证斜撑转换可靠传力的关键部位，十分重要，应“强节点”。节点区受力复杂，应验算节点核心区的极限抗剪承载力并满足相应构造要求（可参考桁架节点设计）。同时，交汇于节点的纵向受力钢筋较多，应加强纵向受力钢筋在节点区的可靠锚固，加强约束节点区混凝土，以提高节点的延性。

抗震设计时，转换柱、斜柱、处于偏心受拉状态的梁以及节点，应进行抗震性能设计。其性能目标要求，可根据具体工程的抗震设防烈度、抗震设防类别、结构类型、结构高度、结构复杂程度等的不同，采用抗震等级提高一级（已为特一级可不再提高）、中震不屈服、中震弹性、大震不屈服等进行设计。

5. 斜柱与楼层的水平夹角不宜太小，否则水平推力很大，受拉楼盖（梁、板）的裂缝宽度限值难以满足规范要求。

6. 二根斜柱的斜撑转换，斜撑布置宜对称、截面特性宜相同或接近。

三、工程实例

1. 沈阳中汇广场 SOHO 塔楼

沈阳中汇广场一期工程位于沈阳市皇姑区，毗邻北陵公园。地下为 3 层整体地下室，地上包括一幢商业裙楼和 4 幢超高层塔楼。其中 SOHO 塔楼地上 47 层，结构高度 193.5m。1～5 层为商业和机电用房，6 层及以上为公寓式办公楼和服务性公寓。建筑效果图见图 10.1-3。平面总尺寸为 41.2m×41.2m。

图 10.1-3 建筑效果图

抗震设防烈度为 7 度（0.10g），建筑抗震设防类别为丙类，设计地震分组为第一组，场地类别为Ⅱ类。结构设计使用年限为 50 年。

采用框架核心筒结构体系。核心筒外墙厚 400～1100mm，内墙厚 250～400mm。外框全高设置型钢混凝土柱。平面布置见图 10.1-4、图 10.1-5。

根据建筑功能需要，塔楼 6 层及以上为公寓式办公楼和服务性公寓，1～5 层为大空间商业用房。核心筒剪力墙可上下直通不需转换，但部分外框架柱需在 5 层楼面转换，外框每边中部 4 根上柱转换成 2 根下柱，对称布置。

针对本工程特点，对以下 3 种结构转换方案进行分析比较：

（1）方案 a 为普通梁式转换［图 10-1-6（a）］，该转换方式传力不直接，效率较低，本工程的上部荷载巨大，上下柱完全错位，大大增大了转换

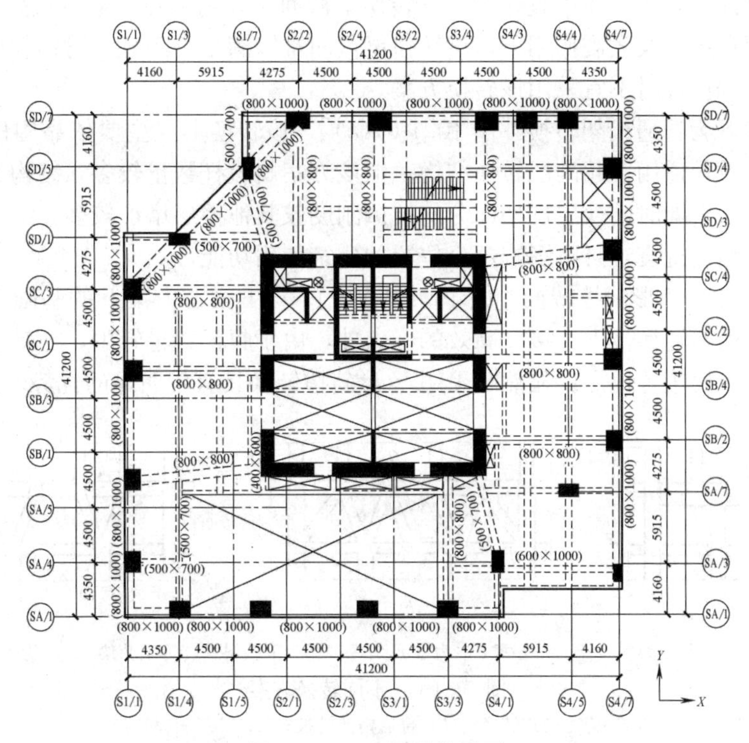

图 10.1-4　二层结构平面

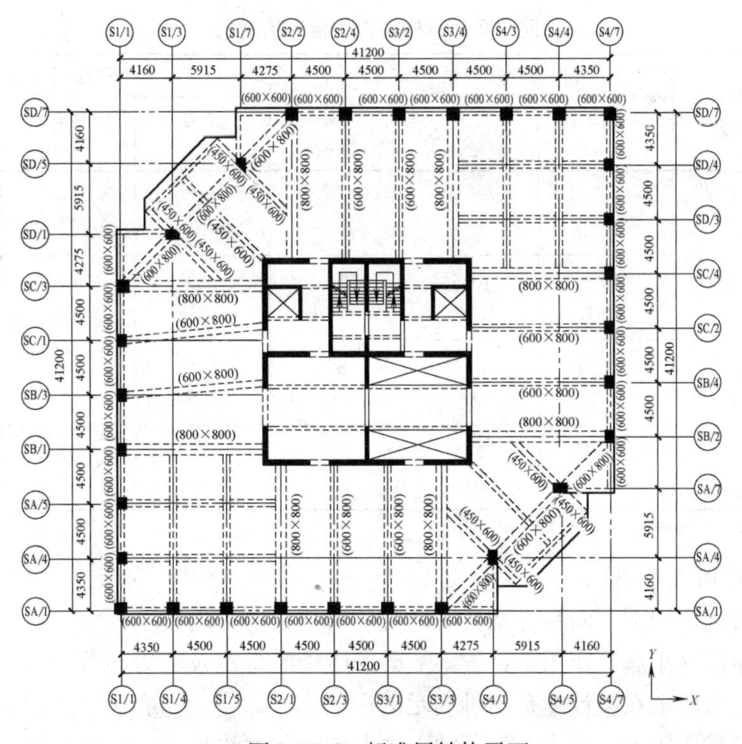

图 10.1-5　标准层结构平面

柱受力。同时计算表明：在小震作用下，转换梁截面尺寸需采用 1800mm×2600mm 方能满足要求，而在中震及大震作用下，该转换梁截面难以满足《高规》对构件截面剪应力的要求。故本工程设计时不宜采用该转换方案。

（2）方案 b 为普通桁架转换［图 10.1-6（*b*）］，该转换形式主要依靠构件轴向力传递荷载，传力高效，适用于超高层转换结构。但该方案斜腹杆数量较多，结构布置复杂，节点设计难度较大，同时转换层框架部分的抗侧刚度较其他楼层增加较多，结构竖向规则性较差，不利于结构抗震，且将影响部分位置的建筑使用功能。

（3）方案 c 为 Y 形斜撑转换［图 10.1-6（*c*）］，该方案在方案 b 的基础上，减少部分斜杆，除具有桁架转换传力直接、高效的优点外，由于腹杆数量较少，还具有节点设计简单、不影响建筑使用等优点。显然，采用 Y 形斜撑转换具有较明显的优势。

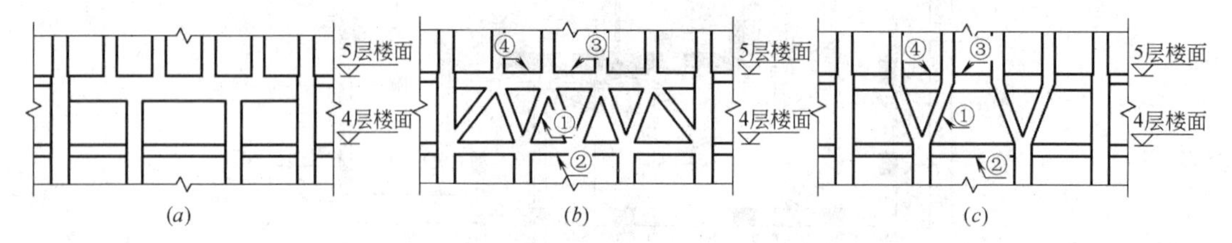

注：①在方案 b 中为斜腹杆，在方案 c 中为 Y 形斜撑；②为下弦梁；③为上弦梁 1；④为上弦梁 2。

图 10.1-6　不同转换方案

（*a*）普通梁式转换；（*b*）普通桁架转换；（*c*）Y 形斜撑转换

对方案 b、c 两种转换形式分别进行计算分析，其中一榀的部分构件内力见表 10.1-1。

不同方案部分构件内力标准值对比　　**表 10.1-1**

杆件	转换方案	竖向荷载(1.0 恒+0.5 活)			水平荷载(小震作用)		
		轴力(kN)	剪力(kN)	弯矩(kN·m)	轴力(kN)	剪力(kN)	弯矩(kN·m)
①	b	−25543	—	—	4373	—	—
	c	−26117	—	—	4865	—	—
②	b	3481	1035	−1746	388	583	−241
	c	1297	389	−531	−308	753	−197
③	b	−4357	141	87	308	−655	1222
	c	−1738	98	355	179	−3090	5975
④	b	2190	114	351	−774	−503	−971
	c	6644	201	571	−1242	609	1491

注：表内负值表示杆件受压。

由表 10.1-1 可以看出：

（1）竖向荷载作用下，两种方案梁③所受的弯矩及剪力均较小；

（2）水平地震（小震）作用下，方案 c 梁③所受的弯矩及剪力显著增大，接近方案 b 的 5 倍。但该内力要求在设计上是不难满足的；

（3）竖向荷载作用下，方案 c 梁④轴向拉力较大，大约是方案 b 的 3 倍。考虑到钢筋混凝土构件的抗拉性能较差，这是我们在设计中应予充分重视的。

本工程结构布置对称，Y形斜撑的两根上柱竖向荷载下受荷面积相当，不平衡弯矩仅在地震及风荷载作用下出现。考虑到Y形斜撑转换结构简单、对建筑使用影响较小等优点，本工程最终确定采用Y形斜撑转换。

采用SATWE、ETABS软件对结构进行了小震地震作用下的振型分解反应谱法计算。两个软件的计算结构均表明：结构的层间位移角、位移比、周期比、剪重比均满足规范要求，虽采用Y形转换但结构楼层竖向刚度基本规则，未出现软弱层或薄弱层。

弹性时程分析结果也表明：结构基底剪力满足规范规定，结构未出现软弱层或薄弱层。

大震地震作用下动力弹塑性分析结果表明：大震下结构动弹塑性层间位移角小于1/100，满足规范要求。同时，Y形斜撑转换结构等关键构件及主要竖向构件没有明显损伤情况，满足全国抗震审查委员会专家针对结构转换提出的意见“外框转换柱、转换斜撑和上弦梁的承载力满足大震不屈服”的要求。

外框全高设置型钢混凝土组合柱，底部转换柱最大截面尺寸为1600mm×1800mm。

(1) Y形斜撑转换的关键构件是斜撑及其上弦梁，为使斜撑有较好的抗扭性能，采用混凝土内置方钢管组合构件［图10.1-7 (*a*)］。为保证梁与方钢管的连接方便，上弦梁内型钢采用H型钢，如图10.1-7 (*b*) 所示。钢材均采用Q345，4、5层与外框柱相连的框架梁均采用钢梁。

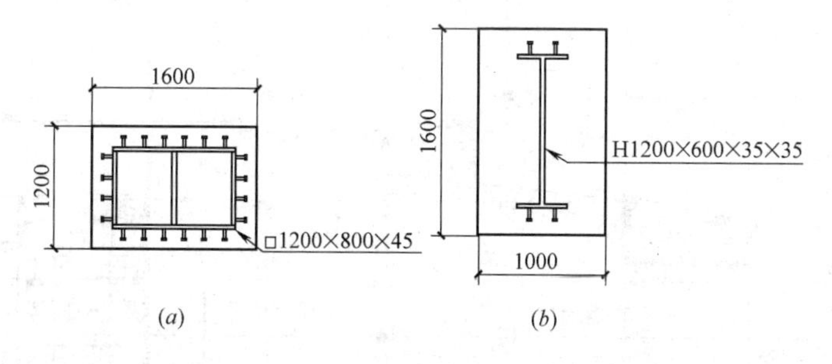

图10.1-7 Y形斜撑转换构件截面示意

(*a*) 斜撑截面；(*b*) 上弦梁截面

(2) 除计算要求外，斜撑按特一级转换柱构造设计。

(3) 考虑在大震下型钢外围的混凝土可能出现酥裂、脱落而丧失其承载力，要求转换构件的内置型钢应承担全部荷载，不考虑混凝土的作用。

图10.1-8为建成后的Y形斜撑转换现场照片。

2. 福州香格里拉酒店主楼

福州香格里拉酒店主楼，地下1层，地上26层，结构高度99m，标准层平面呈梭形，长向70m，短向边长9～20m。采用框架-剪力墙结构。

本工程抗震设防烈度为7度，场地类别为Ⅲ类，基本风压0.70kN/m^2，地面粗糙度B类。

主楼建筑的标准层（6层以上）是按内廊式布置的两侧客房，层高3.28m，小开间，剪力墙、框架柱较多，而1～5层为大堂接待区和休息区，需要宽敞、高大、通透的大空间，只允许设置少量的框架柱（见图10.1-9、图10.1-10）。故结构上必须进行转换。

图 10.1-8 Y形斜撑转换现场照片

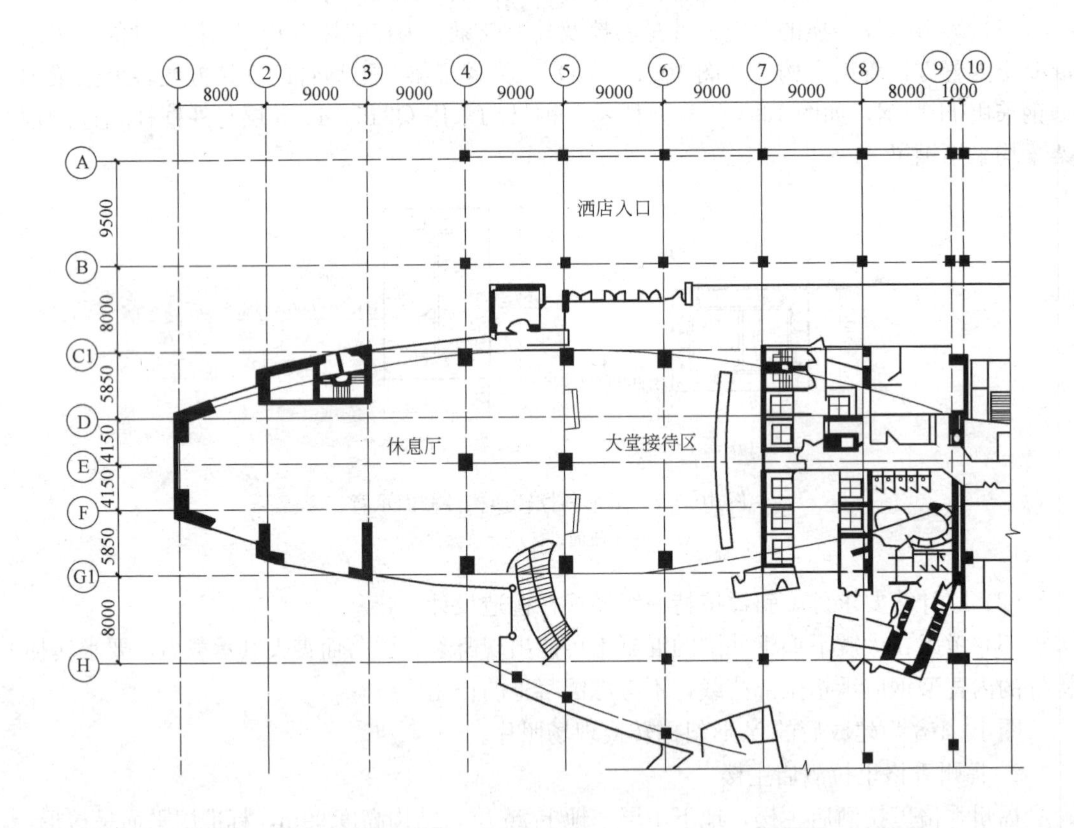

图 10.1-9 首层平面

原设计利用5～6层间的设备层作为转换层，为高位转换，同时，由于设备层以下剪力墙少柱子多，上下刚度变化很大；且剪力墙集中布置在⑦～⑧轴间的楼电梯处，严重偏心，致使结构竖向不规则，扭转严重不规则。经超限审查，根据专家意见，修改如下：

1）在①轴、②轴布置4个“L”形剪力墙，由于②轴净跨达11m，故采用型钢混凝土梁，各层梁承托各楼层荷载，不进行转换；③轴设剪力墙，3层以下剪力墙开洞，形成

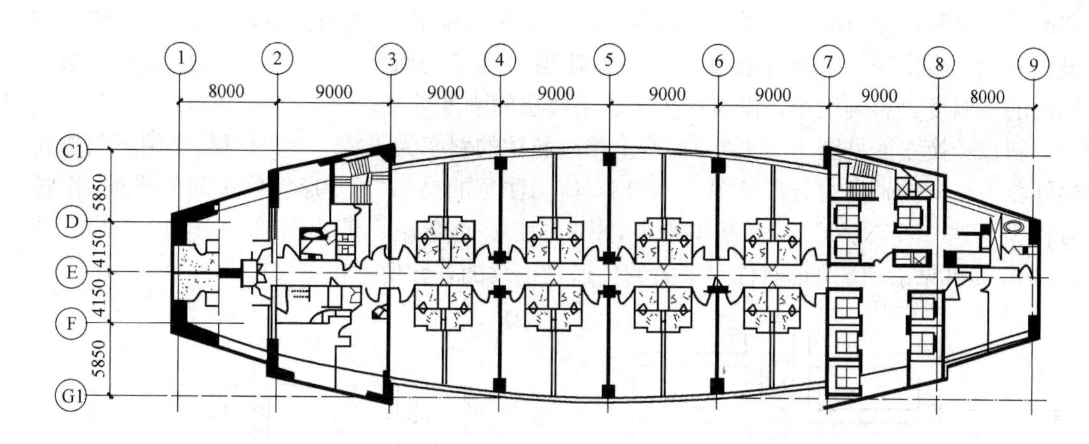

图 10.1-10　标准层平面

在 3 层的框支转换；这一方面避免了竖向刚度突变的高位转换，也大大减小了结构偏心，避免了扭转不规则问题。

2）④轴、⑤轴处框架柱利用设备层作为转换层，采用“V”形斜柱转换；这种转换，上、下层刚度几乎没有变化，故转换层位置可以放宽。

3）⑥轴中间没有柱子，跨度达 18m，需利用设备层进行转换。经过对宽扁梁、预应力梁、型钢混凝土梁等方案的分析比较，最后确定采用整个楼层高的空腹桁架转换，隔层设置。上、下楼层的框架梁即为桁架转换上、下弦杆，其间设置竖向腹杆，杆件之间均为刚接。和“V”形斜柱转换类似，空腹桁架转换的上、下层刚度几乎没有变化，故转换层位置可以放宽。

采用中国建筑科学研究院的 SATWE 软件进行整体结构计算，将斜撑转换、空腹桁架转换附近楼层按“弹性膜”（计算楼板平面内的刚度，忽略楼板平面外的刚度）和“零楼板”（不计楼板的面内、外的刚度）两种假定进行分析比较，最后按“零楼板”的计算结果作为设计依据。

结构自振周期、地震剪力系数、各楼层竖向构件最大水平位移和层间位移与该楼层平均位移比值等均比较理想，满足规范要求。

图 10.1-11 为 Y 向地震作用下的楼层位移曲线、层间位移角曲线。可以看出：楼层位

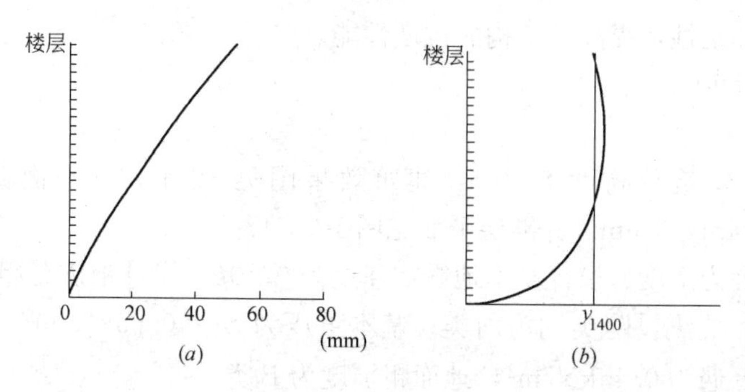

图 10.1-11　Y 向地震楼层位移曲线、位移角曲线

（a）Y 方向最大楼层位移曲线；（b）Y 方向最大楼层位移角曲线

移曲线、层间位移角曲线光滑、无畸变。说明虽然采用了两组斜撑转换、标准层每隔一层设置一榀空腹桁架等，但对于本工程的框架-剪力墙结构而言，其产生的刚度变化相对于结构的层刚度，影响很小，没有产生上、下楼层的刚度突变。

斜撑转换立面见图 10.1-12，构造上控制斜柱的斜率为 1∶5。竖向荷载作用下斜撑转换处相关柱子的轴向力分布见图 10.1-13，应当注意的是，“V”形斜柱中间的横梁 L1 拉力较大，达 2500N。Y 向地震作用下，相关柱子的弯矩、剪力分布见图 10.1-14、图 10.1-15。可见沿“V”形斜柱水平力的传递是连续的，数值上也未突变。

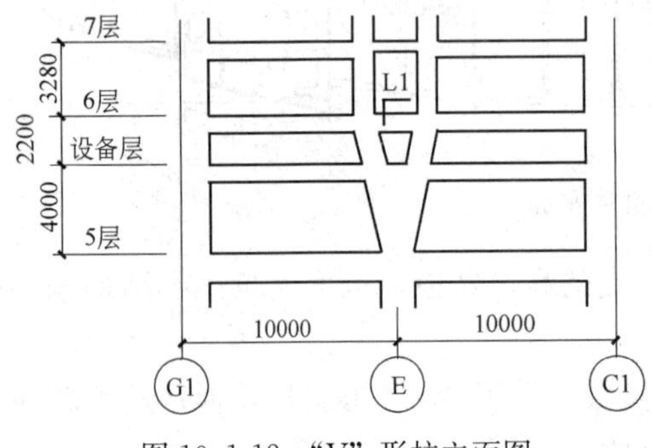

图 10.1-12 “V”形柱立面图

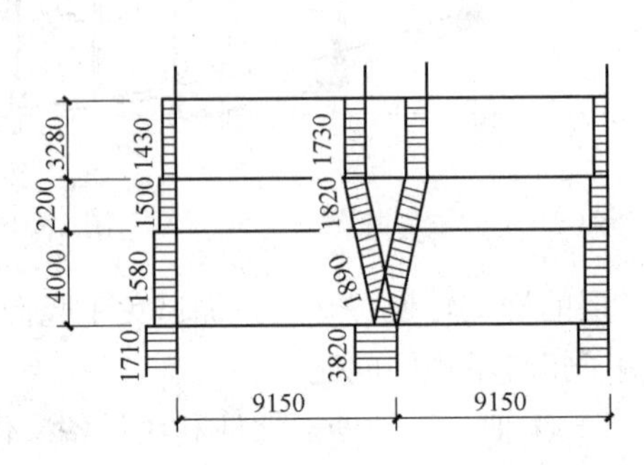

图 10.1-13 V 形柱永久荷载工况下柱轴力（单位：t）

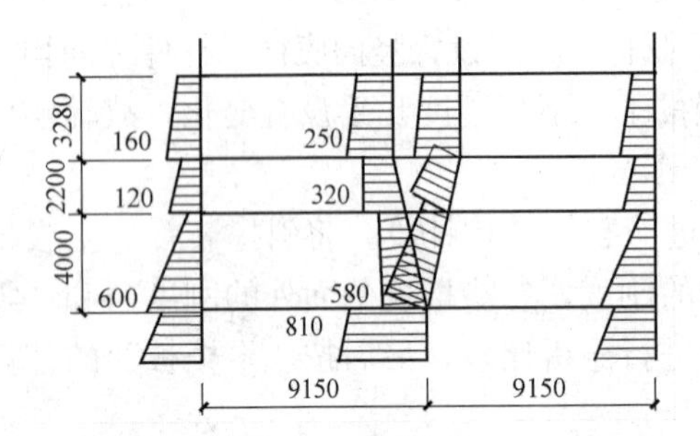

图 10.1-14 V 形柱 Y 向地震弯矩图（kN·m）

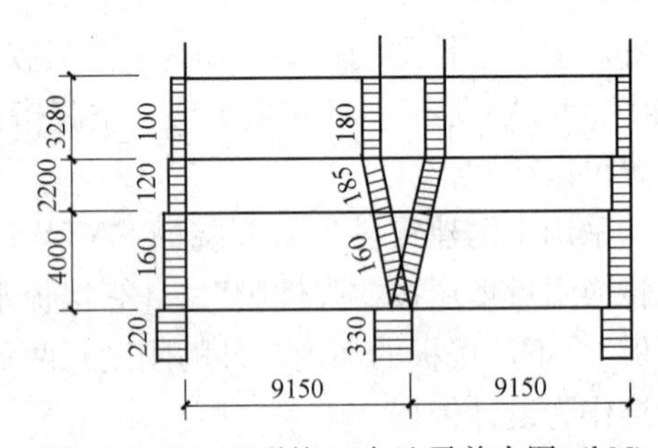

图 10.1-15 V 形柱 Y 向地震剪力图（kN）

对“V”形斜柱中间的横梁 L1 按偏心受拉构件设计并加强构造措施，斜柱按一般框架柱设计。1～6 层的框支柱采用型钢混凝土柱，既减小了柱子的截面尺寸，又提高了框支柱的承载能力和延性，提高了结构的抗震性能。

3. 江苏绿建大厦

1）工程概况

地上 16 层，建筑总高度 67.8m，建筑效果图见 10.1-16，平面典型柱网尺寸为 8.4m×8.1m，8.4m×6.6m。标准层平面见图 10.1-17。

抗震设防烈度为 7 度，设计基本地震加速度为 0.10g，设计地震分组为第一组，建筑场地类别为Ⅲ类，抗震设防类别为丙类；基本雪压为 S_0＝0.65kN/m^2（50 年一遇），基本风压按 100 年一遇为 0.45kN/m^2，地面粗糙度为 B 类。

2）转换结构形式的确定

由于建筑大空间的功能要求，结构底部两层的中部有三根框架柱不落地，需进行结构

图 10.1-16　江苏绿建大厦效果图

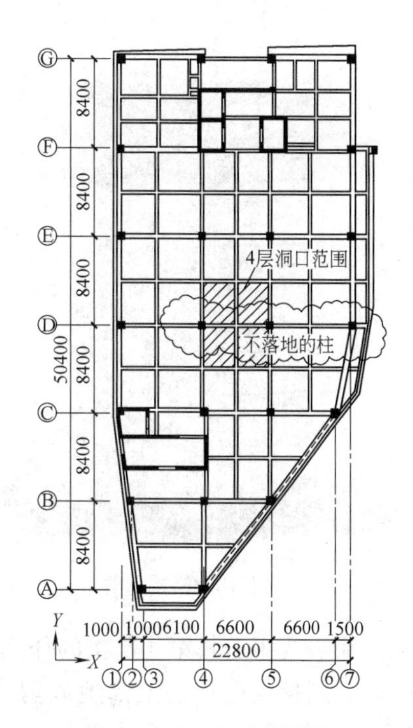

图 10.1-17　标准层平面

转换。由于跨度大（16.8m）、上托层数多（14 层），但仅为局部转换，设计时对转换结构的形式进行了比选。表 10.1-2 是实腹梁托柱转换和斜撑转换的结构整体计算结果。

梁式转换和斜撑转换的整体计算结果对比　　表 10.1-2

转换	转换构件尺寸(mm)	T_1(s)	T_t/T_1	转换层质量(kN)	转换层 Y 向刚度(kN/m)	转换层地震力(kN)	跨中恒载下 Z 向位移(mm)	转换柱恒+活下弯矩(kN·m)
梁式	900×2600	2.27	0.78	2156	1.91×10^6	856	15.8	2714
斜撑	600×800	2.11	0.81	1892	2.80×10^6	799	10.14	567

由上表可以看出：斜撑转换较实腹梁托柱转换，大大减小了构件截面尺寸，从而减轻了结构自重，由于斜撑转换传力简单、直接，结构计算的其他指标（周期比、转换层地震剪力等）也较实腹梁托柱转换更好，同时给建筑带来了乐于接受的开敞空间。最后确定采用斜撑转换（图 10.1-18）。

3）斜撑转换设计要求

（1）本工程中⑦轴上被转换的柱不在转换柱的连线上，所以⑥、⑦轴的斜撑与 Z 轴间有 $\theta=5°$ 的外倾夹角，这榀斜撑如同图 10.1-19 中两种结构的组合，这个倾斜在 5 层楼面产生了拉力，拉力 $f=F\sin5°$。

经计算这个力不大，普通混凝土梁正常配筋就能解决开裂问题，设计中加强了构造措施。5°的夹角虽然不大，却帮建筑解决了问题，这是其他转换形式不容易做到的。体现了斜撑转换的灵活性。

（2）斜撑穿过第 3、4 层，第 4 层梁的截面与斜撑相当，可以保证对斜撑有足够的双

图 10.1-18　结构计算类型

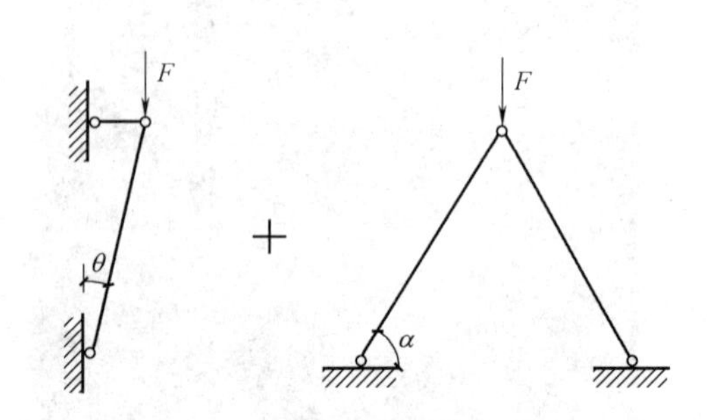

注：α 为斜撑与楼面夹角；θ 为斜撑所在平面与墙面的倾角。

图 10.1-19　⑥、⑦轴的斜撑分析

向约束。为了分析第 4 层梁的作用，计算中让斜撑和第 4 层梁完全脱开，此时在 X 向地震时，斜撑仅能传递上部地震剪力的 15%，平面外弯矩也仅相当于上层框架柱弯矩的 30%；同时第 5 层楼面的应力也有略微放大；斜撑配筋明显增加。表明第 4 层梁的存在对斜撑平面外的较大影响，能有效改善结构的受力特性，而对斜撑平面内没有明显影响。

（3）斜杆在水平荷载下会有巨大拉压力出现，所以在工程中应以大震下斜撑杆不被压溃、节点不破坏作为设计要点。工程中，地震力和重力代表值组合工况下，中震时斜撑即出现较小的拉应力，在罕遇地震下拉力达到 2700kN 以上，斜撑中设置了型钢，控制大震下斜撑轴压比。

（4）斜撑转换下弦杆（第 3 层梁）受拉，应合理控制斜撑和楼面的夹角 α，α 越大，拉力越小，本工程夹角 α 大于 45°。控制梁的拉力为 3000kN 左右，并在梁内设置有粘结预应力钢筋，同时非预应力钢筋贯通。目的是控制长期荷载下的裂缝宽度，防止拉杆刚度退化可能给转换结构带来的不利影响。

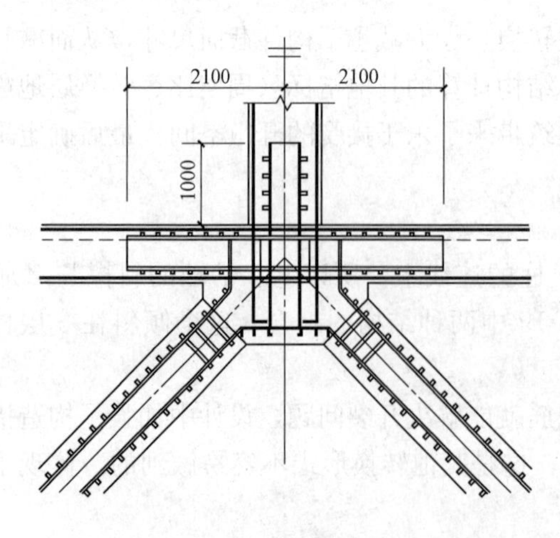

图 10-1-20　斜撑顶部的型钢节点

（5）转换层（第 3、5 层）板厚 180mm，并加强配筋；第 3、4、6 层板厚 150mm，亦加强配筋。

（6）第 2 层转换柱配置了型钢，但型钢未升到第 3 层，而是和斜撑中的型钢连为整体；第 3、4 层的框架柱处于过渡层，应适当加强。设计中严格控制其轴压比，箍筋全高加密。

（7）考虑斜撑的节点受力复杂，节点一般加大并按刚接构造，与节点相连的梁截面尺寸适当加大。按铰接、刚接两者的最不利情况包络设计。特别应加强斜撑顶部和相关构件的连接，见图 10.1-20。

第二节　梯形框架转换

一、工程实例 1：绥芬河海关业务技术综合楼

主楼地下 1 层，地上 14 层，裙房地上 2 层。建筑物总高度 52.8m，总建筑面积 14322m²。采用钢筋混凝土框架结构。

根据建筑功能要求，地上一、二层平面中部⑤～⑧轴间是报关厅，为二层高(9.9m)、平面尺寸 23.4m×17.7m 的共享大空间，内部不允许设柱子。而以上各层均为小柱网、小空间。故需在三层进行结构转换。通过对预应力钢筋混凝土实腹梁转换、梯形框架转换等几种转换形式的分析比较，认为：预应力钢筋混凝土实腹梁转换截面尺寸大，自重大，梁高占用将近一层层高；转换大梁的工作性质决定了梁不能开大洞，故难以满足建筑功能和机电设备系统穿行的要求；此类大截面的预应力钢筋混凝土实腹梁转换施工有一定难度。而梯形框架转换结构截面尺寸小，可以分期施工，节省投资。此外，可以将这种转换结构设置在建筑物填充墙的位置，附在填充墙内，其所在楼层可以和其他楼层一样正常使用，不影响建筑的平面使用功能。

经多方研究，最后决定在⑥、⑦轴从三层到五层采用 3 层高的梯形框架转换方案。该转换结构跨度 17.7m，上托 12 层。转换结构由以下几部分组成：①底梁；②顶梁；③斜柱；④腹梁；⑤腹柱；⑥吊柱；⑦梯形框架支柱（框支柱）。除斜柱外，梯形框架转换结构形式的杆件均为主体结构框架原有的梁柱，见图 10.2-1。

试验和计算分析表明：梯形框架转换结构的受力和折线形拉杆拱的受力类似。三层的底梁相当于折线形拉杆拱的拉杆，抵抗拱脚的推力，并承受本层楼板传来的荷载；五层中间梁（顶梁）和两个斜柱组成折线形拉杆拱的拱身，是受压构件；中间两根柱是拱的吊杆，将转换结构所在各层的荷载吊挂在折线形拉杆拱上。整个折线形拉杆拱同时还承受主体结构五层以上传来的荷载。斜柱的设置，使上部结构传来的相当一部分竖向荷载改变了传力方向和位置，通过斜柱直接传递给梯形框架以下的框支柱，大幅度降低了转换结构各杆件的弯矩和剪力；轴力的分布是：底梁拉力最大，为偏心受拉构件，顶梁压力最大，为偏心受压构件。中间层各腹梁的轴力均很小。

若维持图 10.2-2 所示的梯形框架转换结构形式不变，比较上托层数为 10 层、20 层两种转换情况。当楼层竖向荷载相同时，上托换层数为 20 层的梯形框架转换各杆件轴力显著增大，而弯矩、剪力增加不多。这说明：梯形框架转换结构受力以轴力为主，各杆件能很好地协同工作。只要合理解决好底梁和受拉腹柱的受拉承载力和裂缝宽度问题，采用梯形框架转换结构形式对转换跨度较大、承托层数较多，具有更明显的优势。

梯形框架转换结构形式传力直接、受力合理、结构占用空间小，避免了结构转换层只能做设备层不能充分有效利用的情况。当用于结构的局部转换时，转换层上、下楼层侧向刚度一般不致突变，对结构的整体抗震性能影响不大。

应当注意的是：作为一个整体受力的梯形框架转换结构形式，在其各杆件未达到设计强度前，不应拆模及其他临时支撑（图 10.2-2）；同时，底梁是梯形框架转换结构形式的重要杆件，由于跨度大、拉力大，施工时应在底梁下设置临时承重支撑和基础，并应待其各杆件达到设计强度后，方可拆除。当采用预应力技术时，应合理选择预应力张拉技术，

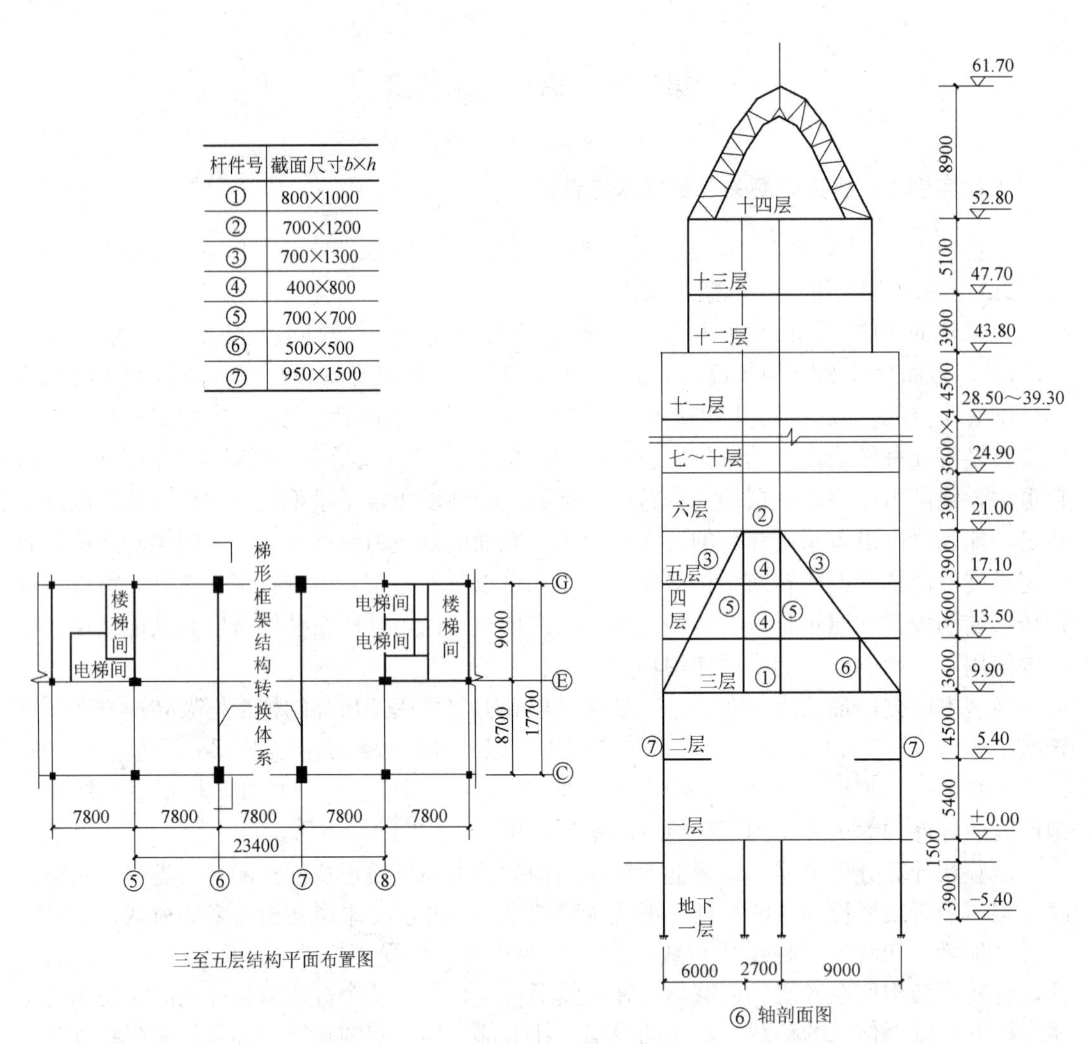

杆件号	截面尺寸$b\times h$
①	800×1000
②	700×1200
③	700×1300
④	400×800
⑤	700×700
⑥	500×500
⑦	950×1500

图 10.2-1 梯形框架转换层结构体系示意图

防止张拉阶段拉杆预拉区开裂或反拱过大。

二、工程实例 2：光明新区公共服务平台转换结构设计

1. 工程概况

光明新区公共服务平台由地下车库、办公楼及配套设施组成。地下 1 层，地上 11 层。办公楼结构高度 53.5m，平面尺寸为 59.5m×35.5m，总建筑面积约 7.6 万 m^2。建筑效果图见图 10.2-3。

本工程设计使用年限为 50 年，抗震设防类别为丙类，抗震设防烈度为 7 度，设计基本地震加速度为 0.10g，设计地震分组为第一组，建筑场地类别为Ⅱ类。基本风压为 0.75kN/m^2（50 年一遇），体形系数为 1.3，地面粗糙度为 B 类。

采用钢框架-混凝土剪力墙混合结构体系，由于首层含有复杂的曲屋面，故本层采用钢筋混凝土框架-剪力墙，用框架柱、剪力墙、斜撑共同支撑屋面结构。从第 5 层开始逐层外挑，最大挑出长度为 12.6m，外挑采用斜柱支撑（图 10.2-4）。

框架和剪力墙抗震等级为二级，转换构件及其支撑体系的抗震等级为一级。

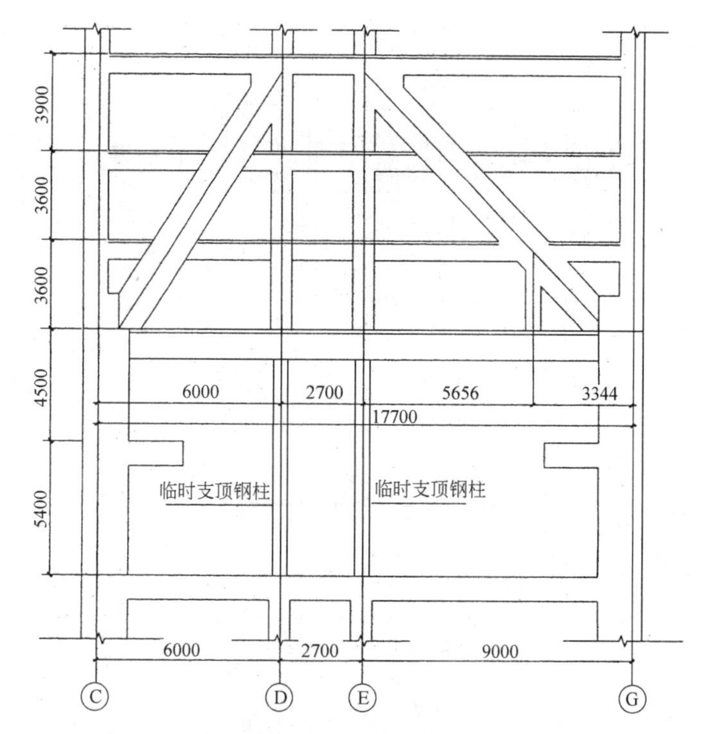

图 10.2-2 梯形框架结构转换体系形成前的结构简图

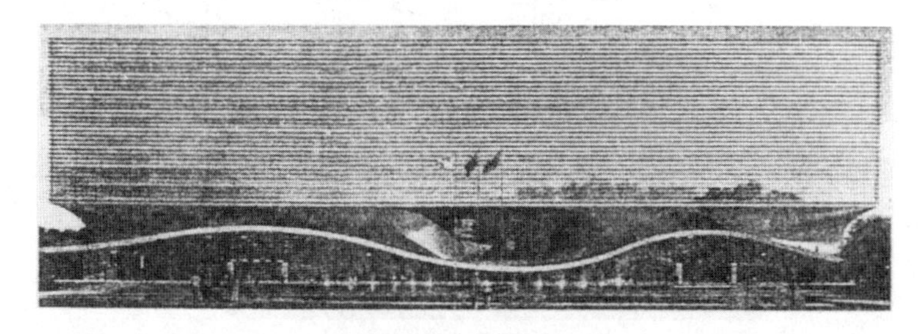

图 10.2-3 建筑效果图

2. 转换结构方案的确定

由于建筑功能需要，2 层、3 层中部有 42.5m×14.4m 的大空间（图 10.2-4），需进行结构转换。为使结构受力合理，对斜撑与桁架组合转换（图 10.2-5）和桁架转换（图 10.2-6）两种方案进行了比选。

桁架转换方案中，转换桁架位于 3 层楼面至 5 层楼面之间，桁架两端支撑在剪力墙筒及框架柱上，共设置四道转换构件。

桁架转换方案中的传力体系类似于巨型框架结构，其在小震、风荷载等基本组合下，柱最大轴力为 26695kN，斜腹杆最大轴力为 15057kN。结构的最小刚度比出现在 3 层（转换桁架下部），X 向刚度比为 0.82，抗剪承载力比值为 0.44，均远小于《高规》的有关规定。同时，桁架转换方案中桁架节点处由多根杆件需要贯通，节点处施工复杂。此外，桁架转换方案对建筑使用也带来诸多不便。

斜撑与桁架组合转换方案中，斜撑转换构件伸至结构 5 层，转换构件整体呈对称的拱形。共设置四道转换构件，中部的两道转换构件均从 1 层开始，由两侧的剪力墙筒体和第

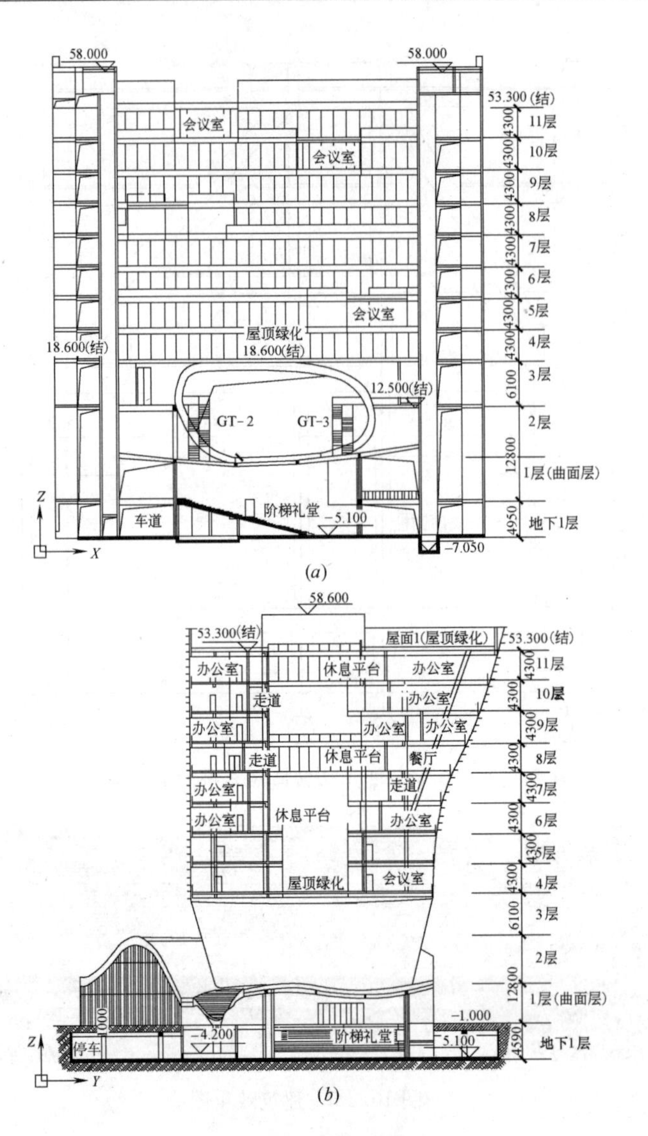

(a)

(b)

图 10.2-4 建筑剖面图

(a) X 向剖面图；(b) Y 向剖面图

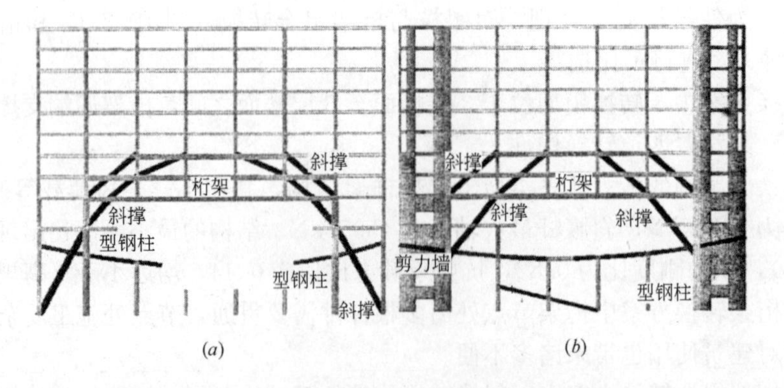

(a)　　(b)

图 10.2-5 斜撑与桁架组合转换的结构布置

(a) 两侧转换构件；(b) 中部转换构件

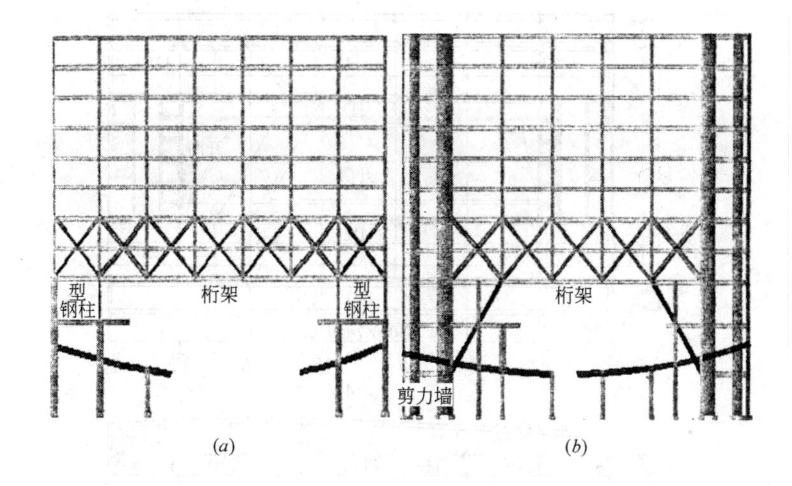

图 10.2-6　桁架转换的结构布置
(a) 两侧转换构件；(b) 中部转换构件

3、4 层的水平构件来平衡拱的水平推力，由型钢混凝土柱来承担竖向分力。两边跨的转换构件均从地下室底板开始，其水平推力由第 3、4 层的水平构件来平衡。

斜撑与桁架组合转换方案中，每榀转换构件均通过两个拱式结构来传递荷载，杆件的内力较小，且对称的斜撑形成的拱式结构整体性好，受力合理。结构在小震、风荷载等基本组合下，柱最大轴力为 21063kN，斜腹杆最大轴力为 16909kN。均小于桁架转换方案中相应杆件的值。结构第 3 层 X 向刚度比为 1.34，且各楼层侧向刚度比和抗剪承载力比均满足《高规》的有关规定。同时，根据结构的传力方式，在转换节点处只需将斜撑和斜腹杆贯通，节点施工也较易实现。

经分析比较，最终确定采用斜撑与桁架组合的拱式转换方案。结构主要构件尺寸见表 10.2-1，结构平面布置见图 10.2-7。

结构构件的尺寸　　**表 10.2-1**

结构构件	混凝土 强度等级	最大尺寸(mm)	一般尺寸(mm)
底部剪力墙	C40	800	200
其余剪力墙	C35	300	200
型钢混凝土柱	C40	ϕ1200(圆柱，内置 矩形钢管 700×450×25)	800×800(方柱，内置 方钢管 450×450×20)
钢管混凝土柱	C35	450×450×20×20	450×450×14×14
混凝土框架梁	C30	500×1200	400×750
钢梁	—	H800×400×12×15	H500×200×8×16
连梁	同剪力墙	800×2900	200×400
混凝土楼板	C30	150	120
转换构件	C40	700×1000(内置矩形钢管 700×450×28)	

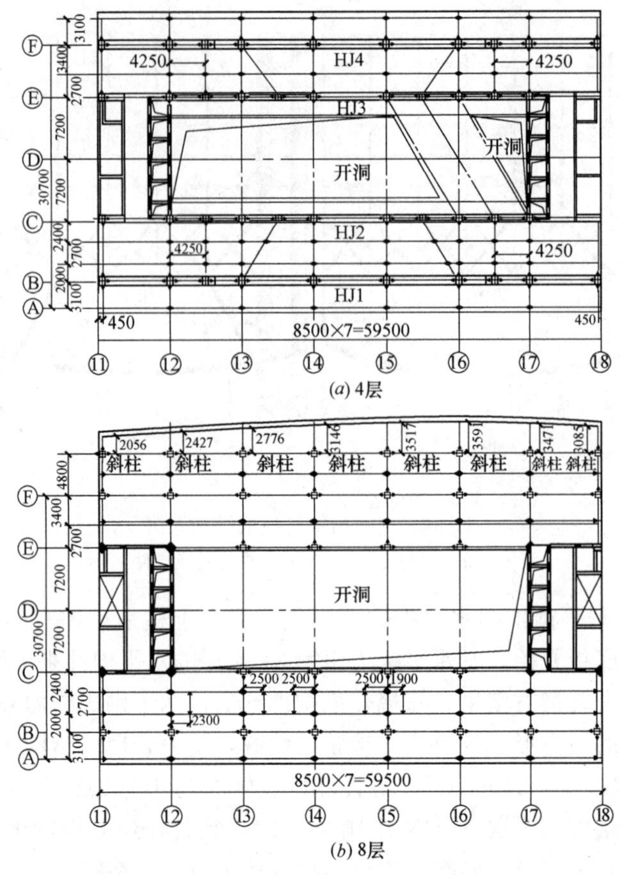

图 10.2-7 结构平面布置图

3. 结构抗震性能设计

1）结构抗震性能目标

本工程结构扭转不规则、楼板不连续、外挑尺寸大、采用较多斜柱等，同时又采用规范未述及的斜撑与桁架组合转换结构，属超限高层建筑。需进行结构抗震性能设计。性能目标定为C级，具体见表 10.2-2。

结构抗震性能目标 **表 10.2-2**

工作性能	多遇地震	设防地震	罕遇地震
性能水准	性能水准 1	性能水准 3	性能水准 4
宏观描述	完好	轻度损伤	中度损伤
位移角限值	1/800	—	1/100
内力设计组合	基本组合	地震作用标准组合	重力荷载，三向地震时程
外框柱、剪力墙	弹性	抗剪、抗压弯不屈服	部分屈服
转换构件	弹性	弹性	抗弯不屈服，抗剪不屈服
框架梁	弹性	部分屈服	部分延性损伤
连梁	弹性	部分延性损伤	部分延性损伤
楼板	弹性	抗剪不屈服	抗剪不屈服

2）结构整体分析

（1）小震分析

结构整体计算采用 ETABS 和 MIDAS Building 进行对比分析。用梁单元模拟框架梁，壳单元模拟楼板、剪力墙、连梁等。整体指标计算采用刚性楼板假定，内力计算按弹性楼板假定。周期折减系数取 0.75，连梁刚度折减系数取 0.7。由于结构体系复杂，且存在大跨度转换、大跨度悬挑等不规则，故按结构基底剪力等效的方法取结构阻尼比为 0.0420。

小震和 50 年一遇风荷载作用下结构分析计算结构见表 10.2-3。

小震和风荷载作用下结构的性能　　表 10.2-3

模态	1	2	3	4	5	6
周期(s)	1.34*X* 向平动	1.13*Y* 向平动	0.93 扭转	0.46*X* 向平动	0.35*Y* 向平动	0.29 扭转

	方向	*X* 向	*Y* 向
小震	基底总剪力(kN)	9738	11260
	基底剪重比	0.025	0.029
	倾覆力矩(kN·m)	289900	341000
	框架倾覆力矩百分比	28.7%	36.5%
	最大层间位移角	1/1208	1/2213
	顶点最大位移(mm)	25.2	20.7
风荷载	最大层间位移角	1/3517	1/4389
	顶点最大位移(mm)	8.8	8.4

上述计算结果表明：结构设计由地震作用控制，且结构的层间位移角、周期比、剪重比等都满足规范要求。

选用两条天然波和一条人工波对结构进行小震下的弹性时程分析。计算结果均满足规范各项要求，且分析结果总体小于振型分解反应谱法。

（2）中震分析

结构在中震地震作用下的计算结果表明：结构的最大层间位移角发生在 *X* 向（1/415）；竖向构件和转换结构均处于弹性状态；楼面梁配筋有所增大；部分连梁进入抗弯屈服状态，但无抗剪屈服；均满足预定的性能目标要求。

（3）大震分析

大震下的结构弹塑性分析采用 PERFORM-3D，模型由 ETABS 导入。用塑性纤维＋弹塑性剪切性质的单元模拟剪力墙的轴向-弯曲变形和剪切变形，梁与剪力墙平面内刚接时，在连接处墙内增加内嵌梁段；框架梁用“塑性铰＋弹性梁段＋塑性铰”三单元组合模型来模拟其非线性特征；连梁由中间的剪切铰、两端的弯曲铰和两段弹性梁段组成，连梁剪切铰曲线考虑其强度退化；柱用弹性柱单元＋曲率型塑性铰模型，柱端形成塑性铰的标志是作用在柱端的轴力和双向弯矩位于柱端屈服面上；转换构件用与柱类似的非线性力学模型，中间为弹性单元，两端为曲率型塑性铰。计算结果表明：结构在大震组合下性能表现合理，结构未受到严重破坏。

（4）转换构件的计算分析

对型钢混凝土斜撑与桁架组合转换结构进行了中震地震作用下的计算分析，计算结果见表 10.2-4。

4 道转换构件在中震组合下的内力　　**表 10.2-4**

转换构件	压杆			拉杆			
	轴力（kN）	承载力（kN）	轴压比	轴力（kN）	弯矩（kN·m）	设计应力（N/mm²）	安全度
HJ1	20339	30020	0.68	4145	2054	243	1.21
HJ2	13378	30020	0.45	2776	2455	255	1.16
HJ3	16624	30020	0.55	3153	2534	285	1.04
HJ4	23764	38568	0.62	5328	2483	223	1.32

由上表可知：由于转换结构的杆件布置接近拱的合理传力路径，故中震地震作用下，杆件的弯矩很小，主要承受轴力，最大轴压比为 0.68，均处于完全弹性状态。

采用 ABAQUS 软件对转换结构的关键节点进行更为精细的有限元分析。计算结果表明：型钢和混凝土的最大压应力均小于材料设计强度，部分杆端局部超过材料强度设计值，但并未超过材料强度标准值，节点区域内应力小于杆端应力，符合“强节点弱杆件”设计概念。

（5）楼盖结构的施工模拟计算

采用斜撑与桁架组合转换结构，楼盖承受着很大的水平拉力或压力且受力复杂。楼盖的施工顺序不同，则水平力的传递路径也不同，直接影响结构构件的内力分布和安全性。根据本工程结构特点，采用 ETABS 软件对楼盖结构进行施工模拟计算。计算仅考虑结构自重和施工活荷载。

逐层施工计算模型（模型一）：

① 地下室～地上 3 层逐层施工；

② 斜撑与桁架组合转换结构同时施工，待转换结构形成完整的受力结构后再施工第 3～5 层的其他构件；

③ 其余上部楼层逐层施工。

转换层楼板后施工计算模型（模型二）：

① 地下室～地上 3 层逐层施工；

② 第 3～5 层应力较大的楼板（转换结构部分）暂不施工，其他构件施工；

③ 第 6～8 层同时施工；

④ 第 9～屋面层同时施工；

⑤ 第 3～5 层应力较大的楼板（转换结构部分）施工。

两种施工模拟计算模型下的计算结果比较见表 10.2-5。可见按模型一，由于楼板分担了梁的轴向力，低估了梁和转换构件的内力，可能会降低转换构件的设计安全度。而按模型二，施工阶段结构传力路径明确，梁的轴向力有所增大，而楼板应力较小，保证了梁的安全度。

两种施工方案完成后结构主要构件内力比较　　**表 10.2-5**

构件内力	逐层顺序施工		转换层部分楼板后施工	
	拱 3	拱 4	拱 3	拱 4
柱轴力(kN)	7151.48	14888.53	7182.82	14624.00
转换斜撑轴力(kN)	10399.39	14226.97	10537.76	15049.95

续表

构件内力	逐层顺序施工		转换层部分楼板后施工	
	拱3	拱4	拱3	拱4
转换斜撑弯矩(kN·m)	311.06	682.56	354.37	773.51
转换拉杆轴力(kN)	1784.80	2750.04	2047.61	4435.60
转换压杆轴力(kN)	4168.28	10109.24	4983.21	15049.95
3层楼板拉应力(MPa)	4.15(**5.26**)		1.38(**2.37**)	
5层楼板压应力(MPa)	8.50(**9.85**)		2.31(**3.82**)	
剪力墙剪应力(MPa)	1.62	—	1.69	—
剪力墙正应力(MPa)	−6.20	—	−6.59	—
楼面梁拉力(kN)(5层)	503.54	334.17	686.21	387.05
楼面梁压力(kN)(3层)	—	384.53	—	447.15

注：1. 楼面梁拉力为5层与转换构件相连的楼面非转换梁的拉力；楼面梁压力为3层与转换构件相连的非转换梁的压力；
2. 柱轴力指支承斜撑的转换柱轴力；
3. 括弧内黑体为装修完成后3、5层楼板最大应力。

3）抗震加强措施

（1）控制剪力墙轴压比小于0.5，水平和竖向分布筋配筋率不小于0.4%；钢筋混凝土柱和型钢混凝土柱轴压比小于0.7；

（2）支承斜撑与桁架组合转换结构的剪力墙，除按计算满足性能设计的目标要求外，构造上在墙内设置斜向钢暗撑；

（3）适当提高连梁的配筋率，对跨高比较大的连梁，设置斜向交叉暗撑或采用双连梁；

（4）适当提高剪力墙底部加强部位的配筋率；

（5）大开洞、电梯间周边楼板厚取120～150mm，双层双向配筋，配筋率不小于0.25%；曲屋面板厚150mm，双层双向配筋，配筋率不小于0.25%；

（6）对转换结构的连接节点应力较大部位予以适当加强。

第三节　空间内锥型悬挑结构

一、工程实例1：北京中国银行总部大厦

地下4层，地上15层，结构总高度57.50m，总建筑面积174869m^2。建筑物外轮廓近似矩形。抗震设防烈度为8度，场地类别为Ⅱ类。

建筑在中部大厅西北角上空4～8层由三方向各向内挑出9.8m，形成独特的开口内锥型空间，设计采用空间内锥型悬挑结构（图10.3-1）。介绍如下：

悬挑部分以上楼层柱子直接落在挑出的水平楼板和斜墙上。结构设计舍弃了常规的设悬臂梁或吊挂结构形式，大胆采用了全新的设计概念，考虑上部结构的整体空间共同作用，利用水平楼板的受拉与斜墙承受的竖向荷载对剪力墙上端的力的平衡（图10.3-2），解决了悬挑结构不设梁的技术难题。同时，对于落在挑出的楼板和斜墙上的上部楼层柱，结构也未设常规概念的转换大梁。既满足了建筑对斜墙以下底部大空间的要求，又保证了斜墙上部各楼层建筑在使用上具有充分的灵活空间。

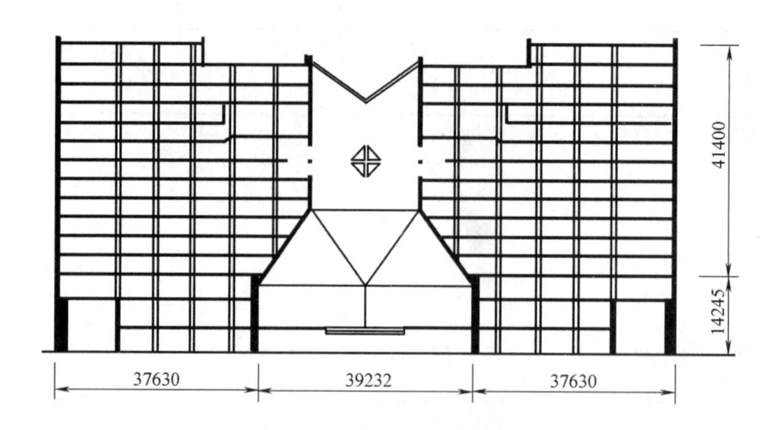

图 10.3-1　空间内锥型悬挑结构

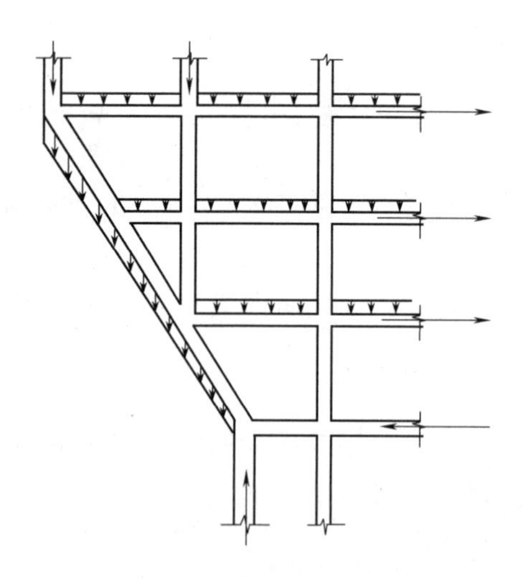

图 10.3-2　楼板的水平受拉和斜墙承受的竖向荷载力的平衡示意

考虑到空间内锥型悬挑结构受力的复杂性，又是新的转换形式，缺乏可参考的工程经验，对结构进行了多个软件、多种计算模型的分析计算。

1. 除对结构进行整体计算外，还采用三维壳元程序 LARSA 对空间内锥型悬挑结构进行了进一步有限元详细分析。

2. 计算模型

考虑水平楼板和各片斜墙间的相互空间作用，并考虑了楼板的弹性变形影响。

模型一：仅斜墙板，未考虑水平楼板，水平楼板处设水平不动铰支座；

模型二：考虑水平楼板的作用；

模型三：水平楼板处设水平弹簧支座。

此外，还采取多种方法进行补充计算和校核，设置多道防线，确保设计安全可靠。

计算分析表明：结构该部位空间作用十分明显，侧墙、斜墙、楼板以及上部墙体相互依托，构成空间整体共同工作的结构体系。

3. 相关楼层水平楼板、斜墙板是空间内锥型悬挑结构的重要构件，使它们具有足够的承载能力、变形能力是实现这种转换的可靠保证。为此，根据计算结果，采取的主要设计构造如下：

1）水平楼板在受弯的同时还受拉，按偏心受拉构件设计。故适当提高板厚，板上下层均配直通受拉钢筋，使其具有足够的刚度，控制楼板的裂缝宽度；

2）由于在悬挑斜墙上直接支承上部楼层柱，没有梁，是板柱的受力特点。为提高斜墙板的刚度和抗弯、抗冲切能力，设计中对承受上部楼层柱的斜墙沿水平和沿斜墙方向的板带采取了板上加肋的构造措施，使斜墙板这一关键结构部位在设计中得到加强。

二、工程实例 2：贵阳花果园艺术中心项目 C 地块塔楼转换结构设计

1. 工程概况

本工程总建筑面积约 11.3 万 m^2，地上 13 层，局部地下 1 层。首层层高 15m，其余楼层层高为 6～9m。主体结构高度 106.95m，平面尺寸为 198m×54.0m，结构平面布置、建筑剖面分别见图 10.3-3、图 10.3-4。

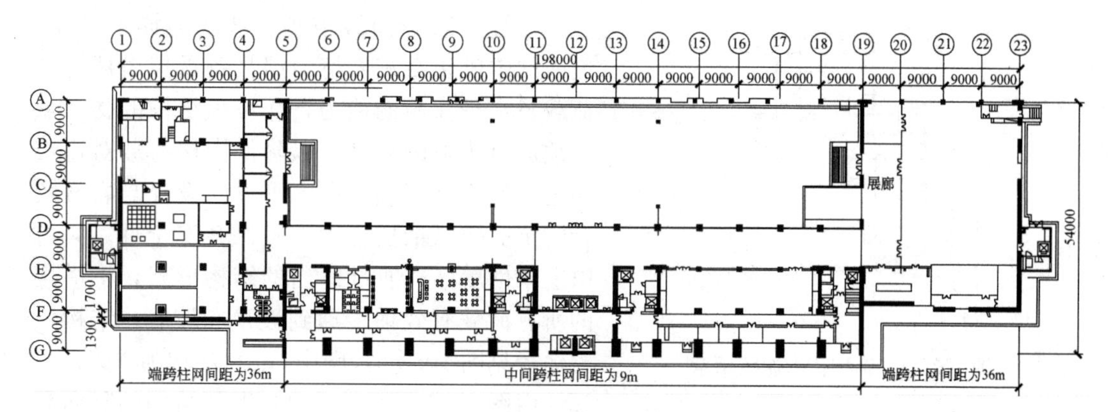

图 10.3-3　结构平面布置图

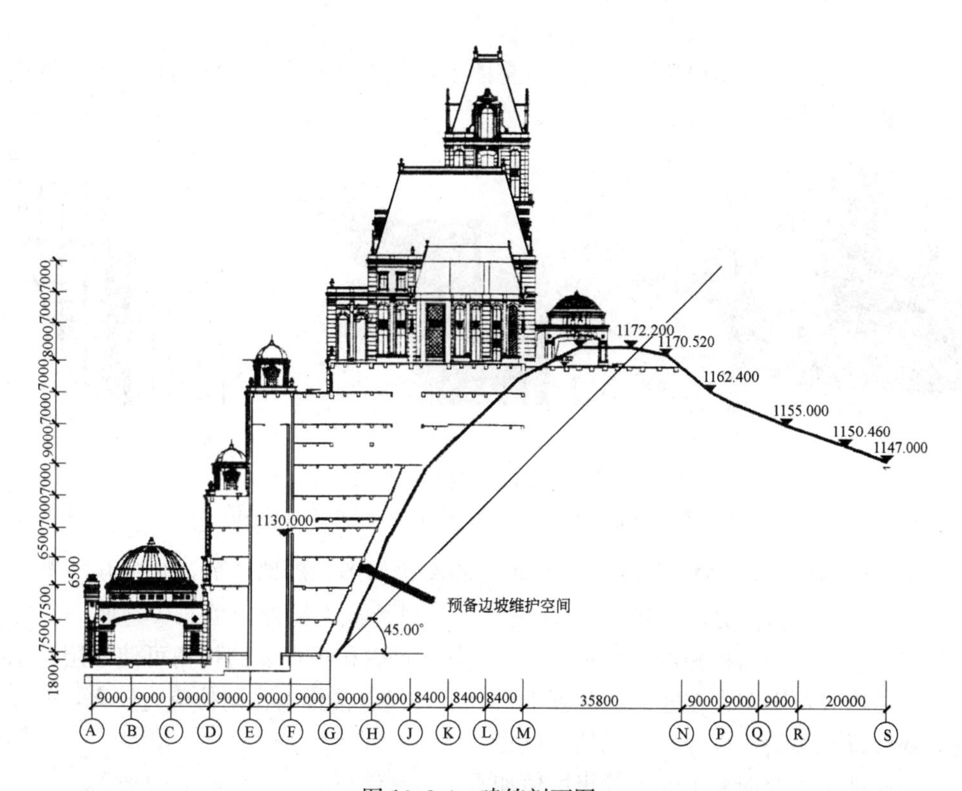

图 10.3-4　建筑剖面图

本工程设计使用年限为 50 年，抗震设防类别为乙类，抗震设防烈度为 7 度，设计基本地震加速度为 0.10g，设计地震分组为第一组，建筑场地类别为Ⅱ类。

2. 结构体系

本工程设计之前，拟建场地经开挖已经形成高约60m、斜度约70°～75°的岩质边坡，且由锚杆进行了加固，加固按满足边坡自身安全并提高1度设防要求进行设计。经专项抗震审查，由于边坡设计未考虑主体结构传来的附加竖向荷载和水平荷载，使得结构基础和支承柱不能落在山体边坡上，且由于建筑物逐渐收进，会导致楼层质心、刚心逐渐收进、抗侧力构件不连续、结构抗倾覆抗倒塌能力极弱，因此需要结构避让。

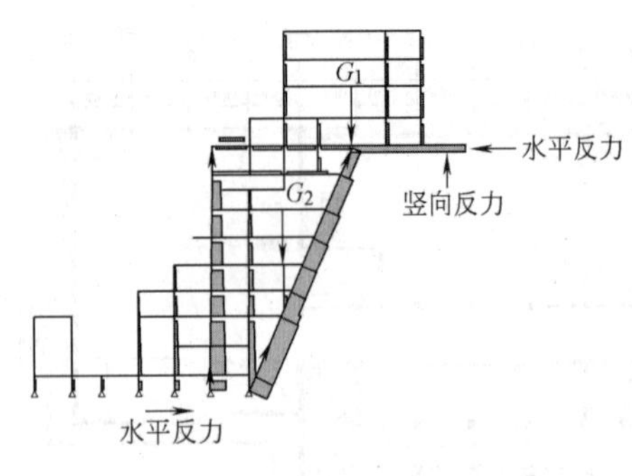

图10.3-5　结构传力途径示意

通过对现场山坡坡顶、坡底的详细勘察，坡底的中风化石灰岩持力层具备承担塔楼竖向荷载及水平荷载的能力，而坡顶结构的受力点必须远离边坡的边缘，以降低塔楼荷载对边坡稳定性的不利影响，在水平方向设计与岩石咬合的抗剪键以抵抗推力，确保其安全性。具备以上条件后，再通过适当的结构形式，将塔楼的所有荷载有效地传递到坡顶和坡底，结构传力途径见图10.3-5，图中G_1、G_2均为重力。

由图10.3-5可以看出，上部结构的竖向和水平荷载一方面通过转换梁传至坡顶支座基础，另一方面通过转换柱及端部剪力墙和斜墙传至坡底基础。

依据上述设想，采用框架和剪力墙双重体系，并由支撑斜柱、斜墙和转换梁构成的特殊结构体系，塔楼结构模型见图10.3-6。

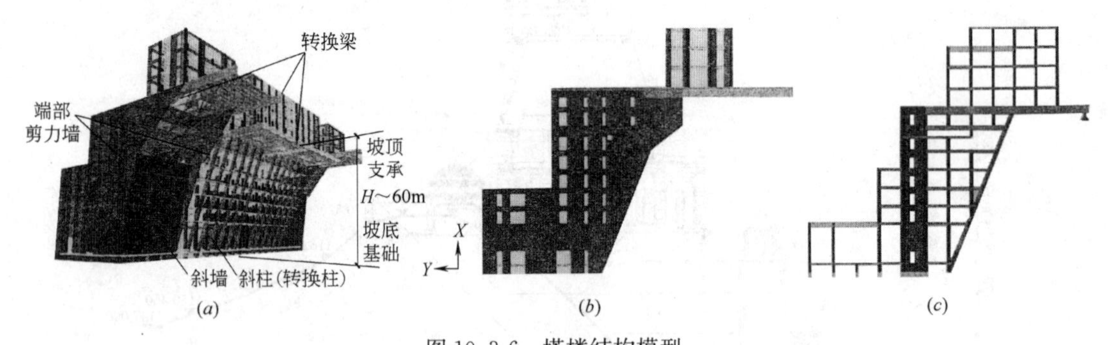

图10.3-6　塔楼结构模型

(a) 整体模型；(b) 端部剪力墙结构；(c) 中部框架结构

本工程依山而建，在①-⑤轴、⑲-㉓轴之间布置斜墙，斜墙一方面传递从上部转换梁传来的竖向荷载，另一方面承担X向地震作用和风荷载，端部斜墙布置与竖向荷载传力途径见图10.3-7，斜墙倾角约60°～80°。7层由于斜墙和垂直墙的折角可使该层楼承担一定拉力。结构分析表明：在竖向荷载标准组合下，仅靠楼板本身则拉应力较大，故在此处楼板下部设置交叉斜撑以分担楼板的拉应力。

主要构件尺寸及混凝土强度等级取值如下：

剪力墙厚度由底部1000mm减至700mm（端墙）或600mm（中部墙），混凝土强度等级C50；个别底部剪力较大剪力墙内置钢板或型钢。

靠近边坡一侧为型钢混凝土柱，截面尺寸1000mm×1000mm～1500mm×1500mm；远离边坡一侧为钢筋混凝土柱；斜柱亦为型钢混凝土柱，截面尺寸 1200（1800)mm×3000mm，含钢率 6%。

跨度为 30m 的转换梁为型钢混凝土梁，截面高度 3000mm，含钢率 5%～6%。

两端跨度为 36m 的楼盖采用大跨度钢蜂窝梁板结构，其他则为普通钢筋混凝土梁板结构，部分楼板厚度增大为 200mm。

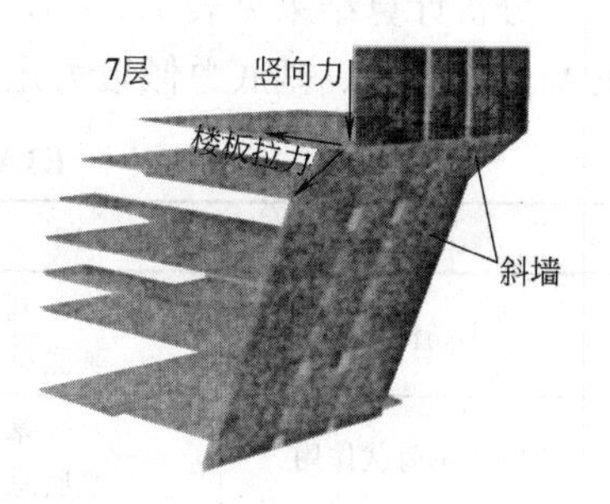

图 10.3-7 端部斜墙布置与竖向荷载传递路径示意

3. 结构抗震性能设计

1）结构抗震性能目标

考虑到坡地高层建筑抗震设计的复杂性和本工程的特殊性，需进行结构抗震性能设计。性能目标定为 C 级，具体见表 10.3-1。

性能化抗震设计目标 表 10.3-1

烈度 / 性能	多遇地震	设防烈度地震	罕遇地震
整体性能目标水准	1	3	4
层间位移角	1/800	—	1/100
转换柱/梁	弹性设计	弹性设计	不屈服设计
大跨度构件	弹性设计	弹性设计	不屈服设计
支承大跨梁的端部剪力墙和斜墙	弹性设计	弹性设计	不屈服设计
受拉楼板处加强的面内支撑构件	弹性设计	弹性设计	不屈服设计
普通竖向构件	弹性设计	不屈服设计，抗剪弹性	部分中度损坏，抗剪不屈服
框架梁/连梁	弹性设计	不屈服设计，抗剪弹性	部分中度损坏，抗剪不屈服

2）结构整体分析

（1）小震分析

采用 ETABS 建模（图 10.3-8）进行结构整体计算，并用 MIDAS 进行对比分析。计算时抗震设防烈度按比当地提高一度的标准进行。剪力墙及部分承受较大平面内荷载的板采用壳单元模拟。

塔楼结构的前六阶周期和振型见表 10.3-2。扭转周期 T_3 与平动周期 T_1 比为 0.74，满足规范要求。

结构自振周期（s） 表 10.3-2

周期	ETABS	MIDAS	振型
T_1	1.06536	1.0369	平动
T_2	1.01080	0.9618	平动
T_3	0.78516	0.7896	扭转
T_4	0.72476	0.7543	平动
T_5	0.68700	0.6764	扭转
T_6	0.62795	0.6280	平动

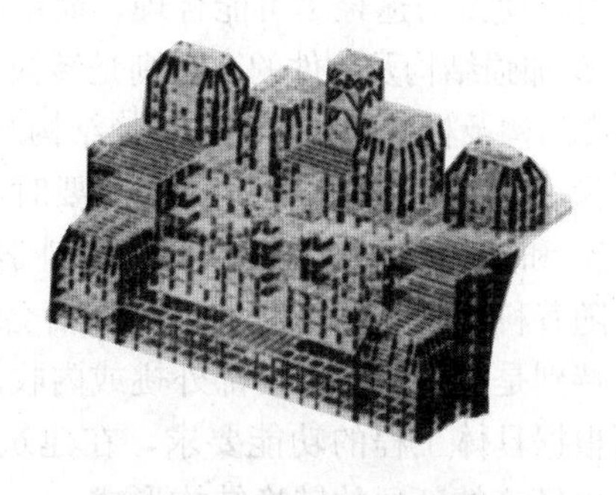
图 10.3-8 ETABS 模型

分析计算结果见表10.3-3，为按ETABS计算的小震和100年一遇风荷载作用下结构的基底总剪力、基底总倾覆力矩、楼层最大层间位移角，均满足规范要求。

ETABS计算的基底总剪力和倾覆力矩 **表10.3-3**

方向		X向	Y向
小震作用	基底总剪力(kN) 基底总倾覆力矩(MN·m)	63940 2709000	64470 2578000
100年风荷载作用	基底总剪力(kN) 基底总倾覆力矩(MN·m)	3270 163800	9927 554000
小震作用 100年风荷载作用	楼层最大层间位移角	1/1204 1/10701	1/1031 1/6208

（2）大震下结构非线性分析及抗震性能评价

非线性分析采用LS-DYNA软件，依据表10.3-1的抗震性能目标，选用七条进行计算。阻尼比取为0.05，目标谱采用规范反应谱，T_g取值按抗规要求增加0.05s。本工程基底嵌固于地面而第8、9层转换梁嵌固于60m高的坡顶，参考《抗规》关于山地建筑水平地震影响系数放大的规定，研究分析山体地震波传递特点后，计算时在基底第8、9层转换部位施加多点激励。分别输入X、Y向为主的地震波后，七条地震波计算的层间位移角最大值分别为1/149、1/100，平均值分别为1/211、1/117，均满足规范要求。

根据计算结果，作为关键构件的端墙和斜墙，在大震地震作用下混凝土轻微受拉开裂，混凝土受压及钢筋受拉均在弹性范围内；其他剪力墙钢筋虽有屈服，但远小于其极限拉应变；转换梁和斜柱都基本在弹性范围内，仅转换梁局部出现轻微塑性铰，能满足性能目标要求；框架柱多数处于弹性状态，部分出现轻微塑性铰，但能满足部分中度损坏性能目标要求；作为耗能构件的框架梁和连梁，大震下塑性铰充分展开，有很好的耗能作用，且满足性能目标要求。

综上所述，大震地震作用下结构整体及各构件均满足性能目标要求，结构能满足“大震不倒”的要求。

本章第一、二、三节所介绍的几种转换结构形式，除单根柱斜撑转换外，其他结构转换形式在工程中应用尚不多，缺乏较多的工程经验，加上转换结构本身受力复杂，往往对整体结构都会产生较大的影响。特别是抗震设计，受力更加复杂，影响更大。因此，当确实需要采用这些转换结构形式时，应特别注意以下几点：

① 按第三章要求认真进行结构分析，正确、全面了解结构特别是转换结构的受力情况，力求使传力途径尽可能合理、简单。

② 加强结构及构件的（特别是转换结构及其相邻构件）构造措施，抗震设计，更要注意提高结构及构件的（特别是转换结构及其相邻构件）承载能力和延性，加强抗震措施。

③ 对复杂的转换结构形式，必要时可进行模型试验或专家论证。

④ 和施工单位密切合作，确定科学合理、切实可行的施工方案。

随着科学技术的不断发展，相信会有新的转换结构形式出现，以满足建筑的功能要求。特别是对建筑立面局部外挑或内收、上下层柱子或墙肢错位等局部转换的情况，结构师可根据具体工程的功能要求，在建筑师的密切配合下，创造出更安全可靠、受力更合理、更经济的新颖的转换结构形式。

参考文献

1. 建筑抗震设计规范 GB 50011—2010. 北京：中国建筑工业出版社，2010.
2. 高层建筑混凝土结构技术规程 JGJ 3—2010. 北京：中国建筑工业出版社，2010.
3. 混凝土结构设计规范 GB 50010—2010. 北京：中国建筑工业出版社，2010.
4. 建筑工程抗震设防分类标准 GB 50023—2008. 北京：中国建筑工业出版社，2008.
5. 超限高层建筑工程抗震设防专项审查技术要点. 建质［2015］67 号.
6. 广东省标准《高层建筑混凝土结构技术规程》DBJ 13—92—2013. 北京：中国建筑工业出版社，2013.
7. 世界建筑结构设计精品选-中国篇编委会. 世界建筑结构设计精品选-中国篇. 北京：中国建筑工业出版社，2001.
8. 建筑结构优秀设计图集编委会. 建筑结构优秀设计图集 3. 北京：中国建筑工业出版社，2005.
9. 建筑结构优秀设计图集编委会. 建筑结构优秀设计图集 5. 北京：中国建筑工业出版社，2006.
10. 中国建筑科学研究院. 2008 年汶川地震建筑震害图片集. 北京：中国建筑工业出版社，2008.
11. 中元国际工程设计研究院. 建筑工程设计实例丛书-结构设计 50. 北京：机械工业出版社，2004.
12. 徐培福等. 复杂高层建筑结构设计. 北京：中国建筑工业出版社，2005.
13. 胡庆昌等. 建筑结构抗震减震与连续倒塌控制. 北京：中国建筑工业出版社，2007.
14. 方鄂华. 高层建筑钢筋混凝土结构概念设计. 北京：中国建筑工业出版社，2003.
15. 张维斌. 多层及高层钢筋混凝土结构设计释疑及工程实例（第二版）. 北京：中国建筑工业出版社，2011.
16. 唐兴荣. 高层建筑转换层结构设计与施工. 北京：中国建筑工业出版社，2002.
17. 张维斌. 混凝土结构设计问答. 北京：中国建筑工业出版社，2014.
18. 荣维生等. 层间位移角比在高层转换层结构抗震设计中的应用. 建筑结构. 2007，8.
19. 张维斌. 浅谈转换结构的整体转换和局部转换. 建筑结构（技术通讯）. 2007，5.
20. 吴育红等. 短肢剪力墙结构体系在复杂平面高层住宅中的应用//高层建筑抗震技术交流会论文集. 2001.
21. 全学友等. 上部边框柱外移时搭接柱转换结构的试验研究. 建筑结构. 2006，2.
22. 江欢成，丁朝辉等. 重庆某超限高层结构优化设计. 建筑结构. 2004，6.
23. 刘维亚等. 深圳华融大厦型钢混凝土组合结构设计. 建筑结构. 2005，6.
24. 杨乐等. 高层转换结构设计实例//第十八届全国高层建筑结构学术交流会论文集. 2004.
25. 雷文军. 广深铁路石龙站站房跨地铁大跨度转换梁设计. 建筑结构. 2014，44（15）.
26. 王敏等. 庆化开元高科技大厦转换结构设计. 建筑结构. 2003，6.
27. 茅声华等. 佳成大厦结构设计与施工//第十九届全国高层建筑结构学术交流会论文集. 2006.
28. 王能举等. 世茂湖滨花园 3 号楼超限高层结构设计. 建筑结构. 2004，8.
29. 任旭. 国际名苑大厦钢纤维混凝土转换结构设计//第十九届全国高层建筑结构学术交流会论文集. 2006.
30. 李晨等. 佳程广场结构设计//第十八届全国高层建筑结构学术交流会论文集. 2004.
31. 韩合军等. 北京银泰中心钢筋混凝土塔楼结构设计. 建筑结构. 2007，11.
32. 韩合军等. 北京银泰中心钢筋混凝土转换梁设计. 建筑结构. 2007，11.
33. 任立强等. 重庆悦来温德姆酒店结构设计. 建筑结构. 2014，44（20）.
34. 傅学怡等. 宽扁梁转换结构在深圳大学科技楼中的应用. 建筑结构. 2006，9.
35. 杨金明等. 北京葛洲坝大厦办公主楼设计. 建筑结构. 2015，45（7）.

36. 林峰等. 内置型钢搭接柱转换结构试验研究与有限元分析. 建筑结构. 2014，44（15）.
37. 万博等. 广州生物岛商务办公楼结构设计. 建筑结构. 2014，44（3）.
38. 杨滨然等. 嘉洲翠庭大厦桁架转换层结构设计. 建筑结构. 2006，36（6）.
39. 张涛等. 深圳现代商务大厦超高层结构设计. 建筑结构. 2008，8.
40. 顾磊等. 福建兴业银行大厦搭接柱转换结构研究应用//建筑结构. 2003，12.
41. 吴兵，傅学怡. 福建厦门银聚祥邸搭接墙转换结构研究应用//第十九届全国高层建筑结构学术交流会论文集. 2006.
42. 黄兆伟等. 津湾广场 9 号楼超限高层结构设计. 建筑结构. 2014，44（2）.
43. 周德玲等. 津湾广场 9 号楼转换桁架结构设计. 建筑结构. 2014，44（2）.
44. 黄小坤等. 高层建筑箱形转换层结构设计探讨//第十八届全国高层建筑结构学术交流会论文集. 2004.
45. 顾渭建等. 中国水科院科研综合楼. 建筑结构. 2006，12.
46. 李兵等. 商住楼转换结构的抗震设计. 建筑结构. 2004，11.
47. 贾锋. 常熟华府世家箱形转换层结构设计. 建筑结构. 2007，8.
48. 施金平等. 镇海明珠大厦高位箱形转换层结构设计//第十九届全国高层建筑结构学术交流会论文集. 2006.
49. 袁雪芬等. 某高层建筑箱形转换层结构设计. 建筑结构. 2013，43（20）.
50. 刘军进等. 宁波浙海大厦二期工程预应力厚板转换层计算分析//第十八届全国高层建筑结构学术交流会论文集. 2004.
51. 熊进刚等. 某高层建筑结构预应力混凝土板式转换层设计施工. 建筑结构. 2005，5.
52. 汪凯等. 高层建筑预应力混凝土板式转换层结构设计. 建筑结构. 2000，6.
53. 冷谦. 某带 Y 形斜撑转换的超高层结构设计. 建筑结构. 2014，44（14）.
54. 黄秋来等. 福州香格里拉酒店主楼结构设计//第十九届全国高层建筑结构学术交流会论文集. 2006.
55. 刘嵘等. 深圳华润大厦结构设计//第十九届全国高层建筑结构学术交流会论文集. 2006.
56. 夏炎等. 绿建大厦斜撑转换结构设计. 建筑结构. 2013，43（9）.
57. 马镇炎等. 光明新区公共服务平台结构设计的关键技术. 建筑结构. 2014，44（8）.
58. 马镇炎等. 光明新区公共服务平台斜撑与桁架组合转换结构中楼盖的施工模拟分析. 建筑结构. 2014，44（8）.
59. 赵宏等. 贵阳山地条件下特殊高层建筑结构设计. 建筑结构. 2014，43（2）.